Symmetrische Komponenten in Drehstromsystemen

Von

Dr. techn. August Hochrainer
Direktor des Hochspannungsinstitutes
und der Hochspannungsschaltgerätefabrik der AEG, Kassel

Mit 346 Abbildungen

Springer-Verlag Berlin Heidelberg GmbH

1957

ISBN 978-3-642-50202-6   ISBN 978-3-642-50201-9 (eBook)
DOI 10.1007/978-3-642-50201-9

Alle Rechte, insbesondere das der Übersetzung in fremde Sprachen, vorbehalten
Ohne ausdrückliche Genehmigung des Verlages ist es auch nicht gestattet,
dieses Buch oder Teile daraus auf photomechanischem Wege
(Photokopie, Mikrokopie) zu vervielfältigen

© by Springer-Verlag Berlin Heidelberg 1957
Ursprünglich erschienen bei Springer-Verlag OHG., Berlin/Göttingen/Heidelberg 1957
Softcover reprint of the hardcover 1st edition 1957

Vorwort

Ein Vorwort stellt gewöhnlich eine Rechtfertigung des Verfassers dar oder zum mindesten eine Begründung für die Verfassung des Buches, den Umfang und die Art der Darstellung. Solche Begründungen scheinen mir auch für dieses Buch notwendig zu sein. Daß es geschrieben wurde, verdankt es vor allem der Tatsache, daß es in der deutschen technischen Literatur kein neueres zusammenfassendes Werk über die symmetrischen Komponenten gibt. Wohl gibt es zwei ausgezeichnete amerikanische Bücher, nämlich das von WAGNER-EVANS „Symmetrical Components" und das von E. CLARK „Circuit Analysis of A.-C. Power Systems". Es wäre wohl möglich gewesen, eines dieser Bücher, die auch in Deutschland bei dem Studium der symmetrischen Komponenten überwiegend verwendet werden, zu übersetzen, doch ergänzen sich die beiden Werke in gewisser Beziehung und sie sind in ihrer Darstellung doch mehr dem amerikanischen Leser angepaßt. Die beiden Werke haben mir aber weitgehend als Vorbild und als Quelle gedient, sowohl im Aufbau als auch im Umfang des behandelten Stoffes, abgesehen von gewissen durch die weitere Entwicklung des Gebietes notwendigen Ergänzungen.

Da es sich bei den symmetrischen Komponenten um ein Rechenverfahren handelt, so muß ein Buch darüber grundsätzlich lehrbuchartigen Charakter annehmen. Dies zeigt sich nicht nur im Aufbau vom Elementaren zum Schwierigeren, sondern auch in den Voraussetzungen. Ich habe nach dem Vorbild der beiden erwähnten Werke mit der Darstellung der komplexen Rechnung der Wechselstromtechnik begonnen und versucht, alle aus diesem Gebiet sowohl für Einphasen- als auch für Drehstromnetze später bei den symmetrischen Komponenten gebrauchten Grundlagen in den ersten vier Kapiteln zu entwickeln. An dieser Stelle ist auch einiges zu dem umstrittenen Gebiet der Vorzeichengebung gesagt, wobei ich hinzufügen möchte, daß ich die hier angewendete Art keineswegs als die einzig mögliche oder gar einzig richtige ansehe, da es sich doch nur um eine Zweckmäßigkeitsfrage handelt. Wer mit den erwähnten Grundbegriffen genügend vertraut ist, kann das Studium mit Kap. 5 beginnen. Auch die Darstellung der symmetrischen Komponenten ist zunächst möglichst elementar durchgeführt, obwohl es natürlich verlockend gewesen wäre, gleich von Anfang an die eleganten Verfahren der Transformationstheorie heranzuziehen. Die Erfahrung bei Vorlesungen hat mir jedoch gezeigt, daß man von dem Durchschnittsingenieur die dazu notwendige Vertrautheit mit den Verfahren der Transformationstheorie und der Matrizenrechnung nicht verlangen kann. Diese Verfahren werden daher erst vom Kap. 19 an verwendet, wo sie dann nicht nur die Formulierung allgemeiner Zusammenhänge, sondern auch die Erweiterung des ursprünglich nur für sinusförmig schwingende Größen gedachten Anwendungsgebietes der symmetrischen Komponenten auf Schaltvorgänge und Wanderwellen erlauben. Für die Behandlung der Schaltvorgänge sind die Kenntnisse der LAPLACE-Transformation vorausgesetzt, da es den Rahmen des Buches überschritten hätte, die Theorie der LAPLACE-Transformation mit aufzunehmen und weil andererseits angenommen werden kann, daß der Leser, der sich für diese schwierigeren Anwendungen der symmetrischen Komponenten interessiert, auch mit der LAPLACE-Transformation genügend vertraut ist. Aus der Transformationstheorie lassen sich dann auch andere Komponentendarstellungen herleiten, von denen die von E. CLARK eingeführten α-β-0-Komponenten sich für gewisse Untersuchungen einzubürgern scheinen. Da für diese Komponenten eine handliche Bezeichnung bisher fehlt, wird aus den in Kap. 22 erwähnten Gründen versuchsweise die Bezeichnung Diagonalkomponenten verwendet.

Der Leser wird erkennen, daß es mir mehr um die Darstellung der grundlegenden Zusammenhänge und das Verständnis für die Verfahren zu tun war als um eine Durchrechnung aller denkbaren Einzelfälle. Das Ziel bei der Behandlung eines Rechenverfahrens muß es sein, den Leser damit so vertraut zu machen, daß er auch schwierigere Fälle selbständig behandeln kann. Soweit es der Umfang gestattete, sind durchgerechnete Beispiele aufgenommen, um eventuell noch auftretende Zweifel bei der praktischen Anwendung auszuschließen. Man wird feststellen, daß ich die spezielle Anwendung auf Netzmodelle weniger in den Vordergrund gerückt habe, als dies in den eingangs erwähnten amerikanischen Büchern geschieht. Dabei leitete mich die Ansicht, daß nicht jedem, der die symmetrischen Komponenten anwenden will, ein Netzmodell zur Verfügung steht und andererseits es den mit den Netzmodellen arbeitenden Spezialisten leicht ist, die besondere Anpassung an ihr Modell durchzuführen. Auch sonst vermied ich es, alle zu speziellen Anwendungen aufzunehmen, denn diese können dann mit Hilfe der zahlreichen Literatur ohne weiteres behandelt werden, wenn man mit den grundlegenden Verfahren genügend vertraut ist. Das Literaturverzeichnis beschränkt sich auf die wesentlichen Stellen und erhebt in keiner Weise Anspruch auf Vollständigkeit.

Einen breiten Raum nehmen die Berechnungen der symmetrischen Impedanzen ein, die beginnend von den Transformatoren über die rotierenden Maschinen bis zu den Freileitungen und Kabeln führen. Die darin enthaltenen Angaben werden beim Rechnen mit symmetrischen Komponenten immer wieder gebraucht. Obwohl sie nicht auf die symmetrischen Komponenten beschränkt sind, so gibt es doch kaum zusammenfassende Darstellungen. Deshalb mußten sie hier ihren Platz finden, ich habe mich aber dabei bemüht, mich auf das für die symmetrischen Komponenten tatsächlich Notwendige zu beschränken, andererseits aber doch mehr zu bieten als bloß Tabellen und Kurvenscharen.

Besondere Sorge machten mir die verschiedenen Bezeichnungsweisen. Soweit wie möglich habe ich mich an die Empfehlungen des AEF gehalten, doch bestehen keineswegs für alle Fälle schon endgültige Festlegungen, noch ist es in einem solchen Spezialgebiet möglich, den für allgemeine Zwecke bestimmten Empfehlungen immer zu folgen. Bei den komplexen Wechselstromgrößen habe ich an dem Gebrauch, die sinusförmig schwingenden Größen mit Frakturbuchstaben zu bezeichnen, festgehalten. Ich habe aber darauf verzichtet, diese Schreibweise auch auf die komplexen Impedanzen anzuwenden. Die Durchsicht des Buches möge zeigen, daß man tatsächlich auf keine Schwierigkeiten stößt, wenn man die komplexen Impedanzen mit Antiquabuchstaben bezeichnet. Die Fälle, in denen man die Beträge der Größen braucht, sind so selten, daß man dann ohne weiteres die in der Mathematik übliche Schreibweise mit einem senkrechten Strich vor und hinter dem Buchstaben anwenden kann.

Bei den Impedanzen möge erwähnt werden, daß ich in den Abschnitten über Leitungen L und C für die Induktivitäts- bzw. Kapazitätsbeläge verwende, schon um das gewohnte Formelbild beizubehalten. Durch entsprechende Hinweise ist versucht worden, Mißverständnisse zu vermeiden.

Für die Drehstromgrößen habe ich an Stelle der häufig anzutreffenden Bezeichnungen der Phasen mit R, S, T oder U, V, W die Kennzeichnung mit den Zahlen 1, 2, 3 vorgezogen, so daß die Ströme in den Leitern $\mathfrak{J}_1, \mathfrak{J}_2, \mathfrak{J}_3$ sind, während der Strom im Nulleiter $\mathfrak{J}_0$ ist. Für die symmetrischen Komponenten sind verschiedene Schreibweisen mit den Indizes Z, P, N oder O, M, G gebräuchlich. Keine dieser Schreibweisen erschien mir genügend einfach und übersichtlich und ich entschloß mich daher, die Anwendung von oberen Indizes aus der Tensorrechnung zu übernehmen. Um jedoch jede Gefahr der Verwechslung mit Potenzen auszuschließen, wird $\mathfrak{J}^0, \mathfrak{J}', \mathfrak{J}''$ geschrieben, wobei $\mathfrak{J}'$ für $\mathfrak{J}^1$ und $\mathfrak{J}''$ für $\mathfrak{J}^2$ steht. Die oberen Indizes geben die Möglichkeit in den allgemeinen Darstellungen $\mathfrak{J}_i$ für die Ströme in den Leitern und $\mathfrak{J}^i$ für die symmetrischen Komponenten zu schreiben und in analoger Weise die Impedanzen Z_{ij} von den symmetrischen Impedanzen Z^{ij} zu unterscheiden. Als Mitverfasser eines Buches über Tensorrechnung bin ich vermutlich des Verdachtes enthoben, zu glauben, daß es sich dabei um eine Anwendung der Tensorrechnung auf elektrische Netzwerke handele. Die Tatsache, daß obere Indizes zuerst in der Tensorrechnung breite Anwendung gefunden haben, schließt ihre Anwendung in anderen Gebieten ebensowenig aus, wie das Schreiben einer Größe mit oberen Indizes diese zu einem Tensor macht. Es war daher auch zulässig, bei der Multiplikation zweier mit Indizes dargestellter Matrizen einheitlich obere oder untere Indizes miteinander zu verbinden, obwohl dies in der Tensorrechnung anders gehandhabt wird. Besser als alle Erklärungen über die Schreibweise zeigt aber die Durchführung der Rechnungen, ob eine Schreibweise zweckmäßig ist, und nur darauf allein kommt es an.

Es bleibt mir noch, Herrn Dr.-Ing. H. BAATZ für die Anregung zur Abfassung des Buches und dem Springer-Verlag für die Geduld, mit der er die Abfassung des Manuskriptes erwartete, und die Ausstattung des Buches zu danken. Herr Dr.-Ing. K. HESSENBERG hat durch eine sorgfältige Durchsicht des Manuskripts mich vor manchem Fehler bewahrt, wofür ich ihm sehr zu Dank verpflichtet bin. Ganz besondere Verdienste hat sich Herr Dr.-Ing. H. KINDLER erworben, der nicht nur alle Formeln und Beispiele sorgfältig nachrechnete, wobei ihm Herr Dipl.-Ing. W. GIELESSEN in dankenswerter Weise behilflich war, sondern auch durch seine Kritik Anlaß zu wesentlichen Verbesserungen der Darstellung gab.

Kassel, im September 1957

A. Hochrainer

Inhaltsverzeichnis

1. **Die komplexe Darstellung von sinusförmig schwingenden Größen** 1
   a) Momentanwert, Scheitelwert, Effektivwert 1
   b) Komplexe Darstellung, Zeiger 3
   c) Addition und Multiplikation von Zeigern 6

2. **Wechselstrom und Wechselspannung** 10
   a) Strom, Spannung, Leistung 10
   b) Vorzeichen von Strom und Spannung, Zählpfeile 12
   c) Einfache Zweipole, Widerstand, Selbstinduktivität, Kapazität . 16
   d) Allgemeiner linearer Zweipol, Impedanz, Leitwert 19

3. **Einphasen- und Mehrphasensystem** 21
   a) Wechselstromquelle, Leerlaufspannung, innerer Widerstand 21
   b) Transformator, Gegeninduktivität 22
   c) Kirchhoffsche Gesetze 25
   d) Ersatzstromquelle 26
   e) Einphasennetze 27
   f) Mehrphasennetze 28
   g) Symmetrische Spannungen im Drehstromnetz 30
   h) Das vollkommen symmetrische Drehstromnetz 33
   i) Stern – Dreieckumwandlung 35
   k) Gegeninduktivität, allgemeines symmetrisches Drehstromnetz ... 37

4. **Berechnung im symmetrischen Drehstromnetz** 38
   a) Berechnung der Betriebskapazität einer Drehstromfernleitung .. 38
   b) Drehstromtransformatoren, Schaltgruppen 39
   c) Streuung der Transformatoren, Parallelschaltung 43
   d) Kurzschlußstrom, Kurzschlußleistung 45
   e) Induktionsmaschine 48

5. **Symmetrische Komponenten** 51
   a) Unsymmetrien in Drehstromsystemen 51
   b) Nullsystem, Mitsystem, Gegensystem 52
   c) Zeichnerische und rechnerische Gewinnung der Komponenten 56
   d) Sonderfälle der Unsymmetrie 60

6. **Die symmetrischen Komponenten von Strom und Spannung** 67
   a) Drehstromnetz mit unabhängigen Phasenimpedanzen 67
   b) Allgemeines symmetrisches Drehstromnetz, Null-, Mit- und Gegenimpedanz 70

c) Bestimmung der symmetrischen Impedanzen 73
d) Kirchhoffsche Gesetze für symmetrische Komponenten 75
e) Symmetrische Ersatzstromquellen 76
f) Zweiphasig belastetes Drehstromnetz 78

7. Kurzschlußströme in Drehstromnetzen 80
   a) Fehlerarten 80
   b) Der dreipolige Erdkurzschluß 81
   c) Der dreipolige Kurzschluß 84
   d) Der einpolige Erdschluß 84
   e) Der zweipolige Kurzschluß 87
   f) Der zweipolige Erdkurzschluß 88
   g) Fehlerimpedanz 91

8. Ergänzungen zu den Kurzschlüssen 92
   a) Kurzschlußströme bei widerstandsbehafteten Fehlern 92
   b) Ströme und Spannungen beim dreipoligen Kurzschluß und Erdkurzschluß 96
   c) Ströme und Spannungen beim einpoligen Erdschluß 97
   d) Ströme und Spannungen beim zweipoligen Kurzschluß 99
   e) Ströme und Spannungen beim zweipoligen Erdkurzschluß 101

9. Der Einfluß des Nullreaktanzverhältnisses und der Fehlerwiderstände 104
   a) Der dreipolige Kurzschluß und Erdkurzschluß 105
   b) Der zweipolige Kurzschluß 106
   c) Der einpolige Erdschluß 109
   d) Der einpolige Erdschluß im gelöschten Netz 118
   e) Der zweipolige Erdkurzschluß 125

10. Transformatoren 127
    a) Allgemeine Gleichungen des Zweiwicklungstransformators 127
    b) Drehstromtransformatoren, symmetrische Impedanzen 131
    c) Dreiwicklungstransformatoren 135

11. Das Drehfeld 141
    a) Der Flußvektor 141
    b) Das Drehfeld 143
    c) Die Reaktanzen des Volltrommelläufers 146
    d) Unsymmetrische Wicklungen 148
    e) Ausgeprägte Pole 150

12. Die Induktionsmaschine 155
    a) Drehfelder relativ zum Ständer und relativ zum Läufer 155
    b) Das Mitsystem in Ständer und Läufer 157
    c) Das Gegensystem 160
    d) Einpolige Unterbrechung 161
    e) Kusaschaltung 162

Inhaltsverzeichnis

13. **Synchronmaschinen** 163
    a) Stationärer Betrieb, Dauerkurzschlußstrom 163
    b) Nichtstationärer Betrieb, Anfangs- und Übergangsreaktanz 167

14. **Die Mitimpedanzen von kurzen Freileitungen** 171
    a) Kurze und lange Leitungen, Verluste 171
    b) Magnetische Energie und Induktivitäten 174
    c) Mittlere geometrische Abstände und Radien 178
    d) Resultierende Reaktanz 180
    e) Bündelleiter 182
    f) Mit- und Gegenreaktanz einer Drehstromleitung 185
    g) Beeinflussung zwischen Drehstromleitungen 188

15. **Die Nullimpedanz kurzer Leitungen** 191
    a) Induktivitäten von Leitern mit Erdrückleitung 191
    b) Näherungsformeln 196
    c) Nullimpedanz der Drehstromleitung 197
    d) Leitungen mit Erdseilen 198
    e) Doppelleitungen 200

16. **Die Kapazität von Freileitungen** 205
    a) Die Kapazität des Einzelleiters 205
    b) Teilkapazitäten zwischen Leitern 208
    c) Teilkapazitäten der Drehstromleitung 212
    d) Einfluß des Erdseiles 216
    e) Berechnungsbeispiel 217

17. **Die Impedanzen von langen Leitungen** 220
    a) Vierpolgleichungen der langen Leitung 220
    b) Ersatz durch ein T- oder ein Π-Glied 223

18. **Die Impedanzen von Kabeln** 225
    a) Widerstände 225
    b) Induktivitäten 226
       α) Drei gleiche Einleiterkabel 227
       β) Ein Drehstromkabel 228
       γ) Mehrere gleiche Dreileiterkabel parallel 230
    c) Kapazitäten 231

19. **Die symmetrischen Komponenten als Transformation** 233
    a) Tensorielle Schreibweise, Symmetrierungs- und Entsymmetrierungsmatrix 233
    b) Die Strom — Spannungsgleichung 237
    c) Die Fehlerimpedanzen 238

20. **Achtpole im Drehstromsystem** 242
    a) Achtpolgleichungen, Umkehrsatz 242
    b) Symmetrische Komponenten, Fundamentalsatz 246
    c) Leitungen, Transformatoren 247

X Inhaltsverzeichnis

21. Doppelfehler 249
   a) Aktive Achtpole 249
   b) Doppelerdschluß 250
   c) Darstellung der Doppelfehler im Netzmodell 253

22. Diagonalkomponenten 257
   a) Grundgleichungen 257
   b) Die Impedanzen der Diagonalkomponenten 260
   c) Direkte Bestimmung der Impedanzen 265
   d) Fehler und Doppelfehler 267
   e) Transformator mit Stern-Dreieckschaltung zwischen den Fehlern 270

23. Der Zusammenhang zwischen Diagonal- und symmetrischen Komponenten. Normierte Komponenten 272
   a) Der Zusammenhang der Komponenten 272
   b) Beziehungen zwischen den Impedanzen 273
   c) Normierte symmetrische Komponenten 275
   d) Normierte Diagonalkomponenten 277

24. Ausgleichsvorgänge in Drehstromsystemen 279
   a) Zweipol im nichtstationären Zustand 279
   b) Zusammenschalten von Zweipolen 281
   c) Ausschalten von Zweipolen 282
   d) Schaltvorgänge bei Drehstrom 284
   e) Ausschalten der ersten Phase eines dreipoligen Kurzschlusses 287

25. Schaltvorgänge in symmetrischen Komponenten 290
   a) Ausgleichsvorgänge der symmetrischen Komponenten 290
   b) Schaltvorgänge in der Komponentenschaltung 292
   c) Zwei- und dreipolige Fehler 294
     α) Zweipoliger Kurzschluß – Zweipoliger Erdkurzschluß 295
     β) Zweipoliger Kurzschluß – Dreipoliger Kurzschluß 295
     γ) Dreipoliger Kurzschluß – Dreipoliger Erdkurzschluß 296
     δ) Zweipoliger Erdkurzschluß – Dreipoliger Erdkurzschluß 296
   d) Einpoliger Erdschluß – Zweipoliger Erdkurzschluß 296
   e) Trennung zweier Netze 298
   f) Schalter zwischen Netzteilen mit fernem Kurzschluß 299

26. Schaltvorgänge in Diagonalkomponenten 300
   a) Ausgleichsvorgänge der Diagonalkomponenten 300
   b) Komponentenschaltungen 301
     α) Einpoliger Erdschluß 1–0 301
     β) Einpoliger Erdschluß 2–0 oder 3–0 302
     γ) Zweipoliger Kurzschluß 2–3 302
     δ) Zweipoliger Kurzschluß 1–2 303
     ε) Zweipoliger Kurzschluß 2–3 / Dreipoliger Kurzschluß 1–2–3 303
     ζ) Einpoliger Erdschluß 1–0 / Zweipoliger Erdschluß 1–2–0 304
     η) Zweipoliger Erdkurzschluß 1–2–0 / Dreipoliger Erdkurzschluß 1–2–3–0 305
     ϑ) Universalschaltbild für alle Fehler 305

27. Wanderwellen auf Drehstromleitungen ... 306
   a) Homogene Einfachleitung ... 306
   b) Drehstromleitung ... 309
   c) Symmetrische Komponenten ... 310
   d) Einschalten eines Leiters, beide anderen Leiter geerdet ... 312
   e) Einschalten eines Leiters, beide anderen Leiter isoliert ... 314
   f) Brechung und Reflexion ... 316
   g) Unsymmetrischer Abschluß bei symmetrischer Beaufschlagung ... 317

28. Die Messung der symmetrischen Komponenten ... 319
   a) Allgemeines ... 319
   b) Indirekte graphische Verfahren ... 320
   c) Indirekte rechnerische Verfahren ... 323
   d) Direkte Verfahren für Systeme ohne Nullkomponente ... 325
   e) Direkte Verfahren zur Messung und Elimination der Nullkomponente ... 331

Tabellenanhang ... 334

Formelsammlung ... 341

Schrifttum ... 355

Sachverzeichnis ... 360

1. Die komplexe Darstellung von sinusförmig schwingenden Größen

a) Momentanwert, Scheitelwert, Effektivwert

Unter einer sinusförmig schwingenden Größe versteht man eine Größe, deren Momentanwert s (Augenblickswert) sich nach einem Gesetz der Form

$$s = \hat{S} \cos(\omega t - \varphi) \quad (1.01)$$

mit der Zeit t ändert. Dabei sind $\hat{S}$, ω und φ von der Zeit unabhängige Konstanten. Man nennt $\hat{S}$ den Scheitelwert oder die Am-

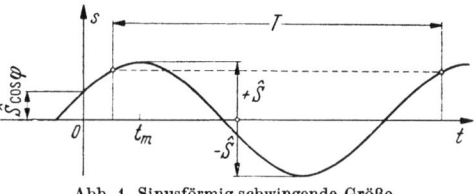

Abb. 1. Sinusförmig schwingende Größe

plitude der schwingenden Größe, φ den Phasenwinkel und ω die Kreisfrequenz. s schwankt, wie aus Abb. 1 zu erkennen ist, zwischen den Extremwerten $+\hat{S}$ und $-\hat{S}$. Im Zeitpunkt $t = 0$ ist

$$s = s_0 = \hat{S} \cos \varphi. \quad (1.02)$$

Der erste positive Scheitel tritt zur Zeit

$$t_m = \frac{\varphi}{\omega} \quad (1.03)$$

auf. Wegen

$$\cos(\omega t - \varphi + 2k\pi) = \cos(\omega t - \varphi)$$

mit

$$k = 1, 2, 3 \ldots$$

erreicht s nach jeweils

$$T = \frac{2\pi}{\omega} \quad (1.04)$$

den gleichen Wert. Man nennt T die Periode der Schwingung. Ihr Reziprokwert

$$\boxed{f = \frac{1}{T}} \quad (1.05)$$

ist die Frequenz, d.h. die Zahl der Schwingungen in der Zeiteinheit. Aus Gl. (1.04) und Gl. (1.05) folgt

$$\boxed{\omega = 2\pi f.} \quad (1.06)$$

1. Die komplexe Darstellung von sinusförmig schwingenden Größen

Eine Größe, welche mit der Frequenz $f = 50$ Hz, einer Amplitude $\hat{S} = 5$ und einem Phasenwinkel $\varphi = \pi/6 = 30°$ schwingt, wird nach Gl. (1.01) durch

$$s = 5\cos\left(314\,t - \frac{\pi}{6}\right)$$

dargestellt, wobei $\omega = 2\pi f = 100\,\pi$ die Kreisfrequenz ist.

Man erhält eine von der Frequenz unabhängige Darstellung, wenn man an Stelle der Zeitzählung eine Zählung des zeitproportionalen Winkels

$$x = \omega\,t \qquad (1.07)$$

einführt. In diesem Falle ist die Periode stets 2π.

Wegen

$$\cos x = \sin\left(x + \frac{\pi}{2}\right)$$

kann man an Stelle von Gl. (1.01) auch

$$s = \hat{S}\sin\left(\omega\,t - \varphi + \frac{\pi}{2}\right)$$

schreiben. Führt man einen neuen Phasenwinkel

$$\psi = \varphi - \frac{\pi}{2}$$

ein, so ist

$$s = \hat{S}\sin(\omega\,t - \psi)$$

durch eine Sinusfunktion mit einem um $\pi/2$ verminderten Phasenwinkel gegeben. Man kann aber auch eine andere Zeitzählung mit

$$\bar{t} = t + \frac{\pi}{2\omega}$$

benutzen und mit Beibehaltung von φ zur Darstellung

$$s = \hat{S}\sin(\omega\,\bar{t} - \varphi)$$

gelangen. Alle diese Darstellungen sind gleichwertig und in Gebrauch. Wir ziehen die Darstellung nach Gl. (1.01) nur deshalb vor, weil sie bei den weiteren Entwicklungen eine einfachere Schreibweise gestattet.

Unter dem Effektivwert S einer periodischen Größe s versteht man den Ausdruck

$$S = +\sqrt{\frac{1}{T}\int_{t}^{t+T} s^2\,dt}, \qquad (1.08)$$

d.h. den quadratischen Mittelwert über eine Periode genommen. In unserem Fall vereinfacht sich Gl. (1.08) zu

$$\boxed{S = \frac{1}{\sqrt{2}}\,\hat{S}\,.} \qquad (1.09)$$

Der Effektivwert der oben erwähnten Schwingung ist daher

$$S = \frac{5}{\sqrt{2}} = 3{,}54.$$

b) Komplexe Darstellung, Zeiger

Die trigonometrischen Funktionen lassen sich durch Exponentialfunktionen mit imaginärem Argument darstellen. Es ist

$$\cos x = \frac{1}{2}(e^{jx} + e^{-jx}), \tag{1.10}$$

wobei die imaginäre Einheit $\sqrt{-1}$ dem Gebrauch der Technik folgend mit j bezeichnet ist. Bei umfangreicherem Argument der Exponentialfunktion werden wir auch die Schreibweise

$$\exp x = e^x$$

benutzen. Damit ist nach Gl. (1.01)

$$s = \frac{1}{2}\hat{S}[\exp j(\omega t - \varphi) + \exp - j(\omega t - \varphi)]$$

oder

$$s = \frac{1}{2}[\hat{S}e^{-j\varphi}e^{j\omega t} + \hat{S}e^{+j\varphi}e^{-j\omega t}]. \tag{1.11}$$

Setzen wir

$$\mathfrak{S} = \hat{S}e^{-j\varphi}, \tag{1.12}$$

so ist wegen

$$\hat{S}e^{-j\varphi} = \hat{S}(\cos\varphi - j\sin\varphi)$$

und

$$\hat{S}e^{+j\varphi} = \hat{S}(\cos\varphi + j\sin\varphi)$$

$$\mathfrak{S}^* = \hat{S}e^{+j\varphi} \tag{1.13}$$

die konjugiert komplexe Größe zu $\mathfrak{S}$. An Stelle von Gl. (1.11) können wir

$$\boxed{s = \frac{1}{2}[\mathfrak{S}e^{j\omega t} + \mathfrak{S}^*e^{-j\omega t}]} \tag{1.14}$$

schreiben. $\mathfrak{S}$ ist eine konstante, zeitunabhängige, komplexe Größe, welche die Schwingung nach Amplitude und Phasenlage eindeutig kennzeichnet, wenn die Frequenz f bzw. die Kreisfrequenz ω bekannt ist. An Stelle von $\mathfrak{S}$ verwendet man in der Starkstromtechnik die aus dem Effektivwert gebildete Größe

$$\boxed{\mathfrak{S} = Se^{-j\varphi},} \tag{1.15}$$

die sich von $\mathfrak{S}$ nur durch den Faktor $\sqrt{2}$ unterscheidet. Für die zahlenmäßige Darstellung benutzt man besser den EULERschen Satz, nach dem

$$\mathfrak{S} = Se^{-j\varphi} = S\cos\varphi - jS\sin\varphi. \tag{1.16}$$

4   1. Die komplexe Darstellung von sinusförmig schwingenden Größen

Für das oben behandelte Zahlenbeispiel folgt daraus

$$\mathfrak{S} = 3{,}54 \cos\frac{\pi}{6} - j \cdot 3{,}54 \sin\frac{\pi}{6} = 3{,}54 \cdot 0{,}866 - j \cdot 3{,}54 \cdot 0{,}5 = 3{,}07 - 1{,}77\,j.$$

Als komplexe Größe läßt sich $\mathfrak{S}$ in der GAUSSschen Zahlenebene darstellen. Ihr entspricht ein Punkt im Abstand S vom Ursprung, dessen Verbindungslinie mit dem Ursprung den Winkel $-\varphi$ mit der reellen Achse einschließt (Abb. 2). Es ist üblich, solche Größen als gerichtete Strecke, also als Vektor, d. h. mit einer Pfeilspitze am Endpunkt zu zeichnen, wobei man „$\mathfrak{S}$" zu dem Endpunkt schreibt.

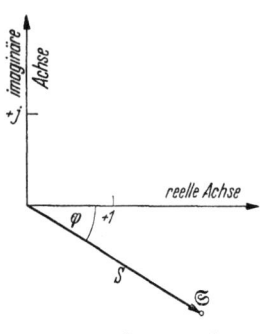

Abb. 2. Darstellung einer komplexen Größe

Diese Darstellung der schwingenden Größe läßt auf zweifache Weise einen direkten Zusammenhang mit dem Momentanwert s finden. Die erste Deutung denkt sich die Strecke S mit der Winkelgeschwindigkeit ω um den Ursprung im mathematisch positiven Sinn, also entgegengesetzt dem Uhrzeiger, umlaufend, wobei die durch Gl. (1.15) bestimmte Lage die Lage zur Zeitachse $t = 0$ angibt. Die Projektion von S auf die als Zeitachse betrachtete reelle Achse ist dann

$$\frac{1}{\sqrt{2}} s = S \cos(\omega t - \varphi),$$

also abgesehen von dem Faktor $\sqrt{2}$ gleich dem Momentanwert der schwingenden Größe (Abb. 3). Bei der zweiten Art der Deutung, die

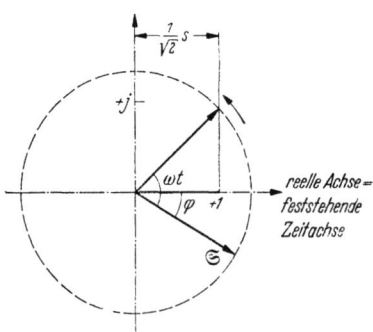
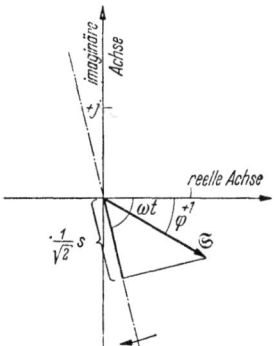

Abb. 3. Feststehende Zeitachse, umlaufender Vektor

Abb. 4. Feststehender Vektor, umlaufende Zeitachse

die allgemeiner übliche ist, hält man die Lage von $\mathfrak{S}$ fest und läßt die Zeitachse umlaufen, was dann allerdings im negativen Sinn geschehen muß. Auch hier ist die Projektion von S auf die jeweilige Lage der Zeitachse bis auf den Faktor $\sqrt{2}$ gleich dem Momentanwert s (Abb. 4). Die reelle Achse ist die Null-Lage der umlaufenden Zeitachse.

Entsprechend der Darstellung als gerichtete Strecke in der GAUSSschen Zahlenebene hat man $\mathfrak{S}$ als Vektor der Schwingung bezeichnet und von einer vektoriellen Darstellung gesprochen. Da man mit den zur zeichnerischen Festlegung der komplexen Größen verwandten gerichteten Strecken aber nach den Rechenregeln für komplexe Zahlen verfahren muß, so ergeben sich für sie Rechengesetze, welche von denen der räumlichen Vektoren verschiedentlich abweichen[1]. Man zieht es daher vor, die für die zeichnerische Darstellung von schwingenden Größen benutzten gerichteten Strecken als Zeiger zu bezeichnen und spricht dann von einer Zeigerdarstellung bzw. von einem Zeigerdiagramm. Die Bezeichnung Zeiger ist auch für die zugehörigen komplexen Größen üblich geworden und dementsprechend ist $\mathfrak{S}$ der Zeiger der durch Gl. (1.01) gegebenen schwingenden Größe. Für komplexe Größen, welche in diesem Sinne Zeiger von schwingenden Größen sind, werden wir im folgenden stets Frakturbuchstaben verwenden, jedoch nicht für andere komplexe Größen[2].

Die komplexe Darstellung oder Zeigerdarstellung der sinusförmig schwingenden Größen bietet eine ganze Reihe von Vorteilen, die erst dann ganz sichtbar werden, wenn man das Zusammenwirken von mehreren solchen Größen zu untersuchen hat. Sie ist allerdings auf den Fall beschränkt, daß alle betrachteten Größen mit der gleichen Frequenz schwingen. Bei sehr vielen Problemen der Technik ist diese Voraussetzung grundsätzlich erfüllt.

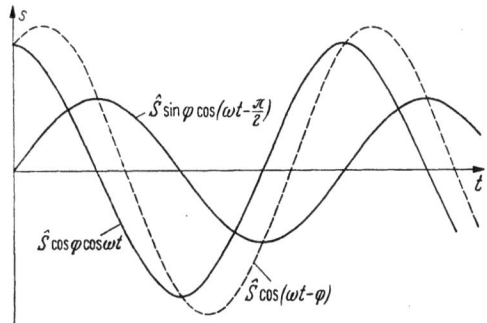

Abb. 5. Zusammensetzung einer Schwingung aus einer Kosinus- und einer Sinus-Schwingung

Vergleicht man Gl. (1.16) mit der Auflösung von Gl. (1.01) nach dem Additionstheorem, also

$$s = \hat{S}\cos(\omega t - \varphi) = \hat{S}\cos\varphi\cos\omega t + \hat{S}\sin\varphi\sin\omega t$$
$$= \hat{S}\cos\varphi\cos\omega t + \hat{S}\sin\varphi\cos\left(\omega t - \frac{\pi}{2}\right),$$

so sieht man, daß Realteil und Imaginärteil von $\mathfrak{S}$ den Effektivwerten

---

[1] Siehe z. B. A. HOCHRAINER „Ebene Tensoren und komplexe Zahlen". Österr. Ing. Arch. IV (1956) H. 3–4, S. 222–235.

[2] Auch in anderen Sprachen hat sich das Bedürfnis gezeigt, Zeiger von Vektoren im strengen Sinne zu unterscheiden. So wird für Zeiger in der englischen Literatur vielfach das Wort phasor verwendet.

6   1. Die komplexe Darstellung von sinusförmig schwingenden Größen

von zwei um $\pi/2$ gegeneinander verschobenen Schwingungen entsprechen, deren Summe die untersuchte Schwingung wiedergibt, wie dies in Abb. 5 gezeigt ist. Da man eine Schwingung, deren Scheitelwert im Zeitpunkt $t = 0$ erreicht wird, oft als Kosinus-Schwingung und eine, deren Nulldurchgang mit $t = 0$ zusammenfällt, als Sinus-Schwingung bezeichnet, so kann man sagen, daß der Realteil des Zeigers der Kosinus-Schwingung und der Imaginärteil der Sinus-Schwingung entspricht.

c) Addition und Multiplikation von Zeigern

Liegen zwei Schwingungen gleicher Frequenz z. B.

$$s_1 = \hat{S}_1 \cos(\omega t - \varphi_1) \quad \text{und} \quad s_2 = \hat{S}_2 \cos(\omega t - \varphi_2) \tag{1.17}$$

oder in der Zeigerdarstellung

$$\mathfrak{S}_1 = \hat{S}_1 e^{-j\varphi_1} \quad \text{und} \quad \mathfrak{S}_2 = \hat{S}_2 e^{-j\varphi_2} \tag{1.18}$$

vor, so erkennt man aus der Zeigerdarstellung (Abb. 6) leichter als aus der Sinusdarstellung (Abb. 7), daß z. B. bei $\varphi_2 > \varphi_1$ s_1 früher seinen Scheitelwert erreicht als s_2, daß also s_1 gegenüber s_2 voreilt oder, was damit gleichbedeutend ist, daß s_2 gegenüber s_1 nacheilt.

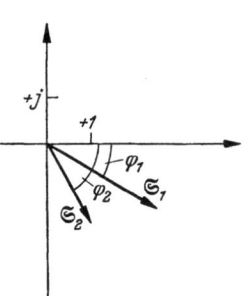

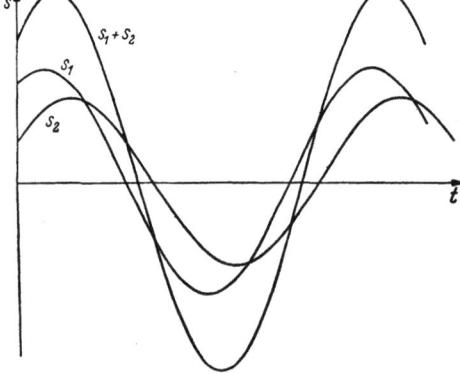

Abb. 6. Zeigerdarstellung schwingender Größen

Abb. 7. Addition zweier Schwingungen

Für die Summe s von s_1 und s_2 erhalten wir nach den Regeln der Trigonometrie

$$\begin{aligned} s &= \hat{S}_1 \cos(\omega t - \varphi_1) + \hat{S}_2 \cos(\omega t - \varphi_2) \\ &= (\hat{S}_1 \cos\varphi_1 + \hat{S}_2 \cos\varphi_2) \cos\omega t + (\hat{S}_1 \sin\varphi_1 + \hat{S}_2 \sin\varphi_2) \sin\omega t \\ &= \hat{S} \cos(\omega t - \varphi), \end{aligned}$$

wobei

$$\hat{S} = +\sqrt{(\hat{S}_1 \cos\varphi_1 + \hat{S}_2 \cos\varphi_2)^2 + (\hat{S}_1 \sin\varphi_1 + \hat{S}_2 \sin\varphi_2)^2} \tag{1.19}$$

c) Addition und Multiplikation von Zeigern

und
$$\tan\varphi = \frac{\widehat{S}_1 \sin\varphi_1 + \widehat{S}_2 \sin\varphi_2}{\widehat{S}_1 \cos\varphi_1 + \widehat{S}_2 \cos\varphi_2}. \qquad (1.20)$$

Wesentlich übersichtlicher gestaltet sich die Rechnung mit der Zeigerdarstellung. Nach Gl. (1.14) ist

$$s = s_1 + s_2 = \frac{1}{2}[\widehat{\mathfrak{S}}_1 e^{j\omega t} + \widehat{\mathfrak{S}}_1^* e^{-j\omega t}] + \frac{1}{2}[\widehat{\mathfrak{S}}_2 e^{j\omega t} + \widehat{\mathfrak{S}}_2^* e^{-j\omega t}]$$
$$= \frac{1}{2}[(\widehat{\mathfrak{S}}_1 + \widehat{\mathfrak{S}}_2) e^{j\omega t} + (\widehat{\mathfrak{S}}_1^* + \widehat{\mathfrak{S}}_2^*) e^{-j\omega t}],$$

woraus man sofort

$$\boxed{\mathfrak{S} = \mathfrak{S}_1 + \mathfrak{S}_2} \qquad (1.21)$$

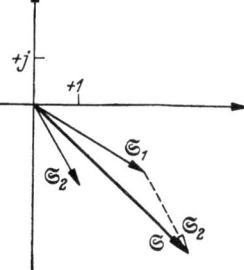

Abb. 8. Addition von Zeigern

abliest. Der Zeiger der Summe ist gleich der Summe der Zeiger. Selbstverständlich hat die Addition der Zeiger nach den Regeln für die Addition komplexer Zahlen zu geschehen, d. h. es sind die Realteile und die Imaginärteile zu addieren. Im Zeigerdiagramm ergibt sich die Summe durch Aneinanderreihen der Strecken (Abb. 8).

Um den Unterschied der beiden Verfahren deutlich sichtbar zu machen, rechnen wir ein Beispiel. Es sei

$$s_1 = 5 \cos\left(\omega t - \frac{\pi}{6}\right) \quad \text{und} \quad s_2 = 10\left(\cos\omega t - \frac{\pi}{3}\right),$$

dann ist nach Gl. (1.19)

$$\widehat{S} = \sqrt{(5 \cdot 0{,}866 + 10 \cdot 0{,}5)^2 + (5 \cdot 0{,}5 + 10 \cdot 0{,}866)^2}$$
$$= \sqrt{9{,}33^2 + 11{,}16^2} = \sqrt{211} = 14{,}5$$

und nach Gl. (1.20)

$$\tan\varphi = \frac{11{,}16}{9{,}33} = 1{,}20$$

also
$$\varphi = 50°$$

oder
$$s = 14{,}5 \cos(\omega t - 50°).$$

Andererseits ist nach Gl. (1.16), wenn wir der Einfachheit halber mit den Scheitelwerten rechnen

$$\widehat{\mathfrak{S}}_1 = 5 \cos\frac{\pi}{6} - j \cdot 5 \sin\frac{\pi}{6} = 4{,}33 - 2{,}50\, j$$

und

$$\widehat{\mathfrak{S}}_2 = 10 \cos\frac{\pi}{3} - j \cdot 10 \sin\frac{\pi}{3} = 5{,}00 - 8{,}66\, j$$

und daher
$$\widehat{\mathfrak{S}} = 9{,}33 - 11{,}16\, j.$$

8   1. Die komplexe Darstellung von sinusförmig schwingenden Größen

Die Abb. 9 zeigt das zugehörige Zeigerdiagramm. Man erkennt aus dem Beispiel noch, daß, wie sehr häufig, der Vorteil einer bestimmten Darstellungsweise weniger darin liegt, daß die Zahl der auszuführenden Rechenoperationen kleiner ist, sondern vielmehr darin, daß sich die Rechnung übersichtlicher gestaltet, wodurch Sonderüberlegungen überflüssig und Fehler vermieden werden.

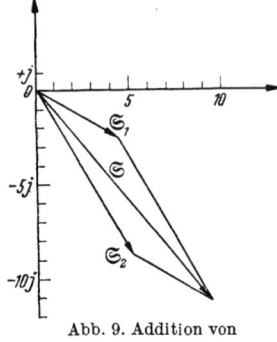

Abb. 9. Addition von
$\hat{\mathfrak{S}}_1 = 4{,}33 - 2{,}50\,j$
$\hat{\mathfrak{S}}_2 = 5{,}00 - 8{,}66\,j$
$\hat{\mathfrak{S}} = \hat{\mathfrak{S}}_1 + \hat{\mathfrak{S}}_2 = 9{,}33 - 11{,}16\,j$

Aus der Regel für die Addition folgt sofort die für die Subtraktion. Wenn $s = s_1 - s_2$, so ist $\mathfrak{S} = \mathfrak{S}_1 - \mathfrak{S}_2$, der Zeiger der Differenz ist gleich der Differenz der Zeiger. Verschwindet die Differenz zweier Schwingungen, ist also $s_1 - s_2 = 0$, dann ist $s_1 = s_2$ und die beiden Schwingungen sind identisch. In diesem Falle gilt auch

$$\mathfrak{S}_1 = \mathfrak{S}_2,$$

d. h. die Zeiger identischer Schwingungen sind ebenfalls identisch.

In gleicher Weise überlegt man, daß das Verschwinden der Summe mehrerer Schwingungen, also

$$\sum_{\nu=1}^{n} s_\nu = 0 \qquad (1.22)$$

verlangt, daß die Summe der Zeiger verschwindet, daß also

$$\sum_{\nu=1}^{n} \mathfrak{S}_\nu = 0 \qquad (1.23)$$

ist. Eine komplexe Zahl verschwindet nur dann, wenn sowohl der Realteil als auch der Imaginärteil verschwinden, d. h. aus Gl. (1.23) folgt, daß

$$\left.\begin{array}{l} \displaystyle\sum_{\nu=1}^{n} \text{Realteil } \mathfrak{S}_\nu = 0 \\[2mm] \text{und} \\[2mm] \displaystyle\sum_{\nu=1}^{n} \text{Imaginärteil } \mathfrak{S}_\nu = 0\,. \end{array}\right\} \qquad (1.24)$$

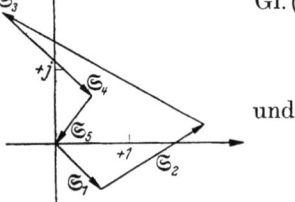

Abb. 10.
$\mathfrak{S}_1 + \mathfrak{S}_2 + \mathfrak{S}_3 + \mathfrak{S}_4 + \mathfrak{S}_5 = 0$
Verschwindende Summe von Zeigern

Die Summe einer Anzahl von Zeigern findet man durch Aneinanderreihen der Zeiger zu einem Polygonzug als den Zeiger vom Anfangspunkt des Polygons zum Endpunkt des letzten der aneinandergereihten Zeiger. Soll die Summe der Zeiger verschwinden, dann muß der Polygonzug geschlossen sein. Gl. (1.23) ist gleichbedeutend mit der Forderung, daß die n Zeiger $\mathfrak{S}_\nu$ einen geschlossenen Polygonzug bilden, wie das für ein Beispiel in Abb. 10 dargestellt ist.

c) Addition und Multiplikation von Zeigern

Bei der Multiplikation von komplexen Zahlen sind die Beträge zu multiplizieren und die Winkel zu addieren, wie aus

$$\mathfrak{S}_1 \mathfrak{S}_2 = S_1 \mathrm{e}^{-\mathrm{j}\varphi_1} S_2 \mathrm{e}^{-\mathrm{j}\varphi_2} = S_1 S_2 \mathrm{e}^{-\mathrm{j}(\varphi_1 + \varphi_2)} \qquad (1.25)$$

erkennbar ist. Die Addition der Winkel bedeutet eine Verdrehung des resultierenden Zeigers in Abhängigkeit von der Phasenlage der einzelnen Zeiger zur reellen Achse. Da bei Zeigern diese Phasenlage von der willkürlichen Wahl des Anfangspunktes der Zeitzählung abhängt, so wird auch die Lage des Produktes zweier Zeiger von dieser Wahl beeinflußt. Deshalb ist das Produkt zweier Zeiger im allgemeinen ohne physikalische Bedeutung. Es tritt jedoch in unseren Rechnungen vielfach der Fall auf, daß ein Zeiger mit einer komplexen Zahl oder Größe, die keinen Zeiger und somit keine schwingende Größe darstellt, multipliziert wird. Da der Winkel dieser komplexen Zahlen oder Größen unabhängig von dem Anfangspunkt der Zeitzählung ist, so beeinflußt dieser nicht weiter das Produkt und dieses hat eine davon unabhängige Bedeutung.

Die Multiplikation eines Zeigers mit einer reellen Zahl ergibt eine Vergrößerung seines Betrages. Die Multiplikation mit der imaginären Einheit j führt wegen $\mathrm{j} = \mathrm{e}^{\mathrm{j}\frac{\pi}{2}}$ zu einer Drehung des Zeigers um $\pi/2$ im positiven Sinne, d.h. zu einer zeitlichen Verschiebung um eine Viertelperiode voreilend (Abb. 11). Die Multiplikation mit $\mathrm{e}^{\mathrm{j}\varphi}$ ergibt eine Verdrehung des Zeigers um den Winkel φ im positiven Sinne.

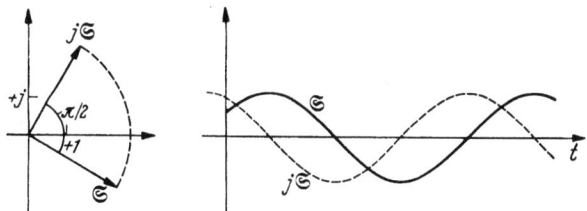

Abb. 11. Multiplikation eines Zeigers mit der imaginären Einheit

Ein von der Wahl des Nullpunktes der Zeitzählung unabhängiges Ergebnis erhält man, wenn man einen Zeiger mit der konjugiert komplexen Größe eines anderen Zeigers multipliziert, da dann die Differenz der Phasenwinkel als Winkel des Ergebnisses auftritt, wie

$$\mathfrak{S}_1 \mathfrak{S}_2^* = S_1 S_2 \mathrm{e}^{-\mathrm{j}(\varphi_1 - \varphi_2)} \qquad (1.26)$$

zeigt. Im Sonderfall des Produktes eines Zeigers mit seinem eigenen konjugiert komplexen Wert erhält man das Quadrat des Betrages des Zeigers, nämlich

$$\mathfrak{S}\mathfrak{S}^* = S^2 \mathrm{e}^{-\mathrm{j}(\varphi - \varphi)} = S^2. \qquad (1.27)$$

2. Wechselstrom und Wechselspannung

a) Strom, Spannung, Leistung

In der Elektrotechnik versteht man unter einem Wechselstrom im allgemeinen einen Strom, der im Sinne des Kap. 1 sinusförmig schwingt.

Es ist üblich, Ströme mit dem Buchstaben i zu bezeichnen, so daß die Gleichung eines solchen Stromes nach Gl. (1.01)

$$i = \hat{I} \cos(\omega t - \psi) \tag{2.01}$$

lautet. Die Frequenz des technischen Wechselstromes ist in Europa 50 Hz mit $\omega = 314\,\text{sec}^{-1}$, in Amerika jedoch 60 Hz mit $\omega = 377\,\text{sec}^{-1}$. Wenn man die Größe eines Wechselstromes angibt, so nennt man stets den Effektivwert mit der üblichen Bezeichnung I. Auch bei der Zeigerdarstellung wird der Effektivwert benutzt, so daß also

$$\mathfrak{I} = I\,e^{-j\psi} = I(\cos\psi - j\sin\psi) \tag{2.02}$$

ist.

Man benutzt den Ausdruck Wechselstrom oft auch in einem allgemeinen Sinne, nämlich für nicht sinusförmige periodische Ströme, für solche mit einem Gleichstromanteil, bei denen also der Mittelwert über eine Periode nicht verschwindet, und schließlich auch für fast periodische Ströme, also Ströme, deren Amplituden sich von Periode zu Periode ändern. In allen diesen Fällen ist es aber zweckmäßig auf diese Ausdehnung der Bezeichnung „Wechselstrom" besonders hinzuweisen.

Für Spannungen benutzen wir im allgemeinen den Buchstaben u. Für die Bezeichnung der Wechselspannung gelten die gleichen Bemerkungen wie oben für den Wechselstrom. Eine Wechselspannung ist dann durch

$$u = \hat{U} \cos(\omega t - \chi) \tag{2.03}$$

bestimmt und der zugehörige Zeiger ist

$$\mathfrak{U} = U\,e^{-j\chi}. \tag{2.04}$$

Das Produkt von Strom und Spannung stellt die Leistung dar, die in einem Stromkreis, in dem beide wirken, umgesetzt wird. Die Leistung in einem Wechselstromkreis ist

$$\left.\begin{aligned}u\,i &= \hat{U}\hat{I}\cos(\omega t - \chi)\cos(\omega t - \psi) \\ &= \tfrac{1}{2}\hat{U}\hat{I}[\cos(2\omega t - \psi - \chi) + \cos(\psi - \chi)].\end{aligned}\right\} \tag{2.05}$$

Sie pulsiert mit der doppelten Frequenz und hat einen von Null verschiedenen Mittelwert (Abb. 12). Während der schwingende Anteil der Leistung ein Hin- und Herfluten von Leistung darstellt, ist der Mittelwert die umgesetzte Leistung. Sie ist positiv, wenn der Phasenwinkel

$$\varphi = \psi - \chi$$

zwischen Strom und Spannung zwischen $+\pi/2$ und $-\pi/2$ liegt. Führt man die Effektivwerte ein, so ist der Mittelwert

$$P = UI \cos\varphi.\qquad(2.06)$$

Man nennt ihn die Wirkleistung, während man das Produkt

$$P_S = UI \qquad(2.07)$$

als Scheinleistung und das Produkt

$$P_B = UI \sin\varphi \qquad(2.08)$$

als Blindleistung bezeichnet. Aus Gl. (2.05) folgt, daß die Amplitude der schwingenden Leistung gleich der Scheinleistung ist. Schreibt man an Stelle von Gl. (2.05)

$$ui = UI \cos(2\omega t - \psi - \chi) + UI \cos\varphi$$
$$= UI \cos\varphi \cos 2(\omega t - \chi) + UI \sin\varphi \sin 2(\omega t - \chi) + UI \cos\varphi,$$

so erkennt man, daß sich der schwingende Anteil der Leistung aus einer Kosinusschwingung mit einer Amplitude gleich der Wirkleistung und

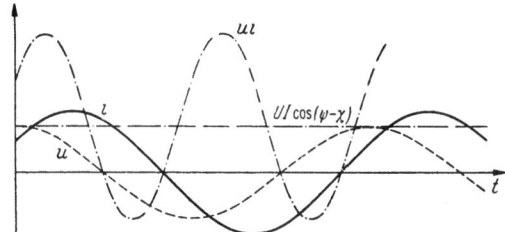

Abb. 12. Produkt: Wechselstrom mal Wechselspannung

einer Sinusschwingung mit einer Amplitude gleich der Blindleistung zusammensetzt. Aus Gl. (2.06) bis Gl. (2.08) folgt noch

$$P_S^2 = P^2 + P_B^2.\qquad(2.09)$$

Zur Berechnung der Wirkleistung und der Blindleistung aus den Zeigern von Strom und Spannung betrachten wir die Produkte

$$\mathfrak{U}\mathfrak{I}^* = UI\, e^{-j(\chi-\psi)} = UI(\cos\varphi + j\sin\varphi)$$
$$\mathfrak{U}^*\mathfrak{I} = UI\, e^{+j(\chi-\psi)} = UI(\cos\varphi - j\sin\varphi).$$

Es ist also

$$P = \frac{1}{2}(\mathfrak{U}\mathfrak{I}^* + \mathfrak{U}^*\mathfrak{I})\qquad(2.10)$$

und

$$P_B = \frac{1}{2j}(\mathfrak{U}\mathfrak{I}^* - \mathfrak{U}^*\mathfrak{I}).\qquad(2.11)$$

An Stelle von Gl. (2.10) kann man auch schreiben $P = Re(\mathfrak{U}\mathfrak{J}^*)$ und an Stelle von Gl. (2.11) $P_B = Im(\mathfrak{U}\mathfrak{J}^*)$.

Wir bemerken noch, daß nach Gl. (2.08) die Blindleistung proportional der Fläche des zwischen den Zeigern $\mathfrak{U}$ und $\mathfrak{J}$ in der Zahlenebene aufgespannten Dreiecks ist (Abb. 13), während man eine der Wirkleistung proportionale Dreiecksfläche erhält, wenn man einen der Zeiger um $\pi/2$ dreht. Die Wirkleistung erreicht ihr Maximum, wenn Strom und Spannung in Phase sind, d. h. wenn $\varphi = 0$, bzw. ein Minimum, wenn $\varphi = \pi$. Sie verschwindet für $\varphi = \pm \pi/2$. Die Blindleistung weist Extremwerte für $\varphi = \pm \pi/2$ auf und verschwindet für $\varphi = 0$ und $\varphi = \pi$. Wirk- und Blindleistung können sowohl mit positivem als auch mit negativem Vorzeichen auftreten.

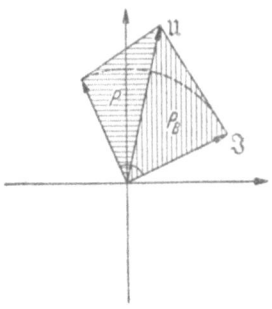

Abb. 13. Darstellung von Wirk- und Blindleistung im Zeigerdiagramm

Die Bedeutung der Vorzeichen hängt von der Festsetzung der Vorzeichengebung bei Strom und Spannung ab.

b) Vorzeichen von Strom und Spannung, Zählpfeile

Ein elektrischer Strom besteht in der Bewegung von Ladungsträgern, und obwohl man weiß, daß bei der Leitung in Metallen vorwiegend Elektronen, also negative Ladungsträger, an der Strömung beteiligt sind, hat man an der Festsetzung, daß die positive Stromrichtung die der Bewegung der positiven Ladungen ist, einheitlich festgehalten. Wenn man daher sagt, daß ein Strom von A nach B fließt, so meint man stets, daß sich positive Ladungsträger von A nach B und negative von B nach A bewegen. Die durch die Bewegung der Ladungsträger festgelegte Richtung des Stromes nennt man die physikalische Richtung des Stromes. Zu ihr kommt noch die geometrische Richtung, die nichts anderes ist als die Orientierung der physikalischen Richtung im Raum.

Das einfachste Element, aus dem sich elektrische Stromkreise oder, wie man häufig sagt, Netze aufbauen, ist der elektrische Zweipol. Man versteht darunter einen abgeschlossenen Raum, der mit dem übrigen Raum weder elektrisch noch magnetisch in Verbindung steht mit Ausnahme von zwei Punkten, den Polen oder Klemmen, mit denen er an andere Elemente des Stromkreises elektrisch (aber nicht magnetisch!) angeschlossen ist. Wird nun ein solcher Zweipol von einem Strom durchflossen, so ist es zur eindeutigen Kennzeichnung der Stromrichtung notwendig, die beiden Klemmen des Zweipoles zu unterscheiden, beispielsweise dadurch, daß man sie mit den Ziffern 1 und 2 versieht und festlegt, daß die positive Richtung in dem Zweipol die Richtung von 1 nach 2 sein soll. Um in den Schaltbildern diese Vorzugsrichtung der einzelnen Zweipole zu kennzeichnen, zeichnet man entweder in den Zweipol oder neben ihn einen Pfeil, den man den Zählpfeil nennt (Abb. 14). Stimmt nun die physikalische Richtung eines Stromes durch den Zweipol mit der Zählpfeilrichtung überein, so sagt man, der Strom im Zweipol sei positiv. Diese Festsetzung gilt zunächst für den Momentanwert von Strömen. Bei Wechselströmen, bei denen der Strom seine Richtung

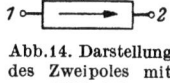

Abb. 14. Darstellung des Zweipoles mit Zählpfeil

von Halbperiode zu Halbperiode ändert, genügt es, noch hinzuzunehmen, daß ein Wechselstrom als positiv gilt, wenn er im Zeitpunkt $t=0$ positiv ist. Diese Anweisung versagt, wenn der Nulldurchgang des Stromes in den Zeitpunkt $t=0$ fällt. Man kann dann denselben Strom entweder als positiven um $\pi/2$ nacheilenden oder als negativen um $\pi/2$ voreilenden Strom auffassen. Im allgemeinen wird man die Betrachtung als positiven Strom dabei vorziehen. Die Abhängigkeit der Stromrichtung von der willkürlichen Wahl des Nullpunktes der Zeitzählung ist bei der angegebenen Art der Vorzeichenfestsetzung für Wechselströme belanglos, da eine eventuelle Änderung des Nullpunktes der Zeitzählung alle Wechselströme (und Wechselspannungen) betrifft und die relative Zuordnung der Vorzeichen, die allein von Bedeutung ist, davon unberührt bleibt. Untersucht man die Zeigerdarstellung der nach obigen Festsetzungen als positiv zu kennzeichnenden Ströme, so findet man nach Gl. (2.02), daß alle diese Ströme positive Realteile haben. Man betrachtet daher innerhalb eines Zweipoles alle Ströme als von gleicher Richtung, wenn sie gleiche Vorzeichen des Realteiles aufweisen.

Die Spannung ist als das Linienintegral der meist mit $\mathfrak{E}$ bezeichneten elektrischen Feldstärke definiert. Für die Spannung zwischen zwei Punkten 1 und 2 erhält man zwei Werte, nämlich

$$u_{12} = \int_1^2 \mathfrak{E}\, d\mathfrak{s} \quad \text{und} \quad u_{21} = \int_2^1 \mathfrak{E}\, d\mathfrak{s},$$

die einander entgegengesetzt gleich sind. Um die dadurch mögliche Zweideutigkeit der Richtungsbestimmung der Spannung zu vermeiden, setzen wir fest, daß wir jene Richtung als physikalische Richtung der Spannung längs des Integrationsweges betrachten, bei der das Linienintegral

$$u = \int \mathfrak{E}\, d\mathfrak{s} \tag{2.12}$$

einen positiven Wert ergibt. In einem homogenen Feld stimmt die Richtung der Spannung dann mit der der Feldstärke überein. In einem wirbelfreien Feld ist die Feldstärke der negative Gradient des Potentials φ, also

$$\mathfrak{E} = -\operatorname{grad} \varphi. \tag{2.13}$$

Damit folgt aus der obigen Festsetzung, daß die physikalische Richtung der Spannung vom Punkt des höheren Potentials zu dem des niedrigeren gerichtet ist.

Die elektromotorische Kraft (EMK) ist der Spannung entgegengesetzt. Für sie gilt
$$e = -\int \mathfrak{E}\,d\mathfrak{s} \tag{2.14}$$
und wir legen die physikalische Richtung der elektromotorischen Kraft daher in jene Richtung, in der Gl. (2.14) einen positiven Wert ergibt, also im wirbelfreien Feld vom niedrigeren zum höheren Potential gerichtet.

Wendet man die obigen Festsetzungen auf einen einfachen Stromkreis (Abb. 15), bestehend aus einer Gleichstromquelle S und einem OHMschen Widerstand R, an, so findet man, daß die Richtung der Spannung in der Stromquelle entgegengesetzt der des Stromes ist, während in dem Widerstand die Richtungen übereinstimmen. Beziehen wir die Spannung auf denselben Zählpfeil wie den Strom, so müssen wir ihr in der Stromquelle das negative Vorzeichen zuordnen. Da es nun unserer Vorstellung widerstrebt, einer Stromquelle eine negative Spannung zuzuschreiben, so hat man verschiedene Vorschläge gemacht, um eine Vorzeichenumkehr der Spannung zu bewirken, beispielsweise dadurch, daß man getrennte, zum mindesten in den Stromquellen entgegengesetzte Zählpfeile für Strom und Spannung verwendet. Jede Vorzeichenumkehr einer Spannung bedeutet aber im Grunde nichts anderes, als daß man statt mit der Spannung mit der elektromotorischen Kraft rechnet. Die verschiedenen Vorschläge zur Vorzeichengebung, die alle eine Vorzeichenumkehr der Spannung in den Stromquellen bewirken sollen, dienen dann nur mehr dazu, die Bezeichnung „Spannung" weiterhin verwenden zu dürfen. Um alle Zweifel bezüglich der Vorzeichenfestsetzung ein für allemal zu beheben, erklären wir, daß wir grundsätzlich mit den elektromotorischen Kräften rechnen. Da für diese aber kein praktisches Wort existiert, so verwenden wir dafür weiterhin das Wort Spannung. Falls notwendig sprechen wir auch genauer von einer *erzeugten* Spannung.

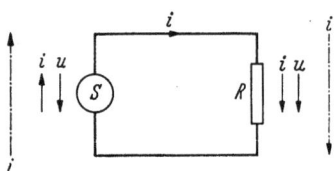

Abb. 15. Richtungen von Strom und Spannung in einem einfachen Stromkreis
Physikalische Richtungen ⎯⎯⎯→
Zählpfeile ⎯ · ⎯ · ⎯→

Überall, wo im folgenden von Spannungen gesprochen wird, handelt es sich tatsächlich um elektromotorische Kräfte im Sinn von Gl. (2.14) und daher sind alle diese *Spannungen vom niedrigeren zum höheren Potential gerichtet*.

Wir sind uns dessen bewußt, daß wir uns mit diesen Festlegungen zunächst in Gegensatz zu der theoretischen Definition der Spannung befinden. Wir sind jedoch der Ansicht, daß es keinen Unterschied ergibt, ob man die Vorzeichenumkehr durch zusätzliche besondere Zählpfeile für die Spannung oder vielleicht auch dadurch erreicht, daß man die Spannung statt längs eines Weges durch den Zweipol über den äußeren Kreis nimmt oder so wie wir es vorschlagen, dadurch bewirkt, daß wir statt der Spannung die EMK verwenden. Die Berechtigung unseres Vorgehens wird dadurch erwiesen, daß wir auf dem vorgeschlagenen Weg zu genau den gleichen Ergebnissen kommen wie bei den anderen Vorschlägen, nur erscheint uns der von uns vorgeschlagene Weg der direkte und besser geeignete, um Zweifel zu vermeiden.

Wir legen ferner fest, daß wir grundsätzlich den gleichen Zählpfeil für Strom und Spannung benutzen wollen. Da wir diesen Zählpfeil so weit wie möglich immer in die Richtung des Stromes legen werden, sofern uns diese bekannt ist, so brauchen wir normalerweise nur diese in die Schaltbilder einzuzeichnen und es erübrigt sich in solchen Fällen die gesonderte Angabe der Zählpfeile.

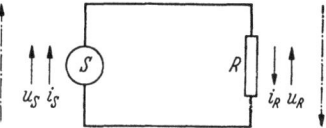

Abb. 16. Einfacher Stromkreis mit Zählpfeilen in Stromrichtung

Physikalische Richtungen ⎯⎯⎯⎯→
Zählpfeile ⎯·⎯·⎯·⎯→

Wir machen noch auf folgendes aufmerksam. Liegt die einfache Zusammenschaltung einer Stromquelle und eines Verbrauchers wie in Abb. 16 vor, so ergeben sich die eingezeichneten physikalischen Richtungen für die Ströme und die (erzeugte) Spannung. Wählen wir nun, wie man das gewöhnlich macht, die Zählpfeile im ganzen Kreis so, daß die Ströme positiv bleiben, also daß

$$i_S = i_R$$

dann gilt für die Spannungen

$$u_S = -u_R.$$

Da u_R eine Funktion von i_R ist, also

$$u_R = f(i_R),$$

so tritt eine Vorzeichenumkehr ein, wenn wir den Zusammenhang zwischen u_S und i_R betrachten, denn es muß

$$u_S = -f(i_R)$$

sein. Von dieser Vertauschung der Spannung des Verbrauchers mit der der Stromquelle und der damit verbundenen Vorzeichenumkehr werden wir gelegentlich Gebrauch machen. Um in solchen Fällen u_R und u_S zu unterscheiden, kann u_R die im Verbraucher R (durch den Strom i_R) *erzeugte* Spannung, u_S die dem Verbraucher *aufgedrückte* Spannung genannt werden. Bei Wechselspannungen gehen wir in gleicher Weise vor wie bei den Wechselströmen. Eine Wechselspannung gilt demnach als positiv, wenn es ihr Realteil ist.

c) Einfache Zweipole, Widerstand, Selbstinduktivität, Kapazität

Der einfachste Zweipol ist der OHMsche Widerstand. In ihm sind Strom und Spannung in jedem Zeitpunkt proportional. Wegen unserer Vorzeichenfestsetzung müssen wir

$$u = -Ri \tag{2.15}$$

schreiben, denn bei einem positiven Strom durch den Widerstand muß die Eingangsklemme ein höheres Potential aufweisen als die Ausgangsklemme. Die Richtung der Spannung ist also von der Ausgangsklemme zur Eingangsklemme und damit entgegengesetzt zu der mit der Stromrichtung übereinstimmenden Zählpfeilrichtung. Die Übersetzung von Gl. (2.15) in die komplexe Schreibweise macht keine Schwierigkeiten. Aus Gl. (2.01) folgen

$$u = -R\hat{I}\cos(\omega t - \psi)$$

und

$$\boxed{\mathfrak{U} = -R\mathfrak{J}.} \tag{2.16}$$

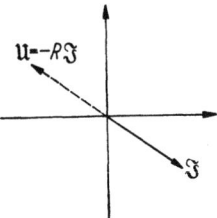

Abb. 17. Zeigerdiagramm eines OHMschen Widerstandes

Man sagt, Strom und Spannung sind in Phase (richtiger in Gegenphase). Abb. 17 zeigt das zugehörige Zeigerdiagramm. Berechnen wir die Leistung an dem Widerstand, so folgt aus Gl. (2.06), daß $P < 0$. Nach unserer Vorzeichenfestsetzung ist eine negative Leistung immer ein Zeichen dafür, daß die Leistung in dem betrachteten Gebilde verbraucht, d.h. dem elektrischen Kreis entzogen und in eine andere Energieform verwandelt wird, so wie dies eben bei dem OHMschen Widerstand bei der Umsetzung der elektrischen Leistung in JOULEsche Wärme geschieht. Negative Leistung ist das Kennzeichen des Verbrauchers, während positive Leistung ein Kennzeichen eines Erzeugers, eines Generators, ist, der das elektrische Netz mit Leistung versieht. Der Erzeuger speist das Netz, der Verbraucher belastet es.

Wir berechnen die Leistung in dem OHMschen Widerstand auf komplexem Wege nach Gl. (2.10) und erhalten

$$P = -R\mathfrak{J}\mathfrak{J}^* = -I^2 R. \tag{2.17}$$

Der nächste Zweipol, den wir behandeln wollen, ist die Selbstinduktivität, und zwar in der Form der Luftdrosselspule, bei der strenge Proportionalität zwischen der Spannung und dem Differentialquotienten des Stromes nach der Gleichung

$$u = -L\frac{di}{dt} \tag{2.18}$$

besteht. Das negative Vorzeichen wird dadurch nachgewiesen, daß er-

c) Einfache Zweipole, Widerstand, Selbstinduktivität, Kapazität

fahrungsgemäß ein ansteigender Strom ein höheres Potential an der Eingangsklemme erfordert. Folgt i der Gl. (2.01), dann ist

$$u = \omega L \hat{I} \sin(\omega t - \psi) = \omega L \hat{I} \cos\left(\omega t - \psi + \frac{\pi}{2}\right). \tag{2.19}$$

Die Spannung eilt dem Strom um $\pi/2$ nach, wie Abb. 18 zeigt.

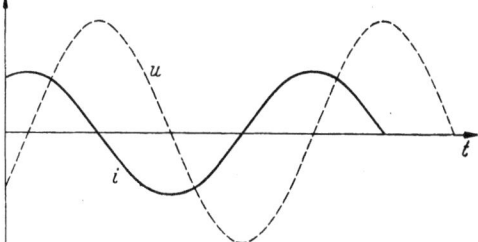

Abb. 18. Strom und Spannung einer Drosselspule

Diese Bemerkung scheint im Widerspruch zu stehen mit der vielfach üblichen Ausdrucksweise, daß eine Drossel einen nacheilenden Strom aufweist. Bei dieser Aussage vergleicht man aber die Phasenlage des Stromes mit der Phasenlage der Spannung der speisenden Wechselstromquelle, die sich als um 180° gegen die Spannung an der Drosselspule verschoben ergibt, wenn man die Vorzeichenbetrachtung konsequent durchführt.

Für die Übersetzung von Gl. (2.19) in die Zeigerdarstellung gehen wir auf Gl. (1.14) zurück. Danach ist

$$i = \frac{1}{2}\left(\hat{\mathfrak{J}} e^{j\omega t} + \hat{\mathfrak{J}}^* e^{-j\omega t}\right) \tag{2.20}$$

und daher

$$u = -\frac{1}{2} L \left(j\omega \hat{\mathfrak{J}} e^{j\omega t} - j\omega \hat{\mathfrak{J}}^* e^{-j\omega t}\right). \tag{2.21}$$

Nun ist $-j\omega \mathfrak{J}^*$ der konjugiert komplexe Ausdruck von $j\omega \mathfrak{J}$, wie man sich durch Ersetzen von $\mathfrak{J}$ durch $a + jb$ sofort überzeugt. Wir können daher für Gl. (2.21)

$$u = \frac{1}{2}\left(\hat{\mathfrak{u}} e^{j\omega t} + \hat{\mathfrak{u}}^* e^{-j\omega t}\right) \tag{2.22}$$

schreiben und schließen daraus, daß

$$\boxed{\mathfrak{u} = -j\omega L \mathfrak{J}.} \tag{2.23}$$

Die Multiplikation mit $-j$ stellt die Drehung durch $-\pi/2$, also die Phasenverschiebung um $-\pi/2$ dar (Abb. 19). Das Verhältnis der Effektivwerte ist durch ωL gegeben.

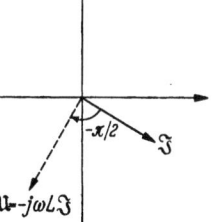

Abb. 19. Zeigerdiagramm einer Selbstinduktivität

Aus Gl. (2.17) folgt, daß die Wirkleistung an der Drossel verschwindet. Die Blindleistung ist

$$P_B = U I \sin\left(-\frac{\pi}{2}\right) = -\omega L I^2. \tag{2.24}$$

Die komplexe Berechnung nach Gl. (2.11) liefert

$$P_B = \frac{1}{2j}(-j\omega L \mathfrak{J}\mathfrak{J}^* - j\omega L \mathfrak{J}^*\mathfrak{J}) = -\omega L \mathfrak{J}\mathfrak{J}^*$$

2 Hochrainer, Symmetrische Komponenten

in Übereinstimmung mit Gl. (2.24). Da aus unserer Vorzeichenfestsetzung für eine Induktivität ein negatives Vorzeichen der Blindleistung zustande kommt, so bezeichnen wir allgemein negative Blindleistungen als induktive Blindleistungen.

Es bleibt uns noch die dritte Art der einfachen Zweipole, nämlich die Kapazität in der Form eines Kondensators zu behandeln. Für sie gilt

$$u = -\frac{1}{C}\int_{-\infty}^{t} i\, dt. \tag{2.25}$$

Das negative Vorzeichen folgt daraus, daß ein positiver Strom in dem Kondensator das Potential der Eingangsklemme erhöht.

Für einen Strom nach Gl. (2.01) folgt daraus

$$u = -\frac{\hat{I}}{C}\int_{-\infty}^{t}\cos(\omega t - \psi)\, dt = -\frac{\hat{I}}{\omega C}\sin(\omega t - \psi)\Big|_{-\infty}^{t}.$$

Wir können nun ohne weiteres annehmen, daß der Kondensator zur Zeit $t = -\infty$ ungeladen war, so daß

$$u = -\frac{1}{\omega C}\hat{I}\sin(\omega t - \psi) = \frac{1}{\omega C}\hat{I}\cos\left(\omega t - \psi + \frac{\pi}{2}\right). \tag{2.26}$$

Die Spannung am Kondensator eilt dem Strom um $\pi/2$ vor (Abb. 20).

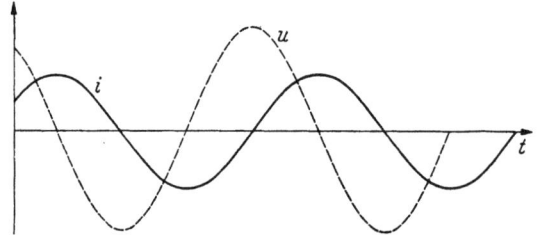

Abb. 20. Strom und Spannung eines Kondensators

Für die Zeigerdarstellung gehen wir wieder von der Darstellung des Stromes nach Gl. (2.20) aus und finden

$$u = -\frac{1}{2C}\left(\frac{\hat{\mathfrak{J}}}{j\omega}e^{j\omega t} + \frac{\hat{\mathfrak{J}}^*}{-j\omega}e^{-j\omega t}\right) \tag{2.27}$$

und in ähnlicher Weise wie bei der Gewinnung von Gl. (2.21)

$$\boxed{\mathfrak{U} = -\frac{1}{j\omega C}\mathfrak{J}.} \tag{2.28}$$

Da $-1/j = j$, so ist die Spannung um den Winkel $+\pi/2$ gegenüber dem

d) Allgemeiner linearer Zweipol, Impedanz, Leitwert

Strom gedreht und daher eilt die Spannung um $\pi/2$ vor (Abb. 21). (Man zieht es bei der Rechnung häufig vor, die Faktoren des Produktes $j\omega$ so weit wie möglich nicht zu trennen!)

Die Kapazität nimmt keine Wirkleistung auf, sondern zeigt nur eine Blindleistung

$$P_B = UI = \frac{1}{\omega C} I^2. \qquad (2.29)$$

Die komplexe Berechnung

$$P_B = \frac{1}{2j} \left(-\frac{1}{j\omega C} \mathfrak{I}\mathfrak{I}^* - \frac{1}{j\omega C} \mathfrak{I}^*\mathfrak{I} \right) = \frac{1}{\omega C} I^2$$

liefert das gleiche Ergebnis. Positive Blindleistungen werden als kapazitive Blindleistungen bezeichnet.

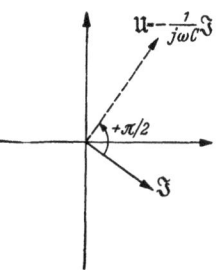

Abb. 21. Zeigerdiagramm einer Kapazität

Aus den Zeigerdarstellungen des Zusammenhanges zwischen Strom und Spannung für die Selbstinduktivität und für die Kapazität erkennen wir einen wesentlichen Vorteil der Zeigerdarstellung, nämlich, daß an die Stelle der Differentiation die Multiplikation mit $j\omega$ und an die Stelle der Integration die Division durch $j\omega$ tritt. Aus den Differentialgleichungen werden auf diese Weise algebraische Gleichungen. Dieser Tatsache zusammen mit der in Kap. 1 festgestellten Möglichkeit der einfachen Summation verdankt die komplexe Rechnung, d. h. die Zeigerdarstellung, ihre Anwendung in der Wechselstromtechnik und allgemein in der Schwingungstechnik.

d) Allgemeiner linearer Zweipol, Impedanz, Leitwert

Die Beispiele der einfachsten Zweipole zeigen, daß bei ihnen die Effektivwerte und damit auch die Zeiger von Strom und Spannung einander proportional sind. Solche Zweipole bezeichnet man als *lineare Zweipole*. Der allgemeine Ausdruck für die Stromspannungsgleichung eines linearen Zweipoles ist

$$\mathfrak{U} = -Z\mathfrak{I}. \qquad (2.30)$$

Man nennt Z die Impedanz oder den komplexen Widerstand des Zweipoles. Sie ist im allgemeinen eine komplexe Größe, die eine Funktion der Kreisfrequenz ist

$$Z = Z(\omega). \qquad (2.31)$$

Ihren Reziprokwert

$$Y = \frac{1}{Z} \qquad (2.32)$$

nennt man den (komplexen) Leitwert. Es ist üblich, rein imaginäre Impedanzen wie $j\omega L$ oder $1/j\omega C$ mit jX zu bezeichnen. Ihr Betrag X (ωL bzw. $1/\omega C$) wird als Blindwiderstand bezeichnet. Sowohl X als auch

jX werden Reaktanz benannt, wobei diese Bezeichnung vorwiegend für ωL bzw. $j\omega L$ angewandt wird.

Manche Autoren beschränken die Bezeichnung Impedanz auf das Argument $|Z|$ von Z und nennen Z selbst einen Operator oder Widerstandsoperator aus der Auffassung heraus, daß der hinter der komplexen Multiplikation von $\mathfrak{J}$ mit Z stehende Zusammenhang zwischen Strom und Spannung im allgemeinen durch einen Differentiations- oder Integrationsprozeß bewirkt wird und Z im Sinne eines Differentialoperators diesen Prozeß zum Ausdruck bringt. Wir schließen uns dieser Ausdrucksweise nicht an, weil wir keine Bedenken haben, Z genau so wie $\mathfrak{U}$ und $\mathfrak{J}$ als konkrete Darstellung der wirklichen Größen aufzufassen.

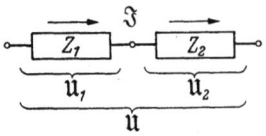

Abb. 22. Reihenschaltung von Zweipolen

Durch Zusammenschalten von mehreren einfachen Zweipolen kann man kompliziertere Zweipole herstellen. Bei der Vereinigung von zwei Zweipolen gibt es die beiden Möglichkeiten der Reihenschaltung und der Parallelschaltung. Im ersten Fall wird die Ausgangsklemme des einen Zweipoles, z. B. Z_1, mit der Eingangsklemme des anderen Zweipoles Z_2 verbunden. Beide Zweipole werden von demselben Strom $\mathfrak{J}$ durchflossen (Abb. 22). Die Gesamtspannung ist gleich der Summe der beiden Einzelspannungen $\mathfrak{U}_1 + \mathfrak{U}_2$, so daß

$$\mathfrak{U} = \mathfrak{U}_1 + \mathfrak{U}_2 = -Z_1 \mathfrak{J} - Z_2 \mathfrak{J} = -(Z_1 + Z_2)\mathfrak{J}.$$

Daher ist die resultierende Impedanz der Reihenschaltung

$$\boxed{Z = Z_1 + Z_2.} \tag{2.33}$$

Gl. (2.33) gilt für alle Arten von Zweipolen, also auch z. B. für die Reihenschaltung eines Widerstandes R und einer Selbstinduktivität L. Die resultierende Impedanz ist in diesem Fall

$$Z = R + j\omega L.$$

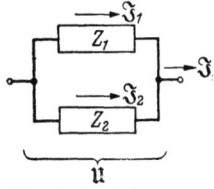

Abb. 23. Parallelschaltung von Zweipolen

Es ist dies ein weiterer entscheidender Vorteil der komplexen Darstellung, daß man die komplexen Impedanzen bei Wechselstrom so behandeln darf wie Widerstände in einem Gleichstromkreis.

Bei der Parallelschaltung (Abb. 23) liegt an beiden Zweipolen dieselbe Spannung $\mathfrak{U}$, während die Ströme $\mathfrak{J}_1$ und $\mathfrak{J}_2$ zu addieren sind. Es ist daher

$$\mathfrak{J} = \mathfrak{J}_1 + \mathfrak{J}_2 = -\left(\frac{1}{Z_1} + \frac{1}{Z_2}\right)\mathfrak{U} = -Y\mathfrak{U}$$

und daher gilt für die Parallelschaltung

$$\boxed{Y = Y_1 + Y_2} \tag{2.34}$$

a) Wechselstromquelle, Leerlaufspannung, innerer Widerstand

oder
$$\frac{1}{Z} = \frac{1}{Z_1} + \frac{1}{Z_2},$$

woraus

$$\boxed{Z = \frac{Z_1 Z_2}{Z_1 + Z_2}} \qquad (2.35)$$

folgt. Bei der Parallelschaltung sind die Leitwerte zu addieren.

Ist $Z_1 = j\omega L$ und $Z_2 = 1/j\omega C$, so erhalten wir für die Parallelschaltung

$$Y = \frac{1}{j\omega L} + j\omega C = \frac{1 - \omega^2 LC}{j\omega L}.$$

Y verschwindet, wenn $\omega = 1/\sqrt{LC}$.

In diesem Fall stellt die Parallelschaltung einen unendlich großen Widerstand dar und man nennt eine solche Anordnung einen Sperrkreis.

3. Einphasen- und Mehrphasensystem

a) Wechselstromquelle, Leerlaufspannung, innerer Widerstand

Ein elektrisches Netzwerk braucht zu seinem Aufbau eine oder mehrere Spannungs- oder Stromquellen, die bei den für die Energieübertragung verwandten Netzen immer durch elektrische Maschinen, Generatoren, verwirklicht sind, welche mechanische Energie in elektrische Energie verwandeln. In den heutigen Energieübertragungssystemen verwendet man fast ausschließlich Generatoren, welche eine von dem normalen Belastungsstrom nur wenig abhängige Spannung liefern. In einem großen Bereich läßt sich diese Abhängigkeit der Klemmenspannung des Generators von dem Belastungsstrom in der Form

$$\mathfrak{U} = \mathfrak{U}_L - Z_i \mathfrak{J} \qquad (3.01)$$

darstellen. Man nennt dann $\mathfrak{U}_L$ die Leerlaufspannung und Z_i den inneren Widerstand (die Innenimpedanz) der Maschine. Für die Berechnung des Zusammenwirkens eines solchen Generators mit dem übrigen Netz ist es zulässig, den Generator durch eine widerstandslose Spannungsquelle mit der konstanten Spannung $\mathfrak{U}_L$ in Reihe mit einer dem inneren Widerstand entsprechenden Impedanz darzustellen (Abb. 24). Die innere Impedanz weist im allgemeinen einen reellen (OHMschen) und einen imaginären (induktiven) Anteil auf, von denen zum mindesten der letztere von einer Anzahl von Parametern des Betriebes der Maschine abhängt. In vielen Fällen ist es zulässig, den

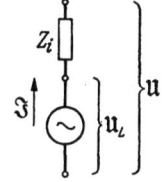

Abb. 24.
Darstellung eines Wechselstromgenerators mit innerem Widerstand

OHMschen Anteil zu vernachlässigen, so daß der innere Widerstand durch eine Reaktanz X allein dargestellt werden kann. Es ist ferner üblich, diese Reaktanz nicht als Widerstandswert (in Ω) anzugeben, sondern das Verhältnis

$$s = \frac{X I_N}{U_N} \quad (3.02)$$

für den Nennstrom I_N des Generators zu nennen, und zwar entweder als Dezimalzahl oder in Prozenten. Im ersten Falle ist also der Spannungsverlust je Einheit der Nennspannung U_N gegeben und man spricht deshalb von einer Angabe „per unit". Da die maßgebende Reaktanz durch die Streuung des magnetischen Feldes in der Maschine zustande kommt, so wird s entweder als prozentuale Streuspannung oder als „Streuspannung per unit" bezeichnet und oft auch der korrekterweise nur für die Spannungen selbst gedachte Buchstaben dafür benutzt.

b) Transformator, Gegeninduktivität

Der Wechselstrom verdankt seine Verbreitung der Tatsache, daß man ihn in einfacher Weise transformieren kann, d. h. daß man mit Transformatoren seine Spannung in beliebiger Weise erhöhen oder vermindern kann. Ein einfacher Transformator weist eine Primär- und eine Sekundärwicklung auf, die durch ein magnetisches Feld miteinander gekoppelt sind (Abb. 25). Das beiden Wicklungen gemeinsame Magnetfeld erzeugt in der Primärwicklung eine Spannung $\mathfrak{E}_p$, in der Sekundärwicklung eine Spannung $\mathfrak{E}_s$ und diese Spannungen sind den Windungszahlen w_p und w_s der Wicklungen proportional. Es gilt daher

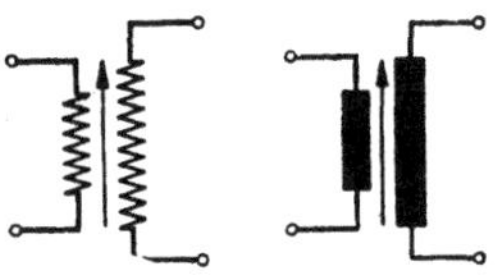

$$\mathfrak{E}_p : \mathfrak{E}_s = w_p : w_s$$

oder

$$\mathfrak{E}_s = \frac{w_s}{w_p} \mathfrak{E}_p = \ddot{u} \, \mathfrak{E}_p. \quad (3.03)$$

Abb. 25. Darstellung von Transformatorwicklungen

Die Gl. (3.03) setzt voraus, daß die beiden Wicklungen gleichen Wicklungssinn haben und die Zählpfeile in beiden Wicklungen gleichsinnig gewählt werden, wie dies in Abb. 25 angedeutet ist. Eine Überprüfung dieser Wahl der Zählrichtungen kann man dadurch vornehmen, daß man z. B. die beiden Anfänge der Wicklungen miteinander verbindet und die Spannung zwischen den beiden Enden bestimmt. Bei gleichsinniger Zählung in beiden Wicklungen muß diese Spannung dann gleich der Differenz $\mathfrak{E}_p - \mathfrak{E}_s$ sein. Im anderen Fall würde man zwischen den beiden Enden die Summe $\mathfrak{E}_p + \mathfrak{E}_s$ messen.

Ein idealer Transformator ist unter anderem dadurch gekennzeichnet, daß der zur Erzeugung des Magnetfeldes im Eisenkern notwendige Magnetisierungsstrom verschwindend klein ist gegenüber den normalen

b) Transformator, Gegeninduktivität

Belastungsströmen. Da bei der oben gewählten Richtung der Zählpfeile in beiden Wicklungen positive Ströme in ihnen Magnetfelder gleicher Richtung ergeben, so muß beim idealen Transformator die Summe der Amperewindungen beider Wicklungen verschwinden, d. h. es muß

$$w_p \mathfrak{I}_p + w_s \mathfrak{I}_s = 0$$

sein. Dann gilt

$$\mathfrak{I}_s = -\frac{w_p}{w_s} \mathfrak{I}_p = -\frac{1}{\ddot{u}} \mathfrak{I}_p. \tag{3.04}$$

Die Beträge der Ströme verhalten sich umgekehrt wie die Beträge der Spannungen. Während die Spannungen gleichgerichtet sind, sind die Ströme bei der geschilderten Art der Vorzeichengebung entgegengesetzt gerichtet. In der Sekundärwicklung sind Strom und erzeugte Spannung gleichgerichtet, in der Primärwicklung jedoch nicht.

Aus Gl. (3.03) und Gl. (3.04) folgt für die Leistung der Primärwicklung

$$P_p = \frac{1}{2}(\mathfrak{E}_p \mathfrak{I}_p^* + \mathfrak{E}_p^* \mathfrak{I}_p) = -\frac{1}{2}(\mathfrak{E}_s \mathfrak{I}_s^* + \mathfrak{E}_s^* \mathfrak{I}_s) = -P_s,$$

d. h. die Primärleistung ist entgegengesetzt gleich der Sekundärleistung. Es ist dies verständlich, denn die Primärseite ist dem sonstigen Primärnetz gegenüber ein Verbraucher von Leistung, während die Sekundärseite als Stromquelle im Sekundärnetz wirkt und dort Leistung abgibt. Die Gleichheit der Beträge der Leistungen gilt nur bei einem verlustlosen Transformator, wenn durch die Ströme keine zusätzlichen OHMschen Spannungen in ihm erzeugt werden.

Bei Netzberechnungen ist es oft zweckmäßig, den Transformator als Übertrager zu betrachten, d. h. als Mittel, Strom und Spannung des primären Netzes in das Sekundärnetz, aber mit geänderten Werten der Spannung und des Stromes, weiterzuleiten, so daß das Sekundärnetz eine einfache Fortsetzung des Primärnetzes wird. In einer Darstellung wie in Abb. 26 wünscht man dann, daß der Strom $\mathfrak{I}_s$ als Fortsetzung des Stromes $\mathfrak{I}_p$ erscheint. Man erreicht dies dadurch, daß man im Gegensatz zu der obigen Art der Vorzeichengebung die Zählpfeile in gleicher Richtung mit den Strömen wählt. Die Zählpfeile in den beiden Wicklungen sind dann einander entgegengesetzt gerichtet. In Gl. (3.03) tritt eine

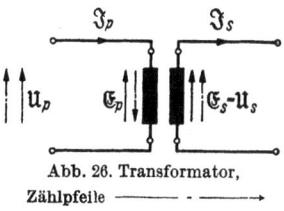

Abb. 26. Transformator, Zählpfeile ⟶ - ⟶

Vorzeichenumkehr auf und ebenso in Gl. (3.04). Um aber auch das negative Vorzeichen in Gl. (3.03) zum Verschwinden zu bringen, benutzt man bei dieser Darstellung an Stelle der in der Primärwicklung erzeugten Spannung $\mathfrak{E}_p$ die ihr entgegengesetzt gleiche aufgedrückte Spannung $\mathfrak{U}_p$. Um beide Darstellungsarten einfach unterscheiden zu können, wollen wir bei der ersten Art, also bei gleichgerichteten Zählpfeilen in den Wicklungen den Buchstaben $\mathfrak{E}$ beibehalten, bei entgegengesetzt gerichteten Zählpfeilen aber auch für die erzeugte Sekundärspannung $\mathfrak{U}_s$ schreiben, so daß in diesem Fall an die Stelle von Gl. (3.03) die Gl.

$$\mathfrak{U}_s = \frac{w_s}{w_p} \mathfrak{U}_p = \ddot{u}\, \mathfrak{U}_p \qquad (3.05)$$

und an die Stelle von Gl. (3.04)

$$\mathfrak{I}_s = \frac{1}{\ddot{u}} \mathfrak{I}_p \qquad (3.06)$$

treten.

Vergleicht man jetzt die Leistungen oder, was auf das gleiche herauskommt, die Produkte aus Strom und Spannung, so findet man

$$\mathfrak{U}_s \mathfrak{I}_s = \mathfrak{U}_p \mathfrak{I}_p.$$

Die Leistungen sind auch dem Vorzeichen nach gleich, denn $\mathfrak{U}_p$ ist die Spannung der Stromquelle, welche die Leistung P_p an das Primärnetz abgibt, genauso wie die Sekundärseite des Transformators diese Leistung dem Sekundärnetz liefert.

Welcher von den beiden Arten der Wahl der Zählpfeile man den Vorzug geben soll, hängt von der speziellen Art der zu lösenden Aufgabe ab. Wenn es sich um komplizierte Transformatorschaltungen mit mehr als zwei Wicklungen je Phase handelt, wird man im allgemeinen der ersten Art, also der Wahl der Zählpfeile gleichsinnig mit der erzeugten Spannung $\mathfrak{E}$, den Vorzug geben. Liegt aber eine Aufgabe der Netzberechnung vor, womöglich nur mit Transformatoren mit zwei Wicklungen, dann kann man die zweite Art vorziehen, bei der die Zählpfeile gleichsinnig mit den Strömen gewählt werden und in der Primärwicklung die aufgedrückte statt der erzeugten Spannung verwendet wird.

Ist der Magnetisierungsstrom nicht mehr vernachlässigbar, beispielsweise bei schwacher Kopplung der beiden Wicklungen, dann verlieren die Gln. (3.03) bis (3.06) ihre Gültigkeit. Man rechnet dann zweckmäßig mit der Gegeninduktivität der beiden Wicklungen. Bezeichnen wir sie wie üblich mit M, so erzeugt der Strom i_1 der Wicklung 1 in der Wicklung 2 eine Spannung

$$e_2 = -M \frac{d i_1}{d t}, \qquad (3.07)$$

die man die *induzierte* Spannung nennt. Umgekehrt wird durch den Strom i_2 der Wicklung 2 in der Wicklung 1 eine Spannung

$$e_1 = -M \frac{d i_2}{d t} \qquad (3.08)$$

induziert. In Gl. (3.07) und Gl. (3.08) muß immer das gleiche Vorzeichen stehen, wenn man in beiden Wicklungen die gleichen Zählpfeile für

Ströme und Spannungen benutzt. Den Gln. (3.07) und (3.08) entsprechen die komplexen Formen

$$\boxed{\mathfrak{E}_2 = -j w M \mathfrak{J}_1} \tag{3.09}$$

und

$$\mathfrak{E}_1 = -j \omega M \mathfrak{J}_2. \tag{3.10}$$

c) Kirchhoffsche Gesetze

Generatoren, Transformatoren und Zweipole verschiedener Art bilden die Elemente, aus denen sich unsere Netze aufbauen. Die Grundlage für die Verknüpfung der in den verschiedenen Elementen fließenden Ströme und der an ihnen wirkenden Spannungen bilden die beiden KIRCHHOFFschen Gesetze. Das erste besagt, daß die Summe der Ströme in jedem Punkt (Knoten), in dem zwei oder mehrere Elemente miteinander verbunden sind, verschwinden muß, daß also

$$\sum i = 0. \tag{3.11}$$

Aus Gl. (1.23) folgt, daß dann auch

$$\boxed{\sum \mathfrak{J} = 0} \tag{3.12}$$

gelten muß. Bei der Summenbildung kommt es ganz wesentlich auf die Vorzeichengebung an. Zeigt der Zählpfeil eines im Knoten angeschlossenen Elementes zum Knoten, dann ist $\mathfrak{J}$ mit seinem aus dem Vergleich mit dem Zählpfeil folgenden Vorzeichen in die Summe einzusetzen. Zeigt der Zählpfeil hingegen vom Knoten weg, so ist das Vorzeichen des Stromes bei der Summation zu ändern.

Das zweite KIRCHHOFFsche Gesetz bezieht sich auf die Spannungen längs eines geschlossenen Umlaufes (Masche) durch eine Reihe von Elementen. Es gilt

$$\sum u = 0$$

und wegen Gl. (1.23) auch

$$\boxed{\sum \mathfrak{U} = 0.} \tag{3.13}$$

Auch hier ist auf die Vorzeichen zu achten. Stimmt der Zählpfeil mit der Umlaufrichtung durch die Masche überein, so ist das Vorzeichen von $\mathfrak{U}$ beizubehalten, andernfalls zu wechseln.

Es ist einer der Vorteile des in Kap. 2.2 angegebenen Systems der Vorzeichengebung bzw. der Verwendung der EMK, daß Gl. (3.13) die einfache Form einer verschwindenden Summe annimmt.

Man findet die Formel für die Spannung oft auch in der Form

$$\sum u = \sum e,$$

wobei für alle Verbraucher (passive Zweipole) die Spannung nach Gl.(2.12), für alle Spannungsquellen (aktive Zweipole) aber die elektromotorischen Kräfte nach Gl.(2.14) eingesetzt sind. Es ist dies ebenfalls nur ein Verfahren, die Vorzeichenumkehr bei den Spannungsquellen zu bewirken, das aber schlecht anwendbar ist, wenn Zweipole je nach dem Zustand des übrigen Netzes einmal als Erzeuger und dann wieder als Verbraucher wirken.

d) Ersatzstromquelle

Wir haben zu Anfang dieses Kapitels darauf hingewiesen, daß bei den Stromerzeugern, die die Netze speisen, Gl.(3.01) mit großer Annäherung gilt. Wir wollen jetzt beweisen, daß Gl.(3.01) auch dann noch gilt, wenn wir einen beliebigen Teil des Einphasennetzes zu dem Stromerzeuger hinzurechnen. Dabei machen wir allerdings zwei wesentliche Voraussetzungen, nämlich das Gl.(3.01) für jeden in dem Netzteil enthaltenen Generator hinreichend genau gilt und daß der Netzteil sonst nur noch aus linearen Zweipolen aufgebaut ist.

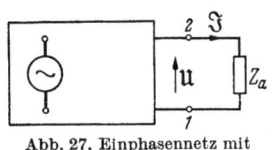

Abb. 27. Einphasennetz mit äußerer Impedanz Z_a

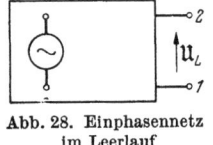

Abb. 28. Einphasennetz im Leerlauf

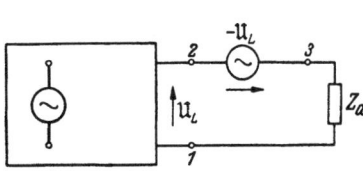

Abb. 29. Einphasennetz mit gegengeschalteter Leerlaufspannung

Wir betrachten also ein beliebiges Einphasennetz nach Abb. 27, aus dem zwei Klemmen 1 und 2 herausgeführt sind. An diese Klemmen ist eine Impedanz Z_a angeschlossen. Zwischen den Klemmen messen wir eine Spannung des speisenden Netzes $\mathfrak{U} = +\mathfrak{J}Z_a$, wenn durch die Impedanz ein Strom $\mathfrak{J}$ fließt. Das Netz kann einen oder mehrere Generatoren enthalten. Wenn wir die Impedanz Z_a abtrennen (Abb. 28), dann wird sich im allgemeinen die Spannung $\mathfrak{U}$ auf einen Wert $\mathfrak{U}_L$ ändern, den wir wie oben als die Leerlaufspannung bezeichnen. Die Klemmen 1 und 2 sind dabei stromlos. Wir können den gleichen Zustand auch auf andere Weise herbeiführen, wenn wir nämlich nach Abb. 29 in Reihe mit dem Netz einen Generator mit der Spannung $-\mathfrak{U}_L$ anschließen. Zwischen den Klemmen 1 und 3 herrscht dann keine Spannung und es wird kein Strom fließen, auch wenn wir die Impedanz Z_a zwischen diesen beiden Klemmen anordnen. Das Verschwinden des Stromes gegenüber Abb. 27 können wir daher auch so deuten, daß wir sagen, der Generator mit der Spannung $-\mathfrak{U}_L$ sendet einen Strom $-\mathfrak{J}$ durch den Kreis, wenn die Spannung des Netzes wegfällt. Dies würde der Fall sein, wenn die Spannungen sämtlicher Stromerzeuger im Inneren des Netzes verschwinden, die Stromwege durch die Generatoren aber dabei erhalten bleiben. Dann können

e) Einphasennetze   27

wir den Strom $-\mathfrak{J}$ so bestimmen, daß wir zunächst an die Klemmen 1 und 2 eine beliebige Spannung legen, damit den inneren Widerstand Z_i des Netzes zwischen den Klemmen 1 und 2 messen und dann

$$-\mathfrak{J} = \frac{-\mathfrak{U}_L}{Z_i + Z_a}$$

berechnen. Da nun dieser Strom den Belastungsstrom zum Verschwinden gebracht hat, so ist er ihm sicher entgegengesetzt gleich und es gilt für den Belastungsstrom

$$\mathfrak{J} = \frac{\mathfrak{U}_L}{Z_i + Z_a}.$$

Da ferner

$$\mathfrak{U} = \mathfrak{J} Z_a,$$

so folgt, daß Gl. (3.01) auch in diesem Fall gilt. Man kann also jedes Netz, das den eben gemachten Voraussetzungen genügt, als Stromquelle durch einen inneren Stromerzeuger mit einer Leerlaufspannung $\mathfrak{U}_L$ und einer inneren Impedanz Z_i ersetzen. Es ist dies der Satz von der Ersatzstromquelle. Er wurde von HELMHOLTZ gefunden.

e) Einphasennetze

Von der großen Mannigfaltigkeit der möglichen Bildung von Netzen aus den beschriebenen Elementen sind für die Energieübertragung nur wenige einfache Formen in Gebrauch. Wir sprechen von einem einfach

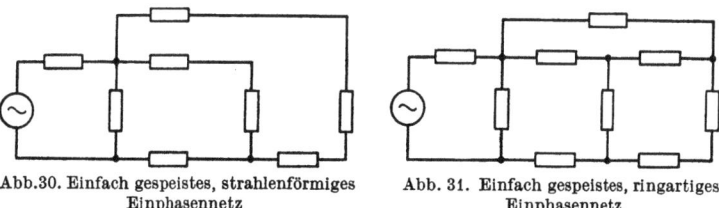

Abb. 30. Einfach gespeistes, strahlenförmiges Einphasennetz   Abb. 31. Einfach gespeistes, ringartiges Einphasennetz

gespeisten Netz, wenn ein einziger Wechselstromgenerator vorhanden ist, an den die Verbraucher in Parallelschaltung über mehr oder weniger lange Leitungen, also mehr oder weniger große Impedanzen angeschlossen sind. Das Netz ist *strahlenförmig*, wie in Abb. 30, wenn zu jedem Verbraucher oder jeder Verbrauchergruppe eine eigene Leitung ohne Querverbindungen führt. Bestehen solche Querverbindungen, wie in dem Beispiel von Abb. 31, dann liegt ein *ringartiges* Netz vor. In beiden Fällen ist es möglich, die ganze Gruppe der an den Generator angeschlossenen Impedanzen durch eine einzige passend gewählte Impedanz zu ersetzen, also das einfache Schaltbild der Abb. 32 anzuwenden. Im Falle des Strahlennetzes findet man die Ersatzimpedanz

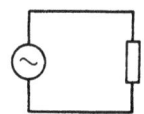

Abb. 32. Ersatzschaltbild des einfach gespeisten Netzes

mit Hilfe der Formeln für die Reihen- und die Parallelschaltung Gln. (2.33), (2.34). Bei dem ringartigen Netz muß man allerdings die KIRCHHOFFschen Gesetze für die Berechnung der Ströme in den Querverbindungen zu Hilfe nehmen.

Ein mehrfach gespeistes Einphasennetz enthält mehrere speisende Generatoren, deren Spannungen angenähert gleich groß und praktisch in Phase sind. Solche Netze sind fast immer ringartig. Ein Beispiel eines doppelt gespeisten Netzes zeigt Abb. 33. Es läßt sich auf das Ersatzschaltbild der Abb. 34 zurückführen.

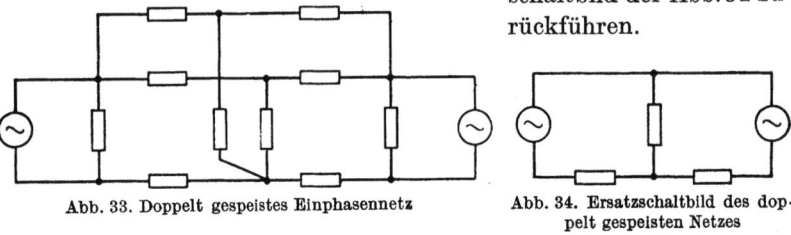

Abb. 33. Doppelt gespeistes Einphasennetz

Abb. 34. Ersatzschaltbild des doppelt gespeisten Netzes

f) Mehrphasennetze

Wesentlich verschieden von den Einphasennetzen sind die Mehrphasennetze, die ebenfalls mehrere speisende Generatoren (oder Generatorwicklungen) enthalten. Ihre Spannungen sind wohl auch meist angenähert gleich, sie liegen aber grundsätzlich nicht in Phase. Abb. 35 zeigt ein *Zweiphasennetz*. Man spricht von einem symmetrischen Zweiphasennetz, wenn die Spannungen der beiden Generatoren (die in Wirklichkeit Spannungen verschiedener Wicklungen ein und desselben Generators sind) eine Phasenverschiebung von 180° aufweisen, d.h. in Gegenphase liegen. Ein unsymmetrisches Zweiphasennetz liegt vor, wenn die Phasenverschiebung 90° beträgt. Wegen der Lage der Zeiger der Spannungen im Zeigerdiagramm sagt man, die Spannungen stehen aufeinander senkrecht. Ein Mehrphasensystem besteht also aus mehreren Einphasensystemen mit gegeneinander phasenverschobenen Spannungen, wobei noch charakteristisch ist, daß die Einphasensysteme eine oder mehrere Leitungen gemeinsam benutzen. Unsymmetrische Zweiphasensysteme haben in den Anfängen der Elektrotechnik eine gewisse Rolle gespielt. Sie sind von den *Dreiphasensystemen* verdrängt worden, die heute praktisch allein für die Energieübertragung verwendet werden. Für die Dreiphasensysteme ist die Bezeichnung *Drehstromsystem* üblich geworden. Die drei Spannungen eines Drehstromgenerators sind annähernd gleich und weisen gegeneinander Phasenverschiebungen von 120° auf. Man kann drei solche Spannungen in zwei Arten zu einem Drehstromsystem vereinigen. Die erste, bei der die drei Einzelsysteme oder wie man sagt

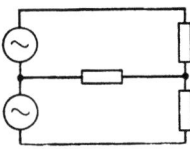

Abb. 35. Zweiphasennetz

f) Mehrphasennetze

die Phasen oder Stränge eine gemeinsame Leitung benutzen, wird wegen der Form des Zeigerdiagramms als *Sternschaltung* bezeichnet. Abb. 36 zeigt die Schaltung, Abb. 37 das Zeigerdiagramm. Der gemeinsame Leiter heißt der *Null-Leiter,* und der Vereinigungspunkt der drei Phasen der *Sternpunkt* oder *Mittelpunkt*. Nicht gemeinsame Leiter werden als *Außenleiter* bezeichnet. Wir bezeichnen die Phasen und damit die Außenleiter mit den Ziffern 1, 2, 3, den Null-Leiter mit 0. Die gleichen Ziffern verwenden wir auch als (untere) Indizes zur Unterscheidung der gleichartigen, den Leitern zugeordneten Größen. Für Größen, die sich auf das Zusammenwirken zweier Leiter beziehen, verwenden wir entsprechende Doppelindizes.

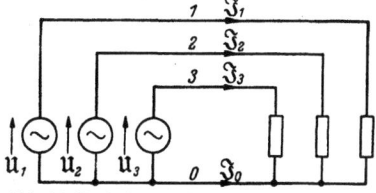
Abb. 36. Drehstromsystem in Sternschaltung

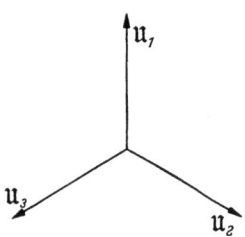
Abb. 37. Zeigerdiagramm der Sternschaltung

Die Verbraucher können entweder, wie in Abb. 36, zwischen Außenleiter und Nulleiter, also ebenfalls in Stern, geschaltet sein, sie können aber auch zwischen zwei Außenleiter gelegt werden. Während sie im ersten Fall an einer der Phasenspannungen $\mathfrak{U}_1$, $\mathfrak{U}_2$ oder $\mathfrak{U}_3$ liegen, sind im zweiten Fall an ihnen die Spannungen

$$\mathfrak{V}_{21} = \mathfrak{U}_2 - \mathfrak{U}_1, \quad \mathfrak{V}_{32} = \mathfrak{U}_3 - \mathfrak{U}_2, \quad \mathfrak{V}_{13} = \mathfrak{U}_1 - \mathfrak{U}_3 \qquad (3.14)$$

wirksam. Diese Spannungen werden die *verketteten Spannungen* oder die *Dreieckspannungen* genannt, weil sie sich im Zeigerdiagramm als die Seiten des durch die Phasenspannungen aufgespannten Dreiecks ergeben

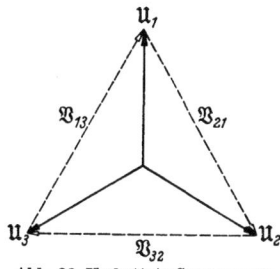
Abb. 38. Verkettete Spannungen

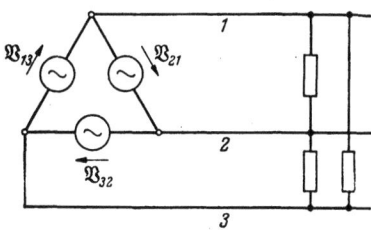
Abb. 39. Drehstromsystem in Dreieckschaltung

(Abb. 38). Man erhält die zweite Art der Zusammenschaltung von drei Spannungen zu einem Drehstromsystem, wenn man die Spannungen der Wicklungen des Generators gleich $\mathfrak{V}_{21}$, $\mathfrak{V}_{32}$ und $\mathfrak{V}_{13}$ wählt und den Wicklungsanfang jeder Wicklung an das Ende der vorhergehenden anschließt, wie das Abb. 39 zeigt. Man spricht von einer *Dreieckschaltung* des Generators und es liegen auch die Verbraucher in Dreieckschaltung, so daß die Schaltung nur Außenleiter aber keinen Nulleiter aufweist. Es ist wohl auch in diesem Fall eine Sternschaltung der Verbraucher unter gewissen Umständen durchführbar und es gibt Verfahren, um einen künstlichen Sternpunkt auch bei Dreieckschaltung der speisenden Generatoren herzustellen.

Wenn man von der Spannung eines Drehstromsystems spricht, so meint man immer die verkettete Spannung. Wenn man Verbraucher nur zwischen den Außenleitern anordnet, ist es für diese gleichgültig, ob diese verkettete Spannung durch Sternschaltung oder Dreieckschaltung in der Stromquelle zustande kommt. Für die rechnerische Behandlung von Drehstromaufgaben hat es sich aber als zweckmäßig erwiesen, immer (auch bei einer Dreieckschaltung) mit den *Phasenspannungen* (auch *Sternspannungen* oder Leitererdspannungen genannt) zu arbeiten, unter Umständen unter Heranziehung eines fiktiven Sternpunktes, der dann natürlich nicht mit Strom belastet sein kann. Wir haben es aus diesem Grunde auch vorgezogen, den Buchstaben $\mathfrak{U}$ für die Phasenspannungen zu reservieren und die verketteten Spannungen mit einem anderen Buchstaben, wie z.B. hier mit $\mathfrak{V}$ zu bezeichnen.

g) Symmetrische Spannungen im Drehstromnetz

Ein symmetrischer Drehstromerzeuger liegt vor, wenn die drei Phasenspannungen gleiche Effektivwerte aufweisen und um genau 120° gegeneinander verschoben sind. Wenn der Scheitelwert der Spannung u_1 im Nullpunkt der Zeitzählung auftritt, dann gelten für die drei Spannungen u_1, u_2, u_3 die Gleichungen

$$\left.\begin{array}{l} u_1 = \hat{U} \cos\omega t, \\ u_2 = \hat{U} \cos(\omega t - 120°), \\ u_3 = \hat{U} \cos(\omega t - 240°). \end{array}\right\} \quad (3.15)$$

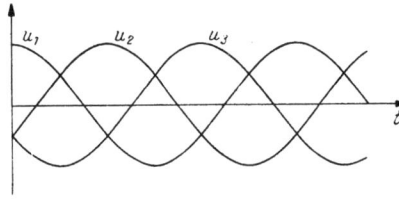

Abb. 40. Spannungen eines Drehstromsystems

Abb. 40 zeigt den zeitlichen Verlauf der Spannungen. In der Zeigerdarstellung erhalten wir demnach

$$\left.\begin{array}{l} \mathfrak{U}_1 = \mathfrak{U}, \\ \mathfrak{U}_2 = \mathfrak{U} e^{-j\frac{2\pi}{3}}, \\ \mathfrak{U}_3 = \mathfrak{U} e^{-j\frac{4\pi}{3}}. \end{array}\right\} \quad (3.16)$$

Da $e^{-j\frac{4\pi}{3}} = e^{j\frac{2\pi}{3}}$ so ist auch

$$\mathfrak{U}_3 = \mathfrak{U} e^{j\frac{2\pi}{3}}. \quad (3.17)$$

g) Symmetrische Spannungen im Drehstromnetz

Es ist üblich, zur Vereinfachung der Schreibweise

$$\boxed{e^{j\frac{2\pi}{3}} = a} \tag{3.18}$$

zu setzen. Nach dem EULERschen Satz ist

$$a = -\frac{1}{2} + j\frac{\sqrt{3}}{2} = -0{,}5 + j\,0{,}866\ldots \tag{3.19}$$

Es ist

$$a^2 = e^{j\frac{4\pi}{3}} = e^{-j\frac{2\pi}{3}} = -0{,}5 - j\,0{,}866\ldots \tag{3.20}$$

und

$$\boxed{a^3 = e^{j\,2\pi} = 1.} \tag{3.21}$$

a, a^2 und a^3 sind die drei Wurzeln der Gleichung

$$x^3 = 1,$$

d. h. sie sind die drei Werte von $\sqrt[3]{1}$. Die ihnen entsprechenden Punkte in der komplexen Zahlenebene teilen den Einheitskreis in drei Teile (Abb. 41). Aus dem Diagramm folgt, wie man auch leicht nachrechnet, daß

$$\boxed{1 + a + a^2 = 0.} \tag{3.22}$$

Aus Gl. (3.20) folgt ferner, daß

$$a^* = a^2, \tag{3.23}$$

aus Gl. (3.22)

$$a + a^2 = -1 \tag{3.24}$$

und aus Gln. (3.19) und (3.20)

$$a - a^2 = j\sqrt{3}. \tag{3.25}$$

Abb. 41. Der Faktor $a = e^{j\,2\pi/3}$

Eine Reihe häufig gebrauchter Formeln des Faktors a ist in Tab. 1 zusammengestellt.

Tabelle 1. *Formeln des Faktors a*

$a = -\dfrac{1}{2} + \dfrac{\sqrt{3}}{2}j = -0{,}5 + 0{,}866\,j$	$1 + a + a^2 = 0$
$a^2 = -\dfrac{1}{2} - \dfrac{\sqrt{3}}{2}j = -0{,}5 - 0{,}866\,j$	$1 + a \phantom{{}+a^2} = -a^2 = +\dfrac{1}{2} + \dfrac{\sqrt{3}}{2}j$
$a^3 = 1$	$1 + a^2 \phantom{{}+a} = -a = +\dfrac{1}{2} - \dfrac{\sqrt{3}}{2}j$
	$1 - a \phantom{{}+a^2} = j\sqrt{3}\,a^2 = +\dfrac{3}{2} - \dfrac{\sqrt{3}}{2}j$
	$1 - a^2 \phantom{{}+a} = -j\sqrt{3}\,a = +\dfrac{3}{2} + \dfrac{\sqrt{3}}{2}j$
$a + a^2 = -1$	$1 - a + a^2 = -2a$
$a - a^2 = \sqrt{3}\,j$	$1 + a - a^2 = -2a^2$
	$1 - a - a^2 = +2$

An Stelle von Gl. (3.16) können wir jetzt

$$\boxed{\begin{aligned} \mathfrak{U}_1 &= \mathfrak{U}, \\ \mathfrak{U}_2 &= a^2\mathfrak{U}, \\ \mathfrak{U}_3 &= a\mathfrak{U} \end{aligned}} \qquad (3.26)$$

schreiben. Man beachte, daß bei $\mathfrak{U}_2$ der Faktor a^2, bei $\mathfrak{U}_3$ hingegen a steht!

Die durch Gln. (3.15) bzw. (3.26) festgelegte Folge der drei Spannungen u_1, u_2, u_3 bzw. $\mathfrak{U}_1$, $\mathfrak{U}_2$, $\mathfrak{U}_3$ bezeichnen wir als die normale Folge und nennen jedes mit dieser Folge übereinstimmende System von drei Wechselstromgrößen ein *Mitsystem*. Vertauscht man in Gl. (3.15) 120° mit 240° oder ändert die Vorzeichen dieser Winkel, was die gleiche Wirkung hat, bzw. vertauscht man in Gl. (3.26) a^2 mit a, so ändert sich die zeitliche Folge der drei Spannungen. Wir erhalten ein *Gegensystem*. Wenn nichts besonderes gesagt ist, wollen wir immer annehmen, daß unseren Betrachtungen Mitsysteme zugrunde liegen.

Wir erkennen aus Gl. (3.26), daß ein symmetrisches Drehstromsystem durch die Angabe einer einzigen Größe, nämlich $\mathfrak{U}$, vollkommen bestimmt ist. Daher müssen auch die verketteten Spannungen in ihrer Größe und Phasenlage durch $\mathfrak{U}$ allein festgelegt werden können. Aus Gl. (3.10) folgt

$$\mathfrak{V}_{21} = \mathfrak{U}_2 - \mathfrak{U}_1 = \mathfrak{U}(a^2 - 1).$$

Weil

$$a^2 - 1 = -\frac{1}{2} - j\frac{\sqrt{3}}{2} - 1 = -\frac{3}{2} - j\frac{\sqrt{3}}{2} = j\sqrt{3}\left(-\frac{1}{2} + j\frac{\sqrt{3}}{2}\right) = j\sqrt{3}\,a,$$

so ist

$$\boxed{\mathfrak{V}_{21} = ja\sqrt{3}\,\mathfrak{U}.} \qquad (3.27)$$

Wir finden Gl. (3.27) durch die Abb. 38 bestätigt, denn $\mathfrak{V}_{21}$ steht senkrecht auf $\mathfrak{U}_3 = a\mathfrak{U}$. Die beiden anderen verketteten Spannungen erhält man durch Multiplikation mit a^2 bzw. a zu

$$\mathfrak{V}_{32} = j\sqrt{3}\,\mathfrak{U}$$

und

$$\mathfrak{V}_{13} = ja^2\sqrt{3}\,\mathfrak{U}.$$

Wegen Gl. (3.22) verschwindet die Summe der verketteten Spannungen, denn sie bilden ein geschlossenes Polygon. Da die verketteten Spannungen so wie die Phasenspannungen ein symmetrisches Dreiphasensystem darstellen, so lassen sie sich auch in gleicher Weise durch eine einzige ausdrücken. Es ist an und für sich gleichgültig, welche wir dabei als

Ausgangsspannung wählen. Wenn $\mathfrak{U}_1 = \mathfrak{U}$ ist, dann sind gegenüber dieser Spannung $\mathfrak{V}_{21}$ und $\mathfrak{V}_{13}$ symmetrisch gelegen, so daß wenig Grund besteht, eine von ihnen vorzuziehen. Die dritte Spannung $\mathfrak{V}_{32}$ ist dadurch ausgezeichnet, daß sie auf $\mathfrak{U}$ senkrecht steht. Nach einem Vorschlag von WAGNER und EVANS wählen wir daher

$$\mathfrak{V} = \mathfrak{V}_{32},$$

wobei wir das Vorzeichen willkürlich in der durch Gl. (3.28) bestimmten, in Abb. 38 erkennbaren Weise beibehalten. Es ist dann

$$\mathfrak{V} = j\sqrt{3}\,\mathfrak{U}. \tag{3.28}$$

Ferner sind
$$\mathfrak{V}_{21} = a\,\mathfrak{V} \tag{3.29}$$

und
$$\mathfrak{V}_{13} = a^2\,\mathfrak{V}. \tag{3.30}$$

h) Das vollkommen symmetrische Drehstromnetz

Ein vollkommen symmetrisches Drehstromnetz ist ein Dreiphasennetz, das von einem symmetrischen Drehstromsystem gespeist wird und das in

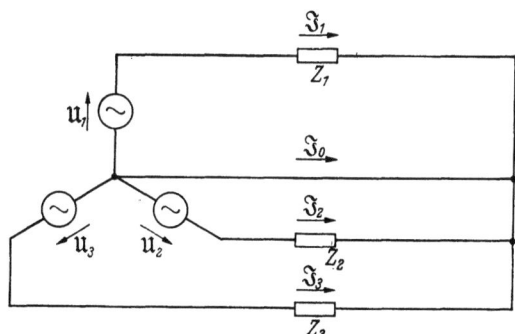

Abb. 42. Einfachstes vollkommen symmetrisches Drehstromnetz

allen drei Phasen gleiche Impedanzen aufweist. Die Abb. 42 zeigt die einfachste Form eines solchen Netzes. Aus dem ersten KIRCHHOFFschen Gesetz folgt

$$\mathfrak{J}_0 + \mathfrak{J}_1 + \mathfrak{J}_2 + \mathfrak{J}_3 = 0 \tag{3.31}$$

und aus dem zweiten KIRCHHOFFschen Gesetz erhalten wir die drei Gleichungen

$$\left.\begin{aligned}\mathfrak{U}_1 - Z_1 \mathfrak{J}_1 &= 0,\\ \mathfrak{U}_2 - Z_2 \mathfrak{J}_2 &= 0,\\ \mathfrak{U}_3 - Z_3 \mathfrak{J}_3 &= 0.\end{aligned}\right\} \tag{3.32}$$

3. Einphasen- und Mehrphasensystem

Ist nun wegen der Symmetrie

$$Z_1 = Z_2 = Z_3 = Z, \tag{3.33}$$

so ergibt die Summation der drei Gln. (3.32), wenn noch $\mathfrak{U}_1 + \mathfrak{U}_2 + \mathfrak{U}_3 = 0$,

$$0 = Z(\mathfrak{I}_1 + \mathfrak{I}_2 + \mathfrak{I}_3) = -Z\mathfrak{I}_0, \tag{3.34}$$

d. h. der Nulleiter ist stromlos. Wir können in ihn eine beliebige Impedanz Z_0 einschalten oder den Nulleiter überhaupt weglassen, ohne daß sich etwas ändert. Gl. (3.34) gilt immer, wenn die Impedanzen in den Außenleitern gleich sind und wenn die Summe der speisenden Spannungen verschwindet. Es ist aber dazu nicht notwendig, daß die Spannungen ein symmetrisches System bilden.

Aus Gl. (3.32) folgt die Größe der einzelnen Ströme mit

$$\mathfrak{I}_1 = \frac{\mathfrak{U}_1}{Z_1}, \quad \mathfrak{I}_2 = \frac{\mathfrak{U}_2}{Z_2}, \quad \mathfrak{I}_3 = \frac{\mathfrak{U}_3}{Z_3} \tag{3.35}$$

und im Fall der vollständigen Symmetrie

$$\mathfrak{I}_1 = \frac{\mathfrak{U}}{Z}, \quad \mathfrak{I}_2 = a^2 \frac{\mathfrak{U}}{Z}, \quad \mathfrak{I}_3 = a \frac{\mathfrak{U}}{Z}, \tag{3.36}$$

oder wenn wir

$$\frac{\mathfrak{U}}{Z} = \mathfrak{I} \tag{3.37}$$

setzen,

$$\left.\begin{array}{l} \mathfrak{I}_1 = \mathfrak{I}, \\ \mathfrak{I}_2 = a^2 \mathfrak{I}, \\ \mathfrak{I}_3 = a \mathfrak{I}. \end{array}\right\} \tag{3.38}$$

Für die Berechnung des vollkommen symmetrischen Netzes genügt es also, die Berechnung für eine Phase nach Gl. (3.37) durchzuführen, die Ströme der beiden anderen Phasen erhalten wir dann durch Multiplikation mit a^2 bzw. a. Wir wollen noch zeigen, daß diese Behauptung ganz allgemein gilt, also auch dann, wenn die Impedanzen in anderer Weise angeordnet sind als in Abb. 42 und auch wenn Gegeninduktivitäten zwischen den Phasen wirksam sind, vorausgesetzt nur, daß alle diese Anordnungen vollständig symmetrisch sind. Drei Impedanzen, welche zwischen je zwei der Außenleiter eingeschaltet sind, bilden ein Dreieck. Man kann nun ein solches Impedanzdreieck immer in einen gleichwertigen Impedanzstern verwandeln, d. h. durch drei Impedanzen ersetzen, welche zwischen die Außenleiter und einen Sternpunkt geschaltet sind, ohne daß sich in den Strom- und Spannungsverhältnissen außerhalb des Impedanzdreiecks etwas ändert. Wir wollen die Formeln für diese Umwandlung, die man bei Netzberechnungen häufig anwenden kann, in ganz allgemeiner Form herleiten, also auch für ungleiche Impedanzen und Spannungen.

i) Stern — Dreieckumwandlung

Unsere Aufgabe lautet also, das Impedanzdreieck der Abb. 43a in einen gleichwertigen Impedanzstern Abb. 43b zu verwandeln, wobei die von außen zufließenden Ströme $\Im_1$, $\Im_2$, $\Im_3$ und die an den Klemmen herrschenden Spannungen $\mathfrak{U}_1$, $\mathfrak{U}_2$, $\mathfrak{U}_3$ ungeändert bleiben sollen. Die Spannungen $\mathfrak{U}_1$, $\mathfrak{U}_2$, $\mathfrak{U}_3$ ebenso wie die noch zu findende Spannung $\mathfrak{U}_0$ des Sternpunktes, sind von einem beliebigen, auf festem Potential befindlichen Punkt gemessen. Die Umwandlung soll aber so erfolgen, daß sie unabhängig von den speziellen Werten von $\mathfrak{U}_1$, $\mathfrak{U}_2$ und $\mathfrak{U}_3$ ist. Es ist einfacher mit der umgekehrten Aufgabe zu beginnen, nämlich mit der Verwandlung des Sterns in das Dreieck. Für die Ströme erhalten wir sofort

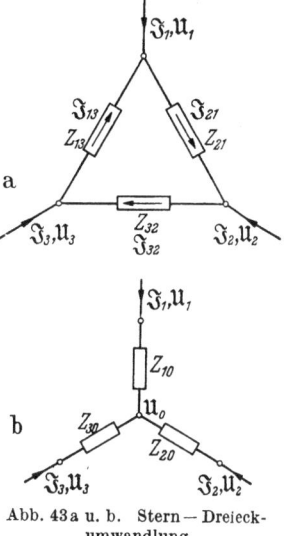

Abb. 43a u. b. Stern—Dreieckumwandlung

$$\left.\begin{array}{l}\Im_1 = \dfrac{1}{Z_{10}}(\mathfrak{U}_1 - \mathfrak{U}_0), \\ \Im_2 = \dfrac{1}{Z_{20}}(\mathfrak{U}_2 - \mathfrak{U}_0), \\ \Im_3 = \dfrac{1}{Z_{30}}(\mathfrak{U}_3 - \mathfrak{U}_0).\end{array}\right\} \quad (3.39)$$

Z_{10}, Z_{20} und Z_{30} heißen die *Sternimpedanzen*.

Da der Sternpunkt mit dem übrigen Netz nicht in Verbindung steht, so muß die Summe der Ströme verschwinden; es ist also

$$\frac{\mathfrak{U}_1}{Z_{10}} + \frac{\mathfrak{U}_2}{Z_{20}} + \frac{\mathfrak{U}_3}{Z_{20}} = \mathfrak{U}_0\left(\frac{1}{Z_{10}} + \frac{1}{Z_{20}} + \frac{1}{Z_{30}}\right) = \frac{\mathfrak{U}_0}{Z_0}, \quad (3.40)$$

wenn wir mit

$$\frac{1}{Z_0} = \frac{1}{Z_{10}} + \frac{1}{Z_{20}} + \frac{1}{Z_{30}} \quad (3.41)$$

den Sternpunktsleitwert bezeichnen. Damit erhalten wir aus der ersten Gleichung von Gl. (3.39)

$$\Im_1 = \frac{\mathfrak{U}_1}{Z_{10}} - \frac{Z_0}{Z_{10}}\left[\frac{\mathfrak{U}_1}{Z_{10}} + \frac{\mathfrak{U}_2}{Z_{20}} + \frac{\mathfrak{U}_3}{Z_{30}}\right]. \quad (3.42)$$

Andererseits muß im Fall der Dreieckschaltung

$$\Im_1 = \Im_{12} - \Im_{31} = \frac{\mathfrak{U}_1 - \mathfrak{U}_2}{Z_{12}} - \frac{\mathfrak{U}_3 - \mathfrak{U}_1}{Z_{31}}$$

oder

$$\Im_1 = \mathfrak{U}_1\left(\frac{1}{Z_{12}} + \frac{1}{Z_{31}}\right) - \left(\frac{\mathfrak{U}_2}{Z_{12}} + \frac{\mathfrak{U}_3}{Z_{31}}\right) \quad (3.43)$$

sein. Die Gln. (3.42) und (3.43) können nur dann für alle Werte von $\mathfrak{U}_1$, $\mathfrak{U}_2$ und $\mathfrak{U}_3$ den gleichen Strom ergeben, wenn die Koeffizienten der Spannungen in beiden Formeln gleich sind, d. h. es muß

$$\frac{1}{Z_{10}} - \frac{Z_0}{Z_{10}^2} = \frac{1}{Z_{12}} + \frac{1}{Z_{31}}, \qquad (3.44)$$

$$\frac{Z_0}{Z_{10} Z_{20}} = \frac{1}{Z_{12}} \quad \text{und} \quad \frac{Z_0}{Z_{10} Z_{30}} = \frac{1}{Z_{31}} \qquad (3.45)$$

sein. Wir stellen zunächst fest, daß die Gln. (3.44) und (3.45) nicht im Widerspruch zueinander stehen, denn Gl. (3.44) folgt aus Gl. (3.45) zusammen mit Gl. (3.41). Wir erhalten daher für die Dreiecksimpedanzen

$$\boxed{Z_{12} = \frac{Z_{10} Z_{20}}{Z_0},} \qquad (3.46)$$

$$\boxed{Z_{31} = \frac{Z_{30} Z_{10}}{Z_0}} \qquad (3.47)$$

und durch eine ganz gleiche Rechnung für $\mathfrak{J}_2$ oder $\mathfrak{J}_3$

$$\boxed{Z_{23} = \frac{Z_{20} Z_{30}}{Z_0}.} \qquad (3.48)$$

Die Dreiecksimpedanz zwischen zwei Phasen ist gleich dem Produkt der beiden zugehörigen Sternimpedanzen mit dem Sternpunktleitwert. Für die umgekehrte Aufgabe der Verwandlung des Dreiecks in einen Stern müssen wir die Gln. (3.46), (3.47) und (3.48) nach den Sternpunktsimpedanzen auflösen. Wir bilden zunächst die Umfangsimpedanz des Dreiecks

$$Z_{12} + Z_{23} + Z_{31} = \frac{Z_{10} Z_{20} + Z_{20} Z_{30} + Z_{30} Z_{10}}{Z_0}$$

und das Produkt zweier anliegender Dreiecksimpedanzen z. B.

$$Z_{12} Z_{31} = \frac{Z_{10}^2 Z_{20} Z_{30}}{Z_0^2}.$$

Dividieren wir die letzte Gleichung durch die vorletzte, so folgt

$$\frac{Z_{12} Z_{31}}{Z_{12} + Z_{23} + Z_{31}} = \frac{1}{Z_0} \frac{Z_{10}^2 Z_{20} Z_{30}}{Z_{10} Z_{20} + Z_{20} Z_{30} + Z_{30} Z_{10}} = \frac{Z_{10}}{Z_0} \frac{1}{\dfrac{1}{Z_{10}} + \dfrac{1}{Z_{20}} + \dfrac{1}{Z_{30}}}$$

und mit Benutzung von Gl. (3.41)

$$\boxed{Z_{10} = \frac{Z_{12} Z_{31}}{Z_{12} + Z_{23} + Z_{31}}.} \qquad (3.49)$$

Analog folgt für die beiden anderen Impedanzen

$$Z_{20} = \frac{Z_{23} Z_{12}}{Z_{12} + Z_{23} + Z_{31}}$$

und

$$Z_{30} = \frac{Z_{31} Z_{23}}{Z_{12} + Z_{23} + Z_{31}}.$$

Die Sternpunktsimpedanz ist gleich dem Produkt der beiden anliegenden Dreiecksimpedanzen geteilt durch den Umfangswiderstand.

Gehen wir jetzt zum Fall des symmetrischen Dreiecks über, bei dem $Z_{12} = Z_{23} = Z_{31} = Z_d$ ist, so ist die Sternpunktsimpedanz

$$\boxed{Z_s = \frac{1}{3} Z_d} \tag{3.50}$$

und ebenfalls gleich in allen drei Phasen. Jede symmetrische Belastung zwischen den Außenleitern läßt sich auf diese Weise in eine symmetrische Belastung gegen den Sternpunkt und damit auf den oben behandelten Fall des einfachen symmetrischen Drehstromnetzes zurückführen.

k) Gegeninduktivität, allgemeines symmetrisches Drehstromnetz

Es bleibt uns noch der Fall der gegenseitigen Induktion zu behandeln. Nehmen wir an, in der Phase 1 wird eine Spannung $\mathfrak{U}_{1M}$ durch gleiche Gegeninduktivitäten M von den Strömen der beiden anderen Phasen $\mathfrak{J}_2$ und $\mathfrak{J}_3$ induziert, so daß also

$$\mathfrak{U}_{1M} = -j \omega M \mathfrak{J}_2 - j \omega M \mathfrak{J}_3$$

ist. Da nun die Summe der drei Ströme verschwindet, also $\mathfrak{J}_2 + \mathfrak{J}_3 = -\mathfrak{J}_1$ ist, so ist

$$\mathfrak{U}_{1M} = +j \omega M \mathfrak{J}_1,$$

d.h. wir dürfen die Wirkung der beiden anderen Phasenströme durch eine entsprechende Impedanz in der betreffenden Phase selbst ersetzen und kommen auf diese Weise wieder zu dem einfachen symmetrischen Netz zurück.

Wir können die Bedingungen für ein symmetrisches Drehstromnetz in allgemeiner Form darstellen, wenn wir davon ausgehen, daß sich beim Aufbau des Netzes aus linearen Zweipolen der Zusammenhang zwischen den aufgedrückten Spannungen und den Strömen immer in der Form dreier linearer Gleichungen

$$\left. \begin{array}{l} \mathfrak{U}_1 = Z_{11} \mathfrak{J}_1 + Z_{12} \mathfrak{J}_2 + Z_{13} \mathfrak{J}_3, \\ \mathfrak{U}_2 = Z_{21} \mathfrak{J}_1 + Z_{22} \mathfrak{J}_2 + Z_{23} \mathfrak{J}_3, \\ \mathfrak{U}_3 = Z_{31} \mathfrak{J}_1 + Z_{32} \mathfrak{J}_2 + Z_{33} \mathfrak{J}_3 \end{array} \right\} \tag{3.51}$$

ergeben muß. Dabei sind Z_{11}, Z_{12} usw. die Koeffizienten, die sich bei der Berechnung des Netzes mit Hilfe der KIRCHHOFFschen Gesetze ergeben. Wir können sie als die *resultierenden Impedanzen* bezeichnen. Wir werden ein Netz symmetrisch nennen, wenn bei symmetrischen Spannungen nach Gl. (3.26) die Gleichungen Gl. (3.51) durch symmetrische Ströme nach Gl. (3.38) erfüllt werden. Setzen wir die Ströme und Spannungen ein, so erhalten wir drei Gleichungen für die 9 Impedanzen Z_{11} bis Z_{33}. Es gibt also sehr viele Möglichkeiten für symmetrische Netze nach dieser Definition. Im allgemeinen werden wir aber unsere Forderungen noch verschärfen, nämlich verlangen, daß das Netz *zyklisch symmetrisch* ist, also

$$Z_{11} = Z_{22} = Z_{33} = Z, \tag{3.52}$$

daß

$$Z_{12} = Z_{23} = Z_{31} = Z_A \tag{3.53}$$

und daß

$$Z_{21} = Z_{32} = Z_{13} = Z_B \tag{3.54}$$

ist. Das Netz ist dann durch die drei Größen Z, Z_A und Z_B vollständig bestimmt. Im allgemeinen verlangen wir nicht, daß $Z_A = Z_B$. Bei Netzen, die nur aus OHMschen Widerständen, Drosselspulen und Kondensatoren aufgebaut sind, ist diese Bedingung zwar immer erfüllt, sie gilt aber nicht immer, wenn das Netz auch elektrische Maschinen enthält.

4. Berechnung im symmetrischen Drehstromnetz

Im symmetrisch gespeisten, symmetrischen Drehstromnetz gestalten sich alle Berechnungen außerordentlich einfach und übersichtlich. Wir zeigen dies an einer Reihe von Fällen, die zu den wichtigsten in solchen Netzen zu behandelnden gehören.

Die Verbraucher können in einem solchen Netz entweder im Stern oder im Dreieck oder in Kombinationen beider geschaltet sein, wobei die drei jeweils einen Stern oder ein Dreieck bildenden Impedanzen einander gleich sind. Ein einfaches Beispiel eines solchen Falles ist folgendes.

a) Berechnung der Betriebskapazität einer Drehstromfernleitung

Unter der *Betriebskapazität* verstehen wir die für den von der leerlaufenden Leitung aufgenommenen Ladestrom maßgebende Kapazität. Jeder der drei Leiter besitzt eine Teilkapazität gegen Erde, die *Erdkapazität* C_E, und je zwei Leiter eine *gegenseitige Kapazität* C_L (Abb. 44).

Wir wenden auf das Dreieck der C_L die Dreiecksternumwandlung nach Gl. (3.50) an. Ist C_{L0} die Sternpunktskapazität der Leiter, so gilt

$$\frac{1}{j\omega C_{L0}} = \frac{1}{3j\omega C_L},$$

d. h.

$$\boxed{C_{L0} = 3\,C_L.} \tag{4.01}$$

Die Betriebskapazität ist dann

$$\boxed{C_B = C_E + 3\,C_L,} \tag{4.02}$$

und der Ladestrom in einer Phase ergibt sich mit

$$\mathfrak{J}_L = \mathfrak{U}\,j\,\omega\,C_B. \tag{4.03}$$

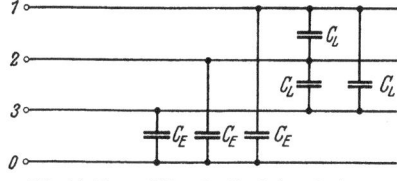

Abb. 44. Kapazitäten der Drehstromleitung

Er eilt der Phasenspannung um 90° vor, ist mit der verketteten Spannung $\mathfrak{V}$ jedoch in Phase, wie man durch Einsetzen von Gl. (3.28) in (4.03), also

$$\mathfrak{J}_L = \frac{\mathfrak{V}\,\omega\,C_B}{\sqrt{3}}, \tag{4.04}$$

erkennt. Die Ströme in C_E sind phasengleich mit $\mathfrak{J}_L$, diejenigen in C_L stehen senkrecht auf $\mathfrak{V}$.

b) Drehstromtransformatoren, Schaltgruppen

Ein wichtiges Element in den Drehstromnetzen sind die Transformatoren. Nach der Schaltung der primären und sekundären Wicklungen unterscheidet man die *Stern/Sternschaltung*, die *Stern/Dreieckschaltung* und die *Stern/Zickzackschaltung*.

Bei der Stern/Sternschaltung entspricht der Primärwicklung jeder Phase eine Sekundärwicklung und die drei Sekundärwicklungen sind ebenso wie die Primärwicklungen in Stern geschaltet (Abb. 45). Es gilt bei Auffassung als Übertrager nach Gl. (3.05)

$$\mathfrak{U}_s = \ddot{u}\,\mathfrak{U}_p \tag{4.05}$$

und bei Vernachlässigung der Verluste und Streuungen

$$\ddot{u} = \frac{w_s}{w_p}, \tag{4.06}$$

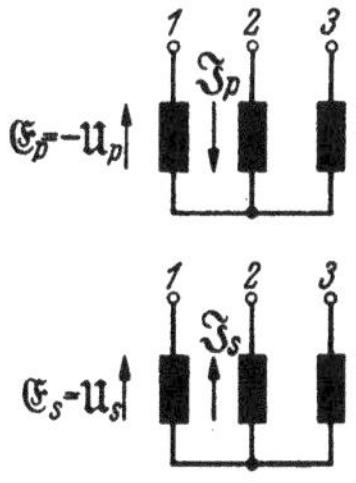

Abb. 45. Drehstromtransformator in Sternschaltung

wenn w_p die primäre und w_s die sekundäre Windungszahl ist. Primär- und Sekundärspannung liegen in Phase. Für die Ströme gilt

$$\ddot{u}\,\mathfrak{J}_s = \mathfrak{J}_p. \tag{4.07}$$

4. Berechnung im symmetrischen Drehstromnetz

Ist an die Sekundärseite eine symmetrische Impedanz Z_s angeschlossen, so folgt aus

$$\mathfrak{U}_s = Z_s \mathfrak{J}_s$$

wegen den Gln. (4.05) und (4.07)

$$\mathfrak{U}_p = \frac{1}{\bar{u}^2} Z_s \mathfrak{J}_p. \qquad (4.08)$$

Man kann den Transformator mit der Impedanz Z_s durch eine Impedanz

$$\boxed{\bar{Z}_s = \frac{1}{\bar{u}^2} Z_s} \qquad (4.09)$$

im Primärkreis ersetzen. Mit Hilfe von Gl. (4.09) kann man aus einer Netzberechnung alle Transformatoren eliminieren und die Berechnung auf die eines Netzes mit einheitlicher Spannung zurückführen. In Abb. 45 sind die physikalischen Richtungen der Ströme und der erzeugten Spannungen eingetragen. Verwendet man Zählpfeile in der Richtung der erzeugten Spannung, so ergeben sich für $\mathfrak{E}_p$ und $\mathfrak{E}_s$ Zeigerdiagramme in Form zweier Sterne mit parallelen Schenkeln. Die gleiche Lage der Sterne erhält man für $\mathfrak{U}_p$ und $\mathfrak{U}_s$, wenn man die Zählpfeile in der Richtung der Ströme wählt. Die Gleichartigkeit der Zeigerdiagramme für die erzeugten Spannungen bei der einen Zählpfeilwahl und für diejenigen der primären aufgedrückten Spannung $\mathfrak{U}_p$ zur (erzeugten) Sekundärspannung $\mathfrak{U}_s$ bei der anderen Wahl der Zählpfeile gilt auch für alle im folgenden behandelten Schaltungen.

Abb. 45 stellt nicht die einzige Art der Stern/Sternschaltung dar. Man kann den Nullpunkt auch an den oberen Enden der Sekundärwicklung bilden. Es ist dann

$$\bar{u} = -\frac{w_s}{w_p},$$

Primär- und Sekundärspannungen sind um 180° gegeneinander verdreht. Es besteht aber auch keine Notwendigkeit, die auf demselben Schenkel befindlichen Wicklungen gleichartig, nämlich 1, 1 usw. zu bezeichnen, sondern man kann die Bezeichnungen zyklisch vertauschen. Durch Kombination mit den beiden möglichen Lagen des Sternpunktes erhält man die 6 in Abb. 46 dargestellten Mög-

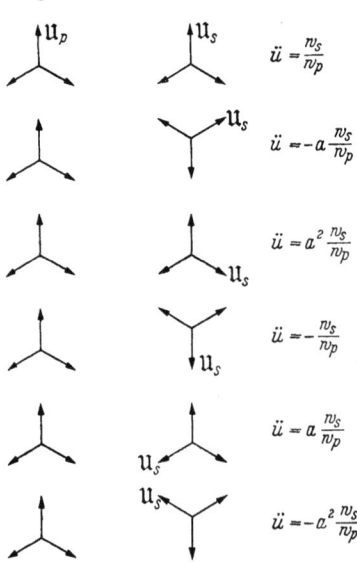

Abb. 46. Stern/Sternschaltungen

b) Drehstromtransformatoren, Schaltgruppen

lichkeiten, bei denen der Zeiger $\mathfrak{U}_s$ jeweils um weitere 60° gegenüber $\mathfrak{U}_p$ verschoben erscheint. Es ergeben sich dann die in der Figur eingetragenen komplexen Übersetzungsverhältnisse für die Spannungen. Jedes Folgende ergibt sich aus dem vorhergehenden durch Multiplikation mit $-a$ entsprechend der Beziehung

$$e^{-j\frac{\pi}{3}} = \cos\frac{\pi}{3} - j\cdot\sin\frac{\pi}{3} = \frac{1}{2} - j\frac{\sqrt{3}}{2} = -a. \qquad (4.10)$$

Man kann auch an Stelle der zyklischen Vertauschung nur zwei Bezeichnungen ändern und erhält dann ein Drehstromsystem mit gegenläufiger Phasenfolge, also ein Gegensystem. Dann liegt aber kein symmetrisches Drehstromsystem mehr vor, weil die Übersetzungsverhältnisse der einzelnen Phasen zwar dem Betrag nach gleich, im Phasenwinkel aber verschieden sind. Es ist noch zu beachten, daß für die Ströme der konjugiert komplexe Wert des Übersetzungsverhältnisses zu nehmen ist, also

$$\mathfrak{J}_s = \frac{1}{\mathfrak{u}^*}\mathfrak{J}_p, \qquad (4.11)$$

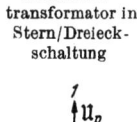

damit der Winkel zwischen Strom und Spannung erhalten bleibt und beim idealen Transformator die sekundäre Leistung gleich der primären wird.

Bei der Stern/Dreieckschaltung (Abb. 47) ist die Sekundärseite im Dreieck geschaltet. Die Wicklung, die sich auf dem Schenkel der primären Phase befindet, liefert die verkettete Spannung der Sekundärseite, d. h. es ist

$$\mathfrak{V}_s = \mathfrak{U}_p\frac{w_s}{w_p}.$$

Nach der in Gl. (3.28) festgelegten Beziehung zwischen Phasenspannung und verketteter Spannung ist dann

$$\mathfrak{U}_s = -\frac{j}{\sqrt{3}}\frac{w_s}{w_p}\mathfrak{U}_p, \qquad (4.12)$$

d. h.

$$\mathfrak{ü} = -\frac{j}{\sqrt{3}}\frac{w_s}{w_p}.$$

Abb. 47. Drehstromtransformator in Stern/Dreieckschaltung

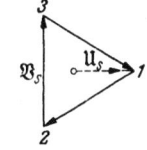

Die Sekundärspannung eilte der Primärspannung um 90° nach (Abb. 48). Fassen wir einen solchen Transformator als Übertrager auf, so interessiert uns das Verhältnis des Stromes, der der Klemme 1 der Primärseite zufließt, zu dem Strom, der von der Klemme 1 der Sekundärseite wegfließt. Für die Ströme gilt nach (4.11)

Abb. 48. Zeigerdiagramm der Stern/Dreieckschaltung

$$\mathfrak{J}_s = -j\sqrt{3}\frac{w_p}{w_s}\mathfrak{J}_p. \qquad (4.12\text{a})$$

42   4. Berechnung im symmetrischen Drehstromnetz

Auch bei der Stern/Dreieckschaltung gibt es zwei grundsätzliche Möglichkeiten der Verwendung. Abb. 49 und 50 erhält man aus Abb. 47 und 48 durch Ändern der Phasenlage von $\mathfrak{V}_s$ um 180°, d.h. wir binden das positive Ende der Sekundärwicklung, in der die Spannung $\mathfrak{V}_s$ induziert wird, an die Klemme 2, das negative Ende an die Klemme 3, so daß

$$\overline{\mathfrak{V}_s} = -\mathfrak{V}_s.$$

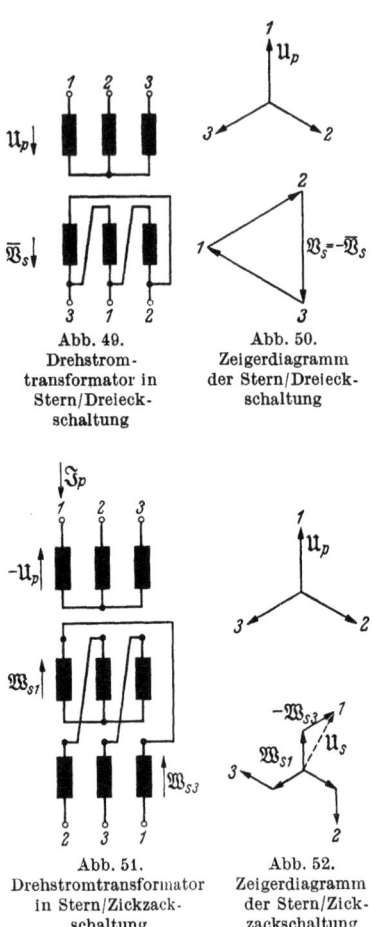

Abb. 49. Drehstromtransformator in Stern/Dreieckschaltung

Abb. 50. Zeigerdiagramm der Stern/Dreieckschaltung

Abb. 51. Drehstromtransformator in Stern/Zickzackschaltung

Abb. 52. Zeigerdiagramm der Stern/Zickzackschaltung

Dementsprechend sind auch die Vorzeichen in den Gln. (4.12) und (4.12a) zu ändern. Durch zyklische Vertauschung der Klemmenbezeichnungen kann man auch hier insgesamt 6 verschiedene Phasenlagen zwischen Primär- und Sekundärspannung erhalten, die sich aus Gl. (4.11) durch Multiplikation mit $-a$ ergeben. Keine dieser Phasenlagen deckt sich mit einer der Stern/Sternschaltungen, da immer ein Unterschied von 30° bestehen bleibt.

Die dritte der gebräuchlichen Schaltungen von Drehstromtransformatoren ist die Stern/Zickzackschaltung (Abb. 51). Hier sind jeder Primärwicklung zwei Sekundärwicklungen zugeordnet und für die Bildung der sekundären Phasenspannung sind Teilwicklungen benutzt, die zu verschiedenen Primärphasen gehören. Abb. 52 zeigt das zugehörige Zeigerdiagramm.

Bezeichnen wir die Spannung einer Teilwicklung auf der Sekundärseite mit $\mathfrak{W}_s$ und ist $\mathfrak{W}_{s1}$ die mit $\mathfrak{U}_{p1}$ phasengleiche Teilspannung, so daß

$$\mathfrak{W}_s = \frac{w_s}{w_p} \mathfrak{U}_p,$$

so ist

$$\mathfrak{U}_s = \mathfrak{W}_{s1} - \mathfrak{W}_{s3} = \frac{w_s}{w_p}(\mathfrak{U}_{p1} - \mathfrak{U}_{p3}) = \frac{w_s}{w_p}\mathfrak{U}_p(1-a)$$

und daher

$$\ddot{u} = \frac{w_s}{w_p}(1-a) = j\sqrt{3}\, a^2 \frac{w_s}{w_p}. \tag{4.13}$$

Dabei ist w_s die Windungszahl einer Teilwicklung und nicht die Gesamtzahl der auf eine Sekundärspannung entfallenden Windungen. Aus dem Vergleich von Gl. (4.13) mit (4.11) erkennt man, daß die Sekundärspannungen in diesen beiden Fällen einen Winkel von 180° einschließen können. Man kann also eine der Stern/Dreieckschaltungen mit der Stern/ Zickzackschaltung zur Deckung bringen. Auch bei der Zickzackschaltung sind zwei Verbindungsmöglichkeiten vorhanden und durch zyklische Vertauschung der Klemmenbezeichnung lassen sich bei Beibehaltung der Phasenfolge insgesamt 6 Schaltungen erzielen.

Da eine Parallelschaltung von Transformatoren nur möglich ist, wenn die Sekundärseiten außer der gleichen Nennspannung auch gleiche Phasenlage aufweisen, gibt man zur Kennzeichnung der Transformatoren nicht nur die Schaltung der Wicklungen, sondern auch die Phasenlage in Vielfachen von 30° an (andere Winkel können bei den üblichen Schaltungen nicht auftreten). Man spricht von der Schaltgruppe eines Transformators und kennzeichnet sie in folgender Weise. Die Seite der höheren Spannung ist durch einen Großbuchstaben, die der niedrigeren Spannung durch einen Kleinbuchstaben gekennzeichnet. Y bedeutet Stern, D Dreieck und Z Zickzack. Stern/Sternschaltung ist demnach durch Yy ausgedrückt. Eine nachgestellte Zahl gibt an, um welches Vielfache von 30° die niedrigere Spannung der höheren nacheilt. Denkt man sich das Zeigerdiagramm so auf das Zifferblatt einer Uhr gezeichnet, daß der Zeiger der höheren Spannung auf 12 zeigt, dann ist die den Winkel der niedrigeren (Sekundär-) Spannung kennzeichnende Zahl identisch mit der Ziffer, auf die der Zeiger dieser Spannung zeigt. Die Schaltung nach Abb. 45 ist demnach durch $Yy0$, die der Abb. 47 durch $Yd3$, Abb. 49 durch $Yd9$ und Abb. 51 durch $Yz1$ gekennzeichnet.

Wir bemerken noch, daß man für symmetrische Belastung immer mit der Stern/Sternschaltung das Auslangen finden kann. Die Verwendung der anderen Schaltungen erklärt sich aus den Vorteilen, die sie bei unsymmetrischen Belastungen bieten.

c) Streuung der Transformatoren, Parallelschaltung

Von den Eigenschaften, durch die sich reale Transformatoren von den bisher behandelten idealen unterscheiden, ist die Streuung die wichtigste. Sie bewirkt, daß auch bei konstanter Primärspannung die Sekundärspannung von der Belastung abhängt. Man kann die Streuung mit sehr guter Annäherung durch Induktivitäten darstellen, die auf der Sekundärseite in Reihe mit dem Transformator geschaltet werden. Die Spannung hinter diesen Induktivitäten ist dann die Klemmenspannung des realen Transformators. Ist $\mathfrak{U}_L$ die Spannung des idealen Transformators und X die Streureaktanz, dann ist die Klemmenspannung $\mathfrak{U}$ in Abhängigkeit vom Belastungsstrom durch

$$\mathfrak{U} = \mathfrak{U}_L - jX\mathfrak{J} \tag{4.14}$$

bestimmt. Die Spannungsänderung $\Delta\mathfrak{U} = \mathfrak{U}_L - \mathfrak{U}$ hängt nicht nur von der Größe des Stromes, sondern auch von seiner Phasenlage ab. Da jX rein imaginär ist, so wird die Spannungsänderung am größten, wenn $\mathfrak{I}$ um 90° gegen $\mathfrak{U}_L$ nacheilt, also rein induktiv ist. Aus $X = \omega L$ und $\mathfrak{I} = -\mathrm{j}k\mathfrak{U}_L$ folgt nämlich:

$$\mathfrak{U} = \mathfrak{U}_L - k\omega L\mathfrak{U}_L = \mathfrak{U}_L(1 - k\omega L).$$

$\mathfrak{U}$ ist dann in Phase mit $\mathfrak{U}_L$ und der Spannungsverlust subtrahiert sich algebraisch. Ist hingegen $\mathfrak{I}$ kapazitiv, dann kehrt sich das Vorzeichen des Spannungsverlustes um und man erhält eine Spannungserhöhung.

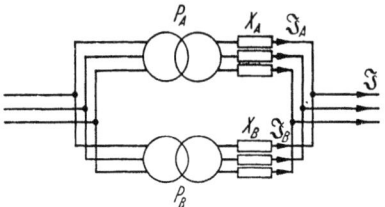

Abb. 53. Parallelschaltung zweier Transformatoren

Die Streuspannung ist von besonderer Bedeutung beim Parallelbetrieb von Transformatoren. Nehmen wir an, zwei Transformatoren A und B mit gleichem Übersetzungsverhältnis und gleicher Phasenlage, aber verschiedener Streureaktanz X_A und X_B seien primär und sekundär parallel geschaltet (Abb. 53) und auf der Sekundärseite mit einem Summenstrom $\mathfrak{I}$ belastet, dann besteht die Frage, wie sich dieser Strom auf die beiden Transformatoren verteilt. Wegen der Gleichheit der Übersetzungsverhältnisse müssen die Spannungen der idealen Transformatoren, das sind nach Gl. (4.14) die Leerlaufspannungen für $\mathfrak{I} = 0$, einander gleich sein. Wegen der Parallelschaltung müssen auch die sekundären Klemmenspannungen $\mathfrak{U}$ übereinstimmen, d. h. es muß

$$\mathfrak{U} = \mathfrak{U}_L - \mathrm{j}X_A\mathfrak{I}_A = \mathfrak{U}_L - \mathrm{j}X_B\mathfrak{I}_B$$

oder

$$X_A\mathfrak{I}_A = X_B\mathfrak{I}_B \tag{4.15}$$

sein. $\mathfrak{I}_A$ und $\mathfrak{I}_B$ sind phasengleich, so daß auch

$$X_A I_A = X_B I_B$$

gilt.

Die Ströme verteilen sich umgekehrt wie die Reaktanzen. Das muß kein Fehler sein, denn im Fall ungleich großer Transformatoren ist eine ungleiche Verteilung der Belastungsströme sogar erwünscht. Um die dadurch gegebene relative Belastung der beiden Transformatoren beurteilen zu können, ziehen wir die relativen Streuspannungen heran, die durch

$$\boxed{u_\sigma = \frac{X I_N}{U_N}} \tag{4.16}$$

gegeben sind, wobei I_N der Nennstrom des jeweils betrachteten Transformators ist. Aus Gl.(4.15) erhalten wir, wenn $U_{NA} = U_{NB}$,

$$u_{\sigma A} \frac{I_A}{I_{NA}} = u_{\sigma B} \frac{I_B}{I_{NB}}, \qquad (4.17)$$

d. h. die relativen Belastungen verhalten sich umgekehrt wie die relativen Streuspannungen. Eine gleiche relative Belastung wird erzielt, wenn die relativen Streuspannungen gleich sind.

Wir haben bei Gl.(4.16) die Streuspannung auf die Phasenspannung bezogen. Normalerweise geht man von der verketteten Spannung, die ja die Nennspannung darstellt, aus, dann muß an die Stelle von Gl.(4.16)

$$\boxed{u_\sigma = \frac{X I_N \sqrt{3}}{V_N}} \qquad (4.18)$$

treten.

d) Kurzschlußstrom, Kurzschlußleistung

Die Streuspannung spielt eine besondere Rolle bei der Berechnung der Kurzschlußströme und Kurzschlußleistungen, denn die Streureaktanzen sind für die Begrenzung der Kurzschlußströme in erster Linie maßgebend. Schließen wir einen von einem Netz konstanter Spannung $\mathfrak{U}_L$ gespeisten Transformator auf der Sekundärseite kurz, so folgt aus Gl.(4.14), daß der Kurzschlußstrom

$$\mathfrak{J}_K = \frac{\mathfrak{U}_L}{j X} \qquad (4.19)$$

ist. Bei der rein imaginären Impedanz jX gilt auch $I_K = U_L/X$.

Nach Gl.(4.19) können wir aber nur rechnen, wenn ein kleiner Transformator an einem sehr großen Netz angeschlossen ist, wenn nämlich der von ihm primär aufgenommene Kurzschlußstrom die Spannung des Netzes nicht beeinflußt. Im allgemeinen ist das nicht der Fall und man muß bei der Berechnung des Kurzschlußstromes alle in Reihe geschalteten Reaktanzen berücksichtigen.

In Abb. 54 ist ein einfacher Fall gezeichnet, bei

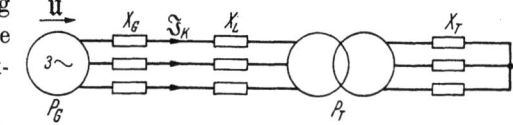

Abb. 54. Einfacher Kurzschlußkreis

dem ein Generator mit der Reaktanz X_G, eine Leitung mit der Reaktanz X_L und ein Transformator mit X_T in Reihe geschaltet sind. Wenn die Reaktanzen als Widerstandswerte (in Ω) gegeben sind, dann wird man die Reaktanz des Transformators auf die Primärseite nach Gl.(4.09) reduzieren und als resultierende Reaktanz

$$X_R = X_G + X_L + \frac{1}{\ddot{u}^2} X_T \qquad (4.20)$$

4. Berechnung im symmetrischen Drehstromnetz

finden und dann Gl. (4.19) anwenden. Gewöhnlich hat man aber nicht die Reaktanzen X_G und X_T, sondern die relativen Streuspannungen u_G und u_T gegeben. Man kann zwar aus diesen X_G und X_T mit Hilfe von Gl. (4.16) berechnen, zieht es aber vor, ein Rechenschema zu benutzen, welches diese Umrechnung erspart. Vernachlässigen wir zunächst die Leitung, so bleibt

$$X_R = X_G + \frac{1}{\ddot{u}^2} X_T. \tag{4.21}$$

Wir führen jetzt u_G und u_T ein, berücksichtigen aber dabei, daß wegen der Vernachlässigung der Ohmschen Verluste der Kurzschlußstrom rein induktiv ist, so daß wir statt mit den komplexen Größen mit den Beträgen rechnen dürfen. Es ist also mit der Generatorphasenspannung $U_L = U$

$$X_R = \frac{U}{I_G} u_G + \frac{1}{\ddot{u}^2} \frac{U_{Ts}}{I_s} u_T. \tag{4.22}$$

I_G ist der Nennstrom des Generators, U_{Ts} und I_s sind die Größen auf der Sekundärseite des Transformators. Wegen Gln. (4.05) und (4.07) ist aber

$$\frac{1}{\ddot{u}^2} \frac{U_{Ts}}{I_s} = \frac{U}{I_T}. \tag{4.23}$$

Wenn jetzt I_T der primäre Nennstrom des Transformators ist, dann ist

$$X_R = \frac{U}{I_G} u_G + \frac{U}{I_T} u_T$$

und dadurch der Kurzschlußstrom

$$I_K = \frac{U}{X_R} = \frac{U}{\dfrac{U}{I_G} u_G + \dfrac{U}{I_T} u_T}.$$

Die Kurzschlußleistung P_K ist die Scheinleistung $3 U I_K$ im Kurzschlußfall, also

$$P_K = \frac{3 U^2}{X_R} = \frac{3 U^2}{\dfrac{U}{I_G} u_G + \dfrac{U}{I_T} u_T}.$$

Wir kürzen durch $3 U^2$, so daß

$$P_K = \frac{1}{\dfrac{u_G}{3 U I_G} + \dfrac{u_T}{3 U I_T}}. \tag{4.24}$$

Nun ist $P_G = 3 U I_G$ die Nennleistung des Generators und $P_T = 3 U I_T$ diejenige des Transformators. Wir erhalten also

$$P_K = \frac{1}{\dfrac{u_G}{P_G} + \dfrac{u_T}{P_T}}. \tag{4.25}$$

d) Kurzschlußstrom, Kurzschlußleistung

Man nennt

$$u'_G = \frac{u_G}{P_G} \quad \text{bzw.} \quad u'_T = \frac{u_T}{P_T} \quad (4.26)$$

die reduzierten (relativen) Streuspannungen. Mit ihnen ist nun

$$P_K = \frac{1}{u'_G + u'_T}. \quad (4.27)$$

Man deutet nun Gl. (4.27) so, daß man P_k als einen Strom in einem Einphasennetz betrachtet, das von der Spannung 1 gespeist wird und in dem die Widerstände u'_G und u'_T in Reihenschaltung wirksam sind.

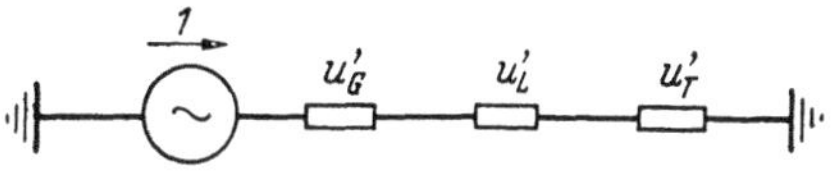

Im Fall der Leitung, bei der gewöhnlich X_L gegeben ist, muß man natürlich u_L und u'_L nach Gln. (4.16) und (4.26) berechnen, wobei es aber gleichgültig ist, welchen Strom man als Nennstrom annimmt, denn es ist

Abb. 55. Reduziertes Kurzschlußleistungsschaltbild

$$u'_L = \frac{u_L}{P_L} = \frac{X_L I}{3 U^2 I} = \frac{X_L}{3 U^2} = \frac{X_L}{V^2}. \quad (4.28)$$

Mit Hilfe der reduzierten Streuspannung kann man jetzt das Schaltbild Abb. 54 durch das Schaltbild Abb. 55 ersetzen.

Wir zeigen aber noch, daß die Behandlung der reduzierten Streuspannungen als Widerstände in einem Kurzschlußleistungsnetz auch bei der Parallelschaltung von Streureaktanzen gilt. Es genügt dazu, die Parallelschaltung zweier Transformatoren A und B (Abb. 56) zu be-

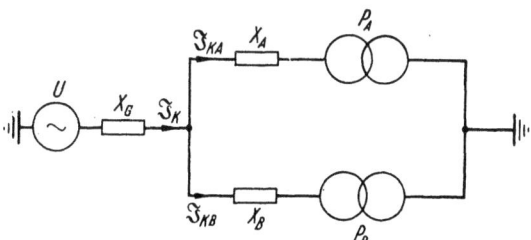

Abb. 56. Kurzschlußkreis mit parallelgeschalteten Transformatoren

trachten. Die Nennleistungen der Transformatoren seien P_A und P_B, ihre auf die Primärseite bezogenen Reaktanzen X_A und X_B. Liegt an den Transformatoren im Kurzschluß eine Spannung

$$U_K = U - X_G I_K,$$

so sind die Kurzschlußströme

$$I_{KA} = \frac{U_K}{X_A} \quad \text{und} \quad I_{KB} = \frac{U_K}{X_B}$$

oder mit den relativen Streuspannungen u_A und u_B

$$I_{KA} = \frac{U_K}{\frac{U}{I_A} u_A} \quad \text{und} \quad I_{KB} = \frac{U_K}{\frac{U}{I_B} u_B},$$

bzw. nach Erweiterung mit $3U$ im Nenner

$$I_{KA} = \frac{U_K}{\frac{3U^2}{3UI_A} u_A}, \quad I_{KB} = \frac{U_K}{\frac{3U^2}{3UI_B} u_B}$$

oder

$$I_{KA} = \frac{U_K}{3U^2 u'_A} \quad \text{und} \quad I_{KB} = \frac{U_K}{3U^2 u'_B},$$

daher ist

$$I_K = I_{KA} + I_{KB} = \frac{U_K}{3U^2}\left(\frac{1}{u'_A} + \frac{1}{u'_B}\right). \tag{4.29}$$

Nun ist

$$U_K = U - I_K X_G = U - I_K 3U^2 u'_G,$$

also

$$\frac{U_K}{U} = 1 - P_K u'_G. \tag{4.30}$$

Aus Gl. (4.29) erhalten wir damit

$$P_K = (1 - P_K u'_G)\left(\frac{1}{u'_A} + \frac{1}{u'_B}\right)$$

und nach Auflösung

$$P_K = \frac{1}{u'_G + \dfrac{1}{\dfrac{1}{u'_A} + \dfrac{1}{u'_B}}}. \tag{4.31}$$

u'_A und u'_B verhalten sich also wie parallel geschaltete Widerstände in dem Kurzschlußnetz. Abb. 57 zeigt das Kurzschlußschaltbild.

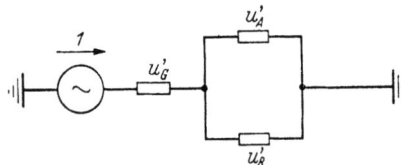

Abb. 57. Kurzschlußschaltbild zu Abb. 56

Bei der Berechnung der Kurzschlußleistung ist es natürlich gleichgültig, in welchen Einheiten man die relativen Streuspannungen oder die Leistung angibt. Es ist nur zu beachten, daß man bei der Rechnung per unit die Kurzschlußleistung selbst, bei Rechnung in Prozent die Kurzschlußleistung „pro Prozent" erhält, d.h. in Gln. (4.27) und (4.31) sind in diesem Fall die Zähler durch 100 zu ersetzen, um die richtigen Leistungen zu bekommen.

e) Induktionsmaschine

Symmetrische Drehstromnetze in dem hier gebrauchten Sinne liegen auch bei den Drehstrommaschinen, Generatoren und Motoren vor. Wir behandeln als Beispiel eines solchen Falles die Strom- und Spannungs-

e) Induktionsmaschine

verhältnisse in einer Induktionsmaschine, d. h. in einem Asynchronmotor. Die Maschine weist zwei Wicklungssysteme auf, das des *Ständers*, das bei einem Drehstrommotor stets dreiphasig ausgeführt ist, und das des *Läufers* oder Rotors, das im allgemeinen eine größere Phasenzahl aufweist, aber in den meisten Fällen mit sehr guter Näherung durch ein Dreiphasensystem ersetzt werden kann. In dem Ständerkreis sind bei Vernachlässigung des Widerstandes der Ständerwicklung drei Spannungen wirksam, die angelegte Klemmenspannung $\mathfrak{U}$ der Stromquelle, die durch den Primärstrom (Ständerstrom) $\mathfrak{J}_S$ in der Ständerwicklung induzierte Streuspannung $\mathfrak{U}_\sigma$ und die durch das umlaufende Drehfeld induzierte Spannung $\mathfrak{E}$. Ihre Summe muß verschwinden. Wenn

$$\mathfrak{U}_\sigma = -j\,X_\sigma \mathfrak{J}_S$$

ist, dann gilt für den Ständer

$$\mathfrak{U} - j\,X_\sigma \mathfrak{J}_S + \mathfrak{E} = 0 \,. \tag{4.32}$$

Das Drehfeld erzeugt im Läufer eine Spannung $\mathfrak{E}_L$, deren Größe und Frequenz ω_L dem Schlupf s proportional sind. Es entsteht ein Läuferstrom $\mathfrak{J}_L$, der in der Selbstinduktivität L und dem Widerstand R des Läufers die Spannung

$$\mathfrak{U}_L = -(j\,\omega_L L + R)\mathfrak{J}_L$$

erzeugt, so daß für den Läufer

$$\mathfrak{E}_L = (j\,\omega_L L + R)\mathfrak{J}_L \tag{4.33}$$

gilt. Ist w_S die Windungszahl der Ständerwicklung und w_L diejenige des Läufers, so stehen für die Aufrechterhaltung des umlaufenden Drehfeldes die Amperewindungen $w_S \mathfrak{J}_S + w_L \mathfrak{J}_L$ zur Verfügung. Ist

$$\mathfrak{J}_L = \frac{w_L}{w_s}\mathfrak{J}_L \tag{4.34}$$

der auf den Ständer bezogene Läuferstrom, dann ist

$$\mathfrak{J}_\mu = \mathfrak{J}_S + \mathfrak{J}_L \tag{4.35}$$

der für die Erhaltung des Drehfeldes notwendige Magnetisierungsstrom. Im ungesättigten Bereich ist die Spannung $\mathfrak{E}$ diesem Strom proportional, d. h. es ist

$$\mathfrak{E} = -j\,X_H \mathfrak{J}_\mu \,. \tag{4.36}$$

Bei Stillstand des Läufers ($s = 1$) unterscheidet sich die Läuferspannung $\mathfrak{E}_L$ von $\mathfrak{E}$ nur um den Faktor w_L/w_S, bei abnehmendem Schlupf nimmt sie mit diesem ab, so daß

$$\mathfrak{E}_L = s\,\frac{w_L}{w_s}\mathfrak{E} \,. \tag{4.37}$$

50   4. Berechnung im symmetrischen Drehstromnetz

Die Frequenz im Läufer ist bei $s = 1$ gleich der Netzfrequenz und ist im Lauf proportional s, so daß

$$\omega_L = s\omega. \tag{4.38}$$

Aus Gl. (4.33) folgt dann

$$s\frac{w_L}{w_S}\mathfrak{E} = (j\omega Ls + R)\mathfrak{I}_L$$

oder

$$\mathfrak{E} = \left(j\omega L + \frac{R}{s}\right)\mathfrak{I}_L \tag{4.39}$$

und zusammen mit Gl. (4.32)

$$\mathfrak{U} = jX_\sigma \mathfrak{I}_S - \left(jX_\lambda + \frac{R}{s}\right)\mathfrak{I}_L, \tag{4.40}$$

wobei wir

$$j\omega L = jX_\lambda$$

gesetzt haben. Zusammen mit Gl. (4.35) beschreibt Gl. (4.40) den Zusammenhang zwischen dem Schlupf und dem von der Maschine aufgenommenen Strom.

Abb. 58 zeigt das zugehörige Ersatzschaltbild des Motors. X_σ, X_H und X_λ sind Konstante. Der Widerstand ist jedoch vom Schlupf abhängig. Man beachte, daß sich durch die Festsetzung von Gl. (4.35), daß der Magnetisierungsstrom gleich der Summe aus dem Ständerstrom und dem reduzierten Läuferstrom sein soll, die in dem Schaltbild ersichtlichen Zählpfeile für die Ströme ergeben. Eine Umkehrung der Zählpfeile im Läuferkreis würde dazu zwingen, in Gl. (4.33), (4.39) und (4.40) Minuszeichen anzubringen.

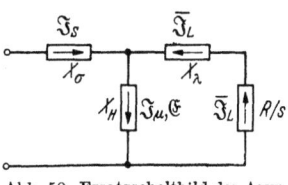

Abb. 58. Ersatzschaltbild des Asynchronmotors

In Abb. 59 ist das Zeigerdiagramm entsprechend den obigen Gleichungen dargestellt. Vernachlässigt man den Magnetisierungsstrom $\mathfrak{I}_\mu$, so wird $\bar{\mathfrak{I}}_L = -\mathfrak{I}_S$ und aus Gl. (4.40) erhält man

$$\mathfrak{I}_S = \frac{\mathfrak{U}}{jX_\sigma + jX_\lambda + \frac{R}{s}}. \tag{4.41}$$

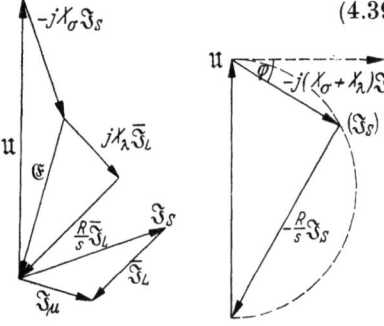

Abb. 59. Zeigerdiagramm des Asynchronmotors

Abb. 60. Kreisdiagramm des Asynchronmotors

Bei fester Klemmenspannung $\mathfrak{U}$ bewegt sich die Spitze von $-j(X_\sigma + X_\lambda)\mathfrak{I}_S$ auf einem Halbkreis über dem Durchmesser $\mathfrak{U}$, wenn sich s ändert, denn die beiden Teilspannungen $-j(X_\sigma + X_\lambda)\mathfrak{I}_S$ und $-\mathfrak{I}_S R/s$ stehen stets aufeinander senkrecht. Da nun $-j(X_\sigma + X_\lambda)\mathfrak{J}_S$ um den Winkel 90° gegen $\mathfrak{J}_S$ nacheilt, so erhält man eine richtige Zuordnung von Spannung und Strom, wenn man $-j(X_\sigma + X_\lambda)\mathfrak{J}_S$ als den Zeiger des Stromes $\mathfrak{J}_S$ betrachtet und an seinem Anfang den um $-90°$ gedrehten Zeiger $\mathfrak{U}$ anbringt, wie dies Abb. 60 erkennen läßt.

5. Symmetrische Komponenten

a) Unsymmetrien in Drehstromsystemen

Die vorhergehenden Kapitel zeigten, auf wie einfache Weise sich die Verhältnisse in symmetrischen Drehstromsystemen berechnen lassen. Die dabei notwendigen Voraussetzungen, nämlich symmetrische Speisung und symmetrische Verteilung der Impedanzen sind in den Drehstromnetzen oft nur unvollkommen erfüllt. Im normalen Netzbetrieb kann man die Speisung meist noch mit sehr guter Näherung als symmetrisch ansehen, bei Störungen kann aber die Unsymmetrie bedeutend werden. Viel weniger noch ist die Symmetrie der Belastung gewährt. Schon im normalen Betrieb besteht keine Gewähr dafür, daß die zwischen den Außenleitern oder zwischen Außenleiter und Nulleiter angeschlossenen Belastungen gleich sind. Die häufigsten Störungsfälle, wie der Erdschluß eines Außenleiters oder der Kurzschluß zwischen zwei Außenleitern, sind gerade durch ihre starke Unsymmetrie gekennzeichnet. In allen diesen Fällen ist es nicht mehr möglich, das Drehstromnetz auf ein Einphasennetz zurückzuführen, so wie wir es in den vorhergehenden Kapiteln getan haben. Es bleibt zunächst nichts anderes übrig als die Gleichungen für jedes der drei zum Drehstromsystem vereinigten Einphasensysteme aufzustellen und das so entstehende Gleichungssystem zu lösen.

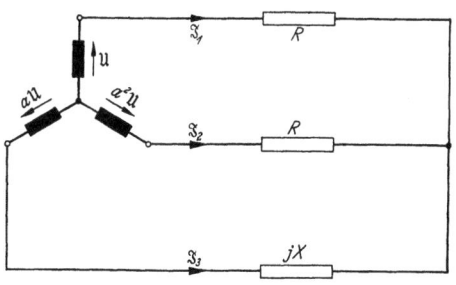

Abb. 61. Unsymmetrische Belastung

Wir zeigen das Verfahren an dem sehr einfachen Beispiel eines symmetrisch gespeisten, aber unsymmetrisch belasteten Netzes. An die Phasen 1 und 2 sei je ein Widerstand R, an die Phase 3 aber eine Reaktanz X angeschlossen und hinter diesen drei Impedanzen seien die drei Leitungen zu einem Sternpunkt vereinigt (Abb. 61). Durch die Anwendung der KIRCHHOFFschen Gesetze erhalten wir

$$\mathfrak{J}_1 + \mathfrak{J}_2 + \mathfrak{J}_3 = 0,$$
$$\mathfrak{U} - R\mathfrak{J}_1 = a^2\mathfrak{U} - R\mathfrak{J}_2,$$
$$\mathfrak{U} - R\mathfrak{J}_1 = a\mathfrak{U} - jX\mathfrak{J}_3.$$

Aus den letzten beiden Gleichungen finden wir

$$-\mathfrak{J}_2 = \frac{\mathfrak{U}}{R}(1-a^2) - \mathfrak{J}_1,$$

$$-\mathfrak{J}_3 = \frac{\mathfrak{U}}{jX}(1-a) - \frac{R}{jX}\mathfrak{J}_1$$

und durch Einsetzen in die erste Gleichung

$$\mathfrak{U}\left[\frac{1-a^2}{R} + \frac{1-a}{jX}\right] = \mathfrak{J}_1\left(2 + \frac{R}{jX}\right)$$

oder

$$\mathfrak{U}\left[-j\sqrt{3}\,a\frac{1}{R} + \sqrt{3}\,a^2\frac{1}{jX}\right] = \mathfrak{J}_1\left(2 + \frac{R}{jX}\right),$$

$$-\mathfrak{U}\,j\sqrt{3}\left(\frac{a}{R} + \frac{a^2}{jX}\right) = \mathfrak{J}_1\left(2 + \frac{R}{X}\right),$$

so daß

$$\mathfrak{J}_1 = -\mathfrak{U}\,j\sqrt{3}\;\frac{\dfrac{a}{R} - j\dfrac{a^2}{X}}{2 - j\dfrac{R}{X}}.$$

Etwas einfacher läßt sich die Rechnung durchführen, wenn man zunächst die Spannung $\mathfrak{U}_0$ des Sternpunktes der Belastung gegen den Sternpunkt des speisenden Transformators einführt. Dann ist nämlich

$$\mathfrak{U} - \mathfrak{U}_0 = R\,\mathfrak{J}_1,$$
$$a^2\,\mathfrak{U} - \mathfrak{U}_0 = R\,\mathfrak{J}_2,$$
$$a\,\mathfrak{U} - \mathfrak{U}_0 = jX\,\mathfrak{J}_3.$$

Aus der Summe der Ströme erhalten wir

$$\mathfrak{U}\left(\frac{1+a^2}{R} + \frac{a}{jX}\right) = \mathfrak{U}_0\left(\frac{2}{R} + \frac{1}{jX}\right)$$

und schließlich

$$\mathfrak{J}_1 = \frac{\mathfrak{U}}{R}\left(1 - \frac{\dfrac{1+a^2}{R} - j\dfrac{a}{X}}{\dfrac{2}{R} - j\dfrac{1}{X}}\right),$$

was wieder auf den oben gewonnenen Ausdruck für $\mathfrak{J}_1$ zurückführt.

b) Nullsystem, Mitsystem, Gegensystem

Wenn auch eine solche Rechnung keine grundsätzlichen Schwierigkeiten bietet, weil es sich ja doch immer nur um die Lösung eines Systems von linearen Gleichungen, nur eben mit einer größeren Zahl von Unbekannten handelt, so stört doch die geringe Anschaulichkeit des Rechnungsganges und des Ergebnisses. Es ist nun naheliegend zu fragen, ob es nicht auch in solchen Fällen möglich ist, das Problem auf ein symmetrisches zurückzuführen und die Unsymmetrie gewissermaßen als

b) Nullsystem, Mitsystem, Gegensystem

Korrektur zu berücksichtigen, ein Verfahren, das bei der Lösung technischer Probleme sehr häufig angewendet wird. Ein solcher Weg wurde von FORTESCUE[1] in den symmetrischen Komponenten gefunden. Das Wort *Symmetrische Komponente* deutet schon an, daß es sich um die Zerlegung eines unsymmetrischen Systems von Drehstromgrößen in symmetrische Anteile handelt. Wir zeigen das Verfahren an dem Beispiel dreier Ströme, die zusammen ein unsymmetrisches Drehstromsystem bilden. Natürlich gilt das Verfahren auch für jede andere Drehstromgröße, wie z. B. die Spannung.

Wir nehmen also an, es seien drei Ströme $\mathfrak{J}_1, \mathfrak{J}_2, \mathfrak{J}_3$ gegeben, welche dem Betrag nach ungleich sind und beliebige Phasenlage aufweisen. Im allgemeinen wird ihre Summe nicht verschwinden, d. h. es ist

$$\mathfrak{J}_1 + \mathfrak{J}_2 + \mathfrak{J}_3 \neq 0.$$

Wir nähern uns einem symmetrischen System, wenn wir von jedem der drei Ströme die *Nullkomponente* abspalten, d. h. einen solchen Teil, daß die verbleibenden Ströme eine verschwindende Summe aufweisen. Wählen wir die Nullkomponente $\mathfrak{J}^0$ gleich einem Drittel der Summe der Ströme[2], also

$$\mathfrak{J}^0 = \frac{1}{3}(\mathfrak{J}_1 + \mathfrak{J}_2 + \mathfrak{J}_3), \tag{5.01}$$

so verschwindet die Summe der verbleibenden Anteile, nämlich

$$(\mathfrak{J}_1 - \mathfrak{J}^0) + (\mathfrak{J}_2 - \mathfrak{J}^0) + (\mathfrak{J}_3 - \mathfrak{J}^0) = 0. \tag{5.02}$$

Zur weiteren Symmetrierung suchen wir einen Mittelwert der Ströme zu bilden. Wir gehen dabei von dem Gedanken aus, daß bei einem symmetrischen System die drei Ströme gleich werden, wenn wir den Strom der Phase 2 um 120° vorwärts und den Strom der Phase 3 um den gleichen Winkel nach hinten drehen, da dann alle drei Ströme im Zeigerdiagramm zur Deckung kommen. Da die erste Drehung durch den Faktor a, die zweite durch den Faktor a^2 ausgedrückt wird, so bilden wir den Mittelwert

$$\mathfrak{J}' = \frac{1}{3}(\mathfrak{J}_1 + a\mathfrak{J}_2 + a^2\mathfrak{J}_3). \tag{5.03}$$

Es ist dabei gleichgültig, ob wir die Mittelwertsbildung mit den Strömen selbst oder mit den um die Nullkomponente verminderten Werten durchführen, weil sich die Nullkomponenten nach Gl. (3.22) dabei wegheben. Betrachten wir den Mittelwert nach Gl. (5.03) als den symmetrischen Anteil von $\mathfrak{J}_1$, setzen also

$$\mathfrak{J}'_1 = \mathfrak{J}', \tag{5.04}$$

---

[1] I.C.L. FORTESCUE, "Method of symmetrical coordinates" Trans. Amer. Inst. Electr. Engrs. Bd. 37 (1918) H. II, S. 1027···1140.

[2] Die hochgestellte Null bedeutet einen oberen Index und keinen Exponenten (s. Vorwort).

5. Symmetrische Komponenten

so erhalten wir durch den analogen Prozeß den Mittelwert der Phase 2 mit

$$\mathfrak{J}_2' = \frac{1}{3}(a^2 \mathfrak{J}_1 + \mathfrak{J}_2 + a \mathfrak{J}_3) = a^2 \mathfrak{J}' \qquad (5.05)$$

und schließlich für die Phase 3

$$\mathfrak{J}_3' = \frac{1}{3}(a \mathfrak{J}_1 + a^2 \mathfrak{J}_2 + \mathfrak{J}_3) = a \mathfrak{J}', \qquad (5.06)$$

d. h. die Mittelwerte $\mathfrak{J}_1'$, $\mathfrak{J}_2'$ und $\mathfrak{J}_3'$ bilden ein symmetrisches Drehstromsystem. Da es eine positive Phasenfolge aufweist, so nennt man es das *Mitsystem* und die einzelnen Ströme die *Mitkomponenten*.

Es bleibt uns noch die Reste zu berechnen, wenn wir von den ursprünglich gegebenen Strömen die Mitkomponenten und die Nullkomponenten abziehen. Wir finden so

$$\mathfrak{J}_1'' = \mathfrak{J}_1 - \mathfrak{J}_1' - \mathfrak{J}^0 = \mathfrak{J}_1 - \frac{1}{3}(\mathfrak{J}_1 + a\mathfrak{J}_2 + a^2 \mathfrak{J}_3) - \frac{1}{3}(\mathfrak{J}_1 + \mathfrak{J}_2 + \mathfrak{J}_3)$$

$$= \frac{1}{3}\mathfrak{J}_1 - \frac{1}{3}\mathfrak{J}_2(a+1) - \frac{1}{3}\mathfrak{J}_3(a^2+1)$$

oder

$$\mathfrak{J}_1'' = \frac{1}{3}(\mathfrak{J}_1 + a^2 \mathfrak{J}_2 + a \mathfrak{J}_3). \qquad (5.07)$$

In gleicher Weise erhalten wir

$$\left.\begin{aligned}\mathfrak{J}_2'' &= \mathfrak{J}_2 - \mathfrak{J}_2' - \mathfrak{J}^0 = \mathfrak{J}_2 - \frac{1}{3}(a^2 \mathfrak{J}_1 + \mathfrak{J}_2 + a \mathfrak{J}_3) - \frac{1}{3}(\mathfrak{J}_1 + \mathfrak{J}_2 + \mathfrak{J}_3) \\ &= \frac{1}{3}\mathfrak{J}_2 - \frac{1}{3}\mathfrak{J}_1(a^2+1) - \frac{1}{3}\mathfrak{J}_3(a+1) = \frac{1}{3}(\mathfrak{J}_2 + a\mathfrak{J}_1 + a^2 \mathfrak{J}_3) \\ &= a\frac{1}{3}(\mathfrak{J}_1 + a^2 \mathfrak{J}_2 + a \mathfrak{J}_3) = a \mathfrak{J}_1''\end{aligned}\right\} \quad (5.08)$$

und schließlich

$$\left.\begin{aligned}\mathfrak{J}_3'' &= \mathfrak{J}_3 - \mathfrak{J}_3' - \mathfrak{J}^0 = \mathfrak{J}_3 - \frac{1}{3}(a \mathfrak{J}_1 + a^2 \mathfrak{J}_2 + \mathfrak{J}_3) - \frac{1}{3}(\mathfrak{J}_1 + \mathfrak{J}_2 + \mathfrak{J}_3) \\ &= \frac{1}{3}(\mathfrak{J}_3 + a^2 \mathfrak{J}_1 + a \mathfrak{J}_2) = a^2 \frac{1}{3}(\mathfrak{J}_1 + a^2 \mathfrak{J}_2 + a \mathfrak{J}_3) = a^2 \mathfrak{J}_1''.\end{aligned}\right\} \quad (5.09)$$

Wir sehen, daß die Restströme $\mathfrak{J}_1''$, $\mathfrak{J}_2''$ und $\mathfrak{J}_3''$, die nach Abzug der Mitkomponenten und der Nullkomponenten noch verbleiben, ebenfalls ein symmetrisches Drehstromsystem bilden, aber mit negativer Phasenfolge, denn $\mathfrak{J}_2''$ folgt um $240°$ und $\mathfrak{J}_3''$ um $120°$ nach $\mathfrak{J}_1''$. Man nennt diese drei Ströme wegen der gegenläufigen Phasenfolge die *Gegenkomponenten* und ihre Gesamtheit das *Gegensystem*. Es läßt sich durch den Strom

$$\mathfrak{J}'' = \mathfrak{J}_1'' \qquad (5.10)$$

allein ausdrücken. Wir stellen somit folgendes fest:

b) Nullsystem, Mitsystem, Gegensystem

Ein beliebiges Tripel $\mathfrak{I}_1, \mathfrak{I}_2, \mathfrak{I}_3$ von unsymmetrischen Drehstromgrößen läßt sich in eindeutiger Weise in drei symmetrische Systeme zerlegen, nämlich in das Nullsystem der drei gleichphasigen Ströme

$$\mathfrak{I}_1^0 = \mathfrak{I}_2^0 = \mathfrak{I}_3^0 = \mathfrak{I}^0, \tag{5.11}$$

wobei

$$\boxed{\mathfrak{I}^0 = \frac{1}{3}(\mathfrak{I}_1 + \mathfrak{I}_2 + \mathfrak{I}_3),} \tag{5.12}$$

in das Mitsystem mit positiver Phasenfolge

$$\left.\begin{array}{l}\mathfrak{I}_1' = \mathfrak{I}', \\ \mathfrak{I}_2' = a^2\mathfrak{I}', \\ \mathfrak{I}_3' = a\mathfrak{I}',\end{array}\right\} \tag{5.13}$$

wobei

$$\boxed{\mathfrak{I}' = \frac{1}{3}(\mathfrak{I}_1 + a\mathfrak{I}_2 + a^2\mathfrak{I}_3)} \tag{5.14}$$

und das Gegensystem mit negativer Phasenfolge

$$\left.\begin{array}{l}\mathfrak{I}_1'' = \mathfrak{I}'', \\ \mathfrak{I}_2'' = a\mathfrak{I}'', \\ \mathfrak{I}_3'' = a^2\mathfrak{I}'',\end{array}\right\} \tag{5.15}$$

mit

$$\boxed{\mathfrak{I}'' = \frac{1}{3}(\mathfrak{I}_1 + a^2\mathfrak{I}_2 + a\mathfrak{I}_3).} \tag{5.16}$$

Aus der Herleitung dieser Gleichungen folgt auch ihre Umkehrung, nämlich die Darstellung der ursprünglichen Ströme durch die symmetrischen Komponenten. Es ist

$$\mathfrak{I}_1 = \mathfrak{I}_1^0 + \mathfrak{I}_1' + \mathfrak{I}_1''$$

oder

$$\boxed{\mathfrak{I}_1 = \mathfrak{I}^0 + \mathfrak{I}' + \mathfrak{I}'',} \tag{5.17}$$

$$\mathfrak{I}_2 = \mathfrak{I}_2^0 + \mathfrak{I}_2' + \mathfrak{I}_2''$$

oder

$$\boxed{\mathfrak{I}_2 = \mathfrak{I}^0 + a^2\mathfrak{I}' + a\mathfrak{I}''} \tag{5.18}$$

und

$$\mathfrak{I}_3 = \mathfrak{I}_3^0 + \mathfrak{I}_3' + \mathfrak{I}_3''$$

oder

$$\boxed{\mathfrak{I}_3 = \mathfrak{I}^0 + a\mathfrak{I}' + a^2\mathfrak{I}''.} \tag{5.19}$$

Man beachte, daß bei der Bildung der Mitkomponenten nach Gl.(5.03) die Reihenfolge der Koeffizienten 1, a, a^2 ist im Gegensatz zu der positiven Phasenfolge der Zeiger 1, a^2, a!

c) Zeichnerische und rechnerische Gewinnung der Komponenten

Selbstverständlich lassen sich alle diese Schritte zur Bildung der symmetrischen Komponenten bzw. zur Bildung der ursprünglichen Größen aus ihnen auch zeichnerisch verfolgen. Wir wollen dies zusammen mit der rechnerischen Behandlung eines Zahlenbeispieles zeigen. Die dabei mögliche gegenseitige Überprüfung von zeichnerischer Darstellung und Rechnung stellt eines der wertvollsten Hilfsmittel dar, um Fehler zu vermeiden bzw. rechtzeitig zu erkennen. Wir nehmen an, wir haben folgende Ströme gegeben:

$$\mathfrak{J}_1 = 4{,}60 + 2{,}80\,j,$$
$$\mathfrak{J}_2 = 1{,}60 - 2{,}30\,j,$$
$$\mathfrak{J}_3 = -1{,}80 - 1{,}70\,j.$$

Die Abb. 62 zeigt ihre Darstellung im Zeigerdiagramm. Es ist ein typisches unsymmetrisches System, was man aus der zahlenmäßigen Dar-

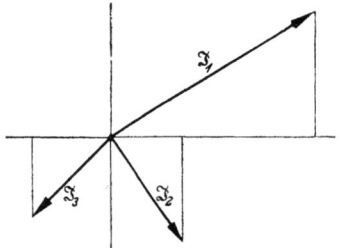
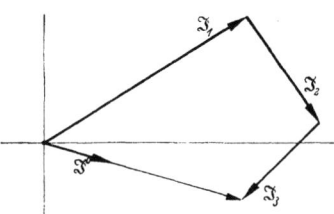

Abb. 62. Zeigerdarstellung der Ströme
$\mathfrak{J}_1 = 4{,}6 + 2{,}8\,j$ $\mathfrak{J}_2 = 1{,}6 - 2{,}3\,j$
$\mathfrak{J}_3 = -1{,}8 - 1{,}7\,j$

Abb. 63. Bestimmung der Nullkomponente
$\mathfrak{J}^0 = \dfrac{1}{3}(\mathfrak{J}_1 + \mathfrak{J}_2 + \mathfrak{J}_3)$

stellung in komplexer Form meist nicht sofort erkennen kann. In Abb. 63 ist die Summe der drei Ströme nach Gl.(5.12) zur Gewinnung der Nullkomponenten gebildet. Durch Addition der Zahlenwerte erhalten wir

$$3\,\mathfrak{J}^0 = 4{,}40 - 1{,}20\,j$$

und, wenn wir uns auf zwei Dezimalen beschränken,

$$\mathfrak{J}^0 = 1{,}47 - 0{,}40\,j$$

in Übereinstimmung mit der Zeichnung als dritten Teil der Resultierenden der 3 Zeiger. Für die Bestimmung der Mitkomponenten und der Gegenkomponenten brauchen wir nach Gln.(5.14) und (5.16) die Produkte aus den Strömen $\mathfrak{J}_2$ und $\mathfrak{J}_3$ mit a und a^2. Wir können jeweils beide

c) Zeichnerische und rechnerische Gewinnung der Komponenten   57

Produkte in einem Rechnungsgang bestimmen, wenn wir folgende Schreibweise anwenden:

$$\mathfrak{J}_2 \binom{a}{a^2} = \underline{(1,60 - 2,30\,j)\,(-0,50 \pm 0,87\,j)}$$
$$\phantom{\mathfrak{J}_2 \binom{a}{a^2} =}\ -0,80 + 1,15\,j \quad \text{(Multiplikation mit } -0,5\text{)}$$
$$\phantom{\mathfrak{J}_2 \binom{a}{a^2} =}\ \underline{\pm 1,99 \pm 1,39\,j} \quad \text{(Multiplikation mit } \pm 0,87\,j \text{ mit Vertauschung der Reihenfolge)}$$
$$a\mathfrak{J}_2 = 1,19 + 2,54\,j$$
$$a^2\mathfrak{J}_2 = -2,79 - 0,24\,j.$$

In genau gleicher Weise berechnen wir

$$\mathfrak{J}_3 \binom{a}{a^2} = \underline{(-1,80 - 1,70\,j)\,(-0,50 \pm 0,87\,j)}$$
$$\phantom{\mathfrak{J}_3 \binom{a}{a^2} =}\ 0,90 + 0,85\,j$$
$$\phantom{\mathfrak{J}_3 \binom{a}{a^2} =}\ \underline{\pm 1,47 \mp 1,56\,j}$$
$$a\mathfrak{J}_3 = 2,37 - 0,71\,j$$
$$a^2\mathfrak{J}_3 = -0,57 + 2,41\,j.$$

Für das Mitsystem gilt Gl. (5.14). Die Multiplikation von $\mathfrak{J}_2$ mit a bedeutet eine positive Drehung von $\mathfrak{J}_2$ durch 120°, die von $\mathfrak{J}_3$ mit a^2 eine negative Drehung von $\mathfrak{J}_3$ durch den gleichen Winkel. Beide Prozesse sind in Abb. 64 durchgeführt. Die gedrehten Zeiger werden dann zu $\mathfrak{J}_1$ hinzugefügt und der dritte Teil des resultierenden Zeigers stellt die Mitkomponente $\mathfrak{J}'$ dar.

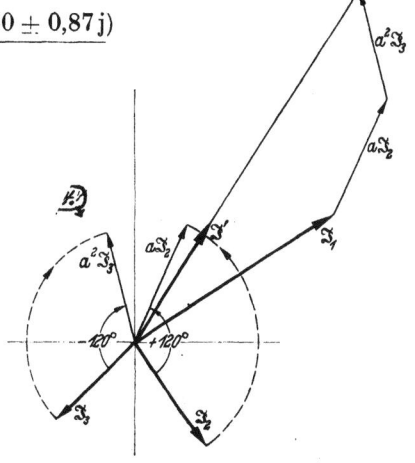

Abb. 64. Bestimmung der Mitkomponente
$\mathfrak{J}' = \frac{1}{3}(\mathfrak{J}_1 + a\mathfrak{J}_2 + a^2\mathfrak{J}_3)$

Die Rechnung verläuft vollkommen analog

$$\mathfrak{J}_1 = 4,60 + 2,80\,j$$
$$a\mathfrak{J}_2 = 1,19 + 2,54\,j$$
$$a^2\mathfrak{J}_3 = -0,57 + 2,41\,j$$
$$\overline{3\,\mathfrak{J}' = 5,22 + 7,75\,j}$$
$$\mathfrak{J}' = 1,74 + 2,58\,j.$$

Für die Gegenkomponente ist nach Gl. (5.16) $\mathfrak{J}_2$ mit a^2 zu multiplizieren, d. h. durch $-120°$ zu drehen, während $\mathfrak{J}_3$ mit a multipliziert durch $+120°$ gedreht wird. In Abb. 65 ist dies durchgeführt. Dann werden die gedrehten

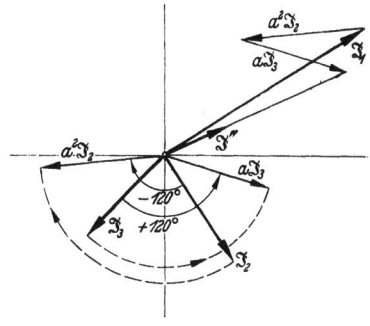

Abb. 65. Bestimmung der Gegenkomponente
$\mathfrak{J}'' = \frac{1}{3}(\mathfrak{J}_1 + a^2\mathfrak{J}_2 + a\mathfrak{J}_3)$

5. Symmetrische Komponenten

Zeiger zu $\mathfrak{J}_1$ addiert und die Resultierende durch 3 geteilt, um $\mathfrak{J}''$ zu erhalten. Die Rechnung verläuft folgendermaßen:

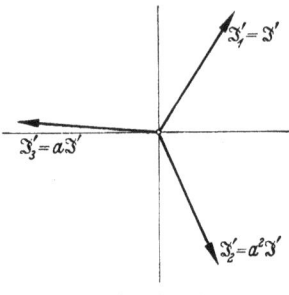

Abb. 66. Mitsystem

$$\begin{aligned}\mathfrak{J}_1 &= 4{,}60 + 2{,}80\,j \\ a^2 \mathfrak{J}_2 &= -2{,}79 - 0{,}24\,j \\ a \mathfrak{J}_3 &= 2{,}37 - 0{,}71\,j \\ \hline 3\mathfrak{J}'' &= 4{,}18 + 1{,}85\,j \\ \mathfrak{J}'' &= 1{,}39 + 0{,}62\,j\,. \end{aligned}$$

In den Abb. 66 und 67 sind das vollständige Mitsystem $\mathfrak{J}'_1, \mathfrak{J}'_2, \mathfrak{J}'_3$ und das vollständige Gegensystem $\mathfrak{J}''_1, \mathfrak{J}''_2, \mathfrak{J}''_3$ herausgezeichnet. Das Nullsystem, bei dem alle drei Ströme $\mathfrak{J}^0_1, \mathfrak{J}^0_2, \mathfrak{J}^0_3$ identisch sind, ist schon in Abb. 63 zu erkennen. Wir berechnen noch die Werte der Mitkomponenten und der Gegenkomponenten. Es ist

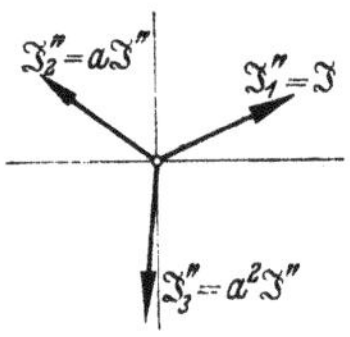

Abb. 67. Gegensystem

$$\mathfrak{J}'\binom{a}{a^2} = \frac{(1{,}74 + 2{,}58\,j)(-0{,}50 \pm 0{,}87\,j)}{\begin{array}{c}-0{,}87 - 1{,}29\,j \\ \mp 2{,}24 \pm 1{,}51\,j\end{array}}$$

und daher

$$\mathfrak{J}'_2 = a^2 \mathfrak{J}' = 1{,}37 - 2{,}80\,j$$

und

$$\mathfrak{J}'_3 = a \mathfrak{J}' = -3{,}11 + 0{,}22\,j\,,$$

sowie für das Gegensystem

$$\mathfrak{J}''\binom{a}{a^2} = \frac{(1{,}39 + 0{,}62\,j)(-0{,}5 \pm 0{,}87\,j)}{\begin{array}{c}-0{,}69 - 0{,}31\,j \\ \mp 0{,}54 \pm 1{,}21\,j\end{array}}$$

also $\quad \mathfrak{J}''_2 = a\mathfrak{J}'' = -1{,}23 + 0{,}90\,j$

und $\quad \mathfrak{J}''_3 = a^2\mathfrak{J}'' = -0{,}15 - 1{,}52\,j\,.$

Jetzt können wir die Probe machen, ob wir durch Zusammensetzen der Komponenten wieder zu den ursprünglichen Strömen gelangen, wie dies durch die Gln. (5.17) bis (5.19) gefordert wird. In Abb. 68 ist diese Zusammensetzung durchgeführt, und zwar sind zunächst die drei Systeme der symmetrischen Komponenten von gemeinsamem Ursprung aus gezeichnet, dann sind zum Mitsystem $\mathfrak{J}'_1, \mathfrak{J}'_2, \mathfrak{J}'_3$ die jeweils zugehörigen Komponenten $\mathfrak{J}''_1, \mathfrak{J}''_2, \mathfrak{J}''_3$ des Gegensystems hinzugefügt und schließlich noch der Zeiger des Nullsystems angeschlossen.

Wir sehen, daß wir ohne Schwierigkeiten wieder zu den Ausgangszeigern $\mathfrak{J}_1, \mathfrak{J}_2, \mathfrak{J}_3$ zurückkommen. Rationeller dürfte in den meisten

c) Zeichnerische und rechnerische Gewinnung der Komponenten 59

Fällen das in Abb. 69 angewendete Verfahren sein. Hier wurde darauf verzichtet, die Systeme der symmetrischen Komponenten vom gleichen Anfangspunkt aus zu zeichnen. Es wurde vielmehr mit dem Zeiger des

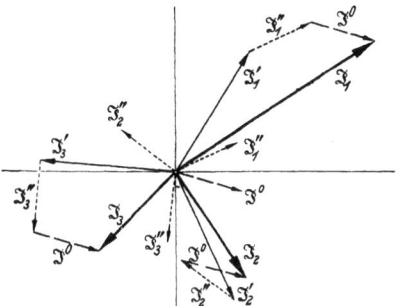

Abb. 68. Zusammensetzung von Mitsystem, Gegensystem und Nullsystem zu den ursprünglichen Strömen

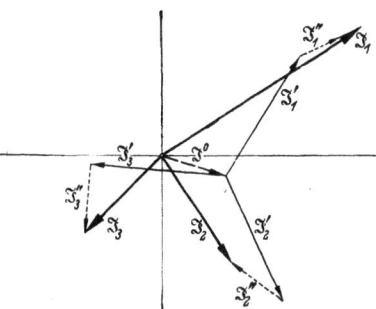

Abb. 69. Zusammensetzung in der Reihenfolge Nullsystem, Mitsystem, Gegensystem

Nullsystems begonnen, der allen drei der bildenden Summen gemeinsam ist. Vom Ende des Zeigers der Nullkomponente wurde der Stern des Mitsystems gezeichnet und schließlich wurden an das Ende der Zeiger des Sterns die Zeiger des Gegensystems in der richtigen Phasenlage hinzugefügt. Das Bild enthält auf diese Weise weniger Linien und ist daher übersichtlicher. Übrigens entspricht dieses Verfahren auch der Reihenfolge der Summanden in den Gln. (5.17) bis (5.19). Rechnerisch gestaltet sich die Gewinnung der ursprünglichen Ströme sehr einfach. Es ist

$$\begin{aligned}
\mathfrak{J}_1^0 &= \mathfrak{J}^0 = 1{,}47 - 0{,}40\,j \\
\mathfrak{J}_1' &= \mathfrak{J}' = 1{,}74 + 2{,}58\,j \\
\mathfrak{J}_1'' &= \mathfrak{J}'' = 1{,}39 + 0{,}62\,j \\
\hline
\mathfrak{J}_1 &= 4{,}60 + 2{,}80\,j,
\end{aligned}$$

ferner

$$\begin{aligned}
\mathfrak{J}_2^0 &= \mathfrak{J}^0 = 1{,}47 - 0{,}40\,j \\
\mathfrak{J}_2' &= a^2\mathfrak{J}' = 1{,}37 - 2{,}80\,j \\
\mathfrak{J}_2'' &= a\mathfrak{J}'' = -1{,}23 + 0{,}90\,j \\
\hline
\mathfrak{J}_2 &= 1{,}61 - 2{,}30\,j
\end{aligned}$$

und schließlich

$$\begin{aligned}
\mathfrak{J}_3^0 &= \mathfrak{J}^0 = 1{,}47 - 0{,}40\,j \\
\mathfrak{J}_3' &= a\mathfrak{J}' = -3{,}11 + 0{,}22\,j \\
\mathfrak{J}_3'' &= a^2\mathfrak{J}'' = -0{,}15 - 1{,}52\,j \\
\hline
\mathfrak{J}_3 &= -1{,}79 - 1{,}70\,j.
\end{aligned}$$

Die Rechnung verläuft also vollständig konform zur Zeichnung. Die Frage, ob die Rechnung oder die zeichnerische Behandlung vorzuziehen ist, läßt sich nicht eindeutig beantworten. Der Vorteil der Rechnung ist die größere Genauigkeit, die sich praktisch beliebig steigern läßt. Die Zeichnung hat den Vorteil der größeren Übersichtlichkeit für sich. In beiden Fällen entstehen die meisten Fehler aus Vorzeichenfehlern, bei der Zeichnung dabei in Verwechslungen des Drehsinnes. Am besten ist es natürlich so, wie wir es hier getan haben, Rechnung und Zeichnung nebeneinander zu stellen. Bei der Rechnung empfiehlt sich eine möglichst übersichtliche Schreibweise, bei der Zeichnung soll man nicht mehr in eine Figur zeichnen als notwendig ist. Die Mehrarbeit, die durch das neuerliche Aufzeichnen der Angaben entsteht, lohnt sich durch die größere Genauigkeit. Es ist klar, daß man keinen zu kleinen Maßstab wählen wird. Bei der Summenbildung für die Bestimmung der symmetrischen Komponenten kann man leicht aus der Zeichenfläche herauskommen. Das läßt sich aber fast immer vermeiden, wenn man die Summen nicht mit den Strömen selbst, sondern mit ihren dritten Teilen bildet.

d) Sonderfälle der Unsymmetrie

Bei den unsymmetrischen Systemen kann man gewisse häufig vorkommende Sonderfälle unterscheiden. Einer dieser Fälle ist die *Winkelsymmetrie*, d.h. die drei Größen schließen Winkel von 120° ein, sie sind aber in ihren Beträgen verschieden. Ein solches winkel-symmetrisches System läßt sich in folgender Form darstellen

$$\mathfrak{J}_1 = \mathfrak{J}, \quad \mathfrak{J}_2 = \alpha a^2 \mathfrak{J}, \quad \mathfrak{J}_3 = \beta a \mathfrak{J}, \tag{5.20}$$

wobei α und β reelle Zahlen sind. Wir finden dann

$$\left.\begin{aligned}\mathfrak{J}^0 &= \frac{1}{3}\mathfrak{J}(1 + \alpha a^2 + \beta a), \\ \mathfrak{J}' &= \frac{1}{3}\mathfrak{J}(1 + \alpha + \beta), \\ \mathfrak{J}'' &= \frac{1}{3}\mathfrak{J}(1 + \alpha a + \beta a^2).\end{aligned}\right\} \tag{5.21}$$

Wir lesen daraus ab, daß in diesem Fall das Mitsystem in Phase mit dem gegebenen System ist. Der Betrag der Ströme des Mitsystems ist gleich dem arithmetischen Mittel der Beträge des winkel-symmetrischen Systems. Ferner sind die Beträge der Nullkomponenten und der Gegenkomponenten gleich groß, denn es ist

$$1 + \alpha a^2 + \beta a = 1 - \frac{\alpha + \beta}{2} - (\alpha - \beta)\frac{\sqrt{3}}{2}\mathrm{j}$$

und

$$1 + \alpha a + \beta a^2 = 1 - \frac{\alpha + \beta}{2} + (\alpha - \beta)\frac{\sqrt{3}}{2}\mathrm{j},$$

d) Sonderfälle der Unsymmetrie

d.h. aber die Faktoren, mit denen $\mathfrak{J}$ in den beiden Fällen multipliziert erscheint, sind zueinander konjugiert komplex. Daher sind ihre Beträge gleich und damit sind es auch die Beträge von $\mathfrak{J}^0$ und $\mathfrak{J}''$. Da diese Zeiger durch Multiplikation von $\mathfrak{J}$ mit konjugiert komplexen Faktoren entstehen, so liegen sie spiegelbildlich zur Symmetrieachse $\mathfrak{J}$. In Abb. 70 ist ein solches winkel-symmetrisches System gezeichnet. In Abb. 71 sind die zugehörigen symmetrischen Komponenten zeichnerisch gewonnen. Dabei ist das die Zeichenarbeit vereinfachende Verfahren angewandt worden, an die Spitze von $\mathfrak{J}_1$ einen aus $\mathfrak{J}_2$ durch Drehung durch $\pm 120°$ gewonnenen Stern zu setzen und an dessen Spitzen dann die Ströme $\mathfrak{J}_3$, a^2, $\mathfrak{J}_3$ und $a\,\mathfrak{J}_3$ anzufügen. Wir sehen ferner, daß auch ein winkelsymmetrisches System, wenn nicht gleichzeitig die Beträge gleich sind, immer ein Nullsystem und ein Gegensystem enthält, so daß es nicht angängig ist, das winkel-symmetrische System durch ein vollständig symmetrisches mit dem Mittelwert der Beträge zu ersetzen.

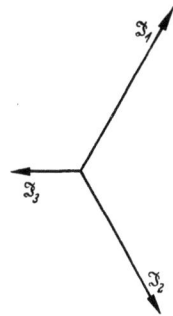

Abb. 70. Winkelsymmetrisches System

Das Analogon zur Winkelsymmetrie ist die *Größensymmetrie*, bei der die drei Größen des unsymmetrischen Systems gleiche Beträge aufweisen, aber von 120° abweichende Winkel zwischen ihnen vorhanden sind. Ein solches System bietet jedoch wenig Besonderes, außer daß auch ein solches System immer ein Nullsystem und ein Gegensystem enthält.

Weitere Sonderfälle ergeben sich, wenn einer oder zwei der Ströme verschwinden. Der einfachste Fall liegt vor, wenn nur ein Strom, z. B. $\mathfrak{J}_1$ vorhanden ist (Abb. 72), während $\mathfrak{J}_2 = \mathfrak{J}_3 = 0$ gilt. Dann ist

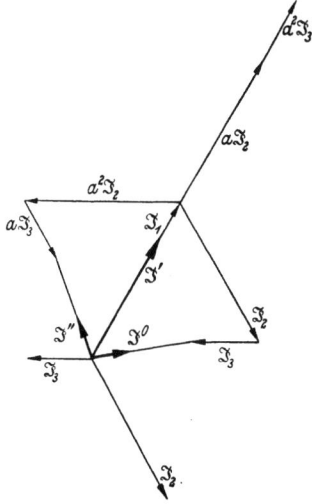

Abb. 71. Die symmetrischen Komponenten des winkelsymmetrischen Systems

$$\left.\begin{aligned}\mathfrak{J}^0 &= \frac{1}{3}\mathfrak{J}_1, \\ \mathfrak{J}' &= \frac{1}{3}\mathfrak{J}_1, \\ \mathfrak{J}'' &= \frac{1}{3}\mathfrak{J}_1.\end{aligned}\right\} \quad (5.22)$$

Die drei symmetrischen Komponenten sind gleich. Obwohl die Ströme des unsymmetrischen Systems in den Phasen 2 und 3 verschwinden,

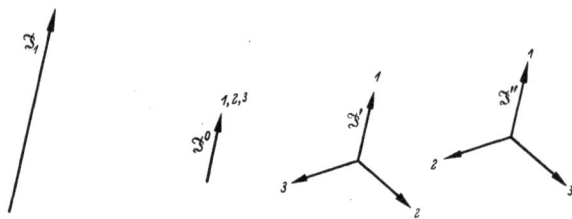

Abb. 72. Symmetrische Komponenten im Falle $\mathfrak{J}_1 \neq 0$, $\mathfrak{J}_2 = \mathfrak{J}_3 = 0$

sind auch in diesen Phasen Ströme aller Systeme der symmetrischen Komponenten vorhanden. Es ist nämlich (Abb. 73)

$$\mathfrak{J}_1 = \mathfrak{J}^0 + \mathfrak{J}' + \mathfrak{J}'' = \mathfrak{J}_1,$$

$$\mathfrak{J}_2 = \frac{1}{3}\mathfrak{J}_1(1 + a^2 + a) = 0,$$

$$\mathfrak{J}_3 = \frac{1}{3}\mathfrak{J}_1(1 + a + a^2) = 0.$$

Abb. 73. Gewinnung des unsymmetrischen Systems aus den Komponenten im Falle $\mathfrak{J}_1 \neq 0$, $\mathfrak{J}_2 = \mathfrak{J}_3 = 0$

Wir werden diesem Fall bei den Anwendungen noch begegnen. Bemerkenswert ist dabei folgendes. Das Verschwinden der Ströme $\mathfrak{J}_2$ und $\mathfrak{J}_3$ ist meist darauf zurückzuführen, daß die Leitungen dieser Phasen unterbrochen sind. Diese Stellen sind aber keine Unterbrechungen für die Ströme des Systems der symmetrischen Komponenten.

Von den Fällen, bei denen *ein Strom verschwindet*, wollen wir drei betrachten, wobei in allen Fällen die Beträge der verbleibenden Ströme gleich sind. Im ersten Fall schließen die Ströme einen Winkel von 120° ein. Dann ist

$$\mathfrak{J}_1 = \mathfrak{J} \quad \text{und} \quad \mathfrak{J}_2 = a^2\mathfrak{J} \quad (5.23)$$

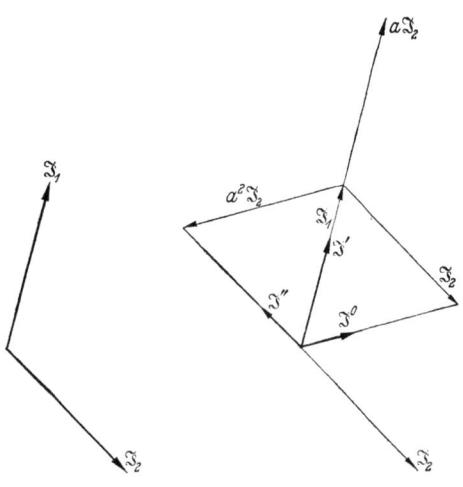

Abb. 74. Symmetrische Komponenten im Falle $\mathfrak{J}_2 = a^2\mathfrak{J}_1, \mathfrak{J}_3 = 0$

(Abb. 74). Es handelt sich also um den Rest eines symmetrischen Systems, bei dem ein Strom verschwunden ist. Die

d) Sonderfälle der Unsymmetrie

Rechnung liefert

$$\left.\begin{aligned} \mathfrak{J}^0 &= \frac{1}{3}\mathfrak{J}(1+a^2) = -\frac{a}{3}\mathfrak{J}, \\ \mathfrak{J}' &= \frac{1}{3}\mathfrak{J}(1+a^3) = \frac{2}{3}\mathfrak{J} \\ \text{und} \quad \mathfrak{J}'' &= \frac{1}{3}\mathfrak{J}(1+a) = -\frac{a^2}{3}\mathfrak{J}. \end{aligned}\right\} \quad (5.24)$$

Da a und a^2 zueinander konjugiert komplex sind, so sind die Beträge von $\mathfrak{J}^0$ und $\mathfrak{J}''$ gleich groß und die Zeiger selbst liegen spiegelbildlich zur Richtung von $\mathfrak{J}$. Die Zusammensetzung zu den ursprünglichen Zeigern ist in Abb. 75 durchgeführt.

Ist der Winkel zwischen den beiden vorhandenen Strömen 60°, dann gilt

$$\mathfrak{J}_1 = \mathfrak{J} \quad \text{und} \quad \mathfrak{J}_2 = -a\mathfrak{J}. \quad (5.25)$$

Die beiden Zeiger bilden ein V. Die Rechnung liefert

$$\left.\begin{aligned} \mathfrak{J}^0 &= \frac{1}{3}\mathfrak{J}(1-a) = \frac{1}{\sqrt{3}}a^2 j\mathfrak{J}, \\ \mathfrak{J}' &= \frac{1}{3}\mathfrak{J}(1-a^2) = -\frac{1}{\sqrt{3}}a j\mathfrak{J} \\ \text{und} \quad \mathfrak{J}'' &= \frac{1}{3}\mathfrak{J}(1-a^3) = 0. \end{aligned}\right\} \quad (5.26)$$

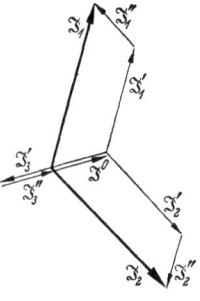

Abb. 75. Gewinnung des unsymmetrischen Systems aus den Komponenten im Falle $\mathfrak{J}_2 = a^2\mathfrak{J}_1, \mathfrak{J}_3 = 0$

Das System hat keine Gegenkomponente. Es ist in Abb. 76 mit seinen Komponenten dargestellt. Das Verschwinden der Gegenkomponente

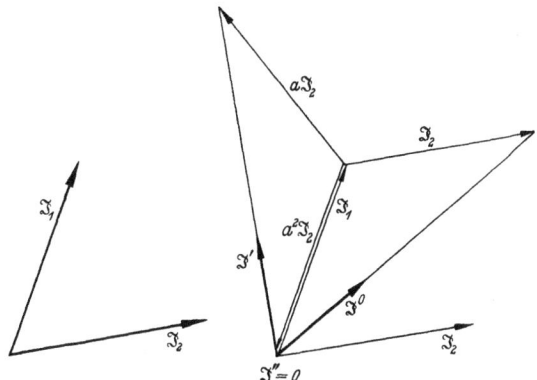

Abb. 76. Die symmetrischen Komponenten von $\mathfrak{J}_2 = -a\mathfrak{J}_1, \mathfrak{J}_3 = 0$

wird verständlich, wenn man die Zusammensetzung des Systems aus seinen Komponenten, wie in Abb. 77 gezeigt, betrachtet. Ein symme-

64 5. Symmetrische Komponenten

trisches System (das Mitsystem) ist um eine seiner Phasenspannungen (hier $\mathfrak{J}_3'$) aus dem Ursprung verschoben.

Als letztes der Systeme mit zwei Strömen untersuchen wir den Fall, daß die beiden Ströme entgegengesetzte Phasenlage haben, d. h. daß also

$$\mathfrak{J}_1 = \mathfrak{J} \quad \text{und} \quad \mathfrak{J}_2 = -\mathfrak{J}. \tag{5.27}$$

Dann ist

$$\left.\begin{array}{l} \mathfrak{J}^0 = 0, \\ \mathfrak{J}' = \dfrac{1}{3}\mathfrak{J}(1-a) = \dfrac{1}{\sqrt{3}}a^2 j\mathfrak{J}, \\ \mathfrak{J}'' = \dfrac{1}{3}\mathfrak{J}(1-a^2) = -\dfrac{1}{\sqrt{3}}a j\mathfrak{J}. \end{array}\right\} \tag{5.28}$$

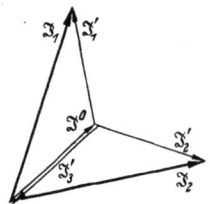

Abb. 77. Gewinnung des Systems $\mathfrak{J}_2 = -a\mathfrak{J}_1, \mathfrak{J}_3 = 0$ aus den Komponenten

Das Nullsystem verschwindet, wie zu erwarten war. $-aj$ und $a^2 j$ sind konjugiert, so daß $\mathfrak{J}'$ und $\mathfrak{J}''$ spiegelbildlich zur Richtung von $\mathfrak{J}$ liegen. In Abb. 78 ist die Zerlegung des Systems in seine Komponenten dargestellt, in Abb. 79 die Zusammensetzung.

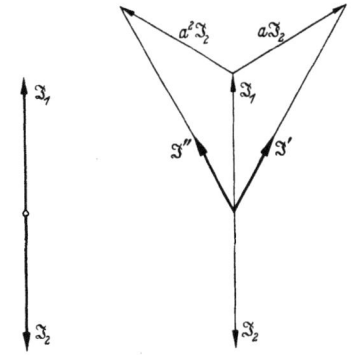

Abb. 78. Die symmetrischen Komponenten von $\mathfrak{J}_2 = -\mathfrak{J}_1, \mathfrak{J}_3 = 0$

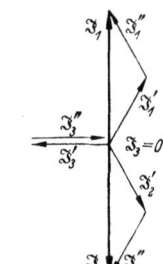

Abb. 79. Gewinnung des Systems $\mathfrak{J}_2 = -\mathfrak{J}_1, \mathfrak{J}_3 = 0$ aus den Komponenten

Wenn keiner der Ströme verschwindet, so gibt es zahlreiche Fälle, die sich durch eine gewisse Symmetrie auszeichnen. Wir greifen zunächst den Fall des „negativen" Stromes heraus, das heißt ein System, das aus einem symmetrischen durch *Umkehrung des Vorzeichens eines der Ströme* entstanden ist, also z. B. die Form

$$\mathfrak{J}_1 = \mathfrak{J}, \quad \mathfrak{J}_2 = a^2\mathfrak{J}, \quad \mathfrak{J}_3 = -a\mathfrak{J}$$

hat. Dann ist
$$\left.\mathfrak{J}^0 = \dfrac{1}{3}\mathfrak{J}(1 + a^2 - a) = \dfrac{1}{3}\mathfrak{J}(1 + a + a^2 - 2a)\right\} \tag{5.29}$$

oder
$$\mathfrak{J}^0 = -\dfrac{2}{3}a\mathfrak{J}.$$

Ferner ist
$$\left.\begin{array}{l}\mathfrak{J}' = \dfrac{1}{3}\mathfrak{J}(1 + 1 - a^3) = \dfrac{1}{3}\mathfrak{J} \\ \mathfrak{J}'' = \dfrac{1}{3}\mathfrak{J}(1 + a - a^2) = -\dfrac{2}{3}a^2\mathfrak{J}.\end{array}\right\} \tag{5.30}$$

und

d) Sonderfälle der Unsymmetrie

Hier liegen Nullkomponente und Gegenkomponente symmetrisch zur Mitkomponente. Die Zerlegung ist in Abb. 80, die Zusammensetzung in Abb. 81 dargestellt.

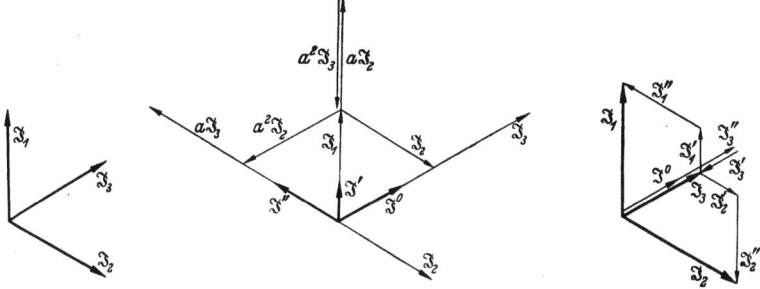

Abb. 80. Die symmetrischen Komponenten des Systems mit einem „negativen" Strom $\mathfrak{J}_2 = a^2 \mathfrak{J}_1$, $\mathfrak{J}_3 = -a \mathfrak{J}_1$.

Abb. 81. Gewinnung des Systems mit negativem Strom aus den Komponenten

Hier wird man mit Recht die Frage stellen, was wird aus den Komponenten, wenn man die Ströme in der Reihe ihrer Phasenfolge ohne Rücksicht auf das Vorzeichen bezeichnet, also

$$\mathfrak{J}_1 = \mathfrak{J}, \quad \mathfrak{J}_2 = -a \mathfrak{J}, \quad \mathfrak{J}_3 = a^2 \mathfrak{J}. \tag{5.31}$$

An der Nullkomponente ändert sich dadurch nichts, denn die Summe der Ströme bleibt von der Vertauschung unberührt. Die Mitkomponente wird jetzt

$$\mathfrak{J}' = \frac{1}{3} \mathfrak{J} (1 - a^2 + a) = -\frac{2}{3} a^2 \mathfrak{J} \tag{5.32}$$

und die Gegenkomponente

$$\mathfrak{J}'' = \frac{1}{3} \mathfrak{J} (1 - a^3 + 1) = \frac{1}{3} \mathfrak{J}.$$

Mit- und Gegenkomponente sind also vertauscht. Das erscheint nachträglich verständlich, denn durch die Änderung der Bezeichnung der Ströme haben wir die Phasenfolge vertauscht. Im übrigen erscheint die Bezeichnung nach Gl. (5.31) als die natürlichere, denn jetzt überwiegt das Mitsystem, während Gl. (5.29) wegen des Überwiegens des Gegensystems einem solchen näherstcht.

Als letzten der Sonderfälle betrachten wir den Fall, daß die *Ströme in zwei Phasen halb so groß wie der in der dritten Phase und gleichzeitig diesem entgegengesetzt sind.* Es ist dann

$$\mathfrak{J}_1 = 2 \mathfrak{J} \quad \mathfrak{J}_2 = \mathfrak{J}_3 = -\mathfrak{J}. \tag{5.33}$$

Die Nullkomponente verschwindet. Es ist $\mathfrak{J}^0 = 0$.

5. Symmetrische Komponenten

Tabelle 2. *Sonderfälle unsymmetrischer Systeme*

	$\mathfrak{J}_1$	$\mathfrak{J}_2$	$\mathfrak{J}_3$	$\mathfrak{J}^\circ$	$\mathfrak{J}'$	$\mathfrak{J}''$
↑1	$\mathfrak{J}$	0	0	$\frac{1}{3}\mathfrak{J}$	$\frac{1}{3}\mathfrak{J}$	$\frac{1}{3}\mathfrak{J}$
↘2	0	$\mathfrak{J}$	0	$\frac{1}{3}\mathfrak{J}$	$\frac{a}{3}\mathfrak{J}$	$\frac{a^2}{3}\mathfrak{J}$
3↗	0	0	$\mathfrak{J}$	$\frac{1}{3}\mathfrak{J}$	$\frac{a^2}{3}\mathfrak{J}$	$\frac{a}{3}\mathfrak{J}$
1↑ 120° ↘2	$\mathfrak{J}$	$a^2\mathfrak{J}$	0	$-\frac{a}{3}\mathfrak{J}$	$\frac{2}{3}\mathfrak{J}$	$-\frac{a^2}{3}\mathfrak{J}$
3↙ 120° ↘2	0	$\mathfrak{J}$	$a^2\mathfrak{J}$	$-\frac{a}{3}\mathfrak{J}$	$\frac{2a}{3}\mathfrak{J}$	$-\frac{a}{3}\mathfrak{J}$
120° ↑1 3↙	$a^2\mathfrak{J}$	0	$\mathfrak{J}$	$-\frac{a}{3}\mathfrak{J}$	$\frac{2a^2}{3}\mathfrak{J}$	$-\frac{1}{3}\mathfrak{J}$
1↑ 60° ↘2	$\mathfrak{J}$	$-a\mathfrak{J}$	0	$\frac{1}{\sqrt{3}}ja^2\mathfrak{J}$	$-\frac{1}{\sqrt{3}}ja\mathfrak{J}$	0
3↙ 60° ↘2	0	$\mathfrak{J}$	$-a\mathfrak{J}$	$\frac{1}{\sqrt{3}}ja^2\mathfrak{J}$	$-\frac{1}{\sqrt{3}}ja^2\mathfrak{J}$	0
60° 1 3↘	$-a\mathfrak{J}$	0	$-\mathfrak{J}$	$\frac{1}{\sqrt{3}}ja^2\mathfrak{J}$	$-\frac{1}{\sqrt{3}}j\mathfrak{J}$	0
↑1 ↓2	$\mathfrak{J}$	$-\mathfrak{J}$	0	0	$\frac{1}{\sqrt{3}}ja^2\mathfrak{J}$	$-\frac{1}{\sqrt{3}}ja\mathfrak{J}$
3↘ ↘2	0	$\mathfrak{J}$	$-\mathfrak{J}$	0	$\frac{1}{\sqrt{3}}j\mathfrak{J}$	$-\frac{1}{\sqrt{3}}j\mathfrak{J}$
3↗ 1↘	$-\mathfrak{J}$	0	$\mathfrak{J}$	0	$\frac{1}{\sqrt{3}}ja\mathfrak{J}$	$-\frac{1}{\sqrt{3}}ja^2\mathfrak{J}$
↑1 3↓ ↓2	$\mathfrak{J}$	$-\frac{\mathfrak{J}}{2}$	$-\frac{\mathfrak{J}}{2}$	0	$\frac{\mathfrak{J}}{2}$	$\frac{\mathfrak{J}}{2}$
3↙ ↘2	$-\frac{\mathfrak{J}}{2}$	$\mathfrak{J}$	$-\frac{\mathfrak{J}}{2}$	0	$a\frac{\mathfrak{J}}{2}$	$a^2\frac{\mathfrak{J}}{2}$
1↗ 2↗ 3↙	$-\frac{\mathfrak{J}}{2}$	$-\frac{\mathfrak{J}}{2}$	$\mathfrak{J}$	0	$a^2\frac{\mathfrak{J}}{2}$	$a\frac{\mathfrak{J}}{2}$

a) Drehstromnetz mit unabhängigen Phasenimpedanzen

Für die Mitkomponente erhalten wir

$$\mathfrak{J}' = \frac{1}{3}\mathfrak{J}(2 - a - a^2) = \mathfrak{J},$$

für die Gegenkomponente

$$\mathfrak{J}'' = \frac{1}{3}\mathfrak{J}(2 - a^2 - a) = \mathfrak{J}.$$

(5.34)

Mit- und Gegenkomponente sind einander gleich, was aber natürlich nicht bedeutet, daß Mit- und Gegensystem miteinander identisch wären! In Abb. 82 ist die Zerlegung dargestellt und der Deutlichkeit halber sind das vollständige Mitsystem und das vollständige Gegensystem noch getrennt herausgezeichnet. Das behandelte System entsteht also stets dann,

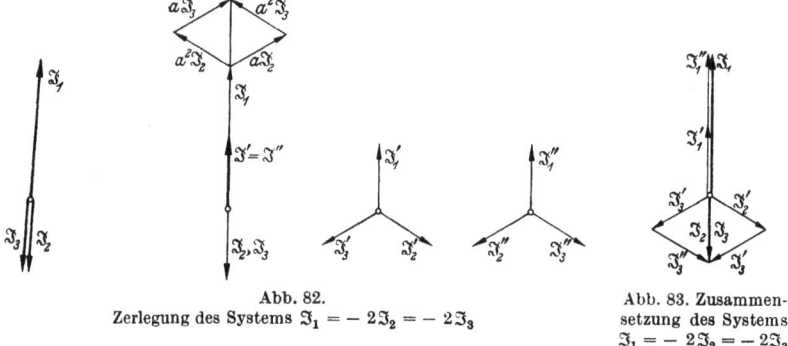

Abb. 82.
Zerlegung des Systems $\mathfrak{J}_1 = -2\mathfrak{J}_2 = -2\mathfrak{J}_3$

Abb. 83. Zusammensetzung des Systems
$\mathfrak{J}_1 = -2\mathfrak{J}_2 = -2\mathfrak{J}_3$

wenn zwei gegenläufige vollständig symmetrische Systeme einander überlagert werden, wie auch die Durchführung dieser Zusammensetzung in Abb. 83 zeigt.

Die Tab. 2 gibt eine Zusammenstellung wichtiger Sonderfälle unsymmetrischer Systeme.

6. Die symmetrischen Komponenten von Strom und Spannung

a) Drehstromnetz mit unabhängigen Phasenimpedanzen

Die Zerlegung in symmetrische Komponenten, wie wir sie im vorhergehenden Kapitel durchgeführt haben, brachte uns zunächst eine übersichtlichere Darstellung unsymmetrischer Systeme. Die nächste Frage, die wir zu behandeln haben, ist die, welche Vorteile die symmetrischen Komponenten bei der Berechnung von Drehstromnetzen bringen. Die eine Grundlage für die Netzberechnung ist der Zusammenhang zwischen

6. Die symmetrischen Komponenten von Strom und Spannung

Strom und Spannung. Wir betrachten dazu ein System von drei Impedanzen (Abb. 84) Z_1, Z_2, Z_3, das von drei unsymmetrischen Strömen $\Im_1, \Im_2, \Im_3$ durchflossen wird, und bestimmen die in ihnen erzeugten Spannungen $\mathfrak{U}_1, \mathfrak{U}_2, \mathfrak{U}_3$. Nach Gl. (2.30) ist

$$\left.\begin{array}{l}\mathfrak{U}_1 = -Z_1 \Im_1, \\ \mathfrak{U}_2 = -Z_2 \Im_2, \\ \mathfrak{U}_3 = -Z_3 \Im_3. \end{array}\right\} \quad (6.01)$$

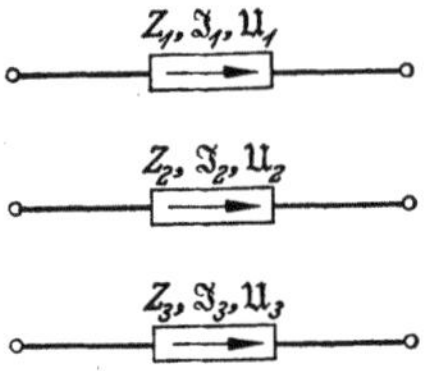

Abb. 84. Drehstromleitung mit Impedanzen

Nun drücken wir die Ströme durch ihre symmetrischen Komponenten $\Im^0, \Im', \Im''$ aus, so daß

$$\mathfrak{U}_1 = -Z_1(\Im_0 + \Im' + \Im''),$$
$$\mathfrak{U}_2 = -Z_2(\Im_0 + a^2 \Im' + a \Im''),$$
$$\mathfrak{U}_3 = -Z_3(\Im_0 + a \Im' + a^2 \Im'')$$

und bilden die symmetrischen Komponenten des Spannungssystems. Wir finden

$$3\mathfrak{U}^0 = -\Im^0(Z_1 + Z_2 + Z_3) - \Im'(Z_1 + a^2 Z_2 + a Z_3) - \Im''(Z_1 + a Z_2 + a^2 Z_3),$$
$$3\mathfrak{U}' = -\Im^0(Z_1 + a Z_2 + a^2 Z_3) - \Im'(Z_1 + Z_2 + Z_3) - \Im''(Z_1 + a^2 Z_2 + a Z_3),$$
$$3\mathfrak{U}'' = -\Im^0(Z_1 + a^2 Z_2 + a Z_3) - \Im'(Z_1 + a Z_2 + a^2 Z_3) - \Im''(Z_1 + Z_2 + Z_3).$$

Wir setzen

$$\left.\begin{array}{l} Z = \dfrac{1}{3}(Z_1 + Z_2 + Z_3), \\ \bar{Z} = \dfrac{1}{3}(Z_1 + a^2 Z_2 + a Z_3), \\ \bar{\bar{Z}} = \dfrac{1}{3}(Z_1 + a Z_2 + a^2 Z_3), \end{array}\right\} \quad (6.02)$$

so daß

$$\left.\begin{array}{l} \mathfrak{U}^0 = -Z \Im^0 - \bar{Z} \Im' - \bar{\bar{Z}} \Im'', \\ \mathfrak{U}' = -\bar{\bar{Z}} \Im^0 - Z \Im' - \bar{Z} \Im'', \\ \mathfrak{U}'' = -\bar{Z} \Im^0 - \bar{\bar{Z}} \Im' - Z \Im''. \end{array}\right\} \quad (6.03)$$

Dieses Ergebnis ist für jeden, der beginnt sich mit symmetrischen Komponenten zu beschäftigen, enttäuschend. Gl. (6.03) ist komplizierter als die Ausgangsgleichungen Gl. (6.01). Jede Komponente der Spannungen hängt von allen drei Komponenten der Ströme ab. Nur in einem Sonderfall trifft dies nicht zu, nämlich wenn

$$\bar{Z} = \bar{\bar{Z}} = 0. \quad (6.04)$$

Dies ist sicher der Fall, wenn

$$Z_1 = Z_2 = Z_3 = Z. \quad (6.05)$$

a) Drehstromnetz mit unabhängigen Phasenimpedanzen

Wenn also das System der Impedanzen symmetrisch ist, dann wird aus Gl. (6.03)

$$\left.\begin{aligned} \mathfrak{U}^0 &= -Z\mathfrak{J}^0, \\ \mathfrak{U}' &= -Z\mathfrak{J}', \\ \mathfrak{U}'' &= -Z\mathfrak{J}''. \end{aligned}\right\} \quad (6.06)$$

Jetzt hängen die einzelnen Komponenten der Spannungen nur mehr von den zugehörigen Komponenten der Ströme ab. Im ersten Augenblick scheint durch Gl. (6.04) eine ganz wesentliche Einschränkung der Anwendung der symmetrischen Komponenten für die Netzberechnung gegeben. Es ist auch nicht zu leugnen, daß Gl. (6.04) tatsächlich eine starke Einschränkung bedeutet, wir werden aber sehen, daß trotz dieser Einschränkung ein weiter Anwendungsbereich der symmetrischen Komponenten verbleibt. Um die dabei Verwendung findenden Gedankengänge zu zeigen, berechnen wir ein ganz einfaches Beispiel, nämlich das des einpoligen Erdschlusses. Wegen seiner Einfachheit ist dieses Beispiel direkt, d.h. ohne Benutzung der symmetrischen Komponenten einfacher zu rechnen, aber gerade dadurch werden die Besonderheiten der Rechnung mit den symmetrischen Komponenten deutlich sichtbar.

Wir nehmen also an, ein System von drei gleichen Impedanzen Z im Zug der Drehstromleitungen wird von einem System symmetrischer Spannungen

$$\mathfrak{E}_1 = \mathfrak{E}, \quad \mathfrak{E}_2 = a^2 \mathfrak{E}, \quad \mathfrak{E}_3 = a\mathfrak{E} \quad (6.07)$$

gespeist. Das Leitungsende der Phase 1 liegt an Erde, die beiden anderen Leitungsenden seien offen (Abb. 85).

Es sind dann

$$\mathfrak{J}_2 = \mathfrak{J}_3 = 0. \quad (6.08)$$

Das Stromsystem hat nach Gl. (5.22) die Komponenten

$$\mathfrak{J}^0 = \mathfrak{J}' = \mathfrak{J}'' = \frac{\mathfrak{J}_1}{3}. \quad (6.09)$$

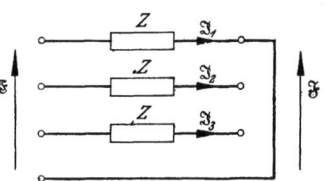

Abb. 85. Einpoliger Erdschluß

Das System der speisenden Spannungen hat die Komponenten

$$\mathfrak{E}^0 = 0, \quad \mathfrak{E}' = \mathfrak{E}, \quad \mathfrak{E}'' = 0. \quad (6.10)$$

Durch die in den Impedanzen erzeugten Spannungen

$$\mathfrak{U}^0 = -Z\frac{\mathfrak{J}_1}{3}, \quad \mathfrak{U}' = -Z\frac{\mathfrak{J}_1}{3}, \quad \mathfrak{U}'' = -Z\frac{\mathfrak{J}_1}{3} \quad (6.11)$$

ergibt sich hinter den Impedanzen ein System $\mathfrak{F}_1, \mathfrak{F}_2, \mathfrak{F}_3$ mit den

6. Die symmetrischen Komponenten von Strom und Spannung

Komponenten
$$\left.\begin{array}{l}\mathfrak{F}^0 = \mathfrak{E}^0 + \mathfrak{U}^0 = \phantom{\mathfrak{E}-}-Z\dfrac{\mathfrak{I}_1}{3}, \\ \mathfrak{F}' = \mathfrak{E}' + \mathfrak{U}' = \mathfrak{E} - Z\dfrac{\mathfrak{I}_1}{3}, \\ \mathfrak{F}'' = \mathfrak{E}'' + \mathfrak{U}'' = \phantom{\mathfrak{E}-}-Z\dfrac{\mathfrak{I}_1}{3}.\end{array}\right\} \quad (6.12)$$

Dieses System muß nun so beschaffen sein, daß es der Potentialverteilung durch den Erdschluß entspricht, d. h. es muß $\mathfrak{F}_1$ verschwinden. Also ist
$$\mathfrak{F}_1 = \mathfrak{F}^0 + \mathfrak{F}' + \mathfrak{F}'' = 0$$
oder
$$-Z\frac{\mathfrak{I}_1}{3} + \mathfrak{E} - Z\frac{\mathfrak{I}_1}{3} - Z\frac{\mathfrak{I}_1}{3} = 0,$$
d. h.
$$\mathfrak{I}_1 = \frac{\mathfrak{E}}{Z}, \quad (6.13)$$

ein Resultat, das wir natürlich sofort hätten angeben können. Für uns ist aber wesentlich, das Verfahren zu erkennen. Es besteht immer darin, daß man aus den Bedingungen am Ende der Leitung Bedingungen für die Komponenten der dort herrschenden Strom- und Spannungsverteilungen herleitet. Dann bestimmt man die Komponenten des speisenden Systems und bildet durch Hinzufügen der Komponenten der im Leitungszug erzeugten Spannungen die Komponenten der Spannung am Ende der Leitung.

b) Allgemeines symmetrisches Drehstromnetz, Null-, Mit- und Gegenimpedanz

Wir müssen uns aber nicht auf den ganz einfachen Fall beschränken, der durch Gl. (6.05) charakterisiert ist. Wir haben am Ende des Kap. 3 die allgemeine Form eines zyklisch symmetrischen Netzes kennengelernt und wollen unsere Betrachtungen nun auf ein solches Netz ausdehnen. Mit den Bezeichnungen der Gln. (3.52) bis (3.54) sind die erzeugten Spannungen in einem solchen Netz durch die aus Gl. (3.51) folgenden Gleichungen
$$\left.\begin{array}{l}-\mathfrak{U}_1 = Z\mathfrak{I}_1 + Z_A\mathfrak{I}_2 + Z_B\mathfrak{I}_3, \\ -\mathfrak{U}_2 = Z_B\mathfrak{I}_1 + Z\mathfrak{I}_2 + Z_A\mathfrak{I}_3, \\ -\mathfrak{U}_3 = Z_A\mathfrak{I}_1 + Z_B\mathfrak{I}_2 + Z\mathfrak{I}_3\end{array}\right\} \quad (6.14)$$
bestimmt. Das Netz ist durch die drei Größen Z, Z_A, Z_B festgelegt. Gehen wir jetzt zu den symmetrischen Komponenten über, so folgt
$$\left.\begin{array}{l}-\mathfrak{U}_1 = \mathfrak{I}^0(Z + Z_A + Z_B) + \mathfrak{I}'(Z + a^2 Z_A + a Z_B) + \\ \qquad + \mathfrak{I}''(Z + a Z_A + a^2 Z_B), \\ -\mathfrak{U}_2 = \mathfrak{I}^0(Z_B + Z + Z_A) + \mathfrak{I}'(Z_B + a^2 Z + a Z_A) + \\ \qquad + \mathfrak{I}''(Z_B + a Z + a^2 Z_A), \\ -\mathfrak{U}_3 = \mathfrak{I}^0(Z_A + Z_B + Z) + \mathfrak{I}'(Z_A + a^2 Z_B + Z) + \\ \qquad + \mathfrak{I}''(Z_A + a Z_B + a^2 Z).\end{array}\right\} \quad (6.15)$$

b) Allgemeines symmetrisches Drehstromnetz

Wir führen folgende Bezeichnungen ein:

die Nullimpedanz
$$Z^0 = Z + Z_A + Z_B, \quad (6.16)$$

die Mitimpedanz
$$Z' = Z + a^2 Z_A + a Z_B \quad (6.17)$$

und die Gegenimpedanz
$$Z'' = Z + a Z_A + a^2 Z_B. \quad (6.18)$$

Damit schreiben sich die Gleichungen der Gl. (6.15) in der Form

$$\left.\begin{array}{l} -\mathfrak{U}_1 = Z^0 \mathfrak{J}^0 + Z' \mathfrak{J}' + Z'' \mathfrak{J}'', \\ -\mathfrak{U}_2 = Z^0 \mathfrak{J}^0 + a^2 Z' \mathfrak{J}' + a Z'' \mathfrak{J}'', \\ -\mathfrak{U}_3 = Z^0 \mathfrak{J}^0 + a Z' \mathfrak{J}' + a^2 Z'' \mathfrak{J}''. \end{array}\right\} \quad (6.19)$$

Bestimmen wir jetzt die Komponenten des Spannungssystems, so erhalten wir

$$\mathfrak{U}^0 = -Z^0 \mathfrak{J}^0, \quad (6.20)$$

$$\mathfrak{U}' = -Z' \mathfrak{J}', \quad (6.21)$$

$$\mathfrak{U}'' = -Z'' \mathfrak{J}'', \quad (6.22)$$

d. h. nun, daß in jedem zyklisch symmetrischen Drehstromnetz nach der Definition der Gln. (3.52) bis (3.54) die symmetrischen Komponenten der Spannungen nur von den zugehörigen symmetrischen Komponenten der Ströme erzeugt werden. Man kann diesen Satz als den *Fundamentalsatz* des Rechnens mit symmetrischen Komponenten bezeichnen. Er ist schon von FORTESCUE gefunden worden.

Unser oben bei dem Beispiel des einpoligen Erdschlusses erläutertes Rechenverfahren ist also jetzt insofern zu erweitern, als wir bei der Berechnung der im Netzwerk erzeugten Spannungen nicht mehr die Impedanzen des Netzes selbst, sondern die nach den Gln. (6.16) bis (6.18) definierten Impedanzen einzusetzen haben. Wir zeigen dies in einer einfachen Erweiterung des Beispieles, indem wir nämlich annehmen, daß der Nulleiter nicht widerstandslos ist, sondern selbst eine Impedanz Z_0 enthält (Abb. 86). Wir müssen aber zunächst eine allgemeine Betrachtung zur Bestimmung der Impedanzen Z_A und Z_B einschalten. Die beiden Spannungssysteme $\mathfrak{E}_1, \mathfrak{E}_2, \mathfrak{E}_3$ und $\mathfrak{F}_1, \mathfrak{F}_2, \mathfrak{F}_3$

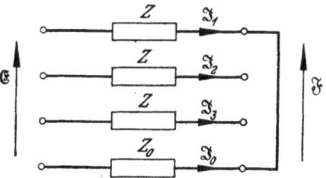

Abb. 86. Einpoliger Erdschluß mit Impedanz im Nulleiter

6. Die symmetrischen Komponenten von Strom und Spannung

sind jetzt nicht mehr auf denselben Nullpunkt bezogen. Es gilt vielmehr

$$\left.\begin{array}{l}\mathfrak{E}_1 - Z\mathfrak{I}_1 - \mathfrak{F}_1 + Z_0 \mathfrak{I}_0 = 0, \\ \mathfrak{E}_2 - Z\mathfrak{I}_2 - \mathfrak{F}_2 + Z_0 \mathfrak{I}_0 = 0, \\ \mathfrak{E}_3 - Z\mathfrak{I}_3 - \mathfrak{F}_3 + Z_0 \mathfrak{I}_0 = 0.\end{array}\right\} \quad (6.23)$$

Nun ist
$$\mathfrak{I}_0 + \mathfrak{I}_1 + \mathfrak{I}_2 + \mathfrak{I}_3 = 0 \quad (6.24)$$

und daher

$$\mathfrak{E}_1 - \mathfrak{F}_1 = -\mathfrak{U}_1 = (Z + Z_0)\mathfrak{I}_1 + Z_0 \mathfrak{I}_2 + Z_0 \mathfrak{I}_3,$$
$$\mathfrak{E}_2 - \mathfrak{F}_2 = -\mathfrak{U}_2 = Z_0 \mathfrak{I}_1 + (Z + Z_0)\mathfrak{I}_2 + Z_0 \mathfrak{I}_3,$$
$$\mathfrak{E}_3 - \mathfrak{F}_3 = -\mathfrak{U}_3 = Z_0 \mathfrak{I}_1 + Z_0 \mathfrak{I}_2 + (Z + Z_0)\mathfrak{I}_3.$$

Der oben mit Z bezeichneten Leiterimpedanz entspricht jetzt $(Z + Z_0)$. Ferner ist
$$Z_A = Z_B = Z_0.$$

Damit finden wir

$$\left.\begin{array}{l}Z^0 = Z + 3Z_0, \\ Z' = Z + Z_0 + a^2 Z_0 + a Z_0 = Z, \\ Z'' = Z + Z_0 + a Z_0 + a^2 Z_0 = Z.\end{array}\right\} \quad (6.25)$$

Es sind dann mit Gl. (6.09)

$$\mathfrak{U}^0 = -Z^0 \frac{\mathfrak{I}_1}{3} = -\frac{1}{3}(Z + 3Z_0)\mathfrak{I}_1,$$

$$\mathfrak{U}' = -Z' \frac{\mathfrak{I}_1}{3} = -\frac{1}{3} Z \mathfrak{I}_1,$$

$$\mathfrak{U}'' = -Z'' \frac{\mathfrak{I}_1}{3} = -\frac{1}{3} Z \mathfrak{I}_1$$

und

$$\mathfrak{F}^0 = \mathfrak{E}^0 + \mathfrak{U}^0 = -\frac{1}{3}(Z + 3Z_0)\mathfrak{I}_1,$$

$$\mathfrak{F}' = \mathfrak{E}' + \mathfrak{U}' = \mathfrak{E} - \frac{1}{3} Z \mathfrak{I}_1,$$

$$\mathfrak{F}'' = \mathfrak{E}'' + \mathfrak{U}'' = -\frac{1}{3} Z \mathfrak{I}_1.$$

Aus dem Verschwinden von $\mathfrak{F}_1$ schließen wir, daß

$$-\frac{1}{3}(Z + 3Z_0)\mathfrak{I}_1 + \mathfrak{E} - \frac{1}{3} Z \mathfrak{I}_1 - \frac{1}{3} \mathfrak{I}_1 = 0$$

und

$$\mathfrak{I}_1 = \frac{\mathfrak{E}}{Z + Z_0}. \quad (6.26)$$

c) Bestimmung der symmetrischen Impedanzen

Es wäre natürlich wenig sinnvoll, wenn wir die Nullimpedanz, die Mitimpedanz und die Gegenimpedanz, die wir der Kürze halber als die *symmetrischen Impedanzen* bezeichnen wollen, immer auf einem so umständlichen Wege wie hier bestimmen müßten. Wir können sie aber sehr einfach direkt bestimmen. Dazu gehen wir auf Gl. (6.14) zurück und nehmen an, die Ströme $\mathfrak{J}_1, \mathfrak{J}_2, \mathfrak{J}_3$ bilden ein symmetrisches System $\mathfrak{J}$, $a^2\mathfrak{J}$, $a\mathfrak{J}$. Dann erhalten wir

$$-\mathfrak{U}_1 = (Z + a^2 Z_A + a Z_B)\mathfrak{J},$$
$$-\mathfrak{U}_2 = (Z_B + a^2 Z + a Z_A)\mathfrak{J},$$
$$-\mathfrak{U}_3 = (Z_A + a^2 Z_B + a Z)\mathfrak{J}$$

oder

$$-\mathfrak{U}_1 = Z'\mathfrak{J},$$
$$-\mathfrak{U}_2 = a^2 Z'\mathfrak{J},$$
$$-\mathfrak{U}_3 = a Z'\mathfrak{J},$$

d. h. die drei Spannungen bilden ebenfalls ein symmetrisches System $\mathfrak{U}, a^2\mathfrak{U}, a\mathfrak{U}$ und es gilt

$$\mathfrak{U} = -Z'\mathfrak{J}, \qquad (6.27)$$

d. h. aber nun, Z' ist die gewöhnliche Impedanz bei der Belastung des symmetrischen Netzes mit einem symmetrischen Strom. Wir können sie sehr leicht bestimmen, wenn wir hinter den Impedanzen einen symmetrischen dreiphasigen Kurzschluß herstellen und den Strom messen, der sich bei der Speisung mit einem symmetrischen Spannungssystem ergibt.

Führen wir das für den in Abb. 86 dargestellten Fall durch, dann kommen wir zur Abb. 87. Wegen der Symmetrie verschwindet der Strom im Nulleiter und es ist $Z' = Z$.

Führen wir die gleiche Betrachtung für das Gegensystem durch, dann folgt aus Gl. (6.14)

$$-\mathfrak{U}_1 = Z''\mathfrak{J},$$
$$-\mathfrak{U}_2 = a Z''\mathfrak{J},$$
$$-\mathfrak{U}_3 = a^2 Z''\mathfrak{J},$$

woraus folgt, daß die Spannungen ebenfalls ein Gegensystem bilden und es bleibt

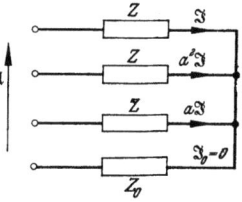

Abb. 87. Bestimmung von Mit- und Gegenimpedanz

$$\mathfrak{U} = -Z''\mathfrak{J}. \qquad (6.28)$$

Wir können also die Gegenimpedanz in ähnlicher Weise wie die Mitimpedanz bestimmen, indem wir das kurzgeschlossene Netz mit einem

74   6. Die symmetrischen Komponenten von Strom und Spannung

Gegensystem speisen. Solange es sich um ruhende Impedanzen handelt, ist die Phasenfolge der Speisespannungen ohne Einfluß auf die Größe der Ströme, d.h. in diesen Fällen sind Mitimpedanz und Gegenimpedanz einander gleich und gleich der normalen Impedanz des Netzwerkes. Nur im Fall, daß sich im Netzwerk rotierende Maschinen befinden, erhalten wir einen Unterschied zwischen Mit- und Gegenimpedanz.

Wir stellen noch eine ähnliche Untersuchung für die Nullimpedanz an. Lassen wir das Netzwerk von einem Nullsystem allein durchfließen, d.h. sind $\mathfrak{J}_1 = \mathfrak{J}_2 = \mathfrak{J}_3 = \mathfrak{J}$, so wird aus Gl. (6.14)

$$\left.\begin{array}{l} -\mathfrak{U}_1 = (Z + Z_A + Z_B)\mathfrak{J}, \\ -\mathfrak{U}_2 = (Z_B + Z + Z_A)\mathfrak{J}, \\ -\mathfrak{U}_3 = (Z_A + Z_B + Z)\mathfrak{J}. \end{array}\right\} \quad (6.29)$$

Die drei Spannungen werden gleich. Wir können also auch die Eingangsklemmen zusammenlegen und bestimmen die Nullimpedanz so, daß wir die drei Leiter des Netzes parallel schalten, wie dies in Abb. 88 dargestellt ist. Es ist dabei zu beachten, daß nur der Strom eines Leiters für die Bestimmung maßgebend ist, also der dritte Teil des insgesamt aufgenommenen Stromes. Bei dem oben behandelten Beispiel erhalten wir dann

$$Z^0 = Z + 3Z_0. \quad (6.30)$$

Während also für das Mitsystem und für das Gegensystem die Konfiguration des Netzes unverändert erhalten bleibt, weicht die des Nullsystems in vielen Fällen davon ab.

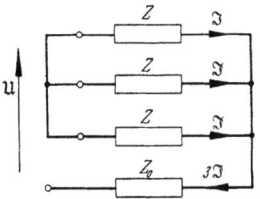
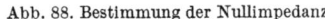
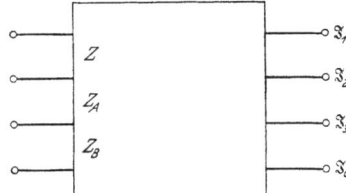

Abb. 88. Bestimmung der Nullimpedanz   Abb. 89. Symmetrischer Teil eines Drehstromnetzes

Das Ergebnis der bisherigen Untersuchungen können wir in folgender Form in Worte fassen. Wird ein zyklisch symmetrischer Teil eines Drehstromnetzes (Abb. 89) von drei unsymmetrischen Strömen $\mathfrak{J}_1$, $\mathfrak{J}_2$, $\mathfrak{J}_3$ durchflossen, die in ihm die Spannungen $\mathfrak{U}_1$, $\mathfrak{U}_2$, $\mathfrak{U}_3$ erzeugen, so läßt sich dieser Teil durch drei Netzteile, und zwar durch das Netz des Mitsystems, das des Gegensystems und das des Nullsystems ersetzen, wobei diese Teile vollständig unabhängig voneinander sind, d.h. die Spannungen jedes Netzteiles hängen nur von seinen Strömen ab (Abb. 90). Da diese

d) Kirchhoffsche Gesetze für symmetrische Komponenten

Teilnetze symmetrisch sind, genügt es, nur das Netz einer Phase zu behandeln und die Teilnetze reduzieren sich zu Zweipolen (Abb. 91).

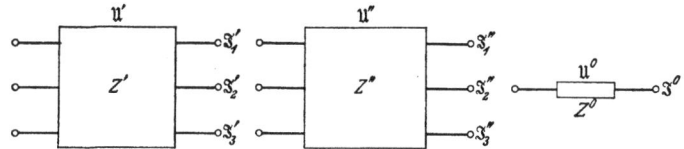

Abb. 90. Ersatznetze der symmetrischen Komponenten

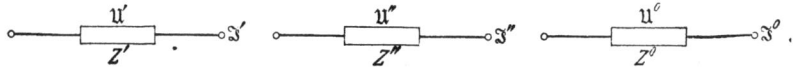

Abb. 91. Die Zweipole der symmetrischen Komponenten

Um nicht immer die Zweipole der Komponenten durch Anschreiben der Werte der symmetrischen Impedanzen kennzeichnen zu müssen, benutzen wir die in Abb. 92 dargestellte vereinfachte Kennzeichnung durch

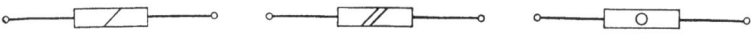

Abb. 92. Vereinfachte Kennzeichnung der Zweipole der symmetrischen Komponenten

einen oder zwei schräge Striche für Mit- und Gegenimpedanz und mit einer 0 für die Nullimpedanz.

d) Kirchhoffsche Gesetze für symmetrische Komponenten

Wir haben bisher immer angenommen, daß es sich bei den betrachteten Teilen des Drehstromsystems um Stücke einer Leitung handelt, indem wir voraussetzten, daß die auf der einen Seite dem Netzteil in den einzelnen Leitern zufließenden Ströme gleich den auf der anderen Seite abfließenden Strömen seien. Wir können kompliziertere Drehstromnetze aus solchen Teilen aufbauen bzw. in sie zerlegen. Für die Berechnung solcher Fälle ist es notwendig, auf die KIRCHHOFFschen Gesetze zurückzugreifen. Sie müssen für jeden Leiter erfüllt sein, d. h. in einem Knotenpunkt, wo sich der Leiter der Phase 1 verzweigt, gilt

und für die anderen Phasen
$$\begin{aligned}\sum \mathfrak{J}_1 &= 0,\\ \sum \mathfrak{J}_2 &= 0,\\ \sum \mathfrak{J}_3 &= 0.\end{aligned} \tag{6.31}$$

Liegt nun eine Verzweigung des Drehstromnetzes vor (Abb. 93), so stellt diese auch eine Verzweigung für die symmetrischen Komponenten dar. Bestimmen wir diese, so ist

$$\sum \mathfrak{J}^0 = \sum \frac{1}{3}(\mathfrak{J}_1 + \mathfrak{J}_2 + \mathfrak{J}_3) = \frac{1}{3}\left(\sum \mathfrak{J}_1 + \sum \mathfrak{J}_2 + \sum \mathfrak{J}_3\right),$$

6. Die symmetrischen Komponenten von Strom und Spannung

d. h.
$$\sum \mathfrak{J}^0 = 0, \quad (6.32)$$

ferner
$$\sum \mathfrak{J}' = \sum \frac{1}{3}(\mathfrak{J}_1 + a\mathfrak{J}_2 + a^2\mathfrak{J}_3) = \frac{1}{3}(\sum \mathfrak{J}_1 + a\sum \mathfrak{J}_2 + a^2 \sum \mathfrak{J}_3)$$

oder

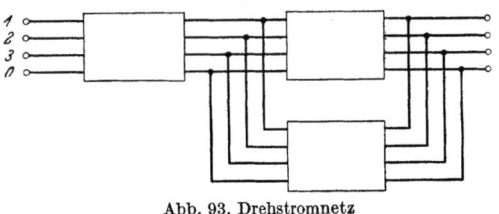

Abb. 93. Drehstromnetz

$$\sum \mathfrak{J}' = 0. \quad (6.33)$$

Und in genau gleicher Weise folgt

$$\sum \mathfrak{J}'' = 0. \quad (6.34)$$

Das erste KIRCHHOFFsche Gesetz gilt daher auch für die symmetrischen Komponenten der Ströme. Ganz genau so können wir für die Spannung folgern, daß für jeden geschlossenen Umlauf

$$\left. \begin{aligned} \sum \mathfrak{U}^0 &= 0, \\ \sum \mathfrak{U}' &= 0, \\ \sum \mathfrak{U}'' &= 0. \end{aligned} \right\} \quad (6.35)$$

e) Symmetrische Ersatzstromquellen

Eine wesentliche Erweiterung des Anwendungsbereiches der symmetrischen Komponenten erhalten wir, wenn wir den Satz von der Ersatzstromquelle auf Drehstromsysteme erweitern. An ein Drehstromnetz mit den Klemmen 1, 2, 3 und 0 (Abb. 94) sei ein System von äußeren Impedanzen S_{ij} angeschlossen. Zwischen der Nullklemme und den Klemmen der einzelnen Phasen liegen die Spannungen $\mathfrak{U}_1, \mathfrak{U}_2, \mathfrak{U}_3$, in den Leitern fließen die Ströme $\mathfrak{J}_1, \mathfrak{J}_2, \mathfrak{J}_3$. Dann gilt

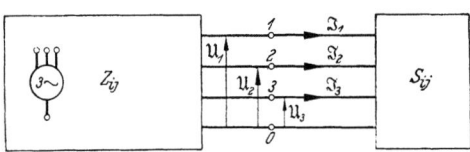

Abb. 94. Drehstromnetz mit äußerer Belastung durch ein System von Impedanzen

$$\left. \begin{aligned} \mathfrak{U}_1 &= S_{11}\mathfrak{J}_1 + S_{12}\mathfrak{J}_2 + S_{13}\mathfrak{J}_3, \\ \mathfrak{U}_2 &= S_{21}\mathfrak{J}_1 + S_{22}\mathfrak{J}_2 + S_{23}\mathfrak{J}_3, \\ \mathfrak{U}_3 &= S_{31}\mathfrak{J}_1 + S_{32}\mathfrak{J}_2 + S_{33}\mathfrak{J}_3. \end{aligned} \right\} \quad (6.36)$$

Im Leerlauf stellen wir die Spannungen $\mathfrak{U}_{1L}, \mathfrak{U}_{2L}, \mathfrak{U}_{3L}$ fest.

e) Symmetrische Ersatzstromquellen

Bringen wir jetzt ähnlich wie bei dem Einphasennetz in Kap. 3 in jedem Leiter zwischen dem Netz und der Belastung Generatoren mit den Spannungen $-\mathfrak{U}_{1L}, -\mathfrak{U}_{2L}, -\mathfrak{U}_{3L}$ an, so verschwinden die Ströme, d. h. die negativen Leerlaufspannungen bewirken die Ströme $-\mathfrak{J}_1, -\mathfrak{J}_2, -\mathfrak{J}_3$ in der Reihenschaltung der äußeren Impedanzen S_{ij} mit den inneren Impedanzen Z_{ij} des Netzwerkes, die sich aus der Speisung des Netzes mit irgendwelchen Spannungen bei verschwindenden Spannungen der inneren Generatoren ergeben. Es ist also

$$\left.\begin{array}{l}\mathfrak{U}_{1L} = \mathfrak{J}_1(Z_{11}+S_{11}) + \mathfrak{J}_2(Z_{12}+S_{12}) + \mathfrak{J}_3(Z_{13}+S_{13}),\\ \mathfrak{U}_{2L} = \mathfrak{J}_1(Z_{21}+S_{21}) + \mathfrak{J}_2(Z_{22}+S_{22}) + \mathfrak{J}_3(Z_{23}+S_{23}),\\ \mathfrak{U}_{3L} = \mathfrak{J}_1(Z_{31}+S_{31}) + \mathfrak{J}_2(Z_{32}+S_{32}) + \mathfrak{J}_3(Z_{33}+S_{33}).\end{array}\right\} \quad (6.37)$$

Aus den Gln. (6.36) und (6.37) folgt

$$\left.\begin{array}{l}\mathfrak{U}_1 = \mathfrak{U}_{1L} - \mathfrak{J}_1 Z_{11} - \mathfrak{J}_2 Z_{12} - \mathfrak{J}_3 Z_{13},\\ \mathfrak{U}_2 = \mathfrak{U}_{2L} - \mathfrak{J}_1 Z_{21} - \mathfrak{J}_2 Z_{22} - \mathfrak{J}_3 Z_{23},\\ \mathfrak{U}_3 = \mathfrak{U}_{3L} - \mathfrak{J}_1 Z_{31} - \mathfrak{J}_2 Z_{32} - \mathfrak{J}_3 Z_{33}.\end{array}\right\} \quad (6.38)$$

Nehmen wir jetzt an, daß die inneren Impedanzen ein zyklisch symmetrisches System bilden, dann geht Gl. (6.38) in

$$\left.\begin{array}{l}\mathfrak{U}_1 = \mathfrak{U}_{1L} - \mathfrak{J}_1 Z - \mathfrak{J}_2 Z_A - \mathfrak{J}_3 Z_B,\\ \mathfrak{U}_2 = \mathfrak{U}_{2L} - \mathfrak{J}_1 Z_B - \mathfrak{J}_2 Z - \mathfrak{J}_3 Z_A,\\ \mathfrak{U}_3 = \mathfrak{U}_{3L} - \mathfrak{J}_1 Z_A - \mathfrak{J}_2 Z_B - \mathfrak{J}_3 Z\end{array}\right\} \quad (6.39)$$

über. Wir bilden die symmetrischen Komponenten der Spannungen und erhalten

$$\mathfrak{U}^0 = \frac{1}{3}(\mathfrak{U}_{1L} + \mathfrak{U}_{2L} + \mathfrak{U}_{3L}) - \mathfrak{J}^0(Z + Z_A + Z_B),$$

$$\mathfrak{U}' = \frac{1}{3}(\mathfrak{U}_{1L} + a\,\mathfrak{U}_{2L} + a^2\,\mathfrak{U}_{3L}) - \mathfrak{J}'(Z + a^2 Z_A + a Z_B),$$

$$\mathfrak{U}'' = \frac{1}{3}(\mathfrak{U}_{1L} + a^2\,\mathfrak{U}_{2L} + a\,\mathfrak{U}_{3L}) - \mathfrak{J}''(Z + a Z_A + a^2 Z_B)$$

oder

$$\boxed{\begin{array}{l}\mathfrak{U}^0 = \mathfrak{U}_L^0 - Z^0 \mathfrak{J}^0,\\ \mathfrak{U}' = \mathfrak{U}_L' - Z' \mathfrak{J}',\\ \mathfrak{U}'' = \mathfrak{U}_L'' - Z'' \mathfrak{J}'',\end{array}} \quad (6.40)$$

wobei $\mathfrak{U}_L^0, \mathfrak{U}_L', \mathfrak{U}_L''$ die symmetrischen Komponenten der Leerlaufspannung und Z^0, Z', Z'' die symmetrischen inneren Impedanzen entsprechend den Gln. (6.16), (6.17) und (6.18) sind. Gl. (6.40) besagt, daß der Satz von der Ersatzstromquelle für jede der symmetrischen Komponenten für sich gilt, falls die inneren Impedanzen ein zyklisch symmetrisches System bilden.

78 6. Die symmetrischen Komponenten von Strom und Spannung

f) Zweiphasig belastetes Drehstromnetz

Wir wenden uns einem speziellen Beispiel zu. Eine Drehstromleitung mit der Induktivität L sei am Ende mit den symmetrischen Erdkapazitäten C belastet. Zwischen den Phasen 1 und 2 sei die zusätzliche Kapazität K angeschlossen (Abb. 95). Gefragt ist der Strom in dieser Kapazität, wenn die Leitung am Anfang von dem symmetrischen Spannungssystem $\mathfrak{E}$ gespeist wird.

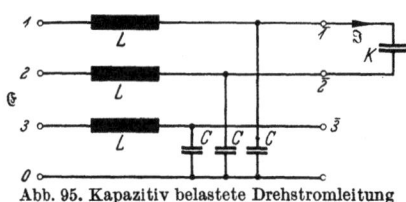

Abb. 95. Kapazitiv belastete Drehstromleitung

Wir beginnen mit der Bestimmung der Leerlaufspannungen an den Punkten $\bar{1}, \bar{2}, \bar{3}$. Die Impedanzen $j\omega L$ und $1/j\omega C$ bilden einen Spannungsteiler und wir erhalten

$$\mathfrak{U}_L = \mathfrak{E} \frac{\frac{1}{j\omega C}}{j\omega L + \frac{1}{j\omega C}} = \mathfrak{E} \frac{1}{1-\omega^2 LC}. \tag{6.41}$$

Da die $\mathfrak{E}$ ein symmetrisches System bilden, so gilt das auch für die Leerlaufspannungen. D.h. es ist

$$\mathfrak{U}_L^0 = 0, \quad \mathfrak{U}_L' = \mathfrak{E}\frac{1}{1-\omega^2 LC}, \quad \mathfrak{U}_L'' = 0.$$

Für die Bestimmung der inneren Impedanzen denken wir uns die Spannungen $\mathfrak{E}$ kurzgeschlossen. Legen wir dann an die Klemmen $\bar{1}, \bar{2}, \bar{3}$ ein symmetrisches Spannungssystem, dann ist die Impedanz jeder Phase durch die Parallelschaltung der Induktivität mit der Kapazität gegeben. Somit ist die Mitimpedanz

$$Z' = \frac{j\omega L \frac{1}{j\omega C}}{j\omega L + \frac{1}{j\omega C}} = \frac{j\omega L}{1-\omega^2 LC}. \tag{6.42}$$

Die Gegenimpedanz Z'' hat den gleichen Wert.

Für die Bestimmung der Nullimpedanz haben wir auch die Klemmen $\bar{1}, \bar{2}, \bar{3}$ zusammenzuschließen. Die Nullimpedanz hat den gleichen Wert wie die Mitimpedanz, also

$$Z^0 = \frac{j\omega L}{1-\omega^2 LC}. \tag{6.43}$$

Die Belastung mit der Kapazität ist $\mathfrak{J}_1 = -\mathfrak{J}_2 = \mathfrak{J}$, so daß also die

f) Zweiphasig belastetes Drehstromnetz

Bedingungen Gl. (5.27) vorliegen. Dann sind nach Gl. (5.28)

$$\mathfrak{J}^0 = 0,$$
$$\mathfrak{J}' = \frac{1}{\sqrt{3}}\, j\, a^2\, \mathfrak{J},$$
$$\mathfrak{J}'' = -\frac{1}{\sqrt{3}}\, j\, a\, \mathfrak{J}.$$

Wenden wir jetzt Gl. (6.40) an, so sind

$$\mathfrak{U}^0 = 0,$$
$$\mathfrak{U}' = \mathfrak{E}\,\frac{1}{1-\omega^2 LC} - \frac{1}{\sqrt{3}}\, j\, a^2\, \mathfrak{J}\,\frac{j\omega L}{1-\omega^2 LC}$$

und

$$\mathfrak{U}'' = \frac{1}{\sqrt{3}}\, j\, a\, \mathfrak{J}\,\frac{j\omega L}{1-\omega^2 LC}.$$

Damit wird

$$\mathfrak{U}_1 = \mathfrak{E}\,\frac{1}{1-\omega^2 LC} + \frac{1}{\sqrt{2}}\, j\, \mathfrak{J}\,\frac{j\omega L}{1-\omega^2 LC}\,(a-a^2)$$

und

$$\mathfrak{U}_2 = \mathfrak{E}\,\frac{a^2}{1-\omega^2 LC} + \frac{1}{\sqrt{3}}\, j\, \mathfrak{J}\,\frac{j\omega L}{1-\omega^2 LC}\,(a^2-a).$$

Zwischen den Spannungen $\mathfrak{U}_1$ und $\mathfrak{U}_2$ liegt die Spannung an K. Es ist daher

$$\mathfrak{U}_1 - \mathfrak{J}\,\frac{1}{j\omega K} = \mathfrak{U}_2$$

und somit

$$\mathfrak{E}\,\frac{1}{1-\omega^2 LC} + \frac{1}{\sqrt{3}}\, j\, \mathfrak{J}\,\frac{j\omega L}{1-\omega^2 LC}\,(a-a^2) - \mathfrak{J}\,\frac{1}{j\omega K}$$
$$= \mathfrak{E}\,\frac{a^2}{1-\omega^2 LC} + \frac{1}{\sqrt{3}}\, j\, \mathfrak{J}\,\frac{j\omega L}{1-\omega^2 LC}\,(a^2-a).$$

Daraus folgt

$$\mathfrak{E}(1-a^2) = \mathfrak{J}\,\frac{1-\omega^2 LC}{j\omega K} + \frac{2}{\sqrt{3}}\,\mathfrak{J}\omega L(a-a^2)$$

oder

$$-j\, a\, \sqrt{3}\,\mathfrak{E} = \mathfrak{J}\,\frac{1-\omega^2 LC}{j\omega K} + 2j\mathfrak{J}\omega L$$

und schließlich

$$\mathfrak{J} = -\mathfrak{E}\,\frac{j\, a\, \sqrt{3}}{2j\omega L + \dfrac{1-\omega^2 LC}{j\omega K}}. \qquad (6.44)$$

Lassen wir K über alle Maßen wachsen, dann entsteht ein zweipoliger

Kurzschluß zwischen den Phasen 1 und 2 und der Strom nimmt den Wert

$$\mathfrak{J}_K = -\mathfrak{E}\frac{a\sqrt{3}}{2\omega L} \qquad (6.45)$$

an. Haben wir statt der Kapazität irgendeine beliebige Impedanz Z angeschlossen, dann geht Gl. (6.44) in

$$\mathfrak{J} = -\mathfrak{E}\frac{j a\sqrt{3}}{2j\omega L + Z(1-\omega^2 LC)}$$

über. Die Spannungen an den Klemmen $\bar{1}, \bar{2}, \bar{3}$ werden um so weniger symmetrisch sein je größer das Verhältnis der Spannung des Gegensystems $\mathfrak{U}''$ zu derjenigen des Mitsystems $\mathfrak{U}'$ ist. Für $\mathfrak{U}''$ gilt

$$\mathfrak{U}'' = \mathfrak{E}\frac{j a^2 \omega L}{(1-\omega^2 LC)[2j\omega L + Z(1-\omega^2 LC)]}. \qquad (6.46)$$

Bei konstantem L und konstantem, positiv reellem oder imaginärem Z hängt die Größe von $\dfrac{\mathfrak{U}''}{\mathfrak{U}'}$ nur von dem Faktor $(1-\omega^2 LC)$ ab. Ist C sehr klein, dann ist dieser Faktor angenähert 1. Wächst nun C, so nimmt der Faktor ab; $\mathfrak{U}''$ und damit die Unsymmetrie wachsen. Man versteht dies, wenn man daran denkt, daß C zunächst die Leerlaufspannung erhöht, so daß also $\mathfrak{U}_3$ größer wird als $\mathfrak{E}$, während $\mathfrak{U}_1$ und $\mathfrak{U}_2$ durch die Belastung mit Z sinken. $\mathfrak{U}''$ wird unendlich, wenn $\omega^2 LC = 1$, also im Falle der Resonanz. Dann ist auch die Unsymmetrie am größten. Wächst C noch weiter, so wird $1-\omega^2 LC$ negativ und schließlich kann die Unsymmetrie wieder abnehmen. Man sieht also, daß im vorliegenden Fall eine zur Spannungsstützung am Ende der Leitung angebrachte Kapazität nur dann die Symmetrie der Spannung wirksam aufrechterhalten kann, wenn sie wesentlich größer gewählt wird als der Resonanz entspricht.

7. Kurzschlußströme in Drehstromnetzen

a) Fehlerarten

Die symmetrischen Komponenten haben ihre weiteste Anwendung bei der Berechnung der Strom- und Spannungsverhältnisse bei unsymmetrischen Fehlern in Drehstromnetzen gefunden. Diese Fehler bestehen darin, daß in einem sonst symmetrischen Drehstromnetz ungewollte Verbindungen zwischen zwei oder mehreren Leitern oder auch mit der Erde bestehen, wobei diese Verbindungen einen sehr geringen Widerstand aufweisen. Die entsprechenden Fehlerströme sind im allgemeinen so groß, daß sie zu Überlastungen des Systems führen und daher muß die Fehlerstelle so schnell wie möglich von dem übrigen Netz abgetrennt werden.

a) Fehlerarten

Die Größe der Fehlerströme bestimmt die Beanspruchung der dazu notwendigen Schaltgeräte. Die Kenntnis ihrer Größe und Phasenlage ist aber auch notwendig, um durch entsprechend bemessene Relais den Fehler und den Fehlerort richtig zu erfassen, damit nur die unbedingt notwendige Zahl von Schaltern betätigt werden muß.

Wir beschränken uns in diesem Kapitel auf Fehler an einem einzigen Fehlerort, d.h. wir nehmen an, daß die betrachteten Fehler, auch wenn es mehrere sind, alle an derselben räumlichen Stelle des Netzes auftreten oder wenigstens so nahe zueinander liegen, daß die dazwischen liegenden Impedanzen vernachlässigbar klein sind. Wir nehmen ferner an, daß außer dem Fehler keine Belastungen vorhanden sind. Diese Bedingung ist immer dann mit guter Näherung erfüllt, wenn die Fehlerströme groß gegenüber den Strömen der normalen Belastung sind. Und schließlich nehmen wir zunächst an, daß die Fehlerverbindung widerstandslos ist. Wir werden später sehen, wie man einen Fehlerwiderstand berücksichtigt. Wir führen ferner in diesem Kapitel die Rechnung zunächst nur soweit, daß wir zu Formeln für die symmetrischen Komponenten der durch die Fehler verursachten Ströme gelangen. Im folgenden Kapitel werden wir dann aus diesen Komponenten die wirklichen Ströme in den Leitungen und die durch die Fehler verursachten Spannungen berechnen.

Man kann fünf Arten von Fehlern unterscheiden, nämlich den dreipoligen Kurzschluß mit und ohne Erdverbindung, den einpoligen Erdschluß, den zweipoligen Kurzschluß und den zweipoligen Erdkurzschluß. Den dreipoligen Kurzschluß haben wir schon im Kap. 4 behandelt, da er in einem symmetrischen Netz einen symmetrischen Belastungsfall darstellt. Wir wollen aber diesen Fall hier noch einmal nach dem Verfahren der symmetrischen Komponenten darstellen, um den Vergleich mit den anderen Fehlern zu ermöglichen, und unterscheiden den dreipoligen Erdkurzschluß und den dreipoligen Kurzschluß.

b) Der dreipolige Erdkurzschluß

Nach den Ausführungen des Kap. 6 läßt sich das symmetrische Drehstromnetz an der Kurzschlußstelle durch Gleichungen von der Form der Gl. (6.40) darstellen. Der dreipolige Kurzschluß besteht in einer satten Verbindung zwischen den Ausgangsklemmen 1, 2, 3. Wir behandeln zunächst den Fall, daß auch eine satte Verbindung mit der Klemme 0 besteht, als den Fall des dreipoligen Kurzschlusses mit Erdberührung oder dreipoligen Erdkurzschlusses (Abb. 96). Es verschwinden dann die Spannungen an der Fehlerstelle. Die Bedingungen für den Kurzschluß

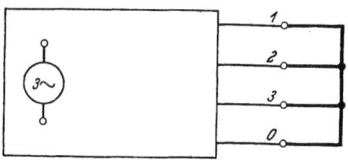

Abb. 96.
Dreipoliger Kurzschluß mit Erdberührung

lauten also
$$\mathfrak{U}_1 = \mathfrak{U}_2 = \mathfrak{U}_3 = 0. \tag{7.01}$$

Aus Gl. (7.01) folgt sofort die Kurzschlußbedingung für die symmetrischen Komponenten, nämlich
$$\mathfrak{U}^0 = \mathfrak{U}' = \mathfrak{U}'' = 0 \tag{7.02}$$
und damit aus Gl. (6.40)
$$\left.\begin{array}{l}\mathfrak{U}_L^0 - Z^0\,\mathfrak{J}^0 = 0,\\ \mathfrak{U}_L' - Z'\,\mathfrak{J}' = 0,\\ \mathfrak{U}_L'' - Z''\,\mathfrak{J}'' = 0.\end{array}\right\} \tag{7.03}$$

Gl. (7.03) läßt sich schaltbildmäßig darstellen, wenn wir wie in Abb. 97 einen eigenen Kreis für jede der Komponenten zeichnen. Die drei Kreise sind voneinander vollständig unabhängig. Jeder Kreis enthält die zugehörige Leerlaufspannung als Spannung der Stromquelle und die zugehörige Impedanz als strombegrenzendes Element. Wenn die Speisung des Netzes symmetrisch ist, dann verschwinden $\mathfrak{U}_L^0$ und $\mathfrak{U}_L''$, d. h. es bleibt nur die Mitkomponente $\mathfrak{U}_L'$ der Spannung und damit nur die Mitkomponente des Stromes $\mathfrak{J}'$.

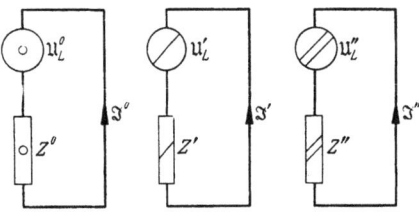

Abb. 97. Schaltbild der Kreise der symmetrischen Komponenten für den Fall des dreipoligen Erdkurzschlusses

Liegt ein komplizierteres Netz vor, so können wir entweder, wie im Kap. 6 erklärt, die Werte der symmetrischen Impedanzen sowie der Leerlaufspannungen durch besondere Messungen oder Rechnungen ermitteln oder wir können diese Netze bei der Darstellung nach Abb. 97 direkt verwenden. In Abb. 98 ist ein zweiseitig gespeistes Netz mit zwei Generatoren I und II dargestellt, wobei der eine Generator noch eine zusätzliche Belastung aufweist. Dabei haben wir noch Impedanzen in den Nulleitern angenommen. Abb. 99 zeigt die

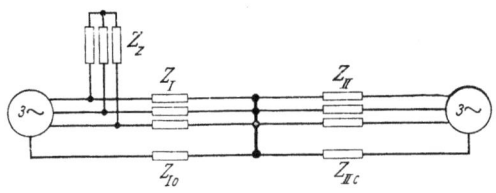

Abb. 98. Zweiseitig gespeister dreipoliger Erdkurzschluß

Schaltungen zur Gewinnung der Mit- und der Gegenkomponenten für diesen Fall. Die Impedanzen in den Leitungen bleiben dieselben wie in Abb. 96, lediglich die Impedanzen im Nulleiter fehlen, da sie von den Strömen $\mathfrak{J}'$ und $\mathfrak{J}''$ nicht durchflossen werden. Da die Impedanzen in

b) Der dreipolige Erdkurzschluß

den Leitungen unabhängig von der Phasenfolge sind, so sind die Schaltungen für Mit- und Gegenkomponente vollständig gleich bis auf die Tatsache, daß die jeweils zugehörigen Komponenten der Generatorspannungen als treibende Spannungen einzusetzen sind. Anders ist die Schaltung aber

Abb. 99.
Schaltungen zur Gewinnung der Mit- und der Gegenkomponente für die Schaltung nach Abb. 98

für den Fall der Nullkomponente, die Abb. 100 zeigt. Die Impedanzen in den Außenleitern bleiben erhalten. Die Nulleiterimpedanzen sind mit dem Dreifachen einzusetzen, während die Impedanz der zusätzlichen Belastung entfällt, da ihr Nullpunkt nicht angeschlossen ist, so daß dort kein Nullstrom fließen kann.

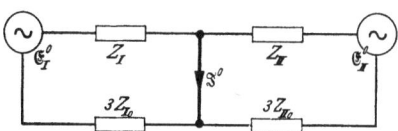

Abb. 100. Schaltung zur Gewinnung der Nullkomponente für Abb. 98

Wir bemerken noch, daß die Schaltbilder Abb. 99 und 100 keineswegs einen Ersatz für die Schaltung Abb. 98 darstellen in der Form, daß man das ungestörte Netz durch Ersatzschaltbilder in den Komponenten darstellen könnte, so daß man alle möglichen Störungsfälle im ursprünglichen Netz durch entsprechende Störungen in den Ersatzschaltbildern verfolgen könnte. Wie wir noch sehen werden, gelten die Schaltungen der symmetrischen Komponenten immer nur für einen bestimmten Störungsfall. Sie stellen daher keine allgemeinen Ersatzschaltbilder dar, sondern sind nichts als schaltungsmäßige Realisierungen zur Lösung der den bestimmten Störungsfall charakterisierenden Gleichungen, in unserem Fall also der Gl. (7.03). Der Hauptzweck dieser Schaltbilder für die Komponenten besteht darin, die Bestimmung der Komponenten mit den Netzmodellen zu ermöglichen. Diese Netzmodelle stellen im Grunde genommen nichts anderes dar als Rechenmaschinen zur Lösung von Systemen von linearen Gleichungen. Die Schaltbilder der Komponenten geben nun eine Anleitung, wie man die den Störungsfall kennzeichnenden Gleichungen durch Herstellung dieser Schaltungen im Netzmodell und durch Messung des interessierenden Stromes auflösen kann. Für den Fall Abb. 98 hat man dann die Schaltung Abb. 99 und Abb. 100 im Netzmodell herzustellen und kann durch Messung direkt die Komponentenströme bestimmen. Ein wesentlicher Vorteil ist darin zu sehen, daß man dabei grundsätzlich mit Einphasennetzen das Auslangen findet.

c) Der dreipolige Kurzschluß

Wir wenden uns nun dem Fall des erdfreien, dreipoligen Kurzschlusses zu. Im allgemeinen gilt dann die Schaltung nach Abb. 101. Es gilt dann nicht mehr Gl. (7.01), sondern nur

$$\mathfrak{U}_1 = \mathfrak{U}_2 = \mathfrak{U}_3. \tag{7.04}$$

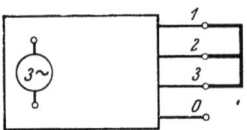

Abb. 101. Dreipoliger Kurzschluß ohne Erdberührung

Als weitere Gleichung kommt noch hinzu, daß am Fehlerort die Summe der drei Ströme $\mathfrak{J}_1$, $\mathfrak{J}_2$, $\mathfrak{J}_3$ verschwindet, d. h. es muß

$$\mathfrak{J}^0 = 0 \tag{7.05}$$

sein. Aus der ersten Gleichung von Gl. (6.40) folgt

$$\mathfrak{U}^0 = \mathfrak{U}_L^0. \tag{7.06}$$

Aus Gl. (7.04) schließen wir, daß

$$\mathfrak{U}' = 0, \tag{7.07}$$

$$\mathfrak{U}'' = 0, \tag{7.08}$$

denn sonst könnten die drei Spannungen an der Fehlerstelle nicht gleich sein. Damit bleiben die Gleichungen

$$\boxed{\mathfrak{U}_L' = Z' \mathfrak{J}'}$$

und

$$\boxed{\mathfrak{U}_L'' = Z'' \mathfrak{J}''} \tag{7.09}$$

bestehen. An den Schaltbildern für die Mit- und für die Gegenkomponente nach Abb. 97 bzw. 99 ändert sich dadurch nichts. Die Kreise für die Nullkomponente sind aber wegen Gl. (7.05) jetzt offen.

d) Der einpolige Erdschluß

Den einpoligen Erdschluß haben wir im Kap. 6 schon als Beispiel in einem Sonderfall benutzt. Nehmen wir wieder an, daß die Phase 1 den Erdschluß aufweist, daß also Abb. 102 gilt, dann ist

$$\mathfrak{U}_1 = 0, \tag{7.10}$$

und es sind

$$\mathfrak{J}_2 = \mathfrak{J}_3 = 0. \tag{7.11}$$

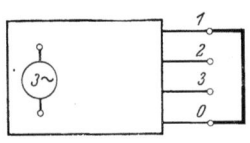

Abb. 102. Einpoliger Erdschluß in Phase 1

Aus Gl. (7.11) folgt nach der im Kap. 5 berechneten Tab. 2

$$\mathfrak{J}^0 = \mathfrak{J}' = \mathfrak{J}''. \tag{7.12}$$

d) Der einpolige Erdschluß

Im Falle des symmetrisch gespeisten Netzes ($\mathfrak{U}_L^0 = \mathfrak{U}_L'' = 0$) erhalten wir aus Gl. (6.40)

$$\left.\begin{array}{l}\mathfrak{U}^0 = -Z^0\,\mathfrak{J}',\\ \mathfrak{U}' = \mathfrak{U}_L' - Z'\,\mathfrak{J}',\\ \mathfrak{U}'' = -Z''\,\mathfrak{J}'\end{array}\right\} \quad (7.13)$$

und wegen Gl. (7.10)

$$\mathfrak{U}^0 + \mathfrak{U}' + \mathfrak{U}'' = 0, \quad (7.14)$$

also

$$\boxed{\mathfrak{U}_L' - (Z^0 + Z' + Z'')\,\mathfrak{J}' = 0.} \quad (7.15)$$

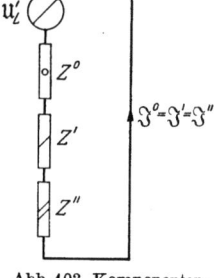

Abb. 103. Komponentenschaltung für den einpoligen Erdschluß

Die Komponentenschaltung zur Lösung dieser Gleichung ist in Abb. 103 dargestellt. Es sind also die symmetrischen Impedanzen in Reihe zu schalten und der Kreis ist mit der Leerlaufspannung der Mitkomponente zu speisen.

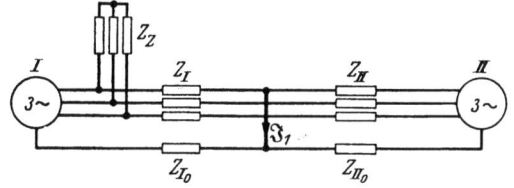

Abb. 104. Einpoliger Erdschluß

In ganz ähnlicher Weise haben wir vorzugehen, wenn wir den in Abb. 104 dargestellten Fall, der dem Netz von Abb. 98 entspricht, direkt behandeln wollen. Wir haben dazu die in Abb. 99 und 100 dargestellten Kreise an der Fehlerstelle zu öffnen und dann die entstehenden Netze hintereinander zu schalten, wie das Abb. 105 zeigt. Wegen der symmetrischen Speisung werden die Generatoren des Gegen- und des Nullsystems durch Kurzschlußverbindungen ersetzt. Man sieht, daß man dann im Gegensystem auch die Belastungsimpedanz Z_z weglassen kann.

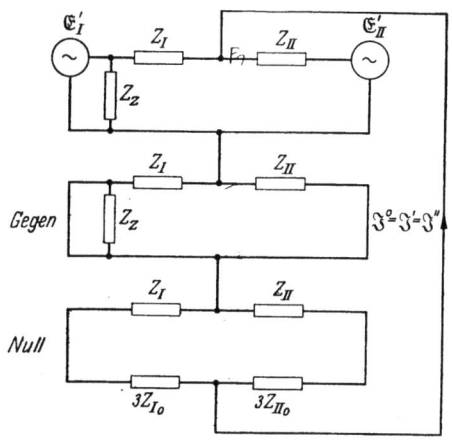

Abb. 105. Komponentenschaltung für Abb. 104 (einpoliger Erdschluß)

7. Kurzschlußströme in Drehstromnetzen

Wir stoßen übrigens auch auf keine besonderen Schwierigkeiten, wenn das Netz nicht symmetrisch gespeist wird. An die Stelle von Gl. (7.13) treten dann die Gleichungen

$$\left.\begin{array}{l}\mathfrak{U}^0 = \mathfrak{U}_L^0 - Z^0 \mathfrak{J}', \\ \mathfrak{U}' = \mathfrak{U}_L' - Z' \mathfrak{J}', \\ \mathfrak{U}'' = \mathfrak{U}_L'' - Z'' \mathfrak{J}'. \end{array}\right\} \quad (7.16)$$

Wegen Gl. (7.10) erhalten wir

$$\mathfrak{U}_L^0 + \mathfrak{U}_L' + \mathfrak{U}_L'' = (Z^0 + Z' + Z'') \mathfrak{J}', \quad (7.17)$$

d.h. es bleibt bei der Reihenschaltung der symmetrischen Impedanzen, nur wird diese Reihenschaltung jetzt von der Reihenschaltung der Leerlaufspannungen gespeist. Man zieht es bei der Aufstellung des Komponentenschaltbildes vor, Leerlaufspannungen immer unmittelbar in Reihe mit der zugehörigen Impedanz zu zeichnen. Abb. 106 läßt den allgemeinen Fall erkennen und Abb. 107 die Anwendung auf Abb. 104.

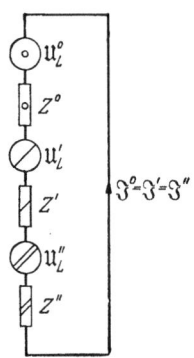

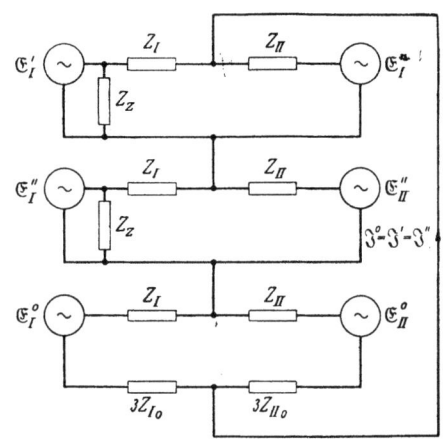

Abb. 106. Komponentenschaltung beim einpoligen Erdschluß bei unsymmetrischer Speisung

Abb. 107. Komponentenschaltung zu Abb. 104 bei unsymmetrischer Speisung

Wir haben angenommen, daß der Erdschluß in Phase 1 auftritt. Man kann natürlich immer die Phasen so bezeichnen, daß 1 die mit dem Erdschluß behaftete Phase ist. Es ist aber doch interessant zu sehen, wie die Rechnung verläuft, wenn wir anders verfahren, so daß z. B. der Erdschluß in Phase 2 auftritt. Dann ist

$$\mathfrak{U}_2 = 0 \quad (7.18)$$

und

$$\mathfrak{J}_1 = \mathfrak{J}_3 = 0. \quad (7.19)$$

Nach Tab. 2 gilt dann

$$\mathfrak{J}^0 = \frac{1}{3} \mathfrak{J}_2, \quad \mathfrak{J}' = a \mathfrak{J}^0 \quad \text{und} \quad \mathfrak{J}'' = a^2 \mathfrak{J}^0. \quad (7.20)$$

e) Der zweipolige Kurzschluß

Aus Gl. (6.40) erhalten wir bei beliebiger Speisung

$$\left.\begin{aligned}\mathfrak{U}^0 &= \mathfrak{U}_L^0 - Z^0\mathfrak{J}^0, \\ \mathfrak{U}' &= \mathfrak{U}_L' - Z'a\mathfrak{J}^0, \\ \mathfrak{U}'' &= \mathfrak{U}_L'' - Z''a^2\mathfrak{J}^0 \end{aligned}\right\} \quad (7.21)$$

und wegen Gl. (7.18)

$$\mathfrak{U}^0 + a^2\mathfrak{U}' + a\mathfrak{U}'' = 0$$

oder nach Gl. (7.16)

$$\mathfrak{U}_L^0 + a^2\mathfrak{U}_L' + a\mathfrak{U}_L'' = (Z^0 + Z' + Z'')\mathfrak{J}^0. \quad (7.22)$$

Die Reihenschaltung der Impedanzen bleibt also erhalten. Auf der linken Seite steht die Leerlaufspannung der Phase 2, also $\mathfrak{U}_{2L}$, so daß wir die Nullkomponente des Stromes in genau gleicher Weise gewinnen können wie früher. Die anderen beiden Komponenten ergeben sich dann nach Gl. (7.20).

Beim einpoligen Erdschluß ergibt sich noch eine ganze Reihe weiterer Fragen, wie die nach dem Einfluß der Erdung des Netzes, der Größe der Spannungen in den freien Phasen usw. Wir werden diese Fragen in den Kap. 8 und 9 noch eingehend behandeln.

e) Der zweipolige Kurzschluß

Es ist zu erwarten, daß wir die übersichtlichste Darstellung erhalten, wenn wir die Phasen 2 und 3 miteinander verbinden, wie dies Abb. 108 zeigt. Wir erkennen, daß

$$\mathfrak{U}_2 = \mathfrak{U}_3, \quad (7.23)$$

$$\mathfrak{J}_1 = 0 \quad (7.24)$$

und

$$\mathfrak{J}_2 = -\mathfrak{J}_3. \quad (7.25)$$

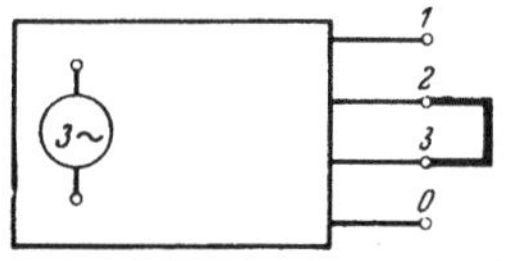

Abb. 108. Zweipoliger Kurzschluß zwischen 2 und 3

Aus der Tab. 2 entnehmen wir, daß in diesem Fall

$$\mathfrak{J}^0 = 0 \quad (7.26)$$

und

$$\mathfrak{J}' = -\mathfrak{J}''. \quad (7.27)$$

Aus Gl. (6.40) erhalten wir, wenn wir die Rechnung sofort für die unsymmetrische Speisung durchführen,

$$\left.\begin{aligned}\mathfrak{U}^0 &= \mathfrak{U}_L^0, \\ \mathfrak{U}' &= \mathfrak{U}_L' - Z'\mathfrak{J}', \\ \mathfrak{U}'' &= \mathfrak{U}_L'' + Z''\mathfrak{J}'. \end{aligned}\right\} \quad (7.28)$$

Danach ist

$$\mathfrak{U}_2 = \mathfrak{U}_L^0 + a^2\mathfrak{U}_L' + a\mathfrak{U}_L'' - a^2Z'\mathfrak{J}' + aZ''\mathfrak{J}'$$

und

$$\mathfrak{U}_3 = \mathfrak{U}_L^0 + a\mathfrak{U}_L' + a^2\mathfrak{U}_L'' - aZ'\mathfrak{J}' + a^2Z''\mathfrak{J}'.$$

88   7. Kurzschlußströme in Drehstromnetzen

Diese beiden Ausdrücke müssen nach Gl. (7.23) einander gleich sein, also ist

$$(a^2 - a)\mathfrak{U}'_L + (a - a^2)\mathfrak{U}''_L = (a^2 - a)Z'\mathfrak{J}' - (a - a^2)Z''\mathfrak{J}'$$

oder nach Division durch (a^2-a)

$$\mathfrak{U}'_L - \mathfrak{U}''_L = \mathfrak{J}'(Z' + Z''). \tag{7.29}$$

Mit- und Gegenimpedanz sind in Reihe zu schalten, die beiden Leerlaufspannungen aber einander entgegengesetzt anzubringen.

Wir erhalten das Komponentenschaltbild Abb.109. In Abb. 110 ist noch das Komponentenschaltbild des zweipoligen Kurzschlusses in einem

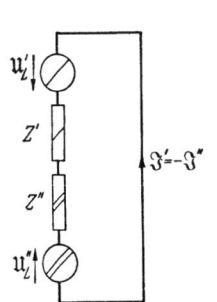
Abb.109. Komponentenschaltbild des zweipoligen Kurzschlusses

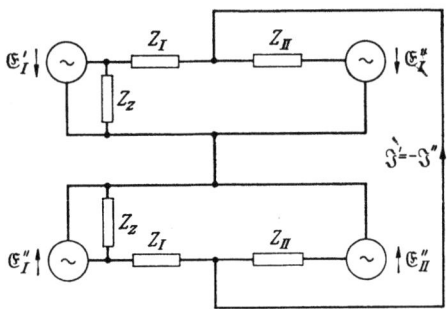
Abb. 110. Komponentenschaltbild des zweipoligen Kurzschlusses zu Abb. 98

Drehstromnetz nach Abb. 98 dargestellt. Um die Gegenschaltung der Gegenkomponenten deutlicher zu machen, ist das Netz der Gegenkomponenten als Ganzes entgegengesetzt gezeichnet. Im Fall der symmetrischen Speisung entfällt $\mathfrak{U}''_L$ in Gl. (7.29), so daß

$$\boxed{\mathfrak{U}'_L = \mathfrak{J}'(Z' + Z'').} \tag{7.30}$$

Auch hier kann man zeigen, daß die Komponentenschaltung unabhängig davon ist, zwischen welchen Phasen der Kurzschluß auftritt.

f) Der zweipolige Erdkurzschluß

In diesem Falle sind die beiden kurzgeschlossenen Leiter auch noch mit der Erde verbunden (Abb. 111). Es gelten die Kurzschlußbedingungen

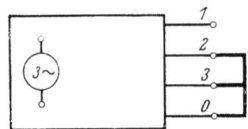
Abb. 111
Zweipoliger Erdkurzschluß

$$\mathfrak{U}_2 = \mathfrak{U}_3 = 0, \tag{7.31}$$

$$\mathfrak{J}_1 = 0. \tag{7.32}$$

Wir finden daraus zunächst

$$\mathfrak{J}^0 = -(\mathfrak{J}' + \mathfrak{J}''). \tag{7.33}$$

f) Der zweipolige Erdkurzschluß

Nun behandeln wir zuerst den Fall der symmetrischen Speisung. Dann ist

$$\mathfrak{U}^0 = Z^0(\mathfrak{J}' + \mathfrak{J}''), \qquad (7.34)$$

$$\mathfrak{U}' = \mathfrak{U}'_L - Z'\mathfrak{J}', \qquad (7.35)$$

$$\mathfrak{U}'' = -Z''\mathfrak{J}''. \qquad (7.36)$$

Daraus erhalten wir

$$\mathfrak{U}_2 = a^2 \mathfrak{U}'_L - a^2 Z' \mathfrak{J}' - a Z'' \mathfrak{J}'' + Z^0(\mathfrak{J}' + \mathfrak{J}'') = 0$$

oder

$$\mathfrak{U}'_L = \mathfrak{J}'(Z' - aZ^0) + \mathfrak{J}''(a^2 Z'' - aZ^0). \qquad (7.37)$$

Genau so gilt

$$\mathfrak{U}_3 = a\mathfrak{U}'_L - aZ'\mathfrak{J}' - a^2 Z''\mathfrak{J}'' + Z^0(\mathfrak{J}' + \mathfrak{J}'') = 0$$

und daraus

$$\mathfrak{U}'_L = \mathfrak{J}'(Z' - a^2 Z^0) + \mathfrak{J}''(aZ'' - a^2 Z^0). \qquad (7.38)$$

Aus den Gln. (7.37) und (7.38) lassen sich nun $\mathfrak{J}'$ und $\mathfrak{J}''$ berechnen. Eliminieren wir z. B. $\mathfrak{J}''$, dann erhalten wir

$$\mathfrak{U}'_L[(aZ'' - a^2 Z^0) - (a^2 Z'' - aZ^0)]$$
$$= \mathfrak{J}'[(Z' - aZ'')a(Z'' - aZ^0) - (Z' - a^2 Z^0)a(aZ'' - Z^0)]$$

oder

$$\mathfrak{U}'_L(Z'' + Z^0)(1 - a)$$
$$= \mathfrak{J}'(Z'Z'' - aZ^0 Z'' - aZ^0 Z' + a^2 Z^0 Z^0 - aZ'Z'' + Z^0 Z'' + Z'Z^0 - a^2 Z^0 Z^0).$$

Es bleibt

$$\mathfrak{U}'_L(Z'' + Z^0) = \mathfrak{J}'(Z'Z'' + Z'Z^0 + Z''Z^0)$$

oder

$$\boxed{\mathfrak{U}'_L = \mathfrak{J}'\left[Z' + \frac{Z''Z^0}{Z'' + Z^0}\right].} \qquad (7.39)$$

Versuchen wir dafür das Komponentenschaltbild zu entwerfen, so erkennen wir, daß die Parallelschaltung von Z'' mit Z^0 in Reihe zu Z' anzuordnen ist, wie dies in Abb. 112 dargestellt erscheint.

Wir müssen noch $\mathfrak{J}''$ und $\mathfrak{J}^0$ berechnen. Setzen wir in Gl. (7.37) für $\mathfrak{U}'_L$ nach Gl. (7.39) ein, so folgt

$$\mathfrak{J}'\left(\frac{Z''Z^0}{Z'' + Z^0} + aZ^0\right) = a\mathfrak{J}''(aZ'' - Z^0).$$

Wir bringen links auf gleichen Nenner, so daß

$$\mathfrak{J}'\frac{Z^0}{Z'' + Z^0}(Z'' + aZ'' + aZ^0) = a\mathfrak{J}''(aZ'' - Z^0).$$

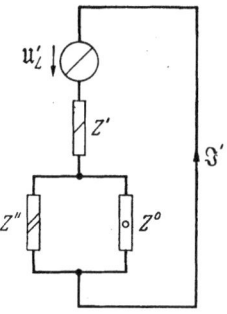

Abb. 112. Komponentenschaltbild für zweipoligen Erdkurzschluß

Wegen
$$1 + a = -a^2$$
erhalten wir
$$-\Im' \frac{Z^0}{Z'' + Z^0} a(aZ'' - Z^0) = a\Im''(aZ'' - Z^0)$$
und daher
$$\boxed{\Im'' = -\Im' \frac{Z^0}{Z'' + Z^0}.} \tag{7.40}$$

Aus Gl. (7.33) folgt dann sofort
$$\boxed{\Im^0 = -\Im' \frac{Z''}{Z'' + Z^0}.} \tag{7.41}$$

Wir sehen daraus noch, daß
$$\Im^0 : \Im'' = Z'' : Z^0, \tag{7.42}$$

d. h. die Ströme verhalten sich umgekehrt wie die Impedanzen in den beiden in Abb. 112 parallel geschalteten Zweigen.

Der Strom $\Im'$ teilt sich also so, daß der Teilstrom in Z^0 gleich dem negativen Nullstrom, der in Z'' gleich dem negativen Gegenstrom ist.

Es bleibt noch die Frage nach den Zusammenhängen im Falle einer unsymmetrischen Speisung des Netzes. Rechnet man in ähnlicher Weise wie oben für den symmetrischen Fall, so gelangt man zu der Gleichung

$$\mathfrak{U}'_L - \mathfrak{U}^0_L \frac{Z''}{Z'' + Z^0} - \mathfrak{U}''_L \frac{Z^0}{Z'' + Z^0} = \Im' \left[Z' + \frac{Z'' Z^0}{Z'' + Z^0} \right]. \tag{7.43}$$

Daraus kann man wohl $\Im'$ berechnen, aber nicht leicht eine Deutung für das Komponentenschaltbild herleiten. Wir gelangen besser zum Ziel, wenn wir von der Spannungsgleichung Gl. (7.31) ausgehen. Das Verschwinden zweier Drehstromgrößen verlangt, daß
$$\mathfrak{U}^0 = \mathfrak{U}' = \mathfrak{U}''.$$

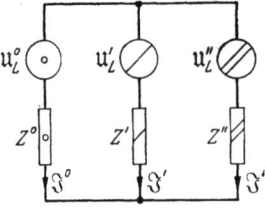

Abb. 113. Komponentenschaltbild des zweipoligen Erdkurzschlusses bei unsymmetrischer Speisung

Da nun außerdem die Summe der drei symmetrischen Ströme verschwinden soll, so brauchen wir bloß die offenen Kreise der Komponenten zueinander parallel zu schalten, wie dies Abb. 113 zeigt. Man erkennt sofort, daß bei symmetrischer Speisung die Schaltung mit der von Abb. 112 übereinstimmt. In Abb. 114 ist schließlich noch das Komponentenschaltbild für das Drehstromnetz nach Abb. 98 dargestellt.

Vergleichen wir die Abb. 97, 106, 107 und 113, so erkennen wir, daß die Gesamtheit der an einer Stelle möglichen Fehler durch die schaltungs-

g) Fehlerimpedanz

mäßigen Kombinationen von drei Zweipolen erfaßt werden kann, wobei jeder dieser Zweipole nur aus der Reihenschaltung der Leerlaufspannung

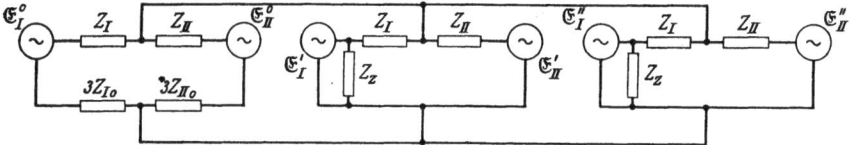

Abb. 114. Komponentenschaltbild des zweipoligen Erdkurzschlusses für das Netz nach Abb. 98.

mit der zugehörigen Impedanz besteht. Beim dreipoligen Kurzschluß mit Erdberührung sind die Zweipole für sich. Die Erdberührung hört auf, wenn die Nullimpedanz unendlich groß wird. Beim zweipoligen Kurzschluß mit Erdberührung sind die drei Zweipole parallel geschaltet und auch hier hört die Erdberührung auf, wenn die Nullimpedanz unendlich wird. Beim einpoligen Erdschluß sind die drei Zweipole in Reihe geschaltet. Damit sind alle Möglichkeiten erschöpft. Mit Ausnahme des einpoligen Erdschlusses lassen sich alle Fälle in einem Schaltbild zusammenfassen, nämlich in das Schaltbild Abb. 115a, welches den dreipoligen Erdkurzschluß zeigt. Je nachdem, ob der Kreis der Nullkomponente und die Verbindung von Anfang und Ende der Zweipole vorhanden sind oder nicht, ergeben sich die in Abb. 115b, c und d gezeigten anderen Fehler.

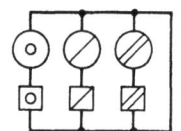

a *3-poliger Erdkurzschluß*

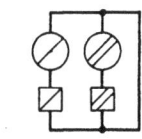

b *3-poliger Kurzschluß*

g) Fehlerimpedanz

Da man den dreipoligen Kurzschluß im symmetrisch gespeisten Netz als den normalen Fall des Kurzschlusses auffaßt (was aber nicht bedeuten soll, daß er am häufigsten auftritt), so hat man versucht, die anderen Fälle mit diesem zu vergleichen, und zwar dadurch, daß man die Veränderung des Verhältnisses zwischen $\mathfrak{U}'_L$ und $\mathfrak{J}'$ betrachtet. Im erwähnten Normalfall ist dieses Z', im Falle des einpoligen Erdschlusses $Z' + Z'' + Z^0$, beim zweipoligen Kurzschluß $Z' + Z''$ und beim zweipoligen Erdkurzschluß $Z' + \dfrac{Z'' Z^0}{Z'' + Z^0}$. Man kann dies dann so deuten, daß man sagt, daß zu der Mitimpedanz im Falle

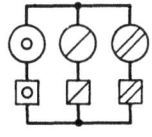

c *2-poliger Erdkurzschluß*

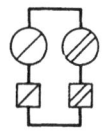

d *2-poliger Kurzschluß*

Abb. 115a—d. Komponentenschaltbilder der Fehler, an denen die Phasen 2 und 3 beteiligt sind

der anderen Fehler eine kennzeichnende Fehlerimpedanz Z^F dazukommt und diese ist dann

beim dreipoligen Kurzschluß und Erdkurzschluß $\quad Z^F = 0,\quad$ (7.44)

beim einpoligen Erdschluß $\quad Z^F = Z^0 + Z'',\quad$ (7.45)

beim zweipoligen Kurzschluß $\quad Z^F = Z'';\quad$ (7.46)

beim zweipoligen Erdkurzschluß $\quad Z^F = \dfrac{Z'' Z^0}{Z'' + Z^0}.\quad$ (7.47)

Man kann im symmetrischen und symmetrisch gespeisten Drehstromsystem den Strom der Mitkomponenten immer so bestimmen, daß man an der Fehlerstelle in dem Netz die Fehlerimpedanz anbringt. Das Verfahren kann zweckmäßig sein, wenn man sich nur um die Mitkomponente des Stromes, aber nicht um die Nullkomponente und Gegenkomponente zu kümmern braucht.

8. Ergänzungen zu den Kurzschlüssen

a) Kurzschlußströme bei widerstandsbehafteten Fehlern

Im vorhergehenden Kapitel war angenommen, daß die betrachteten Kurzschlüsse satt seien, d.h. daß der Stromübergang an der Fehlerstelle widerstandslos erfolgt. Wir wollen jetzt diese Voraussetzung fallen lassen und einen oder mehrere Widerstände an der Fehlerstelle berücksichtigen, wobei aber angenommen ist, daß die Widerstände in allen betroffenen Phasen gleich sind. Den Fehlerwiderstand R kann man normalerweise als rein Ohmschen Widerstand betrachten, die allgemeinen Beziehungen gelten aber auch für beliebige Impedanzen, falls man deren komplexen Wert an Stelle von R setzt.

Beim *dreipoligen Kurzschluß* ohne Erdberührung liegt an der Kurzschlußstelle in jeder Phase der Widerstand R, wie dies Abb. 116 zeigt. Die Widerstände bewirken eine Vergrößerung der symmetrischen Impedanzen um R, so daß an die Stelle von Gl. (7.03) die Gleichungen

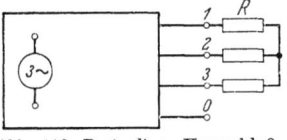

Abb. 116. Dreipoliger Kurzschluß mit Fehlerwiderstand R

$$\left.\begin{array}{l}\mathfrak{U}_L^0 - (Z^0 + R)\,\mathfrak{I}^0 = 0,\\ \mathfrak{U}_L' - (Z' + R)\,\mathfrak{I}' = 0,\\ \mathfrak{U}_L'' - (Z'' + R)\,\mathfrak{I}'' = 0\end{array}\right\}\quad (8.01)$$

treten. Wegen der fehlenden Erdberührung ist aber $Z^0 = \infty$ und $\mathfrak{I}^0 = 0$, so daß nur die beiden letzten Gleichungen für die Berechnung der Ströme verbleiben. Das Komponentenschaltbild für diesen Fall zeigt Abb. 117.

a) Kurzschlußströme bei widerstandsbehafteten Fehlern

Weist der Kurzschluß auch eine Verbindung gegen Erde auf, liegt also ein dreipoliger Erdkurzschluß vor, dann können zwei Arten von Fehlerwiderständen vorhanden sein, nämlich die Widerstände R in den einzelnen Phasen und ein Widerstand S in der Erdverbindung (Abb. 118).

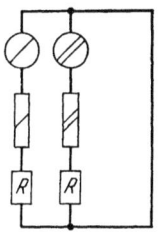

Abb. 117. Komponentenschaltbild des dreipoligen Kurzschlusses mit Fehlerwiderstand

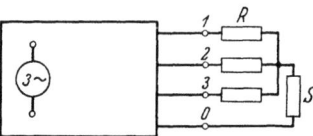

Abb. 118. Dreipoliger Erdkurzschluß mit Fehlerwiderständen

Betrachten wir wieder die Kurzschlußstelle als das Ende des Netzes, rechnen wir also die Widerstände zum Netz dazu, dann vergrößern sich die Mitimpedanz und die Gegenimpedanz um R auf $Z' + R$ bzw. $Z'' + R$. Bei der Nullimpedanz beträgt die Vergrößerung $R + 3S$. Wir erhalten dann die Gleichungen

$$\left.\begin{array}{l} \mathfrak{U}_L^0 - (Z^0 + R + 3S)\mathfrak{J}^0 = 0, \\ \mathfrak{U}_L' - (Z' + R)\mathfrak{J}' = 0, \\ \mathfrak{U}_L'' - (Z'' + R)\mathfrak{J}'' = 0. \end{array}\right\} \quad (8.02)$$

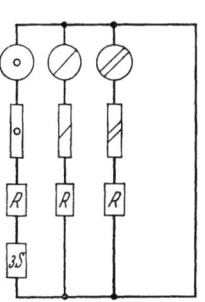

Abb. 119. Komponentenschaltbild des dreipoligen Erdkurzschlusses mit Fehlerwiderständen

Das Komponentenschaltbild ist in Abb. 119 dargestellt. Der Widerstand S der Erdverbindung ist natürlich nur von Bedeutung, wenn das Netz im Leerlauf eine Nullkomponente der Spannung aufweist. Von ausschlaggebender Bedeutung ist der Widerstand der Erdverbindung jedoch im Fall des *einpoligen Erdschlusses* (Abb. 120). Rechnen wir S zum Nulleiter des Netzes, so ist die Nullimpedanz gleich $Z^0 + 3S$. An die Stelle von Gl. (7.15) tritt

$$\mathfrak{U}_L^0 + \mathfrak{U}_L' + \mathfrak{U}_L'' - (Z^0 + Z' + Z'' + 3S)\mathfrak{J}' = 0. \quad (8.03)$$

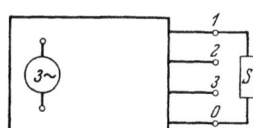

Abb. 120. Einpoliger Erdschluß mit Fehlerwiderstand in der Erdverbindung

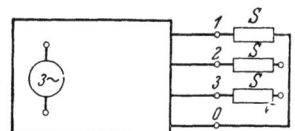

Abb. 121. Einpoliger Erdschluß mit Fehlerwiderständen in den Phasen

Wir kommen zu dem gleichen Ergebnis, wenn wir S nicht zum Nulleiter rechnen, sondern einen Widerstand gleicher Größe in jeder Phase annehmen, also eine Schaltung nach Abb. 121 zugrunde legen. So wie beim

8. Ergänzungen zu den Kurzschlüssen

dreipoligen Kurzschluß vergrößert sich dann jede Impedanz um S, so daß wieder Gl. (8.03) folgt. Das Komponentenschaltbild ist in Abb. 122 gezeichnet. Man erkennt auch daraus, daß es gleichgültig ist, wo die drei Widerstände S in der Reihenschaltung angeordnet werden.

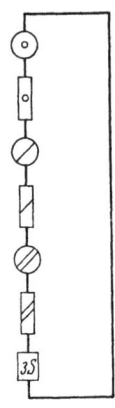

Abb. 122. Komponenten-Schaltbild des einpoligen Erdschlusses mit Fehlerwiderstand

Für den Fall, daß die symmetrischen Impedanzen rein imaginär sind, und der Fehlerwiderstand rein reell ist, können wir leicht den Verlauf des Fehlerstromes $\mathfrak{J}_1$ in Abhängigkeit vom Verhältnis des Fehlerwiderstandes zur Summe der Impedanzen verfolgen. Beschränken wir uns auf den Fall der symmetrischen Speisung, also $\mathfrak{U}_L^0 = \mathfrak{U}_L'' = 0$, dann ist nach Gl. (7.12)

$$\mathfrak{J}_1 = \mathfrak{J}^0 + \mathfrak{J}' + \mathfrak{J}'' = 3\mathfrak{J}'$$

oder

$$\mathfrak{J}_1 = \frac{3\mathfrak{U}_L'}{Z^0 + Z' + Z'' + 3S}. \qquad (8.04)$$

Setzen wir für die rein imaginäre Summe der symmetrischen Impedanzen

$$3jA = Z^0 + Z' + Z'', \qquad (8.05)$$

so ist

$$\mathfrak{J}_1 = \frac{\mathfrak{U}_L'}{S + jA}. \qquad (8.06)$$

Die Spannungen $S\mathfrak{J}_1$ und $jA\mathfrak{J}_1$ stehen aufeinander senkrecht und sie bilden zusammen mit $\mathfrak{U}_L'$ ein rechtwinkliges Dreieck, wie dies Abb. 123

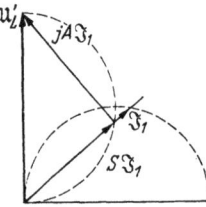

Abb. 123. Ortskurve des Fehlerstromes im einpoligen Erdschluß mit Fehlerwiderstand

zeigt. Vermindert sich S, so läuft der Eckpunkt mit dem rechten Winkel, also der Endpunkt von $S\mathfrak{J}_1$, auf einem Halbkreis. $\mathfrak{J}_1$ ist dem Betrag von $jA\mathfrak{J}_1$ proportional. Die Spitze von $\mathfrak{J}_1$ liegt daher auf einem Kreis, der den Zeiger $\mathfrak{U}_L'$ berührt. $\mathfrak{J}_1$ durchläuft alle Werte von 0 bis U_L'/A und ändert dabei seinen Phasenwinkel von 0 bis $\pi/2$.

Beim *zweipoligen Kurzschluß* liegt der Fehlerwiderstand zwischen den beiden betroffenen Phasen (Abb. 124). Wir können die in Kap. 7 gefundenen Gleichungen anwenden, wenn wir ihn mit $2R$ ansetzen, mit je einer Hälfte zu je einer der betroffenen Phasen rechnen und uns

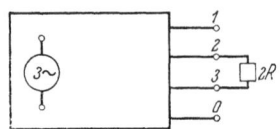

Abb. 124. Zweipoliger Kurzschluß mit Fehlerwiderstand

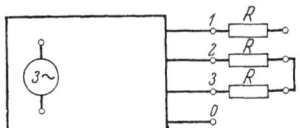

Abb. 125. Aufteilung des Fehlerwiderstandes im zweipoligen Kurzschluß

a) Kurzschlußströme bei widerstandsbehafteten Fehlern

auch einen gleichen Widerstand in der freien Phase angebracht denken, wie dies Abb. 125 zeigt. Z' und Z'' werden dann um je R vermehrt. An die Stelle von Gl. (7.29) tritt

$$\mathfrak{U}'_L - \mathfrak{U}''_L = \mathfrak{J}'(Z' + Z'' + 2R) \quad (8.07)$$

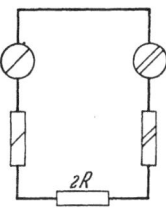
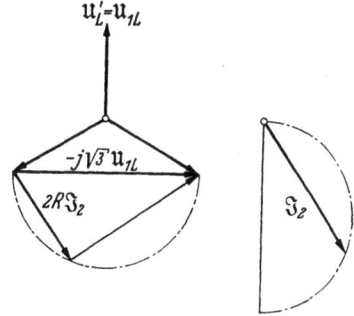

Abb. 126. Komponentenschaltbild des zweipoligen Kurzschlusses mit Fehlerwiderstand

Abb. 127. Ortskurve des Fehlerstromes beim zweipoligen Kurzschluß mit Fehlerwiderstand

und das Komponentenschaltbild nimmt die Gestalt der Abb. 126 an.

Im Falle der symmetrischen Speisung $(\mathfrak{U}''_L = 0)$ ist $\mathfrak{U}'_L = \mathfrak{U}_{1L}$,

$$\mathfrak{J}_2 = a^2 \mathfrak{J}' + a \mathfrak{J}'' = (a^2 - a) \mathfrak{J}' = -j\sqrt{3}\, \mathfrak{J}'$$

oder

$$\mathfrak{J}_2 = \frac{-j\sqrt{3}\, \mathfrak{U}_{1L}}{Z' + Z'' + 2R}. \quad (8.08)$$

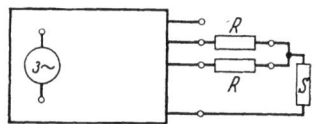

Abb. 128. Zweipoliger Kurzschluß mit Erdberührung

Sind Z' und Z'' rein imaginär und R rein reell, dann ergibt sich wieder ein Kreis als Ortskurve für $\mathfrak{J}_2$, wobei als Hypothenuse des Spannungsdreiecks $-j\sqrt{3}\, \mathfrak{U}_{1L}$ als die Spannung zwischen den Klemmen 2 und 3 tritt, wie dies Abb. 127 zeigt.

Es bleibt noch der Fall des *zweipoligen Erdkurzschlusses* zu behandeln. Hier sind wieder zwei Arten von Fehlerwiderständen möglich, nämlich R in den Phasen und S gegen Erde (Abb. 128). Wir können hier auch einen Widerstand R in der freien Phase annehmen, so daß sich Z' und Z'' um R vergrößern, während Z^0 um $R + 3S$ zunimmt. An die Stelle von Gl. (7.39) tritt

$$\mathfrak{U}'_L = \mathfrak{J}' \left[Z' + R + \frac{(Z'' + R)(Z^0 + R + 3S)}{Z'' + Z^0 + 2R + 3S} \right]. \quad (8.09)$$

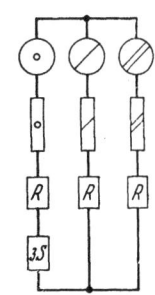

Abb. 129. Komponentenschaltbild des zweipoligen Kurzschlusses mit Erdberührung

In ähnlicher Weise sind die Gln. (7.40), (7.41) und (7.43) zu verändern. Als Komponentenschaltbild erhalten wir Abb. 129.

Bestimmt man die Fehlerimpedanzen ähnlich wie am Ende des Kap. 7, so muß man jetzt auch die Vergrößerung der Mitimpedanzen

8. Ergänzungen zu den Kurzschlüssen

selbst zur Fehlerimpedanz rechnen. Wir erhalten dann:

dreipoliger Kurzschluß und Erdkurzschluß
$$Z^F = R, \tag{8.10}$$
einpoliger Erdschluß
$$Z^F = Z^0 + Z'' + 3S, \tag{8.11}$$
zweipoliger Kurzschluß
$$Z^F = Z'' + 2R, \tag{8.12}$$
zweipoliger Erdkurzschluß
$$Z^F = R + \frac{(Z'' + R)(Z^0 + R + 3S)}{Z'' + Z^0 + 2R + 3S}. \tag{8.13}$$

b) Ströme und Spannungen beim dreipoligen Kurzschluß und Erdkurzschluß

Für die Anwendung ist es notwendig, nicht nur die Gleichungen für die Komponenten der Ströme und der Spannungen sondern die Ströme und Spannungen, die im Netz auftreten, zu kennen. Wir berechnen diese Werte für den Fall der symmetrischen Speisung, die man normalerweise den Untersuchungen zugrunde legt. Es ist dann

$$\mathfrak{U}'_L = \mathfrak{U}_{1L} = \mathfrak{U}. \tag{8.14}$$

Für den *dreipoligen Kurzschluß* mit oder ohne Erdberührung finden wir nach Gl. (8.02)

$$\mathfrak{J}^0 = 0, \quad \mathfrak{J}' = \frac{\mathfrak{U}}{Z' + R}, \quad \mathfrak{J}'' = 0. \tag{8.15}$$

Damit werden

$$\mathfrak{J}_1 = \frac{\mathfrak{U}}{Z' + R}, \quad \mathfrak{J}_2 = a^2 \frac{\mathfrak{U}}{Z' + R}, \quad \mathfrak{J}_3 = a \frac{\mathfrak{U}}{Z' + R}. \tag{8.16}$$

Bei den Spannungen interessieren die Werte, die vor den Fehlerwiderständen auftreten. Wir finden sie, wenn wir zu den Leerlaufspannungen die Spannungen hinzufügen, die an den Impedanzen des Netzes allein, also ohne Fehlerwiderstand, entstehen. Daher ist

$$\left. \begin{array}{l} \mathfrak{U}^0 = -Z^0 \mathfrak{J}^0 = 0, \\ \mathfrak{U}' = \mathfrak{U} - Z' \mathfrak{J}' = \mathfrak{U}\left(1 - \dfrac{Z'}{Z' + R}\right) \end{array} \right\} \tag{8.17}$$

oder

$$\mathfrak{U}' = \mathfrak{U} \frac{R}{Z' + R} \tag{8.18}$$

und

$$\mathfrak{U}'' = -Z'' \mathfrak{J}'' = 0. \tag{8.19}$$

c) Ströme und Spannungen beim einpoligen Erdschluß

Damit werden

$$\mathfrak{U}_1 = \mathfrak{U}\frac{R}{Z'+R}, \quad \mathfrak{U}_2 = a^2\,\mathfrak{U}\frac{R}{Z'+R}, \quad \mathfrak{U}_3 = a\,\mathfrak{U}\frac{R}{Z'+R}. \tag{8.20}$$

Da die drei Spannungen symmetrisch sind, so sind es auch die verketteten Spannungen und auch diese ändern sich im Verhältnis $R/(Z'+R)$.

c) Ströme und Spannungen beim einpoligen Erdschluß

Beim *einpoligen Erdschluß* gilt nach Gln. (7.12) und (8.03)

$$\mathfrak{J}^0 = \mathfrak{J}' = \mathfrak{J}'' = \frac{\mathfrak{U}}{Z^0+Z'+Z''+3S} \tag{8.21}$$

und daher

$$\mathfrak{J}_1 = \frac{3\,\mathfrak{U}}{Z^0+Z'+Z''+3S}, \tag{8.22}$$

während

$$\mathfrak{J}_2 = \mathfrak{J}_3 = 0 \tag{8.23}$$

bestehen bleibt. Ferner sind

$$\mathfrak{U}^0 = -Z^0\,\mathfrak{J}^0 = -\frac{\mathfrak{U}\,Z^0}{Z^0+Z'+Z''+3S}, \tag{8.24}$$

$$\mathfrak{U}' = \mathfrak{U} - Z'\,\mathfrak{J}' = \mathfrak{U}\,\frac{Z^0+Z''+3S}{Z^0+Z'+Z''+3S} \tag{8.25}$$

und

$$\mathfrak{U}'' = -Z''\,\mathfrak{J}'' = -\frac{\mathfrak{U}\,Z''}{Z^0+Z'+Z''+3S}. \tag{8.26}$$

Damit wird

$$\mathfrak{U}_1 = \frac{3\,\mathfrak{U}\,S}{Z^0+Z'+Z''+3S}. \tag{8.27}$$

Für die Spannung der Phase 2 erhalten wir

$$\mathfrak{U}_2 = \frac{\mathfrak{U}}{Z^0+Z'+Z''+3S}\,[-Z^0 + a^2\,(Z^0+Z''+3S) - a\,Z'']$$

$$= \frac{\mathfrak{U}}{Z^0+Z'+Z''+3S}\,[Z^0(a^2-1) + Z''(a^2-a) + 3a^2 S]$$

$$= \frac{\mathfrak{U}}{Z^0+Z'+Z''+3S}\,[\mathrm{j}\sqrt{3}\,a\,Z^0 - \mathrm{j}\sqrt{3}\,Z'' + 3a^2 S]$$

und nach Einsetzen für a und a^2

$$\mathfrak{U}_2 = -\mathfrak{U}\,\frac{\sqrt{3}}{2}\,\frac{\sqrt{3}(Z^0+S)+\mathrm{j}(Z^0+2Z''+3S)}{Z^0+Z'+Z''+3S}. \tag{8.28}$$

In ganz ähnlicher Weise finden wir

$$\mathfrak{U}_3 = -\mathfrak{U}\,\frac{\sqrt{3}}{2}\,\frac{\sqrt{3}(Z^0+S)-\mathrm{j}(Z^0+2Z''+3S)}{Z^0+Z'+Z''+3S}. \tag{8.29}$$

7 Hochrainer, Symmetrische Komponenten

8. Ergänzungen zu den Kurzschlüssen

Hier interessieren noch die verketteten Spannungen. Es ist

$$\mathfrak{V}_1 = \mathfrak{U}_3 - \mathfrak{U}_2 = j\,\mathfrak{U}\,\sqrt{3}\,\frac{Z^0 + 2Z'' + 3S}{Z^0 + Z' + Z'' + 3S}, \qquad (8.30)$$

$$\mathfrak{V}_2 = \mathfrak{U}_1 - \mathfrak{U}_3 = \mathfrak{U}\,\frac{\sqrt{3}}{2}\,\frac{\sqrt{3}(Z^0 + 3S) - j(Z^0 + 2Z'' + 3S)}{Z^0 + Z' + Z'' + 3S} \qquad (8.31)$$

und schließlich

$$\mathfrak{V}_3 = \mathfrak{U}_2 - \mathfrak{U}_1 = -\mathfrak{U}\,\frac{\sqrt{3}}{2}\,\frac{\sqrt{3}(Z^0 + 3S) + j(Z^0 + 2Z'' + 3S)}{Z^0 + Z' + Z'' + 3S}. \qquad (8.32)$$

Das Spannungssystem ist mehr oder weniger stark verzerrt, wie man schon aus dem Bestehen der Nullspannung und der Gegenspannung nach den Gln. (8.24) und (8.26) erkennen kann. Die verketteten Spannungen werden symmetrisch, wenn die Gegenimpedanz Z'' verschwindet, was aber kaum vorkommen kann. Aus Gl. (8.30) folgt, daß im statischen Netz, wenn $Z'' = Z'$,

$$\mathfrak{V}_1 = j\,\mathfrak{U}\,\sqrt{3}, \qquad (8.33)$$

d.h. die verkettete Spannung zwischen den vom Erdschluß nicht betroffenen Phasen bleibt in diesem Fall vom Erdschluß unbeeinflußt.

Von Interesse sind noch die Änderungen der Spannungen. Für die Phase 1 gilt

$$\varDelta\mathfrak{U}_1 = \mathfrak{U}_{1L} - \mathfrak{U}_1 = \mathfrak{U}\left(1 - \frac{3S}{Z^0 + Z' + Z'' + 3S}\right),$$

also

$$\varDelta\mathfrak{U}_1 = \mathfrak{U}\,\frac{Z^0 + Z' + Z''}{Z^0 + Z' + Z'' + 3S}. \qquad (8.34)$$

Bei verschwindenden Fehlerwiderständen ist die Änderung gleich der Spannung $\mathfrak{U}_{1L}$, denn dann verschwindet die Spannung dieser Phase. Für die Phase 2 erhalten wir, wenn wir nur statische Netze ($Z'' = Z'$) betrachten

$$\varDelta\mathfrak{U}_2 = a^2\,\mathfrak{U} - \mathfrak{U}_2 = -\frac{1}{2}\mathfrak{U} - j\,\frac{\sqrt{3}}{2}\,\mathfrak{U} + \mathfrak{U}\,\frac{\sqrt{3}}{2}\,\frac{\sqrt{3}(Z^0 + S) + j(Z^0 + 2Z' + 3S)}{Z^0 + 2Z' + 3S}$$

$$= -\frac{1}{2}\mathfrak{U}\,\frac{Z^0 + 2Z' + 3S - 3Z^0 - 3S}{Z^0 + 2Z' + 3S}$$

oder

$$\varDelta\mathfrak{U}_2 = \mathfrak{U}\,\frac{Z^0 - Z'}{Z^0 + 2Z' + 3S}. \qquad (8.35)$$

Den gleichen Ausdruck erhalten wir für

$$\varDelta\mathfrak{U}_3 = \mathfrak{U}\,\frac{Z^0 - Z'}{Z^0 + 2Z' + 3S}. \qquad (8.36)$$

d) Ströme und Spannungen beim zweipoligen Kurzschluß 99

Die Spannungsänderungen der vom Erdschluß nicht betroffenen Phasen verschwinden, wenn $Z^0 = Z'$, was nach den Gln. (6.16) bis (6.18) dann der Fall ist, wenn $Z_A = Z_B = 0$ gilt. Enthält das Netz nur Impedanzen in den Leitern, wie in dem ab Gl. (6.23) behandelten Beispiel, dann ist diese

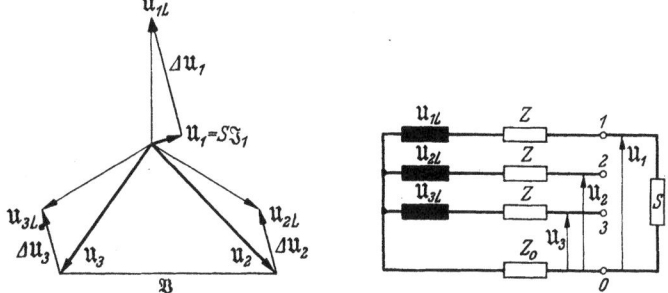

Abb. 130. Zeigerdiagramm des einpoligen Erdschlusses der nebenstehenden Schaltung

Bedingung erfüllt, wenn die Nulleiterimpedanz Z_0 verschwindet. Sonst gelten bei dem Beispiel die Gleichungen (6.25) und es ist dann

$$\mathfrak{J}_1 = \frac{\mathfrak{U}}{Z + Z_0 + S}, \tag{8.37}$$

$$\mathfrak{U}_1 = \frac{\mathfrak{U}\,S}{Z + Z_0 + S},$$

$$\Delta\mathfrak{U}_2 = \Delta\mathfrak{U}_3 = \mathfrak{U}\,\frac{Z_0}{Z + Z_0 + S}. \tag{8.38}$$

Bei einer rein imaginären Impedanz Z_0 stehen $\Delta\mathfrak{U}_2$ und $\Delta\mathfrak{U}_3$ senkrecht auf $\mathfrak{U}_1$. In Abb. 130 ist das Zeigerbild für einen solchen Fall dargestellt.

d) Ströme und Spannungen beim zweipoligen Kurzschluß

Beim *zweipoligen Kurzschluß* (der Phasen 2 und 3) gilt nach Gln. (7.26), (7.27) und (8.07)

$$\mathfrak{J}^0 = 0, \quad \mathfrak{J}' = \frac{\mathfrak{U}}{Z' + Z'' + 2R} = -\mathfrak{J}'', \tag{8.39}$$

daher ist

$$\mathfrak{J}_1 = 0, \quad \mathfrak{J}_2 = -\mathfrak{J}_3 = (a^2 - a)\frac{\mathfrak{U}}{Z' + Z'' + 2R} = -j\sqrt{3}\,\frac{\mathfrak{U}}{Z' + Z'' + 2R}. \tag{8.40}$$

Für die Spannungen erhalten wir

$$\mathfrak{U}^0 = 0, \quad \mathfrak{U}' = \mathfrak{U} - \mathfrak{U}\frac{Z'}{Z' + Z'' + 2R} = \mathfrak{U}\,\frac{Z'' + 2R}{Z' + Z'' + 2R}$$

und

$$\mathfrak{U}'' = \mathfrak{U}\,\frac{Z''}{Z' + Z'' + 2R}. \tag{8.41}$$

8. Ergänzungen zu den Kurzschlüssen

Damit wird
$$\mathfrak{U}_1 = \mathfrak{U}\frac{2Z'' + 2R}{Z' + Z'' + 2R}, \tag{8.42}$$

ferner
$$\mathfrak{U}_2 = \frac{\mathfrak{U}}{Z' + Z'' + 2R}[a^2(Z'' + 2R) + aZ''] = -\mathfrak{U}\frac{R + Z'' + j\sqrt{3}R}{Z' + Z'' + 2R} \tag{8.43}$$

und
$$\mathfrak{U}_3 = -\mathfrak{U}\frac{R + Z'' - j\sqrt{3}R}{Z' + Z'' + 2R}. \tag{8.44}$$

Die Spannung zwischen den beiden vom Kurzschluß betroffenen Phasen ist
$$\mathfrak{V}_1 = \mathfrak{U}_3 - \mathfrak{U}_2 = j\sqrt{3}\,\mathfrak{U}\frac{2R}{Z' + Z'' + 2R}. \tag{8.45}$$

Die beiden anderen verketteten Spannungen sind
$$\mathfrak{V}_2 = \mathfrak{U}_1 - \mathfrak{U}_3 = \mathfrak{U}\sqrt{3}\frac{\sqrt{3}(Z'' + R) - jR}{Z' + Z'' + 2R} \tag{8.46}$$

und
$$\mathfrak{V}_3 = \mathfrak{U}_2 - \mathfrak{U}_1 = -\mathfrak{U}\sqrt{3}\frac{\sqrt{3}(Z'' + R) + jR}{Z' + Z'' + 2R}. \tag{8.47}$$

Im Falle des statischen Netzes bleibt $\mathfrak{U}_1$ ungeändert, während
$$\mathfrak{U}_2 = -\frac{\mathfrak{U}}{2} - j\frac{\sqrt{3}}{2}\frac{\mathfrak{U}R}{Z' + R} \tag{8.48}$$

und
$$\mathfrak{U}_3 = -\frac{\mathfrak{U}}{2} + j\frac{\sqrt{3}}{2}\frac{\mathfrak{U}R}{Z' + R} \tag{8.49}$$

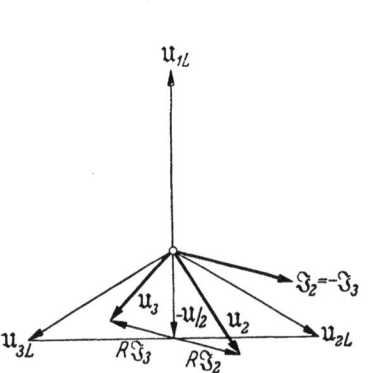

Abb. 131. Zeigerdiagramm des zweipoligen Kurzschlusses

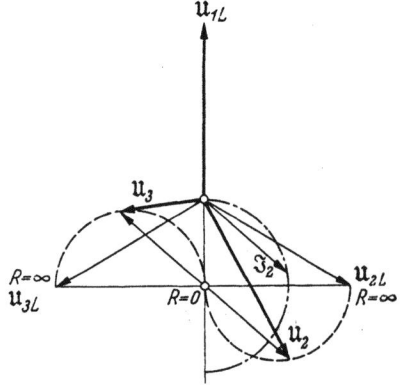

Abb. 132. Ortskurven des Stromes und der Spannungen beim zweipoligen Kurzschluß

werden. Die Spannungen setzen sich also aus zwei Anteilen zusammen, deren erster phasengleich mit $\mathfrak{U}$ ist, während der zweite die Richtung des Kurzschlußstromes aufweist. Es ergibt sich ein Zeigerdiagramm, wie in Abb. 131 dargestellt. Aus den Gln. (8.48) und (8.49) kann man noch die Ortskurve herleiten, welche die Spitzen der Zeiger $\mathfrak{U}_2$ und $\mathfrak{U}_3$ bei Veränderung von R beschreiben, wenn Z' rein imaginär ist. Bei festem Z' und veränderlichem R liegt die Spitze von $\mathfrak{U}_2$ auf einem Halbkreis über der Verbindungslinie von $-\mathfrak{U}/2$ mit $\mathfrak{U}_{2L}$, während die Spitze von $\mathfrak{U}_3$ auf einem Halbkreis über der Linie von $-\mathfrak{U}/2$ zu $\mathfrak{U}_{3L}$ zu liegen kommt, wie dies Abb. 132 zeigt. Die Spitze des Stromes $\mathfrak{J}_2$ liegt auf einem Halbkreis, dessen Durchmesser parallel zu $\mathfrak{U}_{1L}$ ist.

e) Ströme und Spannungen beim zweipoligen Erdkurzschluß

Der *zweipolige Erdkurzschluß* ist auch hier durch die umfangreichsten Formeln gekennzeichnet. Nach Gl. (8.09) ist

$$\mathfrak{J}' = \mathfrak{U} \frac{Z^0 + Z'' + 2R + 3S}{(Z' + R)(Z'' + R) + (Z^0 + R + 3S)(Z' + Z'' + 2R)}. \quad (8.50)$$

Wir setzen zur Abkürzung

$$A = (Z' + R)(Z'' + R) + (Z^0 + R + 3S)(Z' + Z'' + 2R), \quad (8.51)$$

so daß

$$\mathfrak{J}' = \frac{\mathfrak{U}}{A}(Z^0 + Z'' + 2R + 3S). \quad (8.52)$$

Ferner ist

$$\mathfrak{J}'' = -\mathfrak{J}' \frac{Z^0 + R + 3S}{Z^0 + Z'' + 2R + 3S} = -\frac{\mathfrak{U}}{A}(Z^0 + R + 3S) \quad (8.53)$$

und

$$\mathfrak{J}^0 = \mathfrak{J}'' \frac{Z'' + R}{Z^0 + R + 3S} = -\frac{\mathfrak{U}}{A}(Z'' + R). \quad (8.54)$$

Daraus erhalten wir $\mathfrak{J}_1 = 0$ und

$$\mathfrak{J}_2 = -\frac{\mathfrak{U}}{A}[(Z'' + R) - a^2(Z^0 + Z'' + 2R + 3S) + a(Z^0 + R + 3S)].$$

Die Ausrechnung liefert

$$\mathfrak{J}_2 = -\frac{\mathfrak{U}}{A}\frac{\sqrt{3}}{2}[\sqrt{3}(Z'' + R) + j(2Z^0 + Z'' + 3R + 6S)] \quad (8.55)$$

und in gleicher Weise

$$\mathfrak{J}_3 = -\frac{\mathfrak{U}}{A}\frac{\sqrt{3}}{2}[\sqrt{3}(Z'' + R) - j(2Z^0 + Z'' + 3R + 6S)]. \quad (8.56)$$

Der über den Erdschluß zur Erde fließende Strom ist der negative Strom im Nulleiter, also

$$-\mathfrak{J}_0 = \mathfrak{J}_2 + \mathfrak{J}_3 = 2\mathfrak{J}^0 + (a^2 + a)\mathfrak{J}' + (a + a^2)\mathfrak{J}'' = 3\mathfrak{J}^0$$

und daher

$$\mathfrak{J}_0 = 3\frac{\mathfrak{u}}{A}(Z'' + R). \tag{8.57}$$

Für die Spannungen finden wir

$$\mathfrak{U}^0 = \frac{\mathfrak{u}}{A} Z^0 (Z'' + R), \tag{8.58}$$

$$\mathfrak{U}'' = \frac{\mathfrak{u}}{A} Z'' (Z^0 + R + 3S) \tag{8.59}$$

und schließlich

$$\mathfrak{U}' = \mathfrak{u} - \frac{\mathfrak{u}}{A} Z' (Z^0 + Z'' + 2R + 3S) = \frac{\mathfrak{u}}{A} [(Z' + R)(Z'' + R) + \\ + (Z^0 + R + 3S)(Z' + Z'' + 2R) - Z'(Z'' + Z^0 + 2R + 3S)]$$

oder

$$\mathfrak{U}' = \frac{\mathfrak{u}}{A} [Z''(Z^0 + 2R + 3S) + R(2Z^0 + 3R + 6S)]. \tag{8.60}$$

Daraus erhalten wir die Phasenspannungen

$$\left.\begin{aligned}\mathfrak{U}_1 &= \frac{\mathfrak{u}}{A} [Z^0(Z'' + R) + Z''(Z^0 + R + 3S) + Z''(Z^0 + 2R + 3S) + \\ &+ R(2Z^0 + 3R + 6S)] = 3\frac{\mathfrak{u}}{A}(Z'' + R)(Z^0 + R + 2S),\end{aligned}\right\} \tag{8.61}$$

$$\left.\begin{aligned}\mathfrak{U}_2 &= \frac{\mathfrak{u}}{A} [Z^0(Z'' + R) + a^2 Z''(Z^0 + 2R + 3S) + \\ &+ a^2 R(2Z^0 + 3R + 6S) + a Z''(Z^0 + R + 3S)] \\ &= -\frac{\mathfrak{u}}{A} \frac{\sqrt{3}}{2} [\sqrt{3}(Z'' + R)(R + 2S) + jR(2Z^0 + Z'' + 3R + 6S)]\end{aligned}\right\} \tag{8.62}$$

und in gleicher Weise

$$\mathfrak{U}_3 = -\frac{\mathfrak{u}}{A} \frac{\sqrt{3}}{2} [\sqrt{3}(Z'' + R)(R + 2S) - jR(2Z^0 + Z'' + 3R + 6S)]. \tag{8.63}$$

Die verketteten Spannungen sind

$$\mathfrak{V}_1 = j\frac{\mathfrak{u}}{A}\sqrt{3}\, R(2Z^0 + Z'' + 3R + 6S) \tag{8.64}$$

und

$$\left.\begin{aligned}\mathfrak{V}_2 &= \frac{\mathfrak{u}}{A} \frac{\sqrt{3}}{2} [\sqrt{3}(Z'' + R)(2Z^0 + 3R + 6S) - \\ &- jR(2Z^0 + Z'' + 3R + 6S)]\end{aligned}\right\} \tag{8.65}$$

e) Ströme und Spannungen beim zweipoligen Erdkurzschluß

sowie

$$\mathfrak{J}_3 = -\frac{\mathfrak{u}}{A}\frac{\sqrt{3}}{2}\left[\sqrt{3}(Z''+R)(2Z^0+3R+6S)+ \atop + jR(2Z^0+Z''+3R+6S)\right]. \qquad (8.66)$$

Wir untersuchen noch den gleichen Fall, den wir beim einpoligen Erdschluß genauer betrachtet haben, nämlich

$$Z' = Z'' = Z, \quad Z^0 = Z + 3Z_0, \quad R = 0.$$

Dann ist

$$A = 3Z(Z + 2Z_0 + 2S) \qquad (8.67)$$

und

$$\mathfrak{J}_2 = -\frac{\mathfrak{u}}{2}\frac{1}{Z+2Z_0+2S} - j\frac{\mathfrak{u}}{2Z}, \qquad (8.68)$$

$$\mathfrak{J}_3 = -\frac{\mathfrak{u}}{2}\frac{1}{Z+2Z_0+2S} + j\frac{\mathfrak{u}}{2Z}. \qquad (8.69)$$

Für die Spannungen erhalten wir

$$\mathfrak{U}_1 = \mathfrak{u}\left(1 + \frac{Z_0}{Z+2Z_0+2S}\right) \qquad (8.70)$$

und

$$\mathfrak{U}_2 = \mathfrak{U}_3 = -\mathfrak{u}\frac{S}{Z+2Z_0+2S}. \qquad (8.71)$$

Bei veränderlichem S und konstantem imaginärem Z setzen sich $\mathfrak{J}_2$ und $\mathfrak{J}_3$ aus je einem festen Anteil $\pm j\mathfrak{u}/2Z$ und einem auf einem Halbkreis veränderlichen Anteil zusammen, wobei der Durchmesser des Halbkreises kleiner ist als die Länge der festen Anteile. Die festen Anteile liegen in der Richtung von $\mathfrak{u}$, die Durchmesser der veränderlichen stehen senkrecht darauf, wie dies Abb. 133 zeigt. Der Strom $-\mathfrak{J}_0$ liegt in einem Halbkreis vom doppelten Durchmesser.

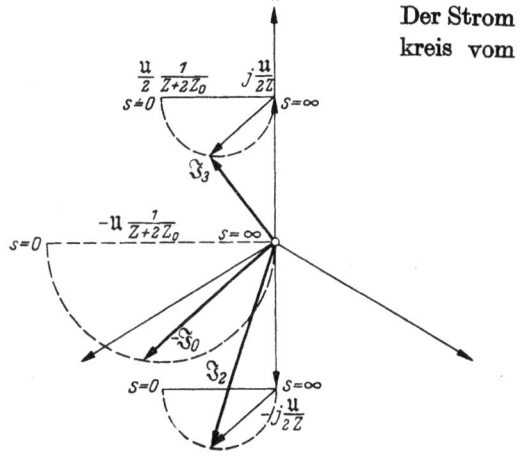

Abb. 133. Ortskurven der Ströme des zweipoligen Erdkurzschlusses

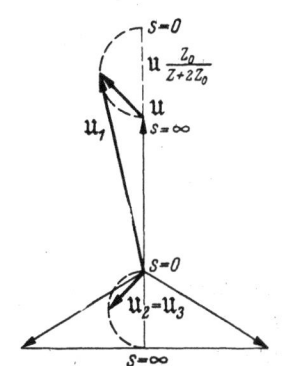

Abb. 134. Ortskurven der Spannungen des zweipoligen Erdkurzschlusses

Der Zuwachs der Spannung $\mathfrak{U}_1$ liegt auf einem Halbkreis mit dem Durchmesser $\mathfrak{U}\dfrac{Z_0}{Z + 2Z_0}$ und seine Richtung ist stets senkrecht zu der der veränderlichen Stromanteile. Die Spannungen $\mathfrak{U}_2$ und $\mathfrak{U}_3$ bewegen sich auf einem Halbkreis vom Durchmesser $-\mathfrak{U}/2$. Ihre Richtung ist parallel zu der der veränderlichen Stromanteile, d. h. senkrecht zu der des Zuwachses von $\mathfrak{U}_1$. Die Ortskurven der Spannungen sind in Abb. 134 dargestellt.

9. Der Einfluß des Nullreaktanzverhältnisses und der Fehlerwiderstände

In den beiden vorhergehenden Kapiteln haben wir die fünf Fehlerarten zuerst beim satten Kurzschluß und dann bei OHMschen Fehlerwiderständen untersucht. In vielen Fällen interessieren die zahlenmäßigen Verhältnisse der Beträge der Ströme und Spannungen unter dem Einfluß der Verhältnisse der Impedanzen zueinander. In diesem Kapitel soll daher untersucht werden, wie sich die Werte der Ströme und Spannungen ändern, wenn sich das Verhältnis der Nullreaktanz zur Mitreaktanz oder das Verhältnis des Fehlerwiderstandes zur Mitimpedanz ändert. Wir nehmen dabei immer an, daß das Netz symmetrisch gespeist ist und setzen in den Formeln $\mathfrak{U}_L' = \mathfrak{U}$, während $\mathfrak{U}_L^0 = \mathfrak{U}_L'' = 0$ ist. Wir nehmen ferner an, daß Mit- und Gegenimpedanz reine Reaktanzen und einander gleich sind. Es gilt also bei unseren Betrachtungen sofern nichts anderes gesagt ist

$$Z' = Z'' = \mathrm{j}\,X\,. \tag{9.01}$$

Diese Voraussetzung ist zulässig, da in den Fällen, in denen man sich für die oben erwähnten Einflüsse interessiert, die Kurzschlußströme zum überwiegenden Teil durch die Reaktanzen der Leitungen und Transformatoren und weniger durch die der rotierenden Maschinen bestimmt sind.

Um die Ergebnisse in möglichst allgemein gültiger Form darzustellen, beziehen wir die Ströme stets auf den Strom des dreipoligen satten Kurzschlusses, also auf

$$I = \frac{U}{X}\,. \tag{9.02}$$

Die Phasenspannungen sind auf U, die verketteten Spannungen auf $U\sqrt{3}$ bezogen. Wir bezeichnen das Verhältnis der Nullreaktanz X^0 zur Mitreaktanz $X' = X$ mit

$$v = \frac{X^0}{X} \tag{9.03}$$

a) Der dreipolige Kurzschluß und Erdkurzschluß

und die Verhältnisse der Fehlerwiderstände R und S zur Mitreaktanz mit

$$\varrho = \frac{R}{X} \qquad (9.04)$$

und

$$\sigma = \frac{S}{X}. \qquad (9.05)$$

a) Der dreipolige Kurzschluß und Erdkurzschluß

Nach Gl. (8.16) ist

$$\mathfrak{J}_1 = \frac{\mathfrak{U}}{Z' + R}$$

und mit den oben eingeführten Bezeichnungen

$$\mathfrak{J}_1 = \frac{\mathfrak{U}}{R + jX}.$$

Der Betrag des Quotienten zweier komplexer Zahlen ist gleich dem Quotienten der Beträge von Zähler und Nenner und daher ist

$$I_1 = \frac{U}{\sqrt{R^2 + X^2}}$$

oder

$$\frac{I_1}{I} = \frac{1}{\sqrt{\varrho^2 + 1}}. \qquad (9.06)$$

Wegen $I_1 = I_2 = I_3$ gilt Gl. (9.06) auch für die Ströme der beiden anderen Phasen.

Die Spannung $\mathfrak{U}_1$ an dem Fehlerwiderstand ist nach Gl. (8.20)

$$\mathfrak{U}_1 = \mathfrak{U} \frac{R}{R + jX}$$

und daher ist

$$\frac{U_1}{U} = \frac{\varrho}{\sqrt{\varrho^2 + 1}} = \frac{U_2}{U} = \frac{U_3}{U}. \qquad (9.07)$$

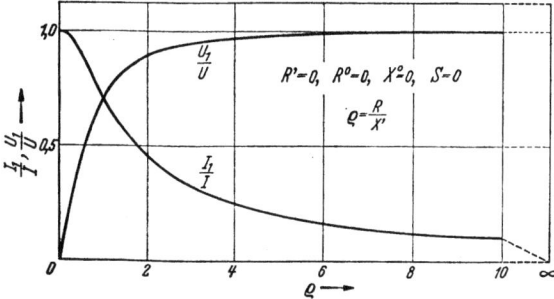

Abb. 135. Verlauf von I_1/I und U_1/U in Abhängigkeit vom Verhältnis Fehlerwiderstand zu Mitreaktanz beim dreipoligen Kurzschluß

106 9. Der Einfluß des Nullreaktanzverhältnisses und der Fehlerwiderstände

In Abb. 135 ist der Verlauf der Verhältnisse I_1/I und U_1/U in Abhängigkeit von ϱ dargestellt. ϱ kann keine negativen Werte annehmen.

Wegen der Symmetrie der Anordnung gilt $V_1/V = U_1/U$. Da sowohl beim dreipoligen Kurzschluß wie auch beim dreipoligen Erdkurzschluß kein Nullstrom auftritt, so ist die Größe der Nullreaktanz in beiden Fällen ohne Einfluß.

b) Der zweipolige Kurzschluß

Wir legen den zweipoligen Kurzschluß zwischen den Phasen 2 und 3 unseren Betrachtungen zugrunde. Nach Gl. (8.40) ist

$$\mathfrak{J}_2 = -\mathfrak{J}_3 = -j\sqrt{3}\,\frac{\mathfrak{u}}{Z' + Z'' + 2R}$$

und daher nach Gl. (9.01)

$$\mathfrak{J}_2 = -\mathfrak{J}_3 = -j\sqrt{3}\,\frac{\mathfrak{u}}{2(R + jX)}. \tag{9.08}$$

Daraus folgt

$$\frac{I_2}{I} = \frac{I_3}{I} = \frac{\sqrt{3}}{2}\,\frac{1}{\sqrt{\varrho^2 + 1}}. \tag{9.09}$$

Aus Gl. (8.42) folgt, daß bei Gültigkeit von Gl. (9.01) die Spannung $\mathfrak{U}_1$ von dem Fehler unberührt bleibt, d. h. es gilt

$$\frac{U_1}{U} = 1. \tag{9.10}$$

Nach Gl. (8.43) erhalten wir für $\mathfrak{U}_2$ die Gleichung

$$\mathfrak{U}_2 = -\mathfrak{u}\,\frac{j + \varrho(1 + j\sqrt{3})}{2j + 2\varrho}$$

und daher für das Verhältnis der Beträge

$$\frac{U_2}{U} = \frac{1}{2}\sqrt{\frac{1 + 2\sqrt{3}\,\varrho + 4\varrho^2}{1 + \varrho^2}}. \tag{9.11}$$

In ähnlicher Weise folgt aus Gl. (8.44)

$$\mathfrak{U}_3 = -\mathfrak{u}\,\frac{j + \varrho(1 - j\sqrt{3})}{2j + 2\varrho}$$

oder

$$\frac{U_3}{U} = \frac{1}{2}\sqrt{\frac{1 - 2\sqrt{3}\,\varrho + 4\varrho^2}{1 + \varrho^2}}. \tag{9.12}$$

Für die verkettete Spannung $\mathfrak{V}_1$ gilt nach Gl. (8.45)

$$\mathfrak{V}_1 = j\sqrt{3}\,\mathfrak{u}\,\frac{\varrho}{j + \varrho}$$

b) Der zweipolige Kurzschluß

und somit
$$\frac{V_1}{V} = \frac{\varrho}{\sqrt{\varrho^2 + 1}}, \tag{9.13}$$

ebenso
$$\mathfrak{V}_2 = \mathfrak{U}\sqrt{3}\,\frac{\sqrt{3}(j+\varrho) - j\varrho}{2j + 2\varrho}$$

und damit
$$\frac{V_2}{V} = \frac{1}{2}\sqrt{\frac{3 - 2\sqrt{3}\,\varrho + 4\varrho^2}{1 + \varrho^2}}, \tag{9.14}$$

und in ähnlicher Weise
$$\mathfrak{V}_3 = -\mathfrak{U}\sqrt{3}\,\frac{\sqrt{3}(j+\varrho) + j\varrho}{2j + 2\varrho},$$

d. h. also
$$\frac{V_3}{V} = \frac{1}{2}\sqrt{\frac{3 + 2\sqrt{3}\,\varrho + 4\varrho^2}{1 + \varrho^2}}. \tag{9.15}$$

In Abb. 136 ist der Verlauf aller dieser Verhältnisse dargestellt.

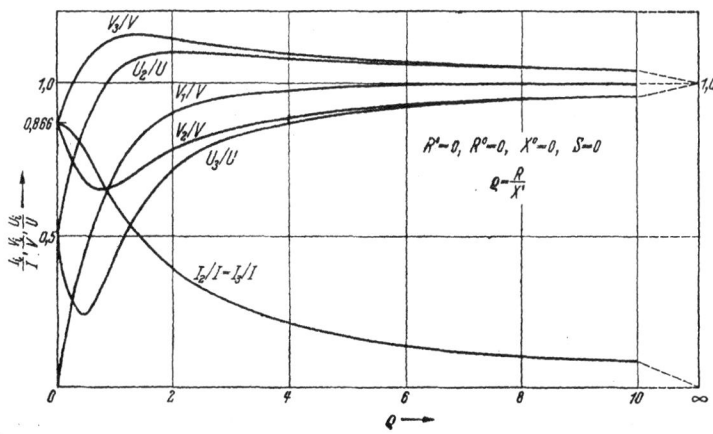

Abb. 136. Verlauf von I_2/I, I_3/I, U_2/U, V_1/V, V_2/V, V_3/V in Abhängigkeit vom Verhältnis Fehlerwiderstand zu Mitreaktanz beim zweipoligen Kurzschluß

Beim zweipoligen Kurzschluß ist die Größe der Nullreaktanz ohne Einfluß. Es kann aber in diesem Fall der Einfluß des Verhältnisses der Gegenreaktanz X'' zur Mitreaktanz X' interessieren. Für den Fall, daß Gl. (9.01) nicht mehr gilt, also rotierende Maschinen maßgebend beteiligt sind, setzen wir
$$\frac{X''}{X'} = \frac{X''}{X} = \gamma. \tag{9.16}$$

108 9. Der Einfluß des Nullreaktanzverhältnisses und der Fehlerwiderstände

Dann finden wir bei verschwindendem Fehlerwiderstand ($\varrho = 0$)

$$\mathfrak{J}_2 = -\mathfrak{J}_3 = -j\sqrt{3}\,\frac{\mathfrak{U}}{X}\frac{1}{1+\gamma} \tag{9.17}$$

und daher

$$\frac{I_2}{I} = \frac{I_3}{I} = \frac{\sqrt{3}}{1+\gamma}. \tag{9.18}$$

Wenn $\gamma < \sqrt{3}-1 = 0{,}732$ wird, dann wird der Strom beim zweipoligen Kurzschluß größer als der des dreipoligen.

Es sind ferner

$$\frac{U_1}{U} = 2\,\frac{\gamma}{1+\gamma}, \tag{9.19}$$

$$\frac{U_2}{U} = \frac{U_3}{U} = \frac{\gamma}{1+\gamma}. \tag{9.20}$$

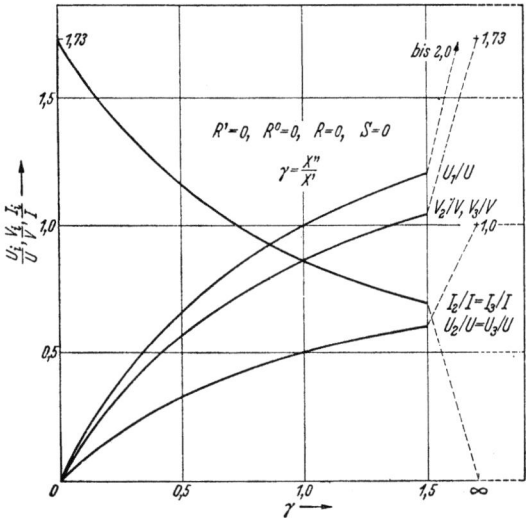

Abb. 137. Verlauf von I_2/I, I_3/I, U_1/U, U_2/U, U_3/U, V_2/V, V_3/V in Abhängigkeit vom Gegenreaktanzverhältnis γ beim zweipoligen Kurzschluß

Die Spannung $\mathfrak{V}_1$ verschwindet bei $\varrho = 0$. Für die anderen beiden verketteten Spannungen erhalten wir

$$\frac{V_2}{V} = \frac{V_3}{V} = \sqrt{3}\,\frac{\gamma}{1+\gamma}. \tag{9.21}$$

Abb. 137 zeigt diese Verhältnisse in Abhängigkeit vom Gegenreaktanzverhältnis.

c) Der einpolige Erdschluß

Nach Gl.(8.04) ist der Strom in der vom Erdschluß betroffenen Phase 1

$$\mathfrak{I}_1 = \frac{3\,\mathfrak{U}}{Z^0 + Z' + Z'' + 3S}.$$

Setzen wir Gl.(9.01) voraus, dann erhalten wir für das Verhältnis des Erdschlußstromes zum Strom des dreipoligen satten Kurzschlusses

$$\frac{\mathfrak{I}_1}{\mathfrak{I}} = \frac{3}{j(\nu + 2) + 3\sigma}$$

und für das Verhältnis der Beträge

$$\frac{I_1}{I} = \frac{3}{\sqrt{9\sigma^2 + (\nu+2)^2}} = \frac{1}{\sqrt{\sigma^2 + \left(\frac{\nu+2}{3}\right)^2}}. \qquad (9.22)$$

σ kann nur positive Werte von 0 bis ∞ annehmen. ν kann jedoch positive und negative Werte erreichen, wenn nämlich die Mitimpedanz induktiv, die Nullimpedanz überwiegend kapazitiv ist oder umgekehrt. In dem Netz in Abb. 138 ist

$$Z' = j\omega L = X,$$

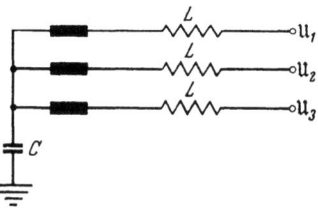

Abb. 138. Schaltung mit induktiver Mitimpedanz und kapazitiver Nullimpedanz

während

$$Z^0 = j\omega L + \frac{3}{j\omega C} = j\left(\omega L - \frac{3}{\omega C}\right) = jX^0$$

ist. Daraus folgt

$$\nu = \frac{X^0}{X} = 1 - \frac{3}{\omega^2 C L} \qquad (9.23)$$

und bei genügend kleinem C kann dieser Ausdruck negativ werden. Für $\sigma = 0$ geht dann Gl. (9.22) in

$$\frac{I_1}{I} = \frac{3}{|\nu + 2|} \qquad (9.24)$$

über. Es ist dabei berücksichtigt, daß das Verhältnis zweier Beträge immer positiv sein muß. Das Verhältnis strebt gegen unendlich, wenn $\nu = -2$, wenn also z.B. nach Gl.(9.23) Resonanz besteht. In Abb.139 ist der Verlauf von I_1/I in Abhängigkeit von ν mit σ als Parameter dargestellt.

110 9. Der Einfluß des Nullreaktanzverhältnisses und der Fehlerwiderstände

Die Spannung an dem Fehlerwiderstand der vom Erdschluß betroffenen Phase ist nach Gl. (8.27)
$$\mathfrak{U}_1 = \frac{3\,\mathfrak{U}\,S}{Z^{\cdot} + Z' + Z'' + 3\,S}$$
und daraus erhalten wir
$$\frac{U_1}{U} = \frac{\sigma}{\sqrt{\sigma^2 + \left(\frac{\nu+2}{3}\right)^2}}. \tag{9.25}$$

Diese Spannung verschwindet natürlich für $\sigma = 0$. (Abb. 140).

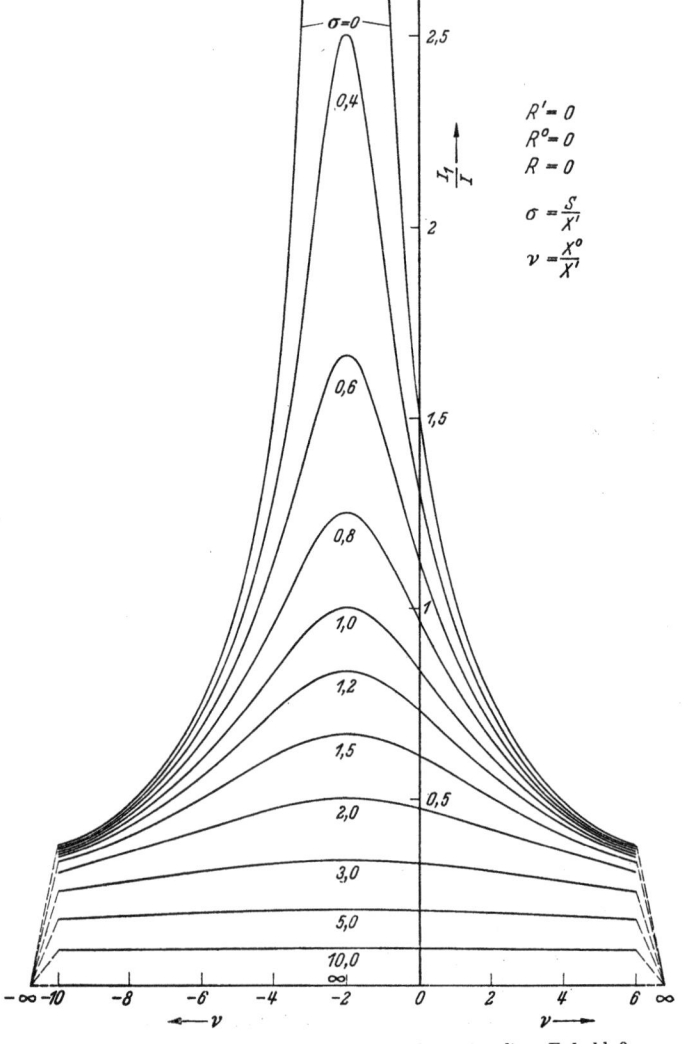

Abb. 139. I_1/I in Abhängigkeit von ν und σ beim einpoligen Erdschluß

c) Der einpolige Erdschluß

Kompliziertere Ausdrücke folgen für die Spannungen der beiden anderen Phasen, doch sind gerade diese Spannungen wegen der bei ihnen

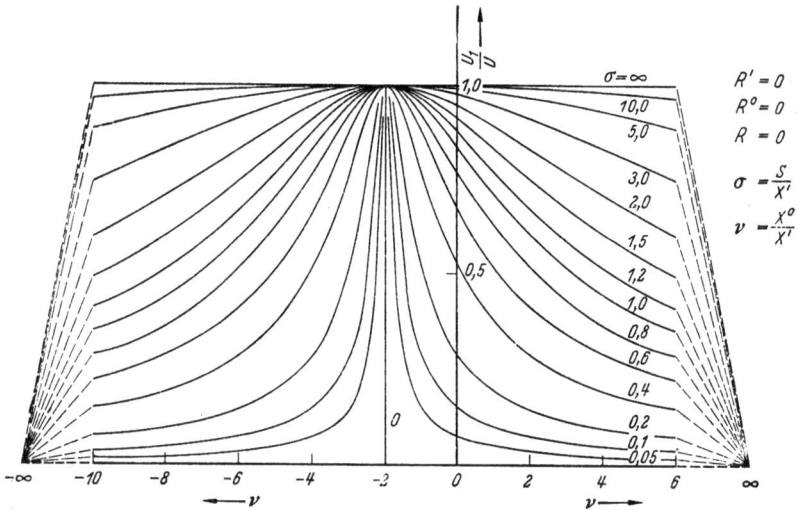

Abb. 140. U_1/U in Abhängigkeit von ν und σ beim einpoligen Erdschluß

möglichen Erhöhung gegenüber dem fehlerlosen Zustand von besonderem Interesse. Es ist nach Gl. (8.28)

$$\mathfrak{U}_2 = -\mathfrak{U}\frac{\sqrt{3}}{2}\frac{\sqrt{3}(Z^0 + S) + j(Z^0 + 2Z'' + 3S)}{Z^0 + Z' + Z'' + 3S}$$

oder

$$\frac{\mathfrak{U}_2}{\mathfrak{U}} = -\frac{\sqrt{3}}{2}\frac{\sqrt{3}(j\nu + \sigma) + j(j\nu + 2j + 3\sigma)}{j(\nu + 2) + 3\sigma}$$

$$= -\frac{\sqrt{3}}{2}\frac{(\sqrt{3}\sigma - \nu - 2) + j(\sqrt{3}\nu + 3\sigma)}{j(\nu + 2) + 3\sigma}.$$

Daraus folgt

$$\frac{U_2}{U} = \frac{\sqrt{3}}{2}\sqrt{\frac{(\nu + 2 - \sqrt{3}\sigma)^2 + 3(\nu + \sqrt{3}\sigma)^2}{9\sigma^2 + (\nu + 2)^2}}. \tag{9.26}$$

Für $\sigma = 0$ geht Gl. (9.26) in

$$\frac{U_2}{U} = \sqrt{3}\frac{\sqrt{\nu^2 + \nu + 1}}{|\nu + 2|} \tag{9.27}$$

über. Im Falle des satt geerdeten Sternpunktes der speisenden Spannungsquelle und alleiniger Berücksichtigung der Reaktanzen in den Leitern ist $\nu = 1$ und dann erhält man

$$U_2 = U. \tag{9.28}$$

9. Der Einfluß des Nullreaktanzverhältnisses und der Fehlerwiderstände

Im Falle des freien Sternpunktes strebt $\nu \to \infty$ und man erhält

$$U_2 = U\sqrt{3}. \tag{9.29}$$

Abb. 141 zeigt U_2/U in Abhängigkeit von ν und σ.

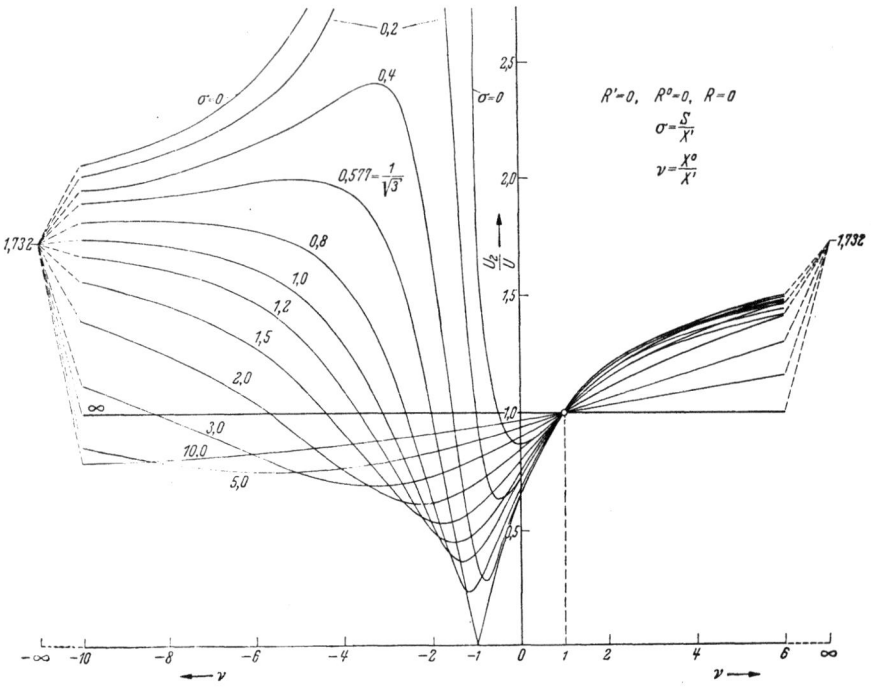

Abb. 141. U_2/U in Abhängigkeit von ν und σ beim einpoligen Erdschluß

In gleicher Weise berechnet man aus Gl. (8.29)

$$\frac{U_3}{U} = \frac{\sqrt{3}}{2}\sqrt{\frac{(\nu + 2 + \sqrt{3}\,\sigma)^2 + 3(\nu - \sqrt{3}\,\sigma)^2}{9\sigma^2 + (\nu + 2)^2}}. \tag{9.30}$$

Die Gln. (9.27) bis (9.29) gelten unter den gleichen Voraussetzungen auch für U_3. Für U_3/U gilt Abb. 142.

Bei der verketteten Spannung $\mathfrak{V}_1$ tritt eine Veränderung durch ν oder σ nur ein, wenn $Z' \neq Z''$. Für $\mathfrak{V}_2$ gilt Gl. (8.31) und daraus folgt

$$\frac{V_2}{V} = \frac{1}{2}\sqrt{\frac{(\nu + 2 + 3\sqrt{3}\,\sigma)^2 + 3(\nu - \sqrt{3}\,\sigma)^2}{9\sigma^2 + (\nu + 2)^2}}. \tag{9.31}$$

In gleicher Weise erhalten wir aus Gl. (8.32)

$$\frac{V_3}{V} = \frac{1}{2}\sqrt{\frac{(\nu + 2 - 3\sqrt{3}\,\sigma)^2 + 3(\nu + \sqrt{3}\,\sigma)^2}{9\sigma^2 + (\nu + 2)^2}}. \tag{9.32}$$

c) Der einpolige Erdschluß

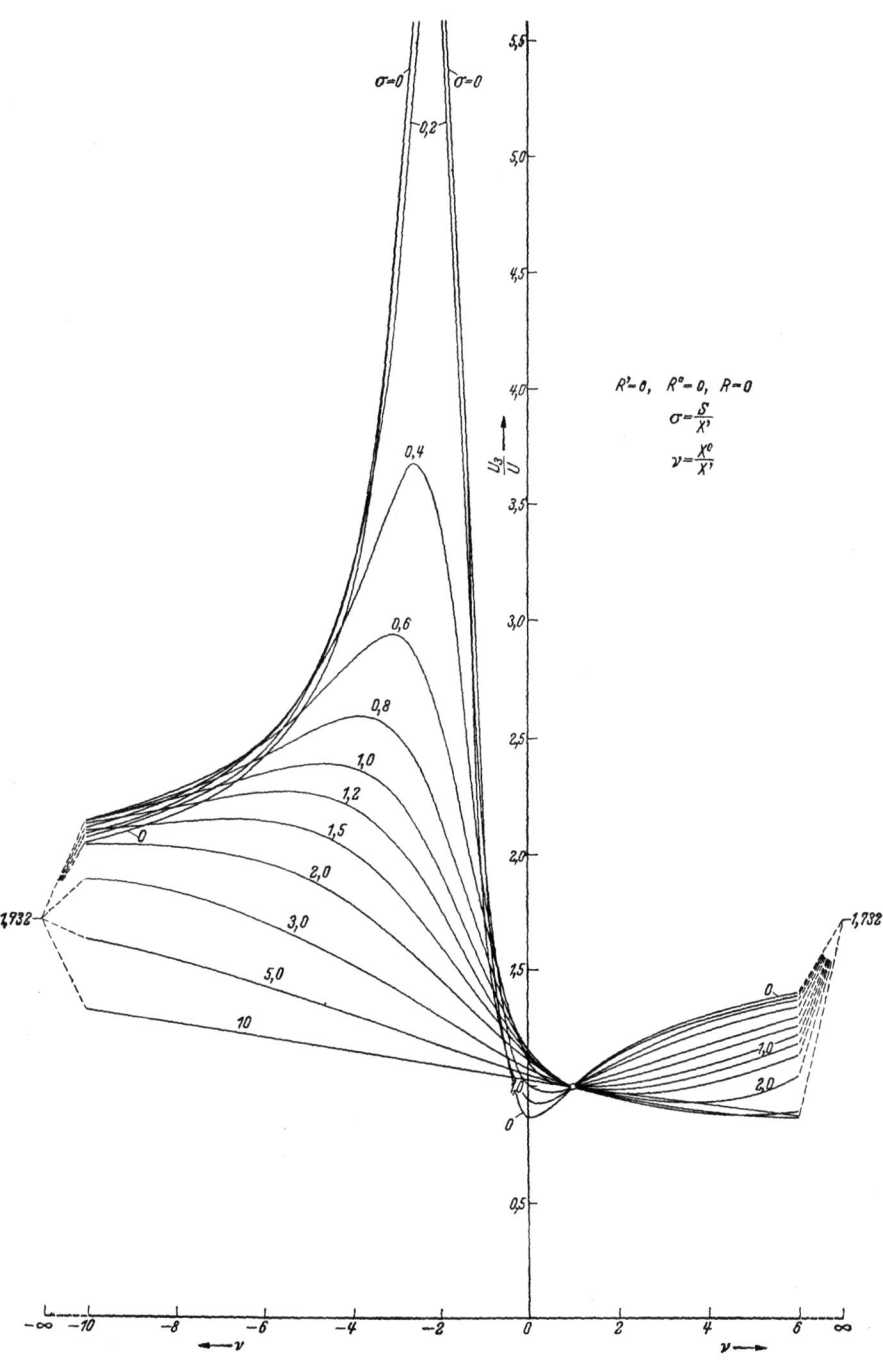

Abb. 142. U_3/U in Abhängigkeit von ν und σ beim einpoligen Erdschluß

114 9. Der Einfluß des Nullreaktanzverhältnisses und der Fehlerwiderstände

Für $\sigma = 0$ werden die beiden Verhältnisse gleich. Es ist dann

$$\frac{V_2}{V} = \frac{V_3}{V} = \frac{\sqrt{v^2 + v + 1}}{|v + 2|}. \qquad (9.33)$$

Die beiden Abb. 143 und 144 zeigen den Verlauf von V_2/V bzw. V_3/V in Abhängigkeit von v und σ.

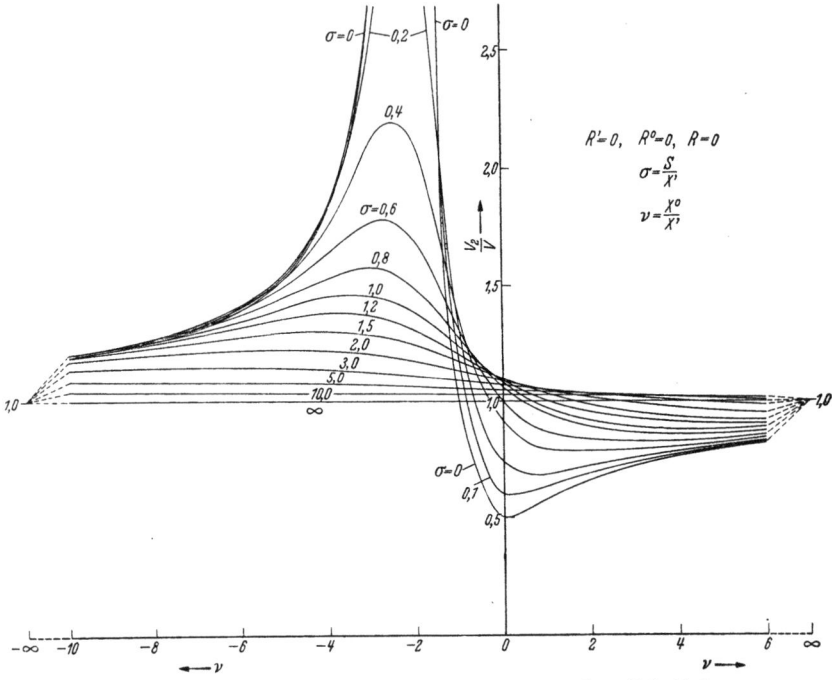

Abb. 143. V_2/V in Abhängigkeit von v und σ beim einpoligen Erdschluß

Wir haben bisher immer angenommen, daß die Widerstände des Drehstromsystems gegen die Fehlerwiderstände vernachlässigbar sind. In vielen Fällen ist jedoch der Widerstand R^0 von Bedeutung für die Verhältnisse im Fehlerfall, so daß wir noch die entsprechenden Beziehungen angeben wollen.

Aus Gl. (8.28) folgt mit $S = 0$, $Z' = Z'' = jX$, $Z^0 = R^0 + jX^0$ und, wenn man $R^0/X = \delta$ und $X^0/X = v$ einführt, für die Spannungen an den nicht fehlerbehafteten Phasen

$$\frac{\mathfrak{U}_2}{\mathfrak{U}} = -\frac{\sqrt{3}}{2} \frac{\sqrt{3}\,\delta - (v+2) + j\left(\sqrt{3}\,v + \delta\right)}{\delta + j(v+2)},$$

$$\frac{\mathfrak{U}_3}{\mathfrak{U}} = -\frac{\sqrt{3}}{2} \frac{\sqrt{3}\,\delta + (v+2) + j\left(\sqrt{3}\,v - \delta\right)}{\delta + j(v+2)}.$$

c) Der einpolige Erdschluß

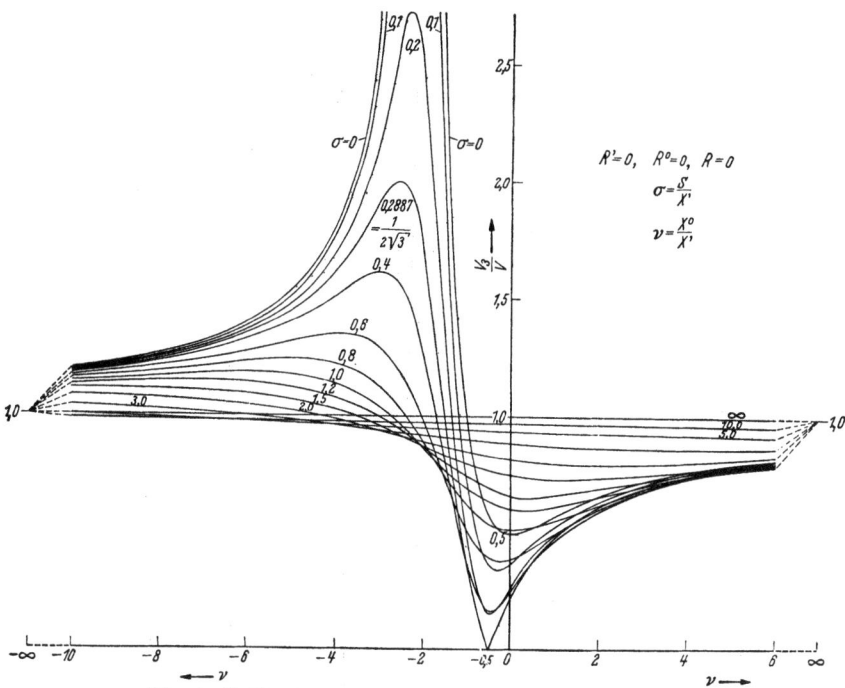

Abb. 144. V_3/V in Abhängigkeit von ν und σ beim einpoligen Erdschluß

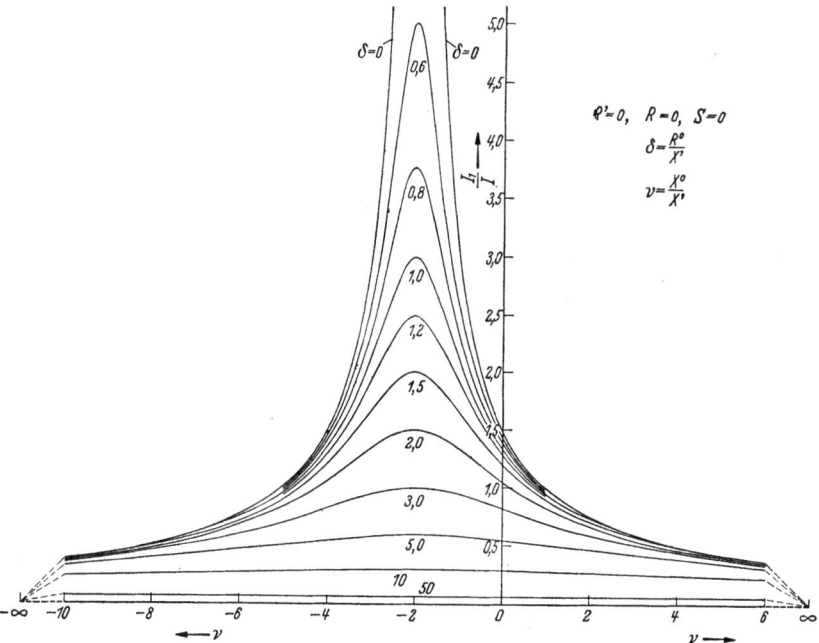

Abb. 145. I_1/I in Abhängigkeit von ν und δ beim einpoligen Erdschluß

116 9. Der Einfluß des Nullreaktanzverhältnisses und der Fehlerwiderstände

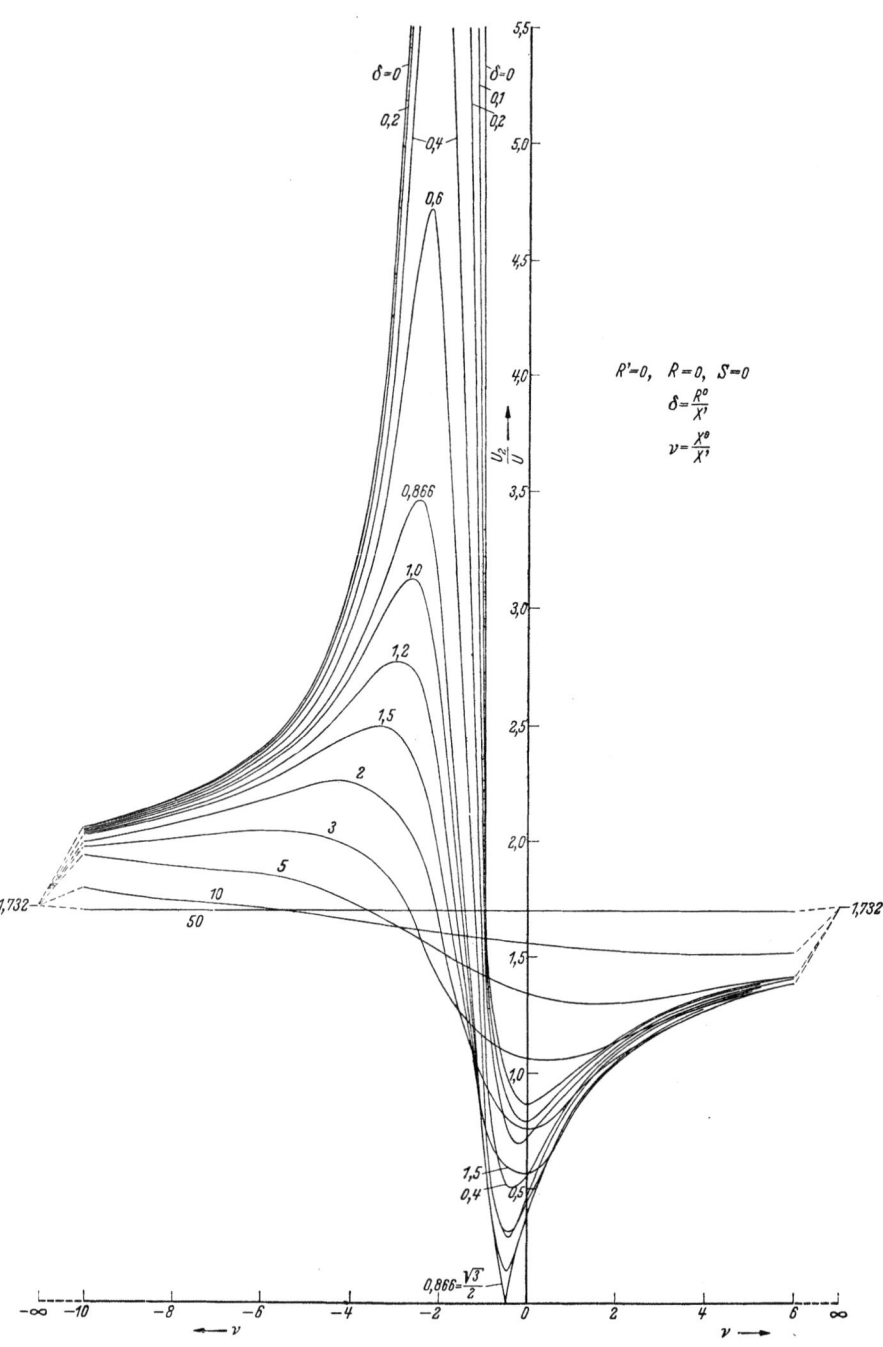

Abb. 146. U_2/U in Abhängigkeit von ν und δ beim einpoligen Erdschluß

c) Der einpolige Erdschluß 117

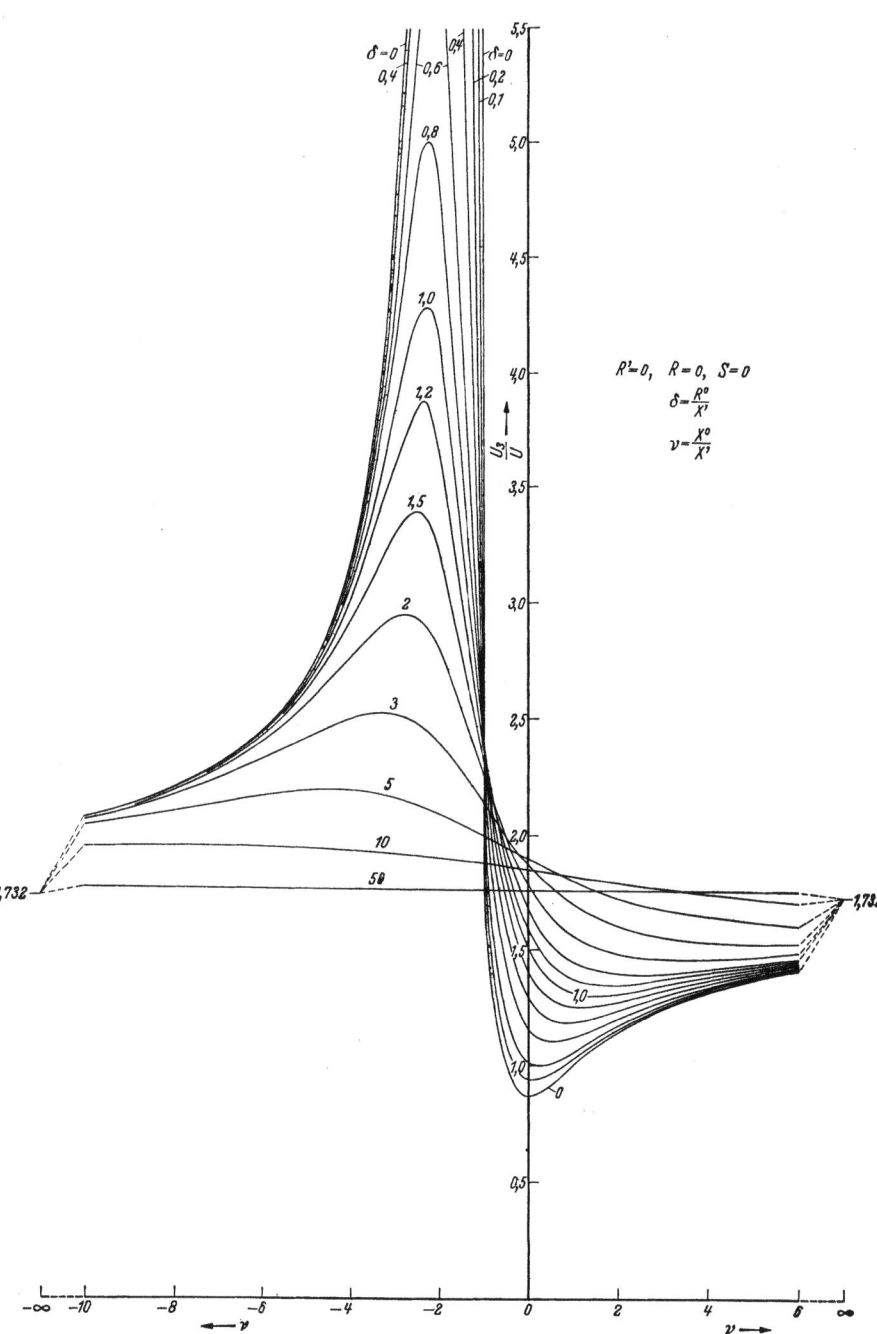

Abb. 147. U_3/U in Abhängigkeit von ν und δ beim einpoligen Erdschluß

118   9. Der Einfluß des Nullreaktanzverhältnisses und der Fehlerwiderstände

Der Erdschlußstrom wird

$$\frac{\mathfrak{J}_1}{\mathfrak{J}} = \frac{3}{\delta + j(\nu + 2)}.$$

Geht man zu den Beträgen über, dann erhält man

$$\frac{I_1}{I} = \frac{3}{\sqrt{\delta^2 + (\nu + 2)^2}}, \tag{9.34}$$

$$\frac{U_2}{U} = \sqrt{3}\sqrt{1 - \frac{3(\nu + 1) + \sqrt{3}\,\delta}{\delta^2 + (\nu + 2)^2}}, \tag{9.35}$$

$$\frac{U_3}{U} = \sqrt{3}\sqrt{1 - \frac{3(\nu + 1) - \sqrt{3}\,\delta}{\delta^2 + (\nu + 2)^2}}. \tag{9.36}$$

In Abb. 145 ist I_1/I, in Abb. 146 U_2/U und in Abb. 147 U_3/U in Abhängigkeit von ν und δ aufgetragen.

d) Der einpolige Erdschluß im gelöschten Netz

Im gelöschten Netz liegt bei genauer Abstimmung der PETERSENspule mit der Netzkapazität der Grenzfall Z^0 gegen unendlich vor. Betrachten wir nach Abb. 148 eine in Stern geschaltete Spannungsquelle, die ein Drehstromnetz mit den symmetrischen Impedanzen $\bar{Z}^0$, Z' und Z'' speist und legen wir zwischen den Sternpunkt des Generators und der Erde eine Impedanz Z_0, so finden wir die resultierende Nullimpedanz durch Speisung des Netzes von den Klemmen 1, 2, 3

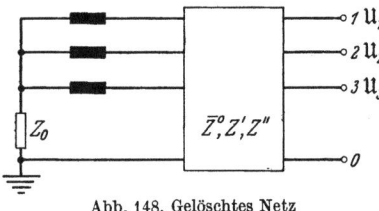

Abb. 148. Gelöschtes Netz

und 0 her mit dem Strom $\mathfrak{J}^0$ bei nicht erregtem Generator als die Parallelschaltung von $\bar{Z}^0$ mit $3Z_0$ zu

$$\frac{1}{Z^0} = \frac{1}{\bar{Z}^0} + \frac{1}{3Z_0}. \tag{9.37}$$

Normalerweise ist $\bar{Z}^0$ in überwiegendem Maß durch die Kapazitäten der Leitungen des Drehstromsystems bestimmt und mit großer Annäherung gleich der kapazitiven Impedanz einer der drei Leitungen gegen Erde, also

$$\bar{Z}^0 = \frac{1}{j\omega C}. \tag{9.38}$$

Ist Z_0 eine reine Induktivität, die zum Teil in der Streureaktanz der Spannungsquelle und zum Teil in der verlustlos gedachten PETERSEN-

d) Der einpolige Erdschluß im gelöschten Netz 119

spule zwischen Sternpunkt und Erde liegt, also
$$Z_0 = j\omega L_0, \qquad (9.39)$$
so erhalten wir
$$\frac{1}{Z^0} = j\omega C + \frac{1}{3j\omega L_0}. \qquad (9.40)$$
Der Leitwert $1/Z^0$ verschwindet, wenn
$$j\omega C = -\frac{1}{3j\omega L_0}$$
oder
$$3\omega^2 C L_0 = 1. \qquad (9.41)$$
Die Nullimpedanz strebt gegen unendlich und es kann kein Nullstrom und wegen Gl.(8.04) auch kein Erdschlußstrom im Fall des einpoligen Erdschlusses fließen. Das Nullsystem ist auf Resonanz abgestimmt. Abb. 149 zeigt das Komponentenschaltbild für diesen Fall.

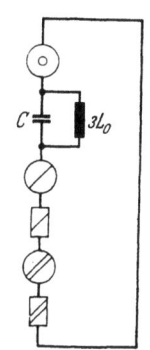

Abb. 149. Komponentenschaltbild des gelöschten Netzes

Aus Gl.(8.04) erkennt man auch, daß bei Resonanzabstimmung des gelöschten Netzes der Fehlerwiderstand ohne Einfluß auf den Strom ist. Auch die Spannungen können durch ihn nicht verändert werden, da er ja von keinem Strom durchflossen wird. Anders liegen die Verhältnisse jedoch, wenn die PETERSENspule, also die Impedanz Z_0, nicht verlustfrei ist. Die Verluste der Spule setzen sich aus Kupfer- und Eisenverlusten zusammen, von denen die ersten durch einen Reihenwiderstand zu L_0, die zweiten durch einen Parallelwiderstand zu berücksichtigen wären.

Bei konstanter Frequenz kann man die entstehende Schaltung, wie sie Abb. 150a zeigt, immer durch eine Schaltung nach Abb. 150b, also durch eine Induktivität mit einem Parallelwiderstand allein, ersetzen, wenn man Induktivität und Widerstand der Ersatzschaltung passend wählt. Wir wollen daher weiterhin unter L_0 und R_0 die Werte nach der Ersatzschaltung (Abb. 150b) verstehen, so daß wir nur einen Parallelwiderstand berücksichtigen müssen. Im Falle der Gültigkeit von Gl.(9.01),

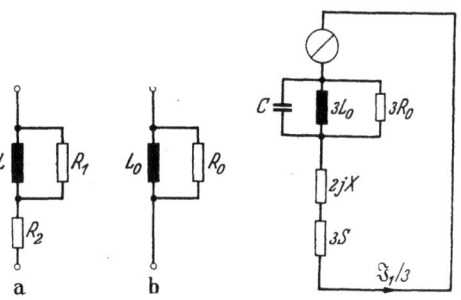

Abb. 150. Ersatzschaltbilder für die Petersenspule

Abb. 151. Komponentenschaltbild bei verlustbehafteter Petersenspule

und wenn die Speisung durch ein Mitsystem allein geschieht, erhalten wir dann das in Abb. 151 dargestellte Komponentenschaltbild. Wir lesen

9. Der Einfluß des Nullreaktanzverhältnisses und der Fehlerwiderstände

daraus ab, daß die den Erdschlußstrom bestimmende Impedanz

$$Z = Z^0 + 2jX + 3S = \cfrac{1}{j\omega C + \cfrac{R_0 + j\omega L_0}{3R_0 j\omega L_0}} + 2jX + 3S \\ = \frac{3j\omega R_0 L_0}{R_0(1 - 3\omega^2 C L_0) + j\omega L_0} + 2jX + 3S \qquad (9.42)$$

ist.

Im Falle der Resonanz, also

$$1 - 3\omega^2 C L_0 = 0,$$

wird daraus

$$Z = 3(R_0 + S) + 2jX. \qquad (9.43)$$

Der Widerstand R_0 bringt also auch den Fehlerwiderstand S zur Wirkung. Für das Verhältnis I_1/I erhalten wir dann mit

$$\varrho_0 = \frac{R_0}{X} \qquad (9.44)$$

$$\frac{I_1}{I} = \frac{1}{\sqrt{(\varrho_0 + \sigma)^2 + \frac{4}{9}}}. \qquad (9.45)$$

Dieser Strom stellt aber nicht das mögliche Minimum des Erdschlußstromes dar. Um dieses für den Fall $S = 0$ zu finden, fassen wir die Kapazität C und die Induktivität $3L_0$ zu einem Leitwert

$$jY = j\omega C + \frac{1}{3j\omega L_0} \qquad (9.46)$$

zusammen. Der dazu parallel geschaltete Leitwert sei

$$G = \frac{1}{3R_0}. \qquad (9.47)$$

Dann ist die Nullimpedanz

$$Z^0 = \frac{1}{G + jY} \qquad (9.48)$$

und der Erdschlußstrom

$$\mathfrak{J}_1 = \frac{3\mathfrak{U}}{2jX + \cfrac{1}{G + jY}} = \frac{3\mathfrak{U}(G + jY)}{1 - 2XY + 2jGX}.$$

Wir bezeichnen nun mit

$$\gamma = GX \qquad (9.49)$$

und mit

$$\mu = XY \qquad (9.50)$$

die Produkte aus den Leitwerten und der Mitreaktanz. Dann ist

$$\mathfrak{J}_1 = 3\frac{\mathfrak{U}}{X} \frac{\gamma + j\mu}{1 - 2\mu + 2j\gamma}$$

d) Der einpolige Erdschluß im gelöschten Netz

und daher

$$\frac{I_1}{I} = 3\sqrt{\frac{\mu^2 + \gamma^2}{(1-2\mu)^2 + 4\gamma^2}}.\tag{9.51}$$

Da die Parallelschaltung von C mit $3L_0$ sowohl kapazitiv als auch induktiv sein kann, durchläuft Y und damit μ alle Werte von $+\infty$ bis $-\infty$. Im Fall des freien Sternpunktes ist $Y = \omega C$, also $\mu > 0$, und nähert sich Null um so mehr, je kleiner C ist. $Y = 0$ und damit $\mu = 0$ tritt auch bei der Resonanzabstimmung nach Gl. (9.41) ein. γ wird im allgemeinen klein gegen 1 sein. $\gamma = 0$ ist der Fall der verlustfreien Reaktanzen. Für ihn tritt das Stromminimum mit Null bei $\mu = 0$ ein (Abb. 152). Bei an-

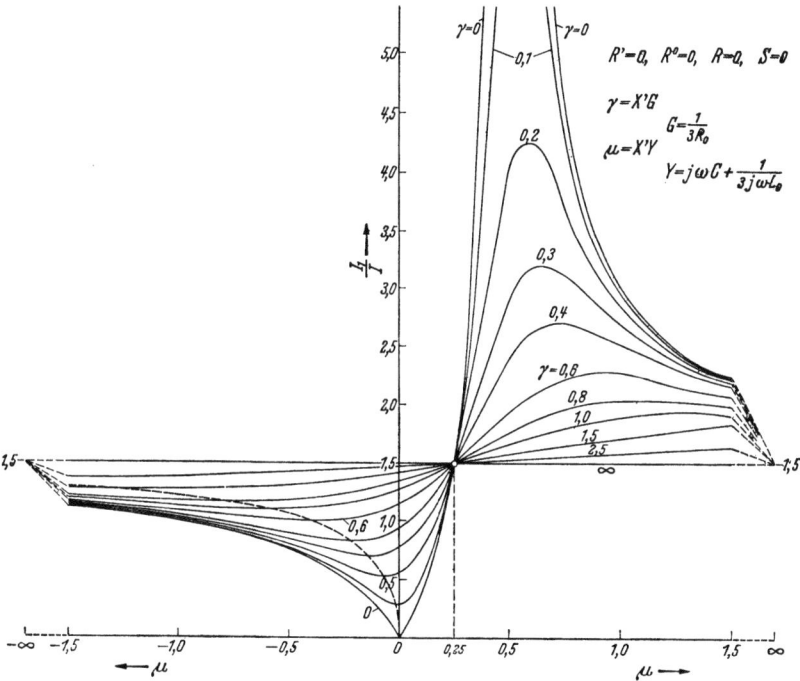

Abb. 152. Verlauf von I_1/I beim einpoligen Erdschluß im gelöschten Netz in Abhängigkeit von μ und γ
- - - - - Verbindungslinie der Stromminima

deren Werten von γ verschiebt sich das Minimum in der Richtung negativer μ. Wir finden dieses Minimum, indem wir den Ausdruck unter der Wurzel von Gl. (9.51) nach μ differenzieren und Null setzen. Daraus folgt die Gleichung

$$\mu^2 - \frac{\mu}{2} + \gamma^2 = 0 \tag{9.52}$$

mit den Lösungen

$$\mu_{1,2} = \frac{1}{4}\left(1 \pm \sqrt{1 + 16\gamma^2}\right).$$

9. Der Einfluß des Nullreaktanzverhältnisses und der Fehlerwiderstände

Da für $\gamma = 0$ das Minimum bei $\mu = 0$ eintritt, so schließen wir, daß das negative Vorzeichen gilt, so daß also

$$\mu = \frac{1}{4}\left(1 - \sqrt{1 + 16\gamma^2}\right) \qquad (9.53)$$

die Bedingung für das Stromminimum ist. Für sehr kleine γ kann man näherungsweise

$$\mu = -2\gamma^2, \qquad (9.54)$$

d. h. also

$$Y = -2G^2 X = -\frac{2X}{9R_0^2} \qquad (9.55)$$

oder

$$\omega L_0 = \frac{1}{3\omega C + \frac{2X}{R_0}} \qquad (9.56)$$

setzen. D. h. die Verluste wirken wie eine Vergrößerung der Kapazität. Setzt man nach den Gln. (9.52) bzw. (9.53) in Gl. (9.51) ein, so gelangt man zu

$$\left(\frac{I_1}{I}\right)_{\min} = \frac{3}{2}\sqrt{\frac{\sqrt{1 + 16\gamma^2} - 1}{\sqrt{1 + 16\gamma^2} + 1}}. \qquad (9.57)$$

In Abb. 152 ist die Lage der Minima nach diesen Formeln eingetragen. Für die Spannung $\mathfrak{U}_2$ erhalten wir nach Gl. (8.28)

$$\mathfrak{U}_2 = -\mathfrak{U}\frac{\sqrt{3}}{2}\frac{\left(\sqrt{3} - 2\gamma\right) + j\left(1 - 2\mu\right)}{1 - 2\mu + 3j\gamma} \qquad (9.58)$$

und daher

$$\frac{U_2}{U} = \frac{\sqrt{3}}{2}\sqrt{1 + \frac{3 - 4\sqrt{3}\gamma}{(1 - 2\mu)^2 + 4\gamma^2}}. \qquad (9.59)$$

Im Falle $\gamma = 0$, $\mu = 0$, also bei verlustfreier Resonanzabstimmung, wird das Spannungsverhältnis gleich $\sqrt{3}$, die bekannte Tatsache, daß in solchen Fällen die Spannung der vom Erdschluß nicht betroffenen Phasen gleich der verketteten Spannung wird. Abb. 153 zeigt den Verlauf entsprechend Gl. (9.59).

In ähnlicher Weise erhalten wir

$$\mathfrak{U}_3 = -\mathfrak{U}\frac{\sqrt{3}}{2}\frac{\left(\sqrt{3} + 2\gamma\right) - j\left(1 - 2\mu\right)}{1 - 2\mu + 2j\gamma} \qquad (9.60)$$

und damit

$$\frac{U_3}{U} = \frac{\sqrt{3}}{2}\sqrt{1 + \frac{3 + 4\sqrt{3}\gamma}{(1 - 2\mu)^2 + 4\gamma^2}}. \qquad (9.61)$$

Für gleiche Werte von γ und μ ist U_3 (Abb. 154) stets größer als U_2.

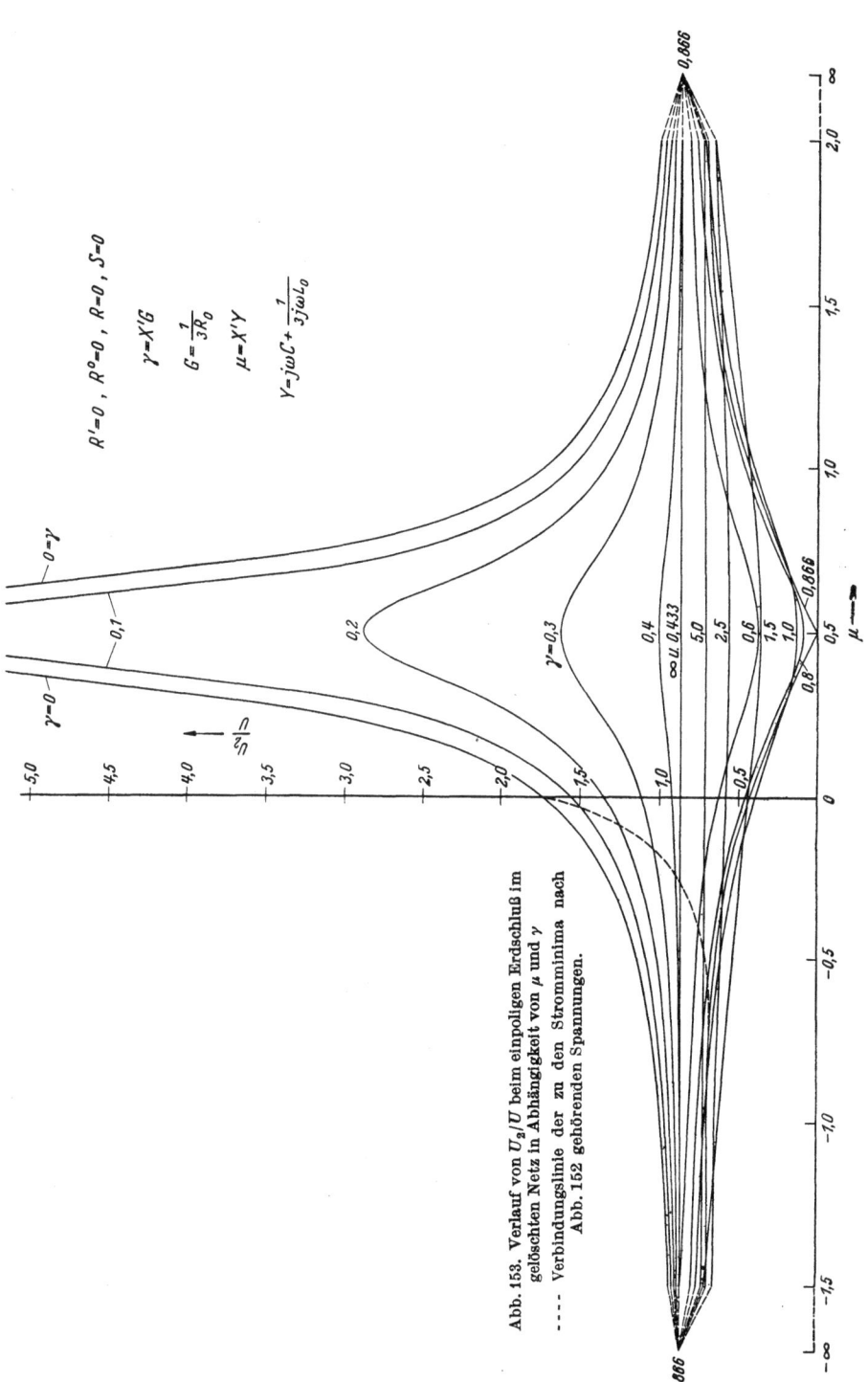

Abb. 153. Verlauf von U_2/U beim einpoligen Erdschluß im gelöschten Netz in Abhängigkeit von μ und γ
---- Verbindungslinie der zu den Stromminima nach Abb. 152 gehörenden Spannungen.

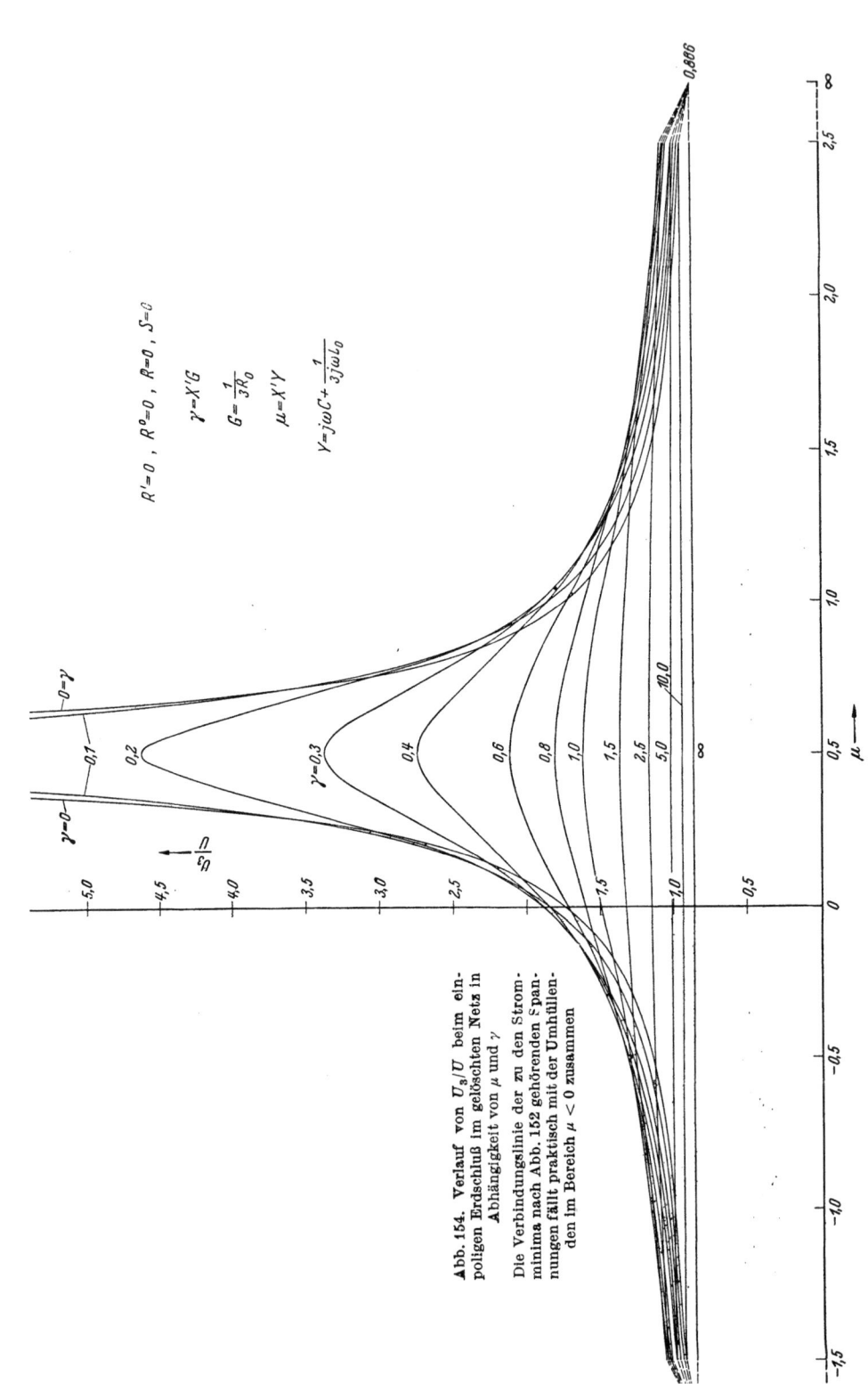

Abb. 154. Verlauf von U_3/U beim einpoligen Erdschluß im gelöschten Netz in Abhängigkeit von μ und γ

Die Verbindungslinie der zu den Stromminima nach Abb. 152 gehörenden Spannungen fällt praktisch mit der Umhüllenden im Bereich $\mu < 0$ zusammen

e) Der zweipolige Erdkurzschluß

Berechnen wir noch die entsprechenden Ausdrücke für das Stromminimum, so finden wir durch Einsetzen nach Gl. (9.53)

$$\frac{U_2}{U} = \frac{\sqrt{3}}{2}\sqrt{1 + 2\frac{3 - 4\sqrt{3}\,\gamma}{1 + 16\gamma^2 + \sqrt{1 + 16\gamma^2}}} \qquad (9.62)$$

und

$$\frac{U_3}{U} = \frac{\sqrt{3}}{2}\sqrt{1 + 2\frac{3 + 4\sqrt{3}\,\gamma}{1 + 16\gamma^2 + \sqrt{1 + 16\gamma^2}}}. \qquad (9.63)$$

Abb. 153 und 154 lassen auch den Verlauf dieser beiden Spannungsverhältnisse in Abhängigkeit von γ erkennen.

e) Der zweipolige Erdkurzschluß

Tritt der zweipolige Erdkurzschluß in den Phasen 2 und 3 auf, so gelten für die Ströme die Gln. (8.55) und (8.56). Um nicht zu unübersichtliche Ausdrücke zu erhalten, vernachlässigen wir den Widerstand S. Wir bestimmen zunächst den durch Gl. (8.51) festgelegten Faktor A, wobei wir noch X^2 ausklammern, und finden

$$|A| = X^2\sqrt{(1 + \varrho^2)[(1 + 2\nu)^2 + 9\varrho^2]}. \qquad (9.64)$$

Für das Verhältnis der Ströme I_2 und I_3 zum dreipoligen Kurzschlußstrom I erhalten wir dann

$$\frac{I_2}{I} = \sqrt{3}\sqrt{\frac{1 + \nu + \nu^2 + \varrho\sqrt{3}\,(\varrho\sqrt{3} - \nu + 1)}{(1 + \varrho^2)[(1 + 2\nu)^2 + 9\varrho^2]}} \qquad (9.65)$$

und

$$\frac{I_3}{I} = \sqrt{3}\sqrt{\frac{1 + \nu + \nu^2 + \varrho\sqrt{3}\,(\varrho\sqrt{3} + \nu - 1)}{(1 + \varrho^2)[(1 + 2\nu)^2 + 9\varrho^2]}}. \qquad (9.66)$$

Im Fall $\varrho = 0$ werden die Stromverhältnisse gleich und zwar

$$\frac{I_2}{I} = \frac{I_3}{I} = \sqrt{3}\,\frac{\sqrt{1 + \nu + \nu^2}}{|1 + 2\nu|}. \qquad (9.67)$$

Abb. 155 und 156 zeigen den Verlauf der Stromverhältnisse in Abhängigkeit von ν und ϱ. Von den Spannungen ist vor allem $\mathfrak{U}_1$ von Interesse. Das Verhältnis zum Betrag der Spannung des speisenden Mitsystems U ist durch

$$\frac{U_1}{U} = 3\sqrt{\frac{(\nu^2 + \varrho^2)}{[(1 + 2\nu)^2 + 9\varrho^2]}} \qquad (9.68)$$

gegeben. Im Fall $\varrho = 0$ wird daraus

$$\frac{U_1}{U} = \left|\frac{3\nu}{1 + 2\nu}\right|. \qquad (9.69)$$

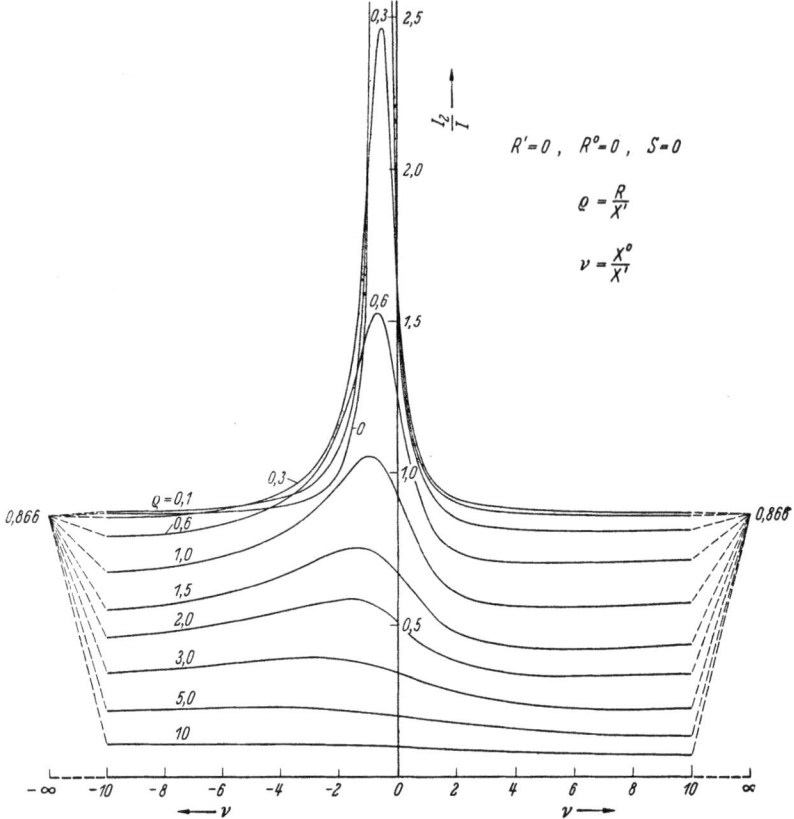

Abb. 155. I_2/I beim zweipoligen Erdkurzschluß in Abhängigkeit von ν und ϱ

Für die verkettete Spannung $\mathfrak{B}_1$ erhalten wir nach Gl. (8.64)

$$\frac{V_2}{V} = \varrho\sqrt{\frac{1}{1+\varrho^2}}. \tag{9.70}$$

Dieses Verhältnis ist also von μ unabhängig und verschwindet für $\varrho = 0$. Für die beiden anderen verketteten Spannungen geben wir nur die Formeln für den Fall $\varrho = 0$ mit

$$\frac{V_1}{V} = \frac{V_3}{V}\sqrt{3}\left|\frac{\nu}{1+2\nu}\right|. \tag{9.71}$$

Im Fall, daß es sich um ein Netz mit Erdschlußlöschung handelt, und das Netz verlustfrei auf Resonanz abgestimmt ist, gehen die Formeln durch den Grenzübergang $\nu \to \infty$ in die des zweipoligen Kurzschlusses über.

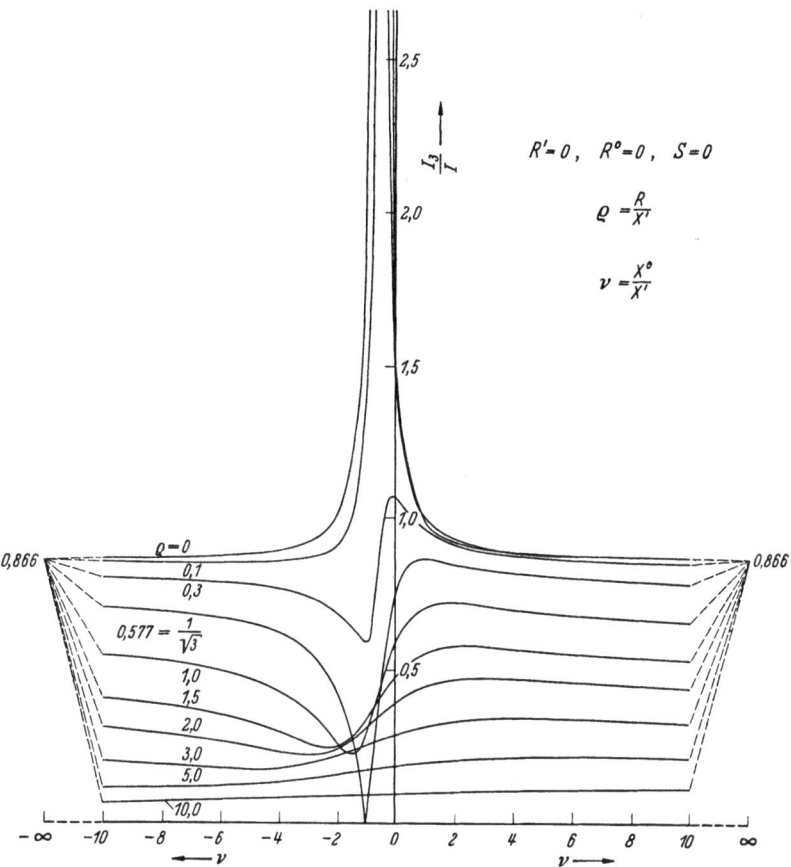

Abb. 156. I_3/I beim zweipoligen Erdkurzschluß in Abhängigkeit von ν und ϱ

10. Transformatoren

a) Allgemeine Gleichungen des Zweiwicklungstransformators

In den Kap. 3 und 4 haben wir die Transformatoren als ideale Transformatoren behandelt, d.h. wir vernachlässigten die Verluste und den Magnetisierungsstrom und berücksichtigten die Streuung nur in der einfachen Form der Gl. (4.14). Wenn diese Vereinfachungen nicht mehr zulässig sind, dann müssen wir die Spannungen der Primär- und der Sekundärseite als Funktionen der Ströme beider Seiten behandeln. Für unsere Untersuchungen ist es jedoch zulässig einen linearen Zusammenhang zwischen den Strömen und den Spannungen anzunehmen, d.h. wir vernachlässigen den Einfluß der Sättigung. Es zeigt sich dies darin, daß wir mit konstanten Koeffizienten rechnen, und daß wir die durch die Sättigung entstehenden Oberschwingungen vernachlässigen, d.h. also mit den Grundschwingungen allein rechnen.

Mit den Zählpfeilen der Abb. 26, also Zählpfeilen in der Richtung der Ströme, erhalten wir den allgemeinen Zusammenhang

$$\left. \begin{array}{l} \mathfrak{U}_p = Z_{pp}\mathfrak{J}_p - Z_{ps}\mathfrak{J}_s, \\ \mathfrak{U}_s = Z_{sp}\mathfrak{J}_p - Z_{ss}\mathfrak{J}_s. \end{array} \right\} \quad (10.01)$$

Die Impedanzen Z_{pp}, Z_{ps} usw. können durch Leerlaufversuche ermittelt werden. Wir finden z.B. Z_{pp}, wenn wir die Primärwicklung mit der Spannung $\mathfrak{U}_p$ speisen und $\mathfrak{J}_p$ bei offener Sekundärwicklung messen. Messen wir gleichzeitig die Spannung $\mathfrak{U}_s$, so erhalten wir Z_{sp}. Senden wir bei offener Primärwicklung durch die Sekundärwicklung den Strom $\mathfrak{J}_s$, so messen wir in ihr die erzeugte Spannung $\mathfrak{U}_s = -Z_{ss}\mathfrak{J}_s$ und in der offenen Primärwicklung die Spannung $\mathfrak{U}_p = -Z_{ps}\mathfrak{J}_s$.

Wir führen in Gl. (10.01) reduzierte Impedanzen ein, die wir mit Kleinbuchstaben bezeichnen, und zwar so, daß

$$\left. \begin{array}{l} Z_{pp} = w_p^2 z_{pp}, \\ Z_{ps} = w_p w_s z_{ps}, \\ Z_{sp} = w_s w_p z_{sp}, \\ Z_{ss} = w_s^2 z_{ss}. \end{array} \right\} \quad (10.02)$$

Dann erhalten wir

$$\left. \begin{array}{l} \mathfrak{U}_p = w_p^2 z_{pp} \mathfrak{J}_p - w_p w_s z_{ps} \mathfrak{J}_s, \\ \mathfrak{U}_s = w_s w_p z_{sp} \mathfrak{J}_p - w_s^2 z_{ss} \mathfrak{J}_s. \end{array} \right\} \quad (10.03)$$

Wir spalten in beiden Gleichungen einen von der Differenz $w_p \mathfrak{J}_p - w_s \mathfrak{J}_s$, also den resultierenden Amperewindungen, abhängigen Teil ab, so daß

$$\left. \begin{array}{l} \mathfrak{U}_p = w_p z_{ps}(w_p \mathfrak{J}_p - w_s \mathfrak{J}_s) + w_p^2 (z_{pp} - z_{ps}) \mathfrak{J}_p, \\ \mathfrak{U}_s = w_s z_{sp}(w_p \mathfrak{J}_p - w_s \mathfrak{J}_s) - w_s^2 (z_{ss} - z_{sp}) \mathfrak{J}_s. \end{array} \right\} \quad (10.04)$$

Im allgemeinen ist $z_{ps} = z_{sp}$ und wir nennen die Spannung

$$\mathfrak{e} = z_{ps}(w_p \mathfrak{J}_p - w_s \mathfrak{J}_s) \quad (10.05)$$

die Windungsspannung. Dann ist

$$\left. \begin{array}{l} \mathfrak{U}_p = w_p \mathfrak{e} + w_p^2 (z_{pp} - z_{ps}) \mathfrak{J}_p, \\ \mathfrak{U}_s = w_s \mathfrak{e} - w_s^2 (z_{ss} - z_{sp}) \mathfrak{J}_s. \end{array} \right\} \quad (10.06)$$

Die Spannung jeder Wicklung setzt sich also aus einem der Windungszahl proportionalen Anteil, der nur von den resultierenden Amperewindungen abhängt, und einem nur von dem Strom der betreffenden Wicklung abhängigen Teil zusammen. Diese Zerlegung der Spannung

a) Allgemeine Gleichungen des Zweiwicklungstransformators

deckt sich mit der Vorstellung, daß durch den Fluß im Eisenkern eine der Windungszahl proportionale Spannung $\mathfrak{E}_p$ bzw. $\mathfrak{E}_s$ induziert wird, während in jeder Wicklung noch ein zusätzlicher Fluß, der Streufluß, eine vom Strom der Wicklung abhängige Spannung, die primäre bzw. sekundäre Streuspannung, hervorruft.

Für die weiteren Betrachtungen ist es zweckmäßig, die Größen beider Wicklungen auf eine einheitliche Basis zu beziehen. Wählen wir dafür die Primärseite, so haben wir die zweite Gleichung der Gln. (10.06) mit dem Faktor w_p/w_s zu multiplizieren und erhalten

$$\overline{\mathfrak{U}} = \frac{w_p}{w_s} \mathfrak{U}_s = w_p \mathfrak{e} - w_p w_s (z_{ss} - z_{sp}) \mathfrak{J}_s. \tag{10.07}$$

Wir führen noch den auf die Primärseite reduzierten sekundären Strom

$$\overline{\mathfrak{J}} = \frac{w_s}{w_p} \mathfrak{J}_s \tag{10.08}$$

ein und die Impedanzen

$$Z_p = w_p^2 (z_{pp} - z_{ps}), \tag{10.09}$$
$$Z_s = w_s^2 (z_{ss} - z_{sp}), \tag{10.10}$$

sowie die auf die Primärseite reduzierte sekundäre Impedanz

$$\overline{Z} = \frac{w_p^2}{w_s^2} Z_s = w_p^2 (z_{ss} - z_{sp}). \tag{10.11}$$

Lassen wir noch bei den Größen der Primärwicklungen den Index fort, dann tritt an die Stelle von Gl. (10.06) das Gleichungspaar

$$\left.\begin{array}{l}\mathfrak{U} = \mathfrak{E} + Z\mathfrak{J}, \\ \overline{\mathfrak{U}} = \mathfrak{E} - \overline{Z}\overline{\mathfrak{J}}.\end{array}\right\} \tag{10.12}$$

Gl. (10.12) erlaubt uns nun, ein einfaches Ersatzschaltbild für den Transformator anzugeben. Wie man aus Abb. 157 erkennt, durchfließt der Strom $\mathfrak{J}$ zunächst die Primärimpedanz Z und durchfließt dann die Magnetisierungswicklung entgegengesetzt zum Strom $\overline{\mathfrak{J}}$. Die Differenz der beiden Ströme bildet den Magnetisierungsstrom

$$\mathfrak{J}_m = \mathfrak{J} - \overline{\mathfrak{J}}, \tag{10.13}$$

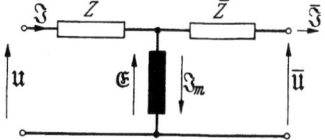

Abb. 157. Ersatzschaltbild für den Zweiwicklungstransformator

welcher den Fluß für die Erzeugung der induzierten Spannung hervorruft. Der Strom $\overline{\mathfrak{J}}$ durchfließt noch die sekundärseitige Impedanz $\overline{Z}$, so daß sich $\overline{\mathfrak{U}}$ entsprechend der zweiten Gleichung von Gl. (10.12) ergibt.

Der Zusammenhang zwischen $\mathfrak{E}$ und $\mathfrak{J}_m$ ist dadurch bestimmt, daß $\mathfrak{J}_m$ eine magnetische Spannung (Durchflutung) mit dem Effektivwert Θ hervorruft, deren Betrag den Amperewindungen $w_p \mathfrak{J}_m$ proportional ist.

Θ ändert sich ebenfalls sinusförmig und kann daher durch einen Zeiger $\mathfrak{T}$ dargestellt werden, für den

$$|\mathfrak{T}| = \Theta$$

und

$$\mathfrak{T} = w_p \mathfrak{J}_m \qquad (10.14)$$

gilt. Entsprechend dem magnetischen Leitwert Λ ruft Θ einen Fluß mit dem Effektivwert Φ hervor. Wenn wir von dem Einfluß der Sättigung absehen, dann ändert sich der Fluß ebenfalls sinusförmig. Wir bezeichnen den zugehörigen Zeiger mit $\mathfrak{F}$, so daß

$$|\mathfrak{F}| = \Phi \qquad (10.15)$$

und

$$\mathfrak{F} = \Lambda \mathfrak{T}. \qquad (10.16)$$

Die Windungsspannung ist nach dem Induktionsgesetz proportional dem negativen Differentialquotienten des Flusses nach der Zeit also

$$e = -j\omega \mathfrak{F} \qquad (10.17)$$

und damit ist die in der Primärwicklung induzierte Spannung

$$\mathfrak{E} = -j\omega w_p \mathfrak{F} = -j\omega w_p^2 \Lambda \mathfrak{J}_m. \qquad (10.18)$$

Damit ist die Impedanz der Magnetisierungswicklung durch

$$Z_m = j\omega w_p^2 \Lambda \qquad (10.19)$$

gegeben.

An Stelle von Gl. (10.12) schreiben wir daher auch

$$\left.\begin{array}{l}\mathfrak{U} = Z_m \mathfrak{J}_m + Z \mathfrak{J}, \\ \bar{\mathfrak{U}} = Z_m \mathfrak{J}_m - \bar{Z} \bar{\mathfrak{J}}. \end{array}\right\} \qquad (10.20)$$

Man kann an die Stelle des Schaltbildes Abb. 157 die Abb. 158 setzen.

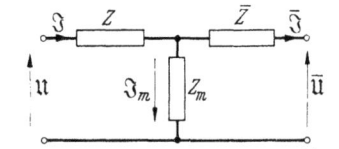

Abb. 158. Ersatzschaltbild des Zweiwicklungstransformators

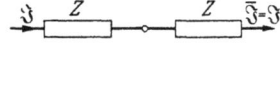

Abb. 159. Ersatzschaltbild des Zweiwicklungstransformators bei vernachlässigtem Magnetisierungsstrom

Der Vorteil der Darstellung nach Gl. (10.20) gegenüber der allgemeinen Form der Gl. (10.01) liegt in der Trennung der von der Sättigung abhängigen Impedanz Z_m von den im allgemeinen von der Sättigung unabhängigen Impedanzen Z und $\bar{Z}$. Da Z_m bei den praktisch ausgeführten Transformatoren viel größer ist als die beiden anderen, so kann man Z_m in vielen Fällen unendlich groß annehmen, d.h. den Magnetisierungsstrom $\mathfrak{J}_m$ vernachlässigen. Dann wird $\mathfrak{J} = \bar{\mathfrak{J}}$ und das Schaltbild vereinfacht sich zu Abb. 159. Dann können die beiden Impedanzen zu einer einzigen zusammengezogen werden und damit gelangen wir zu der in Kap. 4 genannten Gl. (4.14). Die dort mit jX bezeichnete Summe von $Z + \bar{Z}$ ist leicht durch den Kurzschlußversuch bestimmbar.

b) Drehstromtransformatoren, symmetrische Impedanzen

Bilden wir jetzt aus drei Transformatoren eine Drehstrom-Transformatorengruppe, so ergeben sich Unterschiede je nach der Zusammenschaltung der Wicklungen auf den beiden Seiten. Im Falle, daß beide Wicklungen in Stern geschaltet werden, erhalten wir das Ersatzschaltbild der Abb. 160. Wir nehmen dabei, wie auch im weiteren stets, an, daß es sich um einen symmetrischen Drehstromtransformator handelt, d. h. daß alle Phasen untereinander gleich sind.

Für jede Phase gilt dann ein Gleichungspaar der Gl. (10.20). Bilden wir daraus die Mitkomponenten, so ist

$$\left. \begin{array}{l} \mathfrak{U}' = Z_m \mathfrak{I}'_m + Z \mathfrak{I}', \\ \bar{\mathfrak{U}}' = Z_m \mathfrak{I}'_m - Z \bar{\mathfrak{I}}' \end{array} \right\} \quad (10.21)$$

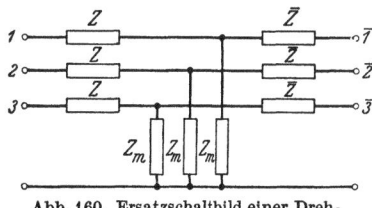

Abb. 160. Ersatzschaltbild einer Drehstromtransformatorengruppe in Stern/Sternschaltung

und in analoger Weise für das Gegensystem. Da die drei Ströme des Mitsystems ebenso wie die drei Ströme des Gegensystems sich zu Null ergänzen, so ist es für beide Systeme gleichgültig, ob der Mittelpunkt der Wicklungen nach außen geführt ist. Für Mitkomponenten und Gegenkomponenten gilt also immer das Schaltbild Abb. 158. Im Falle, daß eine der Wicklungen in Dreieck geschaltet ist, ist es zweckmäßig, sie durch eine fiktive Sternschaltung mit nicht herausgeführtem Mittelpunkt zu ersetzen. Dabei ist aber die Verdrehung der Phasenlage zu berücksichtigen.

Bilden wir die Nullkomponente aus Gl. (10.20), so erhalten wir

$$\left. \begin{array}{l} \mathfrak{U}^0 = Z_m \mathfrak{I}^0_m + Z \mathfrak{I}^0, \\ \bar{\mathfrak{U}}^0 = Z_m \mathfrak{I}^{0}_m - Z \bar{\mathfrak{I}}^0. \end{array} \right\} \quad (10.22)$$

Hier treten nun wesentliche Unterschiede auf, und zwar sind zwei Einflüsse zu beachten. Zunächst muß von der Wicklung der Mittelpunkt nach außen geführt sein, damit überhaupt ein Nullstrom auf der entsprechenden Seite fließen kann. Es ist klar, daß z. B. $\mathfrak{I}^0 = 0$ sein muß, wenn der Mittelpunkt der Primärseite nicht nach außen geführt ist. Der zweite Gesichtspunkt bezieht sich auf die Größe von Z_m. Jedem der Ströme $\mathfrak{I}_m$ in den drei Phasen entspricht ein Fluß $\mathfrak{F}$ mit dem Effektivwert Φ. Weist $\mathfrak{I}_m$ eine Nullkomponente $\mathfrak{I}^0_m$ auf, dann existiert auch ein Fuß $\mathfrak{F}^0$, welcher in allen drei Kernen phasengleich ist. Solange die Drehstromgruppe aus drei einzelnen Transformatoren besteht, ergibt sich nichts Besonderes. Anders ist dies aber, wenn an Stelle der drei einzelnen Kerne ein gemeinsamer mehrschenkliger Kern vorgesehen ist.

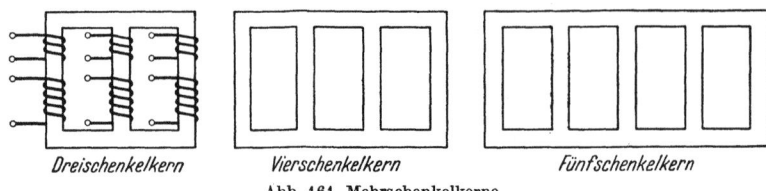

Dreischenkelkern   Vierschenkelkern   Fünfschenkelkern

Abb. 161. Mehrschenkelkerne

Man unterscheidet 3-Schenkelkerne, 4-Schenkelkerne und 5-Schenkelkerne (Abb. 161). In allen diesen Fällen steht für die Summe der drei Flüsse

$$\mathfrak{F}_0 = \mathfrak{F}_1 + \mathfrak{F}_2 + \mathfrak{F}_3 = 3\mathfrak{F}^0 \tag{10.23}$$

ein Weg anderen magnetischen Widerstandes zur Verfügung als für die Einzelflüsse in den Schenkeln selbst. Während beim Mitsystem und beim Gegensystem $\mathfrak{F}_0$ verschwindet und für die Bestimmung von Z_m nur die Leitfähigkeit Λ des einzelnen Schenkels in Frage kommt, so daß wir Z_m nach Gl. (10.19) bestimmen können, müssen wir jetzt auch die Leitfähigkeit Λ_R des magnetischen Rückschlusses für $\mathfrak{F}_0$ in Rechnung stellen. Aus Abb. 162 erkennen wir, daß die Durchflutung

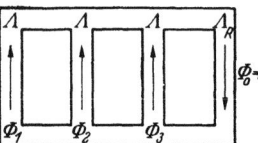

Abb. 162. Flußverteilung in einem Vierschenkelkern

$$\mathfrak{T}^0 = w_p \mathfrak{F}_m^0 \tag{10.24}$$

einem Fluß $\mathfrak{F}^0$ entspricht, so daß

$$\mathfrak{F}^0 \frac{1}{\Lambda^0} = \mathfrak{F}^0 \left(\frac{1}{\Lambda} + \frac{3}{\Lambda_R} \right) = \mathfrak{T}^0 \tag{10.25}$$

ist. Daraus folgt, daß

$$Z_m^0 = j \omega w_p^2 \Lambda^0 \tag{10.26}$$

mit

$$\frac{1}{\Lambda^0} = \frac{1}{\Lambda} + \frac{3}{\Lambda_R}. \tag{10.27}$$

Je nachdem ist dann Z_m^0 in Gl. (10.22) an Stelle von Z_m einzusetzen. Während man nun Λ in vielen Fällen als unendlich groß ansehen kann, so ist es bei den Mehrschenkeltransformatoren, besonders bei Dreischenkelkernen leicht möglich, daß Λ_R so klein ist, daß sich auch bei $\Lambda \to \infty$ ein relativ kleiner Wert von Z_m^0 ergibt, so daß die Nullkomponente des Magnetisierungsstromes nicht vernachlässigt werden kann. Es ist dies besonders dann zu erwarten, wenn eine der Wicklungen keine Nullverbindung aufweist, so daß z. B. $\mathfrak{F}_m^0 = \mathfrak{F}^0$ werden kann.

Eine besondere Betrachtung ist noch notwendig, wenn eine der Wicklungen in Dreieck geschaltet ist. Bekanntlich können die Ströme in einer Dreieckwicklung eine Nullkomponente aufweisen, ohne daß diese nach außen wirksam ist. Trotz der fehlenden Nullverbindung auf der Seite der Dreieckwicklung ist dann $\mathfrak{J}_m^0$ nur die Differenz der Nullströme beider Wicklungen und kann in vielen Fällen vernachlässigt werden. Ein ähnlicher Effekt tritt bei einer Zickzackwicklung auf. Die in den sechs Wicklungsteilen fließenden Nullströme heben sich in ihrer Wirkung auf den Eisenkern paarweise auf, bis auf einen durch die Streuung zwischen den Wicklungsteilen bedingten Rest. Bezüglich des Nullstromes wirkt die Zickzackschaltung also so, als ob die andere Wicklung in Dreieck geschaltet wäre. Der Nullstrom kann praktisch ungehindert fließen, ohne auf die andere Seite übertragen zu werden.

Wir können für die Nullströme demnach vier Grenzfälle unterscheiden. Im ersten Fall werden die Nullströme, nur durch das Übersetzungsverhältnis beeinflußt, ungestört von einer Seite des Transformators auf

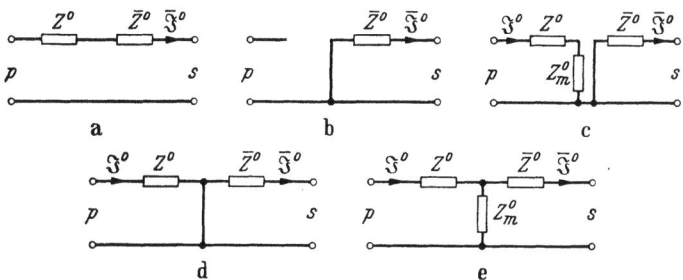

Abb. 163 a-e. Ersatzschaltbilder für die Übertragung des Nullsystems bei Drehstromtransformatoren

die andere übertragen. Das trifft z. B. bei einem Transformator in Stern/Sternschaltung zu, wenn beide Nullpunkte hinausgeführt werden. Diesem Fall entspricht die Ersatzschaltung nach Abb. 163a. Im zweiten Fall kann der Nullstrom auf der einen Seite des Transformators ungehindert fließen, es findet aber keine Übertragung auf die andere Seite statt. Das ist z. B. bei einem Transformator der Fall, dessen Primärseite in Dreieck, dessen Sekundärseite in Stern geschaltet ist. Es gilt dann Abb. 163b. Ist jedoch der Transformator primär in Stern mit angeschlossenem Nullpunkt und sekundär in Zickzack geschaltet, dann kommen wir zu der Ersatzschaltung Abb. 163c. Ist Z_m^0 von der in Stern geschalteten Seite aus gesehen sehr klein, dann gilt Abb. 163d. In den Fällen b, c und d sind die Nullsysteme der beiden Seiten voneinander vollständig unabhängig. Während im Fall a eine ungehinderte Übertragung stattfindet, wird im allgemeinen Fall, der durch Abb. 163e dargestellt ist, ein Teil des Nullstromes übertragen. In diesen beiden Fällen entsteht auf der anderen Seite des Transformators eine zusätzliche Nullspannung.

Eine Zusammenstellung der Ersatzschaltbilder der gebräuchlichen Transformatorschaltungen befindet sich am Schluß des Kapitels

(Abb. 171). Für die zwischen den Klemmen p, s und o wirksamen Nullimpedanzen lassen sich für Dreischenkeltransformatoren angenähert folgende Werte angeben:

1. Yy-Schaltung mit zwei geerdeten Sternpunkten

$$Z^0_{ps} = Z'$$
$$\left.\begin{array}{l}Z^0_{p0} = 5Z' \\ Z^0_{s0} = 6Z'\end{array}\right\} \text{ wenn } p \text{ die außen liegende Hochspannungswicklung ist.}$$

2. Yy-Schaltung mit primär geerdetem Sternpunkt

$$Z^0_{p0} = 5Z'$$

3. Yd-Schaltung mit geerdetem Sternpunkt

$$Z^0_{p0} = 0{,}85 Z'$$

4. Dy-Schaltung mit geerdetem Sternpunkt

$$Z_{s0} = Z'$$

5. Yz-Schaltung mit geerdetem Sternpunkt

$$Z_{s0} = 0{,}1 Z'.$$

Für Vier- und Fünfschenkeltransformatoren, sowie für aus drei Einphasentransformatoren bestehende Drehstromsätze ist bei allen Yy-Schaltungen praktisch $Z^0_{p0} = \infty$ und bei der Yd-Schaltung mit geerdetem Sternpunkt $Z^0_{p0} = Z'$.

Um die Berücksichtigung der Transformatorschaltung bei der Berechnung mit symmetrischen Komponenten zu zeigen, behandeln wir ein Beispiel.

Wir nehmen dazu an, es läge ein Stern/Stern geschalteter Transformator vor, dessen sekundärseitiger Nullpunkt angeschlossen ist, der primärseitige jedoch nicht, und auf der Sekundärseite sei ein Erdschluß in Phase 1 eingetreten (Abb. 164). Wenn der speisende Generator eine symmetrische Spannung $\mathfrak{U}'_L$ liefert,

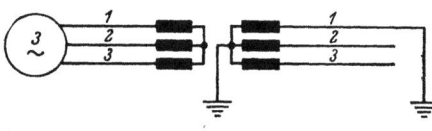

Abb. 164. Erdschluß auf der Sekundärseite eines Transformators in Stern/Sternschaltung

so gelten die Komponentenschaltbilder der Abb. 165. Wir haben dabei die Ersatzschaltbilder für die einzelnen Komponenten an den Generator angeschlossen und dabei beachtet, daß die Impedanzen für Mit- und Gegensystem einander gleich sind, da die Phasenfolge des Drehstromsystems bei Transformatoren keine Rolle spielt. Bei der Schaltung für die Nullkomponente haben wir Z^0_m entsprechend Gl. (10.26) eingesetzt und außerdem den Nulleiter nicht an den Generator angeschlossen, da der Sternpunkt der Primärwicklung nicht herausgeführt ist.

c) Dreiwicklungstransformatoren

Im Falle des Erdschlusses der Phase 1 gelten Gl. (7.12)

$$\mathfrak{J}^0 = \bar{\mathfrak{J}}' = \bar{\mathfrak{J}}'' = \frac{\mathfrak{J}_1}{3}$$

und Gl. (7.14)

$$\bar{\mathfrak{U}}^0 + \bar{\mathfrak{U}}' + \bar{\mathfrak{U}}'' = 0.$$

Zur Auflösung dieser beiden Gleichungen müssen wir die drei Spannungen $\bar{\mathfrak{U}}^0$, $\bar{\mathfrak{U}}'$ und $\bar{\mathfrak{U}}''$ aneinanderfügen, wie dies Abb. 166 zeigt. Der

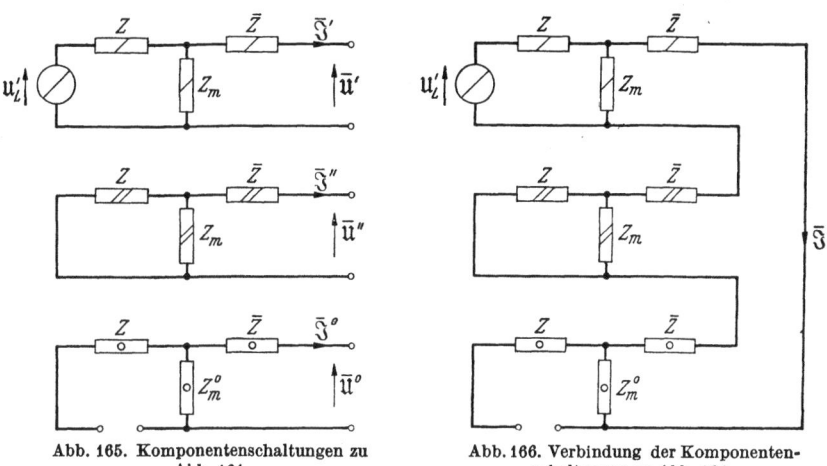

Abb. 165. Komponentenschaltungen zu Abb. 164

Abb. 166. Verbindung der Komponentenschaltungen zu Abb. 164

dann in dem Kreis fließende Strom ist der Nullstrom $\mathfrak{J}^0$, gleich einem Drittel des Erdschlußstromes $\mathfrak{J}_1$ der Phase 1. Man erkennt, daß die Nullimpedanz Z_m^0 von wesentlicher Bedeutung für die Größe dieses Stromes ist. Je besser der magnetische Rückschluß im Transformator ist, desto größer ist Z_m^0 und desto kleiner ist der Erdschlußstrom. Je größer Z_m^0 ist, um so größer ist der Anteil der Spannung an Z_m^0, d. h. um so größer ist $\bar{\mathfrak{U}}^0$, und um so größer ist die Spannungsverlagerung. Diese tritt aber nicht nur im sekundären System, sondern als $\mathfrak{U}^0$ auch im primären System auf, bleibt aber dort ohne Wirkung, weil eben der Rückschluß für den Nullstrom fehlt.

c) Dreiwicklungstransformatoren

Betrachten wir bei einem Dreiwicklungstransformator die Primärwicklung p als die gespeiste Wicklung, während die Sekundärwicklung s und die Tertiärwicklung t Leistungen an ihre Netze abgeben, dann gilt für einen solchen Transformator das Gleichungssystem

$$\left.\begin{aligned}\mathfrak{U}_p &= Z_{pp}\mathfrak{J}_p - Z_{ps}\mathfrak{J}_s - Z_{pt}\mathfrak{J}_t, \\ \mathfrak{U}_s &= Z_{sp}\mathfrak{J}_p - Z_{ss}\mathfrak{J}_s - Z_{st}\mathfrak{J}_t, \\ \mathfrak{U}_t &= Z_{tp}\mathfrak{J}_p - Z_{ts}\mathfrak{J}_s - Z_{tt}\mathfrak{J}_t.\end{aligned}\right\} \quad (10.28)$$

Dabei ist $Z_{ps} = Z_{sp}$ usw., so daß insgesamt sechs Impedanzen für die allgemeine Beschreibung eines Dreiwicklungstransformators notwendig sind. Dementsprechend muß auch das Ersatzschaltbild mindestens sechs Impedanzen enthalten. Eine brauchbare Schaltung zeigt Abb. 167. Die

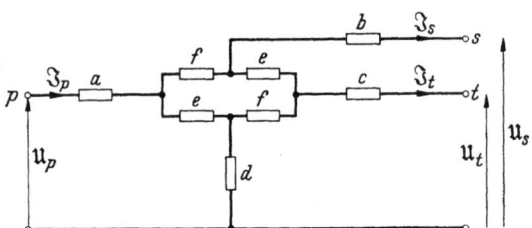

Abb. 167. Ersatzschaltbild für Dreiwicklungstransformatoren

Schaltung enthält acht Impedanzen, a bis f, von denen aber die in dem Impedanzviereck einander gegenüberliegenden gleich sind.

Speisen wir die Schaltung abwechselnd mit den Strömen $\Im_p$, $\Im_s$ und $\Im_t$ und bestimmen die dabei auftretenden Spannungen, so finden wir, wenn die Impedanzen, Ströme und Spannungen in Gl. (10.28) bereits die auf die Primärseite reduzierten Werte entsprechend den Gln. (10.07), (10.08) und (10.11) darstellen

$$\left.\begin{aligned} Z_{pp} &= a + d + \frac{e(2f+e)}{2(e+f)}, \\ Z_{ss} &= b + d + \frac{e+f}{2}, \\ Z_{tt} &= c + d + \frac{f(2e+f)}{2(e+f)}, \end{aligned}\right\} \quad (10.29)$$

$$\left.\begin{aligned} Z_{sp} &= d + \frac{e}{2}, \\ Z_{st} &= d + \frac{f}{2}, \\ Z_{pt} &= d + \frac{ef}{2(e+f)}. \end{aligned}\right\} \quad (10.30)$$

Eliminiert man d aus Gl. (10.30), so folgen

und

$$\left.\begin{aligned} 2(Z_{pt} - Z_{sp}) &= \frac{e^2}{e+f} = K_1 \\ 2(Z_{pt} - Z_{st}) &= \frac{f^2}{e+f} = K_2. \end{aligned}\right\} \quad (10.31)$$

Daraus berechnet sich

$$e = \sqrt{K_1 K_2} + K_1 \quad (10.32)$$

und

$$f = \sqrt{K_1 K_2} + K_2. \quad (10.33)$$

c) Dreiwicklungstransformatoren

Aus Gl. (10.30) erhält man dann d und schließlich aus Gl. (10.29) die noch fehlenden Werte a, b und c.

In dem Zweig d fließt der Strom $\mathfrak{I}_p - \mathfrak{I}_s - \mathfrak{I}_t$, das ist der Magnetisierungsstrom des Eisenkerns. Ist dieser Strom vernachlässigbar klein, d. h. ist d unendlich groß, so werden auch in Gl. (10.28) alle Impedanzen unendlich. Es ist dies verständlich, denn die Impedanzen in Gl. (10.28) sind die Leerlaufimpedanzen bei verschiedener Speisung.

Man gelangt zu endlichen Werten der Faktoren, wenn man

$$\mathfrak{E} = d(\mathfrak{I}_p - \mathfrak{I}_s - \mathfrak{I}_t) \tag{10.34}$$

setzt und unter

$$S = Z - d \tag{10.35}$$

die um d verminderte Impedanz in Gl. (10.28) versteht. Gl. (10.28) nimmt dann die Form

$$\left.\begin{aligned}\mathfrak{U}_p &= S_{pp}\mathfrak{I}_p - S_{ps}\mathfrak{I}_s - S_{pt}\mathfrak{I}_t + \mathfrak{E}, \\ \mathfrak{U}_s &= S_{sp}\mathfrak{I}_p - S_{ss}\mathfrak{I}_s - S_{st}\mathfrak{I}_t + \mathfrak{E}, \\ \mathfrak{U}_t &= S_{tp}\mathfrak{I}_p - S_{ts}\mathfrak{I}_s - S_{tt}\mathfrak{I}_t + \mathfrak{E}\end{aligned}\right\} \tag{10.36}$$

an. Das zugehörige Ersatzschaltbild ist in Abb. 168 gezeichnet.

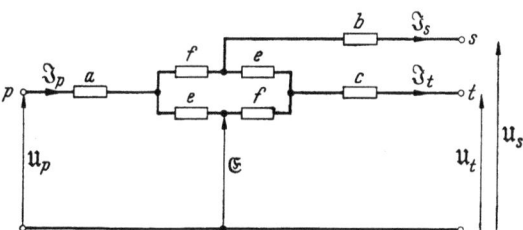

Abb. 168. Ersatzschaltbild für einen Dreiwicklungstransformator mit vernachlässigbarem Magnetisierungsstrom

Eliminieren wir aus Gl. (10.36) $\mathfrak{E}$ und berücksichtigen, daß $\mathfrak{I}_p = \mathfrak{I}_s + \mathfrak{I}_t$, so gelangen wir zu

$$\left.\begin{aligned}\mathfrak{U}_s &= \mathfrak{U}_p - \mathfrak{I}_s(S_{pp} - S_{ps} - S_{sp} + S_{ss}) - \mathfrak{I}_t(S_{pp} - S_{pt} - S_{sp} - S_{st}) \\ &\text{und} \\ \mathfrak{U}_t &= \mathfrak{U}_p - \mathfrak{I}_s(S_{pp} - S_{ps} - S_{tp} + S_{ts}) - \mathfrak{I}_t(S_{pp} - S_{ps} - S_{tp} + S_{tt}).\end{aligned}\right\} \tag{10.37}$$

Wegen der Symmetrie der Koeffizienten ist der Faktor von $\mathfrak{I}_t$ in der ersten Gleichung gleich dem Faktor von $\mathfrak{I}_s$ in der zweiten. Es läßt sich für den Transformator ein Ersatzschaltbild wie in Abb. 169 gezeichnet angeben. Für dieses gelten die Gleichungen

und

$$\left.\begin{aligned}\mathfrak{U}_s &= \mathfrak{U}_p - (Z_p + Z_s)\mathfrak{I}_s - Z_p\mathfrak{I}_t \\ \mathfrak{U}_t &= \mathfrak{U}_p - Z_p\mathfrak{I}_s - (Z_p + Z_t)\mathfrak{I}_t\end{aligned}\right\} \tag{10.38}$$

oder, wenn wir wieder $\Im_p$ einführen,

$$\mathfrak{U}_p - Z_p \Im_p = \mathfrak{U}_s + Z_s \Im_s = \mathfrak{U}_t + Z_t \Im_t. \tag{10.39}$$

Die Impedanzen Z_p, Z_s und Z_t lassen sich durch Kurzschlußversuche leicht bestimmen. Jeder Kurzschlußversuch bei Speisung einer Wick-

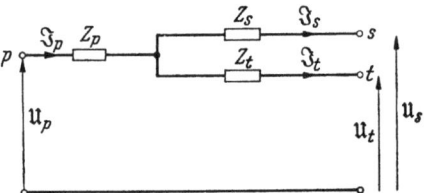

Abb. 169. Ersatzschaltbild für den Dreiwicklungstransformator ohne Magnetisierungsstrom

lung, Kurzschließen einer anderen Wicklung und Leerlauf der dritten Wicklung liefert eine der drei Summen

$$\left.\begin{array}{l} Z_p + Z_s = K_{ps}, \\ Z_p + Z_t = K_{pt}, \\ Z_s + Z_t = K_{st} \end{array}\right\} \tag{10.40}$$

und daraus erhält man

und

$$\left.\begin{array}{l} Z_p = \dfrac{1}{2}(K_{ps} + K_{pt} - K_{st}), \\[4pt] Z_s = \dfrac{1}{2}(K_{ps} + K_{st} - K_{pt}) \\[4pt] Z_t = \dfrac{1}{2}(K_{pt} + K_{st} - K_{ps}). \end{array}\right\} \tag{10.41}$$

Bei den Kurzschlußberechnungen kann man den Magnetisierungsstrom

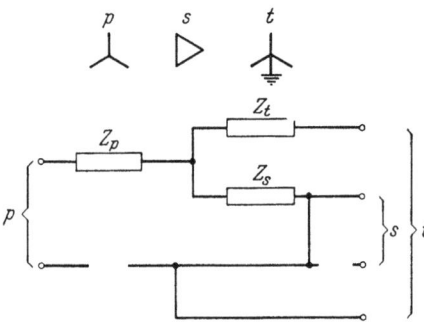

Abb. 170. Schaltbild der Nullkomponente in einem Dreiwicklungstransformator

für das Mitsystem und das Gegensystem immer als vernachlässigbar klein ansehen und dann für Mitsystem und Gegensystem das Schaltbild der Abb. 169 benutzen. Beim Nullsystem wäre der magnetische Rück-

c) Dreiwicklungstransformatoren

schluß zu beachten. Bei Dreiwicklungstransformatoren ist es aber üblich, stets mindestens eine der Wicklungen in Dreieckschaltung auszuführen, so daß der einer Wicklung aufgedrückte Nullstrom immer eine Kompensation in einer anderen Wicklung findet.

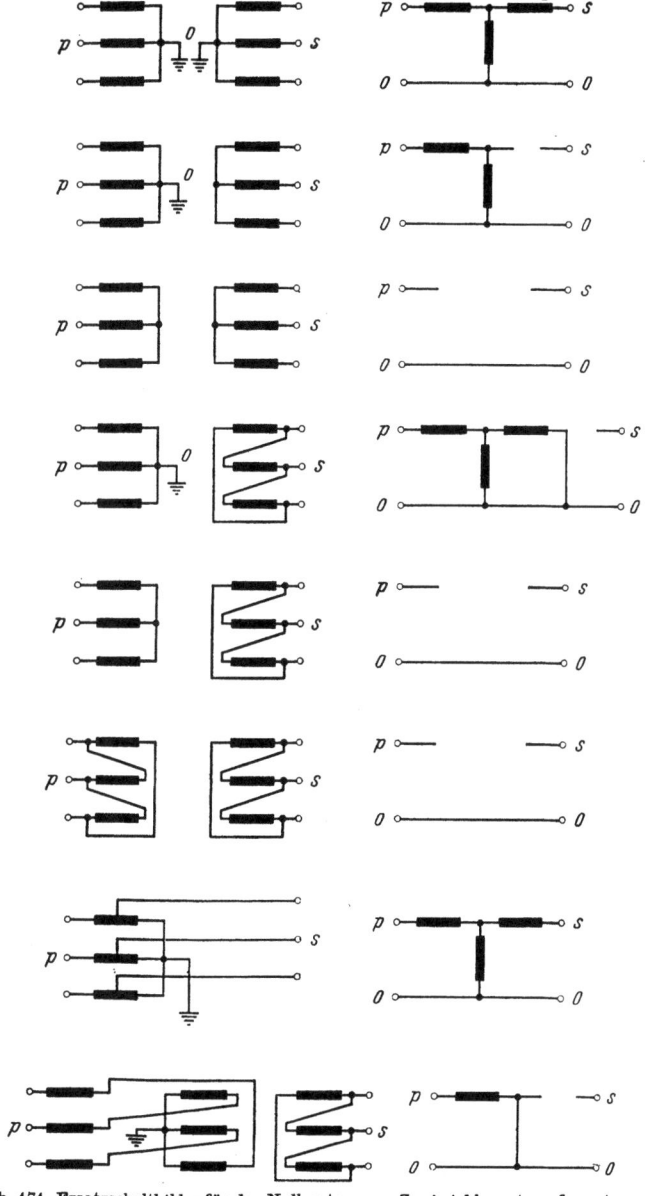

Abb. 171. Ersatzschaltbilder für das Nullsystem von Zweiwicklungstransformatoren

140   10. Transformatoren

Für das Nullsystem sind dann nur die beiden Fälle zu unterscheiden, ob der Nullstrom von der anderen Wicklung nach außen übertragen werden kann, wofür dann das Ersatzbild nach Abb. 169 gilt, oder ob keine Übertragung stattfindet. In diesem Fall ist dann die Verbindung im Schaltbild der Nullkomponente für diese Wicklung unterbrochen. Abb. 170 zeigt einen solchen Fall bei einem Transformator in Stern/Drei-

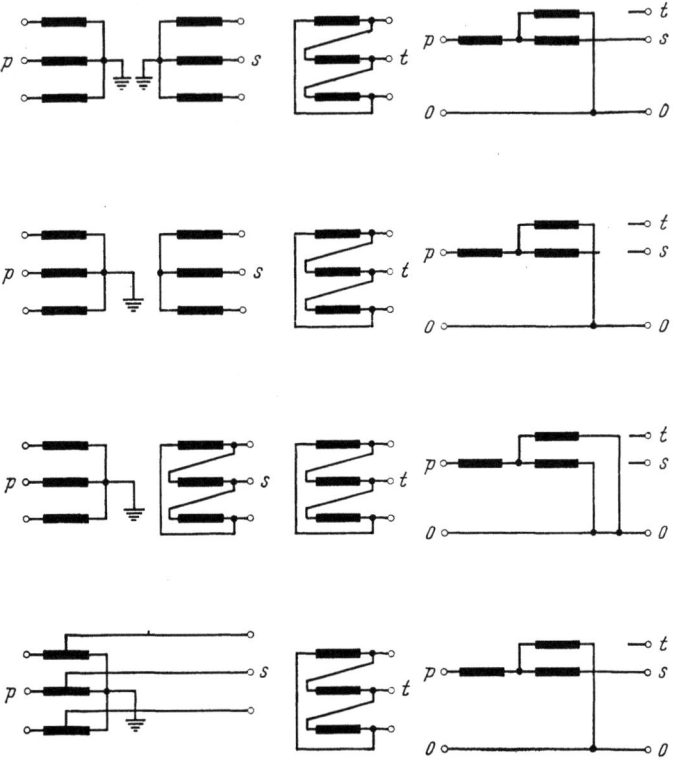

Abb. 172. Ersatzschaltbilder für das Nullsystem von Dreiwicklungstransformatoren

eck/Sternschaltung, wenn nur der Sternpunkt der letzten Wicklung herausgeführt ist.

Eine Zusammenstellung der gebräuchlichen Schaltungen der Zweiwicklungs- und der Dreiwicklungstransformatoren und der Schaltungen für das Nullsystem zeigen die Abb. 171 und Abb. 172.

Zu den Dreiwicklungstransformatoren sind auch die meisten Transformatoren in Sparschaltung (Autotransformatoren) zu zählen, da sie außer den beiden verbundenen, in Stern/Sternschaltung ausgeführten Wicklungen, oft eine dritte in Dreieck geschaltete Wicklung aufweisen.

11. Das Drehfeld

a) Der Flußvektor

Die wichtigsten Drehstrommaschinen sind die *Synchronmaschinen* und die *Induktions-* oder *Asynchronmaschinen*. Beide sind dadurch gekennzeichnet, daß in ihnen *magnetische Drehfelder* wirksam sind. Ein solches magnetisches Drehfeld entsteht durch das Zusammenwirken der Ströme in mehreren räumlich versetzten Wicklungen. Bei allen Drehstrommaschinen sind zwei konzentrische zylindrische Eisenkörper vorhanden, von denen der feststehende als *Ständer* oder *Stator*, der rotierende als *Läufer* oder *Rotor* bezeichnet wird. Zwischen Ständer und Läufer befindet sich der *Luftspalt*. Ist dieser konstant längs des ganzen Umfanges, dann spricht man von *Volltrommelmaschinen*, im anderen Fall von Maschinen mit *ausgeprägten Polen*. Zur ersten Art gehören alle Asynchronmaschinen und normalerweise die zweipoligen und vierpoligen Synchronmaschinen. Synchronmaschinen mit größeren Polzahlen sind gewöhnlich mit ausgeprägten Polen ausgeführt.

Ständer und Läufer tragen verschiedene Wicklungen, die beim Ständer und beim Läufer der Volltrommelmaschinen stabförmig in Nuten in der Nähe des Luftspaltes untergebracht sind. Die Stäbe sind durch außerhalb des Eisenkörpers liegende Verbindungen zu Wicklungen und Spulen zusammengeschaltet. Abb. 173 zeigt einen schematischen Schnitt durch eine zweipolige Volltrommelmaschine, bei der wir zunächst annehmen, daß nur der Ständer eine Drehstromwicklung, d.h. drei gegeneinander räumlich um 120° versetzte Spulen trägt. Die jeweils mit der gleichen Zahl bezeichneten Stäbe bilden zusammen eine Wicklung, wobei in dem mit + bezeichneten Stab der Strom in der Richtung aus der Zeichenebene heraus, in dem mit − bezeichneten in die Zeichenebene

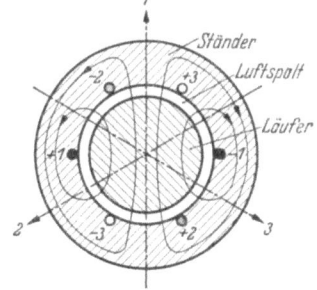

Abb.173. Schematischer Schnitt durch eine 2polige Volltrommelmaschine

hineinfließt, wenn wir den Strom als positiv bezeichnen. Ein positiver Gleichstrom in der Wicklung 1 erzeugt dann ein Magnetfeld, dessen Symmetrieachse mit der mit 1 bezeichneten Achse zusammenfällt. Man nennt daher die Achse 1 die *Spulenachse 1*. Es existieren also drei Spulenachsen. Wenn die Windungszahlen der drei Wicklungen gleich sind und die Spulenachsen gleiche Winkel einschließen, sprechen wir von einer *symmetrischen Drehstromwicklung*. Die dünnen mit Pfeilen versehenen Linien geben den ungefähren Verlauf der Induktionslinien bei einer positiven Erregung der Spule 1 an. In Abb. 174 ist ein ähnlicher Schnitt durch eine vierpolige Maschine gezeichnet. Das Feld bei alleiniger Erregung der Spule 1 mit Gleichstrom weist eine vierzählige Symmetrie auf. Bei einem Umlauf längs des Umfanges des Luftspaltes wiederholt sich die Verteilung des Stromes und damit die des magnetischen Feldes zweimal. In gleicher Weise zeigt eine $2p$-polige Maschine eine $2p$-zählige Symmetrie, d. h. die Verteilung des Stromes und des magnetischen Feldes wiederholt sich p-mal. Man nennt p die *Polpaarzahl*.

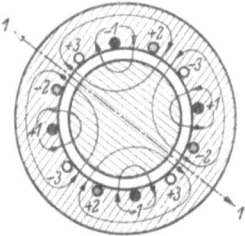

Abb. 174. Schematischer Schnitt durch eine 4polige Volltrommelmaschine

Für unsere Untersuchungen genügt es, wenn wir stets eine zweipolige Maschine zugrunde legen. Die Ergebnisse gelten unverändert für eine mehrpolige Maschine, wenn man nur die Windungszahl gleich der Gesamtwindungszahl je Phase einsetzt.

Bei den ausgeführten Maschinen konzentriert man nicht alle Windungen einer Phase in zwei Nuten, sondern verteilt sie so längs des Umfanges, daß die magnetische Induktion eine praktisch sinusförmige Verteilung längs des Luftspaltes aufweist. Angenähert wird dies erreicht, wenn, wie in Abb. 175, $^2/_3$ des Umfanges von der Wicklung einer Phase eingenommen werden. In der Spulenachse ist dann das Feld am größten und nimmt mit zunehmender Entfernung nach der Funktion $\cos \xi$ ab, wenn ξ den Winkel zwischen der Spulenachse und der betrachteten Richtung darstellt. Ist $\bar{B}$ der größte Wert der Induktion in der Achse, so gilt in Richtung ξ

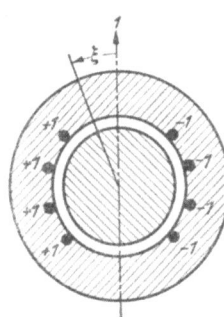

Abb. 175. Verteilte Wicklung

$$B = \bar{B} \cos \xi. \tag{11.01}$$

Wenn die sinusförmige Verteilung nicht vollständig erreicht ist, dann gilt an Stelle von Gl. (11.01) die Darstellung nach einer Fourierreihe

$$B = \bar{B}_1 \cos \xi + \bar{B}_2 \cos 2\xi + \bar{B}_3 \cos 3\xi + \cdots$$

Wir vernachlässigen bei unseren Betrachtungen die höheren Harmonischen der Induktion, was im allgemeinen zulässig ist, und zwar aus zwei Gründen. Die Wicklungen werden so ausgeführt, daß die höheren Harmonischen klein gegenüber der Grundwelle ausfallen. Außerdem sind für die uns allein interessierenden Grundwellen von Strömen und Spannungen die höheren Harmonischen nur in Sonderfällen von Bedeutung.

Wir betrachten jetzt eine Windung, deren beide Seiten auf einem Durchmesser liegen und deren Spulenachse in die Richtung ξ fällt. Von ihr wird ein Fluß

$$\Phi_\xi = \int_{\xi+\frac{\pi}{2}}^{\xi-\frac{\pi}{2}} \bar{B} f \, d\xi \qquad (11.02)$$

umfaßt, wenn f die der Winkeleinheit im Bogenmaß entsprechende Fläche des Zylindermantels darstellt. Daraus folgt

oder
$$\Phi_\xi = \bar{B} f \int_{\xi+\frac{\pi}{2}}^{\xi-\frac{\pi}{2}} \cos \xi \, d\xi = -\bar{B} f \sin \xi \Big|_{\xi+\frac{\pi}{2}}^{\xi-\frac{\pi}{2}}$$

$$\Phi_\xi = 2 \bar{B} f \cos \xi. \qquad (11.03)$$

Für $\xi = 0$ erhält man den von einer der Wicklung 1 angehörenden und mit ihr gleichachsigen Windung umfaßten Fluß

$$\Phi = 2 \bar{B} f \qquad (11.04)$$

und daher ist

$$\boxed{\Phi_\xi = \Phi \cos \xi.} \qquad (11.05)$$

Denken wir uns den ganzen Fluß der Wicklung 1 durch einen (räumlichen) Vektor vom Betrag Φ in der Richtung der Spulenachse 1 zusammengefaßt, so erhalten wir den in einer Wicklung mit der Spulenachse ξ wirkenden Fluß als die Komponente Φ_ξ des Vektors Φ in dieser Richtung. Diese Deutung von Gl. (11.05) erlaubt es uns, von der räumlichen Verteilung der Induktion im folgenden vollständig abzusehen und den Fluß jeder Wicklung durch einen Flußvektor in der Richtung der Spulenachse darzustellen. Die Wirkung mehrere solcher Flüsse auf irgendeine Spule ist dann durch die Summe der Komponenten der Flüsse in der Richtung der in Betracht kommenden Spulenachse gegeben.

b) Das Drehfeld

Der Zusammenhang zwischen dem Vektor Φ und dem erregenden Strom I läßt sich mit Hilfe einer magnetischen Leitfähigkeit Λ ausdrücken, indem wir setzen

$$\Phi = w \Lambda I. \qquad (11.06)$$

Bei Volltrommelmaschinen ist Λ längs des ganzen Umfanges konstant. In dem Faktor Λ fassen wir alle Faktoren zusammen, welche für den Zusammenhang zwischen Φ und I außer der Windungszahl maßgebend sind. Es sind dies die tatsächliche magnetische Leitfähigkeit $\bar{\Lambda}$ des Luftspaltes, der Wicklungsfaktor η, der durch die räumliche Versetzung der einzelnen über einen Teil des Umfangs verteilten Windungen einer Spule zustande kommt, der Sehnungsfaktor η_s infolge der Abweichung der Spulen vom Durchmesser und schließlich ein Formfaktor, der die nicht sinusförmige Verteilung der Induktion erfaßt, und der bei den üblichen Ausführungen mit 0,9 angesetzt werden kann. Da in Gl. (11.06) die doppelte Durchsetzung des Luftspaltes berücksichtigt ist, gilt

$$\Lambda = \frac{1}{2} 0{,}9 \bar{\Lambda} \eta \eta_s.$$

Wir bemerken noch, daß wir unter Φ nur jenen Fluß verstehen wollen, der sich unter der Wirkung von I im Eisen des Ständers und Läufers bildet und über den Luftspalt schließt. Wir nennen diesen Fluß den Hauptfluß zum Unterschied von den Streuflüssen, die nur auf einem Teil des genannten Weges oder außerhalb von ihm auftreten. Für den Hauptfluß ist kennzeichnend, daß er nach Gl. (11.05) auf die Wicklungen der beiden anderen Phasen wirkt, während die Streuflüsse nur in der erregenden Wicklung allein zur Geltung kommen. Ihre Wirkung läßt sich daher stets durch außerhalb der Wicklung angeordnete Induktivitäten ausdrücken.

Aus Gl. (11.06) folgt, daß sich Φ periodisch ändert, wenn dies I tut. Solange wir von der Sättigung im Eisen absehen können, wird zu einem sinusförmigen Strom I auch ein sinusförmiger Fluß Φ gehören. Wegen des im Vergleich zum Eisenweg großen magnetischen Widerstandes des Luftspaltes wird dies in einem sehr weiten Bereich der Fall sein. Bezeichnen wir die Momentanwerte der zu den drei Phasen gehörenden Flüsse mit φ_1, φ_2 und φ_3 und die der Ströme mit i_1, i_2, i_3, so gilt also

$$\left.\begin{aligned} \varphi_1 &= w \Lambda\, i_1, \\ \varphi_2 &= w \Lambda\, i_2, \\ \varphi_3 &= w \Lambda\, i_3. \end{aligned}\right\} \quad (11.07)$$

Wir nehmen nun an, daß die drei Ströme ein symmetrisches Drehstromsystem bilden. Dann ist

$$\left.\begin{aligned} \varphi_1 &= w \Lambda \hat{I} \cos(\omega t - \varphi), \\ \varphi_2 &= w \Lambda \hat{I} \cos(\omega t - \varphi - 120°), \\ \varphi_3 &= w \Lambda \hat{I} \cos(\omega t - \varphi - 240°). \end{aligned}\right\} \quad (11.08)$$

Der resultierende Fluß in der Richtung ξ wird nach Gl. (11.05)

$$\varphi_\xi = \varphi_1 \cos\xi + \varphi_2 \cos(120° - \xi) + \varphi_3 \cos(120° + \xi), \quad (11.09)$$

denn, wie man aus Abb. 176 erkennt, schließen die beiden anderen Phasen mit der Richtung ξ die Winkel $(120° - \xi)$ bzw. $(120° + \xi)$ ein. Dabei ist

b) Das Drehfeld 145

zu beachten, daß die räumlichen Spulenachsen 1, 2, 3 im mathematisch positiven Sinne (gegen den Uhrzeiger) aufeinander folgen müssen, wenn das resultierende Drehfeld in positiver Richtung umlaufen soll und die Ströme ein Mitsystem bilden. Die Reihenfolge der Spulenachsen ist also entgegengesetzt zu dem der Zeiger im Zeigerdiagramm, da bei diesem die Zeitachse im negativen Sinn umläuft.

Aus den Gln. (11.08) und (11.09) folgt

$$\varphi_\xi = w \Lambda \hat{I} [\cos(\omega t - \varphi) \cos \xi + \cos(\omega t - \varphi - 120°) \cos(120° - \xi) +$$
$$+ \cos(\omega t - \varphi - 240°) \cos(120° + \xi)]$$

und wegen

$$\cos \alpha \cos \beta = \frac{1}{2} [\cos(\alpha + \beta) + \cos(\alpha - \beta)]$$

ist

$$\varphi_\xi = \frac{1}{2} w \Lambda \hat{I} [\cos(\omega t - \varphi - \xi) + \cos(\omega t - \varphi + \xi) +$$
$$+ \cos(\omega t - \varphi - \xi) + \cos(\omega t - \varphi + \xi - 240°) +$$
$$+ \cos(\omega t - \varphi - \xi) + \cos(\omega t - \varphi + \xi - 120°)],$$

so daß

$$\boxed{\varphi_\xi = \frac{3}{2} w \Lambda \hat{I} \cos(\omega t - \varphi - \xi),} \quad (11.10)$$

d. h. in der Richtung ξ wirkt ein Wechselfeld mit dem Scheitelwert

$$\hat{\Phi} = \frac{3}{2} w \Lambda \hat{I}, \quad (11.11)$$

das zum Zeitpunkt

$$\omega t = \varphi + \xi \quad (11.12)$$

seinen höchsten Wert erreicht.

In jedem Zeitpunkt t ist das Feld sinusförmig mit ξ über den Umfang verteilt. Den Höchstwert weist jeweils die durch Gl. (11.12) bestimmte Richtung ξ auf. Der Scheitelwert läuft also mit der der Frequenz ω entsprechenden Geschwindigkeit über den Umfang, so daß er in einer Periode gerade einen Um-

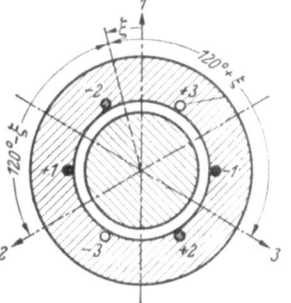

Abb. 176. Bestimmung des resultierenden Feldes

lauf durchführt. Ein solches gleichförmig rotierende Feld nennt man ein *Drehfeld*. Da sich die Größe des Feldes während des Umlaufes nicht ändert, haben wir es also mit einem konstanten Drehfeld zu tun. Ein symmetrischer Drehstrom mit dem Scheitelwert $\hat{I}$ erzeugt also in einer symmetrischen Drehstromwicklung ein konstantes Drehfeld, dessen Vektor durch Gl. (11.11) gegeben ist. Aus Gl. (11.10) folgt noch für $\xi = 0, 120°, 240°$, daß der Vektor des Drehfeldes jeweils in die Richtung jener Spulenachse zeigt, in der der zugehörige Strom seinen Scheitelwert hat.

10 Hochrainer, Symmetrische Komponenten

Ein symmetrisches Drehstromsystem ist dadurch charakterisiert, daß die Ströme ein reines Mitsystem bilden. Würden sie ein reines Gegensystem bilden, so ändert sich an unserer Betrachtung nichts, außer, daß der Umlaufsinn des Drehfeldes verkehrt wird, d. h. in Gl. (11.10) ändert sich das Vorzeichen von ξ. Während im ersten Fall ein mitlaufendes Drehfeld entsteht, spricht man im zweiten Fall von einem gegenlaufenden Drehfeld. Die eventuelle Drehrichtung des Läufers spielt dabei keine Rolle, solange Λ längs des Umfanges konstant ist und solange der Läufer keine Wicklungen trägt, in denen Ströme induziert werden können, die ihrerseits eine Rückwirkung auf das Feld ausüben.

Weist das System der speisenden Ströme ein Mit- und ein Gegensystem auf, so können wir die Wirkungen der beiden Systeme getrennt behandeln. Wir erhalten dann die Überlagerung eines mitlaufenden mit einem gegenlaufenden Drehfeld. Sind $\hat{I}'$ und $\hat{I}''$ die Scheitelwerte und φ' und φ'' die entsprechenden Winkel, so tritt an die Stelle von Gl. (11.10) der Ausdruck

$$\varphi_\xi = \frac{3}{2} w \Lambda \left[\hat{I}' \cos(\omega t - \varphi' - \xi) + \hat{I}'' \cos(\omega t - \varphi'' + \xi) \right]. \quad (11.13)$$

Während bei einem konstanten (mitlaufenden) Drehfeld die Spitze des im Mittelpunkt angebrachten Vektors $\hat{\Phi}$ einen Kreis beschreibt, läuft jetzt die Spitze des das Feld in jedem Zeitpunkt darstellenden Vektors auf einer Ellipse, so daß man von einem *elliptischen Drehfeld* spricht. Ein Sonderfall tritt ein, wenn, wie in den in Kap. 5 behandelten Fällen der Abb. 72 und 82, $\hat{I}' = \hat{I}'' = \hat{I}$ und $\varphi' = \varphi'' = \varphi$. Dann ist nämlich

$$\varphi_\xi = 3 w \Lambda \hat{I} \cos(\omega t - \varphi) \cos \xi, \quad (11.14)$$

d. h. das Feld entartet zu einem räumlich feststehenden reinen Wechselfeld in der Richtung der Spulenachse 1. Man benutzt diesen Zusammenhang, um die Theorie der Einphasensynchron- und Induktionsmaschinen auf die der Drehstrommaschinen zurückzuführen.

c) Die Reaktanzen des Volltrommelläufers

Natürlich gilt Gl. (11.06) auch beim Übergang zur komplexen Darstellung. Einem Strom $\Im$ entspricht dann ein komplexer Flußvektor $\mathfrak{F}$, so daß

$$\mathfrak{F} = w \Lambda \Im. \quad (11.15)$$

Zu beachten ist dabei noch, daß $\mathfrak{F}$ dem Effektivwert des Flußvektors entspricht.

Ist nun ein Drehstromsystem mit den Strömen $\Im_1$, $\Im_2$ und $\Im_3$ vorhanden, so gehören dazu die drei komplexen Flüsse $\mathfrak{F}_1$, $\mathfrak{F}_2$ und $\mathfrak{F}_3$. In einer Spule mit der Spulenachse in der Richtung ξ entsteht dann ein resultierender Fluß

$$\mathfrak{F}_\xi = \mathfrak{F}_1 \cos \xi + \mathfrak{F}_2 \cos(120° - \xi) + \mathfrak{F}_3 \cos(120° + \xi). \quad (11.16)$$

c) Die Reaktanzen des Volltrommelläufers

Genauso wie die Ströme in ihre symmetrischen Komponenten zerlegt werden können, so ist dies wegen Gl. (11.15) auch mit den Feldern möglich. An Stelle von Gl. (11.16) tritt dann

$$\left.\begin{array}{l}\mathfrak{F}_\xi = \mathfrak{F}^0[\cos\xi + \cos(\xi - 120°) + \cos(\xi - 240°)] + \\ \quad + \mathfrak{F}'[\cos\xi + a^2\cos(\xi - 120°) + a\cos(\xi - 240°)] + \\ \quad + \mathfrak{F}''[\cos\xi + a\cos(\xi - 120°) + a^2\cos(\xi - 240°)].\end{array}\right\} \quad (11.17)$$

Man erkennt, daß der Einfluß der Nullkomponente auf das resultierende Feld verschwindet. Bei einer symmetrischen Drehstromwicklung heben sich die Wirkungen der Nullkomponenten der drei Ströme auf das Hauptfeld auf. Das schließt natürlich nicht aus, daß die Nullkomponenten bei den Streufeldern wirksam bleiben. Bei einer Drehstrommaschine mit stromlosem Läufer wird daher die Nullreaktanz stets viel kleiner sein als die Mit- oder die Gegenreaktanz.

In dem restlichen Teil der rechten Seite von Gl. (11.17) drücken wir die Cosinusfunktionen durch Exponentialfunktionen aus und erhalten

$$\begin{aligned}\mathfrak{F}_\xi = &\frac{1}{2}[e^{j\xi} + a^2 e^{j(\xi-120°)} + a\, e^{j(\xi-240°)} + \\ &+ e^{-j\xi} + a^2 e^{-j(\xi-120°)} + a\, e^{-j(\xi-240°)}]\,\mathfrak{F}' + \\ &+ \frac{1}{2}[e^{j\xi} + a\, e^{j(\xi-120°)} + a^2 e^{+j(\xi-240°)} + \\ &+ e^{-j\xi} + a\, e^{-j(\xi-120°)} + a^2 e^{-j(\xi-240°)}]\,\mathfrak{F}''\end{aligned}$$

oder wenn man die Exponentialfunktionen von $j \cdot 120°$ und $j \cdot 240°$ durch a bzw. a^2 ausdrückt

$$\begin{aligned}\mathfrak{F}_\xi = &\frac{1}{2}\mathfrak{F}'[e^{j\xi}(1 + a + a^2) + e^{-j\xi}(1 + a^3 + a^3)] + \\ &+ \frac{1}{2}\mathfrak{F}''[e^{j\xi}(1 + a^3 + a^3) + e^{-j\xi}(1 + a + a^2)]\end{aligned}$$

und schließlich

$$\mathfrak{F}_\xi = \frac{3}{2}\mathfrak{F}'\, e^{-j\xi} + \frac{3}{2}\mathfrak{F}''\, e^{j\xi}. \quad (11.18)$$

In einer Spule mit der Achsenrichtung ξ und der Windungszahl w_ξ wird dann eine Spannung

$$\mathfrak{U}_\xi = -w_\xi\, j\, \omega\, \mathfrak{F}_\xi \quad (11.19)$$

induziert. Setzen wir für ξ der Reihe nach 0, 120° und 240°, so erhalten wir die in den Drehstromwicklungen 1, 2 und 3 induzierten Spannungen mit

$$\left.\begin{array}{l}\mathfrak{U}_1 = -\dfrac{3}{2}j\,\omega\,w\,\mathfrak{F}' - \dfrac{3}{2}j\,\omega\,w\,\mathfrak{F}'', \\ \mathfrak{U}_2 = -\dfrac{3}{2}j\,\omega\,a^2\,w\,\mathfrak{F}' - \dfrac{3}{2}j\,\omega\,a\,w\,\mathfrak{F}'', \\ \mathfrak{U}_3 = -\dfrac{3}{2}j\,\omega\,a\,w\,\mathfrak{F}' - \dfrac{3}{2}j\,\omega\,a^2\,w\,\mathfrak{F}''\end{array}\right\} \quad (11.20)$$

und wenn wir schließlich die Ströme einführen

$$\mathfrak{U}_1 = -\frac{3}{2}\,\mathrm{j}\,\omega\,w^2\,\Lambda\,\mathfrak{J}' - \frac{3}{2}\,\mathrm{j}\,\omega\,w^2\,\Lambda\,\mathfrak{J}'',$$

$$\mathfrak{U}_2 = -\frac{3}{2}\,\mathrm{j}\,\omega\,a^2\,w^2\,\Lambda\,\mathfrak{J}' - \frac{3}{2}\,\mathrm{j}\,\omega\,a\,w^2\,\Lambda\,\mathfrak{J}'',$$

$$\mathfrak{U}_3 = -\frac{3}{2}\,\mathrm{j}\,\omega\,a\,w^2\,\Lambda\,\mathfrak{J}' - \frac{3}{2}\,\mathrm{j}\,\omega\,a^2\,w^2\,\Lambda\,\mathfrak{J}''.$$

Auch hier können noch Faktoren hinzutreten, welche die Ausführung der Wicklungen berücksichtigen. Wir nehmen aber an, daß auch diese Faktoren durch entsprechende Wahl von Λ berücksichtigt werden. Bestimmen wir die symmetrischen Komponenten der Spannung, so folgt

$$\boxed{\mathfrak{U}^0 = 0,} \tag{11.21}$$

$$\boxed{\mathfrak{U}' = -\frac{3}{2}\,\mathrm{j}\,\omega\,w^2\,\Lambda\,\mathfrak{J}'} \tag{11.22}$$

und

$$\boxed{\mathfrak{U}'' = -\frac{3}{2}\,\mathrm{j}\,\omega\,w^2\,\Lambda\,\mathfrak{J}'',} \tag{11.23}$$

so daß also das Hauptfeld der Volltrommelmaschine die symmetrische Reaktanz

$$\boxed{X'_H = X''_H = \frac{3}{2}\,\omega\,w^2\,\Lambda} \tag{11.24}$$

liefert, während

$$\boxed{X^0_H = 0} \tag{11.25}$$

ist. Ist in jeder Phase noch eine entsprechende Streuimpedanz X_σ vorgeschaltet, so gilt für die gesamten symmetrischen Reaktanzen

und

$$\left.\begin{aligned} X' &= X_\sigma + X'_H, \\ X'' &= X_\sigma + X''_H \\ X^0 &= X_\sigma. \end{aligned}\right\} \tag{11.26}$$

d) Unsymmetrische Wicklungen

Man kann in ähnlicher Weise auch den Fall behandeln, daß die Windungszahlen der drei Wicklungen ungleich sind, also z.B. w_1, w_2 und w_3. Dann ist

$$\mathfrak{F}_1 = w_1\,\Lambda\,\mathfrak{J}_1, \quad \mathfrak{F}_2 = w_2\,\Lambda\,\mathfrak{J}_2, \quad \mathfrak{F}_3 = w_3\,\Lambda\,\mathfrak{J}_3. \tag{11.27}$$

d) Unsymmetrische Wicklungen

Die symmetrischen Komponenten der Felder werden

$$\mathfrak{F}^0 = \frac{1}{3}(w_1 \mathfrak{J}_1 + w_2 \mathfrak{J}_2 + w_3 \mathfrak{J}_3)$$

$$= \frac{1}{3} \Lambda [(w_1 + w_2 + w_3) \mathfrak{J}^0 + (w_1 + a^2 w_2 + a w_3) \mathfrak{J}' + (w_1 + a w_2 + a^2 w_3) \mathfrak{J}''],$$

so daß, wenn wir

$$\left. \begin{array}{l} \dfrac{1}{3}(w_1 + w_2 + w_3) = w^0, \\[4pt] \dfrac{1}{3}(w_1 + a^2 w_2 + a w_3) = w', \\[4pt] \dfrac{1}{3}(w_1 + a w_2 + a^2 w_3) = w'' \end{array} \right\} \qquad (11.28)$$

setzen,

$$\mathfrak{F}^0 = \Lambda(w^0 \mathfrak{J}^0 + w' \mathfrak{J}' + w'' \mathfrak{J}'').$$

In ähnlicher Weise finden wir

$$\mathfrak{F}' = \Lambda(w'' \mathfrak{J}^0 + w^0 \mathfrak{J}' + w' \mathfrak{J}'')$$

und

$$\mathfrak{F}'' = \Lambda(w' \mathfrak{J}^0 + w'' \mathfrak{J}' + w^0 \mathfrak{J}'').$$

Damit finden wir nun nach Gl. (11.20)

$$\mathfrak{U}_1 = -\frac{3}{2} j \omega w_1 \Lambda (w'' \mathfrak{J}^0 + w^0 \mathfrak{J}' + w' \mathfrak{J}'') -$$
$$- \frac{3}{2} j \omega w_1 \Lambda (w' \mathfrak{J}^0 + w'' \mathfrak{J}' + w^0 \mathfrak{J}'')$$

und

$$\mathfrak{U}_1 = -\frac{3}{2} j \omega w_1 \Lambda [\mathfrak{J}^0 (w' + w'') + \mathfrak{J}' (w^0 + w'') + \mathfrak{J}'' (w^0 + w')],$$

so daß ebenso

$$\mathfrak{U}_2 = -\frac{3}{2} j \omega w_2 \Lambda [\mathfrak{J}^0 (a w' + a^2 w'') + \mathfrak{J}' (a w'' + a^2 w^0) +$$
$$+ \mathfrak{J}''(a^2 w' + a w^0)]$$

und

$$\mathfrak{U}_3 = -\frac{3}{2} j \omega w_3 \Lambda [\mathfrak{J}^0 (a w'' + a^2 w') + \mathfrak{J}' (a w^0 + a^2 w'') +$$
$$+ \mathfrak{J}''(a w' + a^2 w^0)].$$

Bildet man nun die symmetrischen Komponenten der Spannungen, so erhält man

$$\mathfrak{U}^0 = -j \omega \frac{\Lambda}{6} [2 \mathfrak{J}^0 (w_1^2 + w_2^2 + w_3^2 - w_1 w_2 - w_2 w_3 - w_1 w_3) +$$
$$+ \mathfrak{J}'(2 w_1^2 + 2 a^2 w_2^2 + 2 a w_3^2 + a w_1 w_2 + w_2 w_3 + a^2 w_1 w_3) +$$
$$+ \mathfrak{J}''(2 w_1^2 + 2 a w_2^2 + 2 a^2 w_3^2 + a^2 w_3 w_2 + w_2 w_3 + a w_1 w_2)],$$

$$\mathfrak{U}' = -j \omega \frac{\Lambda}{6} [\mathfrak{J}^0 (2 w_1^2 + 2 a w_2^2 + 2 a^2 w_3^2 + a w_1 w_2 + w_2 w_3 + a w_1 w_3) +$$
$$+ \mathfrak{J}'(2 w_1^2 + 2 w_2^2 + 2 w_3^2 + w_1 w_2 + w_2 w_3 + w_3 w_1) +$$
$$+ 2 \mathfrak{J}''(w_1^2 + a^2 w_2^2 + a w_3^2 - a w_1 w_2 - w_2 w_3 - a^2 w_1 w_2)]$$

und
$$\mathfrak{U}'' = -j\omega \frac{\Lambda}{6} \times$$
$$\times [\mathfrak{J}^0 (2w_1^2 + 2a^2 w_3 + 2a w_3^2 + a w_1 w_2 + w_2 w_3 + a^2 w_1 w_3) + \\ + 2\mathfrak{J}' (w_1^2 + a^2 w_2^2 + a w_3^2 - a^2 w_1 w_2 - w_2 w_3 - 2a w_1 w_3) + \\ + \mathfrak{J}'' (2w_1^2 + 2w_2^2 + 2w_3^2 + w_1 w_2 + w_1 w_2 + w_3 w_1)]. \quad (11.29)$$

Wie zu erwarten, handelt es sich bei ungleichen Windungszahlen nicht mehr um ein symmetrisches Drehstromnetz. Die Kreise der einzelnen Komponenten sind nicht mehr unabhängig voneinander.

e) Ausgeprägte Pole

Wir wenden uns nunmehr den Drehfeldmaschinen mit ausgeprägten Polen zu, wobei wir so wie oben zunächst annehmen, daß der Läufer keine Wicklungen hat, bzw. daß die Läuferwicklungen keinen Strom führen. Wir legen unseren Betrachtungen wieder eine zweipolige Maschine zugrunde, da ebenso wie bei den Volltrommelmaschinen die Erweiterung auf mehrpolige Maschinen nicht mehr verlangt, als daß für jede Wicklung die Gesamtwindungszahl einer Phase eingesetzt wird. Die Wirkung der ausgeprägten Pole besteht nun darin, daß die magnetische Leitfähigkeit Λ des Luftspaltes längs des Umfanges nicht mehr konstant ist, sondern sich periodisch ändert. Der Wert an einer bestimmten Stelle und daher auch in einer bestimmten Spulenachse, hängt von der Stellung des Läufers ab. Wir nehmen nun an, daß der Läufer mit einer Winkelgeschwindigkeit ω_L rotiert. Die Läuferachse, das ist die Symmetrieachse eines Polpaares, deckt sich zur Zeit $t = 0$ mit der Spulenachse 1 und schließt nach Abb. 177 nach der Zeit t mit ihr den Winkel $\omega_L t$ ein. Die magnetische Leitfähigkeit in der Richtung der Spulenachse 1 ändert sich periodisch und zwar wegen der Symmetrie des Läufers nach der Funktion

$$\Lambda = \Lambda_0 + \Lambda_1 \cos 2\omega_L t + \Lambda_2 \cos 4\omega_L t + \cdots. \quad (11.30)$$

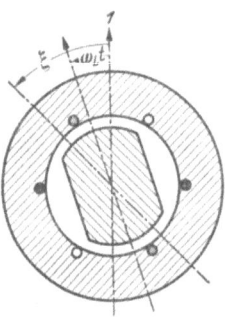

Abb. 177. Schematischer Schnitt durch eine 2polige Maschine mit ausgeprägten Polen

Das bei einer bestimmten Stellung des Läufers durch einen Gleichstrom erregte Feld wird natürlich nicht mehr genau sinusförmig längs des Umfanges verteilt sein. Wenn wir uns aber auf die Betrachtung der Grundwelle beschränken, so können wir ähnlich wie beim Volltrommelläufer mit Flußvektoren arbeiten, welche die Wirkung dieser Grundwelle darstellen. Ein Wechselstrom $i = \hat{I} \cos(\omega t - \delta)$ in der Spule 1 bewirkt einen Flußvektor

$$\varphi = w \Lambda i = w \hat{I} \cos(\omega t - \delta) [\Lambda_0 + \Lambda_1 \cos 2\omega_L t + \Lambda_2 \cos 4\omega_L t + \cdots].$$

e) Ausgeprägte Pole

Je nach dem Verhältnis von ω_L zu ω kann dieser Fluß sehr verschiedenen zeitlichen Verlauf aufweisen. Der für die Anwendung wichtigste und überwiegend interessierende Fall ist der des synchronen Laufes, wenn nämlich $\omega_L = \omega$. Dann gilt

$$\varphi = w\,\hat{I}\,\Lambda_0 \cos(\omega t - \delta) + w\,\hat{I}\,\Lambda_1 \cos(\omega t - \delta) \cos 2\omega t + $$
$$+ w\,\hat{I}\,\Lambda_2 \cos(\omega t - \delta) \cos 4\omega t + \cdots$$

oder

$$\varphi = w\,\Lambda_0\,\hat{I} \cos(\omega t - \delta) +$$
$$+ w\,\frac{\Lambda_1}{2}\,\hat{I}\,[\cos(\omega t + \delta) + \cos(3\omega t - \delta)] +$$
$$+ w\,\frac{\Lambda_2}{2}\,\hat{I}\,[\cos(3\omega t + \delta) + \cos(5\omega t - \delta)] + \cdots$$

oder

$$\varphi = w\,\hat{I}\left[\Lambda_0 \cos\omega t \cos\delta + \frac{\Lambda_1}{2}\cos\omega t \cos\delta + \Lambda_0 \sin\omega t \sin\delta - \right.$$
$$\left. - \frac{\Lambda_1}{2}\sin\omega t \sin\delta\right] + w\,\hat{I}\left[\frac{\Lambda_1}{2}\cos(3\omega t - \delta) +\right.$$
$$\left.+ \frac{\Lambda_2}{2}\cos(3\omega t + \delta) + \frac{\Lambda_2}{2}\cos(5\omega t - \delta) + \cdots\right]$$

oder

$$\varphi = w\,\hat{I}\left[\left(\Lambda_0 + \frac{\Lambda_1}{2}\right)\cos\delta \cos\omega t + \left(\Lambda_0 - \frac{\Lambda_1}{2}\right)\sin\delta \sin\omega t\right] + \cdots. \quad (11.31)$$

Die Grundwelle von φ setzt sich also aus zwei Anteilen zusammen, nämlich einem Anteil

$$\varphi_d = w\,\hat{I}\left(\Lambda_0 + \frac{\Lambda_1}{2}\right)\cos\delta \cos\omega t, \quad (11.32)$$

den man den Längsfluß nennt, denn er kann gedacht werden als von einem Strom

$$i_d = \hat{I}\cos\delta \cos\omega t \quad (11.33)$$

erzeugt, der seinen Scheitelwert $\hat{I}\cos\delta$ gerade dann erreicht, wenn die Längsachse des Läufers mit der Spulenachse übereinstimmt. (Der allgemein für die Längsrichtung gebrauchte Index d stammt von der englischen Bezeichnung direct axis.) Der zweite Anteil der Grundwelle des Flusses, das ist der Querfluß

$$\varphi_q = w\,\hat{I}\left(\Lambda_0 - \frac{\Lambda_1}{2}\right)\sin\delta \sin\omega t, \quad (11.34)$$

wird von einem Strom

$$i_q = \hat{I}\sin\delta \sin\omega t \quad (11.35)$$

erzeugt, der seinen Scheitelwert $\hat{I}\sin\delta$ dann erreicht, wenn die Längsachse des Läufers mit der Spulenachse 90° einschließt oder was dasselbe ist, wenn sich die Querachse des Läufers mit der Spulenachse deckt. Da nun im Zeitpunkt $\omega t = \delta$, also dann wenn der Strom in der Spule seinen

11. Das Drehfeld

Höchstwert $\hat{I}$ erreicht, die Längsachse mit der Spulenachse den Winkel δ, die Querachse den Winkel $\frac{\pi}{2} - \delta$ einschließt, so kann man die Gln. (11.33) und (11.35) so ausdrücken, daß man sagt, der Strom $\Im$ in der Spule wird in zwei Komponenten, nämlich eine Längskomponente

$$\Im_d = \Im \cos \delta \, e^{j\delta} \tag{11.36}$$

und eine Querkomponente

$$\Im_q = -j \, \Im \sin \delta \, e^{j\delta} \tag{11.37}$$

zerlegt.

Für die beiden Richtungen gelten verschiedene magnetische Leitfähigkeiten, nämlich die Längsleitfähigkeit

$$\Lambda_d = \Lambda_0 + \frac{\Lambda_1}{2} \tag{11.38}$$

und die Querleitfähigkeit

$$\Lambda_q = \Lambda_0 - \frac{\Lambda_1}{2}. \tag{11.39}$$

Wir können jetzt den komplexen Flußvektor, der durch den Strom $\Im$ hervorgerufen wird, in der Form

$$\mathfrak{F} = w \, \Im_d \Lambda_d + w \, \Im_q \Lambda_q \tag{11.40}$$

darstellen. Für den durch die Wicklungen der drei Phasen hervorgerufenen Fluß in der Richtung ξ gelten wieder Gl. (11.16) und der Anteil des Mitsystems von Gl. (11.18). Nur für das Mitsystem ist die relative Lage des Läufers zur Spulenachse durch denselben Winkel δ bestimmt, wenn der Strom in der Wicklung seinen Höchstwert erreicht. Wir beschränken uns daher zunächst auf ein Mitsystem von Strömen, dann ist

$$\mathfrak{F}_\xi = \left(\frac{3}{2} w \, \Im'_d \Lambda_d + \frac{3}{2} w \, \Im'_q \Lambda_q\right) e^{-j\xi}, \tag{11.41}$$

d. h. es entsteht ein mitlaufendes konstantes Drehfeld von der Größe

$$\hat{\Phi} = \frac{3}{2} w (\hat{I}'_d \Lambda_d + \hat{I}'_q \Lambda_q). \tag{11.42}$$

Im Falle des Volltrommelläufers verschwinden Λ_1, Λ_2 usw. und dann wird

$$\Lambda_d = \Lambda_q = \Lambda, \tag{11.43}$$

so daß aus Gl. (11.41) wegen Gl. (11.36) und Gl. (11.37)

$$\mathfrak{F}_\xi = \frac{3}{2} w \, \Im' \Lambda \, e^{-j\xi} \tag{11.44}$$

wird. In beiden Fällen haben wir es mit konstanten Drehfeldern zu tun. Der Unterschied liegt nur darin, daß im Falle des Läufers mit ausgeprägten Polen das Drehfeld kleiner ist (unter der Voraussetzung gleichen Höchstwertes von Λ in beiden Fällen), und daß die momentane Richtung

e) Ausgeprägte Pole

des Vektors des Drehfeldes gegen die Längsachse des Läufers zu verschieben ist.

In Abb. 178 ist versucht, die Zusammenhänge schematisch darzustellen. Es ist angenommen, daß der Strom in der Spule 1 gerade seinen Scheitelwert erreicht. Beim Volltrommelläufer würde dann der Höchstwert des Drehfeldes in die Richtung der Spulenachse zeigen, sowie dies in der Figur mit $\mathfrak{J}$ angedeutet ist. Beim Läufer mit Polen eilt dessen Längsachse um den Winkel δ vor. Der Strom $\mathfrak{J}$ ist entsprechend den Gln. (11.36) und (11.37) in zwei Komponenten $\mathfrak{J}_d$ und $\mathfrak{J}_q$ zerlegt. Der Maßstab für die Flüsse ist so gewählt, daß $\mathfrak{F}_d$ durch den gleichen Pfeil dargestellt ist wie $\mathfrak{J}_d$. Dann muß $\mathfrak{F}_q$ kleiner gezeichnet werden als $\mathfrak{J}_q$ und der resultierende Fluß $\mathfrak{F}$ eilt vor gegenüber $\mathfrak{J}$.

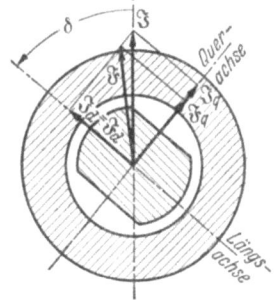

Abb. 178. Drehfeld beim Läufer mit ausgeprägten Polen

Wir haben von Gl. (11.31) an die höheren Harmonischen des Flusses nicht mehr berücksichtigt. Wir können dies jetzt zum Teil rechtfertigen. Die Harmonischen mit der Frequenz 3ω stellen ein Nullsystem dieser Frequenz dar. Sie ergeben daher keinen Anteil im Hauptfeld. Die höheren Harmonischen können daher erst von der Frequenz 5ω an wirksam werden. Diese Harmonischen treten nur mit geringer Amplitude auf und werden außerdem durch Wirbelströme sehr stark gedämpft.

Die beiden verschiedenen Leitfähigkeiten in Gl. (11.41) führen zu verschiedenen Reaktanzen für die Längs- und Querkomponente der Ströme. Ähnlich wie in den Gln. (11.20) erhalten wir

$$\mathfrak{U}_1 = -j\,\omega\,\frac{3}{2}\,w^2\,(\Lambda_d \mathfrak{J}_d + \Lambda_q \mathfrak{J}_q) \tag{11.45}$$

usw.

Daraus folgt die Längsreaktanz für das Mitsystem mit

$$X'_{Hd} = \frac{3}{2}\,\omega\,w^2\,\Lambda_d \tag{11.46}$$

und die Querreaktanz

$$X'_{Hq} = \frac{3}{2}\,\omega\,w^2\,\Lambda_q. \tag{11.47}$$

Man kann nun versuchen, aus Gl. (11.45) eine resultierende Mitreaktanz X'_H herzuleiten, indem man für $\mathfrak{J}_d$ und $\mathfrak{J}_q$ nach den Gln. (11.36) und (11.37) einsetzt. Man findet so

$$\left.\begin{aligned}X'_H &= \frac{3}{2}\,\omega\,w^2\,e^{j\delta}\,(\Lambda_d \cos\delta - j\,\Lambda_q \sin\delta)\\ \text{oder}&\\ X'_H &= \frac{3}{2}\,\omega\,w^2\,[\Lambda_d \cos^2\delta + \Lambda_q \sin^2\delta + j\sin\delta\cos\delta\,(\Lambda_d - \Lambda_q)].\end{aligned}\right\} \tag{11.48}$$

11. Das Drehfeld

Setzt man für Λ_d und Λ_q nach den Gln. (11.38) und (11.39) ein, so folgt

$$X'_H = \frac{3}{2}\omega w^2 \left[\Lambda_0 + \frac{\Lambda_1}{2}(\cos 2\delta + j\sin 2\delta)\right]. \qquad (11.49)$$

Die resultierende Mitreaktanz des Hauptfeldes hängt beim Läufer mit ausgeprägten Polen von der Phasenlage des Stromes ab und ist im allgemeinen keine reine Reaktanz.

Einer besonderen Betrachtung bedarf das Gegensystem. Wohl gilt für jede Phase die Beziehung Gl. (11.31), aber während beim Mitsystem die relative Lage der Längs- und der Querachse zu den Spulenachsen erhalten bleibt, ist dies für das Gegensystem nicht der Fall. Wir müssen daher wieder auf Gl. (11.30) zurückgehen und finden für die Teilfelder für $\omega_L = \omega$

$$\left.\begin{array}{l} \varphi_1 = w\hat{I}\cos(\omega t - \delta)(\Lambda_0 + \Lambda_1 \cos 2\omega t + \cdots), \\ \varphi_2 = w\hat{I}\cos(\omega t - \delta + 120°)[\Lambda_0 + \Lambda_1 \cos(2\omega t - 240°) + \cdots], \\ \varphi_3 = w\hat{I}\cos(\omega t - \delta - 120°)[\Lambda_0 + \Lambda_1 \cos(2\omega t + 240°) + \cdots]. \end{array}\right\} \quad (11.50)$$

Dabei ist in dem Vorzeichen des Winkels 120° in dem ersten Cosinusglied von φ_2 und φ_3 berücksichtigt, daß es sich um ein Gegensystem handelt. In dem Ausdruck für die magnetische Leitfähigkeit bleibt aber das gleiche Vorzeichen wie bei einer Rechnung für das Mitsystem, da ja der Läufer im Sinne des Mitsystems rotiert.

Die Zusammenfassung der Winkelfunktionen liefert

$$\varphi_1 = w\hat{I}\left[\Lambda_0 \cos(\omega t - \delta) + \frac{\Lambda_1}{2}\cos(3\omega t - \delta) + \frac{\Lambda_1}{2}\cos(\omega t + \delta) + \cdots\right],$$

$$\varphi_2 = w\hat{I}\left[\Lambda_0 \cos(\omega t - \delta + 120°) + \frac{\Lambda_1}{2}\cos(3\omega t - \delta - 120°) + \right.$$
$$\left. + \frac{\Lambda_1}{2}\cos(\omega t + \delta) + \cdots\right],$$

$$\varphi_3 = w\hat{I}\left[\Lambda_0 \cos(\omega t - \delta - 120°) + \frac{\Lambda_1}{2}\cos(3\omega t - \delta + 120°) + \right.$$
$$\left. + \frac{\Lambda_1}{2}\cos(\omega t + \delta) + \cdots\right].$$

Multiplizieren wir der Reihenfolge nach mit $\cos\xi$, $\cos(\xi - 120°)$ und $\cos(\xi + 120°)$ und addieren, so erhalten wir für das Wechselfeld in der Richtung ξ

$$\varphi_\xi = \frac{3}{2}w\hat{I}\left[\Lambda_0 \cos(\omega t - \delta + \xi) + \frac{\Lambda_1}{2}\cos(3\omega t - \delta - \xi) + \cdots\right]. \quad (11.51)$$

Beschränken wir uns wieder auf die Grundwelle, so finden wir für die Gegenreaktanz des Hauptfeldes

$$X''_H = \frac{3}{2}\omega w^2 \Lambda_0. \qquad (11.52)$$

Die Gegenreaktanz für die Grundwelle ist beim Läufer mit ausgeprägten Polen im allgemeinen weder gleich der Längs- noch der Querreaktanz und auch nicht gleich der resultierenden Mitreaktanz.

12. Die Induktionsmaschine

a) Drehfelder relativ zum Ständer und relativ zum Läufer

Die Drehstrominduktionsmaschinen weisen im Ständer eine Dreiphasenwicklung und im Läufer eine symmetrische Mehrphasenwicklung auf. In allen Fällen läßt sich die Läuferwicklung in ihrer Wirkung durch eine Dreiphasenwicklung ersetzen, so daß es genügt, wenn wir eine solche Ausführung unseren Betrachtungen zugrunde legen. Wir müssen zunächst die Wirkung der Läuferströme untersuchen.

Als Bezugsachse im Raum benutzen wir wieder die Spulenachse der Spule 1 des Ständers. Die Achse der Läuferspule 1 rotiert dann mit der Winkelgeschwindigkeit ω_L des Läufers. Zum Zeitpunkt $t = 0$ schließen die beiden Achsen den Winkel ψ miteinander ein, so daß der jeweilige Winkel zwischen den beiden Achsen dem Gesetz $\omega_L t + \psi$ folgt. Betrachten wir jetzt eine Richtung, die mit der festen Ständerachse den Winkel ξ einschließt, so ist (Abb. 179) der Winkel zwischen dieser Richtung und der Läuferachse

$$\gamma = \xi - \omega_L t - \psi. \quad (12.01)$$

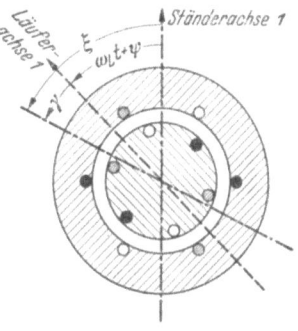

Abb. 179. Schematischer Schnitt durch eine Induktionsmaschine

Fließt nun im Läufer ein Drehstrom, dessen Komponenten die Effektivwerte I_s^0, I_s' und I_s'' mit einer Frequenz ω_s und den Phasenwinkeln φ' und φ'' aufweisen, so wird relativ zum Läufer ein Feld entstehen, welches in der Richtung γ nach Gl. (11.13)

$$\varphi_\gamma = \frac{3}{2} w_s \Lambda \sqrt{2} [I_s' \cos(\omega_s t - \varphi' - \gamma) + I_s'' \cos(\omega_s t - \varphi'' + \gamma)] \quad (12.02)$$

ist.

Das Feld der Nullkomponente verschwindet, wie in Kap. 11 gezeigt, bei sinusförmiger Feldverteilung der einzelnen Stränge. Ersetzt man in Gl. (12.02) γ durch die rechte Seite von Gl. (12.01), so erhalten wir das in der Richtung ξ relativ zum Ständer wirksame Feld mit

$$\varphi_\xi = \frac{3}{2} w_s \Lambda \sqrt{2} \{I_s' \cos[(\omega_s + \omega_L) t - \varphi' + \psi - \xi] + \\ + I_s'' \cos[(\omega_s - \omega_L) t - \varphi'' - \psi + \xi]\}. \quad (12.03)$$

Auch vom Ständer aus gesehen entstehen durch den Läuferstrom Drehfelder, und zwar ein mitlaufendes und ein gegenlaufendes. Sie weisen aber verschiedene Umlaufgeschwindigkeiten auf. Dementsprechend werden auch in den Ständerwicklungen Spannungen verschiedener Frequenz induziert.

Mit Hilfe von Gl. (12.01) können wir aber jetzt auch die Wirkung des vom Ständerstrom erzeugten Feldes auf die Läuferwicklung betrachten und finden aus Gl. (11.13) für das relativ zum Läufer geltende Feld der Ständerströme I'_p und I''_p

$$\varphi_\gamma = 3\omega_p \Lambda \sqrt{2} \{ I'_p \cos[(\omega_p - \omega_L)t - \varphi' - \psi - \gamma] + \\ + I''_p \cos[(\omega_p + \omega_L)t + \varphi'' + \psi + \gamma]\}. \quad (12.04)$$

Mitsystem und Gegensystem erzeugen also in der anderen Wicklung Spannungen und damit Ströme verschiedener Frequenzen, so daß eine Untersuchung des allgemeinen Falles sehr kompliziert wird. In den normalen Fällen sind jedoch Voraussetzungen erfüllt, welche eine wesentliche Vereinfachung mit sich bringen, nämlich, daß die Maschine selbst symmetrisch ausgeführt ist, daß sie nur von der Ständerwicklung her gespeist wird, und daß der Läuferkreis ein symmetrisches Drehstromnetz bildet. Die im Läuferkreis wirksamen Spannungen stammen dann nur vom Feld des Ständers, d.h. in ihm sind nur die durch Gl. (12.04) bestimmten Frequenzen $(\omega_p - \omega_L)$ und $(\omega_p + \omega_L)$ wirksam.

Man nennt
$$s = \frac{\omega_p - \omega_L}{\omega_p} \quad (12.05)$$

den *Schlupf* des Läufers. Er verschwindet, wenn $\omega_L = \omega_p$, er ist gleich 1, wenn der Läufer stillsteht. Lassen wir bei der Frequenz des speisenden Netzes, also bei ω_p, den Index p weg, so können wir schreiben

$$\omega_L = (1-s)\omega. \quad (12.06)$$

Nach Gl. (12.04) entsteht durch das Mitsystem im Läufer eine Spannung der Frequenz $s\omega$ und durch das Gegensystem eine Spannung der Frequenz $(2-s)\omega$. Wegen der Symmetrie des Läuferkreises besteht daher im Läufer ein Mitsystem mit der Frequenz $s\omega$ und ein Gegensystem mit $(2-s)\omega$. Setzen wir in Gl. (12.03) ω_s beim Mitsystem gleich $s\omega$, beim Gegensystem gleich $(2-s)\omega$, so erhalten wir für das Feld des Läuferstromes relativ zum Ständer

$$\varphi_\xi = \frac{3}{2} w_s \Lambda \sqrt{2} \{ I'_s \cos(\omega t - \varphi' + \psi - \xi) + \\ + I''_s \cos(\omega t - \varphi'' - \psi + \xi)\}, \quad (12.07)$$

d.h. nun, jedes der Systeme des Ständers erzeugt im Läufer ein System, dessen Rückwirkung auf den Ständer nur in dem ursprünglichen System

b) Das Mitsystem in Ständer und Läufer   157

wirksam wird, oder mit anderen Worten, Mit- und Gegensysteme bleiben voneinander unabhängig. Wir betonen, daß dieser Satz nur unter den oben angegebenen Voraussetzungen gilt.

Wir können jetzt die Komponentenschaltbilder und die zugehörigen Spannungsgleichungen für die Induktionsmaschine aufstellen. Nach Abb. 180 umfaßt der Ständerkreis den Ständerwiderstand R_p, die Ständerstreuung $X'_{\sigma p}$ und die Hauptreaktanz X'_{Hp}, die sich nach Gl. (11.24)

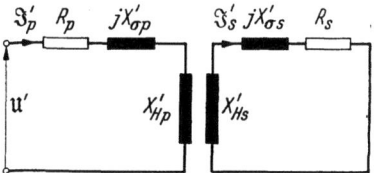

Abb. 180. Schaltbild des Mitsystems der Induktionsmaschine

berechnet. Im Läuferkreis finden wir die Läuferhauptreaktanz X'_{Hs}, die ebenfalls nach Gl. (11.24) berechnet werden kann, wobei jedoch für ω und w Werte des Läufers eingesetzt werden müssen, ferner die Läuferstreureaktanz $X'_{\sigma s}$ und den Läuferwiderstand R_s.

b) Das Mitsystem in Ständer und Läufer

Das Hauptfeld wird vom Ständer und Läufer zusammen erzeugt. Wir erhalten für das Hauptfeld zwei verschiedene Darstellungen je nachdem, ob wir es vom Ständer oder vom Läufer aus betrachten. Vom Ständer aus gesehen erzeugt der Ständerstrom $\mathfrak{I}'_p$ nach Gl. (11.13) ein Feld

$$\varphi_{pp} = \frac{3}{2} w_p \Lambda \sqrt{2}\, I'_p \cos(\omega t - \varphi'_p - \xi). \tag{12.08}$$

Der komplexe Momentanwert $\mathfrak{f}_{pp}$ dieses Feldes ist

$$\mathfrak{f}_{pp} = \frac{3}{2} w_p \Lambda \sqrt{2}\, \mathfrak{I}'_p\, e^{j\omega t}\, e^{-j\xi}. \tag{12.09}$$

In gleicher Weise erhalten wir für das vom Läufer stammende Feld, bezogen auf den Ständer

$$\mathfrak{f}_{ps} = \frac{3}{2} w_s \Lambda \sqrt{2}\, \mathfrak{I}'_s\, e^{j\omega t}\, e^{j\psi}\, e^{-j\xi}. \tag{12.10}$$

Andererseits ist das vom Läuferstrom erzeugte Feld vom Läufer aus gesehen

$$\mathfrak{f}_{ss} = \frac{3}{2} w_s \Lambda \sqrt{2}\, \mathfrak{I}'_s\, e^{js\omega t}\, e^{-j\gamma} \tag{12.11}$$

und das vom Ständer stammende

$$\mathfrak{f}_{sp} = \frac{3}{2} w_p \Lambda \sqrt{2}\, \mathfrak{I}'_p\, e^{js\omega t}\, e^{-j\gamma}\, e^{-j\psi}. \tag{12.12}$$

Beziehen wir alles auf die jeweilige Phase 1, dann verschwinden ξ und γ. Um die vom Ständer oder vom Läufer aus betrachteten Felder addieren bzw. subtrahieren zu können, ist es notwendig, daß die beiden Anteile

12. Die Induktionsmaschine

auf dieselbe Achse bezogen werden. Nun schließen aber die Spulenachsen 1 den Winkel ψ miteinander ein. An Stelle von $\mathfrak{f}_{ps}$ müssen wir dann $\mathfrak{f}_{ps}e^{-j\psi}$ heranziehen und an Stelle von $\mathfrak{f}_{sp}$ das Produkt $\mathfrak{f}_{sp}e^{j\psi}$. Daher ist das resultierende Feld vom Ständer aus gesehen und auf die Ständerachse 1 bezogen

$$\mathfrak{f}_p = \frac{3}{2} \varLambda \sqrt{2} e^{j\omega t} (w_p \mathfrak{J}'_p - w_s \mathfrak{J}'_s), \tag{12.13}$$

in gleicher Weise folgt für dasselbe Feld vom Läufer aus gesehen und auf die Läuferachse 1 bezogen

$$\mathfrak{f}_s = \frac{3}{2} \varLambda \sqrt{2} e^{js\omega t} (w_p \mathfrak{J}'_p - w_s \mathfrak{J}'_s). \tag{12.14}$$

Wir können also das Hauptfeld durch den Zeiger

$$\mathfrak{F} = \frac{3}{2} \varLambda \sqrt{2} (w_p \mathfrak{J}'_p - w_s \mathfrak{J}'_s) \tag{12.15}$$

ausdrücken, und die beiden Darstellungen unterscheiden sich dann nur durch die Faktoren $e^{j\omega t}$ und $e^{js\omega t}$.

Durch $\mathfrak{F}$ wird im Ständer eine Spannung

$$\mathfrak{u}'_p = \frac{3}{2} \varLambda \sqrt{2} w_p j\omega (w_p \mathfrak{J}'_p - w_s \mathfrak{J}'_s) e^{j\omega t} \tag{12.16}$$

induziert und im Läufer

$$\mathfrak{u}'_s = \frac{3}{2} \varLambda \sqrt{2} w_s j s\omega (w_p \mathfrak{J}'_p - w_s \mathfrak{J}'_s) e^{js\omega t}. \tag{12.17}$$

Ist

$$X'_H = w_p^2 \frac{3}{2} \varLambda \sqrt{2} \omega, \tag{12.18}$$

so ist die Spannung

$$\mathfrak{U}'_p = j X'_H \left(\mathfrak{J}'_p - \frac{w_s \mathfrak{J}'_p}{w_p} \right) = j X'_H (\mathfrak{J}'_p - \mathfrak{\bar{J}}'_s) \tag{12.19}$$

und

$$\mathfrak{\bar{J}}'_s = \frac{w_s \mathfrak{J}'_s}{w_p} \tag{12.20}$$

stellt den auf den Ständer reduzierten Läuferstrom dar. Anderseits ist der Zeiger der im Läufer induzierten Spannung

$$\mathfrak{U}'_s = j \frac{w_s}{w_p} s X'_H (\mathfrak{J}' - \mathfrak{\bar{J}}'_s)$$

also

$$\mathfrak{U}'_s = \frac{w_s}{w_p} s \mathfrak{U}'_p. \tag{12.21}$$

Die im Läufer induzierte Spannung unterscheidet sich also von der im Ständer induzierten nicht nur um das Übersetzungsverhältnis w_s/w_p, sondern auch um den Faktor s.

b) Das Mitsystem in Ständer und Läufer

Wir verfügen nun über alle Beziehungen, um die Spannungsgleichung entsprechend der Abb. 180 aufzustellen. Für den Ständerkreis gilt

$$\mathfrak{U}' = \mathfrak{I}'_p(R_p + j X'_{\sigma p}) + j X'_H (\mathfrak{I}'_p - \mathfrak{I}'_s) \tag{12.22}$$

und für den Läufer

$$0 = \mathfrak{I}'_s(R_s + j s X'_{\sigma s}) - j \frac{w_s}{w_p} s X'_H (\mathfrak{I}'_p - \mathfrak{I}'_s). \tag{12.23}$$

Der Faktor s bei der sekundären Streureaktanz $X'_{\sigma s}$ stammt davon, daß $X'_{\sigma s} = \omega L_{\sigma s}$ ist, also bei der Betriebsfrequenz ω bestimmt wird. Da aber $\mathfrak{I}'_s$ die Frequenz $s\omega$ aufweist, so vermindert sich die Reaktanz auf $s X'_{\sigma s}$. Um Gl. (12.23) auf den Ständer zu beziehen, multiplizieren wir mit $w_p/s w_s$ und erhalten

$$0 = \mathfrak{I}'_s \frac{w_s}{w_p} \left[\frac{R_s}{s} \frac{w_p^2}{w_s^2} + j X'_{\sigma s} \frac{w_p^2}{w_s^2} \right] - j X'_H (\mathfrak{I}'_p - \mathfrak{I}'_s)$$

oder

$$0 = \mathfrak{I}'_s \left[\bar{R}_s \frac{1}{s} + j \bar{X}'_{\sigma s} \right] - j X'_H (\mathfrak{I}'_p - \mathfrak{I}'_s). \tag{12.24}$$

Jetzt können wir die beiden Kreise vereinigen und erhalten das Ersatzschaltbild Abb. 181. Wir sind damit zu denselben Beziehungen gekommen, die wir zu Ende des Kap. 4 hergeleitet haben.

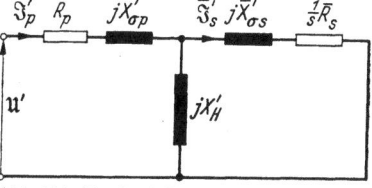

Abb. 181. Ersatzschaltbild des Mitsystems der Induktionsmaschine

Teilt man den Widerstand $\bar{R}_s/s$ in die beiden Summanden $\bar{R}_s$ und $\frac{1-s}{s} \bar{R}_s$, so stellt das Produkt $\bar{R}_s (\bar{I}_s)^2$ die Verluste einer Phase im Läuferkreis dar. Da aber $\frac{1-s}{s} \bar{R}_s (\bar{I}_s)^2$ ebenfalls eine Wirkleistung ist und in den Läuferkreis je Phase die Summe der beiden Teile übertragen wird, so kann $3 \frac{1-s}{s} \bar{R}_s (\bar{I}_s)^2$ nur die vom Läufer mechanisch abgegebene Leistung sein, also

$$P = 3 \frac{1-s}{s} \bar{R}_s (\bar{I}_s)^2. \tag{12.25}$$

Andererseits muß diese Leistung gleich dem Produkt aus der Winkelgeschwindigkeit ω_L und dem abgegebenen Drehmoment M sein, so daß

$$P = \omega_L M = (1-s) \omega M, \tag{12.26}$$

woraus also mit Gl. (12.25)

$$M = 3 \frac{\bar{R}_s (\bar{I}_s)^2}{s \omega}. \tag{12.27}$$

Bei einer Maschine mit $2p$ Polen tritt noch der Faktor p hinzu, da ω_L die Winkelgeschwindigkeit des Läufers der zweipoligen Maschine darstellt, und die $2p$-polige Maschine die Winkelgeschwindigkeit ω_L/p aufweist.

Mit Hilfe von Gl. (12.27) läßt sich aus dem Kreisdiagramm der Verlauf des Drehmomentes über dem Schlupf bzw. über der Drehzahl herleiten.

c) Das Gegensystem

Wenn wir jetzt unsere Betrachtungen auf das Gegensystem erstrecken, so müssen wir bloß in den Formeln s durch $(2-s)$ ersetzen. Das Gegensystem erzeugt im Läufer ein symmetrisches, gegenläufiges Drehstromsystem mit der Frequenz $(2-s)\omega$, und dieses bewirkt im Ständer wieder ein Gegensystem mit der Frequenz ω. An die Stelle von Gl. (12.22) tritt dann

$$\mathfrak{U}'' = \mathfrak{I}_p''(R_p + j X_{\sigma p}) + j X_H''(\mathfrak{I}_p'' - \mathfrak{I}_s''), \qquad (12.28)$$

während an die Stelle von Gl. (12.24)

$$0 = \mathfrak{I}_s''\left(\frac{1}{2-s}\bar{R}_s + j \bar{X}_{\sigma s}''\right) - j X_H''(\mathfrak{I}_p'' - \mathfrak{I}_s'') \qquad (12.29)$$

tritt. Die Reaktanzen für Mit- und Gegensystem sind einander gleich, so daß wir auf eine Unterscheidung verzichten können. Das Ersatzschaltbild Abb. 181 gilt somit auch für das Gegensystem, wenn wir $\bar{R}_s/s$ durch $\bar{R}_s/(2-s)$ ersetzen, so daß das Schaltbild Abb. 182 entsteht. Bei dem Drehmoment ist noch zu beachten, daß dieses entgegengesetzt dem des Mitsystems wirkt, so daß also für das Gegensystem

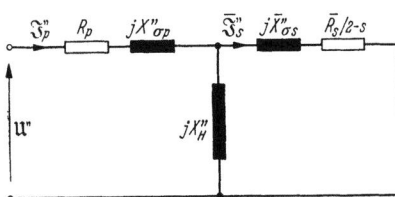

Abb. 182. Ersatzschaltbild des Gegensystems der Induktionsmaschine

$$M'' = -3 \frac{\bar{R}_s (\bar{I}_s'')^2}{(2-s)\omega} \qquad (12.29\text{a})$$

gilt.

Im allgemeinen ist $X_H' = X_H''$ groß gegen $\bar{X}_{\sigma s}' = \bar{X}_{\sigma s}''$ und $\bar{R}_s$, so daß man die Differenz $\mathfrak{I}_p - \mathfrak{I}_s$ vernachlässigen kann. Man erhält dann aus Abb. 181 und 182 die beiden Schaltbilder Abb. 183.

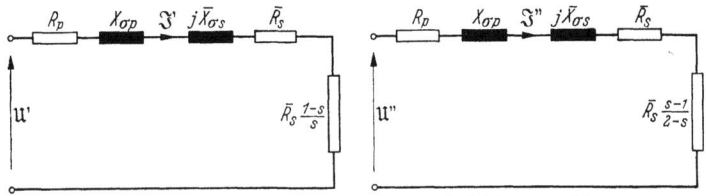

Abb. 183. Komponentenschaltbilder der Induktionsmaschine

Wir haben in Kap. 11 schon gezeigt, daß in einer symmetrischen Drehfeldmaschine das Hauptfeld keine Nullkomponente aufweist. Daher wird bei der Induktionsmaschine durch das Nullsystem des Ständers keine Spannung und kein Strom im Läufer erzeugt. Die Hauptreaktanz des Nullsystems X_H^0 verschwindet, d.h. für die Nullkomponente besteht das Schaltbild nur aus dem Ständerwiderstand R_p und der Ständerstreureaktanz $X_{\sigma p}$, d.h. es gilt stets

$$\mathfrak{U}^0 = (R_p + j X_{\sigma p}) \mathfrak{J}^0. \tag{12.30}$$

d) Einpolige Unterbrechung

Wir sind jetzt in der Lage, das Verhalten der Induktionsmaschine bei unsymmetrischer Speisung zu untersuchen. Ein typischer Fall ist der, bei dem die Speisung einer Ständerphase unterbrochen ist. Dies kommt in der Praxis häufig bei Motoren, die durch Sicherungen geschützt sind, vor, wenn nämlich nur eine der Sicherungen durchschmilzt. Ist die Phase 1 unterbrochen, dann liegt die Schaltung nach Abb. 184 vor. Wenn der Nullpunkt nicht angeschlossen ist, so ist stets $\mathfrak{J}^0 = 0$. Ferner gilt

$$\mathfrak{J}_2 + \mathfrak{J}_3 = 0 \tag{12.31}$$

und daher

$$\mathfrak{J}' a + \mathfrak{J}'' a^2 + \mathfrak{J}' a^2 + \mathfrak{J}'' a = 0$$

oder

$$\mathfrak{J}' = -\mathfrak{J}''. \tag{12.32}$$

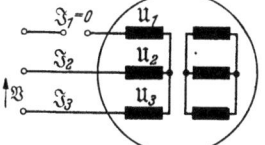

Abb. 184. Induktionsmaschine, bei der die Speisung einer Phase unterbrochen ist

Zwischen den Klemmen der angeschlossenen Phasen liegt die verkettete Spannung

$$\mathfrak{V} = j \sqrt{3}\, \mathfrak{U} = \mathfrak{U}_3 - \mathfrak{U}_2$$

oder nach Einführung der symmetrischen Komponenten

$$\mathfrak{V} = a \mathfrak{U}' + a^2 \mathfrak{U}'' - a^2 \mathfrak{U}' - a \mathfrak{U}'' = (a - a^2)(\mathfrak{U}' - \mathfrak{U}'')$$

oder

$$\mathfrak{U}' - \mathfrak{U}'' = \mathfrak{U}. \tag{12.33}$$

Zur Lösung des Gleichungssystems der Gln. (12.32) und (12.33) müssen wir also die beiden symmetrischen Impedanzen, welche die Induktions-

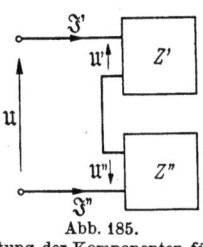

Abb. 185.
Schaltung der Komponenten für einphasig gespeiste Induktionsmaschinen

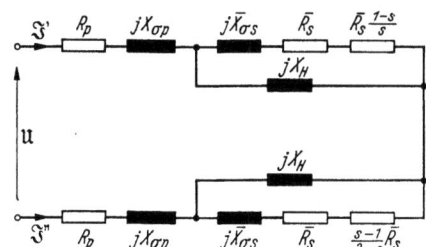

Abb. 186. Komponentenschaltbild der einphasig gespeisten Induktionsmaschine

maschine ersetzen, in Reihe an die Spannung $\mathfrak{U}$ legen, wie dies schematisch Abb. 185 und ausführlich Abb. 186 zeigen. Daraus kann man alle interessierenden Größen berechnen. Vernachlässigt man den Magnetisierungsstrom, d.h. setzt $X_H = \infty$, so läßt sich das Schaltbild zu Abb. 187 vereinfachen. Die beiden Widerstände, welche die mechanische Leistung ergeben, dürfen wir dabei zu einem vereinigen, da wegen Gl.(12.32) $|\mathfrak{J}'|^2 = |\mathfrak{J}''|^2$ ist. Es ist

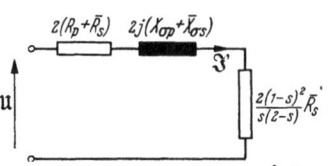

$$\bar{R}_s \frac{1-s}{s} + \bar{R}_s \frac{s-1}{2-s} = \frac{2(1-s)^2}{s(2-s)} \bar{R}_s$$

und damit nach Gl.(12.27) das Drehmoment

$$M = \frac{6(1-s)}{s(2-s)} \frac{\bar{R}_s}{\omega} |\mathfrak{J}'|^2. \quad (12.34)$$

Abb. 187. Vereinfachtes Komponentenschaltbild der einphasig gespeisten Induktionsmaschine

Man erkennt daraus, daß für $s = 1$ der Motor kein Drehmoment entwickelt. Er kann also nicht anlaufen. Bei kleinem Schlupf ist das Drehmoment immer positiv, d.h. der Motor läuft weiter, wenn er einmal läuft oder wenn z.B. die Unterbrechung der einen Phase während des Laufes geschieht und das Drehmoment der Last nicht zu groß ist.

e) Kusaschaltung

Ein anderes Beispiel einer unsymmetrischen Speisung bietet uns die sogenannte Kusa-Schaltung. Kusa ist die Abkürzung für Kurzschlußmotor und Sanftanlauf. Dabei wird einer Phase ein Widerstand vorgeschaltet, wie dies Abb. 188 zeigt. Liefert das Netz eine symmetrische Drehstromspannung $\mathfrak{U}$, dann gelten die Gleichungen

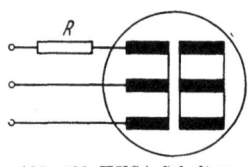

Abb. 188. KUSA-Schaltung

$$\left.\begin{array}{l} \mathfrak{U} = \mathfrak{U}_0 + R(\mathfrak{J}' + \mathfrak{J}'') + Z'\mathfrak{J}' + Z''\mathfrak{J}'', \\ a^2\mathfrak{U} = \mathfrak{U}_0 + a^2 Z'\mathfrak{J}' + a Z''\mathfrak{J}'', \\ a\mathfrak{U} = \mathfrak{U}_0 + a Z'\mathfrak{J}' + a^2 Z''\mathfrak{J}''. \end{array}\right\} \quad (12.35)$$

Dabei ist angenommen, daß der Sternpunkt nicht angeschlossen ist, und daß $\mathfrak{U}_0$ die Verlagerungsspannung des Sternpunktes darstellt. Subtrahieren wir die zweite bzw. die dritte Gleichung von der ersten, so gelangen wir zu

$$\mathfrak{U}(1-a^2) = R(\mathfrak{J}' + \mathfrak{J}'') + Z'\mathfrak{J}'(1-a^2) + Z''\mathfrak{J}''(1-a)$$

und

$$\mathfrak{U}(1-a) = R(\mathfrak{J}' + \mathfrak{J}'') + Z'\mathfrak{J}'(1-a) + Z''\mathfrak{J}''(1-a^2). \quad (12.36)$$

Subtrahieren wir diese beiden Gleichungen voneinander, so bleibt

$$\mathfrak{U}(a - a^2) = Z'\mathfrak{J}'(a - a^2) - Z''\mathfrak{J}''(a - a^2)$$

oder

$$\mathfrak{U} = Z'\mathfrak{J}' - Z''\mathfrak{J}''. \quad (12.37)$$

a) Stationärer Betrieb, Dauerkurzschlußstrom

Multiplizieren wir die zweite Gleichung von Gl. (12.36) mit $(1 + a)$ und ziehen sie von der ersten ab, so bleibt

$$0 = R\,(\Im' + \Im'') + 3Z''\,\Im''. \qquad (12.38)$$

Die beiden Gln. (12.37) und (12.38) lassen sich jetzt in einem Komponentenschaltbild vereinigen, wie es Abb. 189 zeigt. Ersetzt man in dem Schaltbild die Impedanzen Z' und Z'' durch die Impedanzen der Induktionsmaschine, wobei man der Einfachheit halber wieder den Magne-

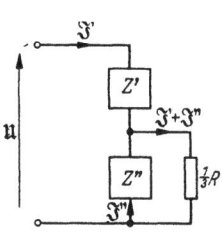

Abb. 189. Komponentenschaltbild der KUSA-Schaltung

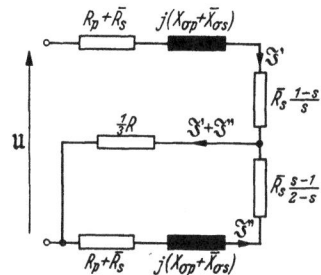

Abb. 190. Komponentenschaltbild der KUSA-Schaltung

tisierungsstrom vernachlässigt, so kommt man zu dem Schaltbild Abb. 190. Man erkennt daraus folgendes. Wäre $R = 0$, dann wäre kein Gegenstrom $\Im''$ vorhanden. Wir haben die normal gespeiste Maschine vor uns. Durch die Einschaltung von R wird zunächst $\Im'$ geschwächt und weiterhin entsteht ein Gegenstrom $\Im''$, der ein Gegendrehmoment hervorruft, so daß das resultierende Drehmoment kleiner und damit ein sanfter Anlauf erzielt wird.

13. Synchronmaschinen

a) Stationärer Betrieb, Dauerkurzschlußstrom

Bei der Synchronmaschine dreht sich der Läufer mit einer Winkelgeschwindigkeit ω_L, die gleich ist der Kreisfrequenz des angeschlossenen Drehstromnetzes. Ein mitlaufendes Drehfeld ist dann ein konstantes magnetisches Feld gegenüber dem Läufer und induziert in ihm keine Spannung. Ein mitlaufendes Drehfeld wird auch vom Läufer her erzeugt, wenn dessen Wicklungen mit Gleichstrom gespeist werden. Fließt in der Ständerwicklung kein Strom, dann wird durch das vom Läufer gelieferte Drehfeld in dem Ständer ein Mitsystem $\mathfrak{U}'_L$ induziert. Man nennt diese Spannung die Leerlaufspannung der Maschine. Das vom Läufer stammende mitlaufende Feld ist in einer Volltrommelmaschine

$$\Phi' = \Lambda\,w_f\,I_f, \qquad (13.01)$$

wenn w_f die Windungszahl der Läuferwicklung (Erregerwicklung) und I_f der in dieser fließende Gleichstrom ist.

Vom Ständer aus gesehen ist das Feld durch den umlaufenden Vektor

$$\mathfrak{f}' = \sqrt{2}\, \Lambda\, w_f\, I_f\, e^{j\omega t} \tag{13.02}$$

gegeben und damit wird

$$\mathfrak{U}'_L = -j\,\omega\, \Lambda\, w_f\, I_f. \tag{13.03}$$

$\mathfrak{U}'_L$ erreicht in der Spule 1 seinen Höchstwert, wenn die Läuferachse um 90° gegen die Spulenachse voreilt (Abb. 191), denn in diesem Zeitpunkt zeigt das Feld in der Spulenachse 1 seine größte negative Änderung.

Wird die Maschine mit einem symmetrischen Drehstrom $\mathfrak{J}'$ belastet, so erzeugt dieser Strom Spannungen im Ständerwiderstand R, im Ständerblindwiderstand X_σ, und es entsteht ein mitlaufendes Drehfeld im Luftspalt, das sich dem des Läufers überlagert. Ist die Maschine ungesättigt, dann können wir die auf diese Weise von $\mathfrak{J}'$ hervorgerufenen Spannungen mit $\mathfrak{U}'_L$ zur Klemmenspannung der Maschine zusammensetzen. So ist

$$\mathfrak{U}' = \mathfrak{U}'_L - (R + j X_\sigma)\,\mathfrak{J}' - j X_H \mathfrak{J}' \tag{13.04}$$

oder

$$\mathfrak{U}' = \mathfrak{U}'_L - (R + j X')\,\mathfrak{J}', \tag{13.05}$$

wobei

$$X' = X_\sigma + X_H. \tag{13.06}$$

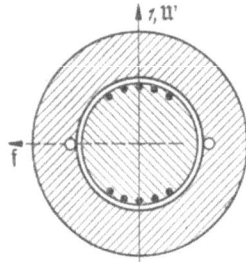

Abb. 191. Lage von Läuferachse zur Spulenachse 1 beim Scheitelwert von $\mathfrak{U}'_L$

Die Maschine läßt sich durch eine Stromquelle mit der Leerlaufspannung $\mathfrak{U}'_L$ und der inneren Impedanz $R + j X'$ ersetzen. Ist die Maschine gesättigt, dann ist es notwendig, den Ständerstrom in zwei Komponenten, nämlich in die Längskomponente

$$\mathfrak{J}'_d = \mathfrak{J}' \sin\psi \tag{13.07}$$

und die Querkomponente

$$\mathfrak{J}'_q = -j\,\mathfrak{J}' \cos\psi, \tag{13.08}$$

zu zerlegen, wobei ψ der Winkel zwischen $\mathfrak{U}'_L$ und $\mathfrak{J}'$ ist. Wir bemerken, daß der Winkel ψ das Komplement des Winkels δ in Kap. 11 ist, denn dort haben wir den Winkel zwischen $\mathfrak{J}'$ und der Läuferachse d mit δ bezeichnet. Der Scheitelwert von $\mathfrak{J}'_d$ ist mit dem Erregerstrom I_f zu einem resultierenden Strom zusammenzusetzen und der resultierende Strom ergibt dann entsprechend Gl. (13.03) die an Stelle von $\mathfrak{U}'_L$ tretende Spannung $\overline{\mathfrak{U}}'_L$. In Gl. (13.04) bleibt dann nur noch der von $\mathfrak{J}'_q$ stammende Anteil des Ständerdrehfeldes, so daß wir

$$\mathfrak{U}' = \overline{\mathfrak{U}}'_L - (R + j X_\sigma)\,\mathfrak{J}' - j X_H \mathfrak{J}'_q \tag{13.09}$$

a) Stationärer Betrieb, Dauerkurzschlußstrom

schreiben können. Die Zerlegung in Längs- und Querkomponente des Ständerstromes wird besonders dann notwendig, wenn es sich nicht mehr um eine Volltrommelmaschine, sondern um eine Maschine mit ausgeprägten Polen handelt, wenn also auch die Hauptreaktanz X_H in der Längs- und Querrichtung verschieden ist. In diesem Falle ist es unter Umständen zweckmäßig, an Stelle der bisher behandelten symmetrischen Komponenten die sogenannten $\alpha - \beta - 0$-Komponenten zu verwenden, welche im Kap. 22 behandelt werden. Wir wollen uns in diesem Kapitel daher auf Volltrommelmaschinen ohne Berücksichtigung der Sättigung beschränken und bemerken, daß die Anwendung dieser Behandlung auf Maschinen mit ausgeprägten Polen und mit Sättigung nur zu näherungsweise gültigen Ergebnissen führen kann.

Belasten wir die Maschine mit einem unsymmetrischen Netz, dann entsteht auch ein Gegensystem des Stromes $\mathfrak{J}''$ im Ständer. Dieser Strom ruft nun ein gegenlaufendes Drehfeld hervor, und dieses induziert im Läufer eine Spannung der doppelten Frequenz also mit 2ω. Enthält der Läufer nur eine einfache Erregerwicklung, so wird in dieser ein Wechselstrom $\mathfrak{J}''_f$ fließen, der seinerseits ein mit dem Läufer mitrotierendes Wechselfeld der Frequenz 2ω erzeugt. Wir können dieses Wechselfeld in zwei Drehfelder halber Amplitude zerlegen, die beide gegenüber dem Läufer mit der Frequenz 2ω umlaufen. Das positiv rotierende läuft dann gegenüber dem Ständer mit der Frequenz 3ω um und erzeugt in ihm Spannungen der dreifachen Grundfrequenz. Ist der Ständer in Dreieck geschaltet, dann ergibt sich ein Strom dreifacher Frequenz, welcher das mitlaufende Drehfeld weitgehend aufhebt, so daß wir seine Wirkung vernachlässigen können. Ist der Ständer in Stern geschaltet, so können Ströme dreifacher Frequenz in ihm nur entstehen, wenn der Sternpunkt über eine genügend kleine Impedanz angeschlossen ist. Andernfalls bleiben die Spannungen dreifacher Frequenz bestehen und bewirken eine Verzerrung der Ständerspannung, sofern nicht entsprechende Ströme im Läufer diese Spannungsverzerrung wieder kompensieren.

Das gegenläufige Drehfeld des Läuferstromes läuft gegen den Ständer mit der Frequenz ω um und setzt sich mit dem vom Ständerstrom stammenden Drehfeld zu einem resultierenden gegenläufigen Drehfeld

$$\mathfrak{F}'' = \Lambda \left(\frac{3}{2} w_p \mathfrak{J}'' - w_f \frac{\mathfrak{J}''_f}{2} \right)$$

oder

$$\mathfrak{F}'' = \frac{3}{2} \Lambda w_p \left(\mathfrak{J}'' - \frac{1}{2} \overline{\mathfrak{J}}''_f \right) \tag{13.10}$$

zusammen, wenn

$$\overline{\mathfrak{J}}''_f = \frac{2}{3} \frac{w_f}{w_p} \mathfrak{J}''_f \tag{13.11}$$

der auf den Ständer reduzierte Läuferwechselstrom ist.

Für das Gegensystem im Ständer gilt mit

$$X_H = \frac{3}{2} w_p^2 \Lambda \omega \qquad (13.12)$$

$$-\mathfrak{U}'' = j X_H \left(\mathfrak{J}'' - \frac{1}{2} \mathfrak{J}_f''\right) + (R + j X_\sigma) \mathfrak{J}''. \qquad (13.13)$$

$$-\mathfrak{U}_s'' = j \frac{w_f}{w_p} X_H \left(\mathfrak{J}'' - \frac{1}{2} \mathfrak{J}_f''\right) \qquad (13.14)$$

ist die im Läufer durch das Drehfeld induzierte Spannung, für welche ferner gilt

$$-\mathfrak{U}_s'' = (R_f + j X_f) \mathfrak{J}_f''. \qquad (13.15)$$

Es ist daher

$$-\mathfrak{U}'' = \frac{w_p}{w_f}(R_f + j X_f) \mathfrak{J}_f'' + (R + j X_\sigma) \mathfrak{J}''$$

oder

$$-\mathfrak{U}'' = \left(\frac{w_p^2}{w_f^2} R_f + j \frac{w_p^2}{w_f^2} X_f\right) \frac{w_f}{w_p} \mathfrak{J}_f'' - (R + j X_\sigma) \mathfrak{J}''$$

und

$$-\mathfrak{U}'' = (\bar{R}_f + j \bar{X}_f) \bar{\mathfrak{J}}_f'' + (R + j X_\sigma) \mathfrak{J}''. \qquad (13.16)$$

Daraus läßt sich das Ersatzschaltbild Abb. 192 ableiten. Die Hauptreaktanz wird vom Strom $\left(\mathfrak{J}'' - \frac{1}{2} \mathfrak{J}_f''\right)$ durchflossen. Wenn $\frac{1}{2} \mathfrak{J}_f''$ in dem Sekundärkreis fließt, dann wird die gleiche Spannung in diesem erzeugt, wie beim ganzen Strom $\mathfrak{J}_f''$, wenn man dort die Impedanzen verdoppelt.

Mit den Gln. (13.05) und (13.16) können wir jetzt das Verhalten der Synchronmaschine ohne Dämpferwicklung im stationären Betrieb auch bei unsymmetrischer Belastung beschreiben. Gegebenenfalls ist noch die Gleichung

$$\mathfrak{U}^0 = -(R + j X_\sigma) \mathfrak{J}^0 \qquad (13.17)$$

für das Nullsystem hinzuzuziehen.

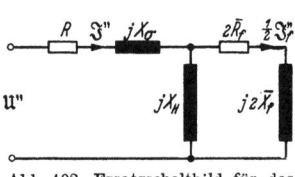

Abb. 192. Ersatzschaltbild für das Gegensystem der Synchronmaschine ohne Dämpferwicklung

Aus Gl. (13.16) erkennt man, daß eine unsymmetrische Belastung, also das Auftreten eines Stromes $\mathfrak{J}''$, Anlaß zu einer Gegenkomponente in der Spannung bildet, d. h. das im Leerlauf symmetrische Spannungssystem der Maschine wird stark verzerrt werden. Um dies zu vermeiden bzw. einzuschränken, versieht man die Maschinen mit Dämpferwicklungen. Das sind käfigartige Wicklungen ähnlich wie die Sekundärwicklungen von Asynchronmaschinen. Diese Dämpferwicklungen dienen bei Volltrommelmaschinen vor allem dazu, die Ausbildung des Gegensystems im Läufer vollständig zu ermöglichen.

Im stationären Zustand verhält sich die Synchronmaschine dann wie eine Asynchronmaschine mit dem Schlupf $s = 0$. Wir können die Gln.

(12.22) und (12.28) und die Ersatzschaltbilder Abb. 181 und 182 ohne weiteres anwenden und müssen nur für den Sekundärkreis die Werte der Dämpferwicklung einsetzen. Beim Mitsystem entfällt in dem Ersatzschaltbild der Sekundärkreis, da $\frac{1}{s}\bar{R}$ gegen ∞ geht. Im Gegensystem ist $\bar{R}/(2-s)$ durch $\bar{R}/2$ zu ersetzen.

Ein stationärer Zustand ist auch der Dauerkurzschluß der Synchronmaschine. Bei einem symmetrischen dreipoligen Kurzschluß ist die Größe des Dauerkurzschlußstromes durch die Reaktanz X' nach Gl. (13.06) bestimmt, und man nennt diese Reaktanz die synchrone Reaktanz der Maschine. Sie kann mit dem Kurzschlußversuch bestimmt werden. Schließt man die Maschine an ihren Klemmen kurz und erregt sie dabei mit einem Strom I_{fK}, so daß in den Wicklungen der Nennstrom $\Im_N'$ der Maschine fließt, so gilt nach den Gln. (13.05) und (13.03) bei vernachlässigtem Ständerwiderstand

$$X' I_N' = \omega \Lambda w_f I_{fK}. \tag{13.18}$$

Ist der für die Erregung auf eine Leerlaufspannung U_N' notwendige Erregerstrom I_{fL}, so daß also

$$U_N' = \omega \Lambda w_f I_{fL}, \tag{13.19}$$

so gilt

$$X' = \frac{U_N'}{I_N'} \frac{I_{fL}}{I_{fK}}. \tag{13.20}$$

Nennt man

$$X_N' = \frac{U_N'}{I_N'} \tag{13.21}$$

die Nennreaktanz der Maschine, so ist die bezogene Synchronreaktanz

$$x' = \frac{X'}{X_N'} = \frac{I_{fL}}{I_{fK}}, \tag{13.22}$$

also gleich dem Verhältnis des Leerlauferregerstromes zum Erregerstrom bei dreipoligem Kurzschluß mit Nennstrom.

b) Nichtstationärer Betrieb, Anfangs- und Übergangsreaktanz

Bei vielen Netzberechnungen interessiert nun nicht der Dauerkurzschlußstrom, sondern der Kurzschlußstrom, der beim plötzlichen Kurzschluß der Maschine entsteht. In der Maschine befinden sich nun Gleichfelder beträchtlicher Stärke mit hoher Selbstinduktivität, nämlich alle Felder, welche gegenüber dem Läufer ruhen, d.h. in erster Linie das durch die Erregerwicklung erzeugte Gleichfeld. Die große magnetische Trägheit dieses Feldes bewirkt nun besondere Erscheinungen. Ihre genaue Behandlung, die als Theorie des nichtstationären Betriebes der Synchronmaschinen bezeichnet wird, ist kompliziert und würde den Rahmen dieses Buches weit überschreiten. Für sie muß daher auf die Spezialliteratur verwiesen werden. In den folgenden Betrachtungen wollen wir versuchen, uns die dabei auftretenden Vorgänge verständlich zu machen. Die dabei gewonnenen Resultate stellen daher nur eine Näherung dar, die aber für sehr viele Zwecke durchaus ausreichend ist.

Bei einem symmetrischen dreipoligen Kurzschluß erzeugt das Mitsystem im Ständer ein mit dem Läufer umlaufendes Drehfeld, ist also von diesem aus gesehen ein Gleichfeld. Wir können also die Wirkung des Ständerstromes durch das plötzliche Auftreten eines Gleichstromes in einer mit der Läuferwicklung gekoppelten Wicklung ersetzen. Betrachten wir nun zwei solche gekoppelte Wicklungen nach Abb. 193, wobei die Wicklungen außer der gemeinsamen Induktivität L_f noch je eine Streuinduktivität L_σ und $L_{f\sigma}$ besitzen und die geschlossene Wicklung außerdem noch einen Widerstand R_f aufweist,

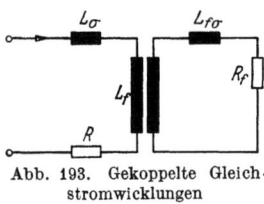

Abb. 193. Gekoppelte Gleichstromwicklungen

dann wird bei einem plötzlichen Auftreten eines Stromes I in der einen Wicklung in der anderen eine Spannung induziert werden, welche ihrerseits einen Strom i hervorruft. Dieser Strom wird im ersten Moment praktisch so groß sein wie I. Er wird aber diesen Wert nicht beibehalten, sondern exponentiell abklingen, und zwar um so schneller je größer R_f und je kleiner $L_{f\sigma}$ ist. Die Zeitkonstante für das Abklingen wird angenähert der Zeitkonstanten $T_f = R_f/L_{f\sigma}$ entsprechen. Nach einer gewissen Zeit wird also der Sekundärkreis seine Wirkung praktisch verloren haben und die Strom- und Spannungsverhältnisse im Primärkreis werden dann durch diesen allein bedingt sein, d. h. der primäre Gleichstrom wird dann nur mehr von der angelegten Spannung und dem primären Widerstand R abhängen. Die Kopplung zwischen den beiden Wicklungen ist also nur während Zeiten von der Größenordnung von T_f wirksam. Nachher könnte die Sekundärwicklung ebensogut offen sein oder es könnte der Widerstand R_f unendlich groß geworden sein.

Bei der Synchronmaschine gilt nun wegen der synchronen Drehzahl des Läufers eine ähnliche Entkopplung für das stationäre Mitsystem. Während wir bei plötzlichen Änderungen der Größe des Mitsystems einen Einfluß der Läuferwicklungen berücksichtigen müssen, tritt dieser Einfluß je nach den Zeitkonstanten dieser Wicklungen immer mehr zurück, bis die einzelnen Läuferwicklungen wirkungslos werden. Wir können uns diese Verhältnisse dadurch verständlich machen, daß wir in den einzelnen Läuferwicklungen die Widerstände nach Maßgabe der zugehörigen Zeitkonstanten unendlich groß werden lassen. Während im Fall der gekoppelten Gleichstromwicklungen die Reaktanz der Wicklung im Primärkreis nach der Entkopplung der Wicklungen ohne Einfluß auf die Größe des stationären Gleichstromes ist, wird jedoch im Fall der Syn-

b) Nichtstationärer Betrieb, Anfangs- und Übergangsreaktanz

chronmaschine die Reaktanz der Primärwicklung nach der Entkopplung erst recht wirksam werden, da sie ja von einem stationären *Wechselstrom* durchflossen wird.

Nach Abb. 194 ist die Primärwicklung der Synchronmaschine mit ihrer Streureaktanz X_σ über die Hauptreaktanz X_H mit der Dämpferwicklung mit $X_{D\sigma}$ und R_D und der Erregerwicklung mit $X_{f\sigma}$ und R_f gekoppelt. Bei Reduktion auf gleiche Windungszahlen lassen sich die Wicklungen zu einem Ersatzschaltbild Abb. 195 zusammenfassen. Im ersten

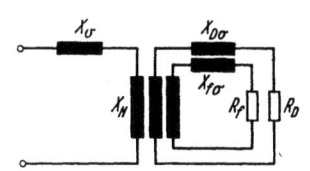

Abb. 194. Kopplung der Wicklungen einer Synchronmaschine

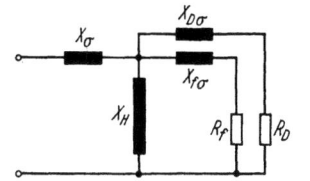

Abb. 195. Ersatzschaltbild der Synchronmaschine

Moment können wir die zunächst kleinen Widerstände vernachlässigen. Die wirksame Reaktanz wird dann aus der Reihenschaltung von X_σ mit der Parallelschaltung aus X_H, $X_{f\sigma}$ und $X_{D\sigma}$ gebildet. X_H ist sehr groß gegenüber $X_{f\sigma}$ und $X_{D\sigma}$. Im allgemeinen ist auch $X_{f\sigma}$ viel größer als $X_{D\sigma}$. Für die wirksame Reaktanz zu Beginn des Vorganges, die Anfangsreaktanz X_A, gilt dann angenähert

$$X_A = X_\sigma + X_{D\sigma}. \tag{13.23}$$

(Die Anfangsreaktanz wird in der Literatur vielfach subtransiente Reaktanz genannt und mit X'' bezeichnet, was wir hier wegen der Verwechslung mit der Gegenreaktanz vermeiden.)

Da R_D groß ist gegen R_f und $X_{D\sigma}$ klein gegen $X_{f\sigma}$, so ist die Zeitkonstante der Dämpferwicklung klein gegen alle anderen Zeitkonstanten, d.h. wir können uns vorstellen, daß R_D schnell von seinem Anfangswert auf so große Werte steigt, daß die Dämpferwicklung wirkungslos wird. Dann bleibt in der Parallelschaltung die Reaktanz $X_{f\sigma}$ wirksam, und wir erhalten die nunmehr den Strom bestimmende Übergangsreaktanz

$$X_B = X_\sigma + X_{\sigma f}, \tag{13.24}$$

(Die Übergangsreaktanz wird auch transiente Reaktanz genannt und mit X' bezeichnet.)

Nun wiederholt sich der Vorgang des Wachsens des maßgebenden Widerstandes, nämlich von R_f, so daß schließlich die Hauptreaktanz allein bleibt und die synchrone Reaktanz

$$X = X_\sigma + X_H \tag{13.25}$$

den Dauerkurzschlußstrom bestimmt.

Die Zeitspanne, während der die einzelnen Reaktanzen wirksam sind, läßt sich auf Grund der oben erwähnten Zeitkonstanten abschätzen. Sie beträgt bei großen Maschinen ungefähr 0,1 Sekunden für die Anfangsreaktanz und einige Sekunden für die Übergangsreaktanz. Für den Kurzschlußstrom erhält man einen Verlauf wie in Abb. 196 dargestellt. Dieser Verlauf gilt für eine Phase bei Kurzschluß im Zeitpunkt des Scheitelwertes der Spannung. Andernfalls kommt noch ein Gleichstromglied hinzu, welches die Anfangsbedingung $i = 0$ im Ständerstrom erzwingt.

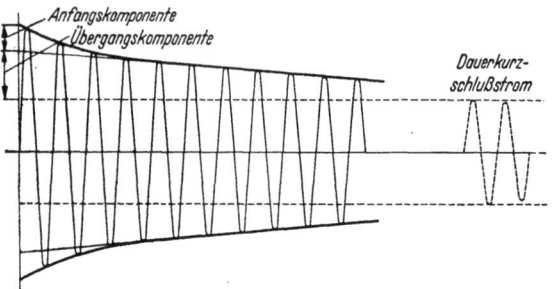

Abb. 196. Verlauf des symmetrischen Kurzschlußstromes

Dieses Gleichstromglied, das beim Zuschalten im Nulldurchgang der Spannung gleich dem Scheitelwert des anfänglichen Kurzschlußstromes werden kann, ist für die dynamische Beanspruchung der Maschine und der Leitungen maßgebend. Im ungünstigen Fall kann der aus Gleichstrom und Wechselstrom zusammengesetzte Höchstwert, der Stoßkurzschlußstrom, gleich dem 2,5fachen des Effektivwertes des Stoßkurzschluß-Wechselstromes werden.

Anfangsreaktanz, Übergangs- und Synchronreaktanz sind maßgebend für das Mitsystem. Das Gegensystem erzeugt keine Drehfelder, die dem Läufer gegenüber stillstehen, sondern die Gegendrehfelder bewegen sich gegen alle Läuferwicklungen. Der Effekt der sukzessiven Ausschaltung der Läuferwicklungen wird daher bei ihnen fehlen. Es bleibt die Parallelschaltung der auf den Ständer bezogenen Reaktanz nach Abb. 182 dauernd bestehen. Da nun $X_{D\sigma}$ die kleinste der parallel geschalteten Reaktanzen ist, so wird die Gegenreaktanz stets angenähert

$$X'' = X_\sigma + X_{D\sigma} \qquad (13.26)$$

sein.

Die Werte der genannten Reaktanzen sind für ausgeführte Maschinen großen Schwankungen unterworfen. Man findet sie entweder durch Berechnung aus den konstruktiven Daten der Maschine oder durch geeignete Messungen an ausgeführten Maschinen. Die Tab. 3 gibt einen Überblick über die Größenordnung der gefundenen Werte. Dabei sind diese Werte nach dem sogenannten „per unit-System" angegeben, d.h. statt der Werte in Ohm ist das Verhältnis zur Bezugsreaktanz X'_N nach Gl. (13.21)

a) Kurze und lange Leitungen, Verluste

Tabelle 3. *Typische Werte der Reaktanzen für Synchronmaschinen*

	x von bis	x_A von bis	x_B von bis	x'' von bis	x^0 von bis
Turbogeneratoren im Mittel	0,95 1,45 1,10	0,12 0,26 0,19	0,07 0,17 0,12	$= x_B$	0,01 0,14 0,03
Maschinen mit ausgeprägten Polen und Dämpferwicklung	0,60 1,45 1,10	0,20 0,51 0,33	0,13 0,35 0,22	$= x_B$	0,02 0,20 0,06
Maschinen mit ausgeprägten Polen ohne Dämpferwicklung	0,60 1,45 1,10	0,20 0,45 0,35	0,85 x_A	0,30 0,70 0,50	0,04 0,22 0,07
Phasenschieber	1,50 2,20 1,80	0,27 0,55 0,37	0,18 0,38 0,25	0,17 0,37 0,24	0,02 0,15 0,08

genannt. Es ist gebräuchlich, diese Verhältnisse durch die zugehörigen kleinen Buchstaben zu kennzeichnen.

Man sieht, daß die Werte sehr stark schwanken. Ganz besonders gilt dies für die Nullreaktanz, welche ja bei vollständig sinusförmiger Verteilung und enger Verkettung der Wicklungen fast verschwinden sollte. Sie hängt daher so sehr von der Ausführung der Wicklungen ab, daß die angegebenen Werte nur grobe Richtwerte darstellen können.

Schließlich sei noch auf den empirisch gefundenen Zusammenhang zwischen Anfangs- und Übergangsreaktanz hingewiesen, der durch die Gleichung

$$x_B = 0{,}02 + 1{,}4\, x_A \qquad (13.27)$$

dargestellt werden kann.

Für die üblichen Kurzschlußstromberechnungen, für die Auswahl der Schalter bzw. der Schutzeinrichtungen kann man im allgemeinen damit rechnen, daß der Schaltvorgang wegen der Eigenzeit der Relais und Schalter erst eintritt, wenn die Anfangskomponente des Stromes bereits verschwunden, der Dauerkurzschlußstrom aber noch nicht erreicht ist. In allen diesen Fällen wird man daher mit der Übergangsreaktanz für die Mitkomponente zu rechnen haben. Für die Gegenkomponente kommt auf alle Fälle die konstante, der Anfangsreaktanz angenähert gleiche Gegenreaktanz in Frage.

14. Die Mitimpedanzen von kurzen Freileitungen

a) Kurze und lange Leitungen, Verluste

Bei allen Vorgängen in Drehstromnetzen sind die Impedanzen der Freileitungen von ausschlaggebender Bedeutung. Da es sich um nicht rotierende Elemente handelt, so sind Mit- und Gegenimpedanzen grund-

14. Die Mitimpedanzen von kurzen Freileitungen

sätzlich gleich, während die Nullimpedanzen davon wesentlich abweichen können. Die Impedanzen setzen sich aus einem Wirkanteil entsprechend den Verlusten in der Leitung, einem induktiven Anteil durch das die Leitungen umgebende magnetische Feld und einem kapazitiven Anteil entsprechend dem elektrostatischen Feld zwischen den Leitern und der Erde zusammen. Da die Anordnung der einzelnen Leiter im allgemeinen weder zueinander noch zur Erde hin symmetrisch ist, so stellt im allgemeinen eine Drehstromleitung kein symmetrisches Netz dar, d. h. die einzelnen symmetrischen Komponenten beeinflussen sich gegenseitig. Aus Gründen des Betriebes ist man aber bestrebt, diese Einflüsse möglichst klein zu halten und trifft auch dementsprechende Maßnahmen, so daß man in sehr vielen Fällen ohne unzulässigen Fehler die Leitung durch ein symmetrisches Netz ersetzen kann.

Bei den Drehstromfreileitungen unterscheidet man zwischen *kurzen* und *langen* Leitungen je nach dem Einfluß der Kapazitäten. Unter einer kurzen Leitung versteht man dabei eine solche, bei der der kapazitive Strom über die gegenseitigen Kapazitäten zwischen den Leitern und zur Erde klein ist gegenüber dem in der Leitung fließenden Strom, so daß man den in der Leitung fließenden Strom längs der ganzen Länge der Leitung als konstant ansehen kann. Sofern überhaupt eine Berücksichtigung der kapazitiven Ströme notwendig ist, kann man die längs der Leitungslänge verteilten Kapazitäten dann durch konzentrierte Kapazitäten am Anfang oder Ende der Leitung ersetzen. Bei langen Leitungen ist es unter Umständen zweckmäßig und zulässig, an Stelle einer exakten Berücksichtigung der gleichmäßig verteilten Kapazitäten die Leitung in einzelne Abschnitte zu unterteilen, von denen man jeden als kurze Leitung behandeln kann, so daß die lange Leitung durch eine Vierpolkette mit einer mehr oder weniger großen Anzahl von Vierpolen ersetzt wird.

Der Wirkanteil der Impedanzen stammt aus dem OHMschen Widerstand der Leitung, aus Ableitungsverlusten über die Isolation gegen Erde und aus den Strahlungsverlusten durch die Korona bei den ganz hohen Spannungen. Die Ableitungsverluste können praktisch immer vernachlässigt werden, eine Berücksichtigung der Koronaverluste ist nur in Sonderfällen notwendig. Obwohl sie in ihrem Verhalten nicht linear sind, da sie von der Höhe der Spannung abhängen, stellt man sie durch passende OHMsche Widerstände zwischen den Leitern und gegen Erde dar. Normalerweise genügt für die Bestimmung des Wirkanteiles der Impedanzen die Berücksichtigung der OHMschen Verluste. Diese hängen nicht nur vom Leitermaterial sondern auch von der Ausführung des Leiters als Massivdraht oder als Seil und von der Frequenz ab. Bei den für Drehstromleitungen verwendeten Querschnitten und wegen der Ausführung der größeren Querschnitte als Seil, kann man den Einfluß der Stromverdrängung bei der Frequenz von 50 Hz unberücksichtigt lassen,

a) Kurze und lange Leitungen, Verluste

wenn man sich so wie bei den Berechnungen mit symmetrischen Komponenten auf die Verhältnisse bei der Grundschwingung beschränkt und nichtmagnetische Leiterwerkstoffe verwendet. Bei Seilen ist die Verlängerung des einzelnen Teilleiters durch den schraubenförmigen Verlauf des Teilleiters zu berücksichtigen. Die Verlängerung kann bis zu 2% betragen. In den Tabellen über den OHMschen Widerstand der üblichen Seile ist dieser Einfluß aber bereits berücksichtigt. Das Gleiche gilt für die Stromverdrängung bei magnetischem Leiterwerkstoff, so daß sich eine zusätzliche Berechnung dieses Einflusses erübrigt.

Als Leiterwerkstoffe kommen Kupfer, Aluminium und Stahl in Frage, die letzten beiden Werkstoffe auch in Verbindung in der Form der Stahl-Aluminium-Seile, wobei das Aluminium die Stromführung praktisch allein übernimmt und das in dem Inneren des hohlen Aluminiumseiles liegende Stahlseil die mechanische Festigkeit vergrößert.

Die elektrischen Eigenschaften von Kupfer und Aluminium für Leitungen sind durch Normen vorgeschrieben. Man rechnet bei Kupfer:

Spezifischer Widerstand $\varrho = 1/57 = 0{,}01745\ \Omega\ \text{mm}^2/\text{m}$ bei 20° mit einem Temperaturkoeffizienten bezogen auf 20° von

$$\alpha = \frac{1}{255} = 4{,}08 \cdot 10^{-3}/\text{grad}.$$

Die entsprechenden Werte für Aluminium sind:

$$\varrho = \frac{1}{36} = 0{,}02778\ \Omega\ \text{mm}^2/\text{m} \text{ bei } 20°,$$

$$\alpha = \frac{1}{270} = 3{,}70 \cdot 10^{-3}/\text{grad}.$$

Je nach dem Reinheitsgrad und der Bearbeitung können die spezifischen Widerstände auch größer sein, so daß man am sichersten nach den Werten der Tabellen rechnet (Tab. 8, S. 340). In vielen Fällen ist es aber notwendig, die Temperaturerhöhung im Betriebe zu berücksichtigen. Es ist dabei nicht zweckmäßig, die höchstzulässige Temperatur zugrunde zu legen, da diese nur in Sonderfällen tatsächlich erreicht sein wird. Wenn keine besonderen Angaben vorliegen, kann man mit einer mittleren Temperatur von 50° rechnen. Die in den Tabellen normalerweise für 20° angegebenen Werte sind dann mit 1,012 zu multiplizieren.

Bei der Berechnung des induktiven Widerstandes trifft man die Annahme, daß das magnetische Feld der Leitung ein zylindrisches Feld ist, d.h. die magnetischen Kraftlinien verlaufen in den Ebenen senkrecht zu den als Gerade angesehenen Leitern und die Felder aller dieser Ebenen längs der Leitung seien einander gleich. Das setzt voraus, daß die Querschnitte der Leiter und ihre Abstände sowohl untereinander als auch gegen Erde klein sind gegen die Länge der Leitung und eventuelle

Krümmungsradien des Leitungszuges. Bei den praktisch ausgeführten Leitungen ist die erste Voraussetzung immer als erfüllt anzusehen, die zweite Voraussetzung wohl bei Fernleitungen, unter Umständen aber nicht bei den Leitungen innerhalb von Schaltanlagen. Da der Einfluß der Reaktanz der Schaltanlagen im allgemeinen gegenüber dem der Fernleitung stark zurücktritt, so ist es nur in seltenen Fällen notwendig, auf diese Besonderheit der Leitungsführung in den Schaltanlagen Rücksicht zu nehmen.

b) Magnetische Energie und Induktivitäten

Für die Berechnung der Induktivität eines Leistungssystems geht man von dem Satz aus, daß die in einem Magnetfeld gespeicherte Energie W eine quadratische Funktion der das Feld bewirkenden Ströme ist. Sind diese Ströme
$$I_1, I_2, I_3 \ldots I_n,$$
so gilt
$$W = \frac{1}{2} \sum_{i=1}^{n} \sum_{j=1}^{n} L_{ij} I_i I_j, \qquad (14.01)$$

wobei L_{ij} bei $i = j$ die *Selbstinduktivität* des vom Strom I_i durchflossenen Kreises und L_{ij} bei $i \neq j$ die *Gegeninduktivität* zwischen den von Strömen I_i und I_j durchflossenen Kreises ist.

Im Falle von zwei Stromkreisen nimmt Gl. (14.01) die Form
$$W = \frac{1}{2}(L_{11} I_1^2 + 2 L_{12} I_1 I_2 + L_{22} I_2^2) \qquad (14.02)$$

an, im Falle eines einzigen Stromkreises vereinfacht sich Gl. (14.01) zu
$$W = \frac{1}{2} L_{11} I_1^2. \qquad (14.03)$$

Die magnetische Energie kann entweder aus der Verteilung der Induktion B und der magnetischen Feldstärke H nach der Formel
$$W = \frac{1}{2} \int B H \, dV \qquad (14.04)$$

oder aus dem Vektorpotential $\mathfrak{A}$ und dem Vektor der Stromdichte $\mathfrak{S}$ nach der Formel
$$W = \frac{1}{2} \int \mathfrak{A} \mathfrak{S} \, dV \qquad (14.05)$$
berechnet werden.

Im Falle unendlich langer gerader Leiter wird nun die magnetische Energie unendlich groß, ebenso wie natürlich auch die Selbstinduktivität unendlich langer Leiter unendlich groß werden muß. Man berechnet

b) Magnetische Energie und Induktivitäten

daher beide Größen für die Einheit der Länge. *Wir vereinbaren nun, daß in diesem und in den beiden folgenden Kapiteln W und L_{ij} nicht mehr die oben eingeführten gesamten Größen, sondern die auf die Längeneinheit bezogenen Größen bedeuten sollen.* Das gleiche soll auch für R, X und Z gelten. Die Gln. (14.01) bis (14.03) bleiben dann formal ungeändert, während an die Stelle von Gl. (14.04)

$$W = \frac{1}{2} \int B H \, df \quad (14.06)$$

und an die Stelle von Gl. (14.05)

$$W = \frac{1}{2} \int A S \, df \quad (14.07)$$

mit df als Flächendifferential treten. In Gl. (14.07) konnten wir dabei an Stelle der Vektoren ihre Beträge setzen, da A und S in dem ebenen Feld eines zur Zylinderachse senkrechten Schnittes zu Skalaren entarten.

Versucht man nun nach Gl. (14.03) die Berechnung der Selbstinduktivität eines einzigen geraden Leiters endlichen Querschnittes, so stößt man bekanntlich auf die Schwierigkeit, daß sich auch für die Energie je Längeneinheit ein unendlich großer Wert ergibt. Bei einem Leiter mit sehr kleinem kreisförmigem Querschnitt sind wegen der Rotationssymmetrie die magnetischen Kraftlinien Kreise in der zur Leiterachse senkrechten Ebene, deren Mittelpunkt mit dem des Leiterquerschnittes zusammenfällt. So ist dann

$$H = \frac{I}{2\pi r} \quad (14.08)$$

die magnetische Feldstärke im Abstand r und bei einer absoluten Permeabilität μ ergibt sich

$$W = \frac{\mu}{8\pi^2} \int \frac{I^2}{r^2} 2 r \pi \, dr = \frac{\mu}{4\pi} I^2 \int \frac{dr}{r} \quad (14.09)$$

und da dieses Integral bis zur Grenze $r \to \infty$ zu erstrecken ist, strebt W gegen unendlich. Der physikalische Grund dafür liegt darin, daß ein einzelner ins Unendliche verlaufender Leiter mit konstantem Strom nicht realisiert werden kann, denn der Strom muß eine Rückleitung aufweisen. Man muß daher mindestens zwei Leiter betrachten, von denen der eine als Hin- und der andere als Rückleitung dient. Man rechnet dann einfacher mit Gl. (14.05).

Da A das Vektorpotential von B ist, so gilt im rotationssymmetrischen, ebenen Feld

$$B = -\frac{dA}{dr} \quad (14.10)$$

oder
$$A = -\int B\,dr + C, \qquad (14.11)$$

wobei die Integrationskonstante C beliebig gewählt werden darf. Für den einzelnen Leiter folgt wegen Gl. (14.08)

$$A = -\frac{\mu}{2\pi} I \ln r + C. \qquad (14.12)$$

Sind nun zwei Leiter mit den Strömen I_1 und I_2 vorhanden, dann addieren sich die Vektorpotentiale, und zwar im ebenen Feld algebraisch, so daß

$$A = -\frac{\mu}{2\pi}(I_1 \ln r_1 + C_1 + I_2 \ln r_2 + C_2), \qquad (14.13)$$

wobei jetzt r_1 und r_2 die Abstände des betrachteten Punktes von den beiden Einzelleitern sind (Abb. 197). Stellen die beiden Leiter Hin- und Rückleitung desselben Stromes dar, dann ist

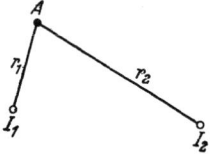

Abb. 197. Berechnung des Vektorpotentials

$$I_2 = -I_1 = -I$$

und da man aus energetischen Gründen fordern muß, daß dann das Vektorpotential bei $r_1 = r_2 = \infty$ verschwindet, so bleibt

$$A = \frac{\mu}{2\pi} I \ln \frac{r_2}{r_1}. \qquad (14.14)$$

Die durchgeführte Rechnung ist nur richtig, solange die Querschnitte der beiden Leiter kreisförmig sind und genügend klein, so daß der die Leiter selbst durchsetzende Fluß gegenüber dem Luftfluß vernachlässigt werden kann, da nur dann Gl. (14.08) für die Herleitung von Gl. (14.12) Gültigkeit hat. Gl. (14.08) und damit Gl. (14.12) sind aber bei Leitern beliebigen Querschnittes anwendbar, wenn man diese in genügend kleine Teilquerschnitte zerlegt. Im Grenzfall sind diese Teilquerschnitte mit den Flächendifferentialen df_1 für den Leiter 1 bzw. df_2 für den Leiter 2 identisch. An die Stelle von Gl. (14.13) tritt dann unter Weglassung der Integrationskonstanten die Gleichung

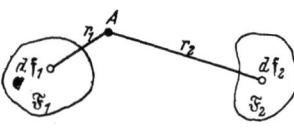

Abb. 198. Berechnung des Vektorpotentials bei beliebigen Querschnitten der Leiter

$$A = -\frac{\mu}{2\pi}\int_{\mathfrak{F}_1} S_1 \ln r_1\, df_1 - \frac{\mu}{2\pi}\int_{\mathfrak{F}_2} S_2 \ln r_2\, df_2, \qquad (14.15)$$

wenn S_1 und S_2 die Stromdichten in den Querschnitten $\mathfrak{F}_1$ und $\mathfrak{F}_2$ sind. r_1 und r_2 sind die Abstände des betrachteten Feldpunktes von den Flächenelementen df_1 und df_2 (Abb. 198).

b) Magnetische Energie und Induktivitäten

Wendet man jetzt Gl. (14.07) an, so folgt

$$W = \frac{\mu}{4\pi} \int_{\mathfrak{F}_1} \left[\int_{\mathfrak{F}_1} S_1 \ln \frac{1}{r_1} df_1 + \int_{\mathfrak{F}_2} S_2 \ln \frac{1}{r_2} df_2 \right] S_1 df_1 + \\
+ \frac{\mu}{4\pi} \int_{\mathfrak{F}_2} \left[\int_{\mathfrak{F}_1} S_1 \ln \frac{1}{r_1} df_1 + \int_{\mathfrak{F}_2} S_2 \ln \frac{1}{r_2} df_2 \right] S_2 df_2. \quad (14.16)$$

Bei nichtmagnetischen Leiterwerkstoffen ist bei allen praktisch in Frage kommenden Ausführungen der Strom gleichmäßig über den Querschnitt verteilt, d.h. S_1 und S_2 sind unabhängig von f_1 bzw. f_2. Es gilt

$$S_1 = \frac{I_1}{F_1} \quad \text{und} \quad S_2 = \frac{I_2}{F_2}, \quad (14.17)$$

wenn F_1 und F_2 die Beträge der Querschnitte sind. Dann erhalten wir

$$W = \frac{\mu}{4\pi} \frac{I_1^2}{F_1^2} \int_{\mathfrak{F}_1}\int_{\mathfrak{F}_1} \ln \frac{1}{r} df_1 df_1 + \frac{2\mu}{4\pi} \frac{I_1}{F_1} \frac{I_2}{F_2} \int_{\mathfrak{F}_1}\int_{\mathfrak{F}_2} \ln \frac{1}{r} df_1 df_2 + \\
+ \frac{\mu}{4\pi} \frac{I_2^2}{F_2^2} \int_{\mathfrak{F}_2}\int_{\mathfrak{F}_2} \ln \frac{1}{r} df_2 df_2. \quad (14.18)$$

Bei den Abständen sind jetzt keine Indizes mehr angegeben, denn r bedeutet im ersten Integral den Abstand des Flächenelementes df_1 bei der ersten Integration von dem Element df_1 bei der zweiten Integration usw.

Wegen der Nichtberücksichtigung der Integrationskonstanten gilt Gl. (14.18) nur dann, wenn die beiden Ströme einander entgegengesetzt gleich sind, denn nur dann ist die Bedingung des Verschwindens des Vektorpotentials für $r \to \infty$ sinnvoll erfüllt. Wir können aber formal Gl. (14.18) so auffassen, als ob es sich um zwei Stromkreise mit unabhängigen Strömen handelt und können aus dem Vergleich mit Gl. (14.02) schließen

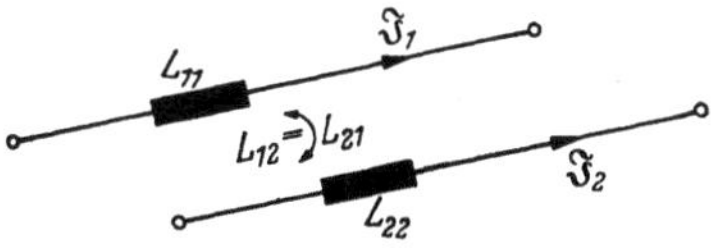

Abb. 199. Selbstinduktivität und Gegeninduktivität gerader Leiter

$$L_{11} = \frac{\mu}{2\pi} \frac{1}{F_1^2} \int\int_{\mathfrak{F}_1 \mathfrak{F}_1} \ln \frac{1}{r} df_1 df_1, \quad (14.19)$$

$$L_{12} = L_{21} = \frac{\mu}{2\pi} \frac{1}{F_1 F_2} \int\int_{\mathfrak{F}_1 \mathfrak{F}_2} \ln \frac{1}{r} df_1 df_2, \quad (14.20)$$

$$L_{22} = \frac{\mu}{2\pi} \frac{1}{F_2^2} \int\int_{\mathfrak{F}_2 \mathfrak{F}_2} \ln \frac{1}{r} df_2 df_2. \quad (14.21)$$

Wir stellen uns dabei nach Abb. 199 vor, daß jeder der Leiter mit einer Selbstinduktivität L_{11} bzw. L_{22} versehen ist, und daß zwischen den Leitern eine Gegeninduktivität $L_{12} = L_{12}$ wirksam sei.

c) Mittlere geometrische Abstände und Radien

Abgesehen von dem Faktor $\mu/2\pi$ stellen die Ausdrücke auf der rechten Seite von den Gln. (14.19) bis (14.21) rein geometrische Größen dar, die nur von der Größe und Gestalt der Flächen $\mathfrak{F}_1$ bzw. $\mathfrak{F}_2$ und bei Gl. (14.20) auch von ihrer gegenseitigen Lage abhängen. Es ist zweckmäßig, dafür eigene Größen einzuführen, und zwar nach der Definition

$$\ln \frac{1}{r_{ij}} = \frac{1}{F_i F_j} \int\int_{\mathfrak{F}_i \mathfrak{F}_j} \ln \frac{1}{r} \, df_i df_j. \tag{14.22}$$

Man nennt r_{ij} den *mittleren geometrischen Abstand*. Für $i = j$ wie im Falle Gl. (14.19) ist dann r_{11} der *mittlere geometrische Abstand* der Fläche $\mathfrak{F}_1$ *von sich selbst*, während man im Falle Gl. (14.20) vom mittleren geometrischen Abstand der Flächen $\mathfrak{F}_1$ und $\mathfrak{F}_2$ spricht. Damit vereinfachen sich die Gln. (14.19) bis (14.21) zu

$$L_{11} = \frac{\mu}{2\pi} \ln \frac{1}{r_{11}}, \tag{14.23}$$

$$L_{12} = \frac{\mu}{2\pi} \ln \frac{1}{r_{12}}, \tag{14.24}$$

$$L_{22} = \frac{\mu}{2\pi} \ln \frac{1}{r_{22}}. \tag{14.25}$$

Es mag störend erscheinen, daß in allen diesen Gleichungen der natürliche Logarithmus einer dimensionsbehafteten Größe gebildet wird. Man kann aber in allen Fällen an Stelle des Zählers 1 eine konstante Größe z. B. R setzen und stellt dann fest, daß bei dem allein realisierbaren Fall $I_1 = -I_2$ alle durch R hinzutretenden Glieder sich wegheben. Es besteht also kein Hindernis, an Stelle von 1 auch eine passend gewählte Längeneinheit zu setzen, so daß der natürliche Logarithmus dann von einer reinen Zahl zu bilden ist. Die mit R oder der Längeneinheit gebildeten Ausdrücke entsprechen der in Gl. (14.12) auftretenden Integrationskonstanten. Wir sehen daraus, daß die durch Gln. (14.19) bis (14.20) bzw. durch Gln. (14.23) bis (14.25) definierten Werte der Selbstinduktivität und Gegeninduktivität in ihrer absoluten Größe gar nicht festliegen. Wir dürfen ihnen beliebige Werte hinzufügen, es ist nur erforderlich, daß wir die gleichen Werte zu allen drei Größen hinzufügen, d. h. also dasselbe R benutzen. Es ist bemerkenswert, daß jedoch der mittlere geometrische Abstand r_{ij} von der Wahl von R unabhängig ist.

Berechnet man den mittleren geometrischen Abstand verschiedener Flächen von sich selbst, so findet man, daß er bei einem Kreisring verschwindend kleiner Breite, also beim Schnitt durch einen Hohlzylinder verschwindend kleiner Wandstärke gleich dem Radius des Hohlzylinders wird. Die Einführung des mittleren geometrischen Abstandes einer Fläche von sich selbst bedeutet also nichts anderes, als daß wir den zylindrischen Leiter mit dem beliebig geformten Querschnitt $\mathfrak{F}$ durch einen unendlich dünnen Hohlzylinder gleicher Selbstinduktivität ersetzen.

c) Mittlere geometrische Abstände und Radien

Zur Vereinfachung der Ausdrucksweise wollen wir daher im folgenden den mittleren geometrischen Abstand einer Fläche von sich selbst als den *mittleren Radius* der Fläche bezeichnen, und statt vom mittleren geometrischen Abstand zweier Flächen voneinander einfach vom *mittleren Abstand* der Flächen sprechen.

Die Tab. 4 gibt die mittleren Radien für Leiter verschiedener Querschnitte an, wobei R der halbe äußere Durchmesser des kreisförmigen Querschnittes ist.

Tabelle 4. *Mittlere Radien für Leiter verschiedenen Querschnittes*

Hohlzylinder verschwindend kleiner Wandstärke	R
Massiver zylindrischer Leiter	$e^{-\frac{1}{4}} R = 0{,}779\,R$
Leiterseil mit 7 Teilleitern	$0{,}726\,R$
Leiterseil mit 19 Teilleitern	$0{,}758\,R$
Leiterseil mit 37 Teilleitern	$0{,}768\,R$
Leiterseil mit 61 Teilleitern	$0{,}772\,R$
Leiterseil mit 91 Teilleitern	$0{,}774\,R$
Leiterseil mit 127 Teilleitern	$0{,}776\,R$
Hohlseile und Stahlaluminiumseile (mit Vernachlässigung des Einflusses des Stahlseiles)	
26 Teilleiter in zwei Lagen	$0{,}809\,R$
30 Teilleiter in zwei Lagen	$0{,}826\,R$
54 Teilleiter in drei Lagen	$0{,}810\,R$
Stahlaluminiumseile mit Aluminiumleitern in einer Lage	$0{,}35\,a \cdots 0{,}70\,a$
Rechteckiger Leiter mit den Seiten a und b	$0{,}2235\,(a+b)$

Für Hohlzylinder endlicher Wandstärke gibt die Abb. 200 die Abhängigkeit des mittleren Radius vom Verhältnis des inneren zum äußeren Radius und zwar bezogen auf den äußeren Radius.

Bei den Stahlaluminiumseilen, bei denen die Aluminiumleiter in zwei oder mehreren Lagen angeordnet sind, ist der Einfluß der Stahlseile praktisch vernachlässigbar. Nur im Falle der Ausführung mit einer einzigen Lage macht sich die erhöhte Permeabilität der Stahlseile bemerkbar, so daß allgemein kein genauer Wert angegeben werden kann.

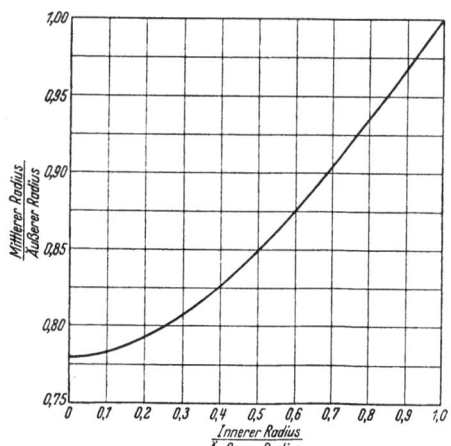

Abb. 200. Mittlerer Radius von zylindrischen Hohlleitern

In den Gln. (14.23) bis (14.25) ist μ die absolute Permeabilität, die gleich dem Produkt aus der Permeabilität des leeren Raumes μ_0 mit der relativen Permeabilität μ_r ist, so daß also

$$\mu = \mu_0 \mu_r. \tag{14.26}$$

180   14. Die Mitimpedanzen von kurzen Freileitungen

Die Permeabilität des leeren Raumes ist dabei

$$\mu_0 = 1{,}256 \cdot 10^{-6}\,\text{H/m} = 4\pi \cdot 10^{-7}\,\text{H/m}. \tag{14.27}$$

Da für Luft

$$\mu_r = 1$$

gilt, so wird für nichtmagnetisierbare Leiter

$$L = 2\ln\frac{1}{r}\,10^{-7}\,\text{H/m} \tag{14.28}$$

und für massive zylindrische Leiter

$$L = 2\ln\frac{1}{0{,}779\,R}\,10^{-7}\,\text{H/m} = \left(2\ln\frac{1}{R} - \ln 0{,}779\right)10^{-7}\,\text{H/m}$$

oder

$$L = \left(2\ln\frac{1}{R} + 0{,}5\right)10^{-7}\,\text{H/m} = \left(2\ln\frac{1}{R} + 0{,}5\right)10^{-4}\,\text{H/km}. \tag{14.29}$$

Bevorzugt man die Berechnung mit Hilfe der BRIGGschen Logarithmen, dann nimmt Gl. (14.28) die Form an

$$L = 4{,}6052\log\frac{1}{r}\,10^{-7}\,\text{H/m} = 0{,}46052\log\frac{1}{r}\,\text{mH/km} \tag{14.30}$$

an.

Die Reaktanz $X = \omega L$ ist dann bei 50 Hz durch

$$\boxed{X = 0{,}1445\log\frac{1}{r}\,\Omega/\text{km}} \tag{14.31}$$

gegeben.

d) Resultierende Reaktanz

Legen wir zwischen den Anfang der beiden Leiter nach Abb. 199 eine Spannung $\mathfrak{U}_a$ und nennen die Spannung an den Enden der beiden Leiter $\mathfrak{U}_b$, so wie dies Abb. 201 zeigt, so gilt

$$\mathfrak{U}_a + \Delta\mathfrak{U}_1 - \mathfrak{U}_b - \Delta\mathfrak{U}_2 = 0, \tag{14.32}$$

wobei $\Delta\mathfrak{U}_1$ und $\Delta\mathfrak{U}_2$ die in den Leitern durch die beiden Ströme $\mathfrak{J}_1$ und $\mathfrak{J}_2$ erzeugten Spannungen sind. Es ist nun bei Vernachlässigung der OHMschen Widerstände

$$\Delta\mathfrak{U}_1 = -jX_{11}\mathfrak{J}_1 - jX_{12}\mathfrak{J}_2$$

und

$$\Delta\mathfrak{U}_2 = -jX_{22}\mathfrak{J}_2 - jX_{21}\mathfrak{J}_1.$$

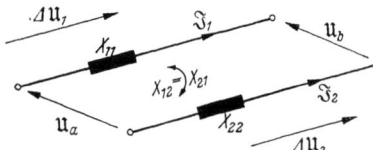

Abb. 201. Stromkreis aus zwei geraden Leitern

Bilden die Leiter zusammen einen Stromkreis, der vom Strom

$$\mathfrak{J} = \mathfrak{J}_1 = -\mathfrak{J}_2 \tag{14.33}$$

d) Resultierende Reaktanz

durchflossen wird, dann ist

$$\Delta \mathfrak{U}_1 = -j\mathfrak{I}(X_{11} - X_{12}) = -j\mathfrak{I}X_1$$

und

$$\Delta \mathfrak{U}_2 = -j\mathfrak{I}(X_{22} - 'X_{21}) = -j\mathfrak{I}X_2.$$

Man kann also die Wirkung der Selbstinduktivität und der Gegeninduktivität in einer einzigen Reaktanz X_1 bzw. X_2 zusammenfassen, wenn man

$$X_1 = X_{11} - X_{12} \tag{14.34}$$

und

$$X_2 = X_{22} - X_{21} \tag{14.35}$$

setzt. Ebenso sind dann

$$L_1 = L_{11} - L_{12} \tag{14.36}$$

und

$$L_2 = L_{22} - L_{21} \tag{14.37}$$

Selbstinduktivitäten, welche in manchen Fällen eine Vereinfachung der Darstellung erlauben, da bei der Benutzung dieser resultierenden Werte in den Rechnungen formal die Gegeninduktivität nicht mehr erscheint. Die beiden Leiter nach Abb. 201 können dann durch die Schaltung nach Abb. 202 ersetzt werden. Aus den Gln. (14.23) bis (14.25) folgen

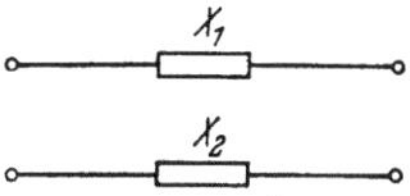

und

$$\left.\begin{array}{l} L_1 = \dfrac{\mu}{2\pi} \ln \dfrac{r_{12}}{r_{11}} \\[6pt] L_2 = \dfrac{\mu}{2\pi} \ln \dfrac{r_{12}}{r_{22}} \end{array}\right\} \tag{14.38}$$

Abb. 202. Resultierende Reaktanzen einer Leiterschleife

und für massive zylindrische Leiter mit dem Abstand $r_{12} = d$ und dem Radius R analog zur Gl. (14.29)

$$\boxed{L = \left(2 \ln \frac{d}{R} + 0{,}5\right) 10^{-4}\,\text{H/km}\,.} \tag{14.39}$$

Da bei den üblichen Freileitungen der Leiterdurchmesser klein ist gegen den Abstand d der Leiter, so kann der mittlere Abstand gleich dem wirklichen Abstand gesetzt werden. Gl. (14.39) findet man häufig als Ausdruck für die Selbstinduktivität eines geraden Leiters angegeben. Er gilt genau nur unter den oben genannten Voraussetzungen.

Beispiel: Zwei massive Kupferleiter mit einem Querschnitt von je 16 mm² und einem Durchmesser von 4,5 mm sind in einem Abstand von 300 mm voneinander angeordnet. Auf Grund der Tab. 4 ist der mittlere Radius eines Leiters

$$r = 0{,}779\, R = 0{,}1753\,\text{mm}$$

und die Selbstinduktivität ist

$$L_{11} = 0{,}46 \log \frac{1}{0{,}1753}\,\text{mH/km} = 0{,}35\,\text{mH/km},$$

die Gegeninduktivität ist

$$L_{12} = 0{,}46 \log \frac{1}{30} \text{ mH/km} = -0{,}68 \text{ mH/km}.$$

Daraus folgt die resultierende Selbstinduktivität

$$L = 0{,}35 + 0{,}68 = 0{,}93 \text{ mH/km}$$

und die Reaktanz

$$X = 0{,}292 \, \Omega/\text{km}.$$

Es ist gleichgültig, in welcher Einheit wir den Radius und den Abstand bei der Berechnung der Logarithmen einsetzen; es ist nur notwendig, daß wir bei der Berechnung der Selbstinduktivität und der Gegeninduktivität die gleichen Einheiten benutzen. Eine Änderung der Einheiten bewirkt zwar eine Veränderung der Zahlenwerte von L_{11} und L_{12}, diese ist aber stets so, daß sich ihr Einfluß bei der Berechnung von L weghebt. Deshalb ist auch das negative Vorzeichen von L_{12} nicht von Bedeutung. Durch Wahl einer anderen Einheit (z. B. m) könnten wir für L_{12} einen positiven Wert bekommen, es wäre dann aber auch L_{11} so viel größer, daß die Differenz $L_{11} - L_{12}$ ungeändert bliebe.

Gl. (14.18) und damit die Definitionen der Gln. (14.19) bis (14.21) lassen sich unschwer auf eine beliebige Zahl von Leitern ausdehnen, falls die Bedingung erfüllt ist, daß die Summe der Ströme aller Leiter verschwindet. Es ist für n Leiter die magnetische Energie

$$W = \frac{\mu}{4\pi} \sum_n \sum_n \frac{I_i I_j}{F_i F_j} \iint\limits_{\mathfrak{F}_i \mathfrak{F}_j} \ln \frac{1}{r} df_i df_j.$$

Für $i = j$ erhält man daraus die Selbstinduktivität eines Leiters in der Form der Gln. (14.19) oder (14.21), während für $i \neq j$ die Gegeninduktivität wie Gl. (14.20) folgt.

e) Bündelleiter

Ein häufiger Fall ist der, daß an die Stelle eines einzigen Leiters mehrere gleiche parallele Leiter treten, die alle von gleichen Strömen durchflossen werden. Man spricht dann von einem Bündelleiter. Bei der Berechnung der Reaktanz berechnet man zunächst den mittleren Radius des Bündels und dann den mittleren Abstand des Bündels von einem weiteren Leiter, der den Rückschluß für den Strom darstellt. Bezeichnen wir die Leiter des Bündels der Reihe nach mit $\mathfrak{F}_1, \mathfrak{F}_2, \mathfrak{F}_3, \mathfrak{F}_n$ und den Rückleiter mit $\overline{\mathfrak{F}}$, so gilt zunächst für den mittleren Radius r_m des Bündels nach Gl. (14.22)

$$\ln \frac{1}{r_m} = \frac{1}{\sum\limits_n F_i \sum\limits_n F_j} \sum_n \sum_n \iint\limits_{\mathfrak{F}_i \mathfrak{F}_j} \ln \frac{1}{r} df_i df_j. \qquad (14.40)$$

In der Doppelsumme sind die Ausdrücke für $i = j$ nichts anderes als die mit F_i^2 multiplizierten Logarithmen der mittleren Radien $r_{ii} = r_i$ der einzelnen Teilleiter. Für $i \neq j$ sind sie gleich den mit $F_i F_j$ multiplizierten

e) Bündelleiter

Logarithmen der mittleren Abstände r_{ij} der Teilleiter des Bündels voneinander. Bei den üblichen Ausführungen kann man diese gleich den tatsächlichen Abständen d_{ij} der Teilleiter voneinander setzen. Es ist dann

$$\ln\frac{1}{r_m} = \frac{1}{\sum\limits_n F_i \sum\limits_n F_j}\left[\sum_n F_i^2 \ln\frac{1}{r_i} + \sum_n \sum_n F_i F_j \ln\frac{1}{d_{ij}}\right], \quad (14.41)$$

wobei in der Doppelsumme nur Glieder mit $i \neq j$ berücksichtigt werden. Bei den praktischen Ausführungen sind alle Teilleiter eines Bündels einander gleich, so daß $F_i = F$ und $r_i = r$. Dann gilt

$$\ln\frac{1}{r_m} = \frac{1}{n^2 F^2}\left[nF^2\ln\frac{1}{r} + F^2\sum_n\sum_n\ln\frac{1}{d_{ij}}\right] \quad (14.42)$$

oder

$$r_m = \sqrt[n^2]{r^n d_{12}^2 d_{23}^2 d_{34}^2 \cdots}, \quad (14.43)$$

da in der Doppelsumme jeder Abstand zweimal auftritt. Im Falle $n = 2$, also einem Zweierbündel, ist

$$r_m = \sqrt{r\,d} \quad (14.44)$$

und im Falle $n = 3$, einem Dreierbündel,

$$r_m = \sqrt[9]{r^3 d_{12}^2 d_{23}^2 d_{31}^2}. \quad (14.45)$$

Ist das Dreierbündel ein gleichseitiges Dreieck, also $d_{12} = d_{23} = d_{31} = d$, so vereinfacht sich Gl. (14.45) zu

$$r_m = \sqrt[3]{r\,d^2}. \quad (14.46)$$

Für ein Viererbündel gilt

$$r_m = \sqrt[8]{r^2 d_{12} d_{23} d_{34} d_{13} d_{14} d_{24}}. \quad (14.47)$$

Liegen die vier Leiter des Bündels in den Ecken eines Quadrates mit der Seitenlänge d, dann ist

$$r_m = \sqrt[4]{\sqrt{2}\,r\,d^3}. \quad (14.48)$$

Für den mittleren Abstand d_m eines Bündels von einem weiteren Leiter $\bar{\mathfrak{F}}$ mit dem Querschnitt $\bar{F}$ gilt nach Gl. (14.22)

$$\ln\frac{1}{d_m} = \frac{1}{\sum F_i \bar{F}}\sum\iint\limits_{\mathfrak{F}_i\,\bar{\mathfrak{F}}}\ln\frac{1}{d}\cdot df_i d\bar{f} \quad (14.49)$$

oder wenn d_i der jeweilige (mittlere) Abstand des Teilleiters i vom Leiter $\bar{\mathfrak{F}}$ ist

$$\ln\frac{1}{d_m} = \frac{1}{\bar{F}\sum F_i}\sum \bar{F} F_i \ln\frac{1}{d_i}$$

184   14. Die Mitimpedanzen von kurzen Freileitungen

und für $F_i = F$
$$\ln \frac{1}{d_m} = \frac{1}{n} \sum \ln \frac{1}{d_i}$$
oder
$$d_m = \sqrt[n]{d_1 d_2 d_3 \ldots d_n}. \tag{14.50}$$

Gl. (14.50) läßt sich leicht auch auf den Abstand zweier Bündel erweitern. Es ist nämlich der mittlere Abstand zweier Bündel gleich der sovielten Wurzel aus dem Produkt aller Abstände zwischen Teilleitern verschiedener Bündel als solche Abstände vorhanden sind. Bei zwei Zweierbündeln sind vier Abstände vorhanden, daher ist der mittlere Abstand gleich der vierten Wurzel aus dem Produkt der vier Abstände. Da zwischen zwei Bündeln mit je n Leitern n^2 Abstände existieren, so ist also der mittlere Abstand gleich der $1/n^2$-Potenz des Produktes der n^2 Abstände.

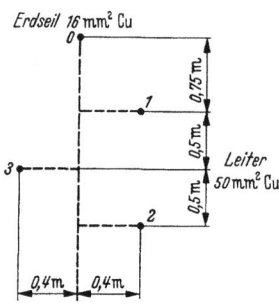

Abb. 203. Drehstromleitung mit Erdseil

Als Beispiel berechnen wir die Reaktanzen eines Nullsystems, wenn nämlich bei einer Drehstromleitung als Rückleitung für den Nullstrom nur das über der Leitung liegende Erdseil betrachtet wird (im allgemeinen trifft das nicht zu, da ein wesentlicher Teil des Nullstromes durch die Erde zurückfließt). Die Abmessungen der Anordnung sind aus Abb. 203 zu erkennen.

Die Leiter sollen aus Kupferseil 50 mm² mit einem Durchmesser von 9,2 mm als 19-drähtiges Seil bestehen. Auf Grund der Tab. 4 finden wir dann für den mittleren Radius
$$r = 0{,}758\, R = 0{,}758 \cdot 4{,}6 = 3{,}48 \text{ mm}.$$

Die Abstände der drei Leiter der Drehstromleitung sind
$$d_{12} = 1 \text{ m}$$
$$d_{23} = d_{31} = \sqrt{0{,}8^2 + 0{,}5^2} = 0{,}94 \text{ m}.$$

Ersetzen wir jetzt die Drehstromleitung durch einen einzigen Leiter, so hat dieser nach Gl. (14.45) einen mittleren Radius
$$r_m = \sqrt[9]{3{,}48^3 \cdot 940^4 \cdot 1000^2} = 148 \text{ mm}.$$

Für den mittleren Abstand dieses Ersatzleiters gegen den Null-Leiter brauchen wir die einzelnen Abstände. Sie sind
$$d_{10} = \sqrt{0{,}75^2 + 0{,}4^2} = 0{,}85 \text{ m},$$
$$d_{20} = \sqrt{1{,}75^2 + 0{,}4^2} = 1{,}80 \text{ m},$$
$$d_{30} = \sqrt{1{,}25^2 + 0{,}4^2} = 1{,}31 \text{ m}.$$

Dann ist der mittlere Abstand d_m nach Gl. (14.50)
$$d_m = \sqrt[3]{1{,}31 \cdot 0{,}85 \cdot 1{,}80} = 1{,}26 \text{ m}.$$

Für das Erdseil aus 16 mm² 7-drähtigem Cu-Seil mit einem Durchmesser von 5,1 mm finden wir den mittleren Radius
$$r_0 = 0{,}726 \cdot 2{,}55 = 1{,}85 \text{ mm}.$$

f) Mit- und Gegenreaktanz einer Drehstromleitung

Jetzt können wir unser System durch das System der beiden Hohlleiter verschwindend kleiner Wandstärke ersetzen, das in Abb. 204 gezeichnet ist. Nach Gl. (14.31) sind dann die Reaktanzen

$$X_{11} = 0{,}1445 \log \frac{1}{0{,}148} = 0{,}120 \,\Omega/\text{km},$$

$$X_{10} = 0{,}1445 \log \frac{1}{1{,}26} = -0{,}0145 \,\Omega/\text{km},$$

$$X_{00} = 0{,}1445 \log \frac{1}{0{,}00185} = 0{,}395 \,\Omega/\text{km}.$$

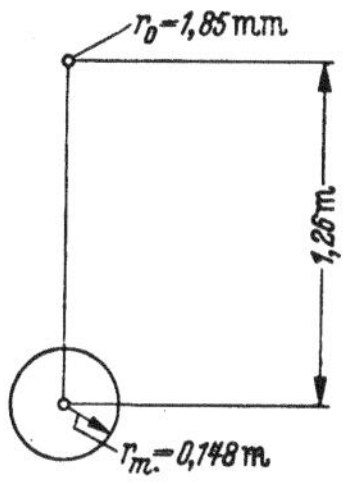

Damit wird die resultierende Reaktanz im Sinne von Gl. (14.34) für die Drehstromleitung

$$X_1 = 0{,}120 + 0{,}0145 = 0{,}1345 \,\Omega/\text{km}$$

und für das Erdseil

$$X_0 = 0{,}395 + 0{,}0145 = 0{,}4095 \,\Omega/\text{km}.$$

Abb. 204. Ersatzsystem zu Abb. 203

Wie zu erwarten, ist die Reaktanz des Erdseiles wesentlich größer als die des Dreifachbündels, das die Drehstromleitung für die Nullströme darbietet.

f) Mit- und Gegenreaktanz einer Drehstromleitung

Mit Hilfe der hergeleiteten Beziehungen können wir nun die Reaktanzen jedes Leitungssystemes berechnen unter der Voraussetzung, daß die Summe der Ströme in dem Leitungssystem verschwindet, d. h., daß die Art der Rückleitung des Stromes eindeutig bestimmt ist. Das trifft nun sowohl für das Mitsystem als auch für das Gegensystem in einer Drehstromleitung immer zu, denn für sie verschwindet die Summe der Ströme in den drei Leitern. Schwieriger ist das im Falle des Nullsystemes, da für die Rück-

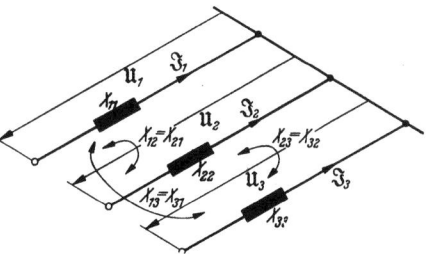

Abb. 205. Drehstromleitung

leitung der Nullströme nicht nur die eventuell vorhandenen Erdseile, sondern in besonderem Maße die Erde in Betracht kommt. Wir beschränken uns zunächst auf die Berechnung der Reaktanzen für Mit- und Gegensysteme, wobei es genügt, das Mitsystem allein zu betrachten, da Drehstromleitungen ruhende Systeme darstellen.

Fließen in einer Drehstromleitung die drei Ströme $\mathfrak{J}_1$, $\mathfrak{J}_2$, $\mathfrak{J}_3$, so gelten für die zwischen Anfang und Ende jeder Leitung auftretenden Spannungen die drei Gleichungen (Abb. 205)

$$\mathfrak{U}_1 = j\mathfrak{J}_1 X_{11} + j\mathfrak{J}_2 X_{12} + j\mathfrak{J}_3 X_{13},$$
$$\mathfrak{U}_2 = j\mathfrak{J}_1 X_{21} + j\mathfrak{J}_2 X_{22} + j\mathfrak{J}_3 X_{23},$$
$$\mathfrak{U}_3 = j\mathfrak{J}_1 X_{31} + j\mathfrak{J}_2 X_{32} + j\mathfrak{J}_3 X_{33}.$$

14. Die Mitimpedanzen von kurzen Freileitungen

Bildet man das Mitsystem, so erhält man

$$\begin{aligned}\mathfrak{U}' = \frac{1}{3}\,\mathrm{j}\,\mathfrak{I}^0\,[&(X_{11}+X_{12}+X_{13})+a\,(X_{21}+X_{22}+X_{23})+\\ &+a^2(X_{31}+X_{32}+X_{33})]+\\ +\frac{1}{3}\,\mathrm{j}\,\mathfrak{I}'\,[&(X_{11}+X_{22}+X_{33})+a\,(X_{13}+X_{21}+X_{32})+\\ &+a^2(X_{12}+X_{23}+X_{31})]+\\ +\frac{1}{3}\,\mathrm{j}\,\mathfrak{I}''\,[&(X_{11}+X_{23}+X_{32})+a\,(X_{12}+X_{21}+X_{33})+\\ &+a^2(X_{31}+X_{13}+X_{22})].\end{aligned} \qquad (14.51)$$

Der Einfluß der fremden Komponenten verschwindet, wenn

$$X_{11}+X_{12}+X_{13}=X_{21}+X_{22}+X_{23}=X_{31}+X_{32}+X_{33}$$

und wenn

$$X_{11}+X_{23}+X_{32}=X_{12}+X_{21}+X_{33}=X_{31}+X_{13}+X_{22}.$$

Das sind vier Gleichungen für neun Größen bzw. acht Verhältnisse zwischen diesen neun Größen, wenn wir sie auf eine von ihnen beziehen. Es gibt also sehr viele Lösungsmöglichkeiten. Im allgemeinen kann man gleiche Leiter voraussetzen, das ist

$$X_{11}=X_{22}=X_{33}.$$

Außerdem ist stets

$$X_{12}=X_{21}, \quad X_{13}=X_{31}, \quad X_{23}=X_{32}.$$

Die obigen Gleichungen sind erfüllt, wenn noch

$$X_{12}=X_{23}=X_{31},$$

also wenn vollständige Symmetrie herrscht. Das ist nun aus verschiedenen Gründen nicht möglich, vor allem weil eine Symmetrie der Reaktanzen zu einer Unsymmetrie der Erdkapazitäten führen muß. Man erreicht jedoch die erforderliche Symmetrie auf einer langen Leitung durch die sogenannte Verdrillung, nämlich dadurch, daß man nach bestimmten Abständen die Phasen ihre Plätze so tauschen läßt, daß jede Phase im Mittel jeden Platz auf ein Drittel der Gesamtlänge einnimmt. Abb. 206 zeigt eine solche Verdrillung.

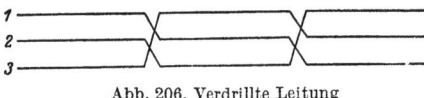

Abb. 206. Verdrillte Leitung

Ist $\mathfrak{U}'$ die Spannung eines Drittels der Leitung, so gilt für die Spannung $\bar{\mathfrak{U}}'$ des zweiten Drittels wieder Gl. (14.51), jedoch sind die Indizes bei den Reaktanzen zyklisch zu vertauschen, so daß für $\bar{\mathfrak{U}}'$ z. B. gilt

$$\bar{X}_{11}=X_{22}, \quad \bar{X}_{12}=X_{23}, \quad \bar{X}_{13}=X_{21} \quad \text{usw.} \qquad (14.52)$$

f) Mit- und Gegenreaktanz einer Drehstromleitung

Ebenso gilt für die Spannung $\overline{\overline{\mathfrak{u}}}'$ des dritten Drittels mit der Reaktanz $\overline{\overline{X}}$

$$\overline{\overline{X}}_{11} = X_{33}, \quad \overline{\overline{X}}_{12} = X_{31}, \quad \overline{\overline{X}}_{13} = X_{32} \quad \text{usw.} \quad (14.53)$$

Bei der Summenbildung der drei Spannungen $\mathfrak{u}'$, $\overline{\mathfrak{u}}'$, $\overline{\overline{\mathfrak{u}}}'$ fallen dann die Faktoren der fremden Ströme fort und die Spannung des Mitsystems hängt nur vom Mitstrom ab. Da die zyklische Vertauschung der Indizes in dem Faktor von $\mathfrak{J}'$ nur bewirkt, daß die Summanden in den Teilsummen von

$$X' = \frac{1}{3}[(X_{11} + X_{22} + X_{33}) + a(X_{13} + X_{21} + X_{32}) + \\ + a^2(X_{12} + X_{23} + X_{31})]$$

ihre Plätze tauschen, ohne daß an den Teilsummen etwas geändert wird, so genügt es, bei der Berechnung der Mitreaktanz und natürlich auch der Gegenreaktanz nur einen einzigen Abschnitt zu betrachten. Wegen der Gleichheit der Gegeninduktivitäten

ist
$$X_{ij} = X_{ji} \quad \text{für} \quad j \neq i \quad (14.54)$$

$$X' = X'' = \frac{1}{3}[(X_{11} + X_{22} + X_{33}) + (a + a^2)(X_{12} + X_{23} + X_{31})]$$

oder

$$X' = X'' = \frac{1}{3}[X_{11} + X_{22} + X_{33} - X_{12} - X_{23} - X_{31}]. \quad (14.55)$$

Sowohl für das Mitsystem als auch für das Gegensystem verschwindet die Summe der Ströme der drei Leiter, und daher darf man die Reaktanzen durch die mittleren Radien und Abstände nach Gl. (14.31) ausdrücken. Man erhält

$$X' = X'' = 0{,}1445 \log \sqrt[3]{\frac{d_{12} d_{23} d_{31}}{r_1 r_2 r_3}} \; \Omega/\text{km}. \quad (14.56)$$

Um eine Vorstellung über die Größe der ohne Verdrillung auftretenden Unsymmetrie zu bekommen, berechnen wir die Werte der Reaktanzen für das Beispiel einer Drehstromleitung, deren drei Leiter aus Aluminium 120 mm² bestehen und in einer waagerechten Ebene mit

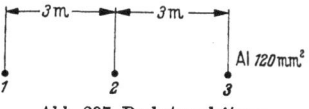

Abb. 207. Drehstromleitung

einem Abstand von 3 m von Leiter zu Leiter angeordnet sind (Abb. 207). Der Durchmesser des aus 37 Einzeldrähten bestehenden Seiles ist 14,2 mm. Dann ist der mittlere Radius

$$r = 0{,}768 \cdot 7{,}1 = 5{,}45 \, \text{mm}.$$

Ferner sind

$$d_{12} = 3 \, \text{m},$$
$$d_{23} = 3 \, \text{m},$$
$$d_{31} = 6 \, \text{m}.$$

Es ist dann
$$X_{11} = X_{22} = X_{33} = 0{,}1445 \log \frac{1}{0{,}00545} = 0{,}326 \, \Omega/\text{km},$$
$$X_{12} = X_{21} = X_{23} = X_{32} = 0{,}1445 \log \frac{1}{3} = -0{,}069 \, \Omega/\text{km}$$

und
$$X_{13} = X_{31} = 0{,}1445 \log \frac{1}{6} = -0{,}110 \, \Omega/\text{km}.$$

Daher ist nach Gl. (14.51)
$$X' = 0{,}409 \, \Omega/\text{km}.$$

Die Reaktanz zwischen Nullsystem und Mitsystem X'^0 ist nach Gl.(14.51)
$$X'^0 = \frac{1}{3}[0{,}145 + a \cdot 0{,}188 + a^2 \cdot 0{,}145] = a \cdot 0{,}014 = (-0{,}0072 + j \cdot 0{,}012)\,\Omega/\text{km}.$$

In ähnlicher Weise ergibt sich für die Reaktanz zwischen Gegensystem und Mitsystem
$$X''' = \frac{1}{3}[0{,}188 + a \cdot 0{,}188 + a^2 \cdot 0{,}102]$$

und so bleibt
$$X''' = a^2 \cdot 0{,}029 = (-0{,}014 - j \cdot 0{,}025)\,\Omega/\text{km},$$

d.h. nach Gl.(14.51) für
$$\mathfrak{U}' = j \cdot 0{,}409\, \mathfrak{I}' - \mathfrak{I}^0 (0{,}012 + j \cdot 0{,}0072) + \mathfrak{I}''(0{,}025 - j \cdot 0{,}014).$$

g) Beeinflussung zwischen Drehstromleitungen

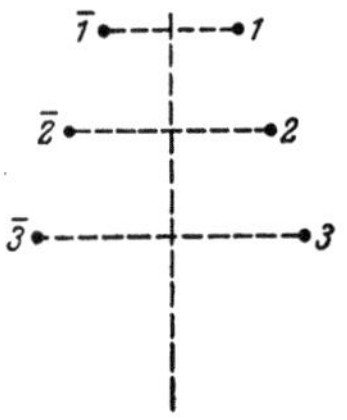

Abb. 208. Doppelleitung

Von besonderem Interesse ist noch die gegenseitige Induktivität zwischen parallelen Drehstromleitungen, da zwei Leitungssysteme häufig als Doppelleitung auf denselben Masten geführt werden. Ströme in einem der beiden Systeme erzeugen dann Spannungen in dem anderen System. Nach Abb.208 bezeichnen wir die Leiter des einen Systems mit 1, 2, 3, die des anderen Systems mit $\bar{1}, \bar{2}, \bar{3}$ und unterscheiden sinngemäß die Spannungen und Ströme. Für unsere Untersuchungen genügt es, wenn wir annehmen, daß in einem der Systeme z.B. 1, 2, 3 ein Mitsystem $\mathfrak{I}'$ fließt, und wir fragen nach dem von diesem Strom erzeugten Mitsystem $\bar{\mathfrak{U}}'$ in den Leitern $\bar{1}, \bar{2}, \bar{3}$. Ganz allgemein gilt

$$\left.\begin{array}{l}\bar{\mathfrak{U}}_1 = j\, X_{\bar{1}1}\mathfrak{I}' + a^2 j\, X_{\bar{1}2}\mathfrak{I}' + a j\, X_{\bar{1}3}\mathfrak{I}',\\ \bar{\mathfrak{U}}_2 = j\, X_{\bar{2}1}\mathfrak{I}' + a^2 j\, X_{\bar{2}2}\mathfrak{I}' + a j\, X_{\bar{2}3}\mathfrak{I}',\\ \bar{\mathfrak{U}}_3 = j\, X_{\bar{3}1}\mathfrak{I}' + a^2 j\, X_{\bar{3}2}\mathfrak{I}' + a j\, X_{\bar{3}3}\mathfrak{I}'.\end{array}\right\} \quad (14.57)$$

Daraus folgt
$$\bar{\mathfrak{U}}' = \frac{1}{3}j\,\mathfrak{I}'(X_{\bar{1}1} + X_{\bar{2}2} + X_{\bar{3}3}) + \frac{1}{3}j a^2\mathfrak{I}'(X_{\bar{1}2} + X_{\bar{2}3} + X_{\bar{3}1}) +$$
$$+ \frac{1}{3}j a\,\mathfrak{I}'(X_{\bar{1}3} + X_{\bar{2}1} + X_{\bar{3}2})$$

g) Beeinflussung zwischen Drehstromleitungen

oder
$$\bar{u}' = j\,\bar{X}'\,\bar{\Im}', \tag{14.58}$$

wobei die resultierende Reaktanz

$$\bar{X}' = \frac{1}{3}\left[(X_{\bar{1}1} + X_{\bar{2}2} + X_{\bar{3}3}) + a^2(X_{\bar{1}2} + X_{\bar{2}3} + X_{\bar{3}1}) + \right. \\ \left. + a(X_{\bar{1}3} + X_{\bar{2}1} + X_{\bar{3}2})\right] \tag{14.59}$$

ist. Setzen wir für a^2 und a ein, so erhalten wir

$$\bar{X}' = \frac{1}{6}\left[2(X_{\bar{1}1} + X_{\bar{2}2} + X_{\bar{3}3}) - \right. \\ \left. - (X_{\bar{1}2} + X_{\bar{2}3} + X_{\bar{3}1} + X_{\bar{2}1} + X_{\bar{2}3} + X_{\bar{3}2})\right] + \\ + j\,\frac{\sqrt{3}}{6}\,(X_{\bar{1}2} + X_{\bar{2}3} + X_{\bar{3}1} - X_{\bar{1}3} - X_{\bar{2}1} - X_{\bar{3}2}. \tag{14.60}$$

Bemerkenswert ist, daß die Reaktanz eine imaginäre Komponente enthält, d. h., daß die Impedanz eine reelle Komponente aufweist. Der Grund dafür ist darin zu sehen, daß ja nicht nur die Phase 1 in den Leiter $\bar{1}$ induziert, sondern auch die Phasen 2 und 3 und daß diese Wirkungen sich wegen der Unsymmetrie nicht aufheben müssen. Bezeichnet man die Abstände mit $d_{\bar{1}1}$, $d_{\bar{1}2}$ usw., dann gilt nach Gl. (14.31)

$$\bar{X}' = 0{,}1445\,\log\sqrt[6]{\frac{d_{\bar{1}2}\,d_{\bar{2}3}\,d_{\bar{3}1}\,d_{\bar{2}1}\,d_{\bar{3}2}\,d_{\bar{1}3}}{d_{\bar{1}1}^2\,d_{\bar{2}2}^2\,d_{\bar{3}3}^2}} + \\ + j\cdot 0{,}125\,\log\sqrt[3]{\frac{d_{\bar{1}3}\,d_{\bar{2}1}\,d_{\bar{3}2}}{d_{\bar{1}2}\,d_{\bar{2}3}\,d_{\bar{3}1}}}\;\;\Omega/\text{km}. \tag{14.61}$$

Der imaginäre Anteil verschwindet, wenn eine solche Symmetrie der Anordnung herrscht, daß $d_{\bar{1}2} = d_{\bar{2}1}$ usw. Das ist dann der Fall, wenn die Leitungen symmetrisch zu beiden Seiten des die Doppelleitung tragenden Mastes angeordnet sind, wie Abb. 208 ein Beispiel zeigt. Dann vereinfacht sich Gl. (14.61) zu

$$\bar{X}' = 0{,}1445\,\log\sqrt[3]{\frac{d_{\bar{1}2}\,d_{\bar{2}3}\,d_{\bar{3}1}}{d_{\bar{1}1}\,d_{\bar{2}2}\,d_{\bar{3}3}}}\;\;\Omega/\text{km}. \tag{14.62}$$

Man ist nun bestrebt, die induktive Kopplung zwischen den beiden Leitungssystemen möglichst klein zu halten. Man kann das so machen, daß man in einem bestimmten Abschnitt die eine Leitung unverdrillt läßt, die andere jedoch verdrillt, so daß der Abschnitt in drei gleiche Teile mit je einer anderen Zuordnung der Phasen in einem System zerfällt. Da die Leitung selbst aber auch verdrillt sein muß, kann der in Abb. 209 gezeigte Teilabschnitt nur ein Drittel der Leitung 1, 2, 3 darstellen. Wir erhalten auf die ganze Leitungslänge insgesamt acht Ver-

190 14. Die Mitimpedanzen von kurzen Freileitungen

drillungsstellen, nämlich zwei im Zug von 1, 2, 3 und 3 · 2 = 6 im Zug von $\bar{1}, \bar{2}, \bar{3}$. In Gl. (14.60) sind für die Verdrillung von $\bar{1}, \bar{2}, \bar{3}$ diese Indizes zyklisch zu vertauschen, und zwar zweimal, so daß man drei Teilwerte für $\bar{X}'$ erhält. Die Summe dieser Teilwerte verschwindet.

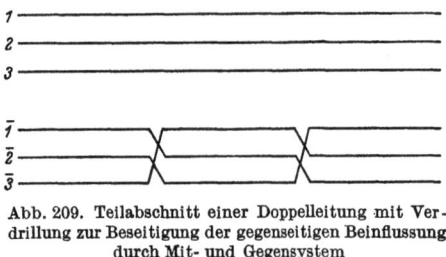

Abb. 209. Teilabschnitt einer Doppelleitung mit Verdrillung zur Beseitigung der gegenseitigen Beinflussung durch Mit- und Gegensystem

Wichtiger als die Unterdrückung einer gleichartigen Komponente im benachbarten System ist aber die Vermeidung einer fremden Komponente, also beispielsweise das Entstehen einer Gegenspannung durch ein Mitsystem in der anderen Drehstromleitung. Berechnet man aus Gl. (14.57) die Gegenspannungskomponente, so findet man

$$\mathfrak{U}'' = \frac{1}{3} j \mathfrak{I}' [(X_{\bar{1}1} + X_{\bar{2}3} + X_{\bar{3}2}) + a^2 (X_{\bar{1}2} + X_{\bar{2}1} + X_{\bar{3}3}) + \\ + a (X_{\bar{1}3} + X_{\bar{2}2} + X_{\bar{3}1})]. \qquad (14.63)$$

Die oben erwähnte Verdrillungsart beseitigt auch eine solche Spannung. Man kann dies aber auch mit der in Abb. 210 dargestellten Verdrillungsart erreichen, bei der die Paare $1\bar{1}$, $2\bar{2}$ und $3\bar{3}$ zyklisch miteinander vertauscht werden. Die Mitspannung verschwindet aber nicht, und es gelten dafür die Reaktanzen der Gln. (14.61) bzw. (14.62).

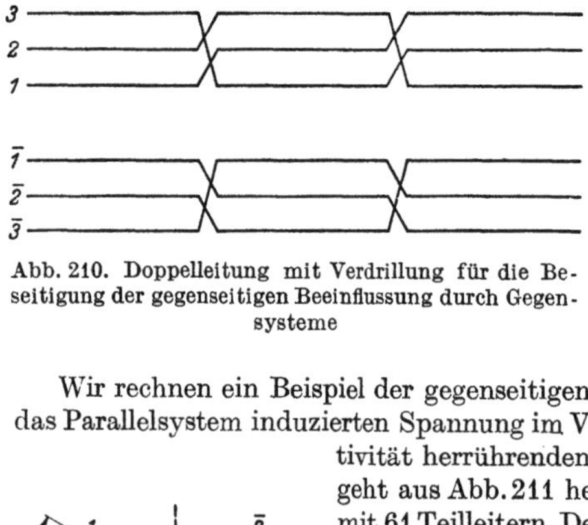

Abb. 210. Doppelleitung mit Verdrillung für die Beseitigung der gegenseitigen Beeinflussung durch Gegensysteme

Wir rechnen ein Beispiel der gegenseitigen Reaktanz, um die Größe der durch das Parallelsystem induzierten Spannung im Vergleich zu der von der Selbstinduktivität herrührenden zu zeigen. Die Anordnung der Leiter geht aus Abb. 211 hervor. Die Seile seien aus Cu 240 mm² mit 61 Teilleitern. Der Durchmesser des Seiles ist 20,2 mm. Dann ist der mittlere Radius

$$r = 0{,}772 \cdot 10{,}1 = 7{,}79 \text{ mm}.$$

Die Seile eines Systems sind in einem gleichseitigen Dreieck mit 3,5 m Seitenlänge angeordnet. Dann erhalten wir nach Gl. (14.56)

$$X' = 0{,}1445 \log \frac{3500}{7{,}79} = 0{,}397 \ \Omega/\text{km}$$

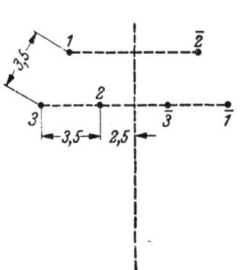

Abb. 211. Doppelleitung

für die Reaktanz der Leitung selbst.

a) Induktivitäten von Leitern mit Erdrückleitung

Die Abstände der Leiter der beiden Systeme voneinander finden wir mit

$d_{\bar{1}1} = d_{\bar{2}3} = 10{,}7\,\mathrm{m}$,

$d_{\bar{3}2} = d_{\bar{3}1} = 7{,}4\,\mathrm{m}$,

$d_{\bar{3}3} = d_{1\bar{2}} = d_{\bar{1}2} = 8{,}5\,\mathrm{m}$,

$d_{2\bar{3}} = 5{,}0\,\mathrm{m}$,

$d_{3\bar{1}} = 12{,}0\,\mathrm{m}$,

$$\bar{X}' = 0{,}1445 \log \sqrt[6]{\frac{12\cdot 5}{10{,}7\cdot 7{,}4}} + j\cdot 0{,}125 \log \sqrt[3]{\frac{12\cdot 5}{10{,}7\cdot 7{,}4}}$$
$$= -(0{,}00286 + j\cdot 0{,}00495)\,\Omega/\mathrm{km}.$$

Man sieht, daß der Einfluß der benachbarten Leitung keineswegs ganz vernachlässigt werden kann, besonders dann nicht, wenn in der Nachbarleitung ein höherer Strom, beispielsweise ein Kurzschlußstrom fließt.

15. Die Nullimpedanz kurzer Leitungen

a) Induktivitäten von Leitern mit Erdrückleitung

Der Nullstrom der Leitungen findet seine Rückleitung in der Erde und in den über die Leitung gespannten Erdseilen. Die Nullimpedanz der Freileitungen ist daher wesentlich verschieden von der Mit- bzw. Gegenimpedanz. Für überschlägige Rechnungen kann man folgende Beziehungen benutzen:

Drehstrom-Einfachleitung ohne Erdseile	$Z^0 = 3{,}5\,Z'$
Drehstrom-Doppelleitung ohne Erdseile	$Z^0 = 5{,}5\,Z'$
Drehstrom-Einfachleitung mit unmagnetischen Erdseil	$Z^0 = 2\,Z'$
Drehstrom-Doppelleitung mit unmagnetischen Erdseil	$Z^0 = 3\,Z'$

Bei der genaueren Bestimmung der durch die Erdseile gegebenen Reaktanz kann man nach den Formeln des Kap. 14 vorgehen. Die Rückleitung des Nullstromes durch die Erde verlangt jedoch eine besondere Betrachtung. Die Schwierigkeit liegt dabei darin, daß man in der Erde keine gleichmäßige Stromverteilung, also keine konstante Stromdichte voraussetzen darf, sondern daß die Verteilung der Stromdichte wesentlich durch das magnetische Feld und durch den Widerstand der Erde bestimmt wird. Es sind verschiedene theoretische Untersuchungen über den Einfluß der Erde auf die Reaktanz durchgeführt worden, denen verschiedene Annahmen zugrunde liegen. CARSON betrachtet die Erde als homogenen Leiter, der den Halbraum von der Erdoberfläche bis ins Unendliche erfüllt. RÜDENBERG nimmt eine halbzylinderförmige Verteilung der Stromdichte um den an der Oberfläche liegenden Leiter an, während O. MAYR, ausgehend von der Tatsache, daß die Schichten in der Nähe der Oberfläche häufig eine bessere Leitfähigkeit aufweisen als die tieferliegenden, die Rückleitung in einer oberflächennahen Schicht allein berücksichtigt. Keine dieser Theorien kann die wirklichen Verhältnisse erfassen, da die Leitfähigkeit der Erde lokal aber auch zeitlich außerordentlich schwankt und die Kenntnis der genauen Leitfähigkeit der Erde die Resultate mehr beeinflußt, als die Abweichungen der genannten Theorien voneinander.

Die Tab. 5 nennt einige der festgestellten Werte des spezifischen Widerstandes der die Erdrinde aufbauenden Stoffe.

Tabelle 5. *Spezifischer Widerstand einiger die Erdrinde aufbauender Stoffe*

Meerwasser	0,01- 1,0 Ωm
Feuchte Erde	10-100 Ωm
Trockene Erde	1000 Ωm
Schiefer	10^7 Ωm
Sandstein	10^9 Ωm
Mittelwert vieler Messungen	100 Ωm

Aus allen den erwähnten Theorien folgt aber übereinstimmend eine wichtige Tatsache, nämlich, daß die Ströme in der Erde keineswegs beliebige Wege, z. B. die kürzesten Wege, einschlagen, sondern daß sie auch in der Erde dem Verlauf des Leitungszuges folgen, d. h. daß die Stromdichte des zurückfließenden Stromes in der Erde so verteilt ist, daß sie unter der Leitung den höchsten Wert aufweist und nach beiden Seiten sehr schnell abfällt. Wir müssen daher für die Länge der Rückleitung stets denselben Wert wie für die Hinleitung einsetzen und dürfen so wie in Kap. 14 die Aufgabe als ebenes Problem auffassen.

Im folgenden stützen wir uns auf die von CARSON hergeleiteten Beziehungen, weil diese uns in einfacherer Weise den Anschluß an die Überlegungen des Kap. 14 gestatten. Nimmt man zunächst an, daß die Erde vollkommen leitfähig ist, so ist bekanntlich das Feld über der Erdoberfläche identisch mit dem magnetischen Feld, das entstände, wenn man sich die Erde wegdenkt und der gesamte Rückstrom in einem dem Leiter über der Oberfläche gleichen, symmetrisch zur Erdoberfläche liegenden Leiter flösse (Abb. 212), wenn man also den Leiter an der Erdoberfläche spiegelt. Die Induktivität der aus den beiden Leitern bestehenden Schleife wäre nach Gl. (14.38)

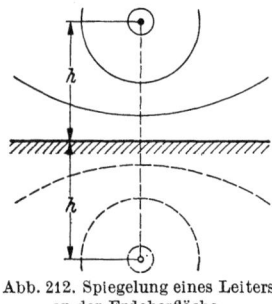
Abb. 212. Spiegelung eines Leiters an der Erdoberfläche

$$2L = \frac{\mu}{\pi}\ln\frac{2h}{r},$$

a) Induktivitäten von Leitern mit Erdrückleitung

wenn h die Höhe des Leiters über der Erde und r sein mittlerer Radius ist. Nun ist aber nur das halbe Feld wirklich vorhanden, und daher weist die Schleife nur die halbe Induktivität, nämlich

$$L = \frac{\mu}{2\pi} \ln \frac{2h}{r} \qquad (15.01)$$

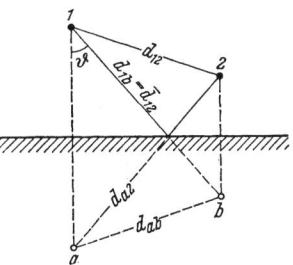

Abb. 213. Spiegelung zweier Leiter an der Erdoberfläche

auf. Diese Induktivität ordnet man nun dem Leiter über der Erde allein zu, denn die Erdoberfläche ist Äquipotentialfläche.

Befindet sich nun in der Nähe des ersten Leiters ein zweiter (Abb. 213) und wollen wir die Gegeninduktivität der beiden Leiter bestimmen, dann sind beide Leiter an der Erdoberfläche zu spiegeln. Fließt in dem Leiter 1 ein Strom $\mathfrak{I}$ und in a der Strom $-\mathfrak{I}$, dann ist die in der Schleife $2, b$ induzierte Spannung

$$\mathfrak{U} = \frac{1}{2} j\omega \mathfrak{I}(L_{21} - L_{2a} - L_{b1} + L_{ba}),$$

wobei durch den Faktor $1/2$ bereits berücksichtigt ist, daß nur das Feld oberhalb der Erdoberfläche tatsächlich vorhanden ist.

Wegen
$$d_{12} = d_{ab} \quad \text{und} \quad d_{1b} = d_{a2}$$
ist
$$L_{21} = L_{ba} \quad \text{und} \quad L_{2a} = L_{b1}$$

und daher die wirksame Gegeninduktivität

$$L_g = L_{21} - L_{b1}, \qquad (15.02)$$

also

$$L_g = \frac{\mu}{2\pi} \ln \frac{d_{1b}}{d_{12}} \qquad (15.03)$$

oder wenn wir den Abstand zwischen einer der beiden Leitungen und der gespiegelten anderen mit $\bar{d}_{12}$ bezeichnen,

$$L_g = \frac{\mu}{2\pi} \ln \frac{\bar{d}_{12}}{d_{12}}. \qquad (15.04)$$

Die Reaktanzen sind dann

$$X = \omega L = \frac{\omega \mu}{2\pi} \ln \frac{2h}{r} = \mu f \ln \frac{2h}{r} \qquad (15.05)$$

oder

$$X = 0{,}00289\, f \log \frac{2h}{r} \; \Omega/\text{km} \qquad (15.06)$$

oder bei $f = 50\,\text{Hz}$

$$X = 0{,}1445 \log \frac{2h}{r} \; \Omega/\text{km} \qquad (15.07)$$

und die Gegenreaktanzen

$$X_g = \omega L_g = \mu f \ln \frac{\bar{d}_{12}}{d_{12}} \tag{15.08}$$

oder

$$X_g = 0{,}00289 f \log \frac{\bar{d}_{12}}{d_{12}} \;\Omega/\mathrm{km} \tag{15.09}$$

oder für 50 Hz

$$X_g = 0{,}1445 \log \frac{\bar{d}_{12}}{d_{12}} \;\Omega/\mathrm{km}. \tag{15.10}$$

Die zugehörigen Impedanzen ergeben sich dann durch Multiplikation mit j. Bei der Impedanz des Leiters selbst ist dann noch der Widerstand R des Leiters als reelle Komponente hinzuzufügen. CARSON hat nun gefunden, daß durch die endliche Leitfähigkeit der Erde zu diesen Impe-

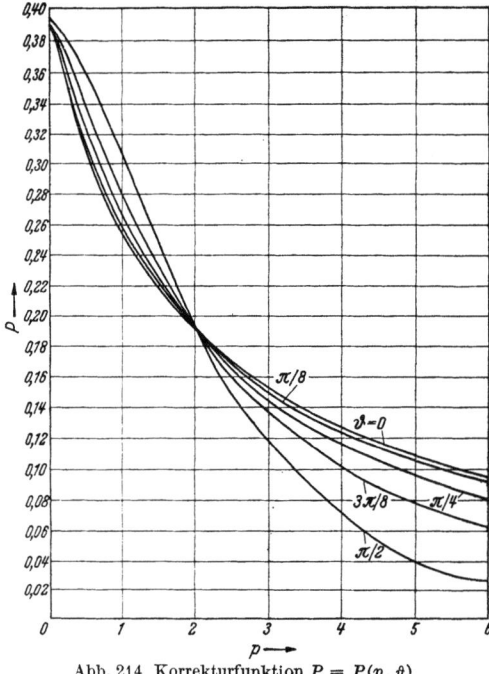

Abb. 214. Korrekturfunktion $P = P(p, \vartheta)$

danzen noch Korrekturglieder hinzukommen, die sich sowohl für die Impedanz des Leiters selbst als auch für die Gegenimpedanz in der Form

$$2\mu f (P + jQ) \tag{15.11}$$

darstellen lassen. P und Q sind dabei Funktionen zweier Veränderlicher, die wir mit p und ϑ bezeichnen. ϑ ist der Winkel zwischen der Vertikalen und der Verbindung des einen Leiters zum Spiegelbild des anderen

a) Induktivitäten von Leitern mit Erdrückleitung

(Abb. 213), während p eine dimensionslose Größe ist, für die bei der Berechnung der Impedanzen

$$p = 1{,}6\,\pi\,h\,\sqrt{\frac{\mu f}{\varrho}} \qquad (15.12)$$

und bei der Berechnung der Gegenimpedanzen

$$p = 1{,}6\,\pi\,\frac{\bar{d}_{12}}{2}\sqrt{\frac{\mu f}{\varrho}} \qquad (15.13)$$

gilt. Für die Impedanz des Leiters ist $\vartheta = 0$ zu setzen. Setzt man in den Gln. (15.12) und (15.13) für μ den Wert $\mu_0 = 4\pi \cdot 10^{-7}$ H/km ein, so erhält man die Beziehungen

$$p = 5{,}62 \cdot 10^{-3}\,\frac{h}{\mathrm{m}}\sqrt{\frac{f_{\mathrm{Hz}}}{\varrho_{\Omega\mathrm{m}}}} \qquad (15.14)$$

und

$$p = 2{,}81 \cdot 10^{-3}\,\frac{\bar{d}_{12}}{\mathrm{m}}\sqrt{\frac{f_{\mathrm{Hz}}}{\varrho_{\Omega\mathrm{m}}}}\,. \qquad (15.15)$$

Wie angedeutet, ist die Frequenz in Hz und der spezifische Widerstand in Ω m einzusetzen, während die Abstände in beliebigen Längeneinheiten als Produkt aus Zahlenwert und Einheit eingesetzt werden können.

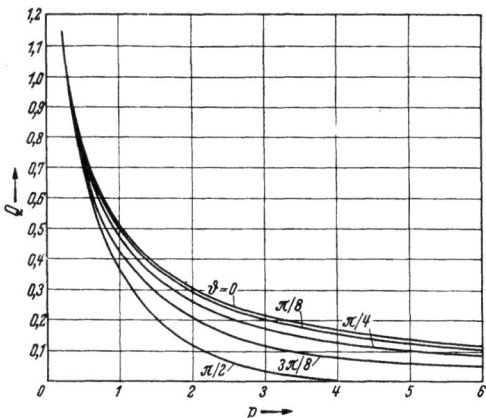

Abb. 215. Korrekturfunktion $Q = Q(p, \vartheta)$

CARSON hat die Funktionen $P = P(p, \vartheta)$ und $Q = Q(p, \vartheta)$ in Form von unendlichen Reihen berechnet. Abb. 214 und 215 zeigen die Ergebnisse der numerischen Berechnung dieser Funktionen für p von 0 bis 6 und ϑ von 0 bis $\pi/2$.

Mit Hilfe von P und Q schreiben sich die Impedanzen dann

$$Z = R + j\mu f \ln\frac{2h}{r} + 2\mu f (P + jQ) \tag{15.16}$$

und

$$Z_g = j\mu f \ln\frac{\bar{d}}{d} + 2\mu f (P + jQ). \tag{15.17}$$

b) Näherungsformeln

Bei den praktisch ausgeführten Leitungen ist $p \leq 0{,}25$ und in diesem Fall kann man statt der genauen Werte für P und Q Näherungsausdrücke benutzen, ohne daß der Fehler größer als 1% wird. Diese Näherungen lauten

$$P = \frac{\pi}{8} \tag{15.18}$$

und

$$Q = \frac{1}{2}\ln\frac{1{,}845}{p}. \tag{15.19}$$

Setzt man in den Gln. (15.16) und (15.17) ein, so folgt

$$Z = R + \frac{1}{4}\mu\pi f + j\mu f \ln\frac{3{,}708\,h}{pr} \tag{15.20}$$

und

$$Z_g = \frac{1}{4}\mu\pi f + j\mu f \ln\frac{1{,}854\,\bar{d}}{pd}, \tag{15.21}$$

so daß nach Einsetzen für μ und bei Darstellung mit Zehnerlogarithmen

$$Z = R + 0{,}987\cdot 10^{-3}\,\frac{\Omega\,\text{s}}{\text{km}}\,f + j\cdot 2{,}89\cdot 10^{-3}\,\frac{\Omega\,\text{s}}{\text{km}}\,f\log\frac{3{,}708\,h}{pr} \tag{15.22}$$

und

$$Z_g = 0{,}987\cdot 10^{-3}\,\frac{\Omega\,\text{s}}{\text{km}}\,f + j\cdot 2{,}89\cdot 10^{-3}\,\frac{\Omega\,\text{s}}{\text{km}}\,f\log\frac{1{,}854\,\bar{d}}{pd}. \tag{15.23}$$

Ersetzen wir in den Gln. (15.20) und (15.21) p durch die Ausdrücke nach den Gln. (15.12) und (15.13), so erhalten wir

$$Z = R + \frac{1}{4}\mu\pi f + j\mu f \ln\frac{0{,}74}{r}\sqrt{\frac{\varrho}{\mu f}} \tag{15.24}$$

und

$$Z_g = \frac{1}{4}\mu\pi f + j\mu f \ln\frac{0{,}74}{d}\sqrt{\frac{\varrho}{\mu f}}. \tag{15.25}$$

Vergleicht man die imaginären Anteile dieser Ausdrücke mit den Gln. (15.05) und (15.08), dann werden die Reaktanzen mit diesen identisch, wenn man für den Abstand der Leiter über der Erdoberfläche von dem unter der Erde den fiktiven Abstand

$$D_e = 0{,}74 \sqrt{\frac{\varrho}{\mu f}} \qquad (15.26)$$

einführt, den man den äquivalenten Abstand der Erdrückleitung nennt. An Stelle von Gl. (15.26) kann man

$$D_e = 660 \sqrt{\frac{\varrho_{\Omega\,\mathrm{m}}}{f_{\mathrm{Hz}}}}\,\mathrm{m} \qquad (15.27)$$

und bei $f = 50\,\mathrm{Hz}$

$$D_e = 93{,}3 \sqrt{\varrho_{\Omega\,\mathrm{m}}}\,\mathrm{m} \qquad (15.28)$$

schreiben. Mit Hilfe des äquivalenten Abstandes nehmen die Gln. (15.24) und (15.25) die Formen

$$Z = R + \frac{1}{4}\mu\pi f + \mathrm{j}\,\mu f \ln\frac{D_e}{r} \qquad (15.29)$$

und

$$Z_g = \frac{1}{4}\mu\pi f + \mathrm{j}\,\mu f \ln\frac{D_e}{d} \qquad (15.30)$$

an. Für $f = 50\,\mathrm{Hz}$ erhält man daraus noch

$$Z = R + 0{,}0493\,\Omega/\mathrm{km} + \mathrm{j}\,0{,}1445\,\Omega/\mathrm{km}\cdot\log\frac{D_e}{r} \qquad (15.31)$$

und

$$Z_g = 0{,}0493\,\Omega/\mathrm{km} + \mathrm{j}\,0{,}1445\,\Omega/\mathrm{km}\cdot\log\frac{D_e}{d}. \qquad (15.32)$$

Bemerkenswert an diesen vereinfachten Formeln ist nun, daß die tatsächliche Leiterhöhe über der Erde nicht mehr vorkommt, und daß D_e wesentlich größer ist als diese Höhe, d. h. daß der äquivalente Rückleiter viel tiefer liegt als der gespiegelte im Falle der unendlich leitfähigen Erde.

c) Nullimpedanz der Drehstromleitung

Wollen wir jetzt die Nullimpedanz einer Drehstromleitung bestimmen, so stehen uns dafür zwei Wege offen. Der erste besteht darin, daß wir die Spannungsgleichungen für die drei vom Strom $\mathfrak{J}^0$ durchflossenen Leiter mit den Impedanzen Z_{11}, Z_{12} usw. aufstellen. Bei Ungleichheit der Leiter werden auch die Spannungen $\mathfrak{U}_1$, $\mathfrak{U}_2$ und $\mathfrak{U}_3$ einander ungleich sein. Bilden wir daraus die Nullspannung, so erhalten wir für die Nullimpedanz

$$Z^0 = \frac{1}{3}\sum_i\sum_j Z_{ij} = \frac{1}{3}(Z_{11} + Z_{12} + \cdots Z_{33}). \qquad (15.33)$$

Für die Z_{ij} können wir dann nach den oben hergeleiteten Formeln einsetzen und so Z^0 berechnen. Dieses Zurückgehen auf die Einzelimpedanzen ist auch dann notwendig, wenn man die durch die Nullströme entstehenden Mit- und Gegenspannungen bestimmen will. Interessiert man sich aber nur für die Nullimpedanz, dann kann man die drei Leiter des Drehstromsystems als Dreierbündel auffassen, für dessen mittleren Radius nach Gl. (14.45)

$$r_m = \sqrt[9]{r^3 d_{12}^2 d_{23}^2 d_{31}^2}$$

gilt, und dann ist, da in dem Leiterbündel 3 $\mathfrak{J}^0$ fließen,

$$Z^0 = R + 0{,}148\,\Omega/\text{km} + j \cdot 0{,}434 \log \frac{D_e}{r_m}\,\Omega/\text{km}. \qquad (15.34)$$

Berechnen wir die Nullimpedanz der Drehstromleitung nach Abb. 203, so ist

$$r_m = 0{,}148\,\text{m},$$

während bei einem spezifischen Erdwiderstand $\varrho = 100\,\Omega\,\text{m}$

$$D_e = 660\sqrt{\frac{100}{50}} = 933\,\text{m}$$

ist. R beträgt für das Kupferseil 50 mm² 0,372 Ω/km, so daß schließlich

$$Z^0 = 0{,}372 + 0{,}148 + j \cdot 0{,}434 \log \frac{933}{0{,}148}\,\Omega/\text{km},$$

also

$$Z^0 = (0{,}520 + 1{,}64\,j)\,\Omega/\text{km}.$$

d) Leitungen mit Erdseilen

Ist die Leitung mit einem oder mehreren Erdseilen versehen, dann stehen auch diese für die Rückleitung des Nullstromes zur Verfügung. Die Erdseile liegen dann parallel zur Erde. Wir können die Berechnung der Stromverteilung in diesen Fällen auf die Berechnung der Ströme und Spannungen in zwei parallelen über der Erde verlaufenden Leitungen zurückführen. Wir nehmen dazu an, die Leiter seien nach Abb. 216 an den entfernten Erden geerdet. An den Anfängen liegen die Spannungen $\mathfrak{U}_a$ und $\mathfrak{U}_b$, und in den Leitern fließen die Ströme $\mathfrak{J}_a$ und $\mathfrak{J}_b$. Die Impedanzen der Leiter nach Gl. (15.16) seien Z_a und Z_b. Die gegenseitige Impedanz sei Z_g. Dann gelten die Gleichungen

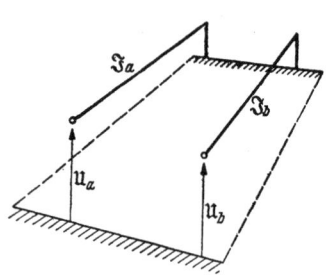

Abb. 216. Parallele Leiter über der Erde

$$\left.\begin{aligned}\mathfrak{U}_a &= Z_a \mathfrak{J}_a + Z_g \mathfrak{J}_b, \\ \mathfrak{U}_b &= Z_b \mathfrak{J}_b + Z_g \mathfrak{J}_a.\end{aligned}\right\} \qquad (15.35)$$

Wir erhalten dieselben Gleichungen, wenn wir das Schaltbild Abb. 217

d) Leitungen mit Erdseilen

zugrunde legen. Dabei ist die Impedanz in dem gemeinsamen Zweig gleich Z_g, während die Impedanzen in den Teilzweigen $Z_a - Z_g$ und $Z_b - Z_g$ sind. Ist nun einer der Leiter, z.B. b, ein Erdseil, dann verschwindet $\mathfrak{U}_b$. Z_g und $Z_b - Z_g$ liegen dann parallel, so daß man das Schaltbild Abb. 218 erhält. Die resultierende Impedanz ist

$$Z = Z_a - Z_g + \frac{Z_g(Z_b - Z_g)}{Z_b} = Z_a - \frac{Z_g^2}{Z_b}. \qquad (15.36)$$

Die Stromverteilung in den beiden parallelen Zweigen entspricht der Stromverteilung zwischen Erde und Erdseil. Wenden wir die Näherungs-

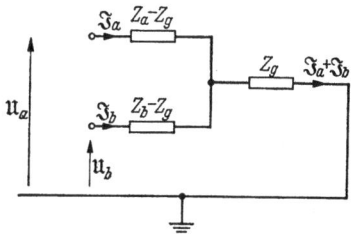
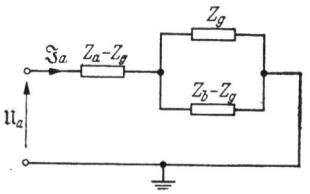

Abb. 217. Ersatzschaltbild für parallele Leiter über der Erde

Abb. 218. Ersatzschaltbild eines Leiters mit parallelem Erdseil

formel nach den Gln. (15.29) und (15.30) an, so erhalten wir für die Impedanzen

$$\left. \begin{array}{l} Z_a - Z_g = R_a + \mathrm{j}\mu f \ln \dfrac{d}{r_a}, \\ Z_b - Z_g = R_b + \mathrm{j}\mu f \ln \dfrac{d}{r_b} \end{array} \right\} \qquad (15.37)$$

oder nach den Gln. (15.31) und (15.32)

$$\left. \begin{array}{l} Z_a - Z_g = R_a + \mathrm{j} \cdot 0{,}1445 \log \dfrac{d}{r_a}, \\ Z_b - Z_g = R_b + \mathrm{j} \cdot 0{,}1445 \log \dfrac{d}{r_b}. \end{array} \right\} \qquad (15.38)$$

Bei der Anwendung auf Drehstromleitungen zur Berechnung des Einflusses des Erdseiles sind dann die drei Leiter des Drehstromsystems zunächst durch einen einzigen Leiter mit seinem mittleren Radius und seinem mittleren Abstand zu ersetzen, bevor man die eben hergeleiteten Formeln benutzt. Zu beachten ist dabei wieder, daß für den Ohmschen Widerstand des Dreifachbündels, das die Drehstromleitung darstellt, der dritte Teil des Widerstandes eines einzigen Leiters einzusetzen ist, und daß die Formeln den dritten Teil der Nullimpedanz liefern, da in der Leiterschleife der Strom $3\mathfrak{J}^0$ fließt.

Für das Beispiel der Leitung nach Abb. 203 erhalten wir

$$Z_a - Z_g = 0{,}124 + \mathrm{j} \cdot 0{,}1445 \log \frac{1{,}26}{0{,}148} = (0{,}124 + 0{,}135\,\mathrm{j})\,\Omega/\mathrm{km}.$$

Der Widerstand des Kupferseiles von 16 mm² Querschnitt beträgt

$$R_b = 1{,}123\,\Omega/\text{km}$$

und somit ist

$$Z_b - Z_g = 1{,}123 + \text{j}\cdot 0{,}1445 \log\frac{1{,}26}{0{,}00185} = (1{,}123 + 0{,}410\,\text{j})\,\Omega/\text{km}.$$

Für die Gegeninduktivität finden wir

$$Z_g = 0{,}148 + \text{j}\cdot 0{,}1445 \log\frac{933}{1{,}26} = (0{,}148 + 0{,}413\,\text{j})\,\Omega/\text{km}.$$

Daraus folgt

$$Z = 0{,}124 + 0{,}135\,\text{j} + \frac{(0{,}148 + 0{,}413\text{j})(1{,}123 + 0{,}410\,\text{j})}{1{,}271 + 0{,}823\,\text{j}} = 0{,}298 + 0{,}446\,\text{j} = \frac{Z^0}{3}.$$

Wir können jetzt die drei Fälle vergleichen.

Erde als Rückleitung allein: $\qquad Z^0 = 0{,}520 + 1{,}64\ \text{j}\,\Omega/\text{km}$
Erdseil als Rückleitung allein: $\qquad Z^0 = 3{,}75\ \ + 1{,}364\,\text{j}\,\Omega/\text{km}$
Erde und Erdseil als Rückleitung: $\qquad Z^0 = 0{,}894 + 1{,}338\,\text{j}\,\Omega/\text{km}$.

Die Ströme in der Erde und im Erdseil verhalten sich umgekehrt wie die Impedanzen, d. h. also wie

$$Z_b - Z_g : Z_g = (1{,}123 + 0{,}410\,\text{j}) : (0{,}148 + 0{,}413\,\text{j})$$

und ihre Effektivwerte wie die Absolutwerte der Impedanzen, also wie 1,19:0,437, d. h. in der Erde fließt ungefähr der dreifache Strom wie im Erdseil. Zu beachten ist, daß die Ströme weder untereinander noch zum Nullstrom in Phase sind.

Die Wirkung des Erdseiles kann man sich so vorstellen, wie die einer kurzgeschlossenen Sekundärwicklung eines Lufttransformators, dessen Primärwicklung durch die Drehstromleitung und die Erde gebildet wird.

e) Doppelleitungen

Mit Gl. (15.36) war es uns gelungen, den Einfluß einer parallelen geerdeten Leitung, besonders eines Erdseiles, in der resultierenden Nullimpedanz zu erfassen. In gleicher Weise kann man nun vorgehen, wenn mehrere Leitungen parallel verlaufen und mehrere Erdseile vorhanden sind, beispielsweise wenn über einer Doppelleitung zwei Erdseile gespannt sind (Abb. 219). Die beiden Drehstromsysteme seien mit a und b, die beiden Erdseile mit x und y bezeichnet. Für die Berechnung der Nullimpedanzen dürfen wir jede der Drehstromleitungen zu einer einzigen Leitung zusammenfassen, weil in jedem Leiter eines Drehstromsystems der gleiche Nullstrom fließt. Wir ersetzen daher die Systeme a und b durch ihre mittleren Radien und ihre mittleren Abstände. In erster Näherung kann man den Mittelpunkt der Ersatzleiter einfach in den Schwerpunkt des

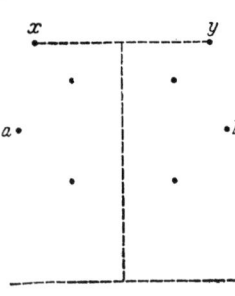

Abb. 219. Doppelleitung mit zwei Erdseilen

e) Doppelleitungen

aus den drei Leitern gebildeten Dreiecks verlegen. Wir gelangen so zu den in Abb. 220 dargestellten vier Leitern. Ein Zusammenlegen der beiden Erdleitungen ist im allgemeinen nicht zulässig, da in ihnen ganz verschiedene Ströme fließen können.

Jede der vier Leitungen hat eine Impedanz $Z_{aa}, Z_{bb}, Z_{xx}, Z_{yy}$, die sich wegen der Nähe der Erde nach den Gln. (15.29) oder (15.31) berechnen läßt. Zwischen je zweien der Leiter besteht eine Impedanz Z_{ab}, Z_{ax} usw., die nach den Gln. (15.30) oder (15.32) berechnet werden kann. Für die Gesamtheit der Leiter erhalten wir also das Ersatzschaltbild Abb. 221. Bezeichnen wir die Spannungen an den Leitern mit $\mathfrak{U}_a, \mathfrak{U}_b, \mathfrak{U}_x, \mathfrak{U}_y$ und dementsprechend die Ströme mit $\mathfrak{J}_a, \mathfrak{J}_b, \mathfrak{J}_x, \mathfrak{J}_y$, so gelten die Gleichungen

$$\left.\begin{aligned}\mathfrak{U}_a &= Z_{aa}\mathfrak{J}_a + Z_{ab}\mathfrak{J}_b + Z_{ax}\mathfrak{J}_x + Z_{ay}\mathfrak{J}_y,\\ \mathfrak{U}_b &= Z_{ba}\mathfrak{J}_a + Z_{bb}\mathfrak{J}_b + Z_{bx}\mathfrak{J}_x + Z_{by}\mathfrak{J}_y,\\ \mathfrak{U}_x &= Z_{xa}\mathfrak{J}_a + Z_{xb}\mathfrak{J}_b + Z_{xx}\mathfrak{J}_x + Z_{xy}\mathfrak{J}_y,\\ \mathfrak{U}_y &= Z_{ya}\mathfrak{J}_a + Z_{yb}\mathfrak{J}_b + Z_{yx}\mathfrak{J}_x + Z_{yy}\mathfrak{J}_y.\end{aligned}\right\} \quad (15.39)$$

Abb. 220. Ersatzbild für Abb. 219

Da nun x und y Erdseile sind, die an beiden Enden an Erde liegen, so verschwinden die Spannungen $\mathfrak{U}_x$ und $\mathfrak{U}_y$. Aus den beiden letzten Gleichungen von Gl. (15.39) können wir dann $\mathfrak{J}_x$ und $\mathfrak{J}_y$ in Abhängigkeit von $\mathfrak{J}_a$ und $\mathfrak{J}_b$ errechnen. Setzen wir die so gefundenen Werte von $\mathfrak{J}_x$ und $\mathfrak{J}_y$ in die ersten beiden Gleichungen ein, so stehen rechts Ausdrücke, die nur von $\mathfrak{J}_a$ und $\mathfrak{J}_b$ abhängen. Wir können dann die Gleichungen in die Form

$$\left.\begin{aligned}\mathfrak{U}_a &= \bar{Z}_{aa}\mathfrak{J}_a + \bar{Z}_{ab}\mathfrak{J}_b,\\ \mathfrak{U}_b &= \bar{Z}_{ba}\mathfrak{J}_a + \bar{Z}_{bb}\mathfrak{J}_b\end{aligned}\right\} \quad (15.40)$$

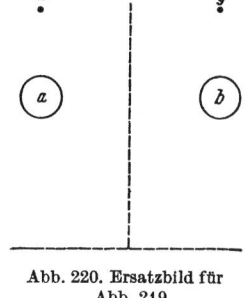

Abb. 221. Ersatzschaltbild zu Abb. 220

bringen, wobei aus Symmetriegründen immer $\bar{Z}_{ab} = \bar{Z}_{ba}$ ist. Gl. (15.40) läßt sich als Ersatzschaltbild wie in Abb. 222 darstellen. Durch die Einführung der resultierenden Impedanzen $\bar{Z}_{aa}, \bar{Z}_{ab}$ und $\bar{Z}_{bb}$ ist es also gelungen, die Erdseile aus der Rechnung auszuschalten. Wir bemerken noch, daß die resultierenden Impedanzen ein Drittel der Nullimpedanzen darstellen, da in den Leitern a und b jeweils der dreifache Nullstrom fließt.

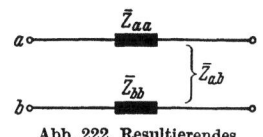

Abb. 222. Resultierendes Schaltbild zu Abb. 219

Das geschilderte Verfahren zur Eliminierung der Erdseile aus der Rechnung läßt sich für eine beliebige Anzahl von Drehstromsystemen und Erdseilen anwenden, da die Spannungen der Erdseile stets verschwinden und damit immer die richtige Anzahl der Gleichungen zur Verfügung steht, um die Ströme in den Erdseilen durch die Leiterströme auszudrücken. Es ist immer von Bedeutung, wenn entweder die räumliche Anordnung der Leiter unsymmetrisch ist oder wenn die Drehstromsysteme unsymmetrisch beansprucht werden, beispielsweise wenn das eine System einer Doppelleitung einen Fehler aufweist.

In Abb. 223 ist eine Drehstromdoppelleitung mit zwei Erdseilen dargestellt. Alle Leiter, auch die Erdseile bestehen aus Stahlaluminiumseil 150 mm², welches

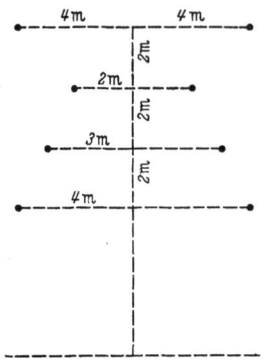

Abb. 223. Drehstromdoppelleitung

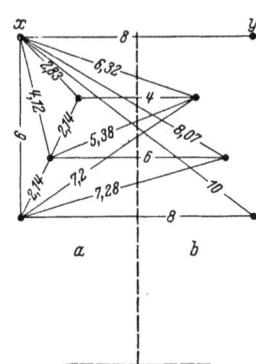

Abb. 224. Abstände der Leiter in Abb. 223

einen äußeren Durchmesser von 17,3 mm aufweist. 26 Aluminiumdrähte sind in zwei Lagen aufgebracht, so daß nach Tab. 4 der mittlere Radius

$$r_m = 0{,}809 \cdot 8{,}65 = 7 \text{ mm}$$

beträgt. In Abb. 224 sind die effektiven Abstände zwischen den Leitern in Metern eingetragen. Der mittlere Radius einer der beiden Drehstromleitungen ist nach Gl. (14.45)

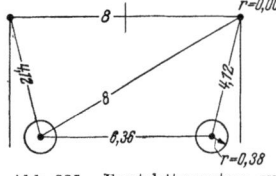

Abb. 225. Ersatzleitersystem zu Abb. 223

$$r = \sqrt[9]{0{,}007^3 \cdot 2{,}14^2 \cdot 2{,}14^2 \cdot 4{,}28^2} = 0{,}38 \text{ m}.$$

Der mittlere Abstand eines Erdseiles von der näheren Drehstromleitung ist

$$d_{xa} = d_{yb} = \sqrt[3]{6 \cdot 4{,}12 \cdot 2{,}83} = 4{,}12 \text{ m},$$

von der entfernteren Drehstromleitung

$$d_{xb} = d_{ya} = \sqrt[3]{6{,}32 \cdot 8{,}07 \cdot 10} = 8{,}00 \text{ m},$$

der Abstand der beiden Drehstromleitungen voneinander

$$d_{ab} = \sqrt[9]{4 \cdot 5{,}38 \cdot 7{,}2 \cdot 5{,}38 \cdot 6 \cdot 7{,}28 \cdot 8 \cdot 7{,}28 \cdot 7{,}2} = 6{,}36 \text{ m}$$

und der der beiden Erdseile voneinander

$$d_{xy} = 8 \text{ m}.$$

Abb. 225 stellt das System der Ersatzleiter dar.

e) Doppelleitungen

Wir berücksichtigen im folgenden nur die induktiven Widerstände, was man in vielen Fällen ohne unzulässigen Fehler machen darf. Bei einem mittleren Erdwiderstand von $100\,\Omega\,\text{m}$ ist
$$D_e = 933\,\text{m}$$
und daher erhalten wir nach Gl. (15.31)

$$X_{aa} = X_{bb} = 0{,}1445\log\frac{933}{0{,}37} = 0{,}493\,\Omega/\text{km},$$

ebenso

$$X_{xx} = X_{yy} = 0{,}1445\log\frac{933}{0{,}007} = 0{,}741\,\Omega/\text{km}.$$

Für die Gegeninduktivitäten erhalten wir nach Gl. (15.32)

$$X_{ab} = 0{,}1445\log\frac{933}{6{,}36} = 0{,}315\,\Omega/\text{km},$$

$$X_{ax} = X_{by} = 0{,}1445\log\frac{933}{4{,}12} = 0{,}340\,\Omega/\text{km},$$

$$X_{ay} = X_{bx} = 0{,}1445\log\frac{933}{8{,}00} = 0{,}300\,\Omega/\text{km},$$

$$X_{xx} = X_{yy} = 0{,}1445\log\frac{933}{8{,}00} = 0{,}300\,\Omega/\text{km}.$$

Damit erhalten wir die Gleichungen

$$-j\,\mathfrak{U}_a = 0{,}493\,\mathfrak{I}_a + 0{,}315\,\mathfrak{I}_b + 0{,}340\,\mathfrak{I}_x + 0{,}300\,\mathfrak{I}_y,$$
$$-j\,\mathfrak{U}_b = 0{,}315\,\mathfrak{I}_a + 0{,}493\,\mathfrak{I}_b + 0{,}300\,\mathfrak{I}_x + 0{,}340\,\mathfrak{I}_y,$$
$$0 = 0{,}340\,\mathfrak{I}_a + 0{,}300\,\mathfrak{I}_b + 0{,}741\,\mathfrak{I}_x + 0{,}300\,\mathfrak{I}_y,$$
$$0 = 0{,}300\,\mathfrak{I}_a + 0{,}340\,\mathfrak{I}_b + 0{,}300\,\mathfrak{I}_x + 0{,}741\,\mathfrak{I}_y.$$

Aus den letzten beiden Gleichungen gewinnen wir

$$\mathfrak{I}_x = -0{,}357\,\mathfrak{I}_a - 0{,}263\,\mathfrak{I}_b,$$
$$\mathfrak{I}_y = -0{,}261\,\mathfrak{I}_a - 0{,}352\,\mathfrak{I}_b.$$

Setzen wir nun in die ersten beiden Gleichungen ein, so folgt

$$-j\,\mathfrak{U}_a = 0{,}294\,\mathfrak{I}_a + 0{,}120\,\mathfrak{I}_b,$$
$$-j\,\mathfrak{U}_b = 0{,}120\,\mathfrak{I}_a + 0{,}294\,\mathfrak{I}_b.$$

Daraus lesen wir durch Vergleich mit Gl. (15.40) ab

$$\bar{X}_{aa} = \bar{X}_{bb} = 0{,}294\,\Omega/\text{km}$$

und

$$\bar{X}_{ab} = \bar{X}_{ba} = 0{,}120\,\Omega/\text{km}.$$

Wir nehmen jetzt an, die Doppelleitung sei 50 km lang. Die beiden Leitungen seien an den beiden Enden an je eine gemeinsame Sammelschiene angeschlossen, welche jede über eine Reaktanz $X_0 = 2{,}00\,\Omega$ an Erde angeschlossen ist. Ferner sei in der Leitung a 20 km von dem einen Ende ein Fehler und es interessiert uns die von dieser Stelle aus gesehene Nullreaktanz des Netzes. Die Schaltung zeigt Abb. 226 mit den Reaktanzen für die beiden Seiten, die sich durch Multiplikation der eben erhaltenen Werte mit 20 bzw. 30 km ergeben. Es ist

$$0{,}294\cdot 20 = 5{,}88\,\Omega,\quad 0{,}294\cdot 30 = 8{,}82\,\Omega,$$
$$0{,}120\cdot 20 = 2{,}40\,\Omega,\quad 0{,}120\cdot 30 = 3{,}60\,\Omega.$$

15. Die Nullimpedanz kurzer Leitungen

Wir bezeichnen den linken Zweig der Leitung a auch weiterhin mit a, den rechten Zweig jedoch mit c, ebenso den linken Teil der Leitung b weiterhin mit b, den

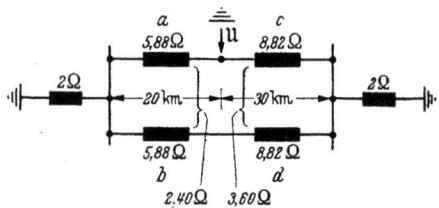

Abb. 226. Fehler auf der Doppelleitung Abb. 223

rechten Teil jedoch mit d. Es empfiehlt sich der Übersicht halber das Schaltbild umzuzeichnen, so wie es Abb. 227 zeigt.

Daraus folgen die Gleichungen

$$-j\mathfrak{U} = 5{,}88\,\mathfrak{I}_a + 2{,}40\,\mathfrak{I}_b + 2{,}00\,(\mathfrak{I}_a + \mathfrak{I}_b),$$
$$-j\mathfrak{U} = 8{,}82\,\mathfrak{I}_c + 3{,}60\,\mathfrak{I}_d + 2{,}00\,(\mathfrak{I}_c + \mathfrak{I}_d),$$
$$5{,}88\,\mathfrak{I}_b + 2{,}40\,\mathfrak{I}_a + 2{,}00\,(\mathfrak{I}_a + \mathfrak{I}_b) = 8{,}82\,\mathfrak{I}_a + 3{,}60\,\mathfrak{I}_c + 2{,}00\,(\mathfrak{I}_d + \mathfrak{I}_c).$$

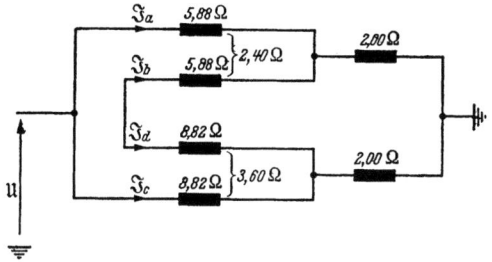

Abb. 227. Umgezeichnetes Schaltbild zu Abb. 226

Da die Leitung b von dem Fehler selbst nicht betroffen ist, so gilt

$$\mathfrak{I}_b = -\mathfrak{I}_d.$$

Aus dieser und der letzten der oberen drei Gleichungen folgt durch Auflösen nach $\mathfrak{I}_b$ und $\mathfrak{I}_d$.

$$\mathfrak{I}_b = -\mathfrak{I}_d = -0{,}235\,\mathfrak{I}_a + 0{,}300\,\mathfrak{I}_c.$$

Setzen wir danach in die ersten beiden Gleichungen ein, so erhalten wir

$$-j\mathfrak{U} = 6{,}85\,\mathfrak{I}_a + 1{,}32\,\mathfrak{I}_c,$$
$$-j\mathfrak{U} = 9{,}14\,\mathfrak{I}_c + 1{,}32\,\mathfrak{I}_a$$

und daraus schließlich

$$\mathfrak{I}_a = -j\mathfrak{U} \cdot 0{,}128,$$
$$\mathfrak{I}_c = -j\mathfrak{U} \cdot 0{,}091,$$

also

$$3\,\mathfrak{I}^0 = \mathfrak{I}_a + \mathfrak{I}_c = -j\mathfrak{U} \cdot 0{,}219,$$

so daß

$$X^0 = \frac{\mathfrak{U}}{j\,\mathfrak{I}^0} = \frac{3}{0{,}219} = 13{,}7\,\Omega.$$

16. Die Kapazität von Freileitungen

a) Die Kapazität des Einzelleiters

Auch das für die Berechnung der Kapazität von Freileitungen maßgebende elektrostatische Feld kann unter den zu Anfang von Kap. 14 angegebenen Voraussetzungen als ebenes Feld betrachtet werden. Ein sehr langer gerader Leiter erscheint dann im ebenen Feld nur mit seinem Querschnitt. Sind die Abmessungen dieses Querschnittes klein gegenüber der Entfernung zu irgendwelchen anderen Leitern, so kann man diese als unendlich weit entfernt betrachten. Ist der Querschnitt so klein, daß wir ihn als punktförmig ansehen können und befindet sich auf ihm eine Ladung Q je Längeneinheit, so ist das Potential U in einer Entfernung r durch

$$U = -\frac{Q}{2\pi\varepsilon}\ln\frac{1}{r} + \text{konst.} \qquad (16.01)$$

gegeben. Dabei ist

$$\varepsilon = \varepsilon_0\varepsilon_r \qquad (16.02)$$

die Dielektrizitätskonstante (Verschiebungskonstante), ε_r die relative Dielektrizitätskonstante und

$$\varepsilon_0 = 8{,}86 \cdot 10^{-12}\,\frac{\text{F}}{\text{m}} \qquad (16.03)$$

die Dielektrizitätskonstante des Vakuums. Liegen nun zwei Leiter vor, von denen der eine die Ladung Q und der andere die Ladung $-Q$ aufweist, dann ist das Potential des Feldes die Summe der beiden Einzelpotentiale, also

$$U = -\frac{Q}{2\pi\varepsilon}\ln\frac{r_2}{r_1}, \qquad (16.04)$$

wenn r_1 und r_2 die Entfernungen des betrachteten Punktes von den beiden Leitern darstellen und wir ferner die Konstanten nach Gl. (16.01) so bestimmen, daß das gemeinsame Potential im Unendlichen verschwindet, da sich ja die Wirkungen der beiden entgegengesetzten Ladungen in unendlicher Entfernung aufheben sollen.

Für die Niveaulinien des Feldes nach Gl. (16.04) gilt

$$\frac{r_2}{r_1} = \lambda = \text{konst.} \qquad (16.05)$$

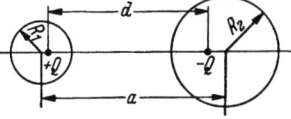

Abb. 228. Niveaulinien im Feld zweier Leiter verschwindenden Querschnitts

Sie sind Kreise, deren Mittelpunkte auf der Verbindungslinie der beiden Leiter liegen. Die Schnittpunkte der Kreise mit dieser Verbindungslinie teilen die Entfernung der beiden Leiter mit dem Abstand d innen und außen im Verhältnis $r_2 : r_1$ (Abb. 228). Wir ersetzen nun eine dieser

16. Die Kapazität von Freileitungen

Niveaulinien mit dem Radius R_1 und dem Potential U_1 entsprechend einem Verhältnis λ_1 nach Gl.(16.05) durch die Spur eines zylindrischen Leiters, so daß also

$$U_1 = -\frac{Q}{2\pi\varepsilon}\ln\lambda_1 \qquad (16.06)$$

und in gleicher Weise auch einen zweiten Kreis mit dem Radius R_2 und dem Potential U_2 entsprechend einem Verhältnis λ_2, so daß

$$U_2 = -\frac{Q}{2\pi\varepsilon}\ln\lambda_2. \qquad (16.07)$$

Für die Spannung U zwischen den zylindrischen Leitern gilt dann

$$U = U_1 - U_2 = \frac{Q}{2\pi\varepsilon}\ln\frac{\lambda_2}{\lambda_1}. \qquad (16.08)$$

Als Kapazität zwischen zwei Leitern bezeichnet man das Verhältnis

$$\boxed{C = \frac{Q}{U}} \qquad (16.09)$$

und daher ist die Kapazität zwischen den beiden Zylindern je Längeneinheit

$$\boxed{C = \frac{2\pi\varepsilon}{\ln\frac{\lambda_2}{\lambda_1}}.} \qquad (16.10)$$

Die Verhältnisse λ_2 und λ_1 lassen sich auf Grund der oben genannten Art der Teilung der Entfernung der Leiter verschwindenden Querschnittes durch die Kreise berechnen und man findet, wenn a die Entfernung der Achsen der zylindrischen Leiter mit den Radien R_1 und R_2 ist

$$\left.\begin{array}{l}\lambda_1 = -\dfrac{1}{2}\dfrac{e}{R_1} + \sqrt{1 + \dfrac{1}{4}\dfrac{e^2}{R_1^2}},\\[2mm] \lambda_2 = \dfrac{1}{2}\dfrac{e}{R_2} + \sqrt{1 + \dfrac{1}{4}\dfrac{e^2}{R_2^2}},\end{array}\right\} \qquad (16.11)$$

wobei noch gilt

$$e = \frac{1}{a}\sqrt{(a+R_1+R_2)(a+R_1-R_2)(a-R_1+R_2)(a-R_1-R_2)}. \qquad (16.12)$$

Daraus folgt für die Kapazität je Längeneinheit zweier langgestreckter achsenparalleler Zylinder mit den Radien R_1 und R_2 und dem Achsenabstand a

$$C = \frac{2\pi\varepsilon}{\operatorname{arch}\dfrac{a^2-R_1^2-R_2^2}{2R_1R_2}}. \qquad (16.13)$$

a) Die Kapazität des Einzelleiters

Bei Freileitungen ist im allgemeinen

$$a \gg R_1, \quad a \gg R_2 \tag{16.14}$$

und damit auch $a \approx d$, so daß angenähert

$$C = \frac{2\pi\varepsilon}{\operatorname{arch}\dfrac{d^2}{2R_1R_2}} = \frac{2\pi\varepsilon}{\ln\left[\dfrac{d^2}{2R_1R_2} + \sqrt{\left(\dfrac{d^2}{2R_1R_2}\right)^2 + 1}\right]}$$

und wegen Gl. (16.14) noch

$$C = \frac{\pi\varepsilon}{\ln\dfrac{d}{\sqrt{R_1R_2}}}. \tag{16.15}$$

Haben die beiden Leiter gleiche Radien, so wird

$$\boxed{C = \frac{\pi\varepsilon}{\ln\dfrac{d}{R}}.} \tag{16.16}$$

Setzt man nach Gl. (16.02) ein und geht gleichzeitig zu BRIGGsschen Logarithmen über, so erhält man

$$C = \frac{12{,}1}{\log\dfrac{d}{R}} 10^{-12}\,\text{F/m} = \frac{0{,}0121}{\log\dfrac{d}{R}}\,\mu\text{F/km}. \tag{16.17}$$

Der kapazitive Leitwert

$$B = \omega C \tag{16.18}$$

beträgt dann bei 50 Hz

$$B = \frac{3{,}80}{\log\dfrac{d}{R}}\,S/\text{km}. \tag{16.19}$$

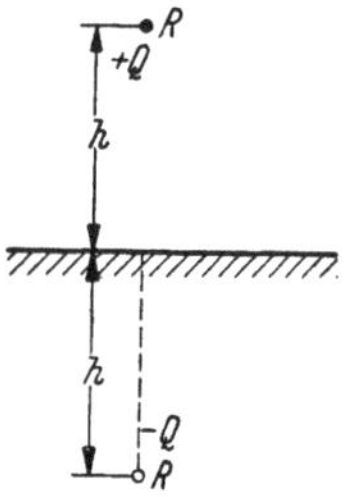

Die Kapazität eines Leiters gegen Erde findet man mit Hilfe des Prinzips der Spiegelung, in dem man die Erde ersetzt durch das negativ geladene Spiegelbild des Leiters (Abb. 229). Liegt zwischen Leiter und Erde die Spannung U, dann müßte zwischen Leiter und Spiegelbild die Spannung $2U$ vorhanden sein, um die Ladung Q auf dem Leiter zu erzielen. Daher ist die Kapazität zwischen Leiter und Erde doppelt so groß wie die Kapazität zwischen Leiter und Spiegelbild. Wir erhalten daher für den Leiter mit dem Radius R und der Höhe h über der Erde die Kapazität

Abb. 229. Leiter über der Erde

$$\boxed{C = \frac{2\pi\varepsilon}{\ln\dfrac{2h}{R}}} \tag{16.20}$$

oder
$$C = \frac{0{,}0242}{\log\dfrac{2h}{R}}\,\mu\text{F/km}. \tag{16.21}$$

Ein Kupferhohlseil von 200 mm² Querschnitt hat einen Radius von 14 mm. Bei einer Leiterhöhe von $h = 25$ m, erhalten wir daher

$$C = \frac{0{,}0242}{\log\dfrac{50}{0{,}014}} = 0{,}0068\,\mu\text{F/km}.$$

b) Teilkapazitäten zwischen Leitern

Sind nun mehr als zwei Leiter vorhanden, so kann man die Teilkapazitäten zwischen den möglichen Leiterpaaren nicht mehr unabhängig voneinander berechnen, da die Kapazität jedes Leiterpaares durch die anderen Leiter beeinflußt wird. Die elektrostatischen Felder aller Leiter überlagern sich und zwar der Art, daß das Potential an jeder Stelle gleich der Summe der Einzelpotentiale ist.

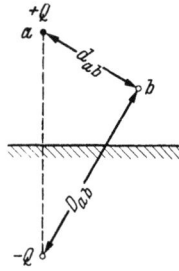

Abb. 230. Zwei Leiter über der Erde

Wir betrachten den Fall, daß sich über der Erde zwei Leiter a und b in einem Abstand d_{ab} voneinander befinden. Der Leiter a trägt die Ladung Q, der Leiter b sei ungeladen. Sein Querschnitt sei ferner so klein, daß die Anwesenheit von b das Feld von a nicht merkbar verändert. Wenn auch der Querschnitt von a hinreichend klein ist, dann ist das Potential U_b an der Stelle von b nach Gl. (16.04) durch

$$U_b = \frac{Q}{2\pi\varepsilon}\ln\frac{D_{ab}}{d_{ab}} \tag{16.22}$$

gegeben, wenn D_{ab} der Abstand des Spiegelbildes von a nach b ist (Abb. 230). Für Gl. (16.22) schreiben wir

$$U_b = P_{ba}Q_a, \tag{16.23}$$

wobei wir durch den Index bei Q_a andeuten, daß es sich um die Ladung auf a handelt.

$$P_{ba} = \frac{1}{2\pi\varepsilon}\ln\frac{D_{ab}}{d_{ab}} \tag{16.24}$$

nennt man den *Potentialkoeffizienten* zwischen b und a. In gleicher Weise können wir schreiben

$$U_a = P_{aa}Q_a, \tag{16.25}$$

wobei unter der Voraussetzung, daß der Leiter b das Feld von a nicht merkbar stört, P_{aa} gleich dem Reziprokwert der durch Gl. (16.20) gegebenen Erdkapazität des Leiters a wird.

b) Teilkapazitäten zwischen Leitern

Weist der Leiter b eine Ladung, nämlich Q_b, auf, so können wir das von dieser Ladung auf dem ungeladenen Leiter a hervorgerufene Potential nach Gl. (16.23) berechnen, wenn wir die Indizes a und b vertauschen. Für b gilt ferner die entsprechende Gleichung zu Gl. (16.25) mit den Indizes b.

Sind nun beide Leiter geladen, so werden sich die Potentiale addieren, d. h. jeder Leiter weist ein von seiner eigenen Ladung stammendes und ein von der fremden Ladung stammendes Potential auf, und ihre Summe gibt das gesamte Potential, es ist daher in diesem Fall

$$\left.\begin{array}{l} U_a = P_{aa}Q_a + P_{ab}Q_b, \\ U_b = P_{ba}Q_a + P_{bb}Q_b. \end{array}\right\} \quad (16.26)$$

Dabei sind die Potentialkoeffizienten nach den Gln. (16.20) und (16.24) zu berechnen. Aus Gl. (16.24) ergibt sich auch, daß

$$P_{ab} = P_{ba}. \quad (16.27)$$

Gl. (16.26) läßt sich umkehren, d. h. wir können die Ladungen in Abhängigkeit von den Potentialen darstellen, so daß

$$\left.\begin{array}{l} Q_a = K_{aa}U_a + K_{ab}U_b, \\ Q_b = K_{ba}U_a + K_{bb}U_b. \end{array}\right\} \quad (16.28)$$

Man nennt die Koeffizienten K_{aa}, K_{ab} usw. die *Kapazitätskoeffizienten*. Ist

$$\Delta P = \begin{vmatrix} P_{aa} & P_{ab} \\ P_{ba} & P_{bb} \end{vmatrix} = P_{aa}P_{bb} - P_{ab}^2 \quad (16.29)$$

die Determinante der Koeffizienten von Gl. (16.26), so läßt sich Gl. (16.28) in der Form

$$\left.\begin{array}{l} Q_a = \dfrac{P_{bb}}{\Delta P} U_a - \dfrac{P_{ab}}{\Delta P} U_b, \\ Q_b = -\dfrac{P_{ba}}{\Delta P} U_a + \dfrac{P_{aa}}{\Delta P} U_b \end{array}\right\} \quad (16.30)$$

schreiben, so daß die Kapazitätskoeffizienten auf die Potentialkoeffizienten zurückgeführt erscheinen.

Die Ladung Q_a kann man sich nun auf folgende Weise hervorgerufen denken. Zwischen a und der Erde sei eine Kapazität C_{aa} vorhanden. An ihr liegt die Spannung U_a, und daher ist ihre Ladung

$$\bar{Q}_a = C_{aa}U_a.$$

Ferner sei eine Kapazität C_{ab} zwischen a und b vorhanden, und die an ihr liegende Spannung $U_a - U_b$ bewirkt eine weitere Teilladung

$$\bar{\bar{Q}}_a = C_{ab}(U_a - U_b).$$

16. Die Kapazität von Freileitungen

Da nun

$$Q_a = \bar{Q}_a + \bar{\bar{Q}}_a$$

sein muß, so ist

$$K_{aa} = C_{aa} + C_{ab} = \frac{P_{bb}}{\Delta P} \qquad (16.31)$$

und

$$K_{ab} = -C_{ab} = -\frac{P_{ab}}{\Delta P}. \qquad (16.32)$$

In gleicher Weise folgt

$$K_{bb} = C_{bb} + C_{ab} = \frac{P_{aa}}{\Delta P}. \qquad (16.33)$$

Man nennt C_{aa}, C_{ab} und C_{bb} die *Teilkapazitäten*. Sie erlauben uns das Ersatzschaltbild Abb. 231 aufzustellen. Nun sind nach den Gln. (16.20) und (16.24)

$$P_{aa} = \frac{1}{2\pi\varepsilon} \ln \frac{2 h_a}{r_a},$$

$$P_{bb} = \frac{1}{2\pi\varepsilon} \ln \frac{2 h_b}{r_b},$$

$$P_{ab} = \frac{1}{2\pi\varepsilon} \ln \frac{D_{ab}}{d_{ab}}$$

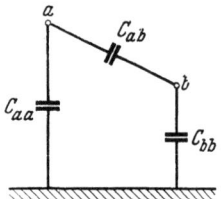

Abb. 231. Ersatzschaltbild mit Teilkapazitäten zu Abb. 230

und daher

$$\Delta P = \frac{1}{4\pi^2 \varepsilon^2}\left[\ln \frac{2 h_a}{r_a} \ln \frac{2 h_b}{r_b} - \ln^2 \frac{D_{ab}}{d_{ab}}\right]. \qquad (16.34)$$

Daraus folgt

$$C_{ab} = 2\pi\varepsilon \frac{\ln \dfrac{D_{ab}}{d_{ab}}}{\ln \dfrac{2 h_a}{r_a} \ln \dfrac{2 h_b}{r_b} - \ln^2 \dfrac{D_{ab}}{d_{ab}}} \qquad (16.35)$$

oder mit BRIGGschen Logarithmen

$$C_{ab} = 0{,}0242 \frac{\log \dfrac{D_{ab}}{d_{ab}}}{\log \dfrac{2 h_a}{r_a} \log \dfrac{2 h_b}{r_b} - \log^2 \dfrac{D_{ab}}{d_{ab}}} \,\mu\text{F/km}. \qquad (16.36)$$

Aus Gl. (16.31) erhalten wir

$$C_{aa} = 2\pi\varepsilon \frac{\ln \dfrac{2 h_b}{r_b} - \ln \dfrac{D_{ab}}{d_{ab}}}{\ln \dfrac{2 h_a}{r_a} \ln \dfrac{2 h_b}{r_b} - \ln^2 \dfrac{D_{ab}}{d_{ab}}} \qquad (16.37)$$

oder

$$C_{aa} = 0{,}0242 \frac{\log \dfrac{2 h_b}{r_b} - \log \dfrac{D_{ab}}{d_{ab}}}{\log \dfrac{2 h_a}{r_a} \log \dfrac{2 h_b}{r_b} - \log^2 \dfrac{D_{ab}}{d_{ab}}} \,\mu\text{F/km}. \qquad (16.38)$$

Für die Berechnung von C_{bb} sind in Gl. (16.38) nur die Indizes a und b zu vertauschen.

b) Teilkapazitäten zwischen Leitern

Die Teilkapazität C_{aa} des Leiters a bei Anwesenheit des Leiters b unterscheidet sich also von der durch Gl. (16.20) gegebenen Kapazität dieses Leiters gegen Erde, wenn dieser allein vorhanden ist. Die Gesamtkapazität des Leiters a gegen Erde ergibt sich nach Abb. 231 aus der Parallelschaltung von C_{aa} mit der Reihenschaltung von C_{ab} und C_{bb} zu

$$C_a = C_{aa} + \frac{C_{ab} C_{bb}}{C_{ab} + C_{bb}}. \tag{16.39}$$

Setzt man für die Teilkapazitäten nach den oben hergeleiteten Formeln ein, so gelangt man zu dem Ausdruck Gl. (16.20). Die Gesamtkapazität des Leiters a wird also durch die Anwesenheit des Leiters b nicht verändert. Das gilt allerdings nur, so lange der Querschnitt von b so klein ist, daß das von der Ladung Q_a hervorgerufene Feld nicht wesentlich gestört wird.

Bei einer größeren Anzahl von Leitern wendet man das gleiche Verfahren an wie oben für zwei Leiter geschildert. Man beginnt mit der Aufstellung der Spannungsgleichungen in der Form

$$U_i = \sum P_{ij} Q_j. \tag{16.40}$$

Solange die Querschnitte der Leiter klein sind gegenüber den Abständen, darf man mit den Potentialkoeffizienten nach Gl. (16.24)

bzw.
$$P_{ij} = \frac{1}{2\pi\varepsilon} \ln \frac{D_{ij}}{d_{ij}} = 41{,}4 \log \frac{D_{ij}}{d_{ij}} \frac{\text{km}}{\mu\text{F}} \tag{16.41}$$

$$P_{ii} = \frac{1}{2\pi\varepsilon} \ln \frac{2h_i}{r_i} = 41{,}4 \log \frac{2h_i}{r_i} \frac{\text{km}}{\mu\text{F}} \tag{16.42}$$

rechnen. Aus Gl. (16.40) erhält man das Gleichungssystem für die Ladungen

$$Q_i = \sum K_{ij} U_j. \tag{16.43}$$

Jeder der n Leiter hat eine Teilkapazität C_{ii} gegen Erde und $(n-1)$ Teilkapazitäten $C_{i,j}$ gegen die anderen $(n-1)$ Leiter. Durch das Komma zwischen den Indizes deuten wir dabei an, daß mit $C_{i,j}$ alle Teilkapazitäten mit Ausnahme von C_{ii} gemeint sein sollen, d. h. also, daß dabei $i \neq j$ ist. Die Ladung auf dem Leiter i setzt sich dann zusammen aus der Ladung der Teilkapazität C_{ii} gegen Erde und den Ladungen der Teilkapazitäten gegen die anderen Leiter, so daß also

$$Q_i = C_{ii} U_i + \sum C_{i,j} (U_i - U_j). \tag{16.44}$$

Wir schreiben Gl. (16.43) in ähnlicher Weise, nämlich

$$Q_i = K_{ii} U_i + \sum K_{i,j} U_j. \tag{16.45}$$

Da die Gln. (16.44) und (16.45) für alle Werte von U_i und U_j gelten, so können wir die Koeffizienten vergleichen, indem wir jeweils immer nur eine der Spannungen ungleich Null setzen und alle anderen verschwinden lassen.

Für
$$U_i \neq 0, \quad U_j = 0$$
folgt
$$K_{ii} = C_{ii} + \sum C_{i,j} \qquad (16.46)$$

und für $U_i = 0$ und eine der Spannungen $U_j \neq 0$
$$K_{i,j} = -C_{i,j}, \qquad (16.47)$$
so daß also
$$C_{ii} = K_{ii} + \sum K_{i,j} = \sum K_{ij}. \qquad (16.48)$$

c) Teilkapazitäten der Drehstromleitung

Eine Drehstromleitung ohne Erdseil weist sechs Teilkapazitäten auf, wie in Abb. 232. Um daraus die symmetrischen Impedanzen zu berechnen, stellen wir die Gleichungen für die Ströme in den drei Leitern auf, wenn auf sie ein beliebiges Drehstromspannungssystem wirkt. Es ist

$$\left. \begin{aligned} \mathfrak{J}_1 &= j\omega C_{11} \mathfrak{U}_1 + j\omega C_{12}(\mathfrak{U}_1 - \mathfrak{U}_2) + j\omega C_{13}(\mathfrak{U}_1 - \mathfrak{U}_3), \\ \mathfrak{J}_2 &= j\omega C_{12}(\mathfrak{U}_2 - \mathfrak{U}_1) + j\omega C_{22} \mathfrak{U}_2 + j\omega C_{23}(\mathfrak{U}_2 - \mathfrak{U}_3), \\ \mathfrak{J}_3 &= j\omega C_{13}(\mathfrak{U}_3 - \mathfrak{U}_1) + j\omega C_{23}(\mathfrak{U}_3 - \mathfrak{U}_2) + j\omega C_{33} \mathfrak{U}_3. \end{aligned} \right\} \qquad (16.49)$$

Daraus folgt der Nullstrom mit
$$\mathfrak{J}^0 = \frac{1}{3} j\omega (C_{11} \mathfrak{U}_1 + C_{22} \mathfrak{U}_2 + C_{33} \mathfrak{U}_3) \qquad (16.50)$$

und, wenn wir die Spannungen durch ihre symmetrischen Komponenten ausdrücken,

$$\left. \begin{aligned} \mathfrak{J}^0 &= \frac{1}{3} j\omega \mathfrak{U}^0 (C_{11} + C_{22} + C_{33}) + \\ &+ \frac{1}{3} j\omega \mathfrak{U}' (C_{11} + a C_{22} + a^2 C_{33}) + \\ &+ \frac{1}{3} j\omega \mathfrak{U}'' (C_{11} + a^2 C_{22} + a C_{33}). \end{aligned} \right\} \qquad (16.51)$$

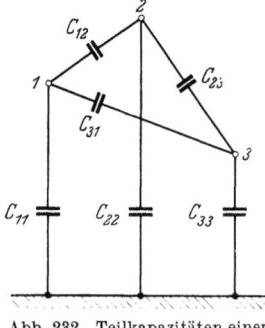

Abb. 232. Teilkapazitäten einer Drehstromleitung ohne Erdseil

Der Nullstrom hängt auch von den anderen Komponenten der Spannung ab, da das Netz unsymmetrisch ist. Die Nullimpedanz ist durch die Kapazität
$$C^0 = \frac{1}{3}(C_{11} + C_{22} + C_{33}) \qquad (16.52)$$
bestimmt.

Wir können die Nullkapazität direkt durch die Potentialkoeffizienten ausdrücken, wenn wir die Leitung mit einem Nullsystem von Strömen

c) Teilkapazitäten der Drehstromleitung

speisen. Dann sind die Ladungen auf den Leitern gleich, und es vereinfacht sich Gl. (16.40) auf

$$U_1 = (P_{11} + P_{12} + P_{13})Q,$$
$$U_2 = (P_{21} + P_{22} + P_{23})Q,$$
$$U_3 = (P_{31} + P_{32} + P_{33})Q.$$

Das mittlere Potential, das der Nullspannung entspricht, ist

$$U^0 = \frac{1}{3}(U_1 + U_2 + U_3) = \frac{1}{3}Q(P_{11} + P_{22} + P_{33} + 2P_{12} + 2P_{31} + 2P_{23})$$

und damit die Nullkapazität

$$C^0 = \frac{Q}{U^0} = \frac{3}{P_{11} + P_{22} + P_{33} + 2P_{12} + 2P_{31} + 2P_{23}}. \qquad (16.53)$$

Setzen wir für die Potentialkoeffizienten nach den Gln. (16.41) und (16.42) ein, wobei wir an Stelle von $2h_i$ jeweils D_{ii} als den Abstand des Leiters von seinem Spiegelbild setzen, dann erhalten wir

$$C^0 = \frac{6\pi\varepsilon}{\ln \dfrac{D_{11} D_{22} D_{33} D_{12}^2 D_{23}^2 D_{31}^2}{r_1 r_2 r_3 d_{12}^2 d_{23}^2 d_{31}^2}}. \qquad (16.54)$$

Der Zähler des Bruches im Logarithmus entspricht dem aus den neun Abständen zwischen den Leitern und den Spiegelbildern gebildeten mittleren Abstand

$$D_m = \sqrt[9]{D_{11} D_{22} D_{33} D_{12}^2 D_{23}^2 D_{31}^2}, \qquad (16.55)$$

während der Nenner dem mittleren Radius des Drehstromsystems

$$d_m = \sqrt[9]{r_1 r_2 r_3 d_{12}^2 d_{23}^2 d_{31}^2} \qquad (16.56)$$

entspricht. Gl. (16.54) geht dann in

$$C^0 = \frac{2\pi\varepsilon}{3 \ln \dfrac{D_m}{d_m}} = \frac{0{,}0242}{3 \log \dfrac{D_m}{d_m}} \mu\text{F/km} \qquad (16.57)$$

über. Man kann sich die Rechnung noch vereinfachen, wenn man für D_m den Ausdruck

$$D_m = \frac{2}{3}(h_1 + h_2 + h_3) \qquad (16.58)$$

setzt.

Aus Gl. (16.49) gewinnen wir den Mitstrom

$$\mathfrak{J}' = \frac{1}{3} j\omega \mathfrak{U}_1 (C_{11} + C_{12} + C_{13} - a C_{12} - a^2 C_{13}) +$$
$$+ \frac{1}{3} j\omega \mathfrak{U}_2 (-C_{12} + a C_{12} + a C_{22} + a C_{23} - a^2 C_{23}) +$$
$$+ \frac{1}{3} j\omega \mathfrak{U}_3 (-C_{13} - a C_{23} + a^2 C_{13} + a^2 C_{23} + a^2 C_{33})$$

oder

$$\begin{aligned}\mathfrak{J}' = \frac{1}{3}j\omega\,\mathfrak{U}^0(C_{11}+aC_{22}+a^2C_{33})+ \\ +\frac{1}{3}j\omega\,\mathfrak{U}'(C_{11}+C_{22}+C_{33}+3C_{12}+3C_{13}+3C_{23})+ \\ +\frac{1}{3}j\omega\,\mathfrak{U}''(C_{11}+a^2C_{22}+aC_{33}-3aC_{12}-3a^2C_{13}-3C_{23}).\end{aligned} \quad (16.59)$$

Daraus folgt für die Kapazität des Mitsystems, die gleich jener des Gegensystems sein muß,

$$C' = C'' = \frac{C_{11}+C_{22}+C_{33}}{3} + C_{12} + C_{23} + C_{31}. \quad (16.60)$$

Ist die Leiteranordnung so symmetrisch, daß

$$C_{11} = C_{22} = C_{33} = C_E \quad (16.61)$$

die Erdkapazität eines Leiters und

$$C_{12} = C_{23} = C_{31} = C_L \quad (16.62)$$

die Kapazität zwischen zwei Leitern darstellt, dann ist

$$C' = C_E + 3 C_L \quad (16.63)$$

die Betriebskapazität in Übereinstimmung mit Gl. (4.02).

Bei Speisung mit einem Mitsystem von Strömen, kann man statt Gl. (16.40) schreiben:

$$\left.\begin{aligned}U_1 &= P_{11}Q + P_{12}a^2Q + P_{13}aQ, \\ U_2 &= P_{21}Q + P_{22}a^2Q + P_{23}aQ, \\ U_3 &= P_{31}Q + P_{32}a^2Q + P_{33}aQ.\end{aligned}\right\} \quad (16.64)$$

Dann ist

$$U' = \frac{1}{3}(P_{11}+a^2P_{12}+aP_{13}+aP_{21}+P_{22}+a^2P_{23}+a^2P_{31}+aP_{32}+P_{33})Q$$

und mit $P_{ij} = P_{ji}$

$$C' = \frac{Q}{U'} = \frac{3}{P_{11}+P_{22}+P_{33}-P_{12}-P_{23}-P_{31}}. \quad (16.65)$$

Nach Einsetzen der Potentialkoeffizienten folgt

$$C' = \frac{6\pi\varepsilon}{\ln\dfrac{D_{11}D_{22}D_{33}d_{12}d_{23}d_{31}}{r_1r_2r_3D_{12}D_{23}D_{31}}}. \quad (16.66)$$

Die Bedingungen Gl. (16.61) und Gl. (16.62) sind genau fast niemals erfüllt. Um die Größe des Einflusses der Abweichungen von der Symmetrie zu überblicken, berechnen wir ein Beispiel. Wir nehmen dazu das Leitungssystem nach Abb. 203, jedoch ohne Erdseil. Die mittlere Leiterhöhe über Erde mit Berücksichtigung des

c) Teilkapazitäten der Drehstromleitung

Durchhanges sei 8 m für den Leiter 3. Wir erhalten dann für die Abstände der Leiter untereinander
$$d_{12} = 1\,\text{m},$$
$$d_{23} = d_{31} = 0{,}943\,\text{m},$$

für die Abstände von den Spiegelbildern

$$D_{11} = 17\,\text{m}, \quad D_{22} = 15\,\text{m}, \quad D_{33} = 16\,\text{m}$$
und
$$D_{12} = 16\,\text{m}, \quad D_{23} = 15{,}5\,\text{m}, \quad D_{31} = 16{,}5\,\text{m}.$$

Damit ergeben sich die Potentialkoeffizienten

$$P_{11} = 0{,}0414 \cdot 10^{12} \log 3700 = 147{,}96 \cdot 10^9\,\text{m/F},$$
$$P_{22} = 0{,}0414 \cdot 10^{12} \log 3260 = 145{,}70 \cdot 10^9\,\text{m/F},$$
$$P_{33} = 0{,}0414 \cdot 10^{12} \log 3480 = 146{,}87 \cdot 10^9\,\text{m/F},$$
$$P_{12} = 0{,}0414 \cdot 10^{12} \log 16{,}0 = 49{,}94 \cdot 10^9\,\text{m/F},$$
$$P_{23} = 0{,}0414 \cdot 10^{12} \log 16{,}4 = 50{,}42 \cdot 10^9\,\text{m/F},$$
$$P_{31} = 0{,}0414 \cdot 10^{12} \log 17{,}5 = 51{,}55 \cdot 10^9\,\text{m/F}$$

und die Spannungsgleichungen

$$U_1 \cdot 10^{-9} = 147{,}96\,Q_1 + 49{,}94\,Q_2 + 51{,}55\,Q_3,$$
$$U_2 \cdot 10^{-9} = 49{,}94\,Q_1 + 145{,}70\,Q_2 + 50{,}42\,Q_3,$$
$$U_3 \cdot 10^{-9} = 51{,}55\,Q_1 + 50{,}42\,Q_2 + 146{,}87\,Q_3.$$

Wenn wir uns für die Teilkapazitäten interessieren, dann müssen wir diese Gleichungen nach den Ladungen auflösen.
Die Umkehrung liefert

$$Q_1 \cdot 10^9 = 0{,}008\,212\,U_1 - 0{,}002\,062\,U_2 - 0{,}002\,174\,U_3,$$
$$Q_2 \cdot 10^9 = -0{,}002\,062\,U_1 + 0{,}008\,307\,U_2 - 0{,}002\,128\,U_3,$$
$$Q_3 \cdot 10^9 = -0{,}002\,174\,U_1 - 0{,}002\,128\,U_2 + 0{,}008\,302\,U_3.$$

Damit besitzen wir die Matrix der Kapazitätskoeffizienten

$$K_{ij} = \begin{pmatrix} 0{,}008\,212, & -0{,}002\,062, & -0{,}002\,174 \\ -0{,}002\,062, & +0{,}008\,307, & -0{,}002\,128 \\ -0{,}002\,174, & -0{,}002\,128, & +0{,}008\,302 \end{pmatrix},$$

so daß wir die Teilkapazitäten nach Gl. (16.47) und Gl. (16.48) berechnen können. Es ist

$$C_{11} = K_{11} + K_{12} + K_{13} = 0{,}003\,976\,\mu\text{F/km},$$
$$C_{22} = K_{22} + K_{23} + K_{21} = 0{,}004\,117\,\mu\text{F/km},$$
$$C_{33} = K_{33} + K_{31} + K_{32} = 0{,}004\,000\,\mu\text{F/km},$$
$$C_{12} = 0{,}002\,062\,\mu\text{F/km},$$
$$C_{23} = 0{,}002\,128\,\mu\text{F/km},$$
$$C_{31} = 0{,}002\,174\,\mu\text{F/km}.$$

Die Nullkapazität ist nach Gl. (16.52)

$$C^0 = 0{,}004\,031\,\mu\text{F/km},$$

die Mitkapazität nach Gl. (16.60)

$$C' = 0{,}010\,395\,\mu\text{F/km}.$$

Für die Bestimmung nur der symmetrischen Größen kann man einfacher die Formeln Gl.(16.55) bzw. Gl.(16.65) anwenden. Es ist

$$D_m = \sqrt[9]{17 \cdot 15 \cdot 16 \cdot 16^2 \cdot 15{,}5^2 \cdot 16{,}5^2} = 15{,}99 \text{ m},$$

$$d_m = \sqrt[9]{0{,}0046^3 \cdot 0{,}943^4 \cdot 1^2} = 0{,}1620 \text{ m}$$

und damit

$$C^0 = \frac{1}{3} \frac{0{,}02417}{\log 98{,}7} = 0{,}004039 \,\mu\text{F/km}.$$

Entsprechend ergibt sich nach Gl.(16.65) die Mitkapazität mit den schon berechneten Potentialkoeffizienten P_{ij} zu

$$C' = 0{,}010394 \,\mu\text{F/km}.$$

d) Einfluß des Erdseiles

Ist ein Erdseil vorhanden, so hat die Rechnung für die Teilkapazitäten wieder nach den Gln.(16.43) bis (16.48) zu erfolgen. Es kommt aber zu den drei Gleichungen für die Drehstromleiter noch die Gleichung für das Erdseil hinzu. Die Rechnung vereinfacht sich etwas dadurch, daß die Spannung des Erdseiles verschwindet.

Gl.(16.40) lautet, wenn Q_4 die Ladung auf dem Erdseil bedeutet:

$$U_1 = P_{11}Q_1 + P_{12}Q_2 + P_{13}Q_3 + P_{14}Q_4,$$
$$U_2 = P_{21}Q_1 + P_{22}Q_2 + P_{23}Q_3 + P_{24}Q_4,$$
$$U_3 = P_{31}Q_1 + P_{32}Q_2 + P_{33}Q_3 + P_{34}Q_4,$$
$$0 = P_{41}Q_1 + P_{42}Q_2 + P_{43}Q_3 + P_{44}Q_4.$$

Daraus folgt mit $Q_1 = Q_2 = Q_3 = Q$ für die Nullkapazität

$$C^0 = \frac{3}{\bar{P}_{11} + \bar{P}_{22} + \bar{P}_{33} + 2\bar{P}_{12} + 2\bar{P}_{23} + 2\bar{P}_{31}}, \tag{16.67}$$

wobei

$$\bar{P}_{ij} = P_{ij} - \frac{P_{i4} P_{4j}}{P_{44}}. \tag{16.68}$$

Setzt man $Q_1 = Q$, $Q_2 = a^2 Q$, $Q_3 = aQ$, dann ergibt sich die Mitkapazität zu

$$C' = \frac{3}{\bar{P}_{11} + \bar{P}_{22} + \bar{P}_{33} - \bar{P}_{12} - \bar{P}_{23} - \bar{P}_{31}}. \tag{16.69}$$

Auch bei mehreren Erdseilen kann man die symmetrischen Kapazitäten direkt aus den Potentialkoeffizienten berechnen, ohne das Gleichungssystem Gl.(16.40) nach den Q auflösen zu müssen. Für zwei Erdseile gilt, wenn man ihnen die Indizes vier bzw. fünf zuordnet:

$$\bar{P}_{ij} = P_{ij} - \left[\frac{P_{i4}(P_{4j}P_{55} - P_{5j}P_{45}) + P_{i5}(P_{5j}P_{44} - P_{4j}P_{45})}{P_{44}P_{55} - P_{45}^2}\right]. \tag{16.70}$$

e) Berechnungsbeispiel

Bei verdrillten Leitungen, mit denen man es meistens zu tun hat, ist
$$P_{14} = P_{24} = P_{34} = P_4.$$
Dann folgt
$$\bar{P}_{ij} = P_{ij} - \frac{P_4^2}{P_{44}}, \tag{16.71}$$

und man erkennt aus Gl. (16.69), daß die Mitkapazität vom Erdseil nicht beeinflußt wird.

Bei symmetrischer Anbringung zweier gleicher Erdseile ist außerdem
$$P_4 = P_5 = P_s, \quad P_{44} = P_{55} = P_{ss}, \quad P_{45} = P_{st},$$
so daß dann
$$\bar{P}_{ij} = P_{ij} - \frac{2 P_s^2}{P_{ss} - P_{st}} \tag{16.72}$$
wird.

e) Berechnungsbeispiel

Wir wollen noch an der Berechnung einer 380 kV-Bündelleitung nach Abb. 233 die Anwendung der Formeln für die Kapazitäten zeigen und dabei auch die Impedanzen einer solchen Leitung mit berechnen. Die Leitung ist mit Viererbündeln aus Stahl-Aluminium-Seilen 210/50 (Tab. 8) in 400 mm Abstand ausgerüstet und mit einem Stahl-Aluminium-Erdseil 95/15 versehen. Die Seile haben 21,0 mm bzw. 13,4 mm Durchmesser und bestehen aus 30 bzw. 26 Teilleitern in zwei Lagen.

Für die Mitkapazität der verdrillten Leitung mit Erdseil gilt Gl. (16.66).
$$C' = \frac{6\pi\varepsilon}{\ln\sqrt[6]{\frac{D_{11}D_{22}D_{33}d_{12}d_{23}d_{31}}{r_1 r_2 r_3 D_{12} D_{23} D_{31}}}}.$$

Mit den Bezeichnungen der Abb. 233 für die einzelnen Leiter der Bündel folgt für die mittleren Abstände der Bündel von den Spiegelbildern wie bei der Berechnung der Induktivitäten
$$D_{ij} = \sqrt[16]{D_{\text{I I}} \cdot D_{\text{I II}} \cdot D_{\text{I III}} \ldots D_{\text{IV I}} \cdot D_{\text{IV II}} \cdot D_{\text{IV III}} \cdot D_{\text{IV IV}}}$$

und entsprechend für die Abstände der Bündel untereinander
$$d_{ij} = \sqrt[16]{d_{\text{I I}} \cdot d_{\text{I II}} \ldots d_{\text{IV III}} \cdot d_{\text{IV IV}}}.$$

Diese mittleren Abstände stimmen im vorliegenden Fall mit einem Fehler noch unter 1 cm mit den Mittenabständen der Bündel überein.

Es ist
$$D_{12} = 50{,}08 \text{ m}, \quad D_{11} = 54{,}02 \text{ m}, \quad D_{12} = 17{,}70 \text{ m},$$
$$D_{23} = 38{,}98 \text{ m}, \quad D_{22} = 40{,}62 \text{ m}, \quad D_{23} = 20{,}34 \text{ m},$$
$$D_{31} = 40{,}71 \text{ m}, \quad D_{33} = 27{,}22 \text{ m}, \quad D_{31} = 13{,}68 \text{ m}.$$

Dabei ist für die mittlere Seilhöhe

$$h_i = \bar{h}_i - 0{,}7 f$$

gesetzt worden, wobei $f = 14{,}60$ m der Durchhang des Seiles bei 40 °C Seiltemperatur ist und $\bar{h}_i$ die Höhe des Seiles am Mast.

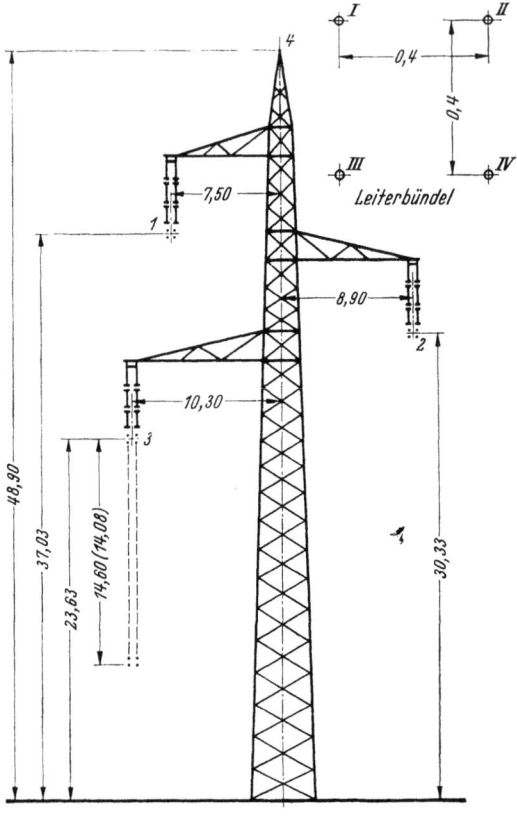

Abb. 233. 380-kV-Tragmast

Für den mittleren Radius r_m der unter sich gleichen Bündel gilt wieder wie für die Berechnung von Induktivitäten nach Gl. (14.48)

$$r_m = \sqrt[4]{\sqrt{2}\,R\,d^3}.$$

Für den Leiterradius R ist dabei jedoch nicht der mittlere Radius einzusetzen, sondern der tatsächliche Radius, da die Ladungen sich nur an der Oberfläche befinden.

Damit wird

$$r_m = \sqrt[4]{\sqrt{2}\cdot 0{,}0105\cdot 0{,}4^3} = 0{,}176\,\text{m}.$$

e) Berechnungsbeispiel

Nun läßt sich die Mitkapazität berechnen:

$$C' = \frac{6\pi\varepsilon}{\ln\dfrac{54{,}02 \cdot 40{,}62 \cdot 27{,}22 \cdot 17{,}70 \cdot 20{,}34 \cdot 13{,}68}{0{,}176^3 \cdot 50{,}03 \cdot 38{,}98 \cdot 40{,}71}} = 12{,}42\,\frac{\mathrm{pF}}{\mathrm{m}} = 12{,}42\,\frac{\mathrm{nF}}{\mathrm{km}}.$$

Für die Nullkapazität der verdrillten Leitung mit einem Erdseil gilt nach den Gln. (16.67), (16.68) und nach Einsetzen der Potentialkoeffizienten

$$C^0 = \frac{6\pi\varepsilon}{\ln\dfrac{D_{11}D_{22}D_{33}D_{12}^2 D_{23}^2 D_{31}^2}{r_1 r_2 r_3 d_{12}^2 d_{23}^2 d_{31}^2} - \dfrac{1}{\ln\dfrac{D_{44}}{r_4}} \times} $$

$$\times \left[\ln^2\frac{D_{14}}{d_{14}} + \ln^2\frac{D_{24}}{d_{24}} + \ln^2\frac{D_{34}}{d_{34}} + 2\left(\ln\frac{D_{14}}{d_{14}}\ln\frac{D_{24}}{d_{24}} + \ln\frac{D_{24}}{d_{24}}\ln\frac{D_{34}}{d_{34}} + \ln\frac{D_{34}}{d_{34}}\ln\frac{D_{14}}{d_{14}}\right)\right]$$

und mit den oben angegebenen Zahlenwerten wird

$$C^0 = 7{,}29\,\frac{\mathrm{pF}}{\mathrm{m}} = 7{,}29\,\frac{\mathrm{nF}}{\mathrm{km}}.$$

Bei der Berechnung der Induktivitäten der Leitung ist der mittlere Seilradius r (Tab. 4)

für ein 210/50 Leiterseil $\quad 0{,}0105 \cdot 0{,}826 = 0{,}008673$ m

für das 95/15 Erdseil $\quad 0{,}0067 \cdot 0{,}809 = 0{,}005420$ m

und der mittlere Bündelradius nach Gl. (14.48)

$$r_m = \sqrt[4]{r d^3 \sqrt{2}} = \sqrt[4]{0{,}00867 \cdot 0{,}4^3 \cdot \sqrt{2}} = \sqrt[4]{7{,}8499 \cdot 10^{-6}} = 0{,}167\,\mathrm{m}.$$

Für die Mit- und Gegenreaktanz der Leitung gilt Gl. (14.56).

$$X' = X'' = 0{,}1445 \log \sqrt[3]{\frac{d_{12} d_{23} d_{31}}{r_1 r_2 r_3}}$$

$$= \frac{0{,}1445}{3} \log \frac{17{,}70 \cdot 20{,}34 \cdot 13{,}68}{0{,}167^3} = 0{,}290\,\Omega/\mathrm{km}.$$

Die Nullimpedanz liefert Gl. (15.36):

$$Z^0 = 3Z = 3\left[Z_a - Z_g + \frac{Z_g}{Z_b}(Z_b - Z_g)\right].$$

Darin ist das System der Bündelleiter mit dem Index a gekennzeichnet, und das Erdseil erhält den Index b.

Mit den mittleren Radien $r_a = 0{,}167$ m, $r_b = 0{,}00542$ m, dem mittleren Abstand des Systems der Bündelleiter vom Erdseil b

$$d_{ab} = \sqrt[3]{d_{1b} d_{2b} d_{3b}} = \sqrt[3]{13{,}87 \cdot 20{,}41 \cdot 27{,}10} = 19{,}75\,\mathrm{m},$$

den Ohmschen Widerständen $R_a = 0{,}137/12 = 0{,}01142\,\Omega/\mathrm{km}$, sowie

$R_b = 0,319$ Ω/km und dem äquivalenten Abstand der Erdrückleitung $D_e = 933$ m erhalten wir

$$Z_a - Z_g = 0,01142 + j \cdot 0,1445 \log \frac{19,75}{0,167} = (0,01142 + j \cdot 0,29943) \text{ Ω/km},$$

$$Z_b - Z_g = 0,319 + j \cdot 0,1445 \log \frac{19,75}{0,00542} = (0,319 + j \cdot 0,51455) \text{ Ω/km},$$

$$Z_b = 0,319 + 0,0493 + j \cdot 0,1445 \log \frac{933}{0,00542} = (0,3683 + j \cdot 0,75665) \text{ Ω/km},$$

$$Z_g = 0,0493 + j \cdot 0,1445 \log \frac{934}{14,72} = (0,0493 + j \cdot 0,260) \text{ Ω/km}.$$

Zusammengefaßt wird

$$Z^0 = 3 (0,0657 + j \cdot 0,4482) = (0,197 + j \cdot 1,465) \text{ Ω/km}.$$

17. Die Impedanzen von langen Leitungen

a) Vierpolgleichungen der langen Leitung

Die in den beiden vorhergehenden Kapiteln durchgeführten Berechnungen der Induktivität und Kapazität von Freileitungen geben uns auch die Grundlage für die Konstanten von langen Leitungen. Unter langen Leitungen wollen wir, wie schon früher erwähnt, solche verstehen, bei denen der kapazitive Strom nicht mehr vernachlässigbar ist gegenüber dem Strom in der Leitung oder mit anderen Worten, wir sprechen immer dann von einer langen Leitung, wenn die Ströme am Anfang und Ende der Leitung nicht mehr gleich sind und die Veränderung des Stromes längs der Leitung nicht nur in einzelnen Punkten, sondern gleichmäßig längs der Leitung erfolgt.

Maßgebend für eine solche stetige Veränderung des Stromes längs der Leitung sind die quer zur Erde oder zu einer anderen Leitung fliessenden Ströme. Die Größe dieser Ströme hängt von der Spannung auf der Leitung ab und von den Impedanzen zwischen der Leitung und der Erde und anderen Leitern. Als solche Stromwege kommen zunächst die Teilkapazitäten in Frage, und dann die Leitfähigkeit über die Oberfläche der Isolatoren oder durch diese, wobei zu den letzteren auch ein eventueller Koronastrom zu rechnen ist. Wir können die gesamte Leitfähigkeit eines Leiters gegen Erde je Längeneinheit in der Form

$$y = g + jb \tag{17.01}$$

darstellen[1]. Dabei ist g der Wirkleitwert, der die Ableitungsverluste und

---

[1] Abweichend von den Kap. 14 bis 16 und 18 verwenden wir hier Kleinbuchstaben für die Größen je Längeneinheit und Großbuchstaben für die Größen der gesamten Leitung.

a) Vierpolgleichungen der langen Leitung

eventuelle Koronaverluste umfaßt, während jb der Leitwert $1/j\omega c$ der Kapazität je Längeneinheit c (des Kapazitätsbelages) ist. Für eine Leitung von der Länge l ist dann der gesamte Leitwert

$$Y = ly = lg + jlb. \tag{17.02}$$

Der Leitungsstrom bewirkt eine Spannungsänderung, welche von der Leitungsimpedanz je Längeneinheit

$$z = r + js \tag{17.03}$$

bestimmt ist. r ist der Ohmsche Widerstand je Längeneinheit, gegebenenfalls durch die Wirbelstromverluste vermehrt, während s den induktiven Widerstand der Selbstinduktivität je Längeneinheit darstellt. Für die ganze Leitung der Länge l gilt

$$Z = lz = lr + jls. \tag{17.04}$$

Herrscht an der Stelle x der Leitung eine Spannung $\mathfrak{U}$ gegen Erde, so wird diese an einer um dx entfernten Stelle auf einen Wert $\mathfrak{U} + d\mathfrak{U}$ geändert sein, wobei

$$d\mathfrak{U} = -z\,dx\,\mathfrak{J} \tag{17.05}$$

ist, denn der Strom $\mathfrak{J}$ durchsetzt die Impedanz $z\,dx$ auf der Länge dx.

Infolge der Spannung $\mathfrak{U}$ fließt auf dem gleichen Leitungsstück ein Strom

$$d\mathfrak{J} = -y\,dx\,\mathfrak{U} \tag{17.06}$$

zur Erde, und um diesen Wert ändert sich $\mathfrak{J}$. Aus den Gln. (17.05) und (17.06) folgen die beiden Gleichungen

$$\left.\begin{array}{l}\dfrac{d\mathfrak{U}}{dx} = -z\,\mathfrak{J}, \\ \dfrac{d\mathfrak{J}}{dx} = -y\,\mathfrak{U}\end{array}\right\} \tag{17.07}$$

und daraus

$$\frac{d^2\mathfrak{U}}{dx^2} - zy\,\mathfrak{U} = 0 \tag{17.08}$$

und

$$\frac{d^2\mathfrak{J}}{dx^2} - zy\,\mathfrak{J} = 0. \tag{17.09}$$

Mit

$$\boxed{\lambda = \sqrt{zy}} \tag{17.10}$$

lautet die Lösung von Gl. (17.08)

$$\boxed{\mathfrak{U} = K_1 e^{\lambda x} + K_2 e^{-\lambda x}} \tag{17.11}$$

und wegen Gl. (17.07) diejenige von Gl. (17.09)

$$\mathfrak{J} = -\frac{\lambda}{z} K_1 e^{\lambda x} + \frac{\lambda}{z} K_2 e^{-\lambda x}. \tag{17.12}$$

Die Gln. (17.11) und (17.12) beschreiben $\mathfrak{U}$ und $\mathfrak{J}$ längs der Leitung. Die Integrationskonstanten K_1 und K_2 hängen von den Randbedingungen ab. Es gibt vier solcher Randbedingungen, nämlich $\mathfrak{U}_a$ und $\mathfrak{J}_a$, das sind Spannung und Strom am Anfang, und $\mathfrak{U}_e$ und $\mathfrak{J}_e$, das sind Spannung und Strom am Ende der Leitung. Von diesen vier Werten genügen zwei zur Bestimmung von K_1 und K_2. Sind z. B. $\mathfrak{U}_a$ und $\mathfrak{J}_a$ gegeben, dann ist wegen $x = 0$ für den Leitungsanfang

$$\left.\begin{aligned}\mathfrak{U}_a &= K_1 + K_2,\\ \mathfrak{J}_a &= -\frac{\lambda}{z} K_1 + \frac{\lambda}{z} K_2,\end{aligned}\right\} \tag{17.13}$$

und daraus folgt

$$\left.\begin{aligned}K_1 &= \frac{1}{2}\left(\mathfrak{U}_a - \frac{z}{\lambda} \mathfrak{J}_a\right),\\ K_2 &= \frac{1}{2}\left(\mathfrak{U}_a + \frac{z}{\lambda} \mathfrak{J}_a\right),\end{aligned}\right\} \tag{17.14}$$

so daß die Gln. (17.11) und (17.12) die Form

und

$$\left.\begin{aligned}\mathfrak{U} &= \mathfrak{U}_a \operatorname{ch} \lambda x - \frac{z}{\lambda} \mathfrak{J}_a \operatorname{sh} \lambda x\\ \mathfrak{J} &= -\frac{\lambda}{z} \mathfrak{U}_a \operatorname{sh} \lambda x + \mathfrak{J}_a \operatorname{ch} \lambda x\end{aligned}\right\} \tag{17.15}$$

annehmen. Am meisten interessieren die Werte am Leitungsende als Funktion der Werte am Anfang. Dann ist $x = l$. Setzen wir noch

$$\Lambda = l\lambda = \sqrt{z\,l\,y\,l} = \sqrt{ZY} \tag{17.16}$$

und

$$\frac{z}{\lambda} = \sqrt{\frac{z}{y}} = \sqrt{\frac{Z}{Y}} = W, \tag{17.17}$$

so finden wir

$$\left.\begin{aligned}\mathfrak{U}_e &= \mathfrak{U}_a \operatorname{ch} \Lambda - W \mathfrak{J}_a \operatorname{sh} \Lambda,\\ \mathfrak{J}_e &= -\frac{1}{W} \mathfrak{U}_a \operatorname{sh} \Lambda + \mathfrak{J}_a \operatorname{ch} \Lambda.\end{aligned}\right\} \tag{17.18}$$

Durch Umkehrung von Gl. (17.18) können wir die Werte am Leitungsanfang durch diejenigen am Ende ausdrücken. Es ist

$$\left.\begin{aligned}\mathfrak{U}_a &= \mathfrak{U}_e \operatorname{ch} \Lambda + W \mathfrak{J}_e \operatorname{sh} \Lambda,\\ \mathfrak{J}_a &= \frac{1}{W} \mathfrak{U}_e \operatorname{sh} \Lambda + \mathfrak{J}_e \operatorname{ch} \Lambda.\end{aligned}\right\} \tag{17.19}$$

Die Gln. (17.18) und (17.19) sind die Gleichungen eines Vierpoles.

b) Ersatz durch ein T- oder ein Π-Glied

Man kann nun jeden passiven Vierpol, d.h. jeden Vierpol, der selbst keine Stromquelle enthält, durch ein T-Glied ersetzen.

Bezeichnen wir nach Abb. 234 die im Leitungszug liegenden Widerstände des T-Gliedes mit P und den Leitwert der Querverbindung mit Q, dann ist

$$\mathfrak{J}_q = -Q(\mathfrak{U}_a - P\mathfrak{J}_a) = \mathfrak{J}_a - \mathfrak{J}_e$$

und

$$\mathfrak{U}_e = \mathfrak{U}_a - P\mathfrak{J}_a - P\mathfrak{J}_e.$$

Daraus folgt

$$\mathfrak{U}_e = \mathfrak{U}_a(1 + PQ) - P\mathfrak{J}_a(2 + PQ) \tag{17.20}$$

und

$$\mathfrak{J}_e = -Q\mathfrak{U}_a + \mathfrak{J}_a(1 + PQ).$$

Durch Vergleich der Koeffizienten mit Gl. (17.18) finden wir schließlich

$$Q = \frac{1}{W}\operatorname{sh}\Lambda \tag{17.21}$$

und

$$P = W\operatorname{th}\frac{\Lambda}{2} \tag{17.22}$$

oder

$$P = \frac{Z}{2}\frac{\operatorname{th}\frac{\Lambda}{2}}{\frac{\Lambda}{2}} \tag{17.23}$$

und

$$Q = Y\frac{\operatorname{sh}\Lambda}{\Lambda}. \tag{17.24}$$

$\dfrac{\operatorname{th}\Lambda/2}{\Lambda/2}$ und $\dfrac{\operatorname{sh}\Lambda}{\Lambda}$ stellen also Korrekturfaktoren dar, die angeben, um

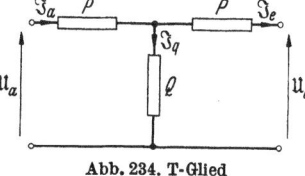
Abb. 234. T-Glied

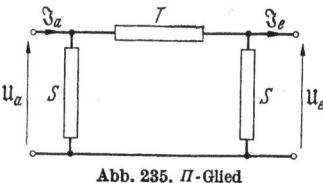
Abb. 235. Π-Glied

wieviel die Impedanzen des T-Gliedes von denen der Leitung abweichen müssen, damit die richtigen Beziehungen zwischen Strömen und Spannungen am Anfang und Ende erzielt werden.

Führt man dieselbe Rechnung für ein Π-Glied mit den Elementen T und S nach Abb. 235 durch, so erhält man

$$\mathfrak{U}_e = \mathfrak{U}_a(1 + TS) - T\mathfrak{J}_a$$

und daraus

$$T = W\operatorname{sh}\Lambda = Z\frac{\operatorname{sh}\Lambda}{\Lambda} \tag{17.25}$$

und

$$S = \frac{1}{W}\operatorname{th}\frac{\Lambda}{2} = \frac{Y}{2}\frac{\operatorname{th}\frac{\Lambda}{2}}{\frac{\Lambda}{2}}, \qquad (17.26)$$

so daß sich hier die gleichen Korrekturfaktoren ergeben wie bei dem T-Glied, jedoch für Längsimpedanz und Querleitwert vertauscht. Abb. 236 zeigt die Ersatzvierpole für die lange Leitung.

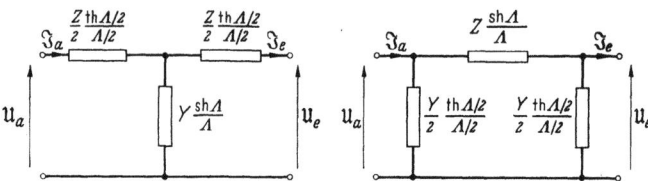

Abb. 236. Ersatzvierpole für die lange Leitung

Zur Vereinfachung der Rechnung, besonders dann, wenn es sich nicht um sehr lange Leitungen handelt, kann man sich der Reihen für die hyperbolischen Funktionen bedienen. Es ist nämlich

$$\operatorname{sh} x = x + \frac{x^3}{3!} + \frac{x^5}{5!} + \frac{x^7}{7!} + \cdots \qquad (17.27)$$

und

$$\operatorname{th} x = x - \frac{x^3}{3} + \frac{9 x^5}{3\cdot 5} - \frac{17 x^7}{3^2\cdot 5\cdot 7} + \cdots . \qquad (17.28)$$

Daraus findet man nun mit Gl. (17.16)

$$\frac{\operatorname{sh}\Lambda}{\Lambda} = 1 + \frac{ZY}{6} + \frac{Z^2 Y^2}{120} + \frac{Z^3 Y^3}{5040} + \cdots \qquad (17.29)$$

und

$$\frac{\operatorname{th}\frac{\Lambda}{2}}{\frac{\Lambda}{2}} = 1 - \frac{ZY}{12} + \frac{Z^2 Y^2}{120} - \frac{17 Z^3 Y^3}{20160} + \cdots . \qquad (17.30)$$

Je kleiner das Produkt ZY ist, also je größer die Impedanz $1/Y$ zwischen den Leitern bzw. zwischen Leiter und Erde ist, um so schneller konvergieren die Reihen, und um so geringer ist der Fehler, wenn man nach einem der ersten Glieder abbricht. Nur für sehr lange Leitungen ist es notwendig, mehr als die ersten zwei Glieder zu verwenden.

Liegt nun ein Dreiphasensystem vor, so können alle oben hergeleiteten Beziehungen für die einzelnen Komponenten verwendet werden, wenn man die in den Kap. 14 bis 16 berechneten Impedanzen dieser Komponenten einsetzt. Für das Mitsystem sind das besonders die resultierende Reaktanz nach Gl. (14.56) und die Kapazität nach Gl. (16.60).

Die gleichen Werte gelten auch für das Gegensystem. Für das Nullsystem sind die resultierende Impedanz nach Gl. (15.36) und die Nullkapazität nach den Gln. (16.52) bzw. (16.57) anzuwenden. Im allgemeinen ergeben sich also verschiedene Vierpole für die Komponenten, die dann je nach dem zu behandelnden Fall in ein Komponentenschaltbild nach Kap. 7 oder 8 einzufügen sind.

18. Die Impedanzen von Kabeln

a) Widerstände

In Energieübertragungssystemen werden *Einleiter-*, *Zweileiter-* und *Dreileiterkabel* verwendet (ausführliche Angaben siehe Tab. 9, S. 334 ff.). Zweileiterkabel werden für Drehstromanlagen kaum benützt, sondern nur für Einphasenwechselstrom. Bei den Dreileiterkabeln sind zwei Ausführungen, nämlich die sogenannten *Gürtelkabel* und die *H-Kabel*, gebräuchlich. Bei den Gürtelkabeln ist jeder der Leiter mit einer Isolation umgeben und die Gesamtheit der Leiter mit einer weiteren Isolation gegen den Mantel, der Gürtelisolation, versehen. Bei den H-Kabeln ist die ganze Isolation um jeden einzelnen Leiter gelegt und diese Isolation mit einem dünnen metallischen Schirm umgeben, der mit dem äußeren Mantel des Kabels verbunden wird. Die elektrostatischen Felder der einzelnen Leiter sind daher bei dem H-Kabel voneinander unabhängig, was beim Gürtelkabel nicht zutrifft. Die elektrostatischen Schirme der H-Kabel sind so dünn und so ausgeführt, daß sie keinen Einfluß auf die magnetischen Felder um die Leiter ausüben, so daß die Selbstinduktivität dadurch nicht betroffen ist.

Bei den Dreileiterkabeln ist durch ihre Bauart eine vollständige Symmetrie der drei Phasen des Drehstromnetzes gesichert, während bei der Verwendung der Einleiterkabel Unsymmetrien auftreten können. Diese Unsymmetrien beziehen sich bei allen Kabeln mit metallischen Mänteln nur auf die Reaktanzen, und da diese im allgemeinen klein sind, so ist die Auswirkung der Unsymmetrien auf die Stromverteilung im allgemeinen vernachlässigbar klein.

Die Ohmschen Widerstände der Kabel lassen sich nach den Querschnitten berechnen. Zu beachten ist dabei, daß eine Erhöhung des Widerstandes durch die Stromverdrängung bei großen Querschnitten auftreten kann. Die größeren Querschnitte sind praktisch immer seilförmig ausgebildet, und die Seile sind so ausgeführt, daß der Einfluß der Stromverdrängung nicht zu groß wird. Bei sehr großen Kabeln kann der Ohmsche Widerstand bei 50 Hz bis zu 40% über dem Gleichstromwiderstand liegen. Eine weitere Widerstandserhöhung kann durch die gegenseitige Beeinflussung mehrerer nebeneinander verlegter Kabel durch die magnetischen Felder der Nachbarkabel entstehen. Infolge der Verseilung der Kabel bleibt aber auch dieser Effekt im allgemeinen vernachlässigbar.

Von Bedeutung für die Gesamtverluste in einem Kabel können auch die Ströme in den bei Hochspannungskabeln üblichen Mänteln aus Blei werden. Der Strom in einem Einleiterkabel sowie auch der Nullstrom in Dreileiterkabeln induziert Spannungen in dem Bleimantel und, falls dieser genügende Verbindungen zur Erde aufweist, kann in ihm ein erheblicher Strom fließen, der zusätzliche Verluste hervorruft. Der spezifische Widerstand von Blei ist

$$\varrho = 0{,}21\,\frac{\Omega\,\mathrm{mm}^2}{\mathrm{m}}. \tag{18.01}$$

b) Induktivitäten

Für die Berechnung der Selbstinduktivität der Kabel gehen wir von dem Fall aus, daß sich ein Leiter beliebigen Querschnittes innerhalb eines zylindrischen Rohres von im Vergleich zu seinem Durchmesser dünner Wandstärke befindet (Abb. 237) und der Mantel die Rückleitung für den Strom des inneren Leiters bildet. Wenden wir auf diesen Fall die Gln. (14.19) bis (14.21) an, so finden wir, daß der mittlere Abstand der Leiter unabhängig von der Form und Lage des inneren Leiters stets gleich dem Radius A des Mantels ist. Ist nun r_m der mittlere Radius des inneren Leiters, so ist, wenn wir ihn mit 1 und den Mantel mit 2 bezeichnen

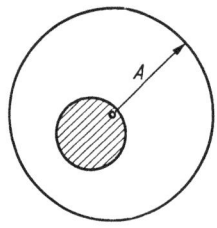

Abb. 237. Leiter in einem dünnwandigen Rohr

$$L_{11} = \frac{\mu}{2\pi}\ln\frac{1}{r_m}, \tag{18.02}$$

$$L_{12} = \frac{\mu}{2\pi}\ln\frac{1}{A} \tag{18.03}$$

und

$$L_{22} = \frac{\mu}{2\pi}\ln\frac{1}{A}, \tag{18.04}$$

denn der mittlere Radius eines dünnen zylindrischen Rohres ist, wie aus der Tab. 4 hervorgeht, ebenfalls gleich dem Radius, d. h. die Selbstinduktivität des Mantels ist in einem solchen Fall stets gleich der gegenseitigen Induktivität zwischen Leiter und Mantel. Daraus folgt

$$L_1 = L_{11} - L_{21} = \frac{\mu}{2\pi}\ln\frac{A}{r_m} = 0{,}46\log\frac{A}{r_m}\,\mathrm{mH/km} \tag{18.05}$$

und für 50 Hz

$$X_1 = 0{,}1445\log\frac{A}{r_m}\,\Omega/\mathrm{km}. \tag{18.06}$$

X_2 verschwindet wegen den Gln. (18.03) und (18.04) genau, wenn die Wandstärke des Mantels vernachlässigbar klein ist, was man praktisch

b) Induktivitäten

immer voraussetzen kann. Für A verwendet man den mittleren Radius des Mantels, also

$$A = \frac{r_i + r_a}{2}, \qquad (18.07)$$

falls r_i und r_a der innere und der äußere Radius des Mantels sind.

Gl. (18.06) gilt immer dann, wenn der Mantel die einzige Rückleitung für den Strom im Inneren des Kabels darstellt. Im allgemeinen liegen aber die Kabel entweder in der Erde oder in der Nähe der Erde in einem Kabelgraben, und ein wesentlicher Teil des Rückstromes kann durch die Erde fließen. Ist der Mantel an beiden Enden des Kabels mit der Erde verbunden, dann liegt im Prinzip dieselbe Anordnung vor, wie bei einer Freileitung mit Erdseil. Wir müssen dann dieselben Überlegungen anstellen wie in Kap. 15. Da der Widerstand des Erdreiches nur sehr ungenau bekannt ist, genügt es, die Näherungsformeln der Gln. (15.29) und (15.30) bzw. (15.31) und (15.32) anzuwenden, die beide zeigen, daß die Selbstinduktivität und Gegeninduktivität der Leiter praktisch von der Entfernung der Leiter von der Erdoberfläche unabhängig sind und daher in gleicher Weise gelten, wenn die Leiter sich in der Form von Kabeln in der Erde oder in einem Kabelgraben befinden. Auch der fiktive Abstand D_e der Rückleitung nach den Gln. (15.26) bis (15.28) behält seine Bedeutung.

Wir können jetzt folgende Fälle unterscheiden.

α) **Drei gleiche Einleiterkabel.** Für die Mitreaktanz spielen die Mäntel und die Erde keine Rolle, da die Summe der Mitströme verschwindet. Die Mitreaktanz errechnet sich nach Gl. (14.56) zu

$$X' = 0{,}1445 \log \frac{d_m}{r_m} \; \Omega/\text{km}. \qquad (18.08)$$

$$d_m = \sqrt[3]{d_{12} d_{23} d_{31}} \qquad (18.09)$$

ist der mittlere Abstand der Kabelachsen voneinander und r_m ist der mittlere Radius eines Leiters, im allgemeinen also

$$r_m = 0{,}779 \, r. \qquad (18.10)$$

Bei der Berechnung der Nullimpedanz ist zu unterscheiden, ob die Kabelmäntel so geerdet sind, daß in ihnen ein Nullstrom fließen kann oder nicht.

Fließt kein Nullstrom in den Mänteln, dann fassen wir nach Gl. (14.45) die drei Leiter der Kabel zu einem Ersatzleiter mit dem mittleren Radius

$$R_m = \sqrt[9]{r_m^3 d_{12}^2 d_{23}^2 d_{31}^2} \qquad (18.11)$$

zusammen und finden die Impedanz der drei parallel geschalteten Leiter nach Gl. (15.31) mit

$$Z = R + 0{,}0493 \, \Omega/\text{km} + j \cdot 0{,}1445 \log \frac{D_e}{R_m} \; \Omega/\text{km}. \qquad (18.12)$$

Dabei ist R gleich dem Drittel des Ohmschen Widerstandes eines Kabels zu setzen.

Sind jedoch die Mäntel so geerdet, daß sie einen Teil des Nullstromes führen können, dann bestimmen wir noch den mittleren Abstand der drei Mäntel von den drei Leitern mit

$$D_m = \sqrt[9]{A^3 d_{12}^2 d_{23}^2 d_{31}^2},\qquad(18.13)$$

worin d_{12} usw. die Abstände der Achse des Mantels des Kabels 1 von der des Leiters des Kabels 2 darstellen usw. Mit Hilfe von D_m erhalten wir nun die gegenseitige Induktivität zwischen Leitern und Mänteln nach Gl. (15.32) mit

$$Z_g = 0{,}0493\ \Omega/\text{km} + j \cdot 0{,}1445 \log \frac{D_e}{D_m}\ \Omega/\text{km}.\qquad(18.14)$$

Die durch das magnetische Feld hervorgerufene Impedanz der Mäntel Z_s ist bei dünnen Mänteln, wie oben im Fall des einzelnen Kabels gezeigt, gleich der Gegenimpedanz Z_g. Stellen wir jetzt das Ersatzschaltbild nach Abb. 218 auf, so gelangen wir zu Abb. 238. Da sich in dem den Mantel darstellenden Parallelzweig zu Z_g die Anteile Z_s und Z_g wegheben, bleibt für diesen Zweig nur der Ohmsche Widerstand der drei parallel geschalteten Mäntel. Die Nullimpedanz der Anordnung erhalten wir dann mit

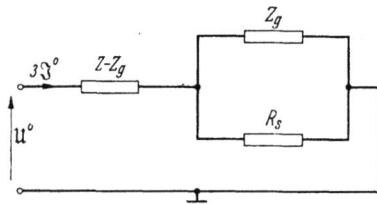

Abb. 238. Ersatzschaltbild der Nullimpedanz

$$Z^0 = 3\left[Z - Z_g + \frac{Z_g R_s}{Z_g + R_s}\right].\qquad(18.15)$$

Für überschlägige Berechnungen setzt man $Z^0 = Z'$.

β) **Ein Drehstromkabel.** Für die Mitreaktanz ist der Mantel ohne Einfluß. Die Mitreaktanz berechnet sich für drei gleiche Leiter mit dem mittleren Radius r_m und dem mittleren Abstand d_m nach

$$X' = 0{,}1445 \log \frac{d_m}{r_m}\ \Omega/\text{km},\qquad(18.16)$$

wobei für d_m und r_m wieder die Gln. (18.09) und (18.10) gelten.

Für $Z^0/3$ gilt im Fall, daß kein Nullstrom im Mantel fließen kann, wieder Gl. (18.12), wenn R_m nach Gl. (18.11) bestimmt wird. Da bei Drehstromkabeln die Abstände der Leiter voneinander stets gleich sind, so vereinfacht sich Gl. (18.11) zu

$$R_m = \sqrt[3]{r_m d^2}.\qquad(18.17)$$

Führt der Mantel Ströme, dann sind die Gln. (18.14) und (18.15) anzuwenden, wobei D_m gleich dem mittleren Radius A des Mantels wird, wie wir ihn in Gl. (18.07) festgelegt haben.

b) Induktivitäten

Für die überschlägige Berechnung kann man annehmen, daß die Nullimpedanz das drei- bis fünffache der Mitimpedanz erreicht.

Wir berechnen die Mit- und die Nullimpedanz eines Drehstrom-Dreileiterkabels $3 \cdot 120$ mm² (Abb. 239). Der Durchmesser der Leiter beträgt 14,2 mm. Ihre Achsen sind in einem gleichseitigen Dreieck mit der Seitenlänge 21,8 mm angeordnet. Der Bleimantel habe 47 mm Innendurchmesser und 53 mm Außendurchmesser. Der OHMsche Widerstand eines der Leiter beträgt 0,152 Ω/km. Der mittlere Radius eines Leiters ist

$$r_m = 0{,}779 \cdot 7{,}1 = 5{,}53 \text{ mm}$$

und daher ist nach Gl. (18.16)

$$X' = 0{,}1445 \log \frac{21{,}8}{5{,}53} = 0{,}0861 \text{ Ω/km}$$

und die Mitimpedanz

$$Z' = 0{,}152 + j \cdot 0{,}0861 \text{ Ω/km}.$$

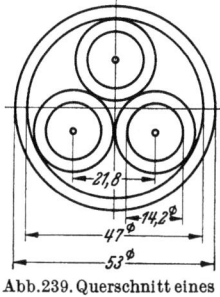

Abb. 239. Querschnitt eines Drehstromkabels $3 \cdot 120$ mm²

Für die Nullimpedanz bestimmen wir zuerst den mittleren Radius der drei Leiter zusammen. Es ist

$$R_m = \sqrt[3]{r_m d^2} = \sqrt[3]{5{,}53 \cdot 21{,}8^2} = 13{,}8 \text{ mm}.$$

Bei einem mittleren spezifischen Widerstand des Erdreiches von $\varrho = 100$ Ω m ist

$$D_e = 933 \text{ m}$$

und daher die Impedanz der drei Leiter zusammen

$$Z = \frac{1}{3} 0{,}152 + 0{,}0493 + j \cdot 0{,}1445 \log \frac{933 \cdot 10^3}{13{,}8} = (0{,}100 + j \cdot 0{,}698) \text{ Ω/km}.$$

Der mittlere Abstand des Mantels von den Leitern ist

$$A = \frac{53 + 47}{4} = 25 \text{ mm}$$

und daher ist

$$Z_g = 0{,}0493 + j \cdot 0{,}1445 \log \frac{933 \cdot 10^3}{25} = (0{,}0493 + j \cdot 0{,}661) \text{ Ω/km}.$$

Der OHMsche Widerstand des Bleimantels ist

$$R_s = 0{,}21 \frac{1000}{2 \pi \cdot 25 \cdot 3} = 0{,}446 \text{ Ω/km}$$

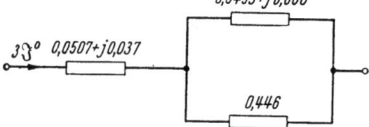

Abb. 240. Ersatzschaltbild für das Nullsystem des Kabels Abb. 239

und daher erhalten wir das Ersatzschaltbild Abb. 240. Die Berechnung nach Gl. (18.15) liefert:

$$\frac{1}{3} Z^0 = 0{,}0507 + 0{,}037 j + \frac{(0{,}0493 + 0{,}66 j) 0{,}446}{0{,}495 + 0{,}661 j} = 0{,}352 + 0{,}230 j$$

und daher ist

$$Z^0 = (1{,}05 + j \cdot 0{,}691) \text{ Ω/km}.$$

230 18. Die Impedanzen von Kabeln

γ) Mehrere gleiche Dreileiterkabel parallel. Da jedes Kabel für sich ein abgeschlossenes Mitsystem führt, so ist die Mitimpedanz der Parallelschaltung gleich der Mitimpedanz eines Kabels geteilt durch die Anzahl der Kabel. Bei der Berechnung der Nullimpedanz geht man so vor, wie bei den Einleiterkabeln, nachdem man die drei Leiter eines Einzelkabels durch Bildung des mittleren Radius zu einem Ersatzleiter vereinigt hat.

Wir nehmen an, daß vier Kabel von der Art des in dem Beispiel unter β) behandelten Kabels parallel nebeneinander in der Erde liegen, und zwar so, daß der

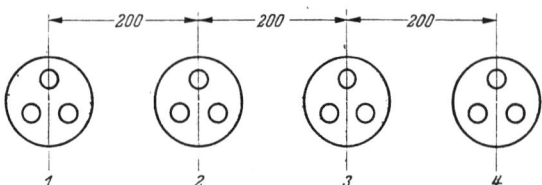

Abb. 241. 4 parallele Dreileiterkabel

Abstand zweier Kabel von Mitte zu Mitte gemessen 200 mm beträgt (Abb. 241). Die Mitimpedanz ist nach der oben für ein Kabel durchgeführten Rechnung dann

$$Z' = (0{,}038 + j \cdot 0{,}0217)\ \Omega/\text{km}.$$

Für die Berechnung der Nullimpedanz bestimmen wir den mittleren Radius der vier parallel geschalteten Dreileitersysteme mit

$$\bar{R}_m = \sqrt[16]{R_m^4 d_{12}^2 d_{23}^2 d_{34}^2 d_{13}^2 d_{14}^2 d_{24}^2},$$

$$\bar{R}_m = \sqrt[16]{13{,}7^4 \cdot 200^6 \cdot 400^4 \cdot 600^2} = 140\ \text{mm}.$$

Damit ist

$$Z = \frac{0{,}152}{3 \cdot 4} + 0{,}0493 + j \cdot 0{,}1445 \log \frac{933 \cdot 10^3}{140} = (0{,}0620 + j \cdot 0{,}553)\ \Omega/\text{km}.$$

Der mittlere Abstand der parallel geschalteten Mäntel von den Leitern ist analog zu Gl. (18.13)

$$\bar{D}_m = \sqrt[16]{25^4 \cdot 200^6 \cdot 400^4 \cdot 600^2} = 162\ \text{mm}$$

und daher ist

$$Z_g = 0{,}0493 + j \cdot 0{,}1445 \log \frac{933 \cdot 10^3}{162},$$

$$Z_g = (0{,}0493 + j \cdot 0{,}543)\ \Omega/\text{km}.$$

Der Widerstand der vier parallel geschalteten Kabelmäntel ist 0,111 Ω/km. Stellen wir nun das Ersatzschaltbild entsprechend Abb. 217 auf und berechnen die resultierende Impedanz, dann folgt

$$\frac{1}{3} Z^0 = (0{,}118 + j \cdot 0{,}0304)\ \Omega/\text{km}$$

oder

$$Z^0 = (0{,}354 + j \cdot 0{,}0911)\ \Omega/\text{km}.$$

Wir erwähnen noch, daß das vereinfachte Berechnungsverfahren für die Nullimpedanz durch Zusammenfassung der Leiter bei Kabeln schon dadurch seine Berechtigung findet, daß infolge der relativ hohen OHMschen Anteile in den Impedanzen die Stromaufteilung auf die parallel geschalteten Leiter hinreichend gleichmäßig ist. Deshalb und wegen der sehr unsicheren Kenntnis des Widerstandes der Erde lohnt sich eine genauere Rechnung kaum.

c) Kapazitäten

Bei der Berechnung der Kapazität der Kabel sind die drei Fälle Einleiter-, Dreileitergürtel- und Dreileiter-H-Kabel zu unterscheiden. Die Kapazität eines Einleiterkabels mit konzentrischem Leiter folgt aus Gl. (16.04) mit

$$C = \frac{2\pi\varepsilon}{\ln\dfrac{R}{r}}, \qquad (18.18)$$

wenn r der Radius des inneren Leiters und R der innere Radius des Mantels ist. Bei der Dielektrizitätskonstante ist jetzt zu berücksichtigen, daß die üblichen Isoliermaterialien für Kabel Werte der relativen Dielektrizitätskonstante von 3 und mehr aufweisen. Es gilt für

Papierisolation $\varepsilon_r = 3{,}0$ bis $4{,}0$,

Gummi $\varepsilon_r = 4{,}0$ bis $9{,}0$.

Für die Berechnung ist dann

$$C = 0{,}0242\,\frac{\varepsilon_r}{\log\dfrac{R}{r}}\,\mu\mathrm{F/km}. \qquad (18.19)$$

Bei Verwendung von Einleiterkabeln schirmen die Mäntel die drei einzelnen Leiter gegeneinander vollständig ab. Es sind daher nur die drei nach den Gln. (18.18) oder (18.19) berechneten Erdkapazitäten vorhanden. Und dementsprechend ist in einem solchen Fall

$$C^0 = C' = C'' = C. \qquad (18.20)$$

Ähnlich einfach ist die Bestimmung der Kapazität bei den H-Kabeln, denn auch hier ist jeder Leiter mit einem Schild umgeben, das ihn praktisch vollkommen von den Nachbarleitern abschirmt. Es gelten dann ebenfalls die Gln. (18.18) bis (18.20), wobei aber R jetzt der Radius des Schildes um die Einzelleiter ist. Schwieriger ist die Berechnung der Kapazitäten der Gürtelkabel wegen der gegenseitigen Abschirmung der Leiter und auch deshalb, weil zwei oder mehrere Dielektrika hintereinander geschaltet sind. Dazu kommt noch, daß an Stelle von kreisrunden Leitern oft auch sektorförmige Leiter vorgesehen sind. Man zieht es in diesen

232   18. Die Impedanzen von Kabeln

Fällen vor, die Kapazitäten mit Hilfe von Kurventafeln zu bestimmen. Es ist dann

$$C' = 0{,}0556 \frac{\varepsilon_r}{G} \ \mu\text{F/km},\qquad(18.21)$$

wobei G ein die Form des Kabels kennzeichnender Faktor ist, der aus dem Kurvenblatt Abb. 242 in Abhängigkeit von der Isolationsstärke und

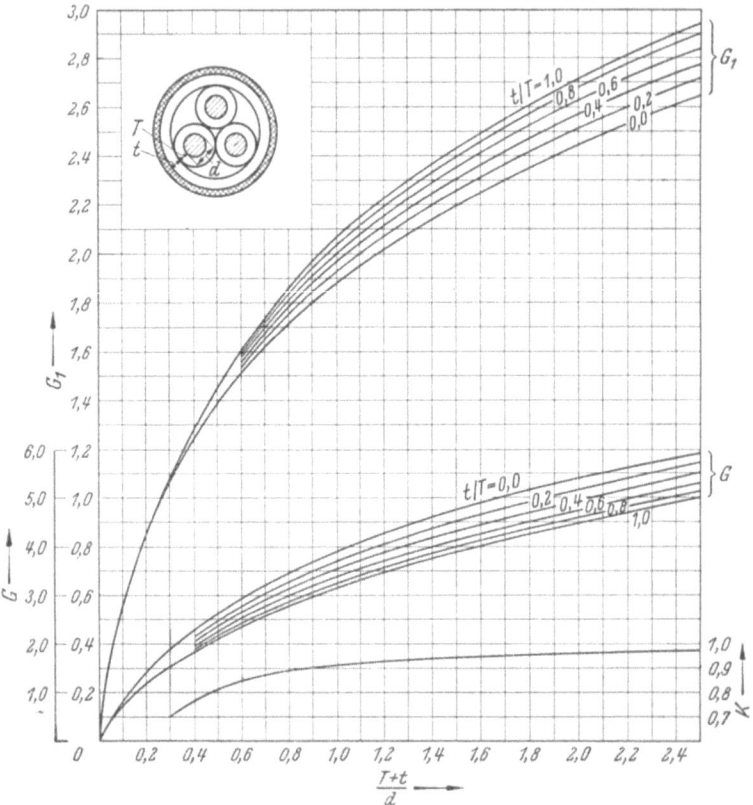

Abb. 242. Faktoren zur Bestimmung der Kabelkapazitäten nach (18.21)

der Anordnung der Isolierung im Kabel (Tab. 9a) entnommen werden kann. Für C^0 gilt ebenfalls Gl. (18.21), wobei aber aus dem Kurvenblatt der Faktor G_1 zu benutzen ist. Das Kurvenblatt enthält ferner einen Korrekturfaktor K für Sektorkabel. Zur Berechnung der Kapazitäten eines Sektorkabels sind die Faktoren G bzw. G_1 für ein Rundleiterkabel gleichen Leiterquerschnitts und gleicher Isolationsstärken aufzusuchen und mit K zu multiplizieren.

a) Tensorielle Schreibweise, Symmetrierungs- und Entsymmetrierungsmatrix 233

Nehmen wir ein Kabel mit Leitern und Leiterisolation nach Abb. 239 an, jedoch noch mit einer Gürtelisolation von gleicher Stärke wie die Leiterisolation, dann ist
$$T = t = 3,8 \text{ mm},$$
so daß
$$\frac{T+t}{d} = \frac{7,6}{14,2} = 0,536$$
und
$$\frac{t}{T} = 1,0.$$
Daher ist
$$G = 0,43$$
und
$$C' = 0,0556 \, \frac{3,5}{0,43} = 0,453 \, \mu\text{F/km}$$
und
$$G_1 = 1,52,$$
so daß
$$C^0 = 0,128 \, \mu\text{F/km}.$$

19. Die symmetrischen Komponenten als Transformation

a) Tensorielle Schreibweise, Symmetrierungs- und Entsymmetrierungsmatrix

Betrachtet man das Verfahren der symmetrischen Komponenten vom mathematischen Standpunkt aus, so erkennt man, daß es sich dabei um eine *Transformation* handelt. Alle Größen, Ströme, Spannungen und Impedanzen des Drehstromsystems werden in andere Größen transformiert, und zwar so, daß in dem transformierten System womöglich einfachere Zusammenhänge bestehen. Bei den Strömen und Spannungen handelt es sich um eine *lineare* Transformation. Ist ein System von drei Größen X_1, X_2, X_3 gegeben, so werden daraus drei neue Größen $\bar{X}_1, \bar{X}_2, \bar{X}_3$ durch eine lineare Transformation gebildet, wenn für sie die Gleichungen

$$\left. \begin{array}{l} \bar{X}_1 = A_{11} X_1 + A_{12} X_2 + A_{12} X_3, \\ \bar{X}_2 = A_{21} X_1 + A_{22} X_2 + A_{23} X_3, \\ \bar{X}_3 = A_{31} X_1 + A_{32} X_2 + A_{33} X_3 \end{array} \right\} \quad (19.01)$$

gelten. Die Transformation ist durch das Schema der Koeffizienten A_{11}, A_{12} usw. bestimmt. Es ist üblich, diese Koeffizienten in Form eines quadratischen Schemas als sogenannte *Matrix*

$$\begin{pmatrix} A_{11}, & A_{12}, & A_{13} \\ A_{21}, & A_{22}, & A_{23} \\ A_{31}, & A_{32}, & A_{33} \end{pmatrix} \quad (19.02)$$

aufzuschreiben. Zur Vereinfachung der Schreibweise verwendet man

19. Die symmetrischen Komponenten als Transformation

allgemeine Indizes, z. B. X_i für X_1, X_2, X_3 und A_{ij} für die Elemente der Matrix. Man kann dann Gl. (19.01) in der Form

$$\bar{X}_i = \sum_{j=1}^{3} A_{ij} X_j \qquad (19.03)$$

schreiben, wobei man für i jede der Zahlen 1 bis 3 setzen darf und die Summation über j von 1 bis 3 zu geschehen hat. Man kann sich das Schreiben des Summenzeichens ersparen, wenn man von der EINSTEINschen *Summationskonvention* Gebrauch macht, daß man nämlich über jeden allgemeinen Index, der in einem Produkt zweimal vorkommt, zu summieren hat. Statt Gl. (19.03) schreibt man dann einfach

$$\boxed{\bar{X}_i = A_{ij} X_j.} \qquad (19.04)$$

Man nennt Indizes, die in einem Produkt zweimal vorkommen, über die also zu summieren ist, *gebundene* Indizes. Da sie nach der Summation im Ergebnis nicht mehr auftreten, kann man für sie beliebige Buchstaben setzen, ohne an dem Ergebnis etwas zu ändern. So ist beispielsweise

$$\bar{X}_i = A_{ij} X_j = A_{ik} X_k = A_{il} X_l \quad \text{usw.}$$

Auch für die Indizes, über die nicht summiert wird, die sogenannten *freien* Indizes, kann man andere Buchstaben setzen, falls man dies an allen Stellen der Gleichung tut, wo der betreffende Index vorkommt. So ist z. B.

$$\bar{X}_k = A_{kj} X_j \quad \text{oder} \quad \bar{X}_l = A_{lk} X_k$$

vollständig identisch mit Gl. (19.04), denn durch Einsetzen von Zahlen kommt man in allen Fällen auf Gl. (19.01).

Da man jedes geordnete System von Größen als Matrix bezeichnen kann, so stellen auch die X_i und $\bar{X}_i$ Matrizen dar, und zwar im Gegensatz zu der quadratischen Matrix der A_{ij} einreihige, und man schreibt dann

$$\left.\begin{array}{l} X_i = (X_1, X_2, X_3), \\ \bar{X}_i = (\bar{X}_1, \bar{X}_2, \bar{X}_3). \end{array}\right\} \qquad (19.05)$$

Vielfach ist es auch üblich, Matrizen durch besonders gekennzeichnete Buchstaben statt mit Indizes darzustellen, z. B. durch Fettdruck der Buchstaben, und man schreibt dann statt Gl. (19.04)

$$\bar{\boldsymbol{X}} = \boldsymbol{A}\boldsymbol{X}. \qquad (19.06)$$

Man sagt dann, daß die Matrix $\boldsymbol{A}$ mit der Matrix $\boldsymbol{X}$ zu multiplizieren ist und kann spezielle Regeln für solche Matrizenmultiplikationen, wie überhaupt für das Rechnen mit Matrizen, aufstellen. Wir wollen von dieser Schreibweise aber keinen Gebrauch machen, da die Schreibweise mit Indizes, abgesehen von dem Summationsübereinkommen, keiner besonderen Rechenregeln bedarf. Da die Schreibweise mit Indizes zusam-

a) Tensorielle Schreibweise, Symmetrierungs- und Entsymmetrierungsmatrix

men mit dem Summationsübereinkommen in der Tensorrechnung ihre besondere Anwendung gefunden hat, spricht man auch manchmal von einer tensoriellen Darstellung. In diesem Sinne nennt man dann die X_i und $\bar{X}_i$ *Tensoren erster Stufe* oder *Vektoren* und die A_{ij} einen *Tensor zweiter Stufe* und im speziellen Fall den *Transformationstensor*. Wir weisen aber darauf hin, daß es sich dabei um eine rein formale Analogie handelt und X_i, $\bar{X}_i$ und A_{ij} mit Tensoren im geometrischen Sinne nichts zu tun haben.

Zur einfacheren Darstellung übernehmen wir aus der Tensorrechnung noch den Gebrauch von *oberen Indizes*, und zwar wollen wir diese für die symmetrischen Komponenten verwenden, um sie von den im Drehstromsystem direkt meßbaren Größen zu unterscheiden. Während wir also für die Ströme im Drehstromsystem

$$\mathfrak{J}_i = (\mathfrak{J}_1, \mathfrak{J}_2, \mathfrak{J}_3) \tag{19.07}$$

schreiben, sollen

$$\mathfrak{J}^i = (\mathfrak{J}^0, \mathfrak{J}^1, \mathfrak{J}^2) = (\mathfrak{J}^0, \mathfrak{J}', \mathfrak{J}'') \tag{19.08}$$

die zugehörigen symmetrischen Komponenten sein. Zwischen den beiden bestehen dann die Transformationsgleichungen

$$\left.\begin{array}{l}\mathfrak{J}^0 = S_1^0 \mathfrak{J}_1 + S_2^0 \mathfrak{J}_2 + S_3^0 \mathfrak{J}_3, \\ \mathfrak{J}^1 = S_1^1 \mathfrak{J}_1 + S_2^1 \mathfrak{J}_2 + S_3^1 \mathfrak{J}_3, \\ \mathfrak{J}^2 = S_1^2 \mathfrak{J}_1 + S_2^2 \mathfrak{J}_2 + S_3^2 \mathfrak{J}_3\end{array}\right\} \tag{19.09}$$

oder in der Tensorschreibweise als Matrizen

$$\boxed{\mathfrak{J}^i = S_j^i \mathfrak{J}_j.} \tag{19.10}$$

Aus den Gln. (5.12), (5.14) und (5.16) folgt die *Symmetrierungsmatrix*

$$S_i^j = \begin{pmatrix} \frac{1}{3}, & \frac{1}{3}, & \frac{1}{3} \\ \frac{1}{3}, & \frac{a}{3}, & \frac{a^2}{3} \\ \frac{1}{3}, & \frac{a^2}{3}, & \frac{a}{3} \end{pmatrix} = \frac{1}{3} \begin{pmatrix} 1, & 1, & 1 \\ 1, & a, & a^2 \\ 1, & a^2, & a \end{pmatrix}. \tag{19.11}$$

Ein Faktor vor einer Matrix soll bedeuten, daß alle Elemente der Matrix mit ihm zu multiplizieren sind.

Das System der linearen Gleichungen der Gl. (19.09) ist eindeutig umkehrbar, wenn die Determinante der Koeffizienten

$$\operatorname{Det} S_i^j = \begin{vmatrix} S_1^0, & S_2^0, & S_3^0 \\ S_1^1, & S_2^1, & S_3^1 \\ S_1^2, & S_2^2, & S_3^2 \end{vmatrix} \tag{19.12}$$

19. Die symmetrischen Komponenten als Transformation

nicht verschwindet. Das trifft bei der Matrix S_i^j nach Gl. (19.11) zu, denn es ist

$$\text{Det}\, S_i^j = \frac{1}{9}(a^2 - a) = -\frac{1}{9}\, j\, \sqrt{3}.\qquad (19.13)$$

Für die Umkehrung von Gl. (19.10) schreiben wir

$$\boxed{\mathfrak{I}_i = T_i^j\, \mathfrak{I}^j}\qquad (19.14)$$

und dabei ist nach den Gln. (5.17) bis (5.19)

$$T_i^j = \begin{pmatrix} 1, & 1, & 1 \\ 1, & a^2, & a \\ 1, & a, & a^2 \end{pmatrix}.\qquad (19.15)$$

Wir nennen sie die *Entsymmetrierungsmatrix*. Schreibt man nach Gl. (19.10) unter Anpassung der Bezeichnung der Indizes $\mathfrak{I}^j = S_k^j \mathfrak{I}_k$ und setzt in Gl. (19.14) ein, so folgt:

$$\mathfrak{I}_i = T_i^j S_k^j \mathfrak{I}_k = \delta_{ik}\, \mathfrak{I}_k.\qquad (19.16)$$

Dabei ist

$$\delta_{ik} = \begin{pmatrix} 1, & 0, & 0 \\ 0, & 1, & 0 \\ 0, & 0, & 1 \end{pmatrix},\qquad (19.17)$$

denn nur dann werden die beiden Seiten von Gl. (19.16) identisch. Man nennt δ_{ik} das KRONECKERsche δ, manchmal auch die *Einheitsmatrix* oder *Identitätsmatrix*. Da Gl. (19.16) für alle beliebigen Werte von $\mathfrak{I}_k$ gilt, so muß

$$T_i^j S_k^j = \delta_{ik}\qquad (19.18)$$

sein. In analoger Weise, nämlich durch Einsetzen von $\mathfrak{I}_i$ nach Gl. (19.14) in (19.10) findet man

$$S_j^i T_j^k = \delta^{ik},\qquad (19.19)$$

wobei

$$\delta^{ik} = \delta_{ki}\qquad (19.20)$$

ist. Man sagt S_j^i und T_j^i seien einander *reziprok*, da ihr „Produkt" die Einheitsmatrix ergibt und drückt das symbolisch durch die Gleichungen

$$T_j^i = \left(S_j^i\right)^{-1}\qquad (19.21)$$

und

$$S_j^i = \left(T_j^i\right)^{-1}\qquad (19.22)$$

aus. Aus der Theorie der linearen Gleichungen folgt, daß die Elemente der reziproken Matrix gleich den Unterdeterminanten der ursprünglichen

b) Die Strom–Spannungsgleichung

Matrix geteilt durch die Determinante der Matrix sind. Man überzeugt sich leicht, daß man T^i_j nach dieser Regel aus S^i_j gewinnen kann und umgekehrt.

b) Die Strom–Spannungsgleichung

Wenden wir uns jetzt dem Drehstromnetz zu, so können wir die drei Gleichungen (6.38) in der allgemeinen Form

$$\mathfrak{U}_i = \mathfrak{U}_{Li} - Z_{ij}\mathfrak{J}_j \qquad (19.23)$$

zusammenfassen. Wir symmetrieren durch Multiplikation mit S^i_j, so daß

$$\mathfrak{U}^i = S^i_j \mathfrak{U}_j = S^i_j \mathfrak{U}_{Lj} - S^i_j Z_{jk} \mathfrak{J}_k.$$

Setzen wir jetzt noch für $\mathfrak{J}_k$ nach Gl. (19.14) ein, so ist

$$\mathfrak{U}^i = \mathfrak{U}^i_L - S^i_j Z_{jk} T^l_k \mathfrak{S}^l$$

oder

$$\boxed{\mathfrak{U}^i = \mathfrak{U}^i_L - Z^{il}\mathfrak{S}^l.} \qquad (19.24)$$

Dabei ist

$$\boxed{Z^{il} = S^i_j Z_{jk} T^l_k.} \qquad (19.25)$$

Damit haben wir das Transformationsgesetz für die Impedanzen gefunden. Die Umkehrung findet man ganz analog, wenn man von Gl. (19.24) ausgeht und Gl. (19.23) zu gewinnen sucht. Es folgt daraus, daß

$$\boxed{Z_{il} = T^j_i Z^{jk} S^k_l.} \qquad (19.26)$$

Die Transformation bietet uns nur Vorteile, wenn Gl. (19.24) einfacher ist als Gl. (19.23), und daß wird besonders dann der Fall sein, wenn die drei daraus resultierenden Gleichungen für die drei Komponenten voneinander unabhängig sind, d.h. nun daß Z^{il} die Gestalt

$$Z^{il} = \begin{pmatrix} Z^0, & 0, & 0 \\ 0, & Z', & 0 \\ 0, & 0, & Z'' \end{pmatrix} \qquad (19.27)$$

hat. Mit Hilfe von Gl. (19.26) können wir nun feststellen, welche Form dann Z_{il} haben muß. Es ist

$$Z_{ij} = \begin{pmatrix} 1, & 1, & 1 \\ 1, & a^2, & a \\ 1, & a, & a^2 \end{pmatrix} \begin{pmatrix} Z^0, & 0, & 0 \\ 0, & Z', & 0 \\ 0, & 0, & Z'' \end{pmatrix} \begin{pmatrix} 1, & 1, & 1 \\ 1, & a, & a^2 \\ 1, & a^2, & a \end{pmatrix} \frac{1}{3}. \qquad (19.28)$$

Die Zusammenfassung zu den Produkten und Summen ist durch die Indizes in Gl. (19.26) eindeutig gegeben. Man kann sich die Arbeit erleichtern, wenn man sich nach der Regel hält, daß die Elemente einer Reihe der vorhergehenden Matrix der Reihe nach mit den Elementen der Spalten der nachfolgenden Matrix zu multiplizieren und die so erhaltenen Produkte zu summieren sind. Man erhält auf diese Weise

$$Z_{ij} = \frac{1}{3}\begin{pmatrix} 1, & 1, & 1 \\ 1, & a^2, & a \\ 1, & a, & a^2 \end{pmatrix}\begin{pmatrix} Z^0, & Z^0, & Z^0 \\ Z', & aZ', & a^2Z' \\ Z'', & a^2Z'', & aZ'' \end{pmatrix}$$
$$= \frac{1}{3}\begin{pmatrix} Z^0+Z'+Z'', & Z^0+aZ'+a^2Z'', & Z^0+a^2Z'+aZ'' \\ Z^0+a^2Z'+aZ'', & Z^0+Z'+Z'', & Z^0+aZ'+a^2Z'' \\ Z^0+aZ'+a^2Z'', & Z^0+a^2Z'+aZ'', & Z^0+Z'+Z'' \end{pmatrix}. \quad (19.29)$$

Daraus folgen die Gleichungen

$$\left.\begin{aligned} Z_{11} &= Z_{22} = Z_{33}, \\ Z_{12} &= Z_{23} = Z_{31}, \\ Z_{13} &= Z_{21} = Z_{32}, \end{aligned}\right\} \quad (19.30)$$

die in Kap. 3 mit den Gln. (3.52) bis (3.54) als Bedingungen für ein zyklisch symmetrisches Netz genannt wurden.

c) Die Fehlerimpedanzen

Im Falle, daß die Gln. (19.30) nicht erfüllt sind, gibt uns Gl. (19.25) die Anweisung, wie die symmetrischen Impedanzen zu gewinnen sind. Wir können dies jetzt anwenden, um die verschiedenen Kurzschlußfälle in allgemeiner Form zu behandeln. Wir nehmen dazu an, daß ein symmetrisches Netz über die Impedanzen Z_1, Z_2, Z_3 in den einzelnen Leitungen und über eine gemeinsame Impedanz Z_0 an Erde angeschlossen ist, wie

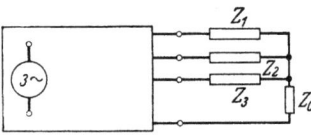

Abb. 243. Symmetrisches Netz mit unsymmetrischem Abschluß

dies Abb. 243 zeigt. Sind $\mathfrak{U}_i$ die Spannungen an den Klemmen des symmetrischen Netzes, dann gilt

$$\left.\begin{aligned} \mathfrak{U}_1 &= (Z_1+Z_0)\,\mathfrak{I}_1 + Z_0\,\mathfrak{I}_2 + Z_0\,\mathfrak{I}_3, \\ \mathfrak{U}_2 &= Z_0\,\mathfrak{I}_1 + (Z_2+Z_0)\,\mathfrak{I}_2 + Z_0\,\mathfrak{I}_3, \\ \mathfrak{U}_3 &= Z_0\,\mathfrak{I}_1 + Z_0\,\mathfrak{I}_2 + (Z_3+Z_0)\,\mathfrak{I}_3, \end{aligned}\right\} \quad (19.31)$$

d. h. die äußere Impedanz, die wir die Fehlerimpedanz Z_{ij}^F nennen wollen, ist durch

$$Z_{ij}^F = \begin{pmatrix} Z_1+Z_0, & Z_0, & Z_0 \\ Z_0, & Z_2+Z_0, & Z_0 \\ Z_0, & Z_0, & Z_3+Z_0 \end{pmatrix} \quad (19.32)$$

c) Die Fehlerimpedanzen

gegeben. Diese Fehlerimpedanz ist wesentlich verschieden von den in Kap. 7 erwähnten Fehlerimpedanzen. Wir können alle Fehler, die durch satte Kurzschlüsse gebildet werden, dadurch herstellen, daß wir in Gl. (19.32) bestimmte Impedanzen gleich 0 setzen oder unendlich werden lassen. Um die beim Unendlichwerden auftretenden Grenzübergänge richtig berücksichtigen zu können, bezeichnen wir die über alle Maßen wachsenden Impedanzen mit Z und erhalten dann für die einzelnen Fälle:

Einpoliger Erdschluß (Phase 1)

$$Z_{ij}^F = \begin{pmatrix} 0, & 0, & 0 \\ 0, & Z, & 0 \\ 0, & 0, & Z \end{pmatrix} = Z \begin{pmatrix} 0, & 0, & 0 \\ 0, & 1, & 0 \\ 0, & 0, & 1 \end{pmatrix}, \tag{19.33}$$

Zweipoliger Erdkurzschluß (Phasen 2 und 3)

$$Z_{ij}^F = \begin{pmatrix} Z, & 0, & 0 \\ 0, & 0, & 0 \\ 0, & 0, & 0 \end{pmatrix} = Z \begin{pmatrix} 1, & 0, & 0 \\ 0, & 0, & 0 \\ 0, & 0, & 0 \end{pmatrix}, \tag{19.34}$$

Zweipoliger Kurzschluß (Phasen 2 und 3)

$$Z_{ij}^F = \begin{pmatrix} 2Z, & Z, & Z \\ Z, & Z, & Z \\ Z, & Z, & Z \end{pmatrix} = Z \begin{pmatrix} 2, & 1, & 1 \\ 1, & 1, & 1 \\ 1, & 1, & 1 \end{pmatrix}, \tag{19.35}$$

Dreipoliger Erdkurzschluß

$$Z_{ij}^F = \begin{pmatrix} 0, & 0, & 0 \\ 0, & 0, & 0 \\ 0, & 0, & 0 \end{pmatrix}, \tag{19.36}$$

Dreipoliger Kurzschluß

$$Z_{ij}^F = \begin{pmatrix} Z, & Z, & Z \\ Z, & Z, & Z \\ Z, & Z, & Z \end{pmatrix} = Z \begin{pmatrix} 1, & 1, & 1 \\ 1, & 1, & 1 \\ 1, & 1, & 1 \end{pmatrix}. \tag{19.37}$$

Nun gilt

$$\mathfrak{U}_i = \mathfrak{U}_{Li} - Z_{ij}\mathfrak{J}_j = Z_{ij}^F \mathfrak{J}_j$$

und symmetriert

$$\mathfrak{U}^i = \mathfrak{U}_L^i - Z^{ij}\mathfrak{J}^j = S_j^i Z_{jk}^F T_k^l \mathfrak{J}^l. \tag{19.38}$$

Nennen wir

$$Z_F^{il} = S_j^i Z_{jk}^F T_k^l \tag{19.39}$$

die *symmetrische Fehlerimpedanz*, dann ist

$$\mathfrak{U}_L^i = (Z^{ij} + Z_F^{ij})\mathfrak{J}^j \tag{19.40}$$

und es ist
$$\mathfrak{F}^i = \left(Z^{ij} + Z_F^{ij}\right)^{-1} \mathfrak{u}_L^j, \qquad (19.41)$$

d.h. wir gewinnen die Fehlerströme, wenn wir die symmetrischen Leerlaufspannungen mit der reziproken Matrix zur Summe der symmetrischen Netzmatrix und der symmetrischen Fehlermatrix multiplizieren. Wir bilden daher zunächst die symmetrischen Fehlermatrizen und erhalten

Einpoliger Erdschluß
$$Z_F^{ij} = \frac{Z}{3}\begin{pmatrix} 2, & -1, & -1 \\ -1, & 2, & -1 \\ -1, & -1, & 2 \end{pmatrix},$$

Zweipoliger Erdkurzschluß
$$Z_F^{ij} = \frac{Z}{3}\begin{pmatrix} 1, & 1, & 1 \\ 1, & 1, & 1 \\ 1, & 1, & 1 \end{pmatrix},$$

Zweipoliger Kurzschluß
$$Z_F^{ij} = \frac{Z}{3}\begin{pmatrix} 10, & 1, & 1 \\ 1, & 1, & 1 \\ 1, & 1, & 1 \end{pmatrix},$$

Dreipoliger Erdkurzschluß
$$Z_F^{ij} = \begin{pmatrix} 0, & 0, & 0 \\ 0, & 0, & 0 \\ 0, & 0, & 0 \end{pmatrix},$$

Dreipoliger Kurzschluß
$$Z_F^{ij} = \frac{Z}{3}\begin{pmatrix} 0, & 0, & 0 \\ 0, & 0, & 0 \\ 0, & 0, & 0 \end{pmatrix}.$$

Nun bilden wir die Summenimpedanz $Z^{ij} + Z_F^{ij}$, wobei wir, um den Faktor $Z/3$ vor den Matrizen beibehalten zu können, folgende Bezeichnungen einführen
$$\zeta^0 = \frac{3Z^0}{Z}, \quad \zeta' = \frac{3Z'}{Z}, \quad \zeta'' = \frac{3Z''}{Z}. \qquad (19.42)$$

Es sind dann die Summenimpedanzen

Einpoliger Erdschluß
$$\frac{Z}{3}\begin{pmatrix} \zeta^0 + 2, & -1, & -1 \\ -1, & \zeta' + 2, & -1 \\ -1, & -1, & \zeta'' + 2 \end{pmatrix},$$

c) Die Fehlerimpedanzen

Zweipoliger Erdkurzschluß

$$\frac{Z}{3}\begin{pmatrix} \zeta^0+1, & 1, & 1 \\ 1, & \zeta'+1, & 1 \\ 1, & 1, & \zeta''+1 \end{pmatrix},$$

Zweipoliger Kurzschluß

$$\frac{Z}{3}\begin{pmatrix} \zeta^0+10, & 1, & 1 \\ 1, & \zeta'+1, & 1 \\ 1, & 1, & \zeta''+1 \end{pmatrix},$$

Dreipoliger Erdkurzschluß

$$\frac{Z}{3}\begin{pmatrix} \zeta^0, & 0, & 0 \\ 0, & \zeta', & 0 \\ 0, & 0, & \zeta'' \end{pmatrix},$$

Dreipoliger Kurzschluß

$$\frac{Z}{3}\begin{pmatrix} \zeta^0+9, & 0, & 0 \\ 0, & \zeta', & 0 \\ 0, & 0, & \zeta'' \end{pmatrix}.$$

Nun bleibt noch die Aufgabe, die reziproken Matrizen zu finden, was man am besten nach dem oben angeführten Satz mit Hilfe der Unterdeterminanten durchführt. Im Fall des einpoligen Erdschlusses ist die Determinante der Matrix

$$\text{Det}\left(Z^{ij}+Z_F^{ij}\right) = \frac{Z^3}{27}\left[\zeta^0\zeta'\zeta'' + 2(\zeta^0\zeta'+\zeta'\zeta''+\zeta^0\xi'') + 3(\zeta^0+\zeta'+\zeta'')\right],$$

während das Schema der Unterdeterminanten

$$\frac{Z^2}{9}\begin{pmatrix} \zeta'\zeta''+2\zeta'+2\zeta''+3, & \zeta''+3, & \zeta'+3 \\ \zeta''+3, & \zeta^0\zeta''+2\zeta^0+2\zeta''+3, & \zeta^0+3 \\ \zeta'+3, & \zeta^0+3, & \zeta^0\zeta'+2\zeta^0+2\zeta'+3 \end{pmatrix}$$

lautet. Bei der Division der Unterdeterminante durch die Determinante kürzt sich der Faktor $Z^2/9$, so daß bei der Determinante der Faktor $Z/3$ stehen bleibt. Geht man jetzt zur Grenze lim $Z \to \infty$, so verschwinden alle ξ^0, ξ' und ξ'' mit Ausnahme der Glieder ersten Grades, welche mit $Z/3$ multipliziert werden. Es bleibt schließlich

$$\left(Z^{ij}+Z_F^{ij}\right)^{-1} = \frac{1}{Z^0+Z'+Z''}\begin{pmatrix} 1, & 1, & 1 \\ 1, & 1, & 1 \\ 1, & 1, & 1 \end{pmatrix}. \quad (19.43)$$

Daher ist im Fall des *einpoligen Erdschlusses*

$$\mathfrak{J}^0 = \frac{1}{Z^0 + Z' + Z''}(\mathfrak{U}_L^0 + \mathfrak{U}_L' + \mathfrak{U}_L'') = \mathfrak{J}' = \mathfrak{J}''. \tag{19.44}$$

In ganz ähnlicher Weise finden wir für den
zweipoligen Erdkurzschluß

$$\left(Z^{ij} + Z_F^{ij}\right)^{-1} = \frac{1}{Z^0 Z' + Z' Z'' + Z^0 Z''} \begin{pmatrix} Z' + Z'', & -Z'' & -Z' \\ -Z'' & Z^0 + Z'', & -Z^0 \\ -Z' & -Z^0 & Z^0 + Z' \end{pmatrix}, \tag{19.45}$$

zweipoligen Kurzschluß

$$\left(Z^{ij} + Z_F^{ij}\right)^{-1} = \frac{1}{Z' + Z''} \begin{pmatrix} 0, & 0, & 0 \\ 0, & 1, & -1 \\ 0, & -1, & 1 \end{pmatrix}, \tag{19.46}$$

dreipoligen Erdkurzschluß

$$\left(Z^{ij} + Z_F^{ij}\right)^{-1} = \begin{pmatrix} \frac{1}{Z^0}, & 0, & 0 \\ 0, & \frac{1}{Z'}, & 0 \\ 0, & 0, & \frac{1}{Z''} \end{pmatrix}, \tag{19.47}$$

dreipoligen Kurzschluß

$$\left(Z^{ij} + Z_F^{ij}\right)^{-1} = \begin{pmatrix} 0, & 0, & 0 \\ 0, & \frac{1}{Z'}, & 0 \\ 0, & 0, & \frac{1}{Z''} \end{pmatrix}. \tag{19.48}$$

Die reziproken Impedanzmatrizen geben jeweils die vollständige Lösung des behandelten Falles.

20. Achtpole im Drehstromsystem

a) Achtpolgleichungen, Umkehrsatz

In Einphasensystemen kann man die einzelnen Teilstücke des Übertragungssystems als Vierpole auffassen, indem man ein Teilstück herausgreift und den Zusammenhang zwischen der Eingangsspannung $\mathfrak{E}$ und dem Eingangsstrom $\mathfrak{J}$[1] auf der einen Seite und der Ausgangsspannung $\mathfrak{U}$ und dem Ausgangsstrom $\mathfrak{J}$ auf der anderen Seite betrachtet (Abb. 244). Zwischen diesen vier Größen gilt ein Zusammenhang von der Form

$$\left.\begin{array}{l}\mathfrak{E} = A\mathfrak{U} + B\mathfrak{J}, \\ \mathfrak{J} = C\mathfrak{U} + D\mathfrak{J} \end{array}\right\} \tag{20.01}$$

---

[1] Wir unterscheiden $\mathfrak{J}$, entsprechend J („jot"), von $\mathfrak{J}$, entsprechend I („i").

a) Achtpolgleichungen, Umkehrsatz

unter der Voraussetzung, daß sich der Vierpol aus linearen Elementen aufbaut. A, B, C, D sind die Vierpolkonstanten, die man auch als Matrix

$$\begin{pmatrix} A, & B \\ C, & D \end{pmatrix} \tag{20.02}$$

schreibt. Sie beschreiben den Vierpol im Zug des Einphasensystems vollständig. Wenn der Vierpol keine Spannungsquellen enthält, dann gilt immer die Beziehung

$$AD - CB = 1 \tag{20.03}$$

der sogenannte *Umkehrsatz* von HELM-HOLTZ. Ein beliebiges Einphasensystem läßt sich auf die Hintereinanderschaltung von Vierpolen zurückführen, wobei die

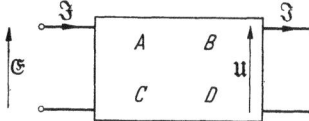

Abb. 244. Vierpol im Einphasensystem

Ausgangsgrößen des einen Vierpoles jeweils die Eingangsgrößen des folgenden sind. Man spricht von einer *Vierpolkette* (Abb. 245) und nennt deshalb (20.02) auch die *Kettenmatrix*.

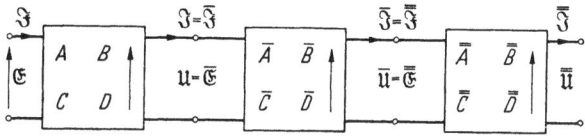

Abb. 245. Vierpolkette eines Einphasensystems

Sind zwei Vierpole mit den Matrizen

$$\begin{pmatrix} A, & B \\ C, & D \end{pmatrix} \text{ und } \begin{pmatrix} \bar{A}, & \bar{B} \\ \bar{C}, & \bar{D} \end{pmatrix},$$

zu einer Kette zusammengeschaltet, so kann man sie durch einen einzigen Vierpol ersetzen, dessen Matrix das „Produkt" der beiden Einzelmatrizen ist, so daß der resultierende Vierpol die Matrix

$$\begin{pmatrix} A, & B \\ D, & C \end{pmatrix}\begin{pmatrix} \bar{A}, & \bar{B} \\ \bar{C}, & \bar{D} \end{pmatrix} = \begin{pmatrix} A\bar{A} + B\bar{C}, & A\bar{B} + B\bar{D} \\ C\bar{A} + D\bar{C}, & C\bar{B} + D\bar{D} \end{pmatrix} \tag{20.04}$$

hat.

Eine andere Darstellung des Zusammenhanges der Eingangs- und der Ausgangsgrößen eines Vierpoles bietet die Widerstandsform, bei der die Spannungen als Funktionen der Ströme ausgedrückt sind, z.B.

$$\left. \begin{array}{l} \mathfrak{E} = M\mathfrak{J} + N\bar{\mathfrak{J}}, \\ \mathfrak{U} = P\mathfrak{J} + Q\bar{\mathfrak{J}}. \end{array} \right\} \tag{20.05}$$

Die vier Widerstände M, N, P und Q lassen sich aus den obengenannten Konstanten A, B, C, D berechnen. Man nennt M und $-Q$ die Leerlauf-

20. Achtpole im Drehstromsystem

widerstände der Eingangs- bzw. der Ausgangsseite und N und $-P$ die Kernwiderstände. Der Umkehrsatz nimmt dann die Form

$$N = -P \qquad (20.06)$$

an und besagt, daß die Kernwiderstände gleich sind.

Es ist nun naheliegend, eine ähnliche Betrachtungsweise auch auf Drehstromsysteme anzuwenden. Ein Teilstück eines Drehstromübertragungssystems hat dann acht Klemmen, nämlich die sechs Klemmen für die Phasenleiter am Eingang und Ausgang und die beiden Klemmen des Nulleiters (Abb. 246). Unter den gleichen Voraussetzungen wie bei den Vierpolen gelten dann für einen Achtpol die Gleichungen

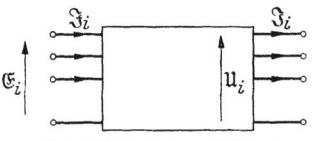

Abb. 246. Drehstrom-Achtpol

$$\boxed{\begin{aligned}\mathfrak{E}_i &= A_{ij}\mathfrak{U}_j + B_{ij}\mathfrak{J}_j, \\ \mathfrak{J}_i &= C_{ij}\mathfrak{U}_j + D_{ij}\mathfrak{J}_j.\end{aligned}} \qquad (20.07)$$

Die Spannungen sind dabei gegen die Nullleiterklemmen gemessen. Ferner gilt, daß in dem Nulleiter die Summe der Phasenströme in entgegengesetzter Richtung zu den Phasenströmen fließt.

Das Bestehen der Gleichungen Gl. (20.07) kann man auf folgende Weise nachweisen. Nimmt man an, daß in die Eingangsklemmen drei Ströme $\mathfrak{J}_i$ fließen, während die Ausgangsseite offen ist, so daß also $\mathfrak{J}_i = 0$ gilt, dann sind, wenn sich der Achtpol aus linearen Elementen aufbaut, Spannungen $\mathfrak{E}_{\alpha i}$ und $\mathfrak{U}_{\alpha i}$ vorhanden, welche lineare Funktionen von $\mathfrak{J}_i$ sind, also

$$\mathfrak{E}_{\alpha i} = M_{ij}\mathfrak{J}_j, \qquad \mathfrak{U}_{\alpha i} = P_{ij}\mathfrak{J}_j. \qquad (20.08)$$

Gl. (20.08) sagt auch aus, daß der Achtpol keine Spannungsquellen enthält, denn beim Verschwinden der Ströme $\mathfrak{J}_i$ verschwinden auch die Spannungen. Dabei sind M_{ij} und P_{ij} passende Konstanten.

Läßt man jetzt die Eingangsklemmen offen und entnimmt auf der Ausgangsseite Ströme $\mathfrak{J}_i$, so erhält man mit anderen Konstanten N_{ij} und Q_{ij} die Spannungen

$$\mathfrak{E}_{\beta i} = N_{ij}\mathfrak{J}_j, \qquad \mathfrak{U}_{\beta i} = Q_{ij}\mathfrak{J}_j, \qquad (20.09)$$

die lineare Funktionen der Ströme $\mathfrak{J}_i$ sind. Sind nun $\mathfrak{J}_i$ und $\mathfrak{J}_j$ gleichzeitig vorhanden, so ergeben sich die Summen der Spannungen als

$$\mathfrak{E}_i = \mathfrak{E}_{\alpha i} + \mathfrak{E}_{\beta i}, \qquad \mathfrak{U}_i = \mathfrak{U}_{\alpha i} + \mathfrak{U}_{\beta i} \qquad (20.10)$$

oder

und

$$\left.\begin{aligned}\mathfrak{E}_i &= M_{ij}\mathfrak{J}_j + N_{ij}\mathfrak{J}_j \\ \mathfrak{U}_i &= P_{ij}\mathfrak{J}_j + Q_{ji}\mathfrak{J}_j.\end{aligned}\right\} \qquad (20.11)$$

M_{ij}, N_{ij}, P_{ij}, Q_{ij} sind Matrizen, deren Elemente Widerstände sind. Die Gln. (20.11) sind daher die Achtpolgleichungen in Widerstandsform. Dabei

a) Achtpolgleichungen, Umkehrsatz

sind die M_{ij} und $-Q_{ij}$ die Leerlaufwiderstände von den beiden Seiten des Achtpoles gesehen, während N_{ij} und $-P_{ij}$ als die Kernwiderstände bezeichnet werden.

Aus der zweiten der Gleichungen (20.11) folgt

$$(P_{ij})^{-1}\mathfrak{U}_j = \mathfrak{J}_i + (P_{ij})^{-1}Q_{jk}\mathfrak{J}_k \qquad (20.12)$$

und nach Einsetzen für $\mathfrak{J}_i$ in die erste der Gleichungen (20.11)

$$\mathfrak{E}_i = M_{ij}(P_{jk})^{-1}\mathfrak{U}_k + [N_{il} - M_{ij}(P_{jk})^{-1}Q_{kl}]\mathfrak{J}_l, \qquad (20.13)$$

so daß also

$$A_{ik} = M_{ij}(P_{jk})^{-1} \qquad (20.14)$$

und

$$B_{il} = N_{il} - M_{ij}(P_{jk})^{-1}Q_{kl}. \qquad (20.15)$$

Aus Gl. (20.12) folgt noch

$$C_{ij} = (P_{ij})^{-1} \qquad (20.16)$$

und

$$D_{ik} = -(P_{ij})^{-1}Q_{jk}. \qquad (20.17)$$

Damit sind die Achtpolkonstanten auf die bei den obengenannten Messungen festgestellten Impedanzen zurückgeführt. Auch für den Achtpol gilt der Umkehrsatz. Greifen wir auf jeder Seite ein beliebiges Paar von Klemmen heraus, lassen die übrigen frei, so kann man das entstehende Gebilde als Vierpol auffassen. Für jeden so gebildeten Vierpol gilt der Umkehrsatz Gl. (20.06), und daraus folgt

$$N_{ij} = -P_{ji}. \qquad (20.18)$$

Nach Gl. (20.16) ist

$$P_{ij} = (C_{ij})^{-1} \qquad (20.19)$$

und nach Gl. (20.17)

$$Q_{ik} = -(C_{ij})^{-1}D_{jk}. \qquad (20.20)$$

Es ist

$$\mathfrak{U}_i = (C_{ij})^{-1}\mathfrak{J}_j - (C_{ij})^{-1}D_{jk}\mathfrak{J}_k. \qquad (20.21)$$

Setzt man in die erste der Gleichungen (20.07) ein, so ist

$$\mathfrak{E}_i = A_{ij}(C_{jk})^{-1}\mathfrak{J}_k + [B_{il} - A_{ij}(C_{jk})^{-1}D_{kl}]\mathfrak{J}_l$$

und daher

$$N_{il} = B_{il} - A_{ij}(C_{jk})^{-1}D_{kl}. \qquad (20.22)$$

Aus den Gln. (20.18) und (20.19) erhält man

$$B_{il} - A_{ij}(C_{jk})^{-1}D_{kl} = -(C_{li})^{-1}$$

oder nach Multiplikation mit C_{im}

$$\boxed{A_{ij}(C_{jk})^{-1}D_{kl}C_{im} - B_{il}C_{im} = \delta_{lm}} \qquad (20.23)$$

als analoge Beziehung zu Gl. (20.03) des Vierpoles.

Man beachte, daß sich die beiden Faktoren

$$(C_{jk})^{-1} \quad \text{und} \quad C_{im}$$

im ersten Ausdruck links im allgemeinen nicht wegheben.
Schalten wir zwei Achtpole mit den Matrizen

$$\begin{pmatrix} A_{ij}, & B_{ij} \\ C_{ij}, & D_{ij} \end{pmatrix} \quad \text{und} \quad \begin{pmatrix} \bar{A}_{ij}, & \bar{B}_{ij} \\ \bar{C}_{ij}, & \bar{D}_{ij} \end{pmatrix}$$

in Form einer Kette aneinander und kennzeichnen die Ausgangsgrößen des zweiten Achtpoles mit Querstrichen, also $\bar{\mathfrak{U}}_i$ und $\bar{\mathfrak{J}}_i$, so ist

$$\mathfrak{E}_i = A_{ij}(\bar{A}_{jk}\bar{\mathfrak{U}}_k + \bar{B}_{jk}\bar{\mathfrak{J}}_k) + B_{ij}(\bar{C}_{jk}\bar{\mathfrak{U}}_k + \bar{D}_{jk}\bar{\mathfrak{J}}_k),$$
$$\mathfrak{J}_i = C_{ij}(\bar{A}_{jk}\bar{\mathfrak{U}}_k + \bar{B}_{jk}\bar{\mathfrak{J}}_k) + D_{ij}(\bar{C}_{jk}\bar{\mathfrak{U}}_k + \bar{D}_{jk}\bar{\mathfrak{J}}_k)$$

oder

$$\left.\begin{aligned}\mathfrak{E}_i &= (A_{ij}\bar{A}_{jk} + B_{ij}\bar{C}_{jk})\bar{\mathfrak{U}}_k + (A_{ij}\bar{B}_{jk} + B_i\bar{D}_{jk})\bar{\mathfrak{J}}_k, \\ \mathfrak{J}_i &= (C_{ik}\bar{A}_{jk} + D_{ij}\bar{C}_{jk})\bar{\mathfrak{U}}_k + (C_{ij}\bar{B}_{jk} + D_{ij}\bar{D}_{jk})\bar{\mathfrak{J}}_k.\end{aligned}\right\} \quad (20.24)$$

Die resultierende Matrix ist also als Produkt

$$\begin{pmatrix} A_{ij}, & B_{ij} \\ C_{ij}, & D_{ij} \end{pmatrix}\begin{pmatrix} \bar{A}_{jk}, & \bar{B}_{jk} \\ \bar{C}_{jk}, & \bar{D}_{jk} \end{pmatrix} \quad (20.25)$$

gebildet.

b) Symmetrische Komponenten, Fundamentalsatz

Gehen wir jetzt zu symmetrischen Komponenten über, so haben wir die Ströme, die Spannungen und Impedanzen nach der in Kap. 19 angegebenen Art zu symmetrieren. Es ist

$$\left.\begin{aligned}\mathfrak{E}^i &= S^i_j \mathfrak{E}_j = S^i_j A_{jk} T^l_k \mathfrak{U}^l + S^i_j B_{jk} T^l_k \mathfrak{J}^l, \\ \mathfrak{J}^i &= S^i_j \mathfrak{J}_j = S^i_j C_{jk} T^l_k \mathfrak{U}^l + S^i_j D_{jk} T^l_k \mathfrak{J}^l\end{aligned}\right\} \quad (20.26)$$

oder

$$\boxed{\begin{aligned}\mathfrak{E}^i &= A^{ij}\mathfrak{U}^j + B^{ij}\mathfrak{J}^j, \\ \mathfrak{J}^i &= C^{ij}\mathfrak{U}^j + D^{ij}\mathfrak{J}^j,\end{aligned}} \quad (20.27)$$

wobei für die Koeffizienten des Achtpoles die gleiche Symmetrierungsregel gilt wie für Impedanzen nach Gl. (19.25).

Haben wir es mit einem zyklisch symmetrischen Drehstromnetz zu tun, d.h. ist der in dem Achtpol zusammengefaßte Netzteil so, daß keine Phase bevorzugt ist, dann müssen die Matrizen A_{ij}, B_{ij}, C_{ij} und D_{ij} so aufgebaut sein, daß für sie die Bedingungen der Gl. (19.30) gelten, und dann haben die symmetrierten Matrizen A^{ij}, B^{ij}, C^{ij}, D^{ij} die Form der

Gl. (19.27). Gl. (20.27) zerfällt dann in drei Gruppen von Vierpolgleichungen, nämlich

$$\left.\begin{array}{l}\mathfrak{E}^0 = A^0\mathfrak{U}^0 + B^0\mathfrak{J}^0, \\ \mathfrak{J}^0 = C^0\mathfrak{U}^0 + D^0\mathfrak{J}^0, \end{array}\right\} \quad (20.28)$$

$$\left.\begin{array}{l}\mathfrak{E}' = A'\mathfrak{U}' + B'\mathfrak{J}', \\ \mathfrak{J}' = C'\mathfrak{U}' + D'\mathfrak{J}' \end{array}\right\} \quad (20.29)$$

und

$$\left.\begin{array}{l}\mathfrak{E}'' = A''\mathfrak{U}'' + B''\mathfrak{J}'', \\ \mathfrak{J}'' = C''\mathfrak{U}'' + D''\mathfrak{J}''. \end{array}\right\} \quad (20.30)$$

Daraus lesen wir den für die Rechnung mit symmetrischen Komponenten fundamentalen Satz ab. *Bei der Symmetrierung zerfällt der Achtpol des zyklisch symmetrischen Drehstromsystems in die drei voneinander vollständig unabhängigen Vierpole der Komponenten.* Wir können daher für jede der Komponenten die Vierpole aneinanderreihen, ohne auf die anderen Komponenten Rücksicht zu nehmen. Die so entstehenden Einphasensysteme der Komponenten sind voneinander vollständig unabhängig. Nur im Falle unsymmetrischer Fehler werden sie an der Fehlerstelle je nach der Art des Fehlers miteinander verbunden. Wir haben bei der Berechnung der einzelnen Fälle von dieser Tatsache schon vielfach Gebrauch gemacht.

c) Leitungen, Transformatoren

Die Drehstromnetze setzen sich aus zwei Arten von Achtpolen zusammen, nämlich den Leitungen und den Transformatoren. Für die Leitungen haben wir die Gleichungen bereits in Kap. 17 aufgestellt. Nach Gl. (17.19) ist die Matrix des Vierpoles für das Mitsystem

$$\begin{pmatrix} \operatorname{ch}\sqrt{Z'Y'}, & -\sqrt{\dfrac{Z'}{Y'}}\operatorname{sh}\sqrt{Z'Y'} \\ -\sqrt{\dfrac{Y'}{Z'}}\operatorname{sh}\sqrt{Z'Y'}, & \operatorname{ch}\sqrt{Z'Y'} \end{pmatrix}. \quad (20.31)$$

Für das Gegensystem gilt die gleiche Matrix. Für das Nullsystem sind die Werte Z^0 und Y^0 einzusetzen.
Bei symmetrischen Drehstromtransformatoren mit dem Übersetzungsverhältnis $\ddot{u}$ ergeben sich sehr einfache Formeln, wenn man die Streuung und den Magnetisierungsstrom vernachlässigt. Ist nämlich das sekundäre Mitsystem gegenüber dem primären um einen Winkel φ nacheilend, dann ist nach den Gln. (4.05) und (4.11)

und
$$\left.\begin{array}{l}\mathfrak{U} = \ddot{u}\,\mathrm{e}^{-\mathrm{j}\varphi}\mathfrak{E} \\ \mathfrak{J} = \dfrac{1}{\ddot{u}}\,\mathrm{e}^{-\mathrm{j}\varphi}\mathfrak{J} \end{array}\right\} \quad (20.32)$$

248   20. Achtpole im Drehstromsystem

und die Vierpolmatrix lautet für das Mitsystem

$$\begin{pmatrix} \dfrac{1}{\ddot{u}}\mathrm{e}^{-\mathrm{j}\varphi}, & 0 \\ 0, & \ddot{u}\,\mathrm{e}^{-\mathrm{j}\varphi} \end{pmatrix}, \tag{20.33}$$

für das Gegensystem ist das Vorzeichen von φ zu ändern. Beim Nullsystem ist zu beachten, daß bei allen Stern/Sternschaltungen die Phasenlage der Nullspannung erhalten bleibt, so daß für das Nullsystem in diesem Fall die Matrix

$$\begin{pmatrix} \dfrac{1}{\ddot{u}}, & 0 \\ 0, & \ddot{u} \end{pmatrix} \tag{20.34}$$

lautet. Bei der Stern/Dreieckschaltung kann das Nullsystem nicht übertragen werden. Man erhält dann die Matrix

$$\begin{pmatrix} 0, & 0 \\ 0, & \infty \end{pmatrix}, \tag{20.35}$$

welche nur besagt, daß eine Spannung $\mathfrak{U}^0$ keine Spannung $\mathfrak{E}^0$ erzeugt, während wohl ein Strom $\mathfrak{J}^0$, aber kein Strom $\mathfrak{I}^0$ möglich ist.

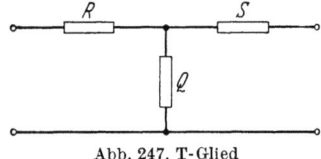

Abb. 247. T-Glied

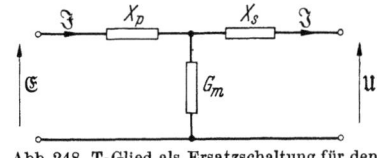

Abb. 248. T-Glied als Ersatzschaltung für den Transformator

Genauer erhält man die Zusammenhänge, wenn man ein T-Glied als Ersatzschaltung für den Transformator verwendet. Man braucht dann die Matrix eines T-Gliedes, dessen im Leitungszug liegende Impedanzen ungleich groß, z. B. mit den Werten R und S sind, während der Leitwert zwischen den Leitern den Wert Q aufweist (Abb. 247). Man erhält nach einfacher Rechnung

$$\left.\begin{array}{l} \mathfrak{E} = \mathfrak{U}(1 + RQ) - \mathfrak{J}(R + S + RSQ), \\ \mathfrak{J} = -\mathfrak{U}Q + \mathfrak{J}(1 + SQ), \end{array}\right\} \tag{20.36}$$

woraus man die Matrix

$$\begin{pmatrix} 1 + RQ, & -(R + S + RSQ) \\ -Q, & 1 + SQ \end{pmatrix} \tag{20.37}$$

abliest.

Nach Abb. 248 ist X_p die primäre, X_s die sekundäre Streuung, während G_m den induktiven Leitwert des magnetischen Feldes darstellt.

a) Aktive Achtpole

Die Ausgangsgrößen dieses Vierpoles sind dann die bereits mit dem Übersetzungsverhältnis multiplizierten bzw. dividierten Größen. Mit diesen Größen kann man nach Gl. (20.37) vorgehen, indem man in dem Leitwert G_m die verschiedenen Ausbildungen des magnetischen Pfades berücksichtigt.

21. Doppelfehler

a) Aktive Achtpole

Bisher haben wir bei der Untersuchung der Störungen in einem Drehstromnetz immer angenommen, daß entweder nur ein Fehler vorliegt, oder daß sich bei den mehrfachen Erd- und Kurzschlüssen alle Fehler an derselben Stelle befinden. Wenn dies nicht zutrifft, also wenn Fehler an zwei verschiedenen Stellen des Netzes auftreten, dann sprechen wir von einem Doppelfehler. Der bekannteste ist der Doppelerdschluß in gelöschten Netzen, wenn nämlich an zwei voneinander entfernten Stellen Erdschlüsse in zwei verschiedenen Phasen eintreten, so daß ein zweipoliger Erdschluß vorliegt, wobei sich aber eine nennenswerte Impedanz zwischen den beiden Fehlerstellen befindet.

Wir können die Untersuchungen wieder auf dem Satz von der Ersatzstromquelle aufbauen, wenn wir das ganze Netz von den beiden Fehlerstellen aus gesehen als Achtpol auffassen. Der Achtpol enthält jetzt aber auch alle Spannungsquellen, ist also ein aktiver Achtpol. Wir unterscheiden auch nicht zwischen Eingangsseite und Ausgangsseite, denn beide Seiten sind jetzt Ausgangsseiten, wenn wir auch die Bezeichnungen des Kap. 20 mit $\mathfrak{E}_i$, $\mathfrak{J}_i$ bzw. $\mathfrak{U}_i$, $\mathfrak{J}_i$ beibehalten. Die beiden Systeme entsprechen jetzt den beiden Fehlerstellen.

An beiden Stellen können wir Leerlaufspannungen $\mathfrak{E}_{Li}$ und $\mathfrak{U}_{Li}$ messen. Die Spannungen $\mathfrak{U}_i$ hängen nicht nur von den dort entnommenen Strömen $\mathfrak{J}_i$ ab, sondern auch von den Strömen $\mathfrak{J}_j$, und ebenso ist es mit $\mathfrak{E}_i$. Da wir lineare Netze voraussetzen, so müssen die Gleichungen

$$\boxed{\begin{aligned}\mathfrak{E}_i &= \mathfrak{E}_{Li} - R_{ij}\mathfrak{J}_j - D_{ij}\mathfrak{J}_j, \\ \mathfrak{U}_i &= \mathfrak{U}_{Li} - Z_{ij}\mathfrak{J}_j - E_{ij}\mathfrak{J}_j\end{aligned}} \qquad (21.01)$$

bestehen. Gehen wir zu den symmetrischen Komponenten über, so folgt in gleicher Weise wie in Kap. 19 durch Multiplikation mit der Symmetrierungsmatrix S_j^i

$$\boxed{\begin{aligned}\mathfrak{E}^i &= \mathfrak{E}_L^i - R^{ij}\mathfrak{J}^j - D^{ij}\mathfrak{J}^j, \\ \mathfrak{U}^i &= \mathfrak{U}_L^i - Z^{ij}\mathfrak{J}^j - E^{ij}\mathfrak{J}^j.\end{aligned}} \qquad (21.02)$$

Ist nun das Netz zyklisch symmetrisch, d.h. erfüllen R_{ij}, Z_{ij}, D_{ij} und E_{ij} Gl. (19.30), dann sind R^{ij}, Z^{ij}, D^{ij} und E^{ij} von der Form Gl. (19.27), d.h. die Komponenten werden voneinander unabhängig. Die symmetrischen Impedanzen $R^i = (R^0, R', R'')$ usw. lassen sich durch entsprechende Messungen feststellen. Die Spannungen $\mathfrak{E}_L^i$ und $\mathfrak{U}_L^i$ ergeben sich als Leerlaufspannungen für $\mathfrak{J}^i = 0$ und $\mathfrak{J}^i = 0$. Die Impedanzen R^i erhält man, wenn man alle Spannungsquellen in dem Netz durch Kurzschlüsse ersetzt und die eine Fehlerstelle mit $\mathfrak{E}^i$ speist und die aufgenommenen Ströme $\mathfrak{J}^i$ mißt. Stellt man die dabei an den anderen Klemmen herrschenden Spannungen $\mathfrak{U}^i$ fest, dann erhält man die Impedanzen Z^i. Speist man andererseits das andere Klemmensystem mit $\mathfrak{U}^i$ und mißt die dort aufgenommenen Ströme $\mathfrak{J}^i$, wenn das andere Klemmensystem offen ist, so erhält man die Impedanzen E^i. Durch die Messung der dabei auftretenden Spannungen $\mathfrak{E}^i$ kann man D^i bestimmen. Wegen Gl. (20.06) ist $Z^i = D^i$.

b) Doppelerdschluß

Als ersten Fall untersuchen wir den Doppelerdschluß auf einer von einem Generator gespeisten Leitung (Abb. 249), die wir hier vereinfachend nur durch Impedanzen in den Leitern darstellen. Die Leitungsimpedanzen bis zur ersten Fehlerstelle

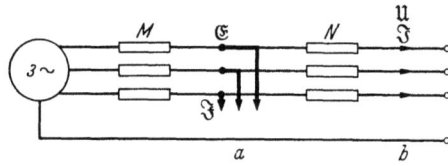

Abb. 249. Doppelfehler auf einer Leitung

seien M und die bis zur zweiten Fehlerstelle N. Ersetzen wir den Generator durch eine Kurzschlußverbindung und speisen die Klemmen a mit der Spannung $\mathfrak{E}^i$, so finden wir, daß

$$R^i = R^0 = R' = R'' = M. \tag{21.03}$$

Da wir zugleich an den Klemmen b die Spannung $\mathfrak{U}^i = \mathfrak{E}^i$ messen, so ist auch

$$Z^i = Z^0 = Z' = Z'' = M. \tag{21.04}$$

Speisen wir jetzt die Klemmen b mit der Spannung $\mathfrak{U}^i$, so finden wir

$$E^i = E^0 = E' = E'' = M + N. \tag{21.05}$$

An den Klemmen a tritt dann nur die Teilspannung

$$\mathfrak{E}^i = -M\mathfrak{J}^i \tag{21.06}$$

auf, so daß

$$D^i = D^0 = D' = D'' = M. \tag{21.07}$$

Damit läßt sich das Gl. (21.02) entsprechende Gleichungssystem aufstellen, wenn wir noch beachten, daß

$$\mathfrak{E}_L^i = \mathfrak{U}_L^i \tag{21.08}$$

b) Doppelerdschluß

ist. Wir erhalten also

$$\left.\begin{array}{l}\mathfrak{E}^i = \mathfrak{E}_L^i - M\mathfrak{J}^i - M\mathfrak{J}^i, \\ \mathfrak{U}^i = \mathfrak{E}_L^i - M\mathfrak{J}^i - (M+N)\mathfrak{J}^i.\end{array}\right\} \quad (21.09)$$

An der Stelle a sei nun ein Erdschluß in Phase 1, so daß

und
$$\left.\begin{array}{l}\mathfrak{E}_1 = \mathfrak{E}^0 + \mathfrak{E}' + \mathfrak{E}'' = 0 \\ \mathfrak{J}_2 = \mathfrak{J}_3 = 0.\end{array}\right\} \quad (21.10)$$

Aus der zweiten Gleichung folgt die Beziehung

$$\mathfrak{J}^0 = \mathfrak{J}' = \mathfrak{J}''. \quad (21.11)$$

Ist nun an der Stelle b ein Erdschluß in der Phase 2 vorhanden, so ist dort

und
$$\left.\begin{array}{l}\mathfrak{U}_2 = \mathfrak{U}^0 + a^2\mathfrak{U}' + a\mathfrak{U}'' = 0 \\ \mathfrak{J}_1 = \mathfrak{J}_3 = 0.\end{array}\right\} \quad (21.12)$$

Aus der Stromgleichung folgt

$$\mathfrak{J}^0 + \mathfrak{J}' + \mathfrak{J}'' = 0,$$
$$\mathfrak{J}^0 + a\mathfrak{J}' + a^2\mathfrak{J}'' = 0,$$

aus der Differenz der beiden Gleichungen

$$\mathfrak{J}' = a^2\mathfrak{J}'' \quad (21.13)$$

und schließlich

$$\mathfrak{J}' = a\mathfrak{J}^0, \quad \mathfrak{J}'' = a^2\mathfrak{J}^0. \quad (21.14)$$

Gehen wir damit in die Gleichungen (21.09), so erhalten wir das Gleichungssystem

$$\left.\begin{array}{l}\mathfrak{E}^0 = \mathfrak{E}_L^0 - M\mathfrak{J}^0 - M\mathfrak{J}^0, \\ \mathfrak{E}' = \mathfrak{E}_L' - M\mathfrak{J}^0 - aM\mathfrak{J}^0, \\ \mathfrak{E}'' = \mathfrak{E}_L'' - M\mathfrak{J}^0 - a^2M\mathfrak{J}^0\end{array}\right\} \quad (21.15)$$

und
$$\left.\begin{array}{l}\mathfrak{U}^0 = \mathfrak{E}_L^0 - M\mathfrak{J}^0 - (M+N)\mathfrak{J}^0, \\ \mathfrak{U}' = \mathfrak{E}_L' - M\mathfrak{J}^0 - a(M+N)\mathfrak{J}^0, \\ \mathfrak{U}'' = \mathfrak{E}_L'' - M\mathfrak{J}^0 - a^2(M+N)\mathfrak{J}^0.\end{array}\right\} \quad (21.16)$$

Die Summe der drei Gleichungen (21.15) verschwindet nach Gl. (21.10), und wir erhalten

$$\mathfrak{J}^0 = \mathfrak{J}' = \mathfrak{J}'' = \frac{1}{3M}(\mathfrak{E}_L^0 + \mathfrak{E}_L' + \mathfrak{E}_L''). \quad (21.17)$$

Nach Gl. (21.12) ergeben die drei Gleichungen (21.16)

$$\mathfrak{J}^0 = a^2\mathfrak{J}' = a\mathfrak{J}'' = \frac{1}{3(M+N)}(\mathfrak{E}_L^0 + a^2\mathfrak{E}_L' + a\mathfrak{E}_L''), \quad (21.18)$$

d.h. nun die beiden Erdschlüsse sind voneinander vollständig unabhängig, was ja schließlich wegen der angenommenen starren Erdung der Spannungsquelle und der vorausgesetzten Gleichheit von Null- und Mitimpedanz der Leitung zu erwarten war.

Anders wird dies jedoch, wenn der Nullpunkt des Generators über eine nennenswerte Impedanz an Erde gelegt ist. Während die Mit- und Gegenimpedanzen in Gl. (21.09) ungeändert bleiben, steigen die Nullimpedanzen auf M^0 und $M^0 + N$. An den Gln. (21.10) bis (21.14) ändert sich nichts. An die Stelle von Gl. (21.15) treten die Gleichungen

$$\left.\begin{array}{l} \mathfrak{E}^0 = \mathfrak{E}_L^0 - M^0 \mathfrak{J}^0 - M^0 \mathfrak{J}^0, \\ \mathfrak{E}' = \mathfrak{E}_L' - M \mathfrak{J}^0 - a M \mathfrak{J}^0, \\ \mathfrak{E}'' = \mathfrak{E}_L'' - M \mathfrak{J}^0 - a^2 M \mathfrak{J}^0. \end{array}\right\} \quad (21.19)$$

Wegen Gl. (21.10) folgt mit

$$\mathfrak{E}_L^0 + \mathfrak{E}_L' + \mathfrak{E}_L'' = \mathfrak{E}_{L1}$$

$$\mathfrak{E}_{L1} = (M^0 + 2M) \mathfrak{J}^0 + (M^0 - M) \mathfrak{J}^0. \quad (21.20)$$

An die Stelle der Gln. (21.16) treten die Gleichungen

$$\left.\begin{array}{l} \mathfrak{U}^0 = \mathfrak{E}_L^0 - M^0 \mathfrak{J}^0 - (M^0 + N) \mathfrak{J}^0, \\ \mathfrak{U}' = \mathfrak{E}_L' - M \mathfrak{J}^0 - a (M + N) \mathfrak{J}^0, \\ \mathfrak{U}'' = \mathfrak{E}_L'' - M \mathfrak{J}^0 - a^2 (M + N) \mathfrak{J}^0. \end{array}\right\} \quad (21.21)$$

Nach Gl. (21.12) erhalten wir daraus

$$\mathfrak{E}_{L2} = (M^0 - M) \mathfrak{J}^0 + (M^0 + 2M + 3N) \mathfrak{J}^0. \quad (21.22)$$

Durch Auflösen der Gln. (21.20) und (21.22) nach $\mathfrak{J}^0$ und $\mathfrak{J}^0$ folgt

$$\left.\begin{array}{l} \mathfrak{E}_{L1}(M^0 + 2M + 3N) - \mathfrak{E}_{L2}(M^0 - M) \\ = 3 \mathfrak{J}^0 [M(2M^0 + M) + N(M^0 + 2M)] \end{array}\right\} \quad (21.23)$$

oder

$$\left.\begin{array}{l} (\mathfrak{E}_{L1} - \mathfrak{E}_{L2}) \left(1 - \dfrac{M}{M^0}\right) + 3 \mathfrak{E}_{L1} \dfrac{M+N}{M^0} \\ = 3 \mathfrak{J}^0 \left[M \left(2 + \dfrac{M}{M^0}\right) + N \left(1 + \dfrac{2M}{M^0}\right)\right]. \end{array}\right\} \quad (21.24)$$

Für den Fall einer sehr großen Nullimpedanz $M^0 \gg M$, $M^0 \gg N$ verbleibt

$$\mathfrak{E}_{L1} - \mathfrak{E}_{L2} = 3 \mathfrak{J}^0 (2M + N), \quad (21.25)$$

d.h. es entsteht ein zweipoliger Kurzschluß mit der verketteten Spannung $\mathfrak{E}_{L1} - \mathfrak{E}_{L2}$ als treibender Spannung und der begrenzenden Impedanz $2M + N$, wie man aus dem stark gezeichneten Stromweg in Abb. 250 unmittelbar ablesen kann.

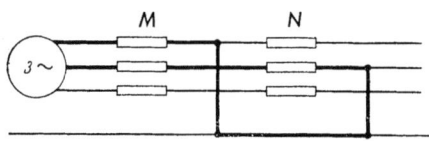

Abb. 250. Doppelerdschluß bei freiem Nullpunkt

c) Darstellung der Doppelfehler im Netzmodell

In gleicher Weise lassen sich jetzt alle Doppelfehler untersuchen. Bei den Kurzschlußberechnungen in den Kap. 7 und 8 haben wir die fehlerhaften Phasen stets in bestimmter Weise bezeichnet, um eine einfache Darstellung in den symmetrischen Komponenten zu erhalten. Das können wir bei Doppelfehlern natürlich nur für einen der Fehler tun, und daher ist es notwendig, auch über die Komponentengleichungen der Fehler bei anderer Lage der fehlerhaften Phasen zu verfügen. Die Gesamtheit dieser Beziehungen ist in der Tab. 6 zusammengestellt. Man erhält für jede Fehlerstelle drei Gleichungen, und dazu kommen dann noch die sechs Gleichungen (21.02), so daß ein Gleichungssystem von zwölf Gleichungen mit zwölf Unbekannten, nämlich $\mathfrak{E}^i$, $\mathfrak{J}^i$, $\mathfrak{U}^i$, $\mathfrak{J}^i$ zu lösen ist.

Tabelle 6. *Symmetrische Komponentengleichungen für Fehler*

Fehlerart	in den Phasen	Spannungen	Ströme
A Erdschluß	1–0 2–0 3–0	$\mathfrak{U}' = -(\mathfrak{U}^0 + \mathfrak{U}'')$ $\mathfrak{U}' = -(a\mathfrak{U}^0 + a^2\mathfrak{U}'')$ $\mathfrak{U}' = -(a^2\mathfrak{U}^0 + a\mathfrak{U}'')$	$\mathfrak{J}' = \mathfrak{J}^0 = \mathfrak{J}''$ $\mathfrak{J}^0 = a^2\mathfrak{J}'$, $\mathfrak{J}'' = a\mathfrak{J}'$ $\mathfrak{J}^0 = a\mathfrak{J}'$, $\mathfrak{J}'' = a^2\mathfrak{J}'$
B zweipoliger Kurzschluß	2–3 1–2 1–3	$\mathfrak{U}'' = \mathfrak{U}'$ $\mathfrak{U}'' = a^2\mathfrak{U}'$, $\mathfrak{U}^0 = a\mathfrak{U}'$ $\mathfrak{U}'' = a\mathfrak{U}'$, $\mathfrak{U}^0 = a^2\mathfrak{U}'$	$\mathfrak{J}' = -\mathfrak{J}''$, $\mathfrak{J}^0 = 0$ $\mathfrak{J}' = -(a\mathfrak{J}^0 + a^2\mathfrak{J}'')$ $\mathfrak{J}' = -(a^2\mathfrak{J}^0 + a\mathfrak{J}'')$
C zweipoliger Erdkurzschluß	2–3–0 1–2–0 1–3–0	$\mathfrak{U}^0 = \mathfrak{U}' = \mathfrak{U}''$ $\mathfrak{U}^0 = a\mathfrak{U}'$, $\mathfrak{U}'' = a^2\mathfrak{U}'$ $\mathfrak{U}^0 = a^2\mathfrak{U}'$, $\mathfrak{U}'' = a\mathfrak{U}'$	$\mathfrak{J}' = -(\mathfrak{J}^0 + \mathfrak{J}'')$ $\mathfrak{J}' = -(a^2\mathfrak{J}^0 + a\mathfrak{J}'')$ $\mathfrak{J}' = -(a\mathfrak{J}^0 + a^2\mathfrak{J}'')$
D dreipoliger Kurzschluß	1–2–3	$\mathfrak{U}' = 0$, $\mathfrak{U}'' = 0$	$\mathfrak{J}^0 = 0$
E dreipoliger Erdkurzschluß	1–2–3–0	$\mathfrak{U}^0 = \mathfrak{U}' = \mathfrak{U}'' = 0$	

Man wird auch hier versuchen, die Lösung dieser Gleichungen durch ein Netzmodell durchzuführen. Dazu ist es zuerst notwendig, eine Ersatzschaltung für die Gleichungen (21.02) zu finden. Wenn wir die Bezeichnungen der Komponenten weglassen, so gelten für jede der Komponenten zwei Gleichungen der Form

$$\left.\begin{array}{l}\mathfrak{E} = \mathfrak{E}_L - R\mathfrak{J} - D\mathfrak{J}, \\ \mathfrak{U} = \mathfrak{U}_L - D\mathfrak{J} - E\mathfrak{J}.\end{array}\right\} \quad (21.26)$$

Eine der möglichen Schaltungen für die Darstellung der Gln. (21.26) ist in Abb. 251 gezeichnet. Eine Spannungsquelle mit der Spannung $\mathfrak{F}$ speist das System der Impedanzen a, b, c, d. Zwischen diesen Impedanzen und den in Gl. (21.26) angegebenen bestehen folgende Beziehungen, wie man durch Bestimmung der Zusammenhänge zwischen Strömen und Spannungen in Abb. 251 findet:

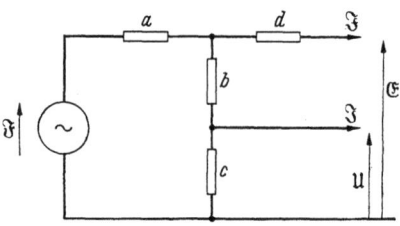

Abb. 251. Ersatzschaltung für das Netz bei Doppelfehlern

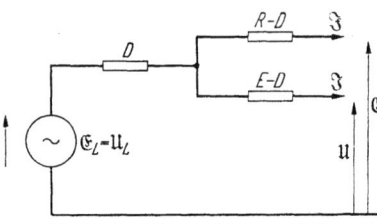

Abb. 252. Ersatzschaltung für Doppelfehler mit gleicher Leerlaufspannung

$$R = \frac{(a+b)c}{a+b+c} + d, \qquad (21.27)$$

$$D = \frac{ac}{a+b+c}, \qquad (21.28)$$

$$E = \frac{(a+b)c}{a+b+c}. \qquad (21.29)$$

Ferner ist

$$\mathfrak{E}_L = \mathfrak{F}\frac{b+c}{a+b+c}, \qquad (21.30)$$

$$\mathfrak{U}_L = \mathfrak{F}\frac{c}{a+b+c}. \qquad (21.31)$$

Für die Umkehrung der Gleichungen führen wir zunächst das Verhältnis der Leerlaufspannungen

$$\gamma = \frac{\mathfrak{E}_L}{\mathfrak{U}_L} \qquad (21.32)$$

ein und erhalten damit

$$a = \frac{\gamma E - D}{E - D} D, \qquad (21.33)$$

$$b = \gamma E - D, \qquad (21.34)$$

$$c = \frac{\gamma E - D}{\gamma - 1}, \qquad (21.35)$$

$$d = R - D\gamma \qquad (21.36)$$

und schließlich

$$\mathfrak{F} = \frac{\gamma E - D}{E - D}\mathfrak{U}_L. \qquad (21.37)$$

In sehr vielen Fällen sind die Leerlaufspannungen $\mathfrak{E}_L$ und $\mathfrak{U}_L$ einander gleich, nämlich immer dann, wenn man alle Belastungen des Netzes – außer der durch Fehler – außer Acht lassen kann, und wenn zwischen den beiden Fehlerstellen keine Veränderung der Phasenlage durch Transformatoren erfolgt. Dann ist

$$\gamma = 1 \qquad (21.38)$$

c) Darstellung der Doppelfehler im Netzmodell

und die obigen Gleichungen vereinfachen sich zu

$$a = D, \tag{21.39}$$
$$b = E - D, \tag{21.40}$$
$$c = \infty, \tag{21.41}$$
$$d = R - D, \tag{21.42}$$
$$\mathfrak{F} = \mathfrak{E}_L = \mathfrak{U}_L. \tag{21.43}$$

Die Schaltung nach Abb. 251 vereinfacht sich zu der nach Abb. 252.

Versucht man jetzt die verschiedenen Arten der Doppelfehler durch Zusammenschalten von Komponentenschaltungen entsprechend Abb. 251 oder 252 herzustellen, so erkennt man, daß dies zunächst nur möglich sein kann, wenn die beiden Fehler in ihrer Zuordnung zu den Phasen so liegen, daß die Gleichungen der Ströme und Spannungen der Komponenten nach Tab. 6 keine Faktoren a oder a^2 enthalten. Aber selbst in den Fällen, in denen keine solche Faktoren auftreten, ist ein Zusammenschalten nur möglich, wenn

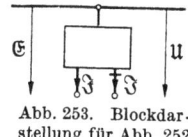

Abb. 253. Blockdarstellung für Abb. 252

dadurch keine störenden Verbindungen entstehen. Es ist nur möglich, die Spannungen des einen Fehlers in Reihe oder parallel zu schalten, wenn bei dem anderen Fehler nur ein Kurzschließen oder Offenlassen

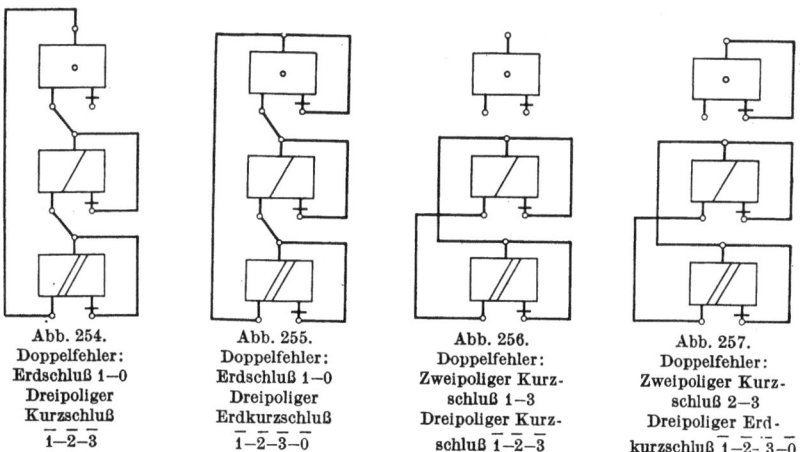

Abb. 254. Doppelfehler: Erdschluß 1—0 Dreipoliger Kurzschluß $\overline{1}-\overline{2}-\overline{3}$

Abb. 255. Doppelfehler: Erdschluß 1—0 Dreipoliger Erdkurzschluß $\overline{1}-\overline{2}-\overline{3}-\overline{0}$

Abb. 256. Doppelfehler: Zweipoliger Kurzschluß 1—3 Dreipoliger Kurzschluß $\overline{1}-\overline{2}-\overline{3}$

Abb. 257. Doppelfehler: Zweipoliger Kurzschluß 2—3 Dreipoliger Erdkurzschluß $\overline{1}-\overline{2}-\overline{3}-\overline{0}$

der einzelnen symmetrischen Spannungen verlangt wird. Es trifft dies zu, wenn der eine Fehler einer der Gruppen A, B oder C entspricht, und der andere Fehler entweder D oder E ist.

Zur übersichtlichen Darstellung verwenden wir ein Blockschaltbild nach Abb. 253 als Ersatz für Abb. 251 oder 252, bei dem wir die einzelnen Komponenten wie in den Kap. 7 und 8 kennzeichnen. Wir erhalten damit der Reihe nach die Darstellungen der Abb. 254 bis 259, wenn wir die Phasen an der einen Stelle mit 1, 2, 3, die an der anderen Stelle mit $\bar{1}, \bar{2}, \bar{3}$ benennen. Die der Fehlerstelle $\bar{1}, \bar{2}, \bar{3}$ zugeordneten Klemmen der Komponentennetze sind dementsprechend mit Querstrichen gekennzeichnet.

Abb. 258. Doppelfehler: Zweipoliger Erdkurzschluß 2–3–0 Dreipoliger Kurzschluß $\bar{1}$–$\bar{2}$–$\bar{3}$

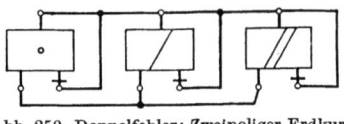

Abb. 259. Doppelfehler: Zweipoliger Erdkurzschluß 2–3–0 Dreipoliger Erdkurzschluß $\bar{1}$–$\bar{2}$–$\bar{3}$–0

Treten zwei Fehler der Gruppen A, B, C nach Tab. 6 auf, so würde die Durchführung der Verbindungen zusätzliche Kurzschlüsse der symmetrischen Spannungen bewirken. Man kann sich aber so helfen, daß man bei der Kopplung der Spannungen eines der Fehler möglichst streuungs- und verlustlose Transformatoren mit dem Übersetzungsverhältnis 1:1 verwendet. Abb. 260 zeigt einen solchen Transformator zur Erfüllung der Gleichung $\mathfrak{U}' = \mathfrak{U}''$ im Falle eines Doppelfehlers, der aus einem Erdschluß in 1 und einem zweipoligen Kurzschluß zwischen 2 und 3 besteht. Beim Anschluß der Transformatoren ist auf gleichen Wicklungssinn zu achten, wie dies in Abb. 260 durch den Eisenkern angedeutet ist. Mit Hilfe solcher zusätzlicher Transformatoren kann man nun alle jene Fälle darstellen, bei denen die Beziehungen zwischen den Spannungen und Strömen der Komponenten frei von phasendrehenden Faktoren sind.

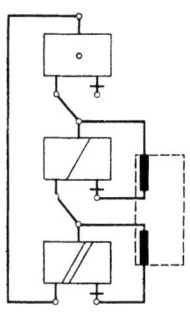

Abb. 260. Doppelfehler: Einpoliger Erdschluß 1–0 Zweipoliger Kurzschluß $\bar{2}$–$\bar{3}$

Wenn nun die Phasenlage der Fehler so ist, daß die Beziehungen nach Tab. 6 phasendrehende Faktoren enthalten, so kann man sich so helfen, daß man die Phasen an der zweiten Stelle so beziffert, daß die phasendrehenden Faktoren in den Beziehungen der Komponenten auch an der zweiten Fehlerstelle verschwinden, dafür tritt aber auch eine Verdrehung der Leerlaufspannung $\mathfrak{U}_L$ ein. In den Gln. (21.33) bis (21.37) ist dann γ keine reelle Zahl, sondern gleich $\gamma e^{j\varphi}$ zu setzen, wenn φ der Phasenwinkel zwischen den Leerlaufspannungen ist. Die Phasendrehung zwischen den Fehlerstellen wird dann in die Ersatzschaltungen der Komponenten gelegt.

In gleicher Weise kann man vorgehen, wenn zwischen den Fehlerstellen Transformatoren liegen, welche die Phase der Leerlaufspannung verdrehen, wie z. B. Transformatoren in Schaltung Stern/Dreieck, denn auch dann ist γ nicht mehr reell, sondern gleich $\gamma e^{\mp j\varphi}$, je nachdem ob das Mit- oder das Gegensystem betrachtet wird.

22. Diagonalkomponenten
(α–β–0-Komponenten)

a) Grundgleichungen

Der Ersatz der Phasenströme und -spannungen durch die symmetrischen Komponenten stellt einen Spezialfall der linearen Transformationen dar. Man kann nun auch andere lineare Transformationen anwenden und jedes System von drei Drehstromgrößen durch drei andere Größen ersetzen. Eine solche Transformation ist die Umformung der Drehstromgrößen in die sogenannten α–β–0- oder Diagonalkomponenten. Man gelangt zu ihnen auf folgende Weise.

Wenn eine Drehstromgröße durch die drei Phasenwerte z. B. die Spannungen $\mathfrak{U}_1$, $\mathfrak{U}_2$, $\mathfrak{U}_3$, allgemein $\mathfrak{U}_i$, gegeben ist, dann bestimmt man die Nullkomponente als den arithmetischen Mittelwert

$$\mathfrak{U}^0 = \frac{1}{3}(\mathfrak{U}_1 + \mathfrak{U}_2 + \mathfrak{U}_3) \tag{22.01}$$

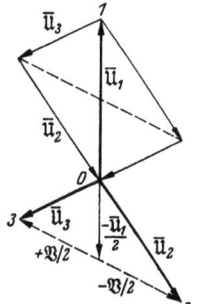

genau so wie bei den symmetrischen Komponenten. Zieht man die Nullkomponente von den ursprünglichen Spannungen ab, so kommt man zu drei Spannungen

$$\bar{\mathfrak{U}}_i = \mathfrak{U}_i - \mathfrak{U}^0, \tag{22.02}$$

deren Summe verschwindet, d.h. die drei Zeiger bilden ein geschlossenes Dreieck (Abb. 261). Zeichnet man die beiden möglichen Dreiecke über $\bar{\mathfrak{U}}_1$ als Grundlinie, so entsteht ein Rhomboid, dessen eine Diagonale $\bar{\mathfrak{U}}_1$ bildet, während die andere Diagonale $\mathfrak{B}$ durch $\bar{\mathfrak{U}}_1$ halbiert wird. Man kann die Endpunkte 2 und 3 der Zeiger $\bar{\mathfrak{U}}_2$ und $\bar{\mathfrak{U}}_3$ des Spannungssternes dadurch festlegen, daß man vom Sternpunkt um $-\frac{1}{2}\bar{\mathfrak{U}}_1$ weitergeht, und dann die Spannung $\mathfrak{B}/2$ einmal positiv und einmal negativ aufträgt. Man braucht also, um alle drei Spannungen festzulegen, eine Komponente, welche proportional $\bar{\mathfrak{U}}_1$ ist, eine, welche der verketteten Spannung $\mathfrak{B} = \bar{\mathfrak{U}}_2 - \bar{\mathfrak{U}}_3$ proportional ist und schließlich noch die Nullspannung $\mathfrak{U}^0$.

Abb. 261. Gewinnung der Diagonalkomponenten

Es ist üblich, die erste Spannung mit $\mathfrak{U}^\alpha$ zu bezeichnen und gleich $\bar{\mathfrak{U}}_1 = \mathfrak{U}_1 - \mathfrak{U}^0$ zu setzen, so daß

$$\boxed{\mathfrak{U}^\alpha = \frac{2}{3}\mathfrak{U}_1 - \frac{\mathfrak{U}_2}{3} - \frac{\mathfrak{U}_3}{3}} \tag{22.03}$$

22. Diagonalkomponenten

ist. Die zweite der Spannungen wird mit $\mathfrak{U}^\beta$ bezeichnet und gleich dem $\sqrt{3}$ ten Teil der verketteten Spannung $\mathfrak{V}$ gewählt, so daß

$$\mathfrak{U}^\beta = \frac{1}{\sqrt{3}}(\mathfrak{U}_2 - \mathfrak{U}_3). \tag{22.04}$$

Als dritte Spannung bleibt die Nullspannung nach Gl. (22.01).

Da bisher noch keine einheitliche Bezeichnung für diese Komponenten existiert und die in der amerikanischen Literatur zu findende Bezeichnung $\alpha-\beta-0$-Komponente nicht sehr zweckmäßig zu sein scheint, wird hier in Ermangelung einer besseren Bezeichnung auf Grund der eben geschilderten Deutung der Komponenten die Bezeichnung *Diagonalkomponenten* vorgeschlagen und verwendet.

Wir können den durch die Gln. (22.01), (22.03) und (22.04) beschriebenen Zusammenhang zwischen den Diagonalkomponenten und den Phasengrößen auch in Matrizenform darstellen und setzen dazu fest, daß wir die Diagonalkomponenten wieder durch obere Indizes kennzeichnen, dafür aber kleine griechische Buchstaben nehmen, um sie von den symmetrischen Komponenten zu unterscheiden. Es soll also sein

$$\mathfrak{U}^\mu = (\mathfrak{U}^0, \mathfrak{U}^\alpha, \mathfrak{U}^\beta). \tag{22.05}$$

Dann gilt

$$\mathfrak{U}^\mu = K^\mu_{.i} \mathfrak{U}_i, \tag{22.06}$$

wobei

$$K^\mu_{.i} = \frac{1}{3}\begin{pmatrix} 1, & 1, & 1 \\ 2, & -1, & -1 \\ 0, & \sqrt{3}, & -\sqrt{3} \end{pmatrix} \tag{22.07}$$

die Transformationsmatrix ist. Da die Glieder dieser Matrix nicht symmetrisch zur Hauptdiagonale (von links oben nach rechts unten) sind, bezeichnet man die Matrix als unsymmetrisch, und es ist dann notwendig zu kennzeichnen, in welcher Reihenfolge die Indizes bei dem Aufschreiben der Matrix verwendet werden. Wir deuten dies dadurch an, daß wir die Indizes nicht übereinander sondern nacheinander anordnen und frei zu lassende Plätze durch einen Punkt kennzeichnen. Der erste Index soll dann die Reihe, der zweite die Spalte anzeigen, in der das betreffende Element der Matrix zu finden ist. Im obigen Fall gilt also μ für die Reihen, während i für die Spalten anzuwenden ist. Da nun für μ die Zählung $0, \alpha, \beta$ gilt, so finden wir z. B. $K^\beta_{.2}$ in der dritten Reihe und in der zweiten Spalte mit $\sqrt{3}$.

Bei den Matrizen der symmetrischen Komponenten mußten wir auf die Reihenfolge der Indizes beim Aufschreiben der Matrizen keine Rücksicht nehmen, da die Matrizen S^i_j und T^i_j symmetrisch sind. Wenn beide Indizes auf gleicher Höhe stehen,

a) Grundgleichungen

wie z. B. bei Z_{ij} oder Z^{ij}, dann besteht über die Reihenfolge kein Zweifel und es wird immer die Regel angewendet, den ersten Index für die Reihen, den zweiten für die Spalten anzuwenden. Wir bemerken noch, daß es sich bei dieser Regel um eine reine Konvention zum bequemeren Aufschreiben der einzelnen Werte handelt, wie ja überhaupt die Anordnung der Elemente der Matrix in einem quadratischen Schema nur eine bestimmte Schreibweise darstellt, aber für das Rechnen mit Matrizen keineswegs wesentlich ist.

Damit die Transformation Gl. (22.06) eindeutig umkehrbar ist, darf die Determinante der Matrix nicht verschwinden. Es ist

$$\text{Det } K_{\cdot i}^{\mu} = \frac{2}{3\sqrt{3}}. \tag{22.08}$$

Die Matrix der Rücktransformation $L_i^{\cdot \mu}$ muß der Beziehung

$$L_i^{\cdot \mu} K_{\cdot j}^{\mu} = \delta_{ij} \tag{22.09}$$

entsprechen. Wir finden sie entweder aus den Unterdeterminanten von $K_{\cdot i}^{\mu}$ oder durch Auflösen der Gleichungen (22.06) nach $\mathfrak{U}_i$ mit

$$L_i^{\cdot \mu} = \begin{pmatrix} 1, & 1, & 0 \\ 1, & -\frac{1}{2}, & \frac{\sqrt{3}}{2} \\ 1, & -\frac{1}{2}, & -\frac{\sqrt{3}}{2} \end{pmatrix} \tag{22.10}$$

und dann ist

$$\boxed{\mathfrak{U}_i = L_i^{\cdot \mu} \mathfrak{U}^{\mu}} \tag{22.11}$$

die gesuchte Umkehrung. Ausführlich geschrieben lauten diese Gleichungen

$$\boxed{\begin{aligned} \mathfrak{U}_1 &= \mathfrak{U}^0 + \mathfrak{U}^\alpha, \\ \mathfrak{U}_2 &= \mathfrak{U}^0 - \frac{\mathfrak{U}^\alpha}{2} + \frac{\sqrt{3}}{2} \mathfrak{U}^\beta, \\ \mathfrak{U}_3 &= \mathfrak{U}^0 - \frac{\mathfrak{U}^\alpha}{2} - \frac{\sqrt{3}}{2} \mathfrak{U}^\beta. \end{aligned}} \tag{22.12}$$

Die beiden Matrizen der Gln. (22.07) und (22.10) lassen schon einen besonderen Vorteil der Diagonalkomponenten erkennen, nämlich daß alle Elemente der Matrizen reell sind und keine Phasendrehungen verlangen.

Ist ein symmetrisches System von Spannungen $\mathfrak{U}_1 = \mathfrak{U}$, $\mathfrak{U}_2 = a^2 \mathfrak{U}$, $\mathfrak{U}_3 = a \mathfrak{U}$ gegeben, so lauten die zugehörigen Diagonalkomponenten

$$\left.\begin{aligned} \mathfrak{U}^0 &= 0, \\ \mathfrak{U}^\alpha &= \frac{2}{3} \mathfrak{U} - \frac{a^2}{3} \mathfrak{U} - \frac{a}{3} \mathfrak{U} = \mathfrak{U}, \\ \mathfrak{U}^\beta &= \frac{1}{3} \sqrt{3} \mathfrak{U} (a^2 - a) = -j \mathfrak{U}, \end{aligned}\right\} \tag{22.13}$$

was man bei Anwendung der Abb. 261 auf ein symmetrisches Spannungssystem unmittelbar erkennen kann.

Ist nur eine Spannung vorhanden z. B. $\mathfrak{U}_1 = \mathfrak{U}$, während $\mathfrak{U}_2 = \mathfrak{U}_3 = 0$ sind, dann finden wir

$$\left.\begin{aligned} \mathfrak{U}^0 &= \frac{\mathfrak{U}}{3}, \\ \mathfrak{U}^\alpha &= \frac{2}{3}\mathfrak{U}. \end{aligned}\right\} \tag{22.14}$$

Verschwinden aber $\mathfrak{U}_1$ und $\mathfrak{U}_3$ und ist $\mathfrak{U}_2 = \mathfrak{U}$, dann erhalten wir

$$\left.\begin{aligned} \mathfrak{U}^0 &= \frac{\mathfrak{U}}{3}, \\ \mathfrak{U}^\alpha &= -\frac{\mathfrak{U}}{3}, \\ \mathfrak{U}^\beta &= \frac{1}{\sqrt{3}}\mathfrak{U}. \end{aligned}\right\} \tag{22.15}$$

Verschwindet $\mathfrak{U}_1$ und sind die beiden anderen Spannungen entgegengesetzt gleich, also

$$\mathfrak{U}_2 = -\mathfrak{U}_3 = \mathfrak{U},$$

dann folgt

$$\left.\begin{aligned} \mathfrak{U}^0 &= 0, \\ \mathfrak{U}^\alpha &= 0, \\ \mathfrak{U}^\beta &= \frac{2}{\sqrt{3}}\mathfrak{U}. \end{aligned}\right\} \tag{22.16}$$

b) Die Impedanzen der Diagonalkomponenten

Liegt nun ein Drehstromnetz vor, für das die Beziehung Gl. (19.23)

$$\mathfrak{U}_i = \mathfrak{U}_{Li} - Z_{ij}\mathfrak{J}_j \tag{22.17}$$

gilt, so erhalten wir daraus durch Multiplikation mit $K^{\mu}_{\cdot i}$

$$\mathfrak{U}^\mu = K^{\mu}_{\cdot i}\mathfrak{U}_i = K^{\mu}_{\cdot i}\mathfrak{U}_{Li} - K^{\mu}_{\cdot i}Z_{ij}L^{\cdot \nu}_{j}\mathfrak{J}^\nu$$

oder

$$\mathfrak{U}^\mu = \mathfrak{U}^\mu_L - Z^{\mu\nu}\mathfrak{J}^\nu, \tag{22.18}$$

die entsprechende Beziehung für die Diagonalkomponenten. Dabei ist

$$Z^{\mu\nu} = K^{\mu}_{\cdot i}Z_{ij}L^{\cdot \nu}_{j} \tag{22.19}$$

die Transformationsgleichung für die Impedanzen. Ihre Umkehrung lautet

$$Z_{ij} = L^{\cdot \mu}_{i}Z^{\mu\nu}K^{\nu}_{\cdot j}. \tag{22.20}$$

Da die Transformationsmatrizen für die Diagonalkomponenten unsymmetrisch sind, so kann hier der Fall eintreten, daß $Z^{\mu\nu}$ nicht mehr

b) Die Impedanzen der Diagonalkomponenten

symmetrisch ist, auch wenn die Z_{ij} wie bei allen statischen Netzen symmetrisch sind. In den Diagonalkomponenten kann $Z^{\mu\nu} \neq Z^{\nu\mu}$ sein. Man nennt solche Netze *nichtreziprok*.

Wir stellen auch hier wieder die Frage, wie das Netzwerk Z_{ij} beschaffen sein muß, damit die drei Stromkreise der Diagonalkomponenten voneinander unabhängig bleiben, d. h. also welche Bedingungen Z_{ij} erfüllen muß, damit

$$Z^{\mu\nu} = \begin{pmatrix} Z^0, & 0, & 0 \\ 0, & Z^\alpha, & 0 \\ 0, & 0, & Z^\beta \end{pmatrix} \qquad (22.21)$$

gilt. Setzen wir die Gl. (22.21) in Gl. (22.20) ein und führen die Matrizenmultiplikationen durch, so erhalten wir

$$\begin{aligned}
Z_{ij} &= \frac{1}{3} \begin{pmatrix} 1, & 1, & 0 \\ 1, & -\frac{1}{2}, & \frac{\sqrt{3}}{2} \\ 1, & -\frac{1}{2}, & -\frac{\sqrt{3}}{2} \end{pmatrix} \begin{pmatrix} Z^0, & 0, & 0 \\ 0, & Z^\alpha, & 0 \\ 0, & 0, & Z^\beta \end{pmatrix} \begin{pmatrix} 1, & 1, & 1 \\ 2, & -1, & -1 \\ 0, & \sqrt{3}, & -\sqrt{3} \end{pmatrix} \\
&= \frac{1}{3} \begin{pmatrix} Z^0 + 2Z^\alpha, & Z^0 - Z^\alpha, & Z^0 - Z^\alpha \\ Z^0 - Z^\alpha, & Z^0 + \frac{Z^\alpha}{2} + \frac{3}{2}Z^\beta, & Z^0 + \frac{Z^\alpha}{2} - \frac{3}{2}Z^\beta \\ Z^0 - Z^\alpha, & Z^0 + \frac{Z^\alpha}{2} - \frac{3}{2}Z^\beta, & Z^0 + \frac{Z^\alpha}{2} + \frac{3}{2}Z^\beta \end{pmatrix}.
\end{aligned} \qquad (22.22)$$

Daraus lesen wir zunächst die Bedingungen ab

$$\left. \begin{aligned} Z_{22} &= Z_{33}, \\ Z_{12} &= Z_{21} = Z_{31} = Z_{13}, \\ Z_{23} &= Z_{32}, \end{aligned} \right\} \qquad (22.23)$$

die wir als Bedingung der Symmetrie bezüglich der Phase 1 bezeichnen können. Diese Bedingungen reichen aber nicht, um Gl. (22.21) zu erfüllen, denn durch Gl. (22.23) werden zusammen mit Z_{11} vier Größen festgelegt, während in Gl. (22.21) drei zur Verfügung stehen. Entnimmt man aus Gl. (22.22) die Ausdrücke für Z_{11}, Z_{22} und Z_{23} und eliminiert aus diesen Gleichungen Z^0, Z^α und Z^β, so erhält man die Beziehung

$$Z_{11} + Z_{12} = Z_{22} + Z_{23} \qquad (22.24)$$

als zusätzliche Bedingung für das Bestehen von Gl. (22.21). Man wird also im allgemeinen nicht erwarten können, daß die Netze der Diagonalkomponenten voneinander unabhängig sind.

22. Diagonalkomponenten

Gl. (22.24) ist aber zusammen mit Gl. (22.23) erfüllt, wenn

$$Z_{11} = Z_{22} = Z_{33} = Z$$

und

$$Z_{12} = Z_{21} = Z_{13} = Z_{31} = Z_{23} = Z_{32} = M, \quad (22.25)$$

d. h. daß die Impedanzen und Gegenimpedanzen aller Phasen gleich sind. Dann findet man durch Umkehrung von Gl. (22.22)

$$\begin{aligned} Z^0 &= Z + 2M, \\ Z^\alpha &= Z - M, \\ Z^\beta &= Z - M \end{aligned} \quad (22.26)$$

und die drei Netze der Diagonalkomponenten werden voneinander unabhängig.

Die Gl. (22.19) erlaubt uns die Impedanzen der Diagonalkomponenten durch die des Netzes auszudrücken. Es ist

$$Z^{\mu\nu} = \frac{1}{3} \begin{pmatrix} 1, & 1, & 1 \\ 2, & -1, & -1 \\ 0, & \sqrt{3}, & -\sqrt{3} \end{pmatrix} \begin{pmatrix} Z_{11}, & Z_{12}, & Z_{13} \\ Z_{21}, & Z_{22}, & Z_{23} \\ Z_{31}, & Z_{32}, & Z_{33} \end{pmatrix} \begin{pmatrix} 1, & 1, & 0 \\ 1, & -\frac{1}{2}, & \frac{\sqrt{3}}{2} \\ 1, & -\frac{1}{2}, & -\frac{\sqrt{3}}{2} \end{pmatrix}.$$

Führt man die Multiplikationen durch und berücksichtigt dabei, daß $Z_{12} = Z_{21}$, $Z_{23} = Z_{32}$ und $Z_{13} = Z_{31}$ sind, so erhält man

$$\begin{aligned} Z^{00} &= \frac{1}{3}[Z_{11} + Z_{22} + Z_{33} + 2(Z_{12} + Z_{23} + Z_{31})], \\ Z^{\alpha\alpha} &= \frac{2}{3}\left[Z_{11} + \frac{Z_{22} + Z_{33}}{4} - \left(Z_{12} + Z_{13} - \frac{Z_{23}}{2}\right)\right], \\ Z^{\beta\beta} &= \frac{1}{2}[Z_{22} + Z_{33} - Z_{23}], \\ Z^{\alpha 0} &= 2Z^{0\alpha} = \frac{1}{3}[2Z_{11} - Z_{22} - Z_{33} + Z_{12} + Z_{13} - 2Z_{23}], \\ Z^{\beta 0} &= 2Z^{0\beta} = \frac{1}{\sqrt{3}}[Z_{22} - Z_{33} + Z_{12} - Z_{13}], \\ Z^{\alpha\beta} &= Z^{\beta\alpha} = \frac{1}{2\sqrt{3}}[Z_{33} - Z_{22} + 2(Z_{12} - Z_{13})]. \end{aligned} \quad (22.27)$$

Daraus lassen sich verschiedene Sonderfälle herleiten, von denen besonders jene interessant sind, bei denen ein Teil der Gegenimpedanzen der Diagonalkomponenten verschwindet. Weisen z. B. zwei Phasen gleiche Impedanzen und gleiche Gegenimpedanzen zur dritten Phase auf, wie im Fall

$$Z_{22} = Z_{33}, \quad Z_{12} = Z_{13},$$

c) Direkte Bestimmung der Impedanzen

dann gilt

$$\left.\begin{aligned}
Z^{00} &= \frac{1}{3}[Z_{11} + 2Z_{22} + 2(2Z_{12} + Z_{23})], \\
Z^{\alpha\alpha} &= \frac{2}{3}\left[Z_{11} + \frac{Z_{22}}{2} - \left(2Z_{12} - \frac{Z_{23}}{2}\right)\right], \\
Z^{\beta\beta} &= Z_{22} - Z_{23}, \\
Z^{\alpha 0} &= 2Z^{0\alpha} = \frac{2}{3}[Z_{11} - Z_{22} + Z_{12} - Z_{23}], \\
Z^{\beta 0} &= Z^{0\beta} = Z^{\alpha\beta} = Z^{\beta\alpha} = 0.
\end{aligned}\right\} \quad (22.28)$$

Ein ähnlicher Fall tritt auf, wenn ein Drehstromnetz in zwei Phasen gleich, in der dritten jedoch davon abweichend belastet ist. Die allgemeine Form einer solchen Belastung zeigt Abb. 262, wobei $Z_{22} = Z_{33} = Z_2$ ist, während der Sternpunkt über eine Impedanz Z_0 an Erde angeschlossen wird.

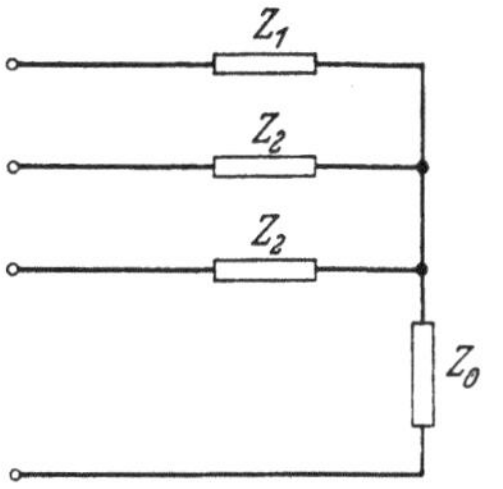

Die Impedanzen des Drehstromnetzes sind

$$Z_{ij} = \begin{pmatrix} Z_1 + Z_0, & Z_0, & Z_0 \\ Z_0, & Z_2 + Z_0, & Z_0 \\ Z_0, & Z_0, & Z_2 + Z_0 \end{pmatrix}. \quad (22.29)$$

Abb. 262. Unsymmetrische Last

Gl. (22.24) ist nicht erfüllt, daher ist nicht zu erwarten, daß in dem Netz der Diagonalkomponenten alle Gegenimpedanzen verschwinden. Aus Gl.(22.28) erhalten wir als nicht verschwindend

$$\left.\begin{aligned}
Z^{00} &= \frac{1}{3}(Z_1 + 2Z_2) + 3Z_0, \\
Z^{\alpha\alpha} &= \frac{2}{3}\left(Z_1 + \frac{Z_2}{2}\right), \\
Z^{\beta\beta} &= Z_2, \\
Z^{\alpha 0} &= 2Z^{0\alpha} = \frac{2}{3}(Z_1 - Z_2).
\end{aligned}\right\} \quad (22.30)$$

c) Direkte Bestimmung der Impedanzen

Ähnlich wie bei den symmetrischen Komponenten kann man auch die Impedanzen der Diagonalkomponenten durch Messung direkt bestimmen. Wir setzen aber jetzt kein symmetrisches Netz voraus und müssen daher damit rechnen, daß die Speisung des Netzes mit Spannungen oder Strömen einer Komponente allein nicht nur Ströme und Spannungen derselben Komponente, sondern auch solche der anderen Komponente ergeben kann. Wir müssen dann so vorgehen, daß wir aus den aufgenommenen Strömen bzw. den auftretenden Spannungen die einzelnen Komponenten bestimmen, und somit auch die entsprechenden Impedanzen bzw. gegenseitigen Impedanzen erhalten. Das gleiche Verfahren

22. Diagonalkomponenten

ist im Prinzip auch bei den symmetrischen Komponenten anzuwenden, falls ein unsymmetrisches Netz vorliegt.

Wir beginnen mit der Nullkomponente und speisen das Netz mit drei gleichen Strömen $\mathfrak{J}^0$. Dann messen wir zwischen den Leitern und dem Nulleiter drei Spannungen $\mathfrak{U}_1$, $\mathfrak{U}_2$, $\mathfrak{U}_3$. Aus diesen berechnen wir $\mathfrak{U}^0$, $\mathfrak{U}^\alpha$ und $\mathfrak{U}^\beta$. Dann ist wegen

$$\mathfrak{U}^\mu = Z^{\mu\nu}\mathfrak{J}^\nu, \tag{22.31}$$

$$\left.\begin{aligned} \mathfrak{U}^0 &= Z^{00}\mathfrak{J}^0, \\ \mathfrak{U}^\alpha &= Z^{\alpha 0}\mathfrak{J}^0, \\ \mathfrak{U}^\beta &= Z^{\beta 0}\mathfrak{J}^0 \end{aligned}\right\} \tag{22.32}$$

und daraus erhalten wir nun die drei Impedanzen Z^{00}, $Z^{\alpha 0}$ und $Z^{\beta 0}$.

An Stelle der Speisung mit drei gleichen Strömen kann man das Netz auch an drei gleiche Spannungen $\mathfrak{U}^0$ legen. Dann nehmen die Leiter drei Ströme $\mathfrak{J}_1$, $\mathfrak{J}_2$ und $\mathfrak{J}_3$ auf, aus denen sich die Ströme $\mathfrak{J}^0$, $\mathfrak{J}^\alpha$ und $\mathfrak{J}^\beta$ bestimmen lassen. Man kann dann nicht mehr von Gl. (22.31) ausgehen, sondern von der Gleichung

$$\mathfrak{J}^\mu = G^{\mu\nu}\mathfrak{U}^\nu, \tag{22.33}$$

wobei die $G^{\mu\nu}$ die Matrix der Leitwerte des Netzes ohne Leerlaufspannungen darstellt. Bei der Speisung mit den Spannungen $\mathfrak{U}^0$ erhält man daraus

$$\left.\begin{aligned} \mathfrak{J}^0 &= G^{00}\mathfrak{U}^0, \\ \mathfrak{J}^\alpha &= G^{\alpha 0}\mathfrak{U}^0, \\ \mathfrak{J}^\beta &= G^{\beta 0}\mathfrak{U}^0. \end{aligned}\right\} \tag{22.34}$$

Die Gewinnung der Impedanzen ist daraus nicht sofort möglich, sondern erst dann, wenn man über alle Leitwerte $G^{\mu\nu}$ verfügt und Gl. (22.33) nach den $\mathfrak{U}^\nu$ auflösen kann.

Ganz analog ist für die α-Komponenten zu verfahren. In dem einen Fall speist man die Phase 1 mit dem Strom $\mathfrak{J}^\alpha$, die beiden Phasen 2 und 3 mit $-\mathfrak{J}^\alpha/2$. Aus den drei gemessenen Spannungen $\mathfrak{U}_i$ erhält man die Komponentenspannungen $\mathfrak{U}^\mu$, für die

$$\left.\begin{aligned} \mathfrak{U}^0 &= Z^{0\alpha}\mathfrak{J}^\alpha, \\ \mathfrak{U}^\alpha &= Z^{\alpha\alpha}\mathfrak{J}^\alpha, \\ \mathfrak{U}^\beta &= Z^{\beta\alpha}\mathfrak{J}^\alpha \end{aligned}\right\} \tag{22.35}$$

gilt, woraus die Impedanzen folgen.

Man kann aber auch zwischen den Nulleiter und Phase 1 eine Spannung $\mathfrak{U}^\alpha$, zwischen Nulleiter und die beiden anderen Phasen die Spannung $-\frac{1}{2}\mathfrak{U}^\alpha$ legen. Aus den Strömen $\mathfrak{J}_i$ erhält man $\mathfrak{J}^\mu$ und aus

$$\left.\begin{aligned} \mathfrak{J}^0 &= G^{0\alpha}\mathfrak{U}^\alpha, \\ \mathfrak{J}^\alpha &= G^{\alpha\alpha}\mathfrak{U}^\alpha, \\ \mathfrak{J}^\beta &= G^{\beta\alpha}\mathfrak{U}^\alpha \end{aligned}\right\} \tag{22.36}$$

die Leitwerte.

c) Direkte Bestimmung der Impedanzen

In gleicher Weise geht man bei der β-Komponente vor, indem man entweder die Phasen 2 und 3 mit den Strömen $\dfrac{\sqrt{3}}{2}\Im^\beta$ und $-\dfrac{\sqrt{3}}{2}\Im^\beta$ speist, die entsprechenden Spannungen $\mathfrak{U}_i$ mißt, daraus $\mathfrak{U}^\alpha$ und schließlich die Impedanzen $Z^{0\beta}$, $Z^{\alpha\beta}$ und $Z^{\beta\beta}$ bestimmt, oder man legt zwischen Nulleiter und die Klemmen 2 und 3 die Spannungen $\dfrac{1}{2}\mathfrak{U}^\beta$ bzw. $-\dfrac{1}{2}\mathfrak{U}^\beta$ und findet aus den Strömen die Leitwerte $G^{0\beta}$, $G^{\alpha\beta}$ und $G^{\beta\beta}$.

In dem Fall, daß man die interessierenden Größen durch effektive Messung bestimmen will, wird man den Weg über die Leitwerte vorziehen, da es meistens einfach ist, bestimmte Spannungen zu realisieren. Wendet man hingegen die Rechnung an, dann ist es meistens zweckmäßiger, von den Strömen auszugehen. Die Arbeit vereinfacht sich natürlich sehr, wenn das Netz gewisse Symmetrien aufweist.

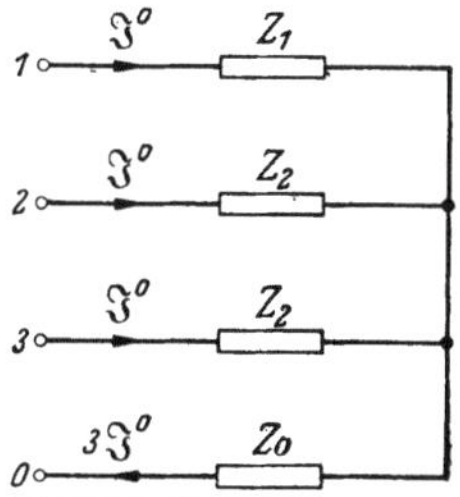

Wir zeigen die geschilderten Verfahren an dem Beispiel des Netzes der Abb. 262. Speisen wir mit drei Strömen $\Im^0$ (Abb. 263), dann sind die drei Spannungen

$$\mathfrak{U}_1 = \Im^0(Z_1 + 3Z_0),$$
$$\mathfrak{U}_2 = \Im^0(Z_2 + 3Z_0),$$
$$\mathfrak{U}_3 = \Im^0(Z_2 + 3Z_0).$$

Abb. 263. Bestimmung von $Z^{00}, Z^{\alpha 0}, Z^{\beta 0}$

Daraus folgt

$$\mathfrak{U}^0 = \tfrac{1}{3}\Im^0(Z_1 + 2Z_2 + 9Z_0),$$
$$\mathfrak{U}^\alpha = \tfrac{2}{3}\Im^0(Z_1 - Z_2),$$
$$\mathfrak{U}^\beta = 0,$$

also

$$\left.\begin{array}{l} Z^{00} = \tfrac{1}{3}(Z_1 + 2Z_2) + 3Z_0,\\[4pt] Z^{\alpha 0} = \tfrac{2}{3}(Z_1 - Z_2),\\[4pt] Z^{\beta 0} = 0. \end{array}\right\} \quad (22.37)$$

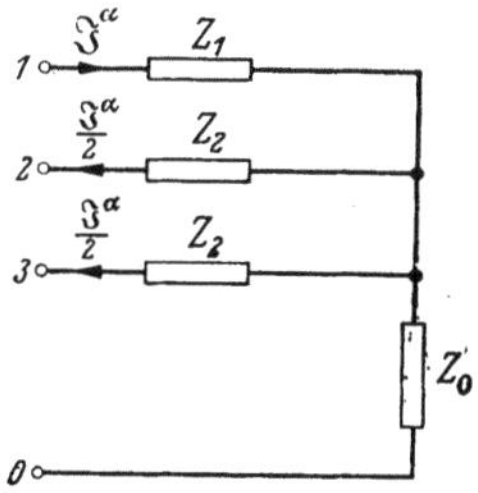

Abb. 264. Bestimmung von $Z^{0\alpha}, Z^{\alpha\alpha}, Z^{\beta\alpha}$

Speisen wir das Netz mit den Strömen $\Im^\alpha$ bzw. $-\Im^\alpha/2$, dann sind die Spannungen (Abb. 264)

$$\mathfrak{U}_1 = Z_1\Im^\alpha, \quad \mathfrak{U}_2 = \mathfrak{U}_3 = -\tfrac{1}{2}\Im^\alpha Z_2.$$

Daraus folgt

$$\mathfrak{U}^0 = \tfrac{1}{3}\Im^\alpha(Z_1 - Z_2),$$
$$\mathfrak{U}^\alpha = \tfrac{2}{3}\Im^\alpha(Z_1 + Z_2),$$
$$\mathfrak{U}^\beta = 0$$

22. Diagonalkomponenten

und

$$\left.\begin{aligned} Z^{0\alpha} &= \frac{1}{3}(Z_1 - Z_2), \\ Z^{\alpha\alpha} &= \frac{2}{3}(Z_1 + Z_2), \\ Z^{\beta\alpha} &= 0. \end{aligned}\right\} \quad (22.38)$$

Für die β-Komponente gilt nach Abb. 265

$$\mathfrak{U}_1 = 0, \quad \mathfrak{U}_2 = \frac{\sqrt{3}}{2}\mathfrak{J}^\beta Z_2, \quad \mathfrak{U}_3 = -\frac{\sqrt{3}}{2}\mathfrak{J}^\beta Z_3$$

und daher

$$\mathfrak{U}^0 = 0,$$
$$\mathfrak{U}^\alpha = 0,$$
$$\mathfrak{U}^\beta = Z_2 \mathfrak{J}^\beta,$$

also

$$\left.\begin{aligned} Z^{0\beta} &= Z^{\alpha\beta} = 0, \\ Z^{\beta\beta} &= Z_2. \end{aligned}\right\} \quad (22.39)$$

Die Tatsache, daß die Netze der Diagonalkomponenten nicht reziprok sein können, erschwert die Aufstellung von Komponentenschaltungen zur Lösung der Gleichungen. In dem eben behandelten Fall liegen bei Speisung durch ein symmetrisches System von Spannungen $\mathfrak{U}$, $a^2\mathfrak{U}$, $a\mathfrak{U}$ folgende Gleichungen vor

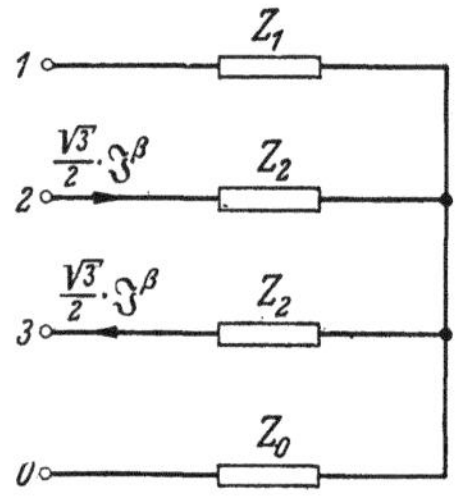

Abb. 265. Bestimmung von $Z^{0\beta}$, $Z^{\alpha\beta}$, $Z^{\beta\beta}$

$$\left.\begin{aligned} \mathfrak{U}^0 &= 0, \quad \mathfrak{U}^\alpha = \mathfrak{U}, \quad \mathfrak{U}^\beta = -j\mathfrak{U}, \\ \mathfrak{U}^0 &= 0 = Z^{00}\mathfrak{J}^0 + Z^{0\alpha}\mathfrak{J}^\alpha, \\ \mathfrak{U}^\alpha &= \mathfrak{U} = 2Z^{0\alpha}\mathfrak{J}^0 + Z^{\alpha\alpha}\mathfrak{J}^\alpha. \end{aligned}\right\} \quad (22.40)$$

Die rechnerische Auflösung der Gleichungen bietet keine Schwierigkeit. Will man die Gleichungen durch Zusammenschalten der Komponentennetze auflösen, so kann man sich durch die Einführung einer *modifizierten Nullkomponente* helfen, indem man als neue Nullkomponente des Stromes

$$\bar{\mathfrak{J}}^0 = 2\mathfrak{J}^0 \quad (22.41)$$

wählt und gleichzeitig

$$\bar{Z}^{00} = \frac{1}{2}Z^{00} \quad (22.42)$$

setzt. Dann ist

$$\left.\begin{aligned} \mathfrak{U}^0 &= 0 = \bar{Z}^{00}\bar{\mathfrak{J}}^0 + Z^{0\alpha}\mathfrak{J}^\alpha \\ \mathfrak{U}^\alpha &= Z^{0\alpha}\bar{\mathfrak{J}}^0 + Z^{\alpha\alpha}\mathfrak{J}^\alpha. \end{aligned}\right\} \quad (22.43)$$

Jetzt ist das Netz reziprok, und es besteht keine Schwierigkeit, die Komponenten nach Abb. 266 zusammenzuschalten. Mit Hilfe solcher modifizierter Komponenten kann man in vielen Fällen ein nichtreziprokes Netz in ein reziprokes verwandeln.

d) Fehler und Doppelfehler

Mit den Diagonalkomponenten kann man die Fehler in Drehstromnetzen, also besonders die verschiedenen Arten von Kurzschlüssen und Erdschlüssen, genau so behandeln, wie mit den symmetrischen Komponenten.

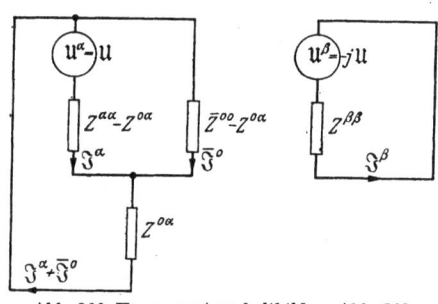

Abb. 266. Komponentenschaltbild zu Abb. 262

Je nach der Fehlerart ergeben sich auch hier immer drei Gleichungen für die Komponenten, welche in der Tab. 7 zusammengestellt sind.

Tabelle 7. *Diagonalkomponentengleichungen für Fehler*

Fehlerart	in den Phasen	Spannungen	Ströme
A Erdschluß	1−0	$\mathfrak{u}^\alpha = -\mathfrak{u}^0$	$2\mathfrak{J}^0 = \mathfrak{J}^\alpha,\ \mathfrak{J}^\beta = 0$
	2−0	$\mathfrak{u}^\alpha = \sqrt{3}\,\mathfrak{u}^\beta + 2\mathfrak{u}^0$	$\mathfrak{J}^0 = -\mathfrak{J}^\alpha = \dfrac{1}{\sqrt{3}}\mathfrak{J}^\beta$
	3−0	$\mathfrak{u}^\alpha = -\sqrt{3}\,\mathfrak{u}^\beta + 2\mathfrak{u}^0$	$\mathfrak{J}^0 = -\mathfrak{J}^\alpha = -\dfrac{1}{\sqrt{3}}\mathfrak{J}^\beta$
B zweipoliger Kurzschluß	2−3	$\mathfrak{u}^\beta = 0$	$\mathfrak{J}^0 = \mathfrak{J}^\alpha = 0$
	1−2	$\mathfrak{u}^\alpha = \dfrac{1}{\sqrt{3}}\mathfrak{u}^\beta$	$\mathfrak{J}^0 = 0,\ \mathfrak{J}^\alpha = -\sqrt{3}\,\mathfrak{J}^\beta$
	1−3	$\mathfrak{u}^\alpha = -\dfrac{1}{\sqrt{3}}\mathfrak{u}^\beta$	$\mathfrak{J}^0 = 0,\ \mathfrak{J}^\alpha = \sqrt{3}\,\mathfrak{J}^\beta$
C zweipoliger Erdkurzschluß	2−3−0	$2\mathfrak{u}^0 = \mathfrak{u}^\alpha,\ \mathfrak{u}^\beta = 0$	$\mathfrak{J}^0 = -\mathfrak{J}^\alpha$
	1−2−0	$\mathfrak{u}^0 = -\mathfrak{u}^\alpha = -\dfrac{1}{\sqrt{3}}\mathfrak{u}^\beta$	$2\mathfrak{J}^0 = \mathfrak{J}^\alpha + \sqrt{3}\,\mathfrak{J}^\beta$
	1−3−0	$\mathfrak{u}^0 = -\mathfrak{u}^\alpha = \dfrac{1}{\sqrt{3}}\mathfrak{u}^\beta$	$2\mathfrak{J}^0 = \mathfrak{J}^\alpha - \sqrt{3}\,\mathfrak{J}^\beta$
D dreipoliger Kurzschluß	1−2−3	$\mathfrak{u}^\alpha = \mathfrak{u}^\beta = 0$	$\mathfrak{J}^0 = 0$
E dreipoliger Erdkurzschluß	1−2−3−0	$\mathfrak{u}^0 = \mathfrak{u}^\alpha = \mathfrak{u}^\beta = 0$	

Auch bei den einfachen Fehlern wird es oft notwendig, von modifizierten Komponenten Gebrauch zu machen, wenn man Komponentenschaltbilder aufstellen will. Schon im ersten Fall, dem einpoligen Erdschluß 1–0, veranlaßt die Spannungsgleichung $\mathfrak{U}^0 + \mathfrak{U}^\alpha = 0$ eine Reihenschaltung der Teilnetze, doch würde eine solche Reihenschaltung mit der Stromgleichung $2\mathfrak{J}^0 = \mathfrak{J}^\alpha$ in Widerspruch stehen. Führt man hier den modifizierten Strom $\bar{\mathfrak{J}}^0 = 2\mathfrak{J}^0$ ein und gibt dem Netz der modifizierten Nullkomponente die Impedanz $\bar{Z}^0 = Z^0/2$, dann sind bei der Reihenschaltung beide Gleichungen erfüllt, wie das Abb. 267 erkennen läßt. Dabei ist angenommen, daß das Netz an sich vollständig symmetrisch ist, so daß die Teilnetze außer an der Fehlerstelle keine Verbindungen brauchen.

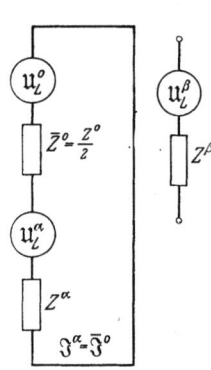

Abb. 267. Komponentenschaltbild des einpoligen Erdschlusses 1–0

Betrachten wir den einpoligen Erdschluß 2–0, so verlangt die Spannungsgleichung die Hintereinanderschaltung des Nullnetzes mit der doppelten Spannung und des β-Netzes mit der $\sqrt{3}$ fachen Spannung gegen die Spannung $\mathfrak{U}^\alpha$. Damit die Stromgleichungen erfüllt bleiben, wählt man im Nullnetz $\bar{Z}^0 = 2Z^0$ und im β-Netz $\bar{Z}^\beta = 3Z^\beta$. Im Nullnetz fließt dann der Strom $\mathfrak{J}^0$ und im β-Netz der Strom $\frac{1}{\sqrt{3}}\mathfrak{J}^\beta$, so wie dies Abb. 268 zeigt.

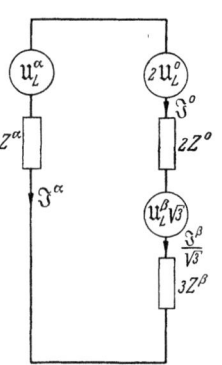

Abb. 268. Komponentenschaltbild des einpoligen Erdschlusses 2–0

Bei Doppelfehlern gelten für die Diagonalkomponenten analoge Gleichungen wie für symmetrische Komponenten, nämlich

$$\left.\begin{aligned}\mathfrak{E}^\mu &= \mathfrak{E}_L^\mu - R^{\mu\nu}\mathfrak{J}^\nu - D^{\mu\nu}\mathfrak{S}^\nu, \\ \mathfrak{U}^\mu &= \mathfrak{U}_L^\mu - Z^{\mu\nu}\mathfrak{J}^\nu - E^{\mu\nu}\mathfrak{S}^\nu.\end{aligned}\right\} \quad (22.44)$$

Die Matrizen $R^{\mu\nu}$, $D^{\mu\nu}$, $Z^{\mu\nu}$, $E^{\mu\nu}$ können entweder nach Gl. (22.19) aus den Impedanzen der drei Phasen gefunden werden oder direkt durch Speisung des Netzes an den Fehlerstellen mit den Spannungen $\mathfrak{E}^\mu$ bzw. $\mathfrak{U}^\mu$ bei kurzgeschlossenen inneren Spannungen. Handelt es sich um symmetrische Netze im Sinn von Gl. (22.25), so vereinfachen sich die Gleichungen (22.44) zu

und
$$\left.\begin{aligned}\mathfrak{E}^\mu &= \mathfrak{E}_L^\mu - R^\mu \mathfrak{J}^\mu - D^\mu \mathfrak{S}^\mu, \\ \mathfrak{U}^\mu &= \mathfrak{U}_L^\mu - Z^\mu \mathfrak{J}^\mu - E^\mu \mathfrak{S}^\mu,\end{aligned}\right\} \quad (22.45)$$

wobei aber jetzt über μ nicht zu summieren ist.

d) Fehler und Doppelfehler

Zu den sechs Gleichungen (22.45) treten dann noch die beiden Paare von je drei Gleichungen an den beiden Fehlerstellen hinzu, so daß ein Gleichungssystem von zwölf Gleichungen mit zwölf Unbekannten zu lösen ist. Die Rechnung kann mühsam sein, läßt sich aber in allen Fällen durchführen. Die Aufstellung der Komponentenschaltbilder läßt sich in vielen Fällen nur durch Einschalten von verlust- und streuungslosen Transformatoren erreichen. Da im allgemeinen $D^\mu = Z^\mu$ sein wird, kann man das Schaltbild Abb. 252 anwenden. Liegt z. B. ein Erdschluß an der ersten Stelle der Phase 2 vor, während an der zweiten Stelle die Phase 3 geerdet ist, dann gelten nach Tab. 7 die Gleichungen

$$\left.\begin{array}{ll} \mathfrak{E}^\alpha = \sqrt{3}\,\mathfrak{E}^\beta + 2\,\mathfrak{E}^0, & \mathfrak{J}^0 = -\mathfrak{J}^\alpha = \dfrac{1}{\sqrt{3}}\,\mathfrak{J}^\beta, \\[4pt] \mathfrak{U}^\alpha = -\sqrt{3}\,\mathfrak{U}^\beta + 2\,\mathfrak{U}^0, & \mathfrak{J}^0 = -\mathfrak{J}^\alpha = -\dfrac{1}{\sqrt{3}}\,\mathfrak{J}^\beta. \end{array}\right\} \quad (22.46)$$

Für die Spannungen $\mathfrak{E}^\mu$ können wir die Verbindungen so durchführen, wie in Abb. 268, wobei im Nullnetzwerk alle Spannungen und alle Impedanzen zu verdoppeln sind, während im β-Netz die $\sqrt{3}$fachen Spannungen und die dreifachen Impedanzen eingesetzt werden. An der zweiten Fehlerstelle verlangen sowohl die Spannungsgleichungen als auch die Stromgleichungen eine Umkehr des Wirkungssinnes des β-Netzes. Wir können dies durch Einschalten eines Transformators mit dem Übersetzungsverhältnis 1:1 bei entgegengesetztem Wicklungssinn der beiden Wicklungen erreichen und erhalten so das Schaltbild Abb. 269.

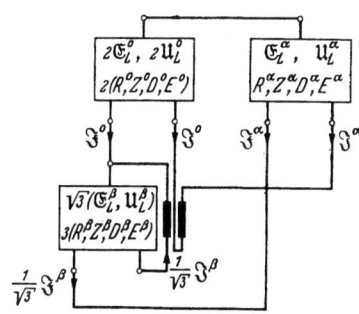

Abb. 269. Komponentenschaltbild eines Doppelerdschlusses 2-0 und 3-0

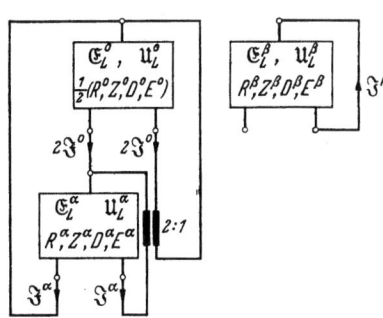

Abb. 270. Komponentenschaltbild eines Erdschlusses 1-0 und eines zweipoligen Erdkurzschlusses 2-3-0

Im Fall eines Erdschlusses 1-0 an der einen und eines zweipoligen Erdkurzschlusses 2-3-0 an der zweiten Stelle gelten die Gleichungen

$$\left.\begin{array}{lll} \mathfrak{E}^0 = -\mathfrak{E}^\alpha, & 2\mathfrak{J}^0 = \mathfrak{J}^\alpha, & \mathfrak{J}^\beta = 0, \\ 2\mathfrak{U}^0 = \mathfrak{U}^\alpha, & \mathfrak{U}^\beta = 0, & \mathfrak{J}^0 = -\mathfrak{J}^\alpha. \end{array}\right\} \quad (22.47)$$

Die Spannungen $\mathfrak{E}^0$ und $\mathfrak{E}^\alpha$ sind in Reihe zu schalten, wobei aber im 0-Netz die Impedanzen auf die Hälfte herabgesetzt sind.

Für den zweiten Fall werden das 0-Netz und das α-Netz mit einem Transformator im Verhältnis 2:1 gekoppelt, wodurch sowohl die Spannungs- als auch die Stromgleichungen erfüllt sind. Im β-Netz bleibt $\mathfrak{E}^\beta$ offen, während $\mathfrak{U}^\beta$ kurzgeschlossen ist. Das β-Netz hat keine Verbindung mit den beiden anderen (Abb. 270).

e) Transformator mit Stern-Dreieckschaltung zwischen den Fehlern

Die Diagonalkomponenten bieten auch noch einen besonderen Vorteil im Fall, daß sich zwischen den beiden Fehlerstellen ein Transformator befindet, welcher in Stern/Dreieck oder umgekehrt geschaltet ist. Bezeichnen wir die Spannungen auf der Sternseite eines solchen Transformators mit $\mathfrak{E}_i$

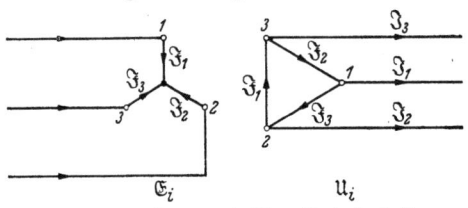

Abb. 271. Transformator in Stern-Dreieckschaltung

und die auf der Dreiecksseite mit $\mathfrak{U}_i$, dann bestehen bei einer Bezeichnung der Phasen wie in Abb. 271 die Beziehungen

$$\left.\begin{array}{l}\mathfrak{U}_1 - \mathfrak{U}_3 = (\mathfrak{E}_2 - \mathfrak{E}^0)\,\ddot{u},\\ \mathfrak{U}_2 - \mathfrak{U}_1 = (\mathfrak{E}_3 - \mathfrak{E}^0)\,\ddot{u},\\ \mathfrak{U}_3 - \mathfrak{U}_2 = (\mathfrak{E}_1 - \mathfrak{E}^0)\,\ddot{u}.\end{array}\right\} \quad (22.48)$$

Der Abzug der Nullkomponenten auf der Sternseite ist notwendig, da die drei Spannungen auf der in Dreieck geschalteten Seite die Summe Null aufweisen müssen. Die Diagonalkomponenten der Spannungen $\mathfrak{U}_i$ sind dann

$$\left.\begin{array}{l}\mathfrak{U}^0 = 0,\\ \mathfrak{U}^\alpha = \dfrac{2}{3}\left(\mathfrak{U}_1 - \dfrac{\mathfrak{U}_2 + \mathfrak{U}_3}{2}\right) = \dfrac{1}{3}(\mathfrak{U}_1 - \mathfrak{U}_2) + \dfrac{1}{3}(\mathfrak{U}_1 - \mathfrak{U}_3)\\ = \dfrac{\ddot{u}}{3}(\mathfrak{E}_2 - \mathfrak{E}_3) = \dfrac{\ddot{u}}{\sqrt{3}}\mathfrak{E}^\beta,\end{array}\right\} \quad (22.49)$$

$$\mathfrak{U}^\beta = \dfrac{1}{\sqrt{3}}(\mathfrak{U}_2 - \mathfrak{U}_3) = -\dfrac{\ddot{u}}{\sqrt{3}}(\mathfrak{E}_1 - \mathfrak{E}^0) = -\dfrac{\ddot{u}}{\sqrt{3}}\mathfrak{E}^\alpha. \quad (22.50)$$

Für die Ströme finden wir

$$\left.\begin{array}{l}\mathfrak{J}_1 = \dfrac{1}{\ddot{u}}(\mathfrak{J}_2 - \mathfrak{J}_3),\\ \mathfrak{J}_2 = \dfrac{1}{\ddot{u}}(\mathfrak{J}_3 - \mathfrak{J}_2),\\ \mathfrak{J}_3 = \dfrac{1}{\ddot{u}}(\mathfrak{J}_1 - \mathfrak{J}_2)\end{array}\right\} \quad (22.51)$$

e) Transformator mit Stern-Dreieckschaltung zwischen den Fehlern

und daraus
$$\begin{aligned} \mathfrak{J}^0 &= 0, \\ \mathfrak{J}^\alpha &= \frac{\sqrt{3}}{\ddot{u}} \mathfrak{J}^\beta, \\ \mathfrak{J}^\beta &= -\frac{\sqrt{3}}{\ddot{u}} \mathfrak{J}^\alpha. \end{aligned} \qquad (22.52)$$

Den Übergang von der einen Seite zur anderen Seite des Transformators erhalten wir daher dadurch, daß wir α- und β-Komponenten vertauschen und bei einem dieser Wechsel auch noch die Vorzeichen verändern.

Liegt nun vor dem Transformator ein Netz, daß durch Impedanzen $Z^{\mu\nu}$ gekennzeichnet ist, und folgt hinter dem Transformator ein Netz mit den Impedanzen $R^{\mu\nu}$, so erhält man die Gesamtimpedanz, wenn man $R^{\mu\nu}$ und $Z^{\mu\nu}$ so addiert, daß man die Summe der Impedanzen

$$\begin{pmatrix} Z^{00}, & Z^{0\alpha}, & Z^{0\beta} \\ Z^{\alpha 0}, & Z^{\alpha\alpha}, & Z^{\alpha\beta} \\ Z^{\beta 0}, & Z^{\beta\alpha}, & Z^{\beta\beta} \end{pmatrix} + \begin{pmatrix} \infty, & \infty, & \infty \\ 0, & R^{\beta\beta}, & R^{\beta\alpha} \\ 0, & R^{\alpha\beta}, & R^{\alpha\alpha} \end{pmatrix} \qquad (22.53)$$

bildet. Die Stellen mit 0 und ∞ sollen ausdrücken, daß es hinter dem Transformator keine Nullströme gibt. Wir zeigen die Anwendung in dem Fall, daß ein symmetrisches Netz einen Transformator in Stern/Dreieckschaltung speist und auf der Sternseite ein einpoliger Erdschluß in Phase 1 vorliegt, während auf der Dreieckseite hinter einer

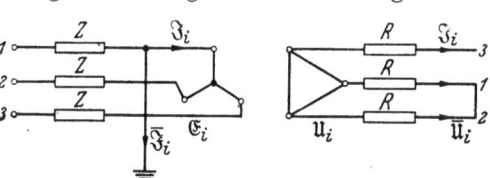

Abb. 272. Doppelfehler an den beiden Seiten eines Transformators in Stern/Dreieckschaltung

weiteren symmetrischen Impedanz ein zweipoliger Kurzschluß 1–2 besteht. Wir bezeichnen die Ströme und Spannungen nach Abb. 272. Dann gelten die Gleichungen (nicht summieren über μ!)

$$\mathfrak{E}^\mu = \mathfrak{E}_L^\mu - Z^\mu(\overline{\mathfrak{J}}^\mu + \mathfrak{J}^\mu), \qquad (22.54)$$

$$\overline{\mathfrak{U}}^\mu = \mathfrak{U}^\mu - R^\mu \mathfrak{J}^\mu. \qquad (22.55)$$

An der ersten Fehlerstelle gilt
$$\mathfrak{E}^0 = -\mathfrak{E}^\alpha, \quad 2\overline{\mathfrak{J}}^0 = \overline{\mathfrak{J}}^\alpha, \quad \overline{\mathfrak{J}}^\beta = 0,$$

an der zweiten Fehlerstelle
$$\overline{\mathfrak{U}}^\alpha = \frac{1}{\sqrt{3}} \overline{\mathfrak{U}}^\beta, \quad \mathfrak{J}^0 = 0, \quad \mathfrak{J}^\alpha = -\sqrt{3}\,\mathfrak{J}^\beta.$$

Aus
$$\overline{\mathfrak{U}}^\alpha = \mathfrak{U}^\alpha - R^\alpha \mathfrak{J}^\alpha$$

272 23. Der Zusammenhang zwischen Diagonal- und symmetrischen Komponenten

wird wegen den Gln. (22.49) und (22.52), wenn wir noch $\bar{u} = \sqrt{3}$ setzen und mit $\mathfrak{E}^\mu$ die Spannungen an der zweiten Fehlerstelle in dem vereinigten Netz bezeichnen

$$\overline{\mathfrak{E}}^\beta = \mathfrak{E}^\beta - R^\alpha \mathfrak{J}^\beta$$

und aus

$$\bar{\mathfrak{u}}^\beta = \mathfrak{u}^\beta - R^\beta \mathfrak{J}^\beta,$$

$$-\overline{\mathfrak{E}}^\alpha = \mathfrak{E}^\alpha - R^\beta \mathfrak{J}^\alpha.$$

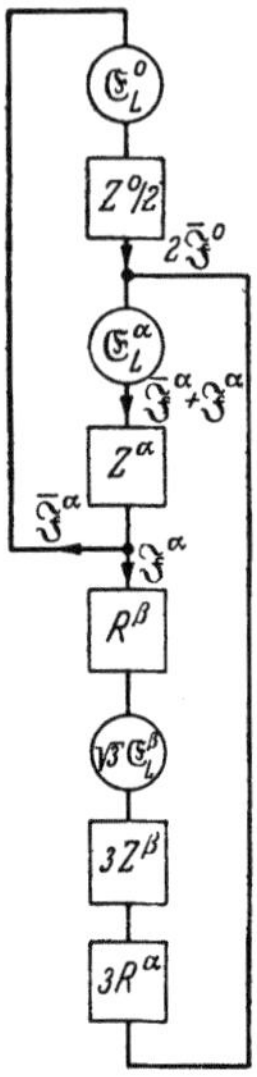

An der zweiten Fehlerstelle gelten dann weiter die Gleichungen

$$\overline{\mathfrak{E}}^\beta = -\frac{1}{\sqrt{3}} \overline{\mathfrak{E}}^\alpha, \quad \mathfrak{J}^0 = 0, \quad \mathfrak{J}^\beta = \sqrt{3}\, \mathfrak{J}^\alpha.$$

Zusammen mit

$$\mathfrak{E}^\alpha = \mathfrak{E}^\alpha_L - Z^\alpha \bigl(\mathfrak{J}^\alpha + \overline{\mathfrak{J}}^\alpha\bigr)$$

und

$$\mathfrak{E}^\beta = \mathfrak{E}^\beta_L - Z^\beta \bigl(\mathfrak{J}^\beta + \overline{\mathfrak{J}}_\beta\bigr)$$

stehen dann genügend Gleichungen zur Berechnung der unbekannten Ströme zur Verfügung. Man kann auch das zugehörige Komponentenschaltbild aufstellen. Zuerst bilden wir die Reihenschaltung von $\mathfrak{E}^\alpha$ und $\mathfrak{E}^0$, wobei wir jedoch ein modifiziertes 0-Netz mit $Z^0/2$

Abb. 273. Komponentenschaltbild zu Abb. 272

benutzen. An der Spannung $\mathfrak{E}^\alpha$ liegt die Reihenschaltung von R^β, $\sqrt{3}\,\mathfrak{E}^\beta_L$, $3Z^\beta$ und $3\,R^\alpha$, denn es ist $\mathfrak{E}^\alpha - R^\beta \mathfrak{J}^\alpha = \sqrt{3}\,\mathfrak{E}^\beta_L - \mathfrak{J}^\alpha(3Z^\beta - 3\,R^\alpha)$, so daß sich die Schaltung Abb. 273 ergibt.

23. Der Zusammenhang zwischen Diagonal- und symmetrischen Komponenten. Normierte Komponenten

a) Der Zusammenhang der Komponenten

Wir haben bisher die Diagonalkomponenten aus den Drehstromgrößen selbst abgeleitet. In vielen Fällen sind aber bereits die symmetrischen Komponenten und die symmetrischen Impedanzen bekannt, und es ist dann wertvoll, direkt von den symmetrischen Komponenten zu den Diagonalkomponenten oder umgekehrt übergehen zu können. Wir führen die Rechnungen in Matrizenform durch. Es ist

$$\mathfrak{u}^\mu = K^\mu_{\cdot i}\, \mathfrak{u}_i$$

und

$$\mathfrak{u}_i = T^j_i\, \mathfrak{u}^j$$

b) Beziehungen zwischen den Impedanzen

und daher
$$\mathfrak{U}^\mu = K^\mu_{\cdot i} T^j_i \mathfrak{u}^j = P^{\mu j} \mathfrak{u}^j \qquad (23.01)$$

mit
$$P^{\mu j} = K^\mu_{\cdot i} T^j_i \qquad (23.02)$$

oder
$$P^{\mu j} = \frac{1}{3}\begin{pmatrix} 1, & 1, & 1 \\ 2, & -1, & -1 \\ 0, & \sqrt{3}, & -\sqrt{3} \end{pmatrix} \begin{pmatrix} 1, & 1, & 1 \\ 1, & a^2, & a \\ 1, & a, & a^2 \end{pmatrix} = \begin{pmatrix} 1, & 0, & 0 \\ 0, & 1, & 1 \\ 0, & -j, & j \end{pmatrix}, \qquad (23.03)$$

d.h. es ist

$$\boxed{\begin{aligned} \mathfrak{U}^0 &= \mathfrak{u}^0, \\ \mathfrak{U}^\alpha &= \mathfrak{u}' + \mathfrak{u}'', \\ \mathfrak{U}^\beta &= j\,(-\mathfrak{u}' + \mathfrak{u}''). \end{aligned}} \qquad (23.04)$$

Umgekehrt gilt
$$\mathfrak{u}^i = S^i_j L^{\cdot \mu}_j \mathfrak{U}^\mu = Q^{i\mu} \mathfrak{U}^\mu \qquad (23.05)$$

mit
$$Q^{i\mu} = S^i_j L^{\cdot \mu}_j \qquad (23.06)$$

oder

$$\begin{aligned} Q^{i\mu} &= \frac{1}{3}\begin{pmatrix} 1, & 1, & 1 \\ 1, & a, & a^2 \\ 1, & a^2, & a \end{pmatrix} \begin{pmatrix} 1, & 1, & 0 \\ 1, & -\dfrac{1}{2}, & \dfrac{\sqrt{3}}{2} \\ 1, & -\dfrac{1}{2}, & -\dfrac{\sqrt{3}}{2} \end{pmatrix} \\ &= \frac{1}{3}\begin{pmatrix} 3, & 0, & 0 \\ 0, & \dfrac{3}{2}, & \dfrac{3}{2}j \\ 0, & \dfrac{3}{2}, & -\dfrac{3}{2}j \end{pmatrix} = \frac{1}{2}\begin{pmatrix} 2, & 0, & 0 \\ 0, & 1, & j \\ 0, & 1, & -j \end{pmatrix}, \end{aligned} \qquad (23.07)$$

d.h. es ist

$$\boxed{\begin{aligned} \mathfrak{u}^0 &= \mathfrak{U}^0, \\ \mathfrak{u}' &= \frac{1}{2}(\mathfrak{U}^\alpha + j\,\mathfrak{U}^\beta), \\ \mathfrak{u}'' &= \frac{1}{2}(\mathfrak{U}^\alpha - j\,\mathfrak{U}^\beta). \end{aligned}} \qquad (23.08)$$

b) Beziehungen zwischen den Impedanzen

Für die Umrechnung der Impedanzen gehen wir von der Gleichung
$$\mathfrak{u}^i = Z^{ij} \mathfrak{J}^j$$
aus. Es ist dann
$$\mathfrak{U}^\mu = P^{\mu i} \mathfrak{u}^i = P^{\mu i} Z^{ij} Q^{j\nu} \mathfrak{J}^\nu = Z^{\mu\nu} \mathfrak{J}^\nu$$

23. Der Zusammenhang zwischen Diagonal- und symmetrischen Komponenten

und daher
$$Z^{\mu\nu} = P^{\mu i} Z^{ij} Q^{j\nu}. \tag{23.09}$$

Im zyklisch symmetrischen Netz, in dem Z^0, Z' und Z'' nicht verschwinden, finden wir

$$\begin{aligned}
Z^{\mu\nu} &= \frac{1}{2} \begin{pmatrix} 1, & 0, & 0 \\ 0, & 1, & 1 \\ 0, & -j, & j \end{pmatrix} \begin{pmatrix} Z^0, & 0, & 0 \\ 0, & Z', & 0 \\ 0, & 0, & Z'' \end{pmatrix} \begin{pmatrix} 2, & 0, & 0 \\ 0, & 1, & j \\ 0, & 1, & -j \end{pmatrix} \\
&= \frac{1}{2} \begin{pmatrix} 2Z^0, & 0, & 0 \\ 0, & Z'+Z'', & j(Z'-Z'') \\ 0, & -j(Z'-Z''), & Z'+Z'' \end{pmatrix},
\end{aligned} \tag{23.10}$$

d.h. es gilt in diesem Fall

$$\left.\begin{aligned}
Z^0 &= Z^0, \\
Z^{\alpha\alpha} &= Z^{\beta\beta} = \frac{1}{2}(Z'+Z''), \\
Z^{\alpha\beta} &= -Z^{\beta\alpha} = j\frac{1}{2}(Z'-Z'').
\end{aligned}\right\} \tag{23.11}$$

Daraus ergeben sich die Gleichungen

$$\left.\begin{aligned}
\mathfrak{U}^0 &= Z^0 \mathfrak{I}^0, \\
\mathfrak{U}^\alpha &= \frac{1}{2}(Z'+Z'') \mathfrak{I}^\alpha + j\frac{1}{2}(Z'-Z'') \mathfrak{I}^\beta, \\
\mathfrak{U}^\beta &= -j\frac{1}{2}(Z'-Z'') \mathfrak{I}^\alpha + \frac{1}{2}(Z'+Z'') \mathfrak{I}^\beta.
\end{aligned}\right\} \tag{23.12}$$

Man erkennt daraus, daß in allen Fällen, in denen Mit- und Gegenimpedanz ungleich sind, α und β-Netz nicht mehr unabhängig bleiben. Man kann das nichtreziproke Verhalten in ein reziprokes verwandeln, wenn man einen modifizierten Strom $-\mathfrak{I}^\beta$ einführt und die modifizierten Impedanzen

und
$$\left.\begin{aligned}
\bar{Z}^{\alpha\beta} &= -Z^{\alpha\beta} = -j\frac{1}{2}(Z'-Z'') \\
\bar{Z}^{\beta\beta} &= -Z^{\beta\beta} = -\frac{1}{2}(Z'-Z'')
\end{aligned}\right\} \tag{23.13}$$

benützt. Aus Gl. (23.12) geht ferner hervor, daß die Netze der Diagonalkomponenten immer unabhängig voneinander sind, wenn das ursprüngliche Netz zyklisch symmetrisch ist und gleiche Mit- und Gegenimpedanz

c) Normierte symmetrische Komponenten

aufweist. Liegen allgemeine Impedanzen Z^{ij} vor, dann findet man aus Gl. (23.09) die Formeln

$$\left.\begin{aligned}
Z^{00} &= Z^{00}, \\
Z^{\alpha\alpha} &= \frac{1}{2}(Z^{11} + Z^{22} + Z^{12} + Z^{21}), \\
Z^{\beta\beta} &= \frac{1}{2}(Z^{11} + Z^{22} - Z^{12} - Z^{21}), \\
Z^{0\alpha} &= \frac{1}{2}(Z^{01} + Z^{02}), \\
Z^{\alpha 0} &= (Z^{10} + Z^{20}), \\
Z^{0\beta} &= j\frac{1}{2}(Z^{01} - Z^{02}), \\
Z^{\beta 0} &= -j(Z^{10} - Z^{20}), \\
Z^{\alpha\beta} &= j\frac{1}{2}(Z^{11} - Z^{22} + Z^{21} - Z^{12}), \\
Z^{\beta\alpha} &= -j\frac{1}{2}(Z^{11} - Z^{22} + Z^{12} - Z^{21}).
\end{aligned}\right\} \quad (23.14)$$

Umgekehrt gilt
$$Z^{ij} = Q^{i\mu} Z^{\mu\nu} P^{\nu j} \quad (23.15)$$

und daher

$$\left.\begin{aligned}
Z^{00} &= Z^{00}, \\
Z^{11} &= \frac{1}{2}[Z^{\alpha\alpha} + Z^{\beta\beta} - j(Z^{\alpha\beta} - Z^{\beta\alpha})], \\
Z^{22} &= \frac{1}{2}[Z^{\alpha\alpha} + Z^{\beta\beta} + j(Z^{\alpha\beta} - Z^{\beta\alpha})], \\
Z^{01} &= Z^{0\alpha} - jZ^{0\beta}, \\
Z^{10} &= \frac{1}{2}(Z^{\alpha 0} + Z^{\beta 0}), \\
Z^{02} &= Z^{0\alpha} + jZ^{0\beta}, \\
Z^{20} &= \frac{1}{2}(Z^{\alpha 0} - jZ^{\beta 0}), \\
Z^{12} &= \frac{1}{2}[Z^{\alpha\alpha} - Z^{\beta\beta} + j(Z^{\alpha\beta} + Z^{\beta\alpha})], \\
Z^{21} &= \frac{1}{2}[Z^{\alpha\alpha} - Z^{\beta\beta} - j(Z^{\alpha\beta} + Z^{\beta\alpha})].
\end{aligned}\right\} \quad (23.16)$$

c) Normierte symmetrische Komponenten

Sowohl von den symmetrischen Komponenten als auch von den Diagonalkomponenten gibt es eine Sonderform, die als *normierte* Komponenten bezeichnet werden. Man gelangt zu ihnen durch die Forderung, daß die Summenleistung in den Komponentennetzen gleich der im

23. Der Zusammenhang zwischen Diagonal- und symmetrischen Komponenten

ursprünglichen Drehstromnetz ist. Die Drehstromleistung ist die Summe der Leistungen der einzelnen Phasen und nach Gl. (2.10) gleich

$$P = \frac{1}{2}(\mathfrak{U}_i \mathfrak{J}_i^* + \mathfrak{U}_i^* \mathfrak{J}_i). \tag{23.17}$$

Die Leistung P_s in dem Netz der symmetrischen Komponenten ist gleich der Summe der Leistungen der einzelnen Kreise der Komponenten und daher

$$P_s = \frac{1}{2}(\mathfrak{U}^i \mathfrak{J}^{i*} + \mathfrak{U}^{i*} \mathfrak{J}^i). \tag{23.18}$$

Drücken wir Spannungen und Ströme der Komponenten durch die Phasengrößen aus und berücksichtigen dabei, daß die konjugierte Größe des Produktes gleich dem Produkt der Konjugierten ist, so erhalten wir

$$P_s = \frac{1}{2}\left(S^i_j \mathfrak{U}_j S^{i*}_k \mathfrak{J}^*_k + S^{i*}_j \mathfrak{U}^*_j S^i_k \mathfrak{J}_k\right).$$

Vertauschen wir in dem letzten Glied der rechten Seite die Bezeichnungen der Indizes j und k, was bei Summationsindizes ohne weiteres zulässig ist, dann können wir das Produkt $S^i_j S^{i*}_k$ herausheben und es folgt

$$P_s = \frac{1}{2} S^i_j S^{i*}_k \left(\mathfrak{U}_j \mathfrak{J}^*_k + \mathfrak{U}^*_k \mathfrak{J}_j\right). \tag{23.19}$$

Nun erhalten wir die konjugierte Matrix aus der ursprünglichen, indem wir jedes Element durch ein konjugiertes ersetzen, d.h. wir müssen, um S^{i*}_k zu gewinnen, in S^i_k a^2 mit a vertauschen, so daß also

$$S^{i*}_k = \frac{1}{3}\begin{pmatrix} 1, & 1, & 1 \\ 1, & a^2, & a \\ 1, & a, & a^2 \end{pmatrix} \tag{23.20}$$

oder wegen Gl. (19.15)

$$S^{i*}_k = \frac{1}{3} T^i_k, \tag{23.21}$$

damit wird

$$S^i_j S^{i*}_k = \frac{1}{3} S^i_j T^i_k = \frac{1}{3} \delta_{jk} \tag{23.22}$$

und schließlich

$$P_s = \frac{1}{6}(\mathfrak{U}_i \mathfrak{J}_i^* + \mathfrak{U}_i^* \mathfrak{J}_i) = \frac{1}{3} P. \tag{23.23}$$

Die Leistung der Kreise der symmetrischen Komponenten beträgt also nur ein Drittel der Leistung des Drehstromnetzes. Wir können die oben für die Normierung aufgestellte Forderung jedoch erfüllen, wenn wir sowohl die Spannungen als auch die Ströme der Komponenten mit dem

d) Normierte Diagonalkomponenten

Faktor $\sqrt{3}$ multiplizieren, d.h. wir benutzen zur Symmetrierung die Matrix

$$\bar{S}^i_j = \sqrt{3}\, S^i_j = \frac{1}{\sqrt{3}} \begin{pmatrix} 1, & 1, & 1 \\ 1, & a, & a^2 \\ 1, & a^2, & a \end{pmatrix}. \tag{23.24}$$

Für die normierten symmetrischen Komponenten, z.B. für die Spannungen, gelten dann die Gleichungen

$$\left. \begin{aligned} \bar{\mathfrak{U}}^0 &= \frac{1}{\sqrt{3}}\,(\mathfrak{U}_1 + \mathfrak{U}_2 + \mathfrak{U}_3), \\ \bar{\mathfrak{U}}' &= \frac{1}{\sqrt{3}}\,(\mathfrak{U}_1 + a\,\mathfrak{U}_2 + a^2\,\mathfrak{U}_3), \\ \bar{\mathfrak{U}}'' &= \frac{1}{\sqrt{3}}\,(\mathfrak{U}_1 + a^2\,\mathfrak{U}_2 + a\,\mathfrak{U}_3). \end{aligned} \right\} \tag{23.25}$$

Die Umkehrungsmatrix $\bar{T}^i_j$ nimmt dann die Form

$$\bar{T}^i_j = \frac{1}{\sqrt{3}} \begin{pmatrix} 1, & 1, & 1 \\ 1, & a^2, & a \\ 1, & a, & a^2 \end{pmatrix} \tag{23.26}$$

an, und die Umkehrungsgleichungen zu Gl. (23.25) lauten

$$\left. \begin{aligned} \mathfrak{U}_1 &= \frac{1}{\sqrt{3}}\,(\mathfrak{U}^0 + \mathfrak{U}' + \mathfrak{U}''), \\ \mathfrak{U}_2 &= \frac{1}{\sqrt{3}}\,(\mathfrak{U}^0 + a^2\,\mathfrak{U}' + a\,\mathfrak{U}''), \\ \mathfrak{U}_3 &= \frac{1}{\sqrt{3}}\,(\mathfrak{U}^0 + a\,\mathfrak{U}' + a^2\,\mathfrak{U}''). \end{aligned} \right\} \tag{23.27}$$

Man kann mit diesen normierten Komponenten ebenso gut arbeiten wie mit den nicht normierten. Die normierten Komponenten bieten aber im allgemeinen keine besonderen Vorteile und, da die Erhaltung der Leistung bei der Transformation meistens nicht von besonderer Bedeutung ist, so lohnt es sich kaum, von der gebräuchlichen Art der symmetrischen Komponenten abzugehen.

d) Normierte Diagonalkomponenten

Versucht man die Leistung der Diagonalkomponenten in ähnlicher Form wie oben für die symmetrischen Komponenten durchgeführt auf die Leistung des Drehstromnetzes zurückzuführen, so erhält man keine einfache Beziehung, denn das dabei auftretende Produkt $K^\mu_{\cdot i}\,K^{\mu\,*}_{\cdot k}$ läßt

23. Der Zusammenhang zwischen Diagonal- und symmetrischen Komponenten

sich nicht als Vielfaches von δ_{ik} darstellen. Es gelingt dies erst nach Einführung modifizierter α- und β-Komponenten durch den Ansatz

$$\bar{K}^\mu_{\cdot j} = \frac{1}{\sqrt{3}} \begin{pmatrix} 1, & 1, & 1 \\ \sqrt{2}, & -\frac{\sqrt{2}}{2}, & -\frac{\sqrt{2}}{2} \\ 0, & \sqrt{\frac{3}{2}}, & -\sqrt{\frac{3}{2}} \end{pmatrix}. \qquad (23.28)$$

Die Nullkomponente

$$\bar{\mathfrak{u}}^0 = \frac{1}{\sqrt{3}} (\mathfrak{u}_1 + \mathfrak{u}_2 + \mathfrak{u}_3) \qquad (23.29)$$

ist identisch mit der normierten Nullkomponente der symmetrischen Komponente. Für die α-Komponente gilt

$$\bar{\mathfrak{u}}^\alpha = \sqrt{\frac{2}{3}} \left(\mathfrak{u}_1 - \frac{1}{2} \mathfrak{u}_2 - \frac{1}{2} \mathfrak{u}_3 \right). \qquad (23.30)$$

Sie ist also gleich der mit $\sqrt{3/2}$ multiplizierten nicht normierten α-Komponente. Für die β-Komponente erhalten wir

$$\bar{\mathfrak{u}}^\beta = \frac{1}{\sqrt{2}} (\mathfrak{u}_2 - \mathfrak{u}_3). \qquad (23.31)$$

Die normierte β-Komponente entsteht also aus der nicht normierten durch Multiplikation mit $\sqrt{3/2}$.

Berechnen wir jetzt die Leistung P_d der normierten Diagonalkomponenten, so finden wir

$$P_d = \frac{1}{2} \bar{K}^\mu_{\cdot i} \bar{K}^{\mu *}_{\cdot j} (\mathfrak{u}_i \mathfrak{J}^*_j + \mathfrak{u}^*_j \mathfrak{J}_i). \qquad (23.32)$$

Nun ist $\bar{K}^\mu_{\cdot i}$ reell und daher mit $\bar{K}^{\mu *}_{\cdot j}$ identisch. Bei der Bildung des Produktes der beiden Matrizen ist zu beachten, daß jetzt Reihen mit Reihen zu multiplizieren sind, da der Summationsindex in beiden Faktoren an der ersten Stelle steht. Wir erhalten

$$\bar{K}^\mu_{\cdot i} \bar{K}^\mu_{\cdot j} = \delta_{ij} \qquad (23.33)$$

und daher ist

$$P_d = P. \qquad (23.34)$$

Durch Auflösen der Gln. (23.29), (23.30) und (23.31) nach $\mathfrak{u}_1$, $\mathfrak{u}_2$ und $\mathfrak{u}_3$ findet man

$$\mathfrak{u}_1 = \frac{1}{\sqrt{3}} \bar{\mathfrak{u}}^0 + \sqrt{\frac{2}{3}} \bar{\mathfrak{u}}^\alpha, \qquad (23.35)$$

$$\mathfrak{u}_2 = \frac{1}{\sqrt{3}} \bar{\mathfrak{u}}^0 - \frac{1}{\sqrt{6}} \bar{\mathfrak{u}}^\alpha + \frac{1}{\sqrt{2}} \bar{\mathfrak{u}}^\beta, \qquad (23.36)$$

$$\mathfrak{u}_3 = \frac{1}{\sqrt{3}} \bar{\mathfrak{u}}^0 - \frac{1}{\sqrt{6}} \bar{\mathfrak{u}}^\alpha - \frac{1}{\sqrt{2}} \bar{\mathfrak{u}}^\beta, \qquad (23.37)$$

d.h. es ist
$$L_i^{\cdot\mu} = \frac{1}{\sqrt{3}}\begin{pmatrix} 1, & \sqrt{2}, & 0 \\ 1, & -\frac{1}{\sqrt{2}}, & \sqrt{\frac{3}{2}} \\ 1, & -\frac{1}{\sqrt{2}}, & -\sqrt{\frac{3}{2}} \end{pmatrix}. \qquad (23.38)$$

Mit diesen normierten Diagonalkomponenten kann man in gleicher Weise operieren wie mit den nicht normierten. Es erscheint fraglich, ob der Nachteil der geringeren Anschaulichkeit des Zusammenhanges mit den ursprünglichen Größen im Drehstromsystem durch den Vorteil der Leistungsgleichheit aufgewogen wird.

24. Ausgleichsvorgänge in Drehstromsystemen

a) Zweipol im nichtstationären Zustand

Die symmetrischen und die Diagonalkomponenten sind nach der ihrer Entstehung zugrunde liegenden Vorstellung zunächst auf stationäre Vorgänge, also auf sinusförmige Schwinggrößen, zugeschnitten. Betrachtet man sie aber als Transformationen im Sinne von Kap. 19 bis 22, dann ist es rein formal möglich, sie auch auf Momentenwerte anzuwenden und z. B. einem Tripel von Spannungen u_1, u_2, u_3 nach Gl. (19.10) ein Tripel von Spannungen u^0, u', u'' zuzuordnen. Damit ergibt sich die Möglichkeit, auch Ausgleichsvorgänge mit den Komponenten zu behandeln. Um dies durchführen zu können ist es jedoch zunächst notwendig, gewisse grundlegende Beziehungen der Größen in Einphasen- und in Drehstromnetzen bei Ausgleichsvorgängen aufzustellen.

Wir schließen einen passiven linearen Zweipol W zum Zeitpunkt $t = 0$ an eine Spannungsquelle mit der zeitlich veränderlichen, vom abgegebenen Strom unabhängigen Spannung

$$u = u(t) \qquad (24.01)$$

an. Der Zweipol wird dann einen Strom

$$i = i(t) \qquad (24.02)$$

aufnehmen, der von $t = 0$ an mit der Spannung u durch eine Differentialgleichung der Form

$$a_n \frac{d u^n}{d t^n} + a_{n-1} \frac{d u^{n-1}}{d t^{n-1}} + \cdots + a_0 u = b_m \frac{d^m i}{d t^m} + \cdots + b_0 i \qquad (24.03)$$

verbunden ist. Keine der beiden Seiten enthält ein konstantes, also von u und i unabhängiges Glied, denn von bestimmten Grenzfällen abgesehen

24. Ausgleichsvorgänge in Drehstromsystemen

bleibt bei einem passiven linearen Zweipol keine Spannung dauernd bestehen, wenn der Strom und seine sämtlichen Differentialquotienten verschwunden sind und umgekehrt. Für Gl. (24.03) schreiben wir kürzer

$$\sum_{k=0}^{n} a_k \frac{d^k u}{dt^k} = \sum_{k=0}^{m} b_k \frac{d^k i}{dt^k}. \qquad (24.04)$$

Für alle Zeiten $t \leq 0$ waren der Strom und seine sämtlichen Differentialquotienten gleich Null, und das Gleiche gilt für die Spannung an den Klemmen des Zweipoles samt ihren Differentialquotienten. Wir wenden jetzt auf Gl. (24.04) die LAPLACE-*Transformation*

$$\boxed{\mathfrak{L} f(t) = \int_0^\infty f(t)\, e^{-pt}\, dt} \qquad (24.05)$$

an. Dabei nennt man $f(t)$ die *Originalfunktion*. Aus ihr wird durch Integration eine Funktion $\varphi(p)$ des Parameters p, die man die *Bildfunktion* nennt. Es ist also

$$\varphi(p) = \mathfrak{L} f(t).$$

Der wichtigste Satz der LAPLACE-Transformation ist der *Differentiationssatz*

$$\mathfrak{L}\frac{df(t)}{dt} = p\,\mathfrak{L} f(t) - f(0). \qquad (24.06)$$

Durch ihn wird die Differentiation der Originalfunktion nach t in eine Multiplikation der Bildfunktion mit dem Parameter p übergeführt. Mit Hilfe des Differentiationssatzes werden Differentialgleichungen mit Ableitungen nach t in algebraische Gleichungen des Parameters p verwandelt, und diese Tatsache begründet die Anwendung der LAPLACE-Transformation für Schaltvorgänge. Durch wiederholte Anwendung des Differentiationssatzes gelangt man zu

$$\mathfrak{L}\frac{d^k f(t)}{dt^k} = p^k \mathfrak{L} f(t) - \left(p^{k-1} f(0) + p^{k-2} \frac{df(0)}{dt} + \cdots\right). \qquad (24.07)$$

Da nun für u und i samt ihren Differentialquotienten die Anfangswerte für $t = 0$ verschwinden, bleibt nach Gl. (24.04)

$$\mathfrak{L} u \sum_{k=0}^{n} a_k p^k = \mathfrak{L} i \sum_{k=0}^{m} b_k p^k \qquad (24.08)$$

oder

$$\boxed{\mathfrak{L} u = W(p)\,\mathfrak{L} i,} \qquad (24.09)$$

wobei

$$W(p) = \frac{\sum\limits_{k=0}^{m} b_k p^k}{\sum\limits_{k=0}^{n} a_k p^k} \qquad (24.10)$$

eine gebrochene rationale Funktion von p ist, die man den *Impedanz-*

operator oder kurz die *Impedanz* des Zweipoles nennt. Es läßt sich zeigen, daß die Impedanz $W(p)$ in die komplexe Impedanz des Zweipoles übergeht, wenn man an Stelle von p das Produkt $j\omega$ setzt, d.h. die komplexe Impedanz ist $W(j\omega)$. Diese Tatsache erleichtert die Bestimmung von $W(p)$, indem man zunächst $W(j\omega)$ berechnet, und dann darin $j\omega$ durch p ersetzt.

b) Zusammenschalten von Zweipolen

Wir erweitern jetzt unsere Betrachtungen dadurch, daß wir an die Stelle der Stromquelle einen aktiven linearen Zweipol Z setzen und diesen über einen Schalter mit dem passiven Zweipol W verbinden (Abb. 274).

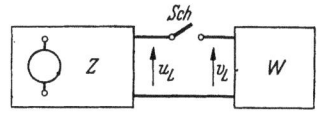
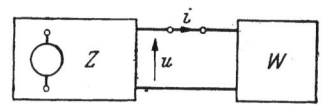

Abb. 274. Zweipole mit zwischenliegendem Schalter

Abb. 275. Zweipole mit geschlossenem Schalter

An Z stellen wir eine Leerlaufspannung $u_L(t)$ fest, welche zum Teil von den im Zweipol enthaltenen Spannungsquellen, zum Teil aber auch von früher begonnenen noch nicht vollständig abgeklungenen Ausgleichsvorgängen herrühren kann. Ebenso finden wir an den Klemmen von W eine Leerlaufspannung $v_L(t)$, die allerdings nur von Ausgleichsvorgängen herrühren kann. Schließen wir den Schalter Sch, so wird ein Strom

$$i = i(t) \tag{24.11}$$

fließen, und die Spannung an den Klemmen wird

$$u = u(t) \tag{24.12}$$

sein (Abb. 275).

Ähnlich wie bei der Untersuchung der stationären Vorgänge schalten wir zwischen die Zweipole eine Spannungsquelle ein, die die negative Differenz der Leerlaufspannungen $-(u_L - v_L)$ aufweist (Abb. 276). Da dann die Summe der Spannungen in dem Kreis verschwindet, so verschwindet auch i, d.h. die Spannung $-(u_L - v_L)$ bewirkt für sich allein einen Strom $-i$, wenn sie in dem gleichen Zeitpunkt eingeschaltet wird, in welchem wir eben den Schalter geschlossen haben. Nun ist wegen der Reihenschaltung der beiden Zweipole nach Gl. (24.09), wenn $Z(p)$ eine analog zu Gl. (24.10) definierte Impedanz ist,

$$-\mathfrak{L}(u_L - v_L) = -[Z(p) + W(p)]\,\mathfrak{L}i \tag{24.13}$$

oder

$$\mathfrak{L}u_L - Z(p)\,\mathfrak{L}i = \mathfrak{L}v_L + W(p)\,\mathfrak{L}i.$$

Jede Seite dieser Gleichung stellt $\mathfrak{L}u$, d.h. die Spannung zwischen den Klemmen der Zweipole dar. In beiden Fällen ist im Bildbereich diese

Spannung gleich der Leerlaufspannung, je nach der Stromrichtung, vermehrt oder vermindert um die Spannung an der (inneren) Impedanz des Zweipoles. Schreibt man

$$\mathfrak{L}u = \mathfrak{L}u_L - Z(p)\,\mathfrak{L}i, \qquad (24.14)$$

so sieht man, daß für die Bildfunktionen der Satz von der Ersatzstromquelle auch bei Schaltvorgängen gilt. Zu beachten ist, daß u_L und v_L die Leerlaufspannungen sind, die vorhanden wären, wenn wir den Schalter nicht geschlossen hätten. Gl. (24.13) sagt uns noch, daß wir den durch den Einschaltvorgang entstehenden Strom immer dadurch erhalten können, daß wir die zwischen den Klemmen des offenen Schalters auftretende Spannung (u_L-v_L) als widerstandslose Spannungsquelle an Stelle des Schalters einschalten, und dabei nicht nur alle Spannungsquellen im Inneren der Zweipole kurzschließen, sondern die Zweipole vollkommen totlegen, d. h. auch die von etwaigen früheren Ausgleichsvorgängen stammenden Anteile der Leerlaufspannungen zum Verschwinden bringen.

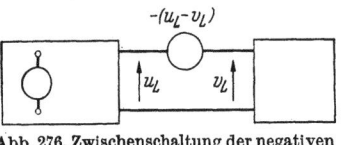

Abb. 276. Zwischenschaltung der negativen Leerlaufspannungen

c) Ausschalten von Zweipolen

Wir nehmen an, daß die beiden Zweipole durch einige Zeit miteinander verbunden gewesen seien, daß die Zeit jedoch nicht hinreicht, um alle Ausgleichsvorgänge abklingen zu lassen. Nach einer Zeit ϑ führen wir einen weiteren Schaltvorgang durch, sei es, daß wir den zum Zeitpunkt $t=0$ geschlossenen Schalter wieder öffnen oder in der Impedanz $W(p)$ eine sprunghafte Änderung hervorrufen. Die Größen vor diesem weiteren Schaltvorgang, also die in b) berechneten, bezeichnen wir jetzt mit Querstrichen, so daß also nach Gl. (24.14)

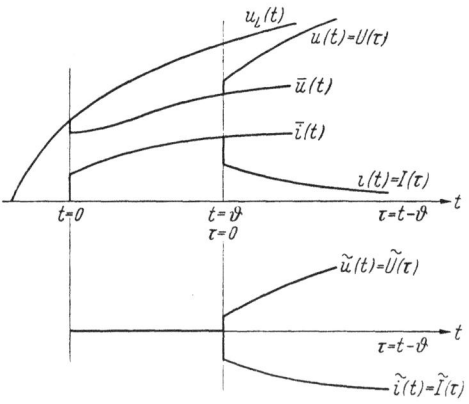

Abb. 277. Ströme und Spannungen des Zweipoles bei aufeinanderfolgenden Schaltvorgängen

$$\mathfrak{L}\bar{u} = \mathfrak{L}u_L - Z(p)\,\mathfrak{L}\bar{\imath} \qquad (24.15)$$

gilt. Die Originalfunktionen sind dabei als Funktionen von t einzusetzen, wobei t vom Zeitpunkt der ersten Schaltung an gerechnet wird (Abb. 277). Nach $t=\vartheta$ hat infolge des weiteren Schaltvorganges

c) Ausschalten von Zweipolen

der Strom nicht mehr den Verlauf $\bar{\imath}(t)$ sondern $i(t)$, während im Zeitraum t von 0 bis ϑ beide Ströme identisch sind. Das Gleiche gilt für die Spannungen $\bar{u}(t)$ und $u(t)$. Da Gl. (24.15) für jeden Verlauf von $\bar{\imath}$ gilt, so muß sie auch für $u(t)$ und $i(t)$ gelten. Es ist daher

$$\mathfrak{L}u = \mathfrak{L}u_L - Z(p)\,\mathfrak{L}i. \qquad (24.16)$$

Bezeichnen wir nun den Unterschied der Spannungen mit $\tilde{u}$ und den der Ströme mit $\tilde{\imath}$, so daß

$$\tilde{u} = u - \bar{u} \quad \text{und} \quad \tilde{\imath} = i - \bar{\imath}, \qquad (24.17)$$

so ist

$$\mathfrak{L}\tilde{u}(t) = -Z(p)\,\mathfrak{L}\tilde{\imath}(t). \qquad (24.18)$$

Die durch die Stromänderung bewirkte Spannungsänderung hängt nur von $Z(p)$ allein ab, aber nicht von den Leerlaufspannungen oder irgendwelchen sonstigen Vorgängen vor dem Schaltvorgang. Allerdings sind $\tilde{u}$ und $\tilde{\imath}$ in dieser Darstellung noch Funktionen von t. Gl. (24.18) gilt aber auch für die vom Zeitpunkt $t = \vartheta$ gerechnete Zeitzählung

$$\tau = t - \vartheta. \qquad (24.19)$$

Wir setzen, um dies zu zeigen

$$\tilde{U}(\tau) = \tilde{u}(\vartheta + \tau) \qquad (24.20)$$

und

$$\tilde{I}(\tau) = \tilde{\imath}(\vartheta + \tau).$$

Nun ist $\mathfrak{L}\tilde{U}(\tau) = \mathfrak{L}\tilde{u}(\vartheta + \tau)$ und nach dem *Verschiebungssatz* der LAPLACE-Transformation

$$\mathfrak{L}\tilde{u}(\vartheta + \tau) = e^{\vartheta p}\left[\mathfrak{L}\tilde{u}(\tau) - \int_0^\vartheta \tilde{u}(\tau)\,e^{-p\tau}d\tau\right]. \qquad (24.21)$$

Es ist

$$\mathfrak{L}\tilde{u}(\tau) = \mathfrak{L}\tilde{u}(t),$$

denn das Ergebnis der LAPLACE-Transformation ist unabhängig vom Zeichen für das Argument der Originalfunktion. Ferner ist $\tilde{u}$ als Unterschied zwischen u und $\bar{u}$ für jedes Argument zwischen 0 und ϑ gleich Null. Also verschwindet das Integral in Gl. (24.21). Wir können daher schreiben

$$\mathfrak{L}\tilde{U}(\tau) = e^{\vartheta p}\mathfrak{L}\tilde{u}(t). \qquad (24.22)$$

In gleicher Weise findet man

$$\mathfrak{L}\tilde{I}(\tau) = e^{\vartheta p}\mathfrak{L}\tilde{\imath}(t), \qquad (24.23)$$

so daß nach Einsetzen in Gl. (24.18)

$$\boxed{\mathfrak{L}\tilde{U}(\tau) = -Z(p)\,\mathfrak{L}\tilde{I}(\tau).} \qquad (24.24)$$

Die Gl. (24.18) gilt also auch, wenn wir die Zeitzählung vom Moment der zweiten Schaltung an zählen. Um die bei einer solchen weiteren Schaltung auftretenden Ströme und Spannungen zu bestimmen, müssen wir nur die Stromänderung allein dem Zweipol aufdrücken und die sich dabei ergebende Ausgleichsspannung zu jener hinzufügen, die an den Klemmen vorhanden wäre, wenn wir die Schaltung unterlassen hätten.

Wollen wir also den vorher geschlossenen Schalter wieder öffnen, dann müssen wir mit einer Zweipolquelle den Strom $\tilde{i} = -\bar{i}$ aufdrücken und erhalten für die Ausgleichsspannung $\tilde{u}$

$$\mathfrak{L}\tilde{u} = -Z(p)\,\mathfrak{L}\tilde{i} = Z(p)\,\mathfrak{L}\bar{i}. \tag{24.25}$$

Der Spannungsverlauf an den Klemmen ergibt sich dann nach Gl. (24.17) mit

$$u = \bar{u} + \tilde{u}. \tag{24.26}$$

Erst bei dieser Zusammensetzung haben wir auf die verschiedenen Zeitpunkte der Schaltungen zu achten.

Aus Gl. (24.25) entnehmen wir noch den wichtigen Satz, daß wir den Spannungsverlauf an den Klemmen eines Zweipoles beim Ausschalten immer dadurch erhalten können, daß wir vom Schaltzeitpunkt an den ohne die Ausschaltung fließenden Strom negativ aufdrücken. Wenn, wie in Abb. 278, zwei Zweipole zusammengeschaltet waren, dann liefert das Aufdrücken des negativen Stromes direkt die Spannung zwischen den beiden Zweipolen, also an den Klemmen des sich öffnenden Schalters.

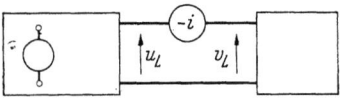

Abb. 278. Gegenschalten des Stromes

d) Schaltvorgänge bei Drehstrom

Legen wir an die Klemmen 1, 2, 3 und 0 eines linearen passiven strom- und spannungslosen Drehstromnetzes W (Abb. 279) die drei Spannungen u_1, u_2, u_3, so beginnen Ströme i_1, i_2, i_3 und i_0 zu fließen, wobei

$$i_1 + i_2 + i_3 + i_0 = 0 \tag{24.27}$$

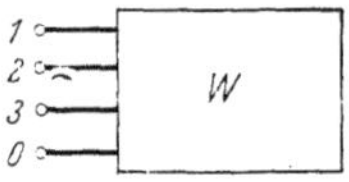

Abb. 279. Passives Drehstromnetz

ist und zwischen den Strömen und Spannungen ein System von drei linearen Differentialgleichungen gilt. Durch die gleichen Überlegungen wie bei den Zweipolen erhalten wir mit Anwendung der LAPLACE-Transformation die Gleichungen

$$\left.\begin{aligned}\mathfrak{L}u_1 &= W_{11}(p)\,\mathfrak{L}i_1 + W_{12}(p)\,\mathfrak{L}i_2 + W_{13}(p)\,\mathfrak{L}i_3,\\ \mathfrak{L}u_2 &= W_{21}(p)\,\mathfrak{L}i_1 + W_{22}(p)\,\mathfrak{L}i_2 + W_{23}(p)\,\mathfrak{L}i_3,\\ \mathfrak{L}u_3 &= W_{31}(p)\,\mathfrak{L}i_1 + W_{32}(p)\,\mathfrak{L}i_2 + W_{33}(p)\,\mathfrak{L}i_3\end{aligned}\right\} \tag{24.28}$$

d) Schaltvorgänge bei Drehstrom

oder in Matrizenschreibweise
$$\mathfrak{L} u_i = W_{ij} \mathfrak{L} i_j. \tag{24.29}$$

Gl. (24.29) gilt aber nur, wenn die drei Spannungen zur gleichen Zeit angelegt werden. Das ist nun praktisch nicht möglich, denn man kann nicht mehrere Schalter zur genau gleichen Zeit schließen. Ist jedoch einer der Schalter bereits geschlossen, dann fließt über ihn bereits ein Strom, und bei dem nachfolgenden Schaltvorgang hat der Strom des ersten Schalters bereits einen Anfangswert, der bei der Bildung der Differentialquotienten bei der LAPLACE-Transformation zu berücksichtigen ist. Im Folgenden werden wir daher unter einem Schaltvorgang in einem Drehstromnetz immer nur die Betätigung eines einzigen Schalters verstehen, während die der anderen Phasen oder auch des Nulleiters ihre Stellung beibehalten.

Liegt ein aktives lineares Drehstromnetz Z vor, das, wie in Abb. 280 dargestellt, an ein passives Netz W angeschlossen werden soll, dann sind zwischen den beiden Netzen vier Schalter, nämlich in den Leitern 1, 2, 3 und 0 möglich. Die Spannungen über den Schaltern bezeichnen wir mit w_1, w_2, w_3 und w_0. Ist ein Schalter offen, dann ist an ihm die zugehörige Spannung w vorhanden, dafür ist aber der Strom über den Schalter Null. Von den acht Größen w_1, w_2, w_3, w_0 und i_1, i_2, i_3, i_0 können in jedem Zustand

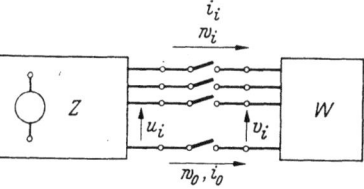

Abb. 280. Verbindung zweier Drehstromnetze

nur vier von Null verschieden sein. Bei einer Schaltung verschwindet eine der vorher vorhandenen Größen, und dafür tritt die zugehörige andere Größe auf. War z. B. der Schalter 2 offen, dann war $w_2 \neq 0$ und $i_2 = 0$. Schließen wir den Schalter, so wird $w_2 = 0$ und $i_2 \neq 0$. In jedem Zustand gelten die Gleichungen

$$u_i + w_i = v_i + w_0. \tag{24.30}$$

Wir unterscheiden nun den Zustand des Netzes vor dem Schalten $t < 0$ von dem nach der Schaltung $t > 0$ und bezeichnen die zu dem ersten Zustand zugehörigen Größen mit Querstrichen, also $\bar{u}_i$, $\bar{\imath}_i$, wobei diese Größen auch als Funktionen der Zeit für den Zeitraum $t > 0$ gelten für den Fall, daß wir die Schaltung unterlassen hätten. Gl. (24.30) gilt daher mit und ohne Querstriche, und die beiden Formen unterscheiden sich dadurch, daß in ihnen bei der Schaltung eine der mit w bezeichneten Spannungen verschwindet oder auftaucht, je nachdem, ob es sich um ein Schließen oder um ein Öffnen handelt. Die LAPLACE-Transformation von Gl. (24.30) ergibt

$$\mathfrak{L} \bar{u}_i + \mathfrak{L} \bar{w}_i = \mathfrak{L} \bar{v}_i + \mathfrak{L} \bar{w}_0. \tag{24.31}$$

Die $\bar{u}_i$ lassen sich durch eine ähnliche Überlegung wie bei den Zweipolen

24. Ausgleichsvorgänge in Drehstromsystemen

durchgeführt, durch Ersatzstromquellen mit inneren Impedanzen darstellen. Es ist aber zu beachten, daß in Gl. (24.14) für $t=0$ der Strom $i=0$ gewesen ist. Das trifft nun bei den Schaltungen im Drehstromnetz nicht für alle Phasen zu. Es treten daher Zusatzglieder $\bar{B}_i$, $\bar{C}_i$ usw. auf, die außer von p noch von den Anfangswerten der Spannungen und Ströme abhängen. Es ist also

$$\mathfrak{L}\bar{u}_i = \mathfrak{L}\bar{u}_{Li} - Z_{ij}(p)\bar{i}_j + \bar{B}_i. \tag{24.32}$$

Bei $\bar{v}_i$ entfallen die Leerlaufspannungen und es ist

$$\mathfrak{L}\bar{v}_i = +W_{ij}(p)\bar{i}_j + \bar{C}_i, \tag{24.33}$$

so daß wir schließlich zu der Gleichung

$$\mathfrak{L}\bar{u}_{Li} - (Z_{ij} + W_{ij})\mathfrak{L}\bar{i}_j + \mathfrak{L}\bar{w}_i - \mathfrak{L}\bar{w}_0 + \bar{D}_i = 0 \tag{24.34}$$

kommen. Die gleiche Gleichung gilt auch für die Spannungen und Ströme nach der Schaltung. Das Zusatzglied ist dabei dasselbe, denn auch für die Spannungen und Ströme nach der Schaltung gelten die Werte $\bar{u}_{Li}$, $\bar{i}_i$, $\bar{w}_i$ und $\bar{w}_0$ zur Zeit $t=0$ als Anfangswerte.

Auch die Leerlaufspannung $\bar{u}_{Li}$ ist dieselbe geblieben und daher ist

$$\mathfrak{L}\bar{u}_{Li} - (Z_{ij} + W_{ij})\mathfrak{L}i_j + \mathfrak{L}w_i - \mathfrak{L}w_0 + \bar{D}_i = 0. \tag{24.35}$$

Subtrahieren wir Gl. (24.34) von (24.35) und bezeichnen die Differenzen zwischen den Werten des zweiten Zustandes und denen des ersten Zustandes durch eine übergesetzte Schlangenlinie, also z. B.

$$\tilde{i}_i = \bar{i}_i - i_i, \tag{24.36}$$

so erhalten wir

$$-(Z_{ij} + W_{ij})\mathfrak{L}\tilde{i}_j + \mathfrak{L}\tilde{w}_i - \mathfrak{L}\tilde{w}_0 = 0. \tag{24.37}$$

Die Anfangswerte sind aus dieser Gleichung verschwunden. Sie gibt die Verbindung der in und an den Schaltern vorhandenen Größen im Ausgleichsvorgang. Alle diese Größen sind null vor dem Schaltvorgang. Stellt man Gl. (24.32) für die beiden Zustände auf, so folgt

$$\mathfrak{L}\tilde{u}_i = -Z_{ij}\mathfrak{L}\tilde{i}_j \tag{24.38}$$

und ebenso aus Gl. (24.33)

$$\mathfrak{L}\tilde{v}_i = +W_{ij}\mathfrak{L}\tilde{i}_j. \tag{24.39}$$

Schließlich muß auch immer gelten

$$i_1 + i_2 + i_3 + i_0 = 0. \tag{24.40}$$

Zur Berechnung der Ausgleichsvorgänge dienen in erster Linie die Gln. (24.37) und (24.40). Von den acht Größen, die darin vorkommen, ist eine mit dem Wert null bekannt, nämlich diejenige, die dem Zustand des betätigten Schalters nach dem Schalten entspricht. Bei den anderen

Schaltern, deren Stellung nicht geändert wird, sind ebenfalls drei Größen mit dem Wert null bekannt, so daß nur vier Unbekannte bleiben, für deren Bestimmung die Gleichungen ausreichen.

e) Ausschalten der ersten Phase eines dreipoligen Kurzschlusses

Als einfaches Beispiel behandeln wir den Fall des Öffnens der ersten Phase beim Ausschalten eines dreipoligen Kurzschlusses ohne Erdberührung in einem Netz, das nur Induktivitäten in Reihe mit den Phasenspannungen aufweist wie dies Abb. 281 zeigt. Da die Unterbrechung des Stromes im Nulldurchgang erfolgt, legen wir den Anfang der Zeitzählung so, daß er mit einem Nulldurchgang zusammentrifft. Im

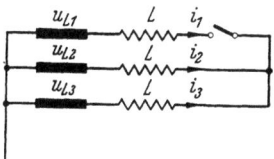

Abb. 281. Ausschalten eines dreipoligen Kurzschlusses

ersten Zustand des Netzes, dem des dreipoligen Kurzschlusses, gelten die Gleichungen

$$\bar{\imath}_1 = \frac{\hat{U}}{\omega L} \sin \omega t,$$

$$\bar{\imath}_2 = \frac{\hat{U}}{\omega L} \sin (\omega t - 120°),$$

$$\bar{\imath}_3 = \frac{\hat{U}}{\omega L} \sin (\omega t + 120°),$$

$$\bar{\imath}_0 = 0.$$

Ferner sind
$$\bar{w}_1 = \bar{w}_2 = \bar{w}_3 = \bar{w}_0 = 0$$

und
$$\bar{u}_1 = \bar{u}_2 = \bar{u}_3 = 0$$
$$Z_{11} = Z_{22} = Z_{33} = pL.$$

Alle anderen Glieder von Z_{ij} verschwinden. Nach Gl. (24.37) erhalten wir die Gleichungen

$$\left.\begin{array}{l} -pL\mathfrak{L}\tilde{\imath}_1 + \mathfrak{L}\tilde{w}_1 - \mathfrak{L}\tilde{w}_0 = 0, \\ -pL\mathfrak{L}\tilde{\imath}_2 - \mathfrak{L}\tilde{w}_0 = 0, \\ -pL\mathfrak{L}\tilde{\imath}_3 - \mathfrak{L}\tilde{w}_0 = 0, \end{array}\right\} \quad (24.41)$$

denn ändern können sich nur die Ströme i_1, i_2, i_3 und die Spannungen w_1 und w_0. Bekannt ist

$$\tilde{\imath}_1 = -\bar{\imath}_1 = -\frac{\hat{U}}{\omega L} \sin \omega t,$$

so daß wegen

$$\boxed{\mathfrak{L} \sin \omega t = \frac{\omega}{p^2 + \omega^2}} \quad (24.42)$$

$$\mathfrak{L}\tilde{\imath}_1 = -\frac{\hat{U}}{\omega L} \frac{\omega}{p^2 + \omega^2}. \quad (24.43)$$

288   24. Ausgleichsvorgänge in Drehstromsystemen

Addieren wir die beiden Gleichungen für $\tilde{i}_2$ und $\tilde{i}_3$, so ist wegen $i_0 = 0$

Daraus folgt
$$p L \mathfrak{L} \tilde{i}_1 = 2 \mathfrak{L} \tilde{w}_0.$$

$$\mathfrak{L} \tilde{w}_0 = - \frac{\hat{U}}{2} \frac{p}{p^2 + \omega^2}$$

oder wegen

$$\boxed{\mathfrak{L} \cos \omega t = \frac{p}{p^2 + \omega^2}} \qquad (24.44)$$

$$\tilde{w}_0 = - \frac{\hat{U}}{2} \cos \omega t.$$

Aus der ersten der Gleichungen (24.41) folgt dann

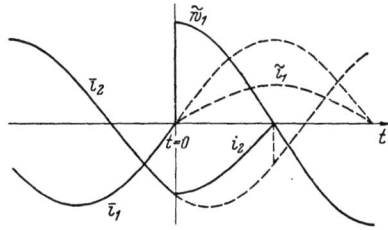

Abb. 282. Vorgänge beim Ausschalten eines dreipoligen Kurzschlusses

$$\mathfrak{L} \tilde{w}_1 = p L \frac{\hat{U}}{\omega L} \frac{\omega}{p^2 + \omega^2} + \frac{\hat{U}}{2} \frac{p}{p^2 + \omega^2}$$
oder
$$\tilde{w}_1 = \frac{3}{2} \hat{U} \cos \omega t. \qquad (24.45)$$

Bei den Strömen der beiden Phasen 2 und 3 ist zu beachten, daß uns die Gleichungen der Gl. (24.41) nur den zusätzlichen Anteil durch die Schaltung liefern. Wir finden

also
$$\mathfrak{L} \tilde{i}_2 = - \frac{1}{pL} \mathfrak{L} \tilde{w}_0 = \frac{\hat{U}}{2pL} \frac{p}{p^2 + \omega^2} = \frac{\hat{U}}{2\omega L} \frac{\omega}{p^2 + \omega^2},$$

$$\tilde{i}_2 = \frac{\hat{U}}{2\omega L} \sin \omega t.$$

Da nun
$$\bar{i}_2 = \frac{\hat{U}}{\omega L} \sin (\omega t - 120°)$$

war, so ist der tatsächlich in der Phase 2 fließende Strom

$$i_2 = \bar{i}_2 + \tilde{i}_2 = \frac{\hat{U}}{\omega L} \left[\sin (\omega t - 120°) + \frac{1}{2} \sin \omega t \right]$$
$$= \frac{\hat{U}}{\omega L} \left[-\frac{1}{2} \sin \omega t - \frac{\sqrt{3}}{2} \cos \omega t + \frac{1}{2} \sin \omega t \right] = - \frac{\hat{U}}{\omega L} \frac{\sqrt{3}}{2} \cos \omega t.$$

Der Strom i_2 ändert nicht nur seine Größe, sondern auch seine Phasenlage. Das Gleiche gilt für i_3. Der Verlauf von $\tilde{w}_1$ und der Ströme i_1 und i_2 ist in Abb. 282 dargestellt.

e) Ausschalten der ersten Phase eines dreipoligen Kurzschlusses

Berücksichtigen wir jetzt bei dem gleichen Vorgang die Erdkapazitäten C nach Abb. 283, so bleibt der Rechnungsgang derselbe, nur müssen wir für $Z_{11} = Z_{22} = Z_{33}$ die Parallelschaltung von pL mit $1/pC$, also

$$Z_{11} = \frac{pL \cdot \frac{1}{pC}}{pL + \frac{1}{pC}} = \frac{1}{C} \frac{p}{p^2 + \omega_0^2} \qquad (24.46)$$

setzen, wobei

$$\omega_0^2 = \frac{1}{LC} \qquad (24.47)$$

die Eigenfrequenz des Kreises darstellt. Wir erhalten dann aus den zu den Gln. (24.41) analogen Gleichungen

$$\mathfrak{L}\tilde{w}_0 = \frac{1}{2C} \frac{p}{p^2 + \omega_0} \mathfrak{L}\tilde{i}_1$$

oder

$$\mathfrak{L}\tilde{w}_0 = -\frac{\hat{U}}{2} \frac{1}{\omega LC} \frac{\omega}{p^2 + \omega^2} \frac{p}{p^2 + \omega_0^2}.$$

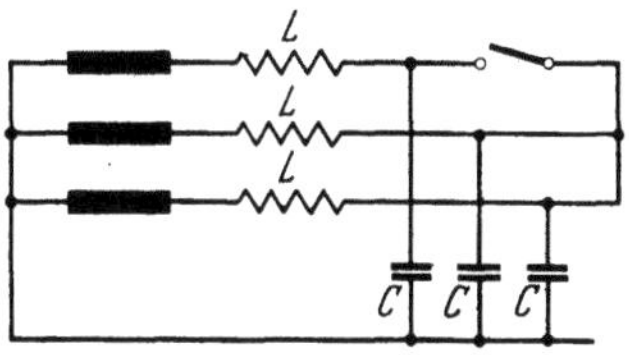

Abb. 283. Ausschalten eines dreipoligen Kurzschlusses bei Berücksichtigung der Erdkapazitäten

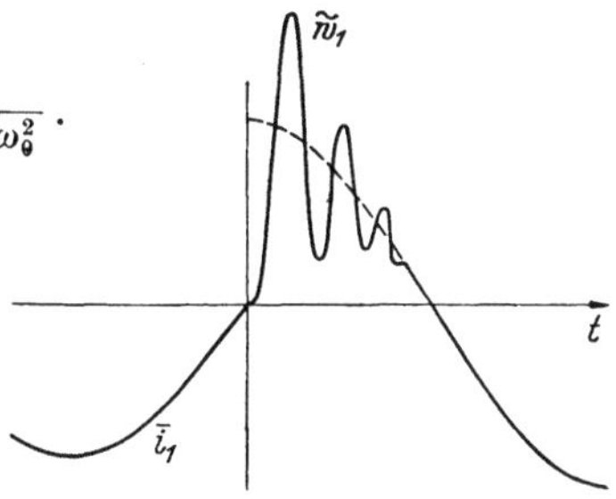

Abb. 284. Vorgänge beim Ausschalten eines dreipoligen Kurzschlusses bei Berücksichtigung der Erdkapazitäten

Wir zerlegen das Produkt auf der rechten Seite in eine Summe, so daß

$$\mathfrak{L}\tilde{w}_0 = -\frac{\hat{U}}{2} \frac{\omega_0^2}{\omega_0^2 - \omega^2} \left(\frac{p}{p^2 + \omega^2} - \frac{p}{p^2 + \omega_0^2} \right)$$

und finden daraus

$$\tilde{w}_0 = -\frac{\hat{U}}{2} \frac{\omega_0^2}{\omega_0^2 - \omega^2} [\cos \omega t - \cos \omega_0 t] \qquad (24.48)$$

und schließlich

$$\tilde{w}_1 = \frac{3}{2} \hat{U} \frac{\omega_0^2}{\omega_0^2 - \omega^2} [\cos \omega t - \cos \omega_0 t]. \qquad (24.49)$$

Die an dem geöffneten Schalter 1 auftretende Spannung $\tilde{w}_1$, die sogenannte Einschwingspannung, setzt sich aus einem Anteil der Grundfrequenz und einer überlagerten Schwingung höherer Frequenz zusammen, wie dies in Abb. 284 angedeutet ist. Dabei ist die überlagerte Schwingung der Deutlichkeit halber gedämpft gezeichnet.

25. Schaltvorgänge in symmetrischen Komponenten

a) Ausgleichsvorgänge der symmetrischen Komponenten

Versucht man die im vorhergehenden Kapitel angestellten Betrachtungen in die Form der symmetrischen Komponenten zu übersetzen, so kann man zunächst den jeweiligen Momentanwerten nach

$$u^i = S^i_j u_j \tag{25.01}$$

und der Umkehrung

$$u_i = T^j_i u^j \tag{25.02}$$

mit den in Kap. 19 angegebenen Matrizen symmetrische Momentanwerte zuordnen. Die Formeln behalten auch ihre Gültigkeit, wenn man auf sie die LAPLACE-Transformation anwendet, so daß also

$$\mathfrak{L} u^i = S^i_j \mathfrak{L} u_j. \tag{25.03}$$

Das Gleiche gilt für die Ströme. Aus Gl.(24.09) folgt ferner, daß für die Impedanzoperatoren das gleiche Transformationsgesetz

$$Z^{ij}(p) = S^i_k Z_{kl}(p) T^j_l \tag{25.04}$$

gilt wie für die komplexen Impedanzen.

Bei der Übertragung von Gl.(24.30) ist zu beachten, daß die Spannungen w_i und w_0 nicht gegen den Nullpunkt gemessen sind. Man faßt daher $w_i - w_0$ zusammen und wendet Gl.(25.01) auf diese Differenz an, so daß

$$w^i = S^i_j(w_j - w_0) \tag{25.05}$$

ist, d.h. es ist

$$\left.\begin{aligned} w^0 &= \frac{1}{3}(w_1 + w_2 + w_3) - w_0, \\ w' &= \frac{1}{3}(w_1 + a w_2 + a^2 w_3), \\ w'' &= \frac{1}{3}(w_1 + a^2 w_2 + a w_3). \end{aligned}\right\} \tag{25.06}$$

Die Gln.(24.34) und (24.35) transformieren sich formal ohne Schwierigkeiten. In den Zusatzgliedern sind jedoch die Anfangswerte der symmetrischen Komponenten von Strom und Spannung einzusetzen, so daß

$$\mathfrak{L} \bar{u}^i_L - (Z^{ij} + W^{ij}) \mathfrak{L} \bar{\imath}^j + \mathfrak{L} \bar{w}^i + \bar{F}^i = 0 \tag{25.07}$$

und

$$\mathfrak{L} \bar{u}^i_L - (Z^{ij} + W^{ij}) \mathfrak{L} i^j + \mathfrak{L} w^i + \bar{F}^i = 0 \tag{25.08}$$

gelten. Durch Subtraktion erhalten wir für die Ausgleichsgrößen

$$\mathfrak{L} \tilde{w}^i = (Z^{ij} + W^{ij}) \mathfrak{L} \tilde{\imath}^j. \tag{25.09}$$

a) Ausgleichsvorgänge der symmetrischen Komponenten

Während wir nun bei der direkten Rechnung jeweils bei einem Schalter den Wechsel von i und w hatten, ist das bei den symmetrischen Komponenten nicht mehr der Fall. Aus Gl. (25.06) erkennt man, daß z. B. beim Wechsel von w_1 auf 0 alle drei Spannungen w^0, w' und w'' betroffen werden, und daß keine von ihnen verschwinden muß. Das Gleiche gilt für die Ströme. Formal bereitet das keine Schwierigkeiten, da auf alle Fälle genügend Gleichungen zur Verfügung stehen, um aus Gl. (25.09) die Ausgleichsvorgänge der Komponenten berechnen zu können.

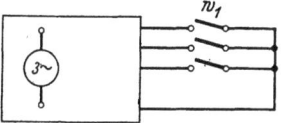

Abb. 285. Einpoliger Erdschluß

Betrachten wir z. B. das Eintreten eines einphasigen Erdschlusses in Phase 1 (Abb. 285), so sind vorher alle Ströme verschwunden, d. h. es ist

$$\bar{i}_1 = \bar{i}_2 = \bar{i}_3 = \bar{i}_0 = 0$$

und daher auch

$$\bar{i}^0 = \bar{i}' = \bar{i}'' = 0.$$

Den Schalter im Nulleiter denken wir uns bereits geschlossen, so daß $\bar{w}_0 = w_0 = 0$. An den anderen Schaltern treten die Leerlaufspannungen mit negativem Vorzeichen auf. War das Netz im stationären Zustand, dann ist

$$\bar{w}_i = u_{Li}. \qquad (25.10)$$

Nach dem Schließen des Schalters verschwindet w_1, und dafür entsteht ein Strom i_1, d. h. nach der Schaltung ist nach Gl. (25.06)

$$\left.\begin{aligned} w^0 &= \frac{w_2 + w_3}{3}, \\ w' &= \frac{a w_2 + a^2 w_3}{3}, \\ w'' &= \frac{a^2 w_2 + a w_3}{3}, \end{aligned}\right\} \qquad (25.11)$$

während für die Ströme

$$i^0 = i' = i'' = \frac{i_1}{3} \qquad (25.12)$$

gilt. Daher sind die Ausgleichsströme

$$\tilde{i}^0 = \tilde{i}' = \tilde{i}'' = \frac{i_1}{3}, \qquad (25.13)$$

während für die Ausgleichswerte der Schalterspannungen wegen $\tilde{w}_1 = -\bar{w}_1$

$$\left.\begin{aligned} \tilde{w}^0 &= \frac{-\bar{w}_1 + \tilde{w}_2 + \tilde{w}_3}{3}, \\ \tilde{w}' &= \frac{-\bar{w}_1 + a \tilde{w}_2 + a^2 \tilde{w}_3}{3}, \\ \tilde{w}'' &= \frac{-\bar{w}_1 + a^2 \tilde{w}_2 + a \tilde{w}_3}{3} \end{aligned}\right\} \qquad (25.14)$$

gilt. Setzen wir nach den Gln. (25.13) und (25.14) in Gl. (25.09) ein, so erhalten wir

$$\left.\begin{aligned}
-\mathfrak{L}\bar{w}_1 + \mathfrak{L}\tilde{w}_2 + \mathfrak{L}\tilde{w}_3 &= (Z^{00} + Z^{01} + Z^{02})\mathfrak{L}i_1, \\
-\mathfrak{L}\bar{w}_1 + a\mathfrak{L}\tilde{w}_2 + a^2\mathfrak{L}\tilde{w}_3 &= (Z^{10} + Z^{11} + Z^{12})\mathfrak{L}i_1, \\
-\mathfrak{L}\bar{w}_1 + a^2\mathfrak{L}\tilde{w}_2 + a\mathfrak{L}\tilde{w}_3 &= (Z^{20} + Z^{21} + Z^{22})\mathfrak{L}i_1.
\end{aligned}\right\} \quad (25.15)$$

Da uns $\bar{w}_1$ bekannt ist, so reichen die Gleichungen aus, um die drei Unbekannten $\tilde{w}_2$, $\tilde{w}_3$ und i_1 zu berechnen. In genau gleicher Weise kann man in allen anderen Fällen vorgehen. Die symmetrischen Komponenten bieten im allgemeinen, soweit es sich um symmetrische Netze handelt, den Vorteil, daß man die Matrix der Impedanzoperatoren leichter findet. Die symmetrischen Komponenten haben aber in der eben gezeigten Anwendung den Nachteil, daß bei einem Schaltvorgang in einer Phase des Drehstromnetzes Schaltvorgänge in allen Komponentenkreisen auftreten, ohne daß man diese durch einfache Schalter ersetzen kann, da die Spannungen und Ströme über die Schalter zwischen von null verschiedenen Werten wechseln. Man behält daher oft die direkte Rechnung mit den Phasenströmen und Phasenspannungen bei und benutzt die symmetrischen Komponenten nur zur Gewinnung der symmetrischen Impedanzen und berechnet dann aus ihnen die im Drehstromsystem wirksamen Impedanzmatrizen.

b) Schaltvorgänge in der Komponentenschaltung Leerlauf – einpoliger Kurzschluß

Es ist aber auch möglich, die Schaltungen in den Komponentennetzen selbst durchzuführen. Aus Gl. (25.09) erkennt man, daß auch in den Stromkreisen der Komponenten die Regel gilt, daß die Ausgleichsvorgänge dadurch bewirkt werden können, daß man die durch das Schalten bedingten Veränderungen in ihnen bei Kurzschluß aller Leerlaufspannungen in sie in negativem Sinn einprägt. Wenn es gelingt, die Stromkreise der Komponenten so zusammenzuschalten, daß in ihnen die Ströme und Spannungen auftreten wie sie vor der Schaltung herrschen und gleichzeitig zwischen zwei bestimmten Punkten jene Spannung vorhanden ist, die durch die Schaltung im Drehstromnetz verschwindet, dann kann man zwischen diese beiden Punkte einen Schalter legen, durch dessen Schließen diese Spannung auch im Netz der Komponenten verschwindet. Die entstehende Anordnung muß dann dem Zustand des Netzes nach der Schaltung entsprechen. Die für dieses Vorgehen zweckmäßigen Schaltungen sind schon seit langem bekannt, wenn auch vielleicht ihre Anwendung mehr auf Grund der Intuition als auf Grund exakter Nachweise geschehen ist.

Wir beginnen mit dem Fall der Herstellung und Aufhebung des einpoligen Erdschlusses in der Phase 1. Die vor dem Schalten an dem

b) Schaltvorgänge in der Komponentenschaltung

Schalter vorhandene Spannung $\bar{w}_1$ ist entgegengesetzt gleich der Spannung $\bar{u}_1$, welche die Summe der Komponentenspannungen ist

$$\bar{u}_1 = \bar{u}^0 + \bar{u}' + \bar{u}''. \tag{25.16}$$

Wir erhalten diese Summe, wenn wir alle Komponentenkreise in Reihe schalten (Abb. 286). Gleichzeitig ist damit die Bedingung $\bar{\imath}^0 = \bar{\imath}' = \bar{\imath}'' = 0$ erfüllt. Das Schließen des Schalters können wir durch das Einprägen von $-\bar{u}_1 = \tilde{w}_1$ ersetzen, wenn wir die Spannungsquellen kurzschließen. Nach den Gln. (25.09) bzw. (25.15) entsteht dann in dem

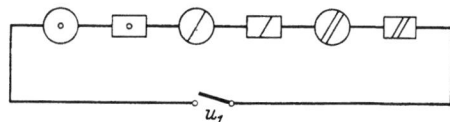

Abb. 286. Herstellung und Aufhebung des einpoligen Erdschlusses

Kreis der Ausgleichsstrom $\bar{\imath}_1/3$, der gleich den Strömen i^0, i' und i'' ist. Dieser Strom bewirkt in den Impedanzen jene Spannungsänderung, welche das Verschwinden von u_1 fordert.

Umgekehrt können wir das Öffnen des Schalters durch das Einprägen des Stromes $-i^0 = -i' = -i'' = -i_1/3$ ersetzen und erhalten dann an den Klemmen des Schalters die Einschwingspannung $\tilde{w}_1 = -u_1$.

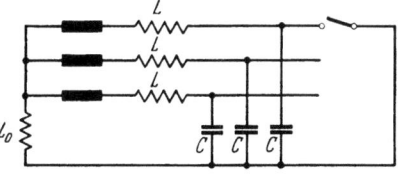

Abb. 287. Erdschluß im Netz mit Reaktanz im Nullpunkt

Wir wenden diese Überlegungen auf den Fall eines Netzes mit einer Nullpunktsreaktanz L_0, der Reihenreaktanzen L und den Erdkapazitäten C an, wie dies Abb. 287 zeigt. Wir finden die Impedanz des Netzes bei stationären Wechselströmen nach den im Kap. 2 angegebenen Methoden mit

$$Z^0(j\omega) = \frac{1}{C} \frac{j\omega}{\frac{1}{C(L+3L_0)} - \omega^2} \tag{25.17}$$

und

$$Z'(j\omega) = Z''(j\omega) = \frac{1}{C} \frac{j\omega}{\frac{1}{CL} - \omega^2}, \tag{25.18}$$

oder mit den Eigenfrequenzen

$$\omega_0^2 = \frac{1}{C(L+3L_0)} \tag{25.19}$$

und

$$\omega_m^2 = \frac{1}{CL}, \tag{25.20}$$

$$Z^0(j\omega) = \frac{1}{C} \frac{j\omega}{\omega_0^2 - \omega^2}, \tag{25.21}$$

$$Z'(j\omega) = \frac{1}{C} \frac{j\omega}{\omega_m^2 - \omega^2}. \tag{25.22}$$

Daraus finden wir den Strom während des stationären Erdschlusses mit

$$\mathfrak{J}_1 = \frac{3\,\mathfrak{U}_{L1}}{Z^0 + Z' + Z''} = - \frac{j\,3\,\mathfrak{U}_{L1}\omega C}{\omega^2 \left(\dfrac{1}{\omega_0^2 - \omega^2} + \dfrac{2}{\omega_m^2 - \omega^2}\right)}, \quad (25.23)$$

also

$$i_1 = -\,3\,\hat{I}\sin\omega t.$$

Für den Ausgleichsvorgang erhalten wir die Impedanzoperatoren, wenn wir in den Gln.(25.17) und (25.18) $j\omega$ durch p ersetzen, mit

$$Z^0(p) = \frac{1}{C}\frac{p}{p^2 + \omega_0^2} \quad (25.24)$$

und

$$Z'(p) = Z''(p) = \frac{1}{C}\frac{p}{p^2 + \omega_m^2}. \quad (25.25)$$

Beim Öffnen entsteht in dem Schalter eine Spannung w_1, für welche nach dem Schaltbild Abb. 286 gilt

$$\mathfrak{L}w_1 = -\frac{1}{3}(Z^0 + 2Z')\,\mathfrak{L}\,i_1 = \frac{1}{C}\left(\frac{p}{p^2+\omega_0^2} + \frac{2p}{p^2+\omega_m^2}\right)\hat{I}\frac{\omega}{p^2+\omega^2}. \quad (25.26)$$

Formen wir die entstehenden Produkte der Brüche auf der rechten Seite in gleicher Weise um wie vor Gl.(24.48), dann erhalten wir

$$\mathfrak{L}w_1 = \frac{\hat{I}}{\omega C}\left[\frac{\omega^2}{\omega_0^2 - \omega^2}\left(\frac{p}{p^2+\omega^2} - \frac{p}{p^2+\omega_0^2}\right) + \frac{2\omega^2}{\omega_m^2 - \omega^2}\left(\frac{p}{p^2+\omega^2} - \frac{p}{p^2+\omega_m^2}\right)\right]$$

und nach Rücktransformierung

$$w_1 = \frac{\hat{I}}{\omega C}\left(\frac{\omega^2}{\omega_0^2-\omega^2} + \frac{2\omega^2}{\omega_m^2-\omega^2}\right)\cos\omega t -$$
$$-\frac{\hat{I}}{\omega C}\frac{\omega^2}{\omega_0^2-\omega^2}\cos\omega_0 t - \frac{\hat{I}}{\omega C}\frac{2\omega^2}{\omega_m^2-\omega^2}\cos\omega_m t.$$

Setzen wir für $\hat{I}$ nach Gl.(25.23) ein, so bleibt

$$w_1 = \hat{U}_{L1}\left[\cos\omega t - \frac{\omega_m^2 - \omega^2}{2\omega_0^2 + \omega_m^2 - 3\omega^2}\cos\omega_0 t - \frac{2(\omega_0^2 - \omega^2)}{2\omega_0^2 + \omega_m^2 - 3\omega^2}\cos\omega_m t\right]. \quad (25.27)$$

Die Spannung schwingt von null an auf, enthält aber zwei überlagerte Frequenzen ω_0 und ω_m.

c) Zwei- und dreipolige Fehler

Sehr einfach gestaltet sich die Darstellung der Schaltungen, die vom zweipoligen Kurzschluß der Phasen 2 und 3 zum dreipoligen Kurzschluß 1–2–3 oder zum zweipoligen Erdkurzschluß 2–3–0 und schließlich zum dreipoligen Erdkurzschluß 1–2–3–0 führen. Wir ordnen dazu die drei Stromkreise der Komponenten parallel von einem Punkt gemeinsamen

c) Zwei- und dreipolige Fehler

Potentials an und fügen in Reihe je einen Schalter hinzu. Die anderen Klemmen der Schalter führen über einen weiteren Schalter wieder zum Ausgangspunkt zurück (Abb. 288).

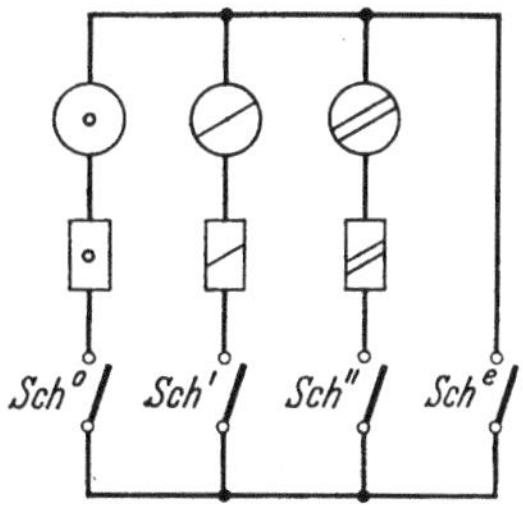

α) Zweipoliger Kurzschluß — Zweipoliger Erdkurzschluß. Schließen wir die beiden Schalter Sch′ und Sch″, so haben wir nach Kap. 7 den Fall des zweipoligen Kurzschlusses der Phasen 2 und 3 vor uns. Schließen wir Sch⁰, so entsteht der zweipolige Erdkurzschluß. Die Spannung an dem offenen Schalter Sch⁰ ist

$$\mathfrak{U}_0 = \mathfrak{U}_L^0 - \mathfrak{U}''. \quad (25.28)$$

Abb. 288. Mehrpolige Kurzschlüsse und Erdschlüsse

Nun folgt aus den Gln. (7.28) und den folgenden, daß die Spannung des Kurzschlußpunktes gegen Erde

$$\mathfrak{U}_0 = \frac{1}{2}(\mathfrak{U}_2 + \mathfrak{U}_3) = \mathfrak{U}_L^0 + \frac{1}{2}(-\mathfrak{U}_L' - \mathfrak{U}_L'' + \mathfrak{I}'Z' - I'Z'')$$

und nach Anwendung von Gl. (7.29)

$$\mathfrak{U}_0 = \mathfrak{U}_L^0 - \mathfrak{U}'' \quad (25.29)$$

ist. Die Spannung an dem geöffneten Schalter Sch⁰ ist also tatsächlich gleich der Spannung zwischen Kurzschlußpunkt und Erde, die beim Übergang zum zweipoligen Erdkurzschluß verschwindet. Andererseits entspricht der über den geschlossenen Schalter fließende Strom genau dem Strom zur Erde im Fall des zweipoligen Erdkurzschlusses (Abb. 289), allerdings mit 1/3 des Betrages.

β) Zweipoliger Kurzschluß — Dreipoliger Kurzschluß. Die Ausgangsschaltung ist wieder die gleiche wie oben, d.h. die Schalter Sch′ und Sch″ sind geschlossen. Am Schalter Sch^e herrscht dann die Spannung $\mathfrak{U}' = \mathfrak{U}''$. Nun ist im Fall des zweipoligen Kurzschlusses die Spannung zwischen der Phase 1 und dem Kurzschlußpunkt

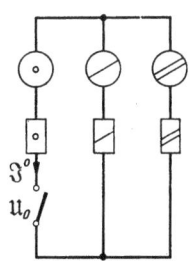

Abb. 289. Zweipoliger Kurzschluß 2-3 Zweipoliger Erdkurzschluß 2-3-0

$$\mathfrak{U}_1 - \mathfrak{U}_0 = \mathfrak{U}^0 + \mathfrak{U}' + \mathfrak{U}'' - \mathfrak{U}^0 + \mathfrak{U}'' = 3\mathfrak{U}'. \quad (25.30)$$

Schließen wir den Schalter, so verschwindet diese Spannung, und es entsteht genau jener Ausgleichsvorgang, der sich beim Schließen des Schalters der Phase 1 im Drehstromnetz ergeben würde, allerdings nur mit 1/3 der Größe, da wir nur die Spannung $\mathfrak{U}'$ statt $3\mathfrak{U}'$ beim Schalten verschwinden lassen. Wir können diesem Mangel abhelfen, wenn wir die Leerlaufspannungen $\mathfrak{U}_L'$ und $\mathfrak{U}_L''$ und auch die Impedanzen Z' und Z'' auf das dreifache vergrößern. Auf alle Fälle fließt nach dem Schließen von Sch^e über ihn der Strom $\mathfrak{J}' + \mathfrak{J}''$, der gleich dem Strom im Schalter 1 bei dreipoligem Kurzschluß ist (Abb. 290).

γ) **Dreipoliger Kurzschluß — Dreipoliger Erdkurzchluß.** Wollen wir zum dreipoligen Erdkurzschluß übergehen, so müssen wir nur noch den Schalter Sch^0 schließen. An ihm herrschte beim dreipoligen Kurzschluß die Spannung $\mathfrak{U}_0 = \mathfrak{U}_L^0$. Zwischen dem Kurzschlußpunkt und Erde liegt beim dreipoligen Kurzschluß die Spannung

$$\mathfrak{U}_1 = \mathfrak{U}_2 = \mathfrak{U}_3 = \mathfrak{U}^0 = \mathfrak{U}_L^0, \tag{25.31}$$

da kein Nullstrom fließt. Das Schließen von Sch^0 beseitigt diese Spannung, und es entsteht der Ausgleichsvorgang. Nachher fließt über Sch^0 der

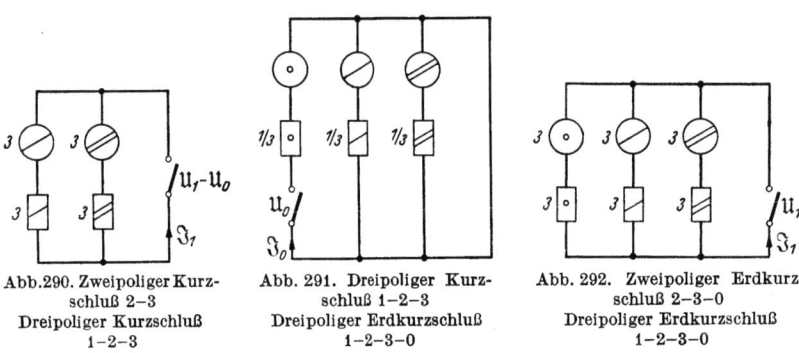

Abb. 290. Zweipoliger Kurzschluß 2–3
Dreipoliger Kurzschluß 1–2–3

Abb. 291. Dreipoliger Kurzschluß 1–2–3
Dreipoliger Erdkurzschluß 1–2–3–0

Abb. 292. Zweipoliger Erdkurzschluß 2–3–0
Dreipoliger Erdkurzschluß 1–2–3–0

Strom $\mathfrak{J}^0 = \frac{1}{3}\mathfrak{J}_0$. Wir können den Strom $\mathfrak{J}_0$ richtig darstellen, wenn wir die Impedanzen auf ein Drittel verkleinern. Die Spannungsverhältnisse bleiben dabei ungeändert (Abb. 291).

δ) **Zweipoliger Erdkurzschluß — Dreipoliger Erdkurzschluß.** In Abb. 288 ist dabei nur der Schalter Sch^e offen. An ihm herrscht die Spannung $\mathfrak{U}^0 = \mathfrak{U}' = \mathfrak{U}''$. Nun ist in diesem Fall die Spannung über den Schalter der Phase 1 durch

$$\mathfrak{U}_1 = \mathfrak{U}^0 + \mathfrak{U}' + \mathfrak{U}'' = 3\mathfrak{U}' \tag{25.32}$$

gegeben. Nach dem Schließen von Sch^0 fließt über ihn der Strom

$$\mathfrak{J}^0 + \mathfrak{J}' + \mathfrak{J}'' = \mathfrak{J}_1,$$

d. h. um die richtigen Verhältnisse beim Schalten herzustellen, vergrößern wir wieder die Leerlaufspannungen und die Impedanzen auf ihren dreifachen Wert und gelangen so zur Schaltung Abb. 292.

d) Einpoliger Erdschluß — Zweipoliger Erdkurzschluß

Dieser Fall läßt sich mit den vorhergehenden Schaltungen, also mit Abb. 288, nicht bewältigen. Das kommt davon, daß der in Abb. 288 darstellbare zweipolige Erdschluß in den Phasen 2 und 3 auftritt, während

d) Einpoliger Erdschluß – Zweipoliger Erdkurzschluß

der einpolige Erdschluß in der Phase 1 vorhanden sein soll. Wir können also zusätzlich die Phase 2 oder die Phase 3 schließen. Wählen wir die Phase 2, dann ist die Spannung an dem zugehörigen Schalter

$$\mathfrak{U}_2 = \mathfrak{U}^0 + a^2 \mathfrak{U}' + a \mathfrak{U}''. \tag{25.33}$$

Würden wir die drei Komponentenkreise einfach aneinander reihen, so könnte kein Strom in ihnen fließen. Wir müssen daher dafür sorgen, daß in jedem der Kreise der zugehörige Strom fließt, und zwar jener Strom, der dem einpoligen Erdschluß entspricht, der sich also aus

$$\mathfrak{J}^0 = \mathfrak{J}' = \mathfrak{J}'' = \frac{\mathfrak{U}_L^0 + \mathfrak{U}_L' + \mathfrak{U}_L''}{Z^0 + Z' + Z''} \tag{25.34}$$

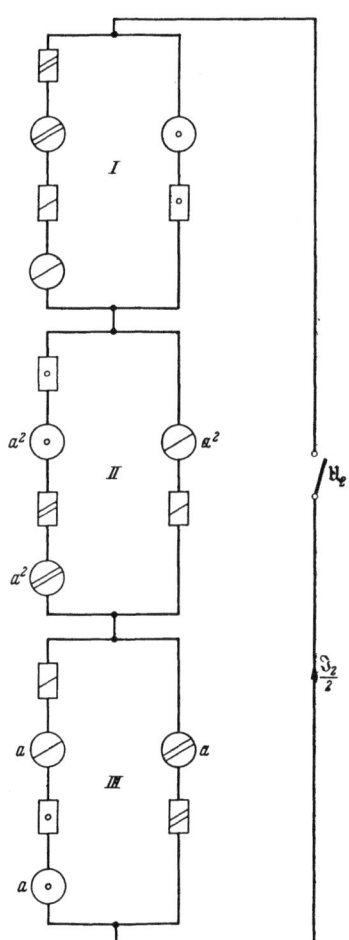

Abb. 293. Einpoliger Erdschluß 1–0
Zweipoliger Erdkurzschluß 1–2–0

ergibt. Wir stellen zu diesem Zweck drei geschlossene Kreise her, wie sie uns Abb. 293 zeigt. Im Kreis I sind die Leerlaufspannungen $\mathfrak{U}_L^0$, $\mathfrak{U}_L'$, $\mathfrak{U}_L''$, im Kreis II sind sie mit a^2 multipliziert und im Kreis III mit a. In jedem Kreis für sich ist die Gl. (25.34) erfüllt, denn beide Seiten sind mit den gleichen Faktoren multipliziert. In der Reihenschaltung liefert nun der erste Kreis die Spannung $\mathfrak{U}^0$, der zweite Kreis $a^2 \mathfrak{U}'$ und der dritte Kreis $a \mathfrak{U}''$. In dem offenen Schalter tritt daher die Spannung $\mathfrak{U}_2$ nach Gl. (25.33) auf, die wir durch Schließen des Schalters zum Verschwinden bringen. Es läßt sich zeigen, daß der dann über den Schalter fließende Strom dem Strom $\frac{1}{2}\mathfrak{J}_2$ beim zweipoligen Erdschluß 1–2 entspricht. Man erhält $\mathfrak{J}_2$ selbst, wenn man alle Widerstände mit 1/2 ihrer Größe einsetzt, was an der Spannung über dem Schalter nichts ändert, so daß die Ersatzschaltung korrekt ist.

Alle diese Schaltungen vereinfachen sich, wenn die Speisung des Netzes symmetrisch ist, da dann die Leerlaufspannungen $\mathfrak{U}_L^0$ und $\mathfrak{U}_L''$ entfallen. Andererseits setzen die Schaltungen voraus, daß wir ein symmetrisches Netz vorliegen haben. Die Schaltungen sind ferner nur anwendbar, wenn die tatsächliche Betätigung der Schalter in bestimmten Phasen erfolgt. Im allgemeinen ist das keine Beschränkung, da man die Phasen immer entsprechend bezeichnen kann. Die meisten der Schaltungen geben auch nur Aufschluß über die Vorgänge der betroffenen Phase, so daß man für die Vorgänge in den anderen Phasen zur Rechnung greifen muß.

e) Trennung zweier Netze

Wir haben bisher die Fälle behandelt, bei denen es sich um das Schalten von Kurzschlüssen handelt. Es sind aber auch die Fälle von Interesse, bei denen zwei Netze voneinander getrennt werden, sei es im normalen Betrieb oder auch dadurch, daß sich an ein aktives Netz über Schalter ein passives anschließt und die Kurzschlüsse erst hinter diesem auftreten. Als Beispiel eines Falles der Trennung zweier aktiver Netze behandeln wir die Schaltung des ersten Leiters der Verbindung beider Netze, wobei dieser erste Leiter die Phase 1 sein soll (Abb. 294). Es gelten die Gleichungen

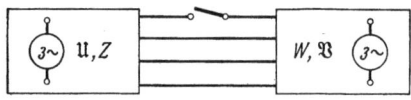

Abb. 294. Trennung zweier Netze

$$\left.\begin{array}{l}\mathfrak{J}_1 = 0, \\ \mathfrak{U}_2 = \mathfrak{V}_2, \\ \mathfrak{U}_3 = \mathfrak{V}_3. \end{array}\right\} \quad (25.35)$$

Aus der ersten Gleichung folgt

$$\mathfrak{J}^0 + \mathfrak{J}' + \mathfrak{J}'' = 0,$$

aus den beiden anderen

$$\mathfrak{U}^0 + a^2 \mathfrak{U}' + a \mathfrak{U}'' = \mathfrak{V}^0 + a^2 \mathfrak{V}' + a \mathfrak{V}''$$

und

$$\mathfrak{U}^0 + a \mathfrak{U}' + a^2 \mathfrak{U}'' = \mathfrak{V}^0 + a \mathfrak{V}' + a^2 \mathfrak{V}''.$$

Durch Subtraktion der zweiten von der ersten Gleichung erhalten wir

$$\mathfrak{U}' - \mathfrak{U}'' = \mathfrak{V}' - \mathfrak{V}'' \quad (25.36)$$

und durch Addition zusammen mit Gl. (25.36)

$$\mathfrak{U}^0 - \mathfrak{U}' = \mathfrak{V}^0 - \mathfrak{V}'. \quad (25.37)$$

Aus den beiden letzten Gleichungen folgt

$$\mathfrak{U}^0 - \mathfrak{V}^0 = \mathfrak{U}' - \mathfrak{V}' = \mathfrak{U}'' - \mathfrak{V}''. \quad (25.38)$$

Wir müssen also die Komponentennetze so gegeneinander schalten, daß Gl. (25.38) erfüllt ist, und daß die Summe der Ströme verschwindet. Die

f) Schalter zwischen Netzteilen mit fernem Kurzschluß 299

Schaltung zeigt Abb. 295. Nun ist die Spannung in dem offenen Schalter in Abb. 294

$$\mathfrak{U}_1 - \mathfrak{V}_1 = \mathfrak{U}^0 - \mathfrak{V}^0 + \mathfrak{U}' - \mathfrak{V}' + \mathfrak{U}'' - \mathfrak{V}'' = 3(\mathfrak{U}^0 - \mathfrak{V}^0),$$

d.h. wir müssen in Abb. 295 die Spannungen und die Impedanzen verdreifachen.

Schließen wir den Schalter, so gelten die Gleichungen

$$\left.\begin{array}{l}\mathfrak{U}^0 = \mathfrak{V}^0, \quad \mathfrak{U}' = \mathfrak{V}', \quad \mathfrak{U}'' = \mathfrak{V}'' \\ \text{und} \\ \mathfrak{J}_1 = \mathfrak{J}^0 + \mathfrak{J}' + \mathfrak{J}'',\end{array}\right\} \quad (25.39)$$

die dem Zustand der vollständigen Verbindung der beiden Netze entsprechen.

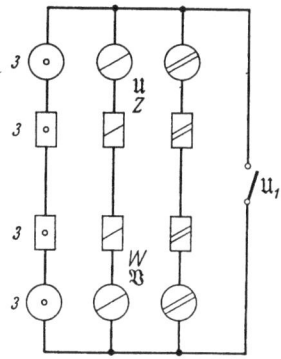

Abb. 295. Schließen und Öffnen eines Leiters

Man erkennt die Ähnlichkeit der Schaltung Abb. 295 mit der Schaltung Abb. 292, die den zweipoligen Erdschluß in den dreipoligen verwandelt. In ganz ähnlicher Weise ergeben sich die Schaltungen für andere Verbindungen der beiden Netze aus den Schaltungen für die analogen Kurzschlußverbindungen.

f) Schalter zwischen Netzteilen mit fernem Kurzschluß

Wenn hinter einem aktiven Netz ein Schalter liegt, über den ein passives Netz gespeist wird, hinter dem sich ein Fehler infolge eines Kurzschlusses oder Erdschlusses befindet, wie das in Abb. 296 dargestellt ist, dann behandeln wir den passiven Netzteil zwischen Schalter und Fehler als

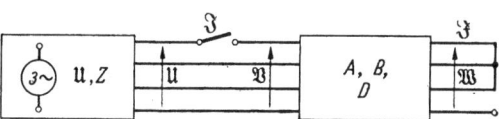

Abb. 296. Schalter entfernt von der Fehlerstelle

Achtpol im Sinn des Kap. 20. Nach Abb. 296 gelten, wenn der zwischenliegende Netzteil symmetrisch ist, die Gln. (20.28) bis (20.30), d.h. mit den Bezeichnungen von Abb. 296

$$\left.\begin{array}{l}\mathfrak{V}^0 = A^0 \mathfrak{W}^0 + B^0 \mathfrak{J}^0, \\ \mathfrak{V}' = A' \mathfrak{W}' + B' \mathfrak{J}', \\ \mathfrak{V}'' = A'' \mathfrak{W}'' + B'' \mathfrak{J}'',\end{array}\right\} \quad (25.40)$$

$$\left.\begin{array}{l}\mathfrak{J}^0 = C^0 \mathfrak{W}^0 + D^0 \mathfrak{J}^0, \\ \mathfrak{J}' = C' \mathfrak{W}' + D' \mathfrak{J}', \\ \mathfrak{J}'' = C'' \mathfrak{W}'' + D'' \mathfrak{J}''.\end{array}\right\} \quad (25.41)$$

Ist nun zwischen den Netzen die Phase 1 geöffnet und befindet sich hinter den Netzen ein dreipoliger Kurzschluß ohne Erdberührung, dann ist an der Kurzschlußstelle

$$\mathfrak{W}_1 = \mathfrak{W}_2 = \mathfrak{W}_3 = \mathfrak{W}_0 = \mathfrak{W}^0, \quad \mathfrak{W}' = \mathfrak{W}'' = 0 \qquad (25.42)$$

und

$$\mathfrak{J}_0 = \mathfrak{J}^0 = 0. \qquad (25.43)$$

Aus Gl. (25.40) folgt somit

$$\left.\begin{array}{l}\mathfrak{V}^0 = A^0 \mathfrak{W}^0, \\ \mathfrak{V}' = B' \mathfrak{J}', \\ \mathfrak{V}'' = B'' \mathfrak{J}''. \end{array}\right\} \qquad (25.44)$$

Nun ist $\mathfrak{U}_2 = \mathfrak{V}_2$, d.h. also

$$\mathfrak{U}^0 + a^2 \mathfrak{U}' + a \mathfrak{U}'' = A^0 \mathfrak{W}_0 + a^2 B' \mathfrak{J}' + a B'' \mathfrak{J}'',$$
$$\mathfrak{U}^0 + a \mathfrak{U}' + a^2 \mathfrak{U}'' = A^0 \mathfrak{W}_0 + a B' \mathfrak{J}' + a^2 B'' \mathfrak{J}''$$

und daraus erhalten wir

$$\mathfrak{U}^0 - A^0 \mathfrak{W}_0 = \mathfrak{U}' - B' \mathfrak{J}' = \mathfrak{U}'' - B'' \mathfrak{J}''. \qquad (25.45)$$

Ferner ist

$$\mathfrak{J}_1 = 0 = C^0 \mathfrak{W}_0 + D' \mathfrak{J}' + D'' \mathfrak{J}''$$

und daher

$$A^0 \mathfrak{W}_0 = -\frac{A^0}{C^0} (\mathfrak{J}' + \mathfrak{J}'') = \frac{A^0}{C^0} \mathfrak{J}^0. \qquad (25.46)$$

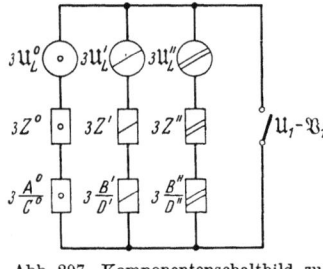

Abb. 297. Komponentenschaltbild zu Abb. 296

Statt Gl. (25.45) schreiben wir nun

$$\mathfrak{U}^0 - \frac{A^0}{C^0} \mathfrak{J}^0 = \mathfrak{U}' - \frac{B'}{D'} \mathfrak{J}' = \mathfrak{U}'' - \frac{B''}{D''} \mathfrak{J}'' \qquad (25.47)$$

und daraus ergibt sich das Komponentenschaltbild Abb. 297.

In ähnlicher Weise lassen sich auch die anderen möglichen Fälle bei vom Schalter entfernten Fehlern behandeln.

26. Schaltvorgänge in Diagonalkomponenten

a) Ausgleichsvorgänge der Diagonalkomponenten

Die grundsätzlichen Betrachtungen, die wir im vorhergehenden über die Schaltvorgänge in symmetrischen Komponenten angestellt haben, behalten auch bei Diagonalkomponenten ihre Gültigkeit, wenn wir die Transformationsmatrizen S^i_j und T^i_j durch die Matrizen $K^\mu{}_j$ und $L_j{}^\mu$ nach den Gln. (22.07) und (22.10) ersetzen. Es gelten daher insbesondere die Gleichungen

$$\mathfrak{L} \tilde{w}^\mu = (Z^{\mu\nu} + W^{\mu\nu}) \mathfrak{L} \tilde{i}^\nu \qquad (26.01)$$

b) Komponentenschaltungen

für die Ausgleichsgrößen in den Diagonalkomponenten, wobei die Impedanzmatrizen nach der Gleichung

$$Z^{\mu\nu}(p) = K^{\mu}_{\cdot i} Z_{ij} L^{\cdot\nu}_j \tag{26.02}$$

zu berechnen sind. Bei dem Wechsel der Spannungen w_i und w_0 über die offenen Schaltstrecken mit den Strömen i_i über die geschlossenen Schaltstrecken gilt der Zusammenhang

$$\left.\begin{aligned} w^0 &= \frac{1}{3}(w_1 + w_2 + w_3) - w_0, \\ w^\alpha &= \frac{2}{3} w_1 - \frac{w_2}{3} - \frac{w_3}{3}, \\ w^\beta &= \frac{1}{\sqrt{3}}(w_2 - w_3) \end{aligned}\right\} \tag{26.03}$$

und ebenso für die Ströme

$$\left.\begin{aligned} i^0 &= \frac{1}{3}(i_1 + i_2 + i_3), \\ i^\alpha &= \frac{2}{3} i_1 - \frac{1}{3} i_2 - \frac{1}{3} i_3, \\ i^\beta &= \frac{1}{\sqrt{3}}(i_2 - i_3), \end{aligned}\right\} \tag{26.04}$$

d. h. nun, daß auch bei den Diagonalkomponenten normalerweise alle Komponenten von einer Schalthandlung in einer Phase des Drehstromnetzes betroffen werden. Aus Gl. (26.01) folgt weiterhin, daß man die Ausgleichsvorgänge dadurch bewirken kann, daß man an der Stelle der Schalter in den Netzen der Komponenten die Anteile der Spannungen und Ströme, die durch die Schalthandlung verschwinden sollen, im negativen Sinn aufdrückt. Man kann nun auch in den Diagonalkomponenten Komponentenschaltbilder angeben, in denen die Komponentenkreise so zusammengesetzt sind, daß dieses Verschwinden der Anteile der einzelnen Komponenten gleichzeitig durch Verschwinden einer Summenspannung oder eines Summenstromes bewirkt wird. Diese Summenspannung oder dieser Summenstrom muß dann genau der Schalterspannung bzw. dem Schalterstrom im Drehstromnetz entsprechen, die durch die Schalthandlung dort zum Verschwinden gebracht werden. Die Diagonalkomponenten erlauben es uns nun noch allgemeinere Schaltbilder für diesen Zweck aufzustellen.

b) Komponentenschaltungen

α) **Einpoliger Erdschluß 1—0.** Im leerlaufenden Netz sind alle Ströme gleich null,

$$\mathfrak{J}^0 = \mathfrak{J}^\alpha = \mathfrak{J}^\beta = 0. \tag{26.05}$$

Die Spannung, die durch den Erdschluß verschwindet, ist

$$\bar{\mathfrak{U}}_1 = \bar{\mathfrak{U}}^0 + \bar{\mathfrak{U}}^\alpha = \mathfrak{U}^0_L + \mathfrak{U}^\alpha_L. \tag{26.06}$$

302   26. Schaltvorgänge in Diagonalkomponenten

Nach der Schaltung ist $\mathfrak{U}_1 = 0$, während nach Tab. 7 (S. 267)

$$2\mathfrak{J}^0 = \mathfrak{J}^\alpha, \quad \mathfrak{J}^\beta = 0$$

gilt. Wir ordnen also nach Abb. 298 die Spannung $\mathfrak{U}_L^0$, die Impedanz $Z^0/3$, $\mathfrak{U}_L^\alpha$ und $\frac{2}{3}Z^\alpha$ hintereinander an. Schließen wir den Schalter, an dem wir $\mathfrak{U}_1 = \mathfrak{U}_L^0 + \mathfrak{U}_L^\alpha$ feststellen, dann fließt der Strom

$$\mathfrak{J}_1 = 3\mathfrak{J}^0 = \frac{3}{2}\mathfrak{J}^\alpha. \qquad (26.07)$$

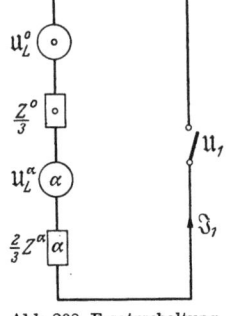

Abb. 298. Ersatzschaltung zur Herstellung des einpoligen Erdkurzschlusses 1–0

Öffnen wir den Schalter, so verschwindet $\mathfrak{J}_1$, und es entsteht dort die Spannung u_1, die sich aus $\bar{u}_1$ und dem überlagerten Ausgleichsvorgang $\tilde{u}_1$ zusammensetzt.

β) **Einpoliger Erdschluß 2–0 oder 3–0.** Im ersten Fall ist die Spannung, die verschwinden soll,

$$\bar{\mathfrak{U}}_2 = \mathfrak{U}_L^0 - \frac{\mathfrak{U}_L^\alpha}{2} + \frac{\sqrt{3}}{2}\mathfrak{U}_L^\beta, \qquad (26.08)$$

denn alle Ströme $\bar{\mathfrak{J}}^\mu$ sind null. Der stationäre Strom nach dem Schalten ist

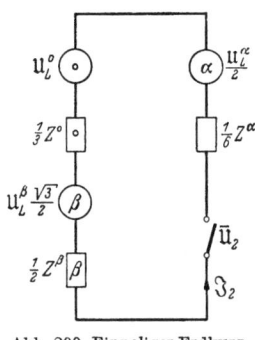

Abb. 299. Einpoliger Erdkurzschluß 2–0, 3–0

$$\mathfrak{J}_2 = \mathfrak{J}^0 - \frac{\mathfrak{J}^\alpha}{2} + \frac{\sqrt{3}}{2}\mathfrak{J}^\beta,$$

wobei

$$\mathfrak{J}^0 = -\mathfrak{J}^\alpha = \frac{1}{\sqrt{3}}\mathfrak{J}^\beta$$

ist. Damit erhalten wir

$$\mathfrak{J}_2 = \mathfrak{J}^0 + \frac{\mathfrak{J}^0}{2} + \frac{3}{2}\mathfrak{J}^0 = 3\mathfrak{J}^0. \qquad (26.09)$$

Wir benutzen daher die Schaltung Abb. 299, welche die Vorgänge beim Herstellen und Beseitigen des einpoligen Erdschlusses 2–0 richtig wiedergibt. Dreht man den Wirkungssinn von $\mathfrak{U}_L^\beta$ um, dann erhält man die Schaltung für den Erdschluß in Phase 3.

γ) **Zweipoliger Kurzschluß 2–3.** Vor der Schaltung ist

$$\bar{\mathfrak{U}}_2 = \mathfrak{U}_L^0 - \frac{1}{2}\mathfrak{U}_L^\alpha + \frac{\sqrt{3}}{2}\mathfrak{U}_L^\beta,$$

$$\bar{\mathfrak{U}}_3 = \mathfrak{U}_L^0 - \frac{1}{2}\mathfrak{U}_L^\alpha - \frac{\sqrt{3}}{2}\mathfrak{U}_L^\beta$$

b) Komponentenschaltungen

und daher ist die Spannung, die zum Verschwinden gebracht werden soll,

$$\mathfrak{W} = \bar{\mathfrak{U}}_2 - \bar{\mathfrak{U}}_3 = \sqrt{3}\,\mathfrak{U}_L^\beta. \tag{26.10}$$

Nach dem Schalten ist im stationären Zustand der Strom über den Schalter

$$\mathfrak{J}_2 = \mathfrak{J}^0 - \frac{\mathfrak{J}^\alpha}{2} + \frac{\sqrt{3}}{2}\mathfrak{J}^\beta, \tag{26.11}$$

wobei nach Tab. 7 (S. 267)

$$\mathfrak{U}^\beta = 0, \quad \mathfrak{J}^0 = \mathfrak{J}^\alpha = 0$$

sein soll, d.h. es ist

$$\mathfrak{J}_2 = \frac{\sqrt{3}}{2}\mathfrak{J}^\beta. \tag{26.12}$$

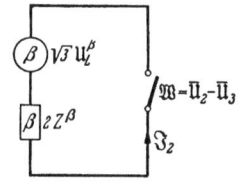

Abb. 300. Zweipoliger Kurzschluß 2—3

Die Schaltung Abb. 300 genügt diesen Forderungen. Es genügt, den β-Kreis kurzzuschließen. Die Kreise der Nullkomponente und der α-Komponente bleiben offen.

δ) Zweipoliger Kurzschluß 1—2. Vor der Schaltung liegt an der zu schließenden Schaltstrecke die Spannung

$$\bar{\mathfrak{U}}_1 - \bar{\mathfrak{U}}_2 = \frac{3}{2}\mathfrak{U}_L^\alpha - \frac{\sqrt{3}}{2}\mathfrak{U}_L^\beta. \tag{26.13}$$

Nach der Schaltung ist

$$\mathfrak{U}^\alpha = \frac{1}{\sqrt{3}}\mathfrak{U}^\beta, \quad \mathfrak{J}^\alpha = -\sqrt{3}\,\mathfrak{J}^\beta, \tag{26.14}$$

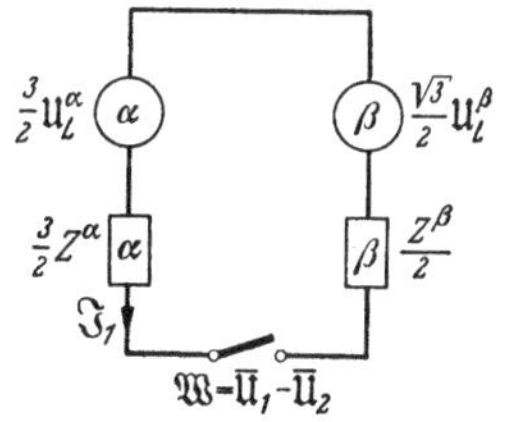

Abb. 301. Zweipoliger Kurzschluß 1—2

während $\mathfrak{J}^0$ verschwindet. Der entstehende stationäre Strom ist

$$\mathfrak{J}_1 = \mathfrak{J}^\alpha. \tag{26.15}$$

Durch das Schaltbild Abb. 301 sind die Bedingungen erfüllt.

ε) Zweipoliger Kurzschluß 2—3/Dreipoliger Kurzschluß 1—2—3. Im dreipoligen Kurzschluß verschwinden $\mathfrak{U}^\alpha$ und $\mathfrak{U}^\beta$. Es müssen also diese Komponentenkreise für sich kurzgeschlossen werden. Der dreipolige Kurzschluß 1—2—3 entsteht aus dem zweipoligen Kurzschluß 2—3 durch Kurzschließen der Spannung

$$\bar{\mathfrak{U}}_1 - \bar{\mathfrak{U}}_2 = \frac{3}{2}\mathfrak{U}_L^\alpha, \tag{26.16}$$

denn es ist

$$\mathfrak{J}^0 = \mathfrak{J}^\alpha = 0. \tag{26.17}$$

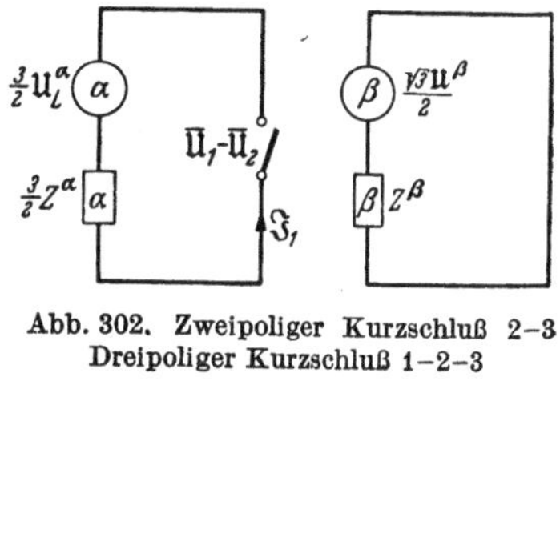

Wir ordnen daher im Kreis der α-Komponente die Spannung $\frac{3}{2}\mathfrak{U}_L^\alpha$ in Reihe

Abb. 302. Zweipoliger Kurzschluß 2—3 Dreipoliger Kurzschluß 1—2—3

mit $\frac{3}{2} Z^\alpha$ an, so daß wir nach dem Kurzschließen von $\frac{3}{2} \mathfrak{U}_L^\alpha$ den Strom $\mathfrak{J}^\alpha$ erhalten, der gleich dem Strom $\mathfrak{J}_1$ ist (Abb. 302). Gehen wir vom zweipoligen Kurzschluß 1–2 aus, dann benutzen wir Abb. 301, schließen

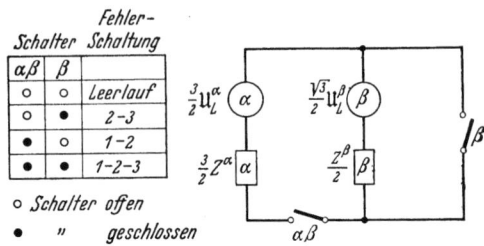

Abb. 303. Zweipoliger Kurzschluß 1–2, 2–3 Dreipoliger Kurzschluß 1–2–3

den dort gezeichneten Schalter und ordnen noch einen Schalter parallel zum β-Kreis an, durch dessen Schließen der dreipolige Kurzschluß entsteht. In Abb. 303 haben wir beide Möglichkeiten vereinigt, wobei sich jedoch für den Kurzschluß 2–3 der Strom $2\mathfrak{J}_2$ bzw. für den Kurzschluß 1–2–3 der Strom $2\mathfrak{J}_3$ über den Schalter β ergibt.

ζ) **Einpoliger Erdschluß 1–0/Zweipoliger Erdkurzschluß 1–2–0.** Die Spannung $\bar{\mathfrak{u}}_2$ soll dabei verschwinden. Es ist

$$\bar{\mathfrak{u}}_2 = \bar{\mathfrak{u}}^0 - \frac{\bar{\mathfrak{u}}^\alpha}{2} + \frac{\sqrt{3}}{2} \mathfrak{u}_L^\beta. \tag{26.18}$$

Dabei ist

$$\bar{\mathfrak{u}}^\alpha = -\bar{\mathfrak{u}}^0$$

oder

$$\bar{\mathfrak{u}}_2 = \frac{3}{2} \bar{\mathfrak{u}}^0 + \frac{\sqrt{3}}{2} \mathfrak{u}_L^\beta = -\frac{3}{2} \bar{\mathfrak{u}}^\alpha + \frac{\sqrt{3}}{2} \bar{\mathfrak{u}}_L^\beta. \tag{26.19}$$

Der stationäre Strom

$$\mathfrak{J}_2 = \mathfrak{J}^0 - \frac{\mathfrak{J}^\alpha}{2} + \frac{\sqrt{3}}{2} \mathfrak{J}^\beta \tag{26.20}$$

ist wegen

$$2\mathfrak{J}^0 = \mathfrak{J}^\alpha + \sqrt{3}\, \mathfrak{J}^\beta \tag{26.21}$$

durch

$$\mathfrak{J}_2 = \sqrt{3}\, \mathfrak{J}^\beta = 2\mathfrak{J}^0 - \mathfrak{J}^\alpha \tag{26.22}$$

bestimmt.

Die Spannung $\bar{\mathfrak{u}}_2$ finden wir in Abb. 303 an dem Schalter $\alpha\beta$, wenn β offen ist, und wenn wir den Kreis der α-Komponente mit

$$\bar{\mathfrak{J}}^\alpha = 2\bar{\mathfrak{J}}^0 \tag{26.23}$$

b) Komponentenschaltungen

belasten. Wir müssen dazu zu dem α-Kreis $\frac{3}{2}\mathfrak{U}_L^0 - \frac{3}{4}Z^0$ in Reihe schalten wie dies Abb. 304 zeigt, um Gl. (26.19) zu erfüllen.

η) Zweipoliger Erdkurzschluß 1 — 2 — 0/Dreipoliger Erdkurzschluß 1 — 2 — 3 — 0. Wollen wir jetzt weitergehen zum dreipoligen Erdkurzschluß, so ist die Spannung $\bar{\mathfrak{U}}_3$ kurzzuschließen. Sie ist wegen

durch
$$\bar{\mathfrak{U}}^0 = -\bar{\mathfrak{U}}^\alpha = -\frac{1}{\sqrt{3}}\bar{\mathfrak{U}}^\beta$$
$$\bar{\mathfrak{U}}_3 = 3\bar{\mathfrak{U}}^0 \qquad (26.24)$$

gegeben. Der auftretende Strom in der Phase 3 ist

$$\mathfrak{J}_3 = \mathfrak{J}^0 - \frac{\mathfrak{J}^\alpha}{2} - \frac{\sqrt{3}}{2}\mathfrak{J}^\beta. \qquad (26.25)$$

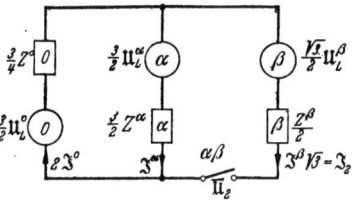

Abb. 304. Einpoliger Erdschluß 1-0 Zweipoliger Erdkurzschluß 1-2-0

Verzichten wir darauf, die Spannung $\bar{\mathfrak{U}}_3$ in voller Größe wiederzugeben und begnügen uns mit dem halben Wert, so brauchen wir in Abb. 304 nur noch einen Schalter parallel zu $\frac{3}{2}\mathfrak{U}^0$ anzubringen, über den nach dem Schließen ein Strom $2\mathfrak{J}_3$ fließt. Dafür können wir den Schalter β der Abb. 303 verwenden. Da in allen Einzelkreisen das richtige Verhältnis zwischen Strömen, Spannungen und Impedanzen herrscht, so wird der Gesamtvorgang auch in diesem Fall richtig wiedergegeben, nur daß die Spannung und der Strom über den Schalter β mit den entsprechenden Faktoren zu multiplizieren bzw. durch sie zu dividieren sind (Abb. 305).

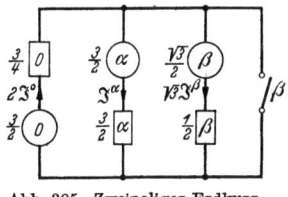

Abb. 305. Zweipoliger Erdkurzschluß 1-2-0/Dreipoliger Erdkurzschluß 1-2-3-0

ϑ) Universalschaltbild für alle Fehler. Aus den Schaltbildern Abb. 300 bis 305 kann man nun ein Schaltbild zusammenstellen, das für alle Schalt-

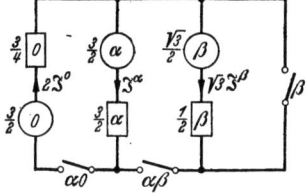

Abb. 306. Universalschaltbild

Schalter			Fehlerschaltung
$\alpha 0$	$\alpha\beta$	β	
○	○	○	Leerlauf
○	○	●	2—3
○	●	○	1—2
○	●	●	1—2—3
●	○	○	1—0
●	○	●	1—2—0
●	●	●	1—2—3—0

vorgänge gilt. Dieses Schaltbild ist in Abb. 306 dargestellt. Es enthält drei Schalter $\alpha 0$, $\alpha\beta$ und β. Je nach der Stellung der Schalter ergeben sich die verschiedenen Fehler wie Abb. 306 zeigt.

20 Hochrainer, Symmetrische Komponenten

27. Wanderwellen auf Drehstromleitungen

a) Homogene Einfachleitung

Sowohl die symmetrischen Komponenten als auch die Diagonalkomponenten erlauben es, die komplizierten Vorgänge der Ausbreitung von Wanderwellen auf Drehstromleitungen in übersichtlicher Weise darzustellen. Wir rufen zunächst die Grundsätze für die Ausbreitung von Wanderwellen auf einer Einfachleitung in Erinnerung. Wir beschränken uns im folgenden auf homogene verlustlose Leitungen, bei denen die Selbstinduktivität und die Kapazität je Längeneinheit konstant längs der jeweils betrachteten Leitung sind.

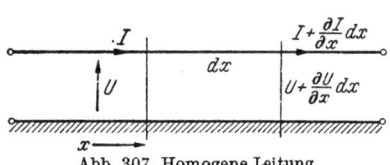

Abb. 307. Homogene Leitung

In Abb. 307 ist ein Stück einer solchen homogenen verlustlosen Leitung dargestellt. Der Strom I und die Spannung U sind Funktionen des durch die Entfernung vom Anfangspunkt gegebenen Ortes und der Zeit t. Es gilt also

$$\left.\begin{array}{l} I = I(x, t), \\ U = U(x, t). \end{array}\right\} \qquad (27.01)$$

Auf einem Stück der Länge dx ändert sich der Strom von $I(x, t)$ auf den Wert $I + \dfrac{\partial I}{\partial x} dx$, während die Spannung auf dem gleichen Stück von $U(x, t)$ zu $U + \dfrac{\partial U}{\partial x} dx$ wird. Die Spannungsänderung $\dfrac{\partial U}{\partial x} dx$ wird durch die zeitliche Änderung des Stromes $\partial I/\partial t$ in der Selbstinduktivität $L\, dx$ des Leitungsstückes bewirkt und daher gilt

$$\frac{\partial U}{\partial x} = -L \frac{\partial I}{\partial t}. \qquad (27.02)$$

Die Stromänderung stammt von dem durch die Kapazität $C\, dx$ zwischen den Leitern durch die Spannungsänderung $\partial U/\partial t$ hervorgerufenen Strom, so daß also

$$\frac{\partial I}{\partial x} = -C \frac{\partial U}{\partial t}. \qquad (27.03)$$

Um eine der beiden gesuchten Funktionen $I(x, t)$ oder $U(x, t)$ aus dem Paar der beiden partiellen Differentialgln. (27.02) und (27.03) zu eliminieren, differenziert man die eine Gleichung nach t, die andere nach x und eliminiert dann die auftretenden gemischten Differentialquotienten. So gelangt man zu

$$\frac{\partial^2 U}{\partial x^2} = C L \frac{\partial^2 U}{\partial t^2} \qquad (27.04)$$

a) Homogene Einfachleitungen

und
$$\frac{\partial^2 I}{\partial x^2} = CL \frac{\partial^2 I}{\partial t^2}. \quad (27.05)$$

Strom und Spannung erfüllen also dieselbe Differentialgleichung, die als *Wellengleichung* bekannt ist. Nach d'ALEMBERT wird sie durch jedes Paar beliebiger Funktionen.

erfüllt, wenn
$$f(x - vt) + g(x + vt) \quad (27.06)$$

$$v^2 = \frac{1}{CL} \quad (27.07)$$

ist. Setzen wir
$$U = f(x - vt) + g(x + vt) \quad (27.08)$$

so folgt aus den Gln. (27.02) und (27.03)

$$I = \frac{1}{W}[f(x - vt) - g(x + vt)]. \quad (27.09)$$

Dabei ist
$$W = \sqrt{\frac{L}{C}} \quad (27.10)$$

der Wellenwiderstand der Leitung. Gl. (27.08) sagt aus, daß sich die Spannung aus einer rechtsläufigen Welle $f(x - vt)$ und einer gegenläufigen Welle $g(x + vt)$ zusammensetzt. Der rechtsläufigen Spannungswelle entspricht ein Strom $\frac{1}{W} f(x - vt)$, während der gegenläufigen Welle ein Strom $-\frac{1}{W} g(x + vt)$ zugeordnet ist. Mit anderen Worten heißt das, daß jeder Spannungswelle eine formgleiche Stromwelle zugeordnet ist, und der Strom in jener Richtung fließt, in der die Spannungswelle läuft.

Die Auswahl der speziellen Funktionen f und g geschieht mit Hilfe der Anfangsbedingungen und der Grenzbedingungen an den Enden der Leitung. Für unsere weiteren Untersuchungen ist der Fall des plötzlichen Einschaltens der Leitung von Bedeutung, wenn also der Anfang der Leitung ($x = 0$) plötzlich an eine Spannung $\bar{U}$ einer konstanten Spannungsquelle vernachlässigbaren inneren Widerstandes gelegt wird (Abb. 308).

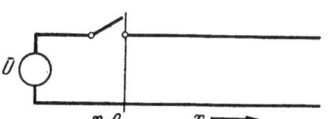
Abb. 308. Einschalten einer homogenen Leitung

Im Zeitpunkt $t = 0$ ist die ganze Leitung mit Ausnahme des Anfangspunktes $x = 0$ strom- und spannungslos, d. h. es gilt

$$\left.\begin{array}{l} f(x) + g(x) = 0, \\ f(x) - g(x) = 0 \end{array}\right\} \quad (27.11)$$

für alle $x > 0$. Daraus folgt, daß die Funktionen f und g für alle positiven Argumente verschwinden. Dabei ist es gleichgültig, wie wir das Argument der Funktion bezeichnen. Es sind daher auch

$$\left.\begin{array}{l} f(x - vt) = 0 \quad \text{für} \quad x - vt > 0, \\ g(x + vt) = 0 \quad \text{für} \quad x + vt > 0. \end{array}\right\} \tag{27.12}$$

Der Anfangspunkt $x = 0$ hat nach der Einschaltung für alle Zeiten die Spannung $\bar{U}$. Also ist

$$\bar{U} = f(-vt) + g(vt). \tag{27.13}$$

Nun verschwindet $g(vt)$ für alle $t > 0$ wegen Gl. (27.13), denn vt ist dann ein positives Argument. Es bleibt also

$$\bar{U} = f(-vt) \tag{27.14}$$

und das heißt nun, daß f für alle negativen Argumente den konstanten Wert $\bar{U}$ hat. Zu Gl. (27.12) kommt also dann noch hinzu

$$f(x - vt) = \bar{U} \quad \text{für} \quad x - vt < 0. \tag{27.15}$$

Da wir die Zeiten $t > 0$ betrachten, so ist

$$\boxed{U = \bar{U}\,\bar{f}(x - vt),} \tag{27.16}$$

wobei die Funktion $\bar{U}\,\bar{f}(x - vt)$ die durch die Gln. (27.12) und (27.15) definierte Funktion $f(x - vt)$ ist. In einem bestimmten Zeitpunkt t kann man die Leitung durch den Punkt $x = vt$ in zwei Abschnitte teilen. Für alle $x > vt$, also auf der rechten Seite der Leitung nach Abb. 309 ist $x - vt > 0$, und daher ist dort $U = 0$, während auf der linken Seite, also für $x < vt$, $x - vt < 0$ ist, und dort $U = \bar{U}$ gilt. Die Spannung läuft also mit konstanter Höhe in die Leitung ein. Aus Gl. (27.09) erhalten wir für den Strom

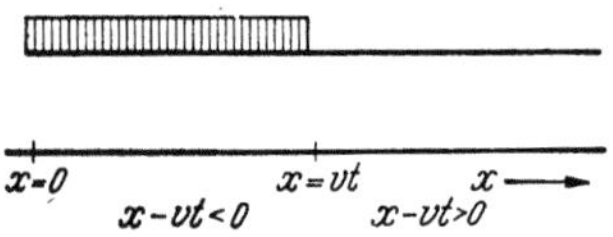

Abb. 309. Einschalten einer homogenen Leitung

$$I = \frac{\bar{U}}{W}\,\bar{f}(x - vt), \tag{27.17}$$

wobei $\bar{f}$ wieder die durch die Gln. (27.12) und (27.15) definierte Funktion ist. $\bar{f}$ stellt eine nach rechts laufende Wanderwelle der konstanten Höhe 1 mit senkrechter Front dar. Es ist

$$\left.\begin{array}{l} \bar{f}(x - vt) = 1 \quad \text{für} \quad x - vt \leqq 0, \\ \bar{f}(x - vt) = 0 \quad \text{für} \quad x - vt > 0. \end{array}\right\} \tag{27.18}$$

b) Drehstromleitung

Bei einer Drehstromleitung hängt die Spannungsänderung längs eines Leitungsstückes der Länge dx von den Strömen aller Phasen ab. Für die drei Spannungen U_i können wir daher in Erweiterung von Gl. (27.02) schreiben

$$\frac{\partial U_i}{\partial x} = -L_{ij}\frac{\partial I_j}{\partial t}, \qquad (27.19)$$

wobei die L_{ij} Induktivitäten im Sinne des Kap. 14 sind. Die Änderungen der Ströme ergeben sich in ähnlicher Weise aus den gegenseitigen Kapazitäten, und an die Stelle von Gl. (27.03) tritt

$$\frac{\partial I_i}{\partial x} = -K_{ij}\frac{\partial U_j}{\partial t}. \qquad (27.20)$$

Dabei sind K_{ij} die durch die Gln. (16.46) und (16.47) aus den Teilkapazitäten hergeleiteten Kapazitätskoeffizienten.

Eliminiert man ähnlich wie für die Gewinnung von den Gln. (27.04) und (27.05) die Ströme oder Spannungen aus den Gln. (27.19) und (27.20), so gelangt man zu den Gleichungen

$$\frac{\partial^2 U_i}{\partial x^2} = L_{ij}K_{jk}\frac{\partial^2 U_k}{\partial t^2} \qquad (27.21)$$

und

$$\frac{\partial^2 I_i}{\partial x^2} = K_{ij}L_{jk}\frac{\partial^2 I_k}{\partial t^2}. \qquad (27.22)$$

Auch wenn die Matrizen L_{ij} und K_{jk} symmetrisch sind, so sind die Matrizen $L_{ij}K_{jk}$ und $K_{ij}L_{jk}$ im allgemeinen nicht identisch, und zwar erscheinen die außerhalb der Hauptdiagonale stehenden Elemente vertauscht. Für die U_i und I_i gelten demnach analoge aber nicht identische Gleichungssysteme.

Es ist naheliegend wieder den Ansatz von d'ALEMBERT für die Lösung der Gleichungssysteme zu verwenden, indem wir z. B. für die Spannungen

$$U_i = f_i(x - vt) \qquad (27.23)$$

setzen. Durch Einsetzen folgt, wenn

$$f_i^{(\prime\prime)} = \frac{d^2}{dy^2}f(y) \qquad (27.24)$$

bedeutet,

$$f_i^{(\prime\prime)}(x - vt) = v^2 L_{ij}K_{jk}f_k^{(\prime\prime)}(x - vt)$$

oder

$$f_k^{(\prime\prime)}[v^2 L_{ij}K_{jk} - \delta_{ik}] = 0. \qquad (27.25)$$

Gl. (27.25) kann nur dann von Null verschiedene Lösungen $f_k^{(\prime\prime)}$ aufweisen, wenn die Determinante

$$\text{Det}[v^2 L_{ij}K_{jk} - \delta_{ik}] = 0 \qquad (27.26)$$

ist, d.h. wenn

$$\begin{vmatrix} (v^2 L_{1j} K_{j1} - 1), & v^2 L_{1j} K_{j2}, & v^2 L_{1j} K_{j3} \\ v^2 L_{2j} K_{j1}, & (v^2 L_{2j} K_{j2} - 1), & v^2 L_{2j} K_{j3} \\ v^2 L_{3j} K_{j1}, & v^2 L_{3j} K_{j2}, & (v^2 L_{3j} K_{j3} - 1) \end{vmatrix} = 0. \quad (27.27)$$

Das ist eine Gleichung sechsten Grades für v mit den Lösungen

$$\pm v_1, \quad \pm v_2, \quad \pm v_3$$

und daher ist die allgemeine Lösung von Gl. (27.21)

$$\left. \begin{array}{l} U_i = f_{i1}(x - v_1 t) + g_{i1}(x + v_1 t) + f_{i2}(x - v_2 t) + g_{i2}(x + v_2 t) + \\ + f_{i3}(x - v_3 t) + g_{i3}(x + v_3 t). \end{array} \right\} \quad (27.28)$$

In ähnlicher Form erhält man die allgemeine Lösung für die Ströme. Wegen der oben erwähnten Beziehung zwischen den Matrizen $L_{ij} K_{jk}$ und $K_{ij} L_{jk}$ unterscheiden sich die Determinanten in Gl. (27.27) nur durch die Vertauschung der Reihen und Spalten, so daß sich für die Ströme die gleichen Geschwindigkeiten wie für die Spannungen ergeben. Auf der Leitung laufen Wanderwellen verschiedener Geschwindigkeit nach beiden Richtungen. Die Auswahl der Funktionen f_{ij} und g_{ij} geschieht durch die Anfangs- und Randbedingungen, wobei noch auf das Bestehen der Gln. (27.19) und (27.20) Rücksicht zu nehmen ist.

c) Symmetrische Komponenten

Wesentlich übersichtlicher lassen sich die Erscheinungen darstellen, wenn man zu symmetrischen Komponenten übergeht. Aus den Gln. (27.19) und (27.20) erhalten wir durch Anwendung der in Kap. 19 entwickelten Verfahren:

$$S^i_j \frac{\partial U_j}{\partial x} = - S^i_j L_{jk} T^l_k \frac{\partial I^l}{\partial t}$$

oder

$$\frac{\partial U^i}{\partial x} = - L^{ij} \frac{\partial I^j}{\partial t} \quad (27.29)$$

und in gleicher Weise

$$\frac{\partial I^i}{\partial x} = - K^{ij} \frac{\partial U^j}{\partial t} \quad (27.30)$$

und daraus

$$\frac{\partial^2 U^i}{\partial x^2} = L^{ij} K^{jk} \frac{\partial^2 U^k}{\partial t^2} \quad (27.31)$$

und

$$\frac{\partial^2 I^i}{\partial x^2} = K^{ij} L^{jk} \frac{\partial^2 I^k}{\partial t^2}. \quad (27.32)$$

Allgemein würde nun die weitere Rechnung verlaufen wie oben unter b). Wenn wir es aber mit einem zyklisch-symmetrischen Netz zu tun haben,

c) Symmetrische Komponenten

was wir ja bei einer genügend verdrillten Drehstromleitung immer voraussetzen, dann enthält die Matrix der L^{ij} nur in der Diagonale von Null verschiedene Glieder und ebenso auch die Matrix K^{ij}. Es sind also

$$L^{ij} = \begin{pmatrix} L^0, & 0, & 0 \\ 0, & L', & 0 \\ 0, & 0, & L'' \end{pmatrix} \qquad (27.33)$$

und

$$K^{ij} = \begin{pmatrix} K^0, & 0, & 0 \\ 0, & K', & 0 \\ 0, & 0, & K'' \end{pmatrix} \qquad (27.34)$$

und dann ist

$$L^{ij} K^{jk} = \begin{pmatrix} L^0 K^0, & 0, & 0 \\ 0, & L' K', & 0 \\ 0, & 0, & L'' K'' \end{pmatrix}. \qquad (27.35)$$

Die Gln. (27.31) und (27.32) der einzelnen Komponenten werden damit voneinander unabhängig, was auch schon für die Gln. (27.29) und (27.30) gilt. Wir erhalten also für die Spannungen und ebenso für die Ströme 3 getrennte Gleichungen, z. B.

$$\left. \begin{array}{l} \dfrac{\partial^2 U^0}{\partial x^2} = L^0 K^0 \dfrac{\partial^2 U^0}{\partial t^2}, \\[4pt] \dfrac{\partial^2 U'}{\partial x^2} = L' K' \dfrac{\partial^2 U'}{\partial t^2}, \\[4pt] \dfrac{\partial^2 U''}{\partial x^2} = L'' K'' \dfrac{\partial^2 U''}{\partial t^2}. \end{array} \right\} \qquad (27.36)$$

Jedes dieser Systeme können wir wie eine Einfachleitung behandeln. Wir erhalten also drei Geschwindigkeiten v^0, v' und v'' und drei Wellenwiderstände W^0, W', W''. Da bei Leitungen stets $L' = L''$ und $K' = K''$, so werden $v' = v''$ und $W' = W''$, d.h. die Geschwindigkeiten und Wellenwiderstände für Mit- und Gegensysteme sind stets einander gleich. Die Werte für das Nullsystem können aber stark davon abweichen. Wir haben es auf der Drehstromleitung mit zwei Systemen von Wellen zu tun, von denen das eine dem Nullsystem entspricht und in gleicher Form und Höhe auf allen drei Leitern auftritt. Das zweite System setzt sich aus Mit- und Gegensystem zusammen und ist so verteilt, daß die Summe der Spannungen und die Summe der Ströme auf den drei Leitern stets verschwinden. Im allgemeinen ist $L^0 > L'$, während $C^0 < C'$ ist, so daß sich nicht allgemein nachweisen läßt, welche der beiden Geschwindigkeiten

$$v^0 = \frac{1}{\sqrt{L^0 C^0}} \qquad (27.37)$$

und
$$v' - v'' = \frac{1}{\sqrt{L'C'}} \qquad (27.38)$$

größer ist, doch dürfte meistens $v^0 < v'$ sein. In jedem Fall ist aber der Wellenwiderstand des Nullsystems

$$W^0 = \sqrt{\frac{L^0}{C^0}} \qquad (27.39)$$

größer als

$$W' = W'' = \sqrt{\frac{L'}{C'}} \qquad (27.40)$$

der Wellenwiderstand des Mitsystems und des Gegensystems.

Die Untersuchung der Vorgänge bei der Ausbreitung von Wanderwellen auf Drehstromleitungen ist jetzt so vorzunehmen, daß man aus den Anfangs- und Grenzbedingungen der einzelnen Leiter diese Bedingungen für die einzelnen Komponenten herleitet. Dann untersucht man die Vorgänge auf den Einfachleitungen der Komponenten und setzt schließlich die Ergebnisse zu den Vorgängen auf den Leitern der Drehstromleitung zusammen. In den Komponenten können dabei komplexe Wanderwellen auftreten. Bei der rechnerischen Untersuchung stört das nicht. Das Endergebnis der Vorgänge auf den Leitern wird natürlich auf alle Fälle reell.

d) Einschalten eines Leiters, beide anderen Leiter geerdet

Wir nehmen an, von einer Drehstromleitung seien die Leiter 2 und 3 am Anfang der Leitung geerdet, während der Leiter 1 plötzlich an die Spannung $\bar{U}$ gelegt wird (Abb. 310). Dann sind stets

$$U_2(0, t) = U_3(0, t) = 0, \qquad (27.41)$$

während

$$U_1(0, t) = \bar{U} \qquad (27.42)$$

ist. Daraus folgt

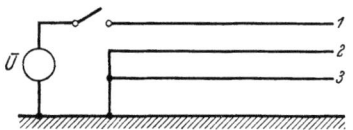

Abb. 310. Einpoliges Einschalten einer Drehstromleitung, Leiter 2 und 3 geerdet

$$U^0(0, t) = U'(0, t) = U''(0, t) = \frac{1}{3}\bar{U}, \qquad (27.43)$$

d.h. jede der drei Einfachleitungen der Komponenten wird plötzlich an die Spannung $\frac{1}{3}\bar{U}$ gelegt. Wir haben also jeweils den oben unter a) behandelten Fall vorliegen. Es sind demnach

$$\left. \begin{array}{l} U^0(x, t) = \dfrac{1}{3}\bar{U}\,\bar{j}(x - v^0 t), \\[2mm] I^0(x, t) = \dfrac{1}{3W^0}\bar{U}\,\bar{j}(x - v^0 t) \end{array} \right\} \qquad (27.44)$$

d) Einschalten eines Leiters, beide anderen Leiter geerdet

und
$$U'(x, t) = U''(x, t) = \frac{1}{3} \bar{U} \bar{f}(x - v't),$$
$$I'(x, t) = I''(x, t) = \frac{1}{3W'} \bar{U} \bar{f}(x - v't). \quad (27.45)$$

Somit sind
$$U_1 = \frac{1}{3} \bar{U} [\bar{f}(x - v^0 t) + 2\bar{f}(x - v't)], \quad (27.46)$$

$$U_2 = U_3 = \frac{1}{3} \bar{U} [\bar{f}(x - v^0 t) - \bar{f}(x - v't)]. \quad (27.47)$$

Nehmen wir an, daß $v^0 < v'$, so läuft auf der Leitung 1 eine Rechteckwelle der Höhe $\bar{U}/3$ mit der Geschwindigkeit v^0, während ihr mit der größeren Geschwindigkeit v' eine Welle der Höhe $2\bar{U}/3$ vorausgeht, wie dies in

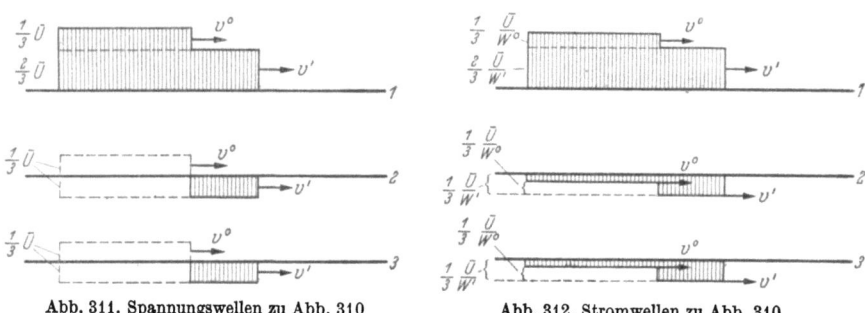

Abb. 311. Spannungswellen zu Abb. 310   Abb. 312. Stromwellen zu Abb. 310

Abb. 311 dargestellt ist. Auf den beiden anderen Leitern läuft eine Rechteckwelle mit v^0 und eine gleich hohe, jedoch negative Welle mit v', so daß nur ein Wellenstück zwischen den Punkten $v^0 t$ und $v' t$ tatsächlich vorhanden ist.

Für die Ströme erhalten wir

und
$$I_1 = \frac{1}{3} \bar{U} \left[\frac{1}{W^0} \bar{f}(x - v^0 t) + \frac{2}{W'} \bar{f}(x - v't) \right]$$
$$I_2 = I_3 = \frac{1}{3} \bar{U} \left[\frac{1}{W^0} \bar{f}(x - v^0 t) - \frac{1}{W'} \bar{f}(x - v't) \right]. \quad (27.48)$$

Da $W^0 > W'$, so ist der Anteil der Welle des Nullsystems relativ kleiner als bei den Spannungen und bei den Leitern 2 und 3 findet auch kein Auslöschen nach der Stirn der zweiten Welle statt. Es ergibt sich dann das Bild der Abb. 312.

Man kann die Vorgänge auch in einer Komponentenschaltung verfolgen, indem man für jede der Komponenten eine Einfachleitung mit den entsprechenden Kennwerten nimmt, und diese entsprechend der

Bedingung Gl. (27.43) zusammenschaltet, d.h. ihre Anfänge parallel schaltet und die Spannung $\frac{1}{3}\bar{U}$ auf sie schaltet, wie dies in Abb. 313 gezeigt ist.

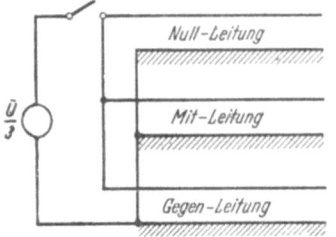

Abb. 313. Komponentenschaltung zu Abb. 310

e) Einschalten eines Leiters, beide anderen Leiter isoliert

Wenn die beiden nichtgeschalteten Leiter isoliert sind (Abb. 314), so gilt für sie die Anfangsbedingung

$$I_2(0, t) = I_3(0, t) = 0, \quad (27.49)$$

während für den Leiter 1 weiterhin Gl. (27.42) besteht. Es ist dann

$$I^0(0, t) = I'(0, t) = I''(0, t) = \frac{1}{3} I_1(0, t). \quad (27.50)$$

Da alle Leiter vor dem Zuschalten strom- und spannungslos waren, können wir schließen, daß nur rechtsläufige Wellen auftreten. Dann ist nach Gl. (27.09)

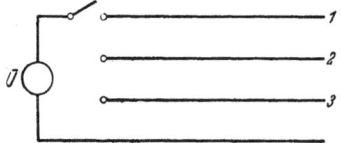

$$U^0(0, t) = W^0 I^0(0, t) = \frac{1}{3} W^0 I_1(0, t) \quad (27.51)$$

und ebenso

Abb. 314. Einschalten eines Leiters, wenn die beiden anderen isoliert

$$U'(0, t) = U''(0, t) = \frac{1}{3} W' I_1(0, t). \quad (27.52)$$

Wegen Gl. (27.42) ist

$$\bar{U} = U_1(0, t) = \frac{1}{3} I_1(0, t)(W^0 + 2W'). \quad (27.53)$$

Somit sind

$$U^0(0, t) = \bar{U} \frac{W^0}{W^0 + 2W'}, \quad (27.54)$$

$$U'(0, t) = U''(0, t) = \bar{U} \frac{W'}{W^0 + 2W'}. \quad (27.55)$$

Damit können wir die Spannungen auf die Leitungen der Komponenten zuschalten. Demnach sind also

$$U^0(x, t) = \bar{U} \frac{W^0}{W^0 + 2W'} \bar{f}(x - v^0 t) \quad (27.56)$$

und

$$U'(x, t) = U''(x, t) = \bar{U} \frac{W'}{W^0 + 2W'} \bar{f}(x - v' t). \quad (27.57)$$

e) Einschalten eines Leiters, beide anderen Leiter isoliert

Wir erhalten also für die Spannungen

$$U_1(x, t) = \frac{\bar{U}}{W^0 + 2W'}[W^0 \bar{f}(x - v^0 t) + 2W' \bar{f}(x - v' t)], \quad (27.58)$$

$$U_2(x, t) = U_3(x, t) = \frac{\bar{U}}{W^0 + 2W'}[W^0 \bar{f}(x - v^0 t) - W' \bar{f}(x - v' t)]. \quad (27.59)$$

Abb. 315 zeigt den Verlauf der Spannungen. Da $W^0 > W'$, so ist die Welle der Nullkomponente größer als jede der beiden anderen Komponenten. Vor dem Punkt $x = v^0 t$ treten also negative Spannungen auf.

Für die Ströme erhalten wir

$$I^0(x, t) = \frac{\bar{U}}{W^0 + 2W'} \bar{f}(x - v^0 t) \quad (27.60)$$

Abb. 315. Spannungswellen zu Abb. 314

und

$$I'(x, t) = I''(x, t) = \frac{\bar{U}}{W^0 + 2W'} \bar{f}(x - v' t) \quad (27.61)$$

und schließlich

$$I_1(x, t) = \frac{\bar{U}}{W^0 + 2W'}[\bar{f}(x - v^0 t) + 2\bar{f}(x - v' t)] \quad (27.62)$$

und

$$I_2(x; t) = I_3(x, t) = \frac{\bar{U}}{W^0 + 2W'}[\bar{f}(x - v^0 t) - \bar{f}(x - v' t)]. \quad (27.63)$$

In Abb. 316 ist der Verlauf der Ströme dargestellt.

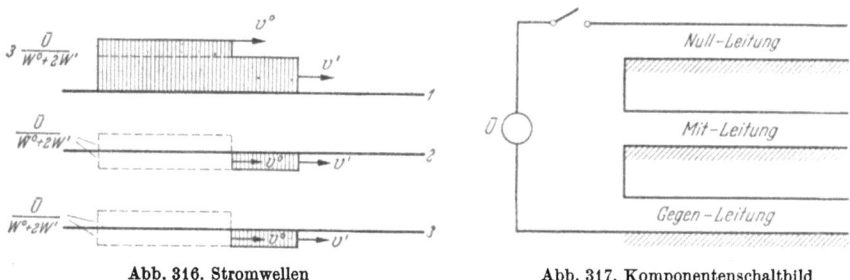

Abb. 316. Stromwellen zu Abb. 314

Abb. 317. Komponentenschaltbild zu Abb. 314

Auch für den eben behandelten Fall läßt sich ein Komponentenschaltbild aufstellen. Man muß dazu von den Gln. (27.50), (27.54) und (27.55) ausgehen und kommt dann zu Abb. 317.

f) Brechung und Reflexion

Wir haben bisher die Leitungen als homogen und unendlich lang angenommen. Die in Wirklichkeit auftretende Begrenzung der Leitungen dadurch, daß die Leitung entweder isoliert oder geerdet endet, ist ein Sonderfall davon, daß an eine homogene Leitung endlicher Länge eine andere anschließt, die andere Werte der Induktivität und Kapazität aufweist. Stellt die zweite Leitung wieder ein zyklisch-symmetrisches Drehstromsystem dar, dann führen die Randbedingungen für die Spannungen und Ströme der Leiter zu gleichartigen Randbedingungen für die Leitungen der Komponenten, d. h. es gilt auch für diese, daß die Spannungen und Ströme am Ende der ersten Leitung gleich denen am Anfang der zweiten sein müssen. Man kann dann für die Komponenten die für Einfachleitungen geltenden Gesetze für Brechung und Reflexion von Wanderwellen anwenden.

Sind nach Abb. 318 an einer bestimmten Stelle zwei Leitungen mit den Wellenwiderständen W_A und W_B und den Fortpflanzungsgeschwindigkeiten v_A und v_B für Wanderwellen miteinander verbunden, so tritt an der Verbindungsstelle eine Veränderung der von der Leitung A kommenden Welle auf. Da vor dem Eintreffen der Welle an der Verbindungsstelle die Leitung B spannungs- und stromlos war, so folgt in ähnlicher Weise, wie unter a) gezeigt, daß auf dieser Leitung zunächst nur eine rechtsläufige Welle auftritt. Es gilt daher für die Verbindungsstelle

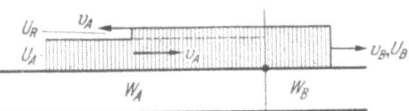

Abb. 318. Brechung und Reflexion beim Übergang zwischen zwei homogenen Leitungen

$$U_B = W_B I_B. \tag{27.64}$$

Auf der Leitung A besteht noch die rechtsläufige Welle U_A, für die

$$U_A = W_A I_A. \tag{27.65}$$

Durch das Auftreffen entsteht aber eine rückläufige (reflektierte) Welle U_R, für die aus Gl. (27.09)

$$U_R = -W_A I_R \tag{27.66}$$

folgt. Da nun an der Verbindungsstelle Spannungen und Ströme der beiden Leitungen übereinstimmen müssen, so erhalten wir die Gleichungen

und

$$\left.\begin{array}{r} U_A + U_R = U_B \\ \dfrac{1}{W_A}(U_A - U_R) = \dfrac{1}{W_B} U_B \end{array}\right\} \tag{27.67}$$

g) Unsymmetrischer Abschluß bei symmetrischer Beaufschlagung 317

Daraus folgt für die reflektierte Welle

$$U_R = -U_A \frac{W_A - W_B}{W_A + W_B} \qquad (27.68)$$

und für die gebrochene Welle

$$U_B = U_A \frac{2 W_B}{W_A + W_B}. \qquad (27.69)$$

Endet die Leitung A isoliert, so heißt das, daß W_B unendlich groß wird. Aus den Gln. (27.68) und (27.69) folgt für lim $W_B \to \infty$

$$U_R = U_A \quad \text{und} \quad U_B = 2 U_A. \qquad (27.70)$$

Die reflektierte Welle ist gleich der einfallenden. Die Spannung an dem freien Ende wird verdoppelt. Ist die Leitung am Ende geerdet, so ist $W_B = 0$. Dann wird

$$U_R = -U_A, \qquad (27.71)$$

d. h. die reflektierte Welle löscht die einfallende aus. Aus Gl. (27.67) folgt, daß der Strom verdoppelt wird.

Die oben hergeleiteten Gesetze gelten für alle Fälle, in denen eine zyklisch-symmetrische Drehstromleitung symmetrisch abgeschlossen wird. Enden alle Leiter isoliert, so gilt dies auch für die Leitungen der Komponenten. Sind alle Leitungen geerdet, so sind auch die Komponentenleitungen kurzgeschlossen.

Ein besonderer Fall liegt vor, wenn die Drehstromleitung am Ende wohl kurzgeschlossen, aber nicht geerdet ist. Dann sind die Leitungen des Mitsystems und des Gegensystems kurzgeschlossen, während die Nulleitung offen bleibt. Die einzelnen Komponenten werden also in verschiedener Weise reflektiert.

Kompliziert werden die Verhältnisse, wenn der Abschluß einer Leitung unsymmetrisch erfolgt, beispielsweise wenn nur ein Teil der Leiter geerdet oder kurzgeschlossen ist. Am Ende der Leitungen treten dann Beziehungen zwischen den Größen der verschiedenen Komponenten auf. Bei unsymmetrischer Beaufschlagung liegen dann zwei Unsymmetriestellen vor, und man muß das Verfahren ähnlich wie bei der Behandlung der Doppelfehler anwenden. Es kann dann unter Umständen zweckmäßig sein, statt der Zerlegung in symmetrische Komponenten die in Diagonalkomponenten anzuwenden.

g) Unsymmetrischer Abschluß bei symmetrischer Beaufschlagung

Unter einer symmetrischen Beaufschlagung der Leitung verstehen wir hier den Fall, daß die drei Leiter gleichzeitig an dieselbe Spannung gelegt werden, daß also

$$U_1 = U_2 = U_3 = \bar{U} \bar{f}(x - v t) \qquad (27.72)$$

ist. In diesem Fall verschwinden die Spannungswellen des Mitsystems und des Gegensystems, und es bleibt nur eine Spannungswelle im Nullsystem, für die

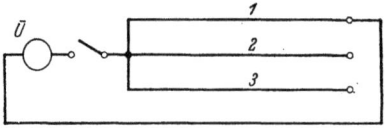

Abb. 319. Symmetrische Beaufschlagung mit unsymmetrischem Abschluß

$$U^0 = \bar{U} \bar{f}(x - v^0 t) \quad (27.73)$$

gilt. Im Komponentenschaltbild wird also diese Spannung der Nulleitung aufgedrückt, während die Leitungen der Mitkomponenten und der Gegenkomponenten am Anfang kurzgeschlossen sind. Am Ende der Leitungen ist eine Schaltung entsprechend dem jeweiligen Abschluß der Drehstromleitung zu wählen. Wir zeigen dies in dem Fall, daß der Leiter 1 am Ende der Leitung gegen Erde kurzgeschlossen ist, während die Leiter 2 und 3 offen bleiben (Abb. 319). Dann muß am Ende der Leitung

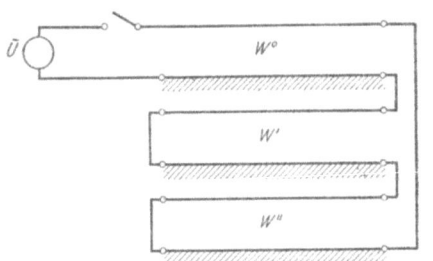

Abb. 320. Komponentenschaltung zu Abb. 319

$$\left.\begin{array}{l} I^0 = I' = I'' = \dfrac{I_1}{3}, \\ U_1 = U^0 + U' + U'' = 0 \end{array}\right\} \quad (27.74)$$

sein. Das Komponentenschaltbild ist also am Ende der Leitung mit dem einpoligen Erdschluß identisch, und es nimmt bei der symmetrischen Beaufschlagung die Form der Abb. 320 an. Kommt nun die auf

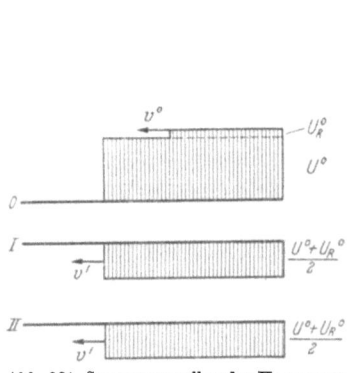

Abb. 321. Spannungswellen der Komponenten nach der Reflexion nach Abb. 319

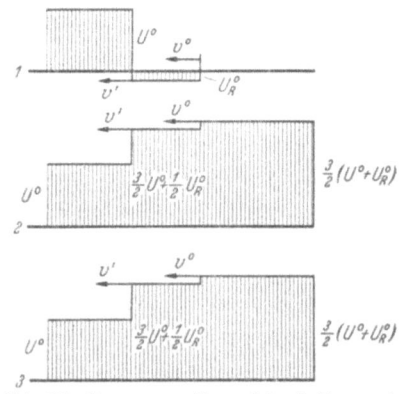

Abb. 322. Spannungswellen auf den Leitern nach der Reflexion nach Abb. 319

der Nulleitung mit v^0 laufende Welle an das Ende, so wird sie dort nach den Gln. (27.68) und (27.69) reflektiert. Dabei ist $W_A = W^0$, während

$$W_B = W' + W'' = 2W'$$

ist. Wir erhalten daher

$$U_R^0 = \bar{U}\frac{2W'-W^0}{2W'+W^0}\bar{f}(x+v^0 t) \qquad (27.75)$$

und

$$U' = U'' = -\bar{U}\frac{2W'}{W^0+2W'}\bar{f}(x+v' t). \qquad (27.76)$$

Das negative Vorzeichen in Gl. (27.76) ist durch die zweite Gleichung von Gl. (27.74) bedingt und drückt sich in der Schaltung in der Vertauschung der Anschlüsse Leiter und Erde aus. In Abb. 321 sind die Spannungswellen nach der Reflexion dargestellt. Schließlich können wir die Komponenten zu den Spannungswellen der einzelnen Leiter zusammensetzen, wobei wir beachten, daß

$$a^2 U' + a U'' = (a^2 + a) U' = -U'$$

ist. Wir erhalten den in Abb. 322 gezeigten Verlauf. Im Leiter 1 verschwindet die Spannung, wie ja aus der Erdung dieses Leiters zu schließen war. Auf den Leitern 2 und 3 erscheinen die Spannungen mit den Höchstwerten:

$$\hat{U}_2 = \hat{U}_3 = \bar{U}\left[1 + \frac{2W'-W^0}{2W'+W^0} + \frac{2W'}{2W'+W^0}\right] = \bar{U}\frac{6W'}{2W'+W^0}. \qquad (27.77)$$

28. Die Messung der symmetrischen Komponenten

a) Allgemeines

An einer Messung der symmetrischen Komponenten – sowohl der Spannungen als auch der Ströme eines Drehstromsystems – kann man aus zwei Gründen interessiert sein. Der eine der Gründe liegt vor, wenn man sich ein zahlenmäßiges Bild über die Größe der Unsymmetrie, die in dem Netz vorhanden ist, machen will. Dazu will man entweder die Beträge der einzelnen Komponenten wissen oder ihr Verhältnis kennen. Als Maß für die Unsymmetrie eines Drehstromsystems benutzt man den *Unsymmetriefaktor*, das ist das Verhältnis des Betrages der Gegenkomponente zur Mitkomponente. Der zweite der Gründe für eine Messung der symmetrischen Komponenten besteht in ihrer Ausnutzung zur Fehlerfeststellung, da ein großer Teil der Fehler in einem Netz sich in einer solchen Unsymmetrie zeigt. Man kann dann z. B. einzelne Komponenten oder ihr Verhältnis in Relaisschaltungen erfassen und verwerten.

Bei der Messung muß man zwei grundsätzlich verschiedene Verfahren unterscheiden, die wir als *indirekte* und *direkte* Verfahren bezeichnen. Unter indirekten Verfahren verstehen wir dabei alle jene, bei denen man auf rechnerischem oder graphischem Wege die Größe der symmetrischen Komponenten aus den gemessenen Strömen oder Spannungen des Drehstromsystems bestimmt. Als direkte Verfahren bezeichnen wir jene, bei welchen durch besondere Meßkreise die Werte der Komponenten direkt von den Meßinstrumenten angezeigt werden.

Bei beiden Arten von Messungen ist noch zu unterscheiden, ob es sich um Systeme mit Nullkomponenten oder um solche ohne Nullkomponenten handelt. Da die letzteren einfachere Methoden anzuwenden gestatten, so geht man sowohl bei den direkten als auch bei den indirekten Methoden meist so vor, daß man auch die Systeme mit Nullkomponenten auf solche ohne Nullkomponenten zurückführt, indem man durch geeignete Verfahren die Nullkomponenten eliminiert, was vielfach gleich mit einer Bestimmung der Nullkomponenten verbunden ist.

b) Indirekte graphische Verfahren

Bei den indirekten Verfahren geht man von den an den Leitern des Drehstromsystems meßbaren Größen aus. Dabei ist noch zu berücksichtigen, daß die üblichen Meßinstrumente sowohl für Spannungen als auch für Ströme die Effektivwerte dieser Größen liefern. In einem Drehstromsystem mit Nulleiter kann man sechs Spannungen messen, nämlich die drei Phasenspannungen und die drei verketteten Spannungen. Für die Festlegung des unsymmetrischen Systems der Spannungen sind fünf Größen notwendig, z.B. die drei Werte der Phasenspannungen und zwei Winkel, welche die Lage von zwei Phasenspannungen gegenüber der dritten angeben. Bei einer Spannungsmessung hat man daher mehr Ausgangsgrößen zur Verfügung als notwendig sind. Die Angaben sind überbestimmt. Anders ist es bei den Strömen, denn man kann in einem System mit Nulleiter nur vier Ströme messen. Die Strommessung ist also unterbestimmt, solange man sich auf die Messung der Effektivwerte beschränkt.

Eindeutige Verhältnisse erhält man, wenn keine Nullkomponente vorhanden ist. Dann genügen drei Werte, um die Größe der Mitkomponente und die der Gegenkomponente und den Winkel dazwischen zu finden. Als Ausgangswerte nimmt man entweder die verketteten Spannungen oder die drei Ströme in den Leitern.

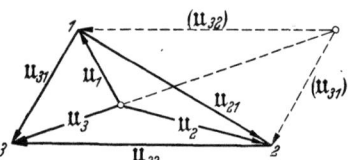

Abb. 323. Bestimmung der Phasenspannungen aus den verketteten Spannungen bei verschwindender Nullkomponente

Bei den Spannungen ist es zunächst notwendig, aus den verketteten Spannungen die Phasenspannungen zu gewinnen. Dies läßt sich am leichtesten graphisch durchführen. Die drei gemessenen Spannungen U_{12}, U_{23}, U_{31} bilden die Seiten eines Dreiecks (Abb. 323). Nun gilt z.B.

$$\mathfrak{U}_{32} = \mathfrak{U}_{3} - \mathfrak{U}_{2},$$
$$\mathfrak{U}_{31} = \mathfrak{U}_{3} - \mathfrak{U}_{1}$$

b) Indirekte graphische Verfahren

und es ist
$$\mathfrak{U}_{32} + \mathfrak{U}_{31} = 2\mathfrak{U}_3 - \mathfrak{U}_1 - \mathfrak{U}_2 \qquad (28.01)$$

und wegen
$$\left.\begin{array}{l}\mathfrak{U}_1 + \mathfrak{U}_2 + \mathfrak{U}_3 = 0,\\ \mathfrak{U}_3 = \dfrac{1}{3}(\mathfrak{U}_{32} + \mathfrak{U}_{31}),\end{array}\right\} \qquad (28.02)$$

d. h. wie aus Abb. 323 ersichtlich, daß der Sternpunkt des Systems im Schwerpunkt des Dreiecks liegt.

Bei den Strömen kennt man die Beträge I_1, I_2, I_3. Zeichnet man daraus ein Dreieck, so erhält man die Phasenlage der Ströme zueinander, wie dies Abb. 324 zeigt. Aus dem geschlossenen

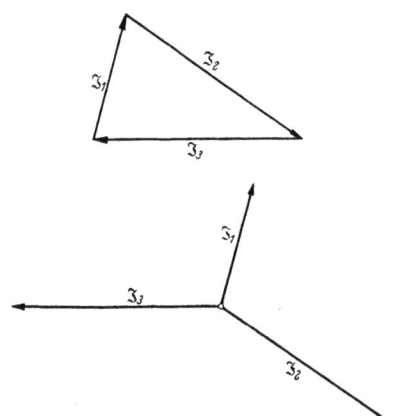

Abb. 324. Bestimmung der Phasenlage der Ströme bei verschwindender Nullkomponente

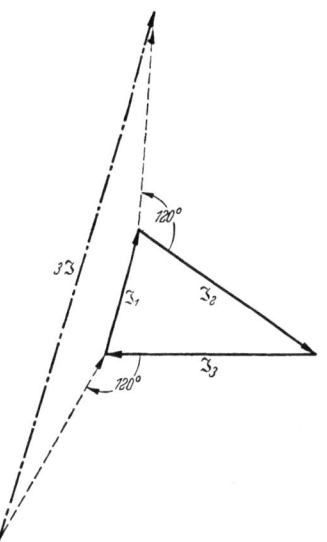

Abb. 325. Konstruktion der Mitkomponente

Dreieck kann man nun entsprechend den Formeln der Gl. (5.14) die Mitkomponente gewinnen, wenn man $\mathfrak{J}_2$ um 120° im positiven Sinn und $\mathfrak{J}_3$ um den gleichen Winkel im negativen Sinn jeweils um die Endpunkte von $\mathfrak{J}_1$ dreht, wie dies in Abb. 325 geschehen ist. Die Verbindung des Anfangspunktes des gedrehten Zeigers $\mathfrak{J}_3$ zum Endpunkt des gedrehten Zeigers $\mathfrak{J}_2$ stellt dann den Zeiger 3 $\mathfrak{J}'$ dar. Man erhält $\mathfrak{J}'$ selbst,

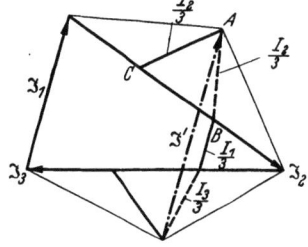

Abb. 326. Konstruktion mit einem Drittel der Längen der Zeiger

wenn man von dem ähnlichen Dreieck mit einem Drittel der Seitenlänge nach Abb. 326 ausgeht. Verbindet man, wie in dieser Figur gezeichnet den Endpunkt A des gedrehten Zeigers $\dfrac{1}{3}\mathfrak{J}_2$ mit den Endpunkten von

21 Hochrainer, Symmetrische Komponenten

$\mathfrak{J}_2$ und außerdem mit dem um ein Drittel der Länge vom Anfangspunkt entfernten Punkt C, so erhält man das gleichseitige Dreieck ABC. Die anderen beiden Dreiecke sind gleichschenklig, und ihre spitzen Winkel sind somit je 30°, d.h. man erhält den Punkt A auch dadurch, daß man von den Endpunkten von $\mathfrak{J}_2$ je um 30° gegen $\mathfrak{J}_2$ geneigte Geraden zeichnet. Die gleiche Überlegung kann man auch für $\mathfrak{J}_3$ durchführen. Sucht man einen A entsprechenden Punkt auch von $\mathfrak{J}_1$, so stellen die Seiten des durch die neuen Punkte gebildeten Dreiecks die drei Zeiger $\mathfrak{J}_1'$, $\mathfrak{J}_2'$ und $\mathfrak{J}_3'$ dar, wie dies in Abb. 327 gezeigt ist.

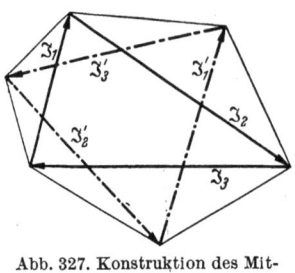

Abb. 327. Konstruktion des Mitsystems

Wenn man von Gl. (5.16) ausgeht, gelangt man durch die analoge Überlegung zur Konstruktion des Gegensystems, wie sie in Abb. 328 durchgeführt ist. Dabei sind die Schnittpunkte der um 30° geneigten Geraden im Inneren des Dreiecks zu suchen. Bei beiden Konstruktionen ist zu beachten, daß der Zeiger von dem zu $\mathfrak{J}_3$ gehörigen konstruierten Punkt zu dem zu $\mathfrak{J}_2$ gehörigen den Zeiger $\mathfrak{J}_1'$ bzw. $\mathfrak{J}_1''$ liefert.

Es sind noch weitere zeichnerische Verfahren angegeben worden, die aber gegen die beschriebenen kaum Vorteile aufweisen. Bei den ange-

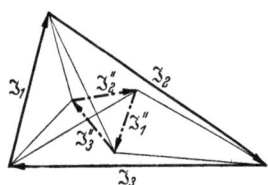

Abb. 328. Konstruktion des Gegensystems

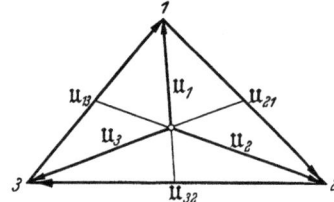

Abb. 329. Bestimmung der Phasenspannungen

gebenen Verfahren war Voraussetzung, daß das System keine Nullkomponente enthält. Ist das nicht der Fall, so ist diese zuerst zu eliminieren. Nur bei den Spannungen reichen die üblichen Angaben der Effektivwerte dazu aus. Man zeichnet dazu zuerst das geschlossene Dreieck der verketteten Spannungen und sucht dann den Sternpunkt, der von den Eckpunkten des Dreiecks die durch die Phasenspannungen vorgeschriebenen Abstände hat (Abb. 329). Die Aufgabe ist überbestimmt. Die Kenntnis der dritten Phasenspannung liefert nicht nur einen Anhaltspunkt über die richtige Lage des Sternpunktes, sondern ergibt auch eine Kontrolle hinsichtlich der Genauigkeit der Messung. Dies gilt aber nur, wenn die Messung nur die Grundschwingungen erfaßt. Enthalten die gemessenen Werte auch Oberschwingungen, dann ist die Konstruktion nicht exakt durchführbar.

Bei den Strömen reichen die vier Meßwerte I_1, I_2, I_3 und I_0 nicht aus. Man muß wenigstens den Phasenwinkel zwischen zweien von ihnen kennen.

Die Elimination der Nullkomponente aus den Phasenspannungen bei Kenntnis der Zeiger der Phasenspannungen kann nach Abb. 63 leicht durchgeführt werden, indem man die Nullkomponente bestimmt und diese dann von den Phasenwerten abzieht.

c) Indirekte rechnerische Verfahren

An Stelle der graphischen Verfahren können auch rechnerische verwendet werden.

Von KENELLY, SAH, NONNAN sind für Systeme ohne Nullkomponenten folgende Formeln angegeben worden

$$\left. \begin{array}{l} (I')^2 = \dfrac{1}{2}(A_m^2 + A_s^2), \\ (I'')^2 = \dfrac{1}{2}(A_m^2 - A_s^2). \end{array} \right\} \quad (28.03)$$

Dabei ist

$$A_m^2 = \frac{1}{3}(I_1^2 + I_2^2 + I_3^2), \quad (28.04)$$

also der quadratische Mittelwert der Effektivwerte der Ströme, während

$$A_s^2 = \sqrt{\frac{1}{3}(I_1 + I_2 + I_3)(I_1 + I_2 - I_3)(I_1 - I_2 + I_3)(-I_1 + I_2 + I_3)} \quad (28.05)$$

ist. Vergleicht man diesen Ausdruck mit der bekannten Formel für den Flächeninhalt eines Dreiecks, ausgedrückt durch seine Seiten, dann erkennt man, daß A_s die Seitenlänge eines mit dem Dreieck $\mathfrak{I}_1, \mathfrak{I}_2, \mathfrak{I}_3$ flächengleichen gleichseitigen Dreiecks ist.

EVANS und HEUMANN haben daraus weitere Formeln entwickelt, welche auch die Phasenwinkel zwischen $\mathfrak{I}'_1, \mathfrak{I}''_1$ und $\mathfrak{I}_1$ zu berechnen gestatten. Sie setzen

$$\frac{I_2}{I_1} = x \quad \text{und} \quad \frac{I_3}{I_1} = y \quad (28.06)$$

und bilden

$$r = \frac{1}{2} + \frac{1}{2\sqrt{3}}\sqrt{(1+x+y)(1+x-y)(1-x+y)(-1+x+y)}, \quad (28.07)$$

$$t = \frac{1}{2} - \frac{1}{2\sqrt{3}}\sqrt{(1+x+y)(1+x-y)(1-x+y)(-1+x+y)} \quad (28.08)$$

sowie

$$s = \frac{1}{2\sqrt{3}}(y^2 - x^2). \quad (28.09)$$

Damit erhalten sie
$$I' = \sqrt{r^2 + s^2}\, I_1$$
und
$$I'' = \sqrt{t^2 + s^2}\, I_1. \qquad (28.10)$$

Für die Winkel ϑ' und ϑ'' zwischen $\mathfrak{J}'$ bzw. $\mathfrak{J}''$ und $\mathfrak{J}_1$ gilt dann
$$\tan \vartheta' = \frac{s}{r} \quad \text{und} \quad \tan \vartheta'' = -\frac{s}{t}. \qquad (28.11)$$

Die Beweise für die angegebenen Formeln lassen sich durch Nachrechnen der unter b) gezeigten Konstruktionen führen.

Um die zahlenmäßige Berechnung zu ersparen, sind Kurvenblätter

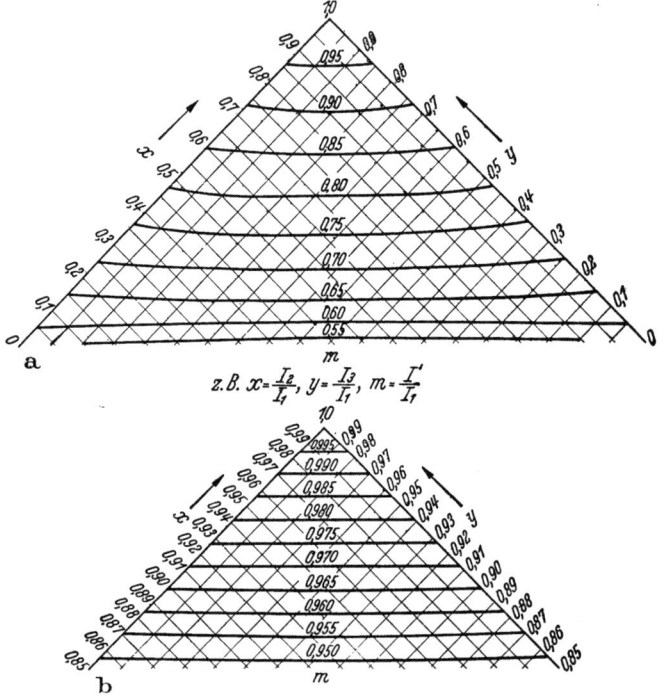

Abb. 330a u. b. Mitkomponente eines Drehstromsystems ohne Nullkomponente
b) vergrößerter Maßstab für kleine Unsymmetrien

ausgearbeitet worden, welche es gestatten, aus den gegebenen Werten x und y die Verhältnisse
$$m = \frac{I'}{I_1} \quad \text{und} \quad g = \frac{I''}{I_1} \qquad (28.12)$$
zu bestimmen. Man bezeichnet dabei stets den größten der Ströme mit I_1, so daß x und y stets Werte kleiner als 1 darstellen. Abb. 330 und 331 zeigen solche Kurvenscharen.

d) Direkte Verfahren für Systeme ohne Nullkomponente

Als Unsymmetriefaktor bezeichnet man das Verhältnis I''/I', also g/m, und man hat weitere Kurven berechnet, welche den Unsymmetriefaktor direkt aus x und y zu gewinnen gestatten. Eine solche Kurvenschar ist in Abb. 332 wiedergegeben.

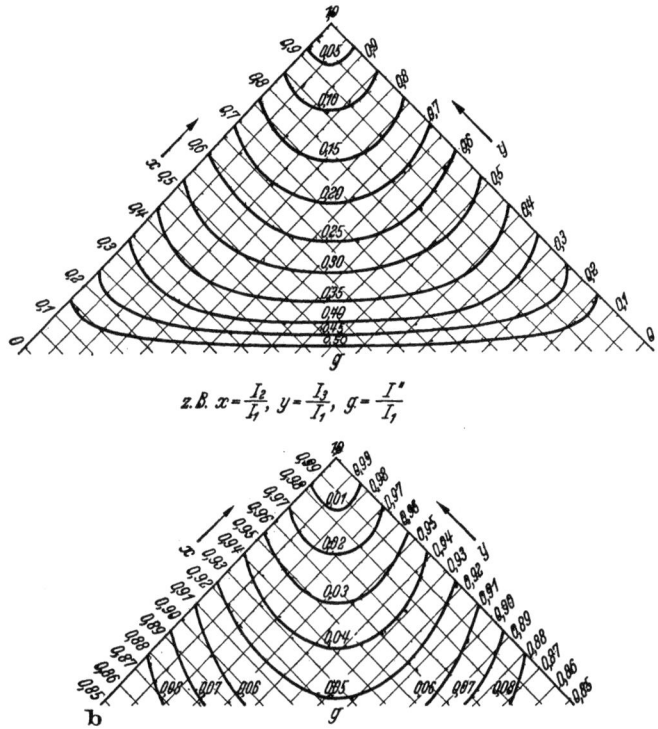

z.B. $x = \frac{I_2}{I_1}$, $y = \frac{I_3}{I_1}$, $g = \frac{I''}{I_1}$

Abb. 331 a u. b. Gegenkomponente eines Drehstromsystems ohne Nullkomponente
b) vergrößerter Maßstab für kleine Unsymmetrien

d) Direkte Verfahren für Systeme ohne Nullkomponente

Man hat direkte Meßverfahren zur Bestimmung der symmetrischen Komponenten entworfen, welche sich eng an die Formeln der Gln. (5.12), (5.14) und (5.16) anschließen, indem entsprechend diesen Formeln gedrehte Ströme oder Spannungen in den Spulen eines speziell gebauten Summenmeßwerkes zur Wirkung gelangen. Wegen der Notwendigkeit der Verwendung dieser speziellen Meßwerke haben diese Verfahren aber nur geringe praktische Bedeutung. Man sucht vielmehr mit normalen Meßwerken das Auslangen zu finden und die Erfassung der symmetrischen Komponenten durch besondere Schaltungen zu erreichen. Man bezeichnet solche Schaltungen bzw. ihre Realisierung oft als *Drehfeldscheider*. Die bekannt gewordenen Schaltungen für Mit- und Gegensysteme sind

326 28. Die Messung der symmetrischen Komponenten

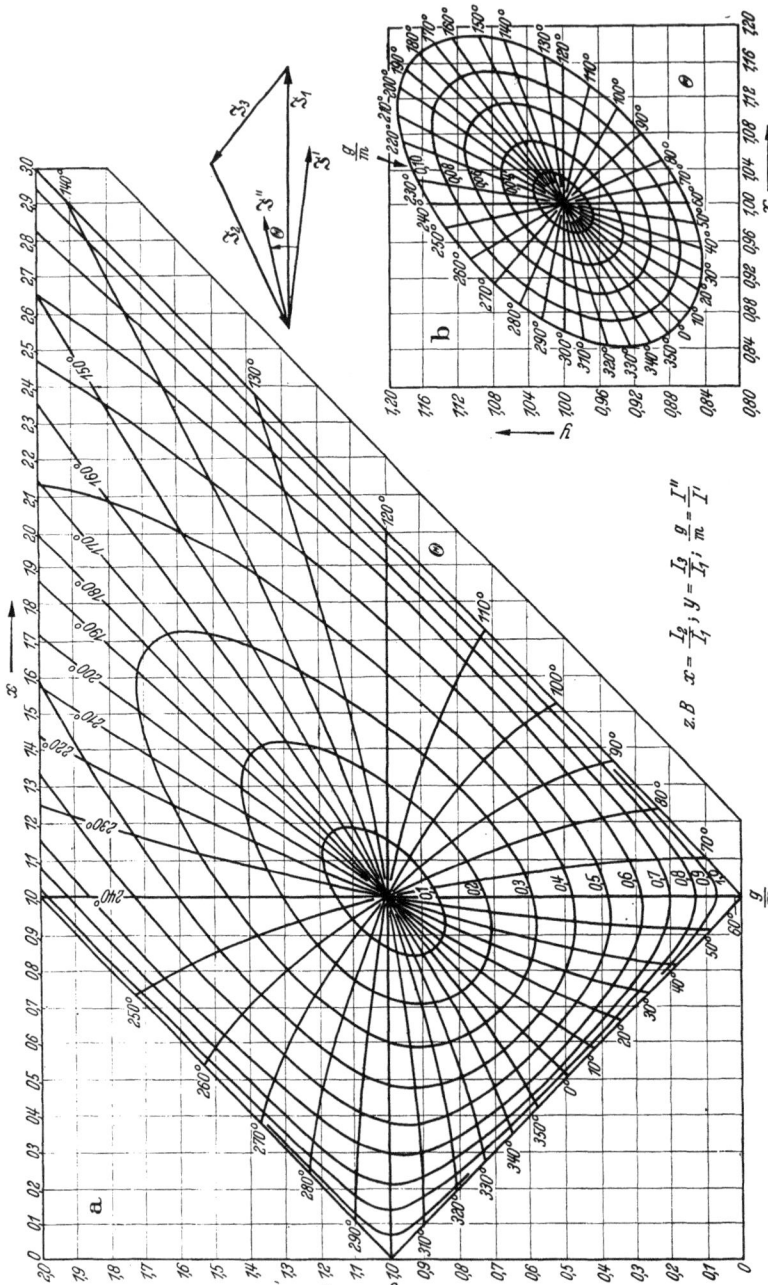

Abb. 332a u. b. Unsymmetriefaktor eines Drehstromsystems ohne Nullkomponente. b) vergrößerter Maßstab für kleine Unsymmetrien

z.B $x = \dfrac{I_2}{I_1}, y = \dfrac{I_0}{I_1}, \dfrac{g}{m} = \dfrac{I''}{I'}$

d) Direkte Verfahren für Systeme ohne Nullkomponente

zunächst für Systeme ohne Nullkomponenten geeignet. Der Ausgangspunkt für die Entwicklung dürfte folgende Tatsache sein.

Dreht man in dem geschlossenen Dreieck der Ströme $\mathfrak{J}_1$, $\mathfrak{J}_2$, $\mathfrak{J}_3$ den Zeiger $\mathfrak{J}_3$ einmal um $+60°$ und einmal um $-60°$, so daß man die Zeiger $-a^2\mathfrak{J}_3$ und $-a\mathfrak{J}_3$ erhält und bestimmt die Zeiger, die vom gemeinsamen Punkt von $\mathfrak{J}_1$ und $\mathfrak{J}_2$ zu den Endpunkten der gedrehten Zeiger führen, so ist

$$\mathfrak{J}_2 - a^2\mathfrak{J}_3 = a^2\mathfrak{J}' + a\mathfrak{J}'' - a^2(a\mathfrak{J}' + a^2\mathfrak{J}'') = (a^2-1)\mathfrak{J}' \quad (28.13)$$

und

$$\mathfrak{J}_2 - a\mathfrak{J}_3 = a^2\mathfrak{J}' + a\mathfrak{J}'' - a(a\mathfrak{J}' + a^2\mathfrak{J}'') = (a-1)\mathfrak{J}''. \quad (28.14)$$

Es genügt also, einen der Ströme um $+60°$ und $-60°$ zu drehen und dazu den in der Phasenfolge vorhergehenden hinzuzufügen, um einen der Mitkomponente bzw. der Gegenkomponente im Betrag proportionalen Zeiger zu erhalten (Abb. 333). C. T. ALLENDT hat auf diesem Prinzip beruhende Schaltungen angegeben und für die Strommessung das allgemeine Schaltbild in Abb. 334 gezeichnet. Z_2 und Z_3 sind dabei zu den Wandlern in den Phasen 2 und 3 parallel geschaltete Impedanzen, während Z_M die Impedanz des Meßinstrumentes ist. Man findet für den Strom im Instrument

$$\mathfrak{J}_M = -\frac{Z_2}{Z_2 + Z_3 + Z_M}\mathfrak{J}_2 + \frac{Z_3}{Z_2 + Z_3 + Z_M}\mathfrak{J}_3$$

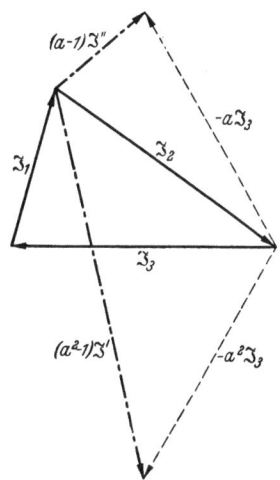

Abb. 333. Prinzip der direkten Meßschaltungen

und nach Einsetzen der symmetrischen Komponenten

$$\mathfrak{J}_M = -\frac{(aZ_3 + a^2Z_2)\mathfrak{J}' + (a^2Z_3 + aZ_2)\mathfrak{J}''}{Z_2 + Z_3 + Z_M}. \quad (28.15)$$

$\mathfrak{J}_M$ wird proportional zu $\mathfrak{J}'$ allein, wenn

$$a^2Z_3 + aZ_2 = 0$$

oder

$$Z_3 = -a^2Z_2. \quad (28.16)$$

Denken wir uns einen Augenblick Z_M sehr groß, sei also beispielsweise das Meßinstrument ein Voltmeter, und wählen wir Z_2 gleich einem OHMschen Widerstand R, so entsteht an Z_2 eine $\mathfrak{J}_2$ proportionale Spannung. Nach Gl. (28.16) ist dann die Spannung an Z_3 um $+60°$ gegen $\mathfrak{J}_3$ zu drehen. Die Summenspannung an Z_2 und Z_3 wird nach

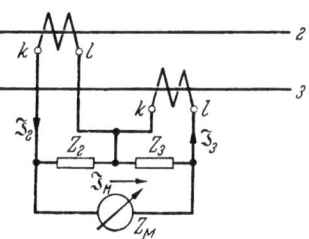

Abb. 334. Schaltung von ALLENDT

Gl.(28.16) proportional der Mitkomponente. Gl.(28.16) gilt aber bei beliebigem Z_M, und zwar ist

$$\mathfrak{J}_M = \frac{(a^2 - 1)Z_2}{(a^2 - 1)Z_2 - Z_M} \mathfrak{J}' \tag{28.17}$$

und bei verschwindendem Z_M

$$\mathfrak{J}_M = \mathfrak{J}'. \tag{28.18}$$

Gl.(28.16) ist erfüllt, wenn z.B. für Z_2 ein Ohmscher Widerstand R gewählt wird, so daß

$$Z_2 = R, \tag{28.19}$$

während Z_3 aus einem Widerstand und einer Induktivität entsprechend

$$Z_3 = \frac{1}{2} R \left(1 + j \sqrt{3}\right) \tag{28.20}$$

besteht.

Will man die Gegenkomponente messen, so erhält man aus Gl.(28.15) die Bedingung

$$Z_2 = -a^2 Z_3, \tag{28.21}$$

d.h. es sind die Phasen 2 und 3 zu vertauschen. Man kann sogar beide Schaltungen vereinigen, indem man eine Brückenschaltung nach Abb.335 herstellt. Voraussetzung ist dabei, daß die Impedanzen Z_M der beiden Meßinstrumente gleich sind. Die Durchrechnung der Schaltung zeigt, daß

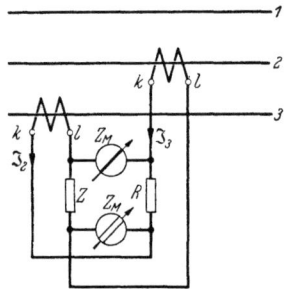
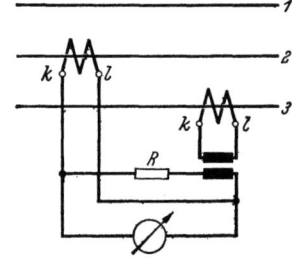

Abb. 335. Schaltung von ALLENDT   Abb. 336. Schaltung von FRIEDLÄNDER und SCHMUTZ

in dem einen Instrument $\mathfrak{J}'$, in dem anderen $\mathfrak{J}''$ korrekt in Größe und Phasenlage fließt, falls die Bedingung

$$Z + Z_M = -a^2(R + Z_M) \tag{28.22}$$

erfüllt ist.

Die Schaltung von ALLENDT hat den Nachteil, daß die Verbindung der Wandler nicht der normal üblichen entspricht. Man kann sich durch Einschaltung eines Zwischenwandlers helfen. FRIEDLÄNDER und SCHMUTZ

d) Direkte Verfahren für Systeme ohne Nullkomponente

haben eine Weiterbildung dieser Schaltung angegeben, bei der sie den Zwischenwandler als Drosselwandler ausführen und mit seiner Hilfe die durch die Gln. (28.16) bzw. (28.21) angegebene Phasendrehung durchführen. Abb. 336 zeigt diese Schaltung. Der Wandler muß ein Übersetzungsverhältnis 2:1 aufweisen. Ist X seine von der Sekundärseite gemessene Induktivität, dann gilt die Bedingung

$$R = \sqrt{3}\,X. \tag{28.23}$$

Die Schaltung hat noch den Vorteil, daß nur ein Widerstand abgeglichen werden muß. Je nach dem Anschluß an die verschiedenen Phasen kann man damit Mit- oder Gegenkomponente der Ströme erfassen.

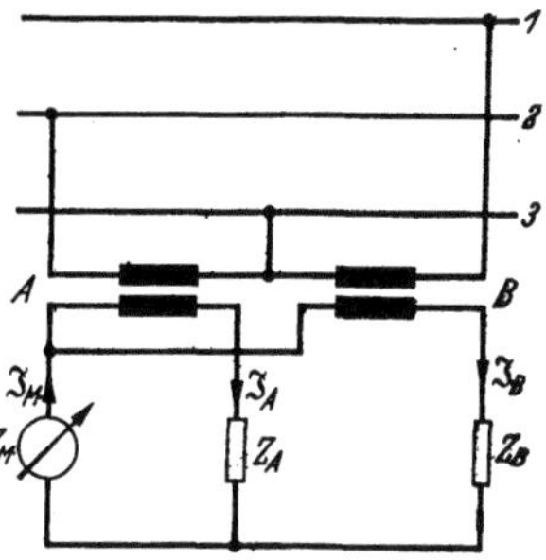

Bei den Spannungen verwendet ALLENDT Spannungswandler, welche an die verketteten Spannungen angeschlossen sind. Die allgemeine Schaltung zeigt Abb. 337. An dem Wandler A liegt die Spannung

Abb. 337. Schaltung von ALLENDT

$$\mathfrak{U}_3 - \mathfrak{U}_2 = Z_A \mathfrak{J}_A + Z_M (\mathfrak{J}_A + \mathfrak{J}_B) \tag{28.24}$$

und an dem Wandler B

$$\mathfrak{U}_1 - \mathfrak{U}_3 = Z_B \mathfrak{J}_B + Z_M (\mathfrak{J}_A + \mathfrak{J}_B). \tag{28.25}$$

Ersetzt man die Spannungen durch die symmetrischen Komponenten, so erhält man

$$\mathfrak{J}_M = \mathfrak{J}_A + \mathfrak{J}_B = \frac{(1-a)(Z_A + a Z_B)\mathfrak{U}' + (1-a^2)(Z_A + a^2 Z_B)\mathfrak{U}''}{Z_A Z_B + Z_M(Z_A + Z_B)}, \tag{28.26}$$

d. h. man mißt die Mitkomponente der Spannungen, wenn

$$Z_A = -a^2 Z_B \tag{28.27}$$

und die Gegenkomponente, wenn

$$Z_B = -a^2 Z_A. \tag{28.28}$$

Die Impedanzen müssen Winkel von 60° gegeneinander aufweisen. Sie können analog zum Fall der Strommessung einmal als OHMscher Widerstand, und das andere Mal als OHMscher Widerstand in Reihe mit einer Drossel ausgeführt werden.

Auch bei dieser Schaltung stört die Umkehrung der Verbindung der Wandlersekundärseiten gegenüber der üblichen Art ihrer Verbindung. Man kann diese Umkehrung vermeiden, wenn man Impedanzen wählt, deren

Phasenwinkel um 120° verschieden sind. Eine solche Schaltung zeigt Abb. 338 mit den Impedanzen

und
$$Z_A = \frac{R}{2}\left(1 + j\sqrt{3}\right)$$
$$Z_B = \frac{R}{2}\left(1 - j\sqrt{3}\right),$$
(28.29)

für die Messung der Mitkomponente, bzw. vertauscht zur Messung der Gegenkomponente. Es ist zu erkennen, daß man bei entsprechender Höhe der Spannung diese Schaltung auch ohne Wandler ausführen kann.

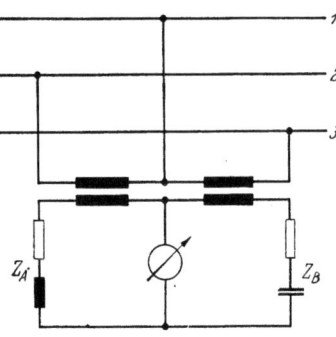

Abb. 338. Schaltung zur Messung der Mitkomponente

Eine weitere interessante Schaltung läßt sich mit Hilfe eines Spartransformators mit dem Übersetzungsverhältnis 2:1 erreichen, sie ist in Abb. 339 dargestellt. Führt man den Transformator mit getrennten Wicklungen, aber als Drosseltransformator aus, so kann man die Induktivität einsparen. Diese Schaltung hat ebenso wie die nach Abb. 336 den Vorteil, daß man nur einen Widerstand abgleichen muß.

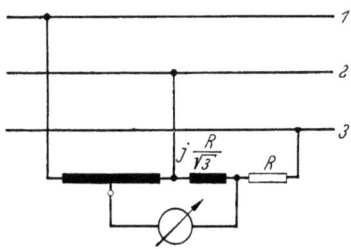

Abb. 339. Schaltung zur Messung der Mitkomponente ohne Wandler

Durch Vertauschen der Anschlüsse an das Netz erhält man jeweils die Schaltungen zur Erfassung der Gegenkomponente. Ähnlich wie bei den Strömen kann man auch für die Spannungen durch Vereinigung der Schaltungen für Mit- und Gegenkomponente in Form einer Brückenschaltung eine Anordnung aufbauen, die die Messung beider Komponenten gleichzeitig gestattet (Abb. 340). Auch hier sollen die beiden Meßinstrumente gleiche Impedanzen aufweisen. Die gegenüberliegenden Zweige der Brücke sind gleich, und zwar einmal Z_A und das andere Mal Z_B. Die Bedingung für den richtigen Abgleich lautet

$$Z_A = a^2 Z_B,$$
(28.30)

also z. B.

$$Z_B = R \quad \text{und} \quad Z_A = \frac{R}{2}\left(1 + j\sqrt{3}\right).$$
(28.31)

Führt man aus solchen Kreisen, welche Mit- und Gegenkomponente gleichzeitig zu messen gestatten, die beiden Komponenten einem geeig-

e) Direkte Verfahren zur Messung und Elimination der Nullkomponente

neten Quotientenmeßwerk zu, dann zeigt dieses direkt den in b) erwähnten Unsymmetriefaktor des Stromes bzw. der Spannung.

Alle erwähnten Meßverfahren für die Mit- oder Gegenkomponente können bei Frequenzabweichungen und bei Abweichungen von der Sinusform der Ausgangsgrößen zu Fehlmessungen führen, da die in ihnen enthaltenen phasendrehenden Meßwerke nur bei einer bestimmten Frequenz richtig arbeiten. Der Einfluß der Abweichungen der Grundfrequenz ist im allgemeinen gering. Eine Abweichung von 5% von der Nennfrequenz ergibt in der Mitkomponente, die normalerweise in den Netzgrößen weit überwiegt, einen wesentlich kleineren Fehler, etwa in der Größenordnung von einem Prozent. Wesentlich bedeutender kann der relative Fehler in der Gegenkomponente werden, denn es kann eine solche auch bei einem vollständig symmetrischen System von Spannungen oder Strömen vorgetäuscht werden. Im allgemeinen ist aber die Frequenz in großen Netzen so konstant, daß man sich um die Frequenzabweichung nicht zu kümmern braucht.

Viel bedeutender ist der Einfluß der Oberschwingungen insbesondere auf die Messung der Gegenkomponente, und es ist für genaue Messungen oft notwendig, dem Meßkreis eine Siebkette vorzuschalten,

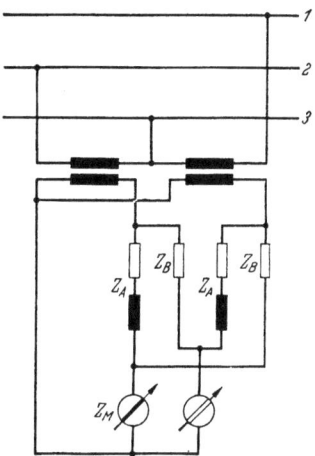

Abb. 340. Brückenschaltung zur Messung der Mitspannung und der Gegenspannung

welche nur die Grundfrequenz hindurchläßt. Einen ähnlichen Einfluß wie Oberschwingungen können auch Ausgleichsvorgänge haben, doch ist dieser bei normalen Messungen meistens bedeutungslos, nur bei oszillographischen Aufnahmen solcher Ausgleichsvorgänge über die Meßkreise für symmetrische Komponenten muß er beachtet werden.

e) Direkte Verfahren zur Messung und Elimination der Nullkomponente

Die Messung des Nullstromes ist einfach, wenn der Nulleiter zur Verfügung steht, denn der Nullstrom ist ein Drittel des Stromes im Nulleiter. Sind nur die Außenleiter greifbar, so kann man die Sekundärseite der in sie eingeschalteten Stromwandler so parallel legen, daß an einer Stelle der Summenstrom aller Wandler fließt (Abb. 341). Diese Anordnung genügt, wenn man nur den Nullstrom selbst feststellen will.

Soll aber eine der unter d) behandelten Schaltungen zur Messung der anderen beiden Komponenten angeschlossen werden, dann muß man den

28. Die Messung der symmetrischen Komponenten

Nullstrom eliminieren. Dazu gibt es eine ganze Reihe von Schaltungen. Die einfachste beruht darauf, daß man von den zwei Strömen, die man für den weiteren Kreis braucht, je ein Drittel des Nullstromes durch Gegenschaltung der entsprechenden Wandler subtrahiert. Eine solche

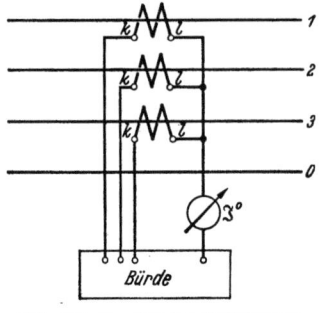

Abb. 341. Messung des Nullstromes

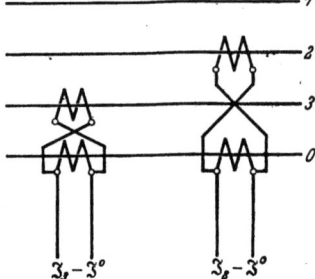

Abb. 342. Elimination des Nullstromes

Schaltung zeigt Abb. 342. Ein anderes Verfahren beruht darauf, daß man „verkettete" Ströme durch Dreieckschaltung der Stromwandler gewinnt, wie dies Abb. 343 zeigt. In den abgehenden Leitern fließen dann die

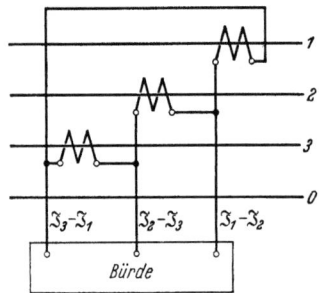

Abb. 343. Elimination des Nullstromes

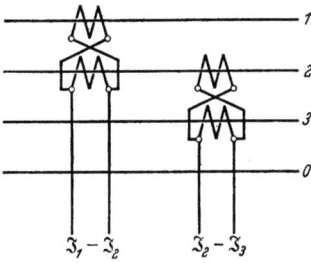

Abb. 344. Elimination des Nullstromes

Ströme $\mathfrak{J}_1 - \mathfrak{J}_2$, $\mathfrak{J}_2 - \mathfrak{J}_3$ und $\mathfrak{J}_3 - \mathfrak{J}_1$ und in den Differenzen heben sich die Nullströme auf. Unerwünscht ist dabei die Verbindung der Stromwandler, weil sie bei dem Anschluß von Zählern oder anderen Meßgeräten stören kann. Da man für die Messung der Komponente nur zwei Ströme des Systems ohne Nullstrom braucht, so kann man durch Verwendung von zwei Paaren von gegengeschalteten Wandlern auch nur zwei der genannten Differenzströme bilden, wie dies beispielsweise in Abb. 344 dargestellt ist.

Man kann schließlich ausgehend von der Schaltung Abb. 341 dem Nullstrom einen Parallelweg zur Bürde schaffen, so daß er in den weiter angeschlossenen Kreisen nicht mehr auftritt. Man verwendet dazu eine Drossel in Zickzackschaltung, welche eine hohe Mit- und Gegenimpedanz, jedoch eine verschwindende Nullimpedanz aufweist (Abb. 345).

e) Direkte Verfahren zur Messung und Elimination der Nullkomponente

Für die Messung der Nullspannung benutzt man meistens die Schaltung nach Abb. 346. Die Sekundärseiten der Wandler sind in Reihe geschaltet und liefern den dreifachen Wert der Nullspannung. Man kann die Nullspannung auch durch die Bildung eines künstlichen Sternpunktes

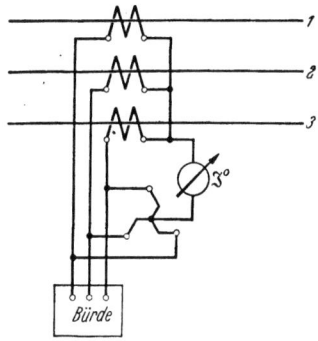
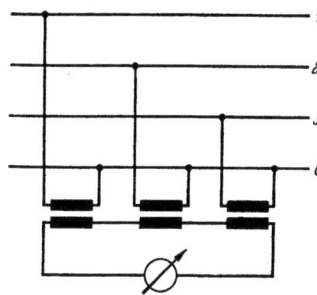

Abb. 345. Messung des Nullstromes   Abb. 346. Messung der Nullspannung

erfassen, indem man drei genau gleiche Impedanzen an die Außenleiter anschließt und die Spannung zwischen dem Sternpunkt dieser Impedanzen und dem Nulleiter mißt.

Die Schaltungen für die Mitspannung und die Gegenspannung, die wir oben kennenlernten, verwenden alle die verketteten Spannungen, die keine Nullkomponente enthalten können, und daher erübrigt sich für sie eine besondere Anordnung zur Elimination der Nullspannung.

Es sei noch erwähnt, daß alle genannten Schaltungen zur Messung der Nullkomponente ohne phasendrehende Elemente ausgeführt sind. Sie sind daher unabhängig von Änderungen der Frequenz. Oberschwingungen können aber auch bei diesen Schaltungen erhebliche Fehler verursachen und müssen unter Umständen durch entsprechend ausgebildete Siebkreise von den Meßinstrumenten ferngehalten werden.

Tabelle 9a[1]. *Aufbau von Starkstrompapierbleikabeln bis 60 kV (VDE 0255)*

1. Mindestzahl der Drähte

Nennquerschnitt mm²	Rundleiter		Sektorleiter	
	Kupfer	Aluminium	Kupfer	Aluminium
1,5	1	—	—	—
2,5	1	1	—	—
4	1	1	—	—
6	1	1	—	—
10	1	1	—	—
16	1	1	1	1
25	1	1	1	1
35	1	1	1	1
50	1	1	6	1
70	19	3	6	2
95	19	3	11	2
120	30	7	11	3
150	30	7	18	3
185	30	11	18	15
240	30	13	27	27
300	49	24	27	27
400	49	24	37	32
500	49	26	—	—
625	91	26	—	—
800	91	39	—	—
1000	91	39	—	—

2. Dicke der Isolierung für Einleiterkabel, H-Kabel- und Mehrmantelkabel

Nennquerschnitt mm²	1 kV	3 kV	6 kV	10 kV	15 kV	20 kV	30 kV	45 kV	60 kV
	Nennwanddicke in mm								
4	1,2	—	—	—	—	—	—	—	—
6	1,2	2,0	2,6	—	—	—	—	—	—
10	1,2	2,0	2,6	3,2	—	—	—	—	—
16	1,2	2,0	2,6	3,2	4,5	—	—	—	—
25	1,5	2,0	2,6	3,2	4,5	5,5	—	—	—
35	1,5	2,0	2,6	3,2	4,5	5,5	7,5	—	—
50	1,5	2,0	2,6	3,2	4,5	5,5	7,5	10,5	—
70	1,5	2,0	2,6	3,2	4,5	5,5	7,5	10,5	—
95	1,5	2,0	2,6	3,2	4,5	5,5	7,5	10,5	14,0
120	1,5	2,0	2,6	3,2	4,5	5,5	7,5	10,5	14,0
150	1,7	2,0	2,6	3,2	4,5	5,5	7,5	10,5	14,0
185	1,7	2,0	2,6	3,2	4,5	5,5	7,5	10,5	14,0
240	2,0	2,2	2,6	3,2	4,5	5,5	7,5	10,5	14,0
300	2,0	2,2	2,6	3,2	4,5	5,5	7,5	10,5	14,0
400	2,0	2,2	2,6	3,2	4,5	5,5	7,5	10,5	14,0
500	2,2	2,3	2,6	3,2	4,5	5,5	7,5	—	—
625	2,2	—	—	—	—	—	—	—	—
800	2,5	—	—	—	—	—	—	—	—
1000	2,5	—	—	—	—	—	—	—	—

Kleinster Sektorquerschnitt für 10 kV: 35 mm²
für 15 kV: 50 mm²
für 20 kV: 70 mm²

---
[1] Tabelle 8 s. S. 340

3. Dicke der Isolierung für Gürtelkabel

Nenn-querschnitt mm²	1 kV T	1 kV t	3 kV T	3 kV t	6 kV T	6 kV t	10 kV T	10 kV t	15 kV T	15 kV t	20 kV T	20 kV t
					Nennwanddicke in mm							
1,5	0,8	0,4	—	—	—	—	—	—	—	—	—	—
2,5	0,8	0,4	—	—	—	—	—	—	—	—	—	—
4	0,8	0,4	—	—	—	—	—	—	—	—	—	—
6	0,8	0,4	1,5	0,5	2,6	0,5	—	—	—	—	—	—
10	0,8	0,4	1,5	0,5	2,6	0,5	3,2	0,5	—	—	—	—
16	0,8	0,4	1,5	0,5	2,6	0,5	3,2	0,5	5,0	0,5	—	—
25	0,9	0,6	1,5	0,5	2,6	0,5	3,2	0,5	5,0	0,5	6,0	0,5
35	0,9	0,6	1,5	0,5	2,6	0,5	3,2	0,5	5,0	0,5	6,0	0,5
50	0,9	0,6	1,5	0,5	2,6	0,5	3,2	0,5	5,0	0,5	6,0	0,5
70	0,9	0,6	1,5	0,5	2,6	0,5	3,2	0,5	5,0	0,5	6,0	0,5
95	0,9	0,6	1,5	0,5	2,6	0,5	3,2	0,5	5,0	0,5	6,0	0,5
120	0,9	0,6	1,5	0,5	2,6	0,5	3,2	0,5	5,0	0,5	6,0	0,5
150	1,1	0,6	1,5	0,5	2,6	0,5	3,2	0,5	5,0	0,5	6,0	0,5
185	1,1	0,6	1,5	0,5	2,6	0,5	3,2	0,5	5,0	0,5	6,0	0,5
240	1,2	0,8	1,6	0,6	2,6	0,5	3,2	0,5	5,0	0,5	6,0	0,5
300	1,2	0,8	1,6	0,6	2,6	0,5	3,2	0,5	—	—	—	—
400	1,2	0,8	1,6	0,6	2,6	0,5	—	—	—	—	—	—

$t =$ Dicke der Gürtelisolation
$T =$ Dicke der Leiterisolation

Kleinster Sektorquerschnitt für 10 kV: 35 mm²
für 15 kV: 50 mm²
für 20 kV: 70 mm²

4. Nennwanddicke des Bleimantels

Durchmesser unter dem Bleimantel mm	Nennwanddicke des Bleimantels mm	Durchmesser unter dem Bleimantel mm	Nennwanddicke des Bleimantels mm
bis 15	1,2	bis 55	2,4
bis 20	1,3	bis 57,5	2,5
bis 25	1,4	bis 60	2,6
bis 30	1,5	bis 62,5	2,7
bis 35	1,6	bis 65	2,8
bis 37,5	1,7	bis 67,5	2,9
bis 40	1,8	bis 70	3,0
bis 42,5	1,9	bis 72,5	3,1
bis 45	2,0	bis 75	3,2
bis 47,5	2,1	bis 77,5	3,3
bis 50	2,2	bis 80	3,4
bis 52,5	2,3		

Tabelle 9b. *Strombelastbarkeit von*

1. Strombelastbarkeit[1]

Nennquerschnitt des Leiters mm[2]	3 kV		6 kV		10 kV		15 kV		20 kV	
	\multicolumn{10}{c}{Belastbarkeit A}
	Cu	Al	Cu	Al	Cu	Al	Cu	Al	Cu	Al
6	65	50	60	—	—	—	—	—	—	—
10	85	70	80	65	70	55	—	—	—	—
16	115	90	110	85	95	75	90	70	—	—
25	150	120	145	115	125	100	120	95	115	90
35	185	150	180	145	150	120	145	115	140	110
50	225	180	220	175	190	150	180	145	170	135
70	270	215	265	210	230	185	220	175	210	170
95	315	255	310	250	270	215	255	205	245	195
120	370	295	365	290	310	250	295	240	285	230
150	420	335	415	330	350	280	340	270	325	260
185	470	375	465	370	395	315	380	305	365	290
240	540	435	535	430	460	370	445	355	425	340
300	615	495	610	490	520	415	500	400	480	385
400	710	570	700	560	600	480	575	460	550	440
500	790	630	780	625	670	540	640	510	615	490
Temperaturerhöhung	\multicolumn{6}{c}{45 °C}	\multicolumn{4}{c}{35 °C}

2. Strombelastbarkeit[3] von 3 einzeln nebeneinander liegenden, nicht be-

Nennquerschnitt des Leiters mm[2]	1 kV		3 kV		6 kV		10 kV		15 kV	
	\multicolumn{10}{c}{Belastbarkeit A}
	Cu	Al	Cu	Al	Cu	Al	Cu	Al	Cu	Al
16	140	115	135	110	130	105	110	90	105	85
25	180	145	175	140	170	135	145	115	140	110
35	220	175	215	170	210	165	175	140	170	135
50	270	215	265	210	260	205	220	175	215	170
70	325	260	320	255	310	250	265	215	260	205
95	390	310	385	305	375	300	315	255	305	245
120	445	355	440	350	430	345	360	290	350	280
150	500	400	495	395	485	390	410	330	400	320
185	550	440	545	435	535	430	460	365	445	355
240	625	500	620	495	615	490	520	415	505	405
300	695	555	690	550	680	545	570	455	555	445
400	785	630	780	625	770	620	645	515	630	505
500	855	685	850	680	845	675	705	565	690	555
625	915	750	—	—	—	—	—	—	—	—
800	980	810	—	—	—	—	—	—	—	—
1000	1030	875	—	—	—	—	—	—	—	—
Temperaturerhöhung	\multicolumn{6}{c}{45 °C}	\multicolumn{4}{c}{35 °C}

Starkstrompapierbleikabeln bis 60 kV (VDE 0255)

von Dreimantelkabeln[2]

30 kV		45 kV		60 kV	
Cu	Al	Cu	Al	Cu	Al
—	—	—	—	—	—
—	—	—	—	—	—
—	—	—	—	—	—
135	105	—	—	—	—
165	130	155	125	—	—
200	160	185	150	—	—
235	185	220	175	210	170
270	215	250	200	240	190
310	250	285	230	270	215
345	275	320	255	305	245
400	320	370	295	355	280
450	360	420	335	400	320
515	415	485	390	460	370
580	465	—	—	—	—

25 °C

[1] Richtwerte, gültig für ein *einzelnes* Kabel im Erdboden. Bei mehreren Kabeln *nebeneinander* s. Tab. 964. Umgebungstemperatur 20 °C in 70 cm Bettungstiefe. Bei anderen Temperaturen s. Tab. 967.
Bei Bedeckung der Kabel mit Schutzhauben Verminderung der Belastbarkeit auf 90 ÷ 80% je nach Güte der Ausfüllung der Hohlräume mit Sand. Bei Verlegung in freier Luft Verminderung der Belastbarkeit auf 80%.
[2] Belastbarkeit von Höchstädter-Kabeln 95%.
[3] Richtwerte für drei Kabel, sonst entsprechend Tab. 965.

wehrten Einleiterkabeln in Drehstromsystemen

20 kV		30 kV		45 kV		60 kV	
Cu	Al	Cu	Al	Cu	Al	Cu	Al
—	—	—	—	—	—	—	—
135	105	—	—	—	—	—	—
165	130	155	125	—	—	—	—
205	160	190	155	185	150	—	—
250	200	235	190	220	175	—	—
295	235	280	225	265	210	250	200
340	270	320	255	300	240	285	230
390	310	365	290	340	270	325	260
430	345	405	325	385	310	365	295
490	390	465	370	440	350	420	335
540	430	515	410	490	390	465	370
615	490	590	470	565	450	535	430
675	540	650	520	—	—	—	—
—	—	—	—	—	—	—	—
—	—	—	—	—	—	—	—
—	—	—	—	—	—	—	—

25 °C

Diese Werte gelten für nicht bewehrte Kabel, die in einem lichten Abstand von etwa 7 cm (Ziegelsteindicke) nebeneinander liegen, unter Berücksichtigung der Bleimantelverluste bei widerstandslosem Kurzschließen des Mantels an beiden Kabelenden.

3. Strombelastbarkeit[1] von Gürtelkabeln

Nennquerschnitt des Leiters mm²	3 kV		6 kV		10 kV		15 kV		20 kV	
	\multicolumn{10}{c}{Belastbarkeit A}									
	Cu	Al	Cu	Al	Cu	Al	Cu	Al	Cu	Al
6	60	50	55	45	—	—	—	—	—	—
10	80	65	75	60	65	50	—	—	—	—
16	105	85	100	80	85	70	80	65	—	—
25	135	110	130	105	110	90	105	85	105	85
35	165	130	160	130	135	110	130	105	125	100
50	200	160	195	155	165	130	155	125	150	120
70	245	195	235	190	200	160	195	155	185	150
95	290	230	280	225	240	190	230	185	225	180
120	335	270	325	260	280	225	265	215	260	210
150	380	305	370	295	320	255	305	245	300	240
185	435	350	420	335	360	290	350	280	340	270
240	505	405	490	390	420	340	410	330	400	320
300	570	460	560	445	475	385	470	—	—	—
400	660	530	—	—	—	—	—	—	—	—
Temperaturerhöhung	\multicolumn{4}{c}{45 °C}				\multicolumn{6}{c}{35 °C}					

4. Strombelastbarkeit von Mehrleiterkabeln bei Häufung in Erde

Lichter Abstand zwischen den Kabeln etwa 7 cm (Ziegelsteindicke)

Anzahl der Kabel im Graben	2	3	4	5	6	8	10
Belastbarkeit in % des Wertes nach 1. und 3.	90	80	75	70	65	62	60

5. Strombelastbarkeit von Einleiterkabeln in Drehstromsystemen bei Häufung in Erde

Lichter Abstand zwischen den Kabeln etwa 7 cm (Ziegelsteindicke)

Anzahl der Systeme im Graben	2	3	4
Belastbarkeit in % des Wertes nach 2.	80	75	70

6. Häufung von frei in Luft nebeneinander angeordneten Kabeln

Kabelabstand	Belastbarkeit in %	
	3 Kabel	6 Kabel
Kabelzwischenraum = Kabeldurchmesser	75	70
Kein Zwischenraum (gegenseitige Berührung)	65	60

7. Abhängigkeit der Belastbarkeit von der Umgebungstemperatur

Umgebungstemperatur in °C	5	10	15	20	25	30	35
Belastbarkeit in %							
für 1 bis 6 kV	115	110	105	100	94	88	82
für 10 bis 20 kV	120	113	107	100	93	85	76
für 30 bis 60 kV	126	118	110	100	90	78	63

[1] Siehe Fußnote 1, Seite 337.

Tabellenanhang

Tabelle 9c. *Öl- und Druckkabel bis* 220 kV
(Gebräuchliche Ausführungen)

1. Dreileiterölkabel 60 kV

Nennquerschnitt mm²	70	95	120	150	185	240	300	400
Betriebskapazität µF/km	0,25	0,28	0,30	0,33	0,35	0,39	0,43	0,48
Betriebsinduktivität mH/km	0,4	0,4	0,4	0,4	0,4	0,3	0,3	0,3

2. Dreileiterölkabel 110 kV

Nennquerschnitt mm²	95	120	150	185	240	300	400
Betriebskapazität µF/km	0,20	0,22	0,23	0,25	0,28	0,30	0,33
Betriebsinduktivität mH/km	0,4	0,4	0,4	0,4	0,4	0,4	0,4

3. Einleiterölkabel 110 kV (Drehstromsystem zu 3 Kabeln)

Nennquerschnitt mm²	95	120	150	185	240	300	400
Betriebskapazität etwa µF/km	0,22	0,25	0,26	0,27	0,31	0,33	0,35
Betriebsinduktivität	Bei Verlegung in einer Ebene mit 20 cm Kabelabstand etwa 0,5 mH/km						
	Bei Verlegung im Dreieck etwa 0,25 mH/km						

4. Einleiterölkabel 220 kV (Drehstromsystem zu 3 Kabeln)

Nennquerschnitt mm²	150	185	240	300	400
Betriebskapazität µF/km	0,20	0,21	0,23	0,25	0,27
Betriebsinduktivität	Bei Verlegung in einer Ebene mit 20 cm Kabelabstand etwa 0,5 mH/km				

5. Dreileiterdruckkabel 60 kV

Nennquerschnitt mm²	70	95	120	150	185	240	300	400
Betriebskapazität µF/km	0,28	0,30	0,32	0,35	0,38	0,43	0,47	0,53
Betriebsinduktivität mH/km	0,4	0,4	0,4	0,4	0,4	0,4	0,3	0,3

6. Dreileiterdruckkabel 110 kV

Nennquerschnitt mm²	95	120	150	185	240	300	400
Betriebskapazität µF/km	0,22	0,24	0,26	0,28	0,31	0,34	0,37
Betriebsinduktivität mH/km	0,4	0,4	0,4	0,4	0,4	0,3	0,3

Tabelle 8. *Eigenschaften von Freileitungsseilen nach DIN 48 201 und DIN 48 204*

Kupfer

Nennquerschnitt mm²	Drahtanzahl	Lagenanzahl	Drahtdurchmesser mm	Seildurchmesser mm *	Ohmscher Widerstand Ω/km **	Zulässiger Dauerstrom A ††
10	7	2	1,35	4,1	1,786	
16	7	2	1,7	5,1	1,123	115
25	7	2	2,1	6,3	0,738	151
35	7	2	2,5	7,5	0,525	174
50 {	7	2	3,0	9	0,364	234
	19	3	1,8	9	0,372	231
70	19	3	2,1	10,5	0,271	282
95	19	3	2,5	12,5	0,192	357
120	19	3	2,8	14	0,153	411
150	37	4	2,25	15,8	0,122	477
185	37	4	2,5	17,5	0,098	544
240	61	5	2,25	20,3	0,074	641
300	61	5	2,5	22,5	0,060	747

Stahlaluminium

Nennquerschnitt mm² ***	Aluminiummantel		Drahtdurchmesser mm	Ohmscher Widerstand Ω/km †	Seildurchmesser	Zulässiger Dauerstrom A ††
	Drahtanzahl	Lagenanzahl				
16/2,5	6	1	1,8	5,4	1,533	90
25/4	6	1	2,25	6,8	1,200	125
35/6	6	1	2,7	8,1	0,833	145
50/8	6	1	3,2	9,6	0,600	170
70/12	26	2	1,6	11,6	0,435	235
95/15	26	2	2,1	13,4	0,319	290
120/21	26	2	2,45	15,7	0,235	345
150/25	26	2	2,7	17,3	0,192	400
185/32	26	2	3,0	19,2	0,158	455
210/36	26	2	3,2	20,5	0,138	490
240/40	26	2	3,4	21,7	0,123	530
300/50	26	2	3,8	24,2	0,096	615
125/29	30	2	2,3	16,1	0,23	355
170/40	30	2	2,7	18,9	0,167	440
210/50	30	2	3,0	21,0	0,137	505
310/100	78	3	2,23	26,6	0,095	630
340/110	78	3	2,36	28,1	0,085	680

* Umschriebener Kreis.
** 20 °C, Gleichstrom.
*** Zweite Zahl = Nennquerschnitt des Stahlmantels.
† Berechnet für den Al-Mantel bei Gleichstrom. Bei vergleichsweise kleinen Wechselströmen auch für das Gesamtseil annähernd gültig, da die Zusatzverluste in der Stahlseele dadurch ausgeglichen werden, daß nur der Al-Mantel als leitend angenommen wurde. Im Gebiet des zulässigen Dauerstromes ergeben sich 10 ÷ 15% höhere Werte für den Widerstand des Gesamtseiles.
†† Für 40 °C Übertemperatur.

Formelsammlung

1.		
Frequenz einer Schwingung $T=$ Periode	$f = \dfrac{1}{T}$	(1.05)
Kreisfrequenz	$\omega = 2\pi f$	(1.06)
Effektivwert einer Sinusschwingung $\hat{S}=$ Scheitelwert	$S = \dfrac{1}{\sqrt{2}} \hat{S}$	(1.09)
Definition des Zeigers $\mathfrak{S}$ einer Sinusschwingung	$s = \hat{S} \cdot \cos(\omega t - \varphi)$ $= \dfrac{1}{2}[\hat{\mathfrak{S}} e^{j\omega t} + \hat{\mathfrak{S}}^* e^{-j\omega t}]$ $\hat{\mathfrak{S}} = \hat{S} e^{-j\varphi}$ $\mathfrak{S} = S e^{-j\varphi}$	(1.15)
2.		
Leistung von Wechselstrom und Wechselspannung	$P = UI \cdot \cos\varphi$ $= \dfrac{1}{2}(\mathfrak{U}\mathfrak{J}^* + \mathfrak{U}^*\mathfrak{J}) = Re(\mathfrak{U}\mathfrak{J}^*)$	(2.06) (2.10)
Spannung (EMK) am Widerstand R	$\mathfrak{U} = -R\mathfrak{J}$	(2.16)
Spannung (EMK) an der Selbstinduktivität L	$\mathfrak{U} = -j\omega L\mathfrak{J}$	(2.23)
Spannung (EMK) an der Kapazität C	$\mathfrak{U} = -\dfrac{1}{j\omega C}\mathfrak{J}$	(2.28)
Reihenschaltung von Impedanzen	$Z = Z_1 + Z_2$	(2.33)
Parallelschaltung von Impedanzen	$Z = \dfrac{Z_1 Z_2}{Z_1 + Z_2};$ $\dfrac{1}{Z} = Y = Y_1 + Y_2$	(2.34) (2.35)

3.

Ersatzstromquelle eines aktiven Zweipols U_L = Leerlaufspannung Z_i = innerer Widerstand	$\mathfrak{U} = \mathfrak{U}_L - Z_i \mathfrak{J}$	(3.01)
Spannung (EMK) an der Gegeninduktivität M	$\mathfrak{U}_2 = -j\omega M \mathfrak{J}_1$ (gleiche Zählpfeilrichtung für Strom und Spannung in beiden Wicklungen)	(3.09)
Kirchhoffsche Gesetze Knoten Masche	$\Sigma \mathfrak{J} = 0$ $\Sigma \mathfrak{U} = 0$	(3.10)
Symmetrische Spannungen bei Drehstrom $a = e^{j\frac{2\pi}{3}}$ $a^2 = e^{-j\frac{2\pi}{3}}$	$\mathfrak{U}_1 = \mathfrak{U}$ $\mathfrak{U}_2 = a^2 \mathfrak{U}$ $\mathfrak{U}_3 = a \mathfrak{U}$	(3.26)
Verkettete Spannungen	$\mathfrak{V} = \mathfrak{V}_{32} = \mathfrak{U}_3 - \mathfrak{U}_2 = j\sqrt{3}\,\mathfrak{U}$ $a^2 \mathfrak{V} = \mathfrak{V}_{13}$ $a \mathfrak{V} = \mathfrak{V}_{21}$	(3.28) bis (3.30)
Stern-Dreieckumwandlung Dreiecksimpedanzen Z_{ij} Sternimpedanzen Z_{i0} $\dfrac{1}{Z_0} = \dfrac{1}{Z_{10}} + \dfrac{1}{Z_{20}} + \dfrac{1}{Z_{30}}$ $Z = Z_{12} + Z_{23} + Z_{31}$ für $Z_{12} = Z_{23} = Z_{31} = Z_d$ und $Z_{10} = Z_{20} = Z_{30} = Z_s$ gilt	$Z_{ij} = \dfrac{Z_{i0} Z_{j0}}{Z_0}$ $i = 1, 2, 3;\ j = 1, 2, 3;\ i \neq j$ $Z_{i0} = \dfrac{Z_{ij} Z_{ki}}{Z}$ $i = 1, 2, 3;\ j = 1, 2, 3;\ k = 1, 2, 3$ $i \neq j \neq k$ $Z_s = \dfrac{1}{3} Z_d$	(3.46) bis (3.48) (3.49)

4.

Relative Streuspannung V_N = verkettete Nennspannung I_N = Nennstrom X = Streureaktanz	$u_\sigma = \dfrac{X I_N}{U_N} = \dfrac{X I_N \sqrt{3}}{V_N}$	(4.16)
Reduzierte Streuspannung u = relative Streuspannung P = Nennleistung	$u' = \dfrac{u}{P}$	

Berechnung der Kurzschlußleistung mit den reduzierten Streuspannungen		
Reihenschaltung	$P_K = \dfrac{1}{u'_A + u'_B}$	
Parallelschaltung	$P_K = \dfrac{1}{\dfrac{1}{u'_A} + \dfrac{1}{u'_B}}$	(4.27)

5.

Symmetrische Komponenten $\mathfrak{J}^0, \mathfrak{J}', \mathfrak{J}''$ der Ströme $\mathfrak{J}_1, \mathfrak{J}_2, \mathfrak{J}_3$	$\mathfrak{J}^0 = \dfrac{1}{3}(\mathfrak{J}_1 + \mathfrak{J}_2 + \mathfrak{J}_3)$	(5.12)
	$\mathfrak{J}' = \dfrac{1}{3}(\mathfrak{J}_1 + a\mathfrak{J}_2 + a^2\mathfrak{J}_3)$	(5.14)
	$\mathfrak{J}'' = \dfrac{1}{3}(\mathfrak{J}_1 + a^2\mathfrak{J}_2 + a\mathfrak{J}_3)$	(5.16)
Ursprüngliche Ströme $\mathfrak{J}_1, \mathfrak{J}_2, \mathfrak{J}_3$ der symmetrischen Komponenten $\mathfrak{J}^0, \mathfrak{J}', \mathfrak{J}''$	$\mathfrak{J}_1 = \mathfrak{J}^0 + \mathfrak{J}' + \mathfrak{J}''$	(5.17)
	$\mathfrak{J}_2 = \mathfrak{J}^0 + a^2\mathfrak{J}' + a\mathfrak{J}''$	(5.18)
	$\mathfrak{J}_3 = \mathfrak{J}^0 + a\mathfrak{J}' + a^2\mathfrak{J}''$	(5.19)

6.

Gleichungen des zyklisch symmetrischen Drehstromnetzes	$-\mathfrak{U}_1 = Z\mathfrak{J}_1 + Z_A\mathfrak{J}_2 + Z_B\mathfrak{J}_3$ $-\mathfrak{U}_2 = Z_B\mathfrak{J}_1 + Z\mathfrak{J}_2 + Z_A\mathfrak{J}_3$ $-\mathfrak{U}_3 = Z_A\mathfrak{J}_1 + Z_B\mathfrak{J}_2 + Z\mathfrak{J}_3$	(6.14)
Symmetrische Impedanzen des zyklisch symmetrischen Drehstromnetzes	$Z^0 = Z + Z_A + Z_B$	(6.16)
	$Z' = Z + a^2 Z_A + a Z_B$	(6.17)
	$Z'' = Z + a Z_A + a^2 Z_B$	(6.18)
Gleichungen der symmetrischen Komponenten des zyklisch symmetrischen Drehstromnetzes	$\mathfrak{U}^0 = -Z^0 \mathfrak{J}^0$	(6.20)
	$\mathfrak{U}' = -Z' \mathfrak{J}'$	(6.21)
	$\mathfrak{U}'' = -Z'' \mathfrak{J}''$	(6.22)
Kirchhoffsche Gesetze für symmetrische Komponenten Knoten Masche	$\sum \mathfrak{J}^0 = \sum \mathfrak{J}' = \sum \mathfrak{J}'' = 0$ $\sum \mathfrak{U}^0 = \sum \mathfrak{U}' = \sum \mathfrak{U}'' = 0$	(6.32) bis (6.35)
Ersatzstromquelle im Drehstromnetz	$\mathfrak{U}_1 = \mathfrak{U}_{1L} - Z_{11}\mathfrak{J}_1 - Z_{12}\mathfrak{J}_2 - Z_{13}\mathfrak{J}_3$ $\mathfrak{U}_2 = \mathfrak{U}_{2L} - Z_{21}\mathfrak{J}_1 - Z_{22}\mathfrak{J}_2 - Z_{23}\mathfrak{J}_3$ $\mathfrak{U}_3 = \mathfrak{U}_{3L} - Z_{31}\mathfrak{J}_1 - Z_{32}\mathfrak{J}_2 - Z_{33}\mathfrak{J}_3$	(6.38)
Symmetrische Ersatzstromquellen	$\mathfrak{U}^0 = \mathfrak{U}^0_L - Z^0 \mathfrak{J}^0$ $\mathfrak{U}' = \mathfrak{U}'_L - Z' \mathfrak{J}'$ $\mathfrak{U}'' = \mathfrak{U}''_L - Z'' \mathfrak{J}''$	(6.40)

7.

Komponentengleichungen der Kurzschlüsse im zyklisch symmetrischen Netz bei symmetrischer Speisung

Dreipoliger Erdkurzschluß	$\mathfrak{U}'_L - \mathfrak{J}' Z' = 0$	
Dreipoliger Kurzschluß	$\mathfrak{U}'_L - \mathfrak{J}' Z' = 0$	(7.09)
Einpoliger Erdschluß	$\mathfrak{U}'_L - (Z^0 + Z' + Z'')\mathfrak{J}' = 0$	(7.12)
	$\mathfrak{J}^0 = \mathfrak{J}' = \mathfrak{J}'' = 0$	(7.15)
Zweipoliger Kurzschluß	$\mathfrak{U}'_L - (Z' + Z'')\mathfrak{J}' = 0$	(7.29)
	$\mathfrak{J}^0 = 0; \quad \mathfrak{J}' = -\mathfrak{J}''$	(7.26) (7.27)
Zweipoliger Erdkurzschluß	$\mathfrak{U}'_L - \mathfrak{J}'\left(Z' + \dfrac{Z'' Z^0}{Z'' + Z^0}\right) = 0$	(7.39)
	$\mathfrak{J}'' = -\mathfrak{J}' \dfrac{Z^0}{Z' + Z''}$	(7.40)
	$\mathfrak{J}^0 = -\mathfrak{J}' \dfrac{Z''}{Z'' + Z^0}$	(7.41)

10.

Nullimpedanzen von Dreischenkel-Zweiwicklungstransformatoren

Zwischen Primär- und Sekundärseite	$Z^0_{ps} \approx Z'$	bei Yy mit geerdeten Sternpunkten
	$Z^0_{ps} \approx \infty$	bei Yd u. Yy mit einem geerdeten Sternpunkt
Zwischen Primärseite und Erde	$Z^0_{p0} \approx 5 Z'$	bei Yy mit geerdetem primären Sternpunkt
	$Z^0_{p0} \approx 0{,}85 Z'$	bei Yd mit geerdetem Sternpunkt
Zwischen Sekundärseite und Erde	$Z^0_{s0} \approx Z'$	bei Dy mit geerdetem Sternpunkt
	$Z^0_{s0} \approx 0{,}1 Z'$	bei Yz mit geerdetem Sternpunkt

12.

Symmetrische Impedanzen der Induktionsmaschine bei vernachlässigtem Leerlaufstrom

$X_{\sigma p}$ = primäre Streureaktanz (Ständerstreureaktanz)

R_p = primärer Widerstand (Ständerwiderstand)

$Z' = j X_{\sigma p} + R_p + j \bar{X}_{\sigma s} + \dfrac{\bar{R}_s}{s}$	(12.28) (12.29)
$Z'' = j X_{\sigma p} + R_p + j \bar{X}_{\sigma s} + \dfrac{\bar{R}_s}{2-s}$	(12.22) (12.24)
$Z^0 = j X_{\sigma p} + R_p$	(12.30)

Formelsammlung

$\overline{X}_{\sigma s}$ = auf den Ständer bezogene sekundäre (Läufer-) Streureaktanz $\overline{R}_s$ = auf den Ständer bezogener sekundärer (Läufer-) Widerstand s = Schlupf		
Drehmoment des Mitsystems der Induktionsmaschine p = Polpaarzahl $\overline{I}'_s$ = Mitkomponente des auf den Läufer bezogenen Ständerstromes	$M = 3p \dfrac{\overline{R}_s (\overline{I}'_s)^2}{s\omega}$	(12.27)
Drehmoment des Gegensystems der Induktionsmaschine	$M = -3p \dfrac{\overline{R}_s (\overline{I}''_s)^2}{(2-s)\omega}$	(12.29)
13.		
Anfangsreaktanz der Synchronmaschine X_σ = Ständerstreureaktanz $X_{D\sigma}$ = Dämpferstreureaktanz	$X_A = X_\sigma + X_{D\sigma}$	(13.23)
Übergangsreaktanz der Synchronmaschine $X_{f\sigma}$ = Erregerstreureaktanz	$X_B = X_\sigma + X_{f\sigma}$	(13.24)
Synchrone Reaktanz der Synchronmaschine X_H = Hauptreaktanz	$X = X_\sigma + X_H$	(13.24)
14.		
Mittlerer (geom.) Abstand r_{ij} zweier Flächen f_i und f_j (Flächeninhalt F_i und F_j) r = Abstand der Flächendifferentiale df_i und df_j	$\ln \dfrac{1}{r_{ij}} = \dfrac{1}{F_i F_j} \displaystyle\int\limits_{f_i}\!\!\int\limits_{f_j} \ln \dfrac{1}{r}\, df_i\, df_j$	(14.22)
Selbstinduktivitäten und Gegeninduktivitäten eines Zweileitersystems ($i_1 = -i_2$) r_{ij} = mittlere Abstände nach (14.22)	$L_{11} = \dfrac{\mu}{2\pi} \ln \dfrac{1}{r_{11}}$ $L_{12} = \dfrac{\mu}{2\pi} \ln \dfrac{1}{r_{12}}$ $L_{22} = \dfrac{\mu}{2\pi} \ln \dfrac{1}{r_{22}}$	(14.23) bis (14.25)

Induktivität eines Leiters eines Zweileitersystems d = Mittenabstand bei beiden gleichen, parallelen, geraden, zylindrischen, die Schleife bildenden Leiter R = Leiterradius	$L = L_{11} + L_{12} = \dfrac{\mu}{2\pi}\left(\ln\dfrac{d}{R} + 0{,}25\right)$ $= \left[2\ln\dfrac{d}{R} + 0{,}5\right]10^{-4}\,\dfrac{\mathrm{H}}{\mathrm{km}}$	(14.39)
Mittlerer Radius eines n-Leiterbündels d_{ij} = mittlere Leiterabstände r = mittlerer Leiterradius, z. B. nach Tabelle 4 S. 179	$r_m = \sqrt[n^2]{r^n d_{12}^2 d_{23}^2 d_{34}^2 \cdots d_{n-1,n}^2}$	(14.43)
Mittlerer Abstand zweier n-Leiterbündel	$d_m = \sqrt[n^2]{d_{11}d_{12}d_{13}\cdots d_{1n}d_{21}d_{22}\cdots d_{2n}\cdots \\ \cdots d_{n1}\cdots d_{nn}}$	(14.50)
Mitimpedanz einer Drehstromleitung	$X' = X'' = \dfrac{1}{3}[X_{11} + X_{22} + X_{33} -$ $- X_{12} - X_{23} - X_{31}]$ $X' = X'' = 0{,}1445\log\sqrt[3]{\dfrac{d_{12}d_{23}d_{31}}{r_1 r_2 r_3}}\,\dfrac{\Omega}{\mathrm{km}}$	(14.55) (14.56)

15.

Impedanz eines Leiters mit Erdrückleitung $D_e = 660\sqrt{\dfrac{\dfrac{\varrho}{\Omega\,\mathrm{m}}}{\dfrac{f}{\mathrm{Hz}}}}\,\mathrm{m}$ ϱ = spezifischer Widerstand der Erde R = Widerstand des Leiters	$Z = R + \dfrac{1}{4}\mu\pi f + \mathrm{j}\mu f\cdot\ln\dfrac{D_e}{r}$ für $f = 50$ Hz und $\varrho = 100\,\Omega\,\mathrm{m}$ gilt $Z = R +$ $+\left[0{,}0493 + \mathrm{j}\cdot 0{,}1445\log\dfrac{933}{\dfrac{r}{\mathrm{m}}}\right]\dfrac{\Omega}{\mathrm{km}}$	(15.29) (15.31)
Gegenimpedanz zweier gleicher Leiter mit Erdrückleitung d = Abstand der Leiter	$Z_g = \dfrac{1}{4}\mu\pi f + \mathrm{j}\mu f\cdot\ln\dfrac{D_e}{r}$ für $f = 50$ Hz und $\varrho = 100\,\Omega\,\mathrm{m}$ gilt $Z_g = \left[0{,}0493 + \mathrm{j}\cdot 0{,}1445\log\dfrac{933}{\dfrac{d}{\mathrm{m}}}\right]\dfrac{\Omega}{\mathrm{km}}$	(15.30) (15.32)
Resultierende Impedanz eines Leiters a mit Erdrückleitung und parallelem Erdseil b	$Z = Z_a - Z_g + \dfrac{Z_g(Z_b - Z_g)}{Z_b}$	(15.36)

Nullimpedanzen von Drehstromleitungen, Näherungsformeln	
Einfachleitung ohne Erdseil	$Z^\circ \approx 3{,}5\,Z'$
Doppelleitung ohne Erdseil	$Z^\circ \approx 5{,}5\,Z'$
Einfachleitung mit unmagnetischem Erdseil	$Z^\circ \approx 2\,Z'$
Doppelleitung mit unmagnetischem Erdseil	$Z^\circ \approx 3\,Z'$

16.

Kapazität zweier Leiter $d=$ Abstand der Leiter $R=$ Radius der Leiter $d \gg R$	$C = \dfrac{\pi\,\varepsilon}{\ln\dfrac{d}{R}} = \dfrac{0{,}0121}{\log\dfrac{d}{R}}\,\dfrac{\mu\text{F}}{\text{km}}$	(16.16) (16.17)
Kapazität eines Leiters gegen Erde $h=$ Erdabstand des Leiters $h \gg R$	$C = \dfrac{2\,\pi\,\varepsilon}{\ln\dfrac{2h}{R}} = \dfrac{0{,}0242}{\log\dfrac{2h}{R}}\,\dfrac{\mu\text{F}}{\text{km}}$	(16.20) (16.21)
Berechnung der Kapazitäten von Mehrleitersystemen Ausgangsgleichungen $U_i =$ Spannung des Leiters i $Q_j =$ Ladung des Leiters j $P_{ij} = \dfrac{1}{2\,\pi\,\varepsilon}\ln\dfrac{D_{ij}}{d_{ij}},\ i \neq j$ $P_{ii} = \dfrac{1}{2\,\pi\,\varepsilon}\ln\dfrac{2\,h_i}{r_i}$ $D_{ij}=$ Abstand des Leiters i vom Spiegelbild des Leiters j $d_{ij}=$ Abstand des Leiters i vom Leiter j $h_i=$ Höhe des Leiters i über Erde Bei Freileitungen mit dem Durchgang f setzt man: $h_i = \bar{h}_i - 0{,}7 f$ $\bar{h}_i=$ Höhe der Leiteraufhängung über Erde	$U_i = \sum\limits_j P_{ij}\,Q_j$	(16.40)
Aus (16.40) folgt: Definitionsgleichung der Teilkapazitäten	$Q_i = \sum\limits_j K_{ij}\,U_j$ $Q_i = C_{ii}\,U_i + \sum C_{i;j}(U_i - U_j)$ $C_{ii} = \sum K_{ii}$ $C_{i;j} = -K_{ij}$	(16.43) (16.44) (16.48) (16.47)

Nullkapazität einer Drehstromleitung ohne Erdseil	$C^0 = \dfrac{3}{P_{11}+P_{22}+P_{33}+2P_{12}+2P_{23}+2P_{31}}$	(16.53)
r_m nach (14.43), jedoch ist r der Leiterradius, nicht der mittlere Radius	$= \dfrac{6\pi\varepsilon}{\ln\dfrac{D_{11}D_{22}D_{33}D_{12}^2 D_{23}^2 D_{31}^2}{r_1 r_2 r_3 d_{12}^2 d_{23}^2 d_{31}^2}}$	(16.54)
D_m nach (14.50)	$= \dfrac{0{,}0242}{3\log\dfrac{D_m}{r_m}}\dfrac{\mu\mathrm{F}}{\mathrm{km}}$	(16.57)
Betriebskapazität (Mitkapazität) einer Drehstromleitung ohne Erdseil	$C' = \dfrac{3}{P_{11}+P_{22}+P_{33}-P_{12}-P_{23}-P_{31}}$	(16.65)
	$= \dfrac{6\pi\varepsilon}{\ln\dfrac{D_{11}D_{22}D_{33}d_{12}d_{23}d_{31}}{r_1 r_2 r_3 D_{12}D_{23}D_{31}}}$	(16.66)
Drehstromleitung mit einem Erdseil (4) Statt P_{ij} ist einzusetzen	$\bar{P}_{ij} = P_{ij} - \dfrac{P_{i4} P_{4j}}{P_{44}}$	
Drehstromleitung mit Erdseilen (4 und 5) Statt P_{ij} ist einzusetzen	$\bar{P}_{ij} = P_{ij} -$ $- \left[\dfrac{P_{i4}(P_{4j}P_{55}-P_{5j}P_{45})}{P_{44}\cdot P_{55}-P_{45}^2} + \right.$ $\left. + \dfrac{P_{i5}(P_{5j}P_{44}-P_{4j}P_{45})}{P_{44}\cdot P_{55}-P_{45}^2}\right]$	(16.70)

17.

Leitungsgleichungen $\mathfrak{U}_a = \text{Spannung}$ $\mathfrak{J}_a = \text{Strom}$ am Leitungsanfang $\mathfrak{U}_e = \text{Spannung}$ $\mathfrak{J}_e = \text{Strom}$ am Leitungsende $\Lambda = l\lambda = l\sqrt{zy}$ $W = \sqrt{\dfrac{z}{y}}$ $l = \text{Leitungslänge}$ $z = r + js = \text{Impedanz je Längeneinheit}$ $y = g + jb = \text{Leitwert je Längeneinheit}$ Ersatz der Leitung durch Vierpole T-Glied Querleitwert	$\mathfrak{U}_a = \mathfrak{U}_e \cdot \operatorname{ch}\Lambda + W\mathfrak{J}_e \cdot \operatorname{sh}\Lambda$ $\mathfrak{J}_a = \dfrac{1}{W}\mathfrak{U}_e \cdot \operatorname{sh}\Lambda + \mathfrak{J}_e \cdot \operatorname{ch}\Lambda$ $Q = Y\dfrac{\operatorname{sh}\Lambda}{\Lambda} = \dfrac{1}{W}\cdot\operatorname{sh}\Lambda$	(17.19)
Längsimpedanzen	$P = \dfrac{Z}{2}\dfrac{\operatorname{th}\dfrac{\Lambda}{2}}{\dfrac{\Lambda}{2}} = W\cdot\operatorname{th}\dfrac{\Lambda}{2}$	(17.21) bis

Π-Glied Querleitwerte	$S = \dfrac{Y}{2} \dfrac{\operatorname{th} \dfrac{\Lambda}{2}}{\dfrac{\Lambda}{2}} = \dfrac{1}{W} \cdot \operatorname{th} \dfrac{\Lambda}{2}$	(17.26)
Längsimpedanz $Y = yl;\ Z = zl$	$T = Z \dfrac{\operatorname{sh} \Lambda}{\Lambda} = W \cdot \operatorname{sh} \Lambda$	

18.
Einphasenkabel

Selbstinduktivität $A = \dfrac{r_i + r_a}{2}$ $r_i =$ innerer $\bigr\}$ Radius des $r_a =$ äußerer $\bigr\}$ Mantels $r_m =$ mittlerer Radius des Leiters, z.B. nach Tabelle 4 S. 179	$L_1 = \dfrac{\mu}{2\pi} \ln \dfrac{A}{r_m} = 0{,}4605 \log \dfrac{A}{r_m} \dfrac{\text{mH}}{\text{km}}$	(18.05) (18.06)
Reaktanz	$X_1 = 0{,}1445 \log \dfrac{A}{r_m} \dfrac{\Omega}{\text{km}}$	
Kapazität $r =$ Radius des Leiters $R = r_i$ $\varepsilon_r =$ relative Permeabilität der Isolierung	$C = \dfrac{2\pi\varepsilon}{\ln \dfrac{R}{r}} = 0{,}0242 \dfrac{\varepsilon_r}{\log \dfrac{R}{r}} \dfrac{\mu\text{F}}{\text{km}}$	(18.18)

Drehstromkabel

Drei Einleiterkabel Mitreaktanz $d_m = \sqrt[3]{d_{12} d_{23} d_{31}}$ $d_{ij} =$ Abstände der Kabelachsen $r_m =$ mittlerer Radius der Leiter, z.B. nach Tabelle 4 S. 179	$X' = 0{,}1445 \log \dfrac{d_m}{r_m} \dfrac{\Omega}{\text{km}}$	(18.08)
Nullimpedanz Z nach (15.31) Z_g nach (15.32) mit $D_m = \sqrt{A^3 d_{12}^2 d_{23}^2 d_{31}^2}$ $d_{ij} =$ Abstand der Achse des Mantels des Kabels i von der Achse des Leiters des Kabels j $R_s =$ Widerstand eines Mantels	$Z^0 = 3\left(Z - Z_g + \dfrac{Z_g R_s}{Z_g + R_s}\right)$	(18.15)

Symmetrische Kapazitäten	$C^0 = C' = C'' = C$ nach (18.18)
Dreileiterkabel	
Mitreaktanz	wie bei Einleiterkabeln
Nullimpedanz	wie bei Einleiterkabeln, jedoch mit $D_m = A$
Betriebskapazität	
Gürtelkabel	$C' = 0{,}0556 \dfrac{\varepsilon_r}{G} \dfrac{\mu\mathrm{F}}{\mathrm{km}}$
	G aus Abb. 242
Höchstätter Kabel	$C' =$ nach (18.18)
Nullkapazität	
Gürtelkabel	$C^0 = 0{,}0556 \dfrac{\varepsilon_r}{G_1} \dfrac{\mu\mathrm{F}}{\mathrm{km}}$
	G_1 aus Abb. 242
Höchstätter Kabel	$C^0 =$ nach (18.18)

19.

Übergang zu symmetrischen Komponenten als Transformation	$\mathfrak{I}^i = S^i_j \mathfrak{I}_j$	(19.10)
Symmetrierungsmatrix	$S^i_j = \dfrac{1}{3}\begin{pmatrix} 1, & 1, & 1 \\ 1, & a, & a^2 \\ 1, & a^2, & a \end{pmatrix}$	
Entsymmetrierung	$\mathfrak{I}_i = T^j_i \mathfrak{I}^j$	(19.14)
Entsymmetrierungsmatrix	$T^j_i = \begin{pmatrix} 1, & 1, & 1 \\ 1, & a^2, & a \\ 1, & a, & a^2 \end{pmatrix}$	
	$S^i_j T^k_j = \delta^{ik} = \begin{pmatrix} 1, & 0, & 0 \\ 0, & 1, & 0 \\ 0, & 0, & 1 \end{pmatrix} = \delta_{ik} = T^j_i S^j_k$	(19.17)
Ersatzstromquellen im Drehstromnetz	$\mathfrak{U}_i = \mathfrak{U}_{iL} - Z_{ij}\mathfrak{I}_j$	
	$\mathfrak{U}^i = \mathfrak{U}^i_L - Z^{ij}\mathfrak{I}^j = S^i_j\mathfrak{U}_{jL} - S^i_j Z_{jk} T^l_k \mathfrak{I}^l$	(19.24)
	$Z^{il} = S^i_j Z_{jk} T^l_k$	(19.25)
Berechnung der symmetrischen Fehlerströme $\mathfrak{I}^i$ mit Hilfe der Fehlerimpedanzen Z^{ij}_F	$\mathfrak{I}^i = (Z^{ij} + Z^{ij}_F)^{-1} \mathfrak{U}^j_L$	(19.41)
$(Z^{ij} + Z^{ij}_F)^{-1}$ für die verschiedenen Fehlerarten nach (19.44) bis (19.48)		

20.

Achtpolgleichungen im Drehstromnetz

$\mathfrak{U}_i, \mathfrak{J}_i$ = Ausgangsgrößen des Achtpols

$\mathfrak{E}_i, \mathfrak{J}_i$ = Eingangsgrößen

$$\mathfrak{E}_i = A_{ij}\mathfrak{U}_j + B_{ij}\mathfrak{J}_j$$
$$\mathfrak{J}_i = C_{ij}\mathfrak{U}_j + D_{ij}\mathfrak{J}_j$$
(20.07)

Umkehrsatz bei Achtpolen

$$A_{ij}(C_{jk})^{-1}D_{kl}C_{lm} - B_{il}C_{lm} = \delta_{lm}$$
(20.23)

Symmetrische Achtpolgleichungen

$$\mathfrak{E}^i = A^{ij}\mathfrak{U}^j + B^{ij}\mathfrak{J}^j$$
$$\mathfrak{J}^i = C^{ij}\mathfrak{U}^j + D^{ij}\mathfrak{J}^j$$
(20.27)

(20.27) zerfällt bei zyklisch symmetrischem Netz in Vierpolgleichungen

$$\mathfrak{E}^0 = A^0\mathfrak{U}^0 + B^0\mathfrak{J}^0$$
$$\mathfrak{J}^0 = C^0\mathfrak{U}^0 + D^0\mathfrak{J}^0$$

$$\mathfrak{E}' = A'\mathfrak{U}' + B'\mathfrak{J}'$$
$$\mathfrak{J}' = C'\mathfrak{U}' + D'\mathfrak{J}'$$

$$\mathfrak{E}'' = A''\mathfrak{U}'' + B''\mathfrak{J}''$$
$$\mathfrak{J}'' = C''\mathfrak{U}'' + D''\mathfrak{J}''$$

21.

Ersatzstromquellen bei Doppelfehlern

$\mathfrak{E}_i, \mathfrak{J}_i$ = Größen an der einen Fehlerstelle

$\mathfrak{U}_i, \mathfrak{J}_i$ = Größen an der anderen Fehlerstelle

$$\mathfrak{E}_i = \mathfrak{E}_{iL} - R_{ij}\mathfrak{J}_j - D_{ij}\mathfrak{J}_j$$
$$\mathfrak{U}_i = \mathfrak{U}_{iL} - Z_{ij}\mathfrak{J}_j - E_{ij}\mathfrak{J}_j$$
(21.01)

Symmetrische Ersatzstromquellen

$$\mathfrak{E}^i = \mathfrak{E}^i_L - R^{ij}\mathfrak{J}^j - D^{ij}\mathfrak{J}^j$$
$$\mathfrak{U}^i = \mathfrak{U}^i_L - Z^{ij}\mathfrak{J}^j - E^{ij}\mathfrak{J}^j$$
(21.02)

Die Impedanzen R, D, Z, E und die Leerlaufspannungen $\mathfrak{E}_L$ und $\mathfrak{U}_L$ können z. B. durch Messung bestimmt werden. Dann liefern (21.01) oder (21.02) 6 Gleichungen für 12 Unbekannte. Aus den Randbedingungen an den Fehlerstellen ergeben sich 6 weitere Gleichungen.

Bei zyklisch symmetrischem Netz zerfällt (21.02) in 3 Systeme von je 2 Gleichungen mit 4 Unbekannten. Weitere 6 Gleichungen für die einzelnen Fehlerfälle können Tabelle 6 (S.253) entnommen werden.

22.

Diagonalkomponenten $(\alpha - \beta - 0)$-Komponenten)

$$\mathfrak{U}^0 = \frac{1}{3}(\mathfrak{U}_1 + \mathfrak{U}_2 + \mathfrak{U}_3)$$

$$\mathfrak{U}^\alpha = \mathfrak{U}_1 - \mathfrak{U}^0 = \frac{2}{3}\mathfrak{U}_1 - \frac{1}{3}\mathfrak{U}_2 - \frac{1}{3}\mathfrak{U}_3$$

$$\mathfrak{U}^\beta = \frac{1}{\sqrt{3}}(\mathfrak{U}_2 - \mathfrak{U}_3)$$

(22.01) bis (22.04)

Übergang zu Diagonalkomponenten als Transformation	$\mathfrak{U}^\mu = K^\mu_{\cdot i} \mathfrak{U}_i$	(22.06)
	$K^\mu_{\cdot i} = \dfrac{1}{3}\begin{pmatrix} 1, & 1, & 1 \\ 2, & -1, & -1 \\ 1, & -\dfrac{1}{2}, & -\dfrac{1}{2}\sqrt{3} \end{pmatrix}$	(22.07)
Übergang zu den Drehstromgrößen	$\mathfrak{U}_i = L_i^{\cdot \mu} \mathfrak{U}^\mu$	(22.11)
	$L_i^{\cdot \mu} = \begin{pmatrix} 1, & 1, & 10 \\ 1, & -\dfrac{1}{2}, & \dfrac{1}{2}\sqrt{3} \\ 1, & -\dfrac{1}{2}, & -\dfrac{1}{2}\sqrt{3} \end{pmatrix}$	
Ersatzstromquellen bei Doppelfehlern	$\mathfrak{E}^\mu = \mathfrak{E}^\mu_L - R^{\mu\nu}\mathfrak{J}^\nu - D^{\mu\nu}\mathfrak{J}^\nu$ $\mathfrak{U}^\mu = \mathfrak{U}^\mu_L - Z^{\mu\nu}\mathfrak{J}^\nu - E^{\mu\nu}\mathfrak{J}^\nu$ Für den Fall, daß im ursprünglichen Netz nach (21.07) z. B. $Z_{ij} = M$, wenn $i \neq j$ und $Z_{ij} = Z$, wenn $i = j$ und analoge Beziehungen für die R, D und E gelten, zerfällt (22.44) in 3 Systeme von je 2 Gleichungen mit 4 Unbekannten. Weitere 6 Gleichungen ergeben sich für die einzelnen Fehlerfälle nach Tabelle 7 (S. 267).	(22.44)
Transformator in Sterndreieckschaltung $\mathfrak{U}, \mathfrak{J}$ = Größen auf der Dreieckseite $\mathfrak{E}, \mathfrak{J}$ = Größen auf der Sternseite $ü = \dfrac{w_s}{w_p}$	$\mathfrak{U}^0 = 0 \qquad \mathfrak{J}^0 = 0$ $\mathfrak{U}^\alpha = \dfrac{ü}{\sqrt{3}}\mathfrak{E}^\beta \qquad \mathfrak{J}^\alpha = \dfrac{\sqrt{3}}{ü}\mathfrak{J}^\beta$ $\mathfrak{U}^\beta = -\dfrac{ü}{\sqrt{3}}\mathfrak{E}^\alpha \qquad \mathfrak{J}^\beta = -\dfrac{\sqrt{3}}{ü}\mathfrak{J}^\alpha$	

23.

Zusammenhang von Diagonalkomponenten $\mathfrak{U}^\mu$ und symmetrischen Komponenten $\mathfrak{U}^i$	$\mathfrak{U}^i = Q^{i\mu}\mathfrak{U}^\mu$	(23.05)
	$Q^{i\mu} = S^i_j L_j^{\cdot \mu} = \dfrac{1}{2}\begin{pmatrix} 2, & 0, & 0 \\ 0, & 1, & j \\ 0, & 1, & -j \end{pmatrix}$	(23.07)
	$\mathfrak{U}^\mu = P^{\mu j}\mathfrak{U}^j$	(23.01)
	$P^{\mu j} = K^\mu_{\cdot i}T^j_i = \begin{pmatrix} 1, & 0, & 0 \\ 0, & 1, & 1 \\ 0, & -j, & j \end{pmatrix}$	(23.08)

Formelsammlung 353

Berechnung der Impedanzen der Diagonalkomponenten $Z^{\mu\nu}$ aus den Impedanzen der symmetrischen Komponenten Z^{ij}	$Z^{\mu\nu} = P^{\mu i} Z^{ij} Q^{j\nu}$ $= \dfrac{1}{2}\begin{pmatrix} 2Z^0, & 0, & 0 \\ 0, & Z'+Z'', & j(Z'-Z'') \\ 0, & -j(Z'-Z''), & Z'+Z'' \end{pmatrix}$	(23.09)

24.

Zusammenschalten zweier Zweipole	$\mathfrak{L}(u_L - v_L) = [Z(p) + W(p)]\,\mathfrak{L}\,i$	(24.13)
$i(t) =$ Ausgleichstrom über den Schalter	$\mathfrak{L}\,u = \mathfrak{L}\,u_L - Z(p)\,\mathfrak{L}\,i = \mathfrak{L}\,v_L - W(p)\,\mathfrak{L}\,i$	(24.15)
$u_L(t), v_L(t) =$ Leerlaufspannungen		
$u(t) =$ Klemmenspannung nach dem Zusammenschalten		
$\mathfrak{L}\ldots =$ Laplace-Transformierte		
$Z(p), W(p) =$ Impedanzfunktionen im Bildbereich der Laplace-Transformation		
Laplace-Transformation	$\mathfrak{L}f(t) = \int\limits_0^\infty f(t)\,\mathrm{e}^{-pt}\,dt$	
Differentiationssatz	$\mathfrak{L}\,\dfrac{df(t)}{dt} = p\,\mathfrak{L}f(t) - f(0)$	
Integrationssatz	$\mathfrak{L}\int\limits_0^t f(t)\,dt = \dfrac{1}{p}\,\mathfrak{L}f(t)$	
Bildfunktionen	$\mathfrak{L}\sin\omega t = \dfrac{\omega}{p^2 + \omega^2}$	
	$\mathfrak{L}\cos\omega t = \dfrac{p}{p^2 + \omega^2}$	
	$\mathfrak{L}\,\mathrm{e}^{\delta t} = \dfrac{1}{p - \delta}$	
Trennen zweier Zweipole	$\mathfrak{L}\,\tilde{u} = -Z(p)\,\mathfrak{L}\,\tilde{\imath}$	(24.24)
$\tilde{u}(t) =$ Ausgleichspannung am Zweipol nach der Unterbrechung des Stromes $\tilde{\imath}(t)$		
$\tilde{u} = u - \bar{u}$		
$u =$ Spannung am Zweipol nach der Unterbrechung		
$\bar{u} =$ Spannung am Zweipol vor der Unterbrechung		
$\tilde{\imath} = -\bar{\imath}$		

354 Formelsammlung

Schaltvorgänge im Drehstromnetz $\tilde{w}_0, \tilde{w}_i =$ Ausgleichspannungen über den Schaltern $\tilde{i}_i =$ Ausgleichsströme über die Schalter	$\mathfrak{L}\,\tilde{w}_i + \mathfrak{L}\,\tilde{w}_0 = [Z_{ij} + W_{ij}]\,\mathfrak{L}\,\tilde{i}_j$	(24.37)

25.

Schaltvorgänge in symmetrischen Komponenten $\tilde{w}^i = S_j^i(\tilde{w}_j - \tilde{w}_0)$	$\mathfrak{L}\,\tilde{w}^i = [Z^{ij} + W^{ij}]\,\mathfrak{L}\,\tilde{i}^j$	(25.09)

26.

Schaltvorgänge in Diagonalkomponenten $\tilde{w}^\mu = K^\mu{}_i(\tilde{w}_i - \tilde{w}_0)$	$\mathfrak{L}\,\tilde{w}^\mu = [Z^{\mu\nu} + W^{\mu\nu}]\,\mathfrak{L}\,\tilde{i}^\nu$	(26.01)

27.

Wellengleichungen der homogenen Einfachleitung ohne Verluste	$\dfrac{\partial^2 U}{\partial x^2} = C L \dfrac{\partial^2 U}{\partial t^2}$	(27.04)
	$\dfrac{\partial^2 I}{\partial x^2} = C L \dfrac{\partial^2 I}{\partial t^2}$	(27.05)
Allgemeine Lösung der Wellengleichungen $v = \dfrac{1}{\sqrt{LC}}\;;\;\; W = \sqrt{\dfrac{L}{C}}$	$U = f(x - vt) + g(x + vt)$	(27.08)
	$I = \dfrac{1}{W}\left[f(x - vt) - g(x + vt)\right]$	(27.09)
Sprungfunktion	$\bar{f}(x - vt) = \begin{cases} 1 & \text{für}\;\; x < vt \\ 0 & \text{für}\;\; x > vt \end{cases}$	
Wellengleichungen bei Drehstromleitungen	$\dfrac{\partial^2 U_i}{\partial x^2} = L_{ij} K_{jk} \dfrac{\partial^2 U_k}{\partial t^2}$	(27.21)
	$\dfrac{\partial^2 I_i}{\partial x^2} = L_{ij} K_{jk} \dfrac{\partial^2 I_k}{\partial t^2}$	(27.22)
Wellengleichungen in symmetrischen Komponenten bei zyklisch symmetrischem Netz	$\dfrac{\partial^2 U^0}{\partial x^2} = L^0 K^0 \dfrac{\partial^2 U^0}{\partial t^2}$ $\dfrac{\partial^2 U'}{\partial x^2} = L' K' \dfrac{\partial^2 U'}{\partial t^2}$ $\dfrac{\partial^2 U''}{\partial x^2} = L'' K'' \dfrac{\partial^2 U''}{\partial t^2}$	(27.36)
Reflexion und Brechung von Wellen $U_A =$ von einer Leitung mit W_A auf eine Leitung mit W_B auflaufende Welle	Reflektierte Welle: $U_R = U_A \dfrac{W_B - W_A}{W_B + W_A}$	(27.68)
	Gebrochene Welle: $U_B = U_A \dfrac{2 W_B}{W_B + W_A}$	(27.69)

Schrifttum

zu Kap. 1-4

KENNELLY, A. E.: The equivalence of triangles and threepointed stars in conducting networks. Elect. World and Eng. Bd. XXXIV (1899) S. 413

LANDOLT, M.: Komplexe Zahlen und Zeiger in der Wechselstromlehre. Berlin: Springer 1936

FISCHER, J.: Einführung in die klassische Elektrodynamik. Berlin: Springer 1936

FLEGLER, E.: Grundgebiete der Elektrotechnik. Heidelberg: Carl Winter 1948

POHL, R. W.: Einführung in die Elektrizitätslehre. Berlin/Göttingen/Heidelberg: Springer 1949.

MÖLLER, H. G.: Behandlung von Schwingungsaufgaben mit komplexen Amplituden. 1950

SCHWENKHAGEN, H. F.: Allgemeine Wechselstromlehre. Berlin/Göttingen/Heidelberg: Springer 1951

OBERDORFER, G.: Lehrbuch der Elektrotechnik. München/Berlin: R. Oldenbourg 1952

RÜDENBERG, R.: Elektrische Schaltvorgänge in geschlossenen Stromkreisen von Starkstromanlagen. Berlin/Göttingen/Heidelberg: Springer 1953

zu Kap. 5-9

STOKVIS, L. G.: Analysis of unbalanced three-phase systems. Reactions in a generator carrying an unbalanced load treated as equivalent to two balanced loads. Electr. World Bd. 16 (1915) S. 1111–1115

FORTESCUE, C. L.: Method of symmetrical coordinates applied to the solution of polyphase networks. Trans. A. I. E. E. Bd. 37 (1918) Teil II S. 1027–1140

FORTESCUE, C. L.: Polyphase power representation by means of symmetrical coordinates. Trans. A. I. E. E. Bd. 39 (1920) Teil II S. 1481–1484

EMDE, F.: Zur Definition der Scheinleistung und der Blindleistung bei ungleichmäßig belasteten Mehrphasensystemen. Elektrotechn. u. Masch.-Bau Bd. 39 (1921) S. 545–547

OBERDORFER, G.: Die Leistung in unsymmetrischen Dreiphasensystemen. ETZ Bd. 50 (1921) S. 265–267

BEKKU, SADATOSHI: Methode der symmetrischen Koordinaten und allgemeine Theorie der Erdschlußlöscheinrichtungen. Arch. Elektrotechn. Bd. 14 (1925) S. 543 bis 555

OBERDORFER, G.: Das Rechnen nach der Methode der symmetrischen Koordinaten. Elektrotechn. u. Masch.-Bau Bd. 45 (1927) S. 296–301

HAUFFE, G.: Unsymmetrische Drehstromnetze. ETZ Bd. 48 (1927) S. 1734.

OBERDORFER, G.: Einige Erdschlußgrundprobleme in symmetrischer Darstellung. Elektrotechn. u. Masch.-Bau Bd. 46 (1928) S. 969

HAUFFE, G.: Unsymmetrische Drehstromsysteme. ETZ Bd. 50 (1929) S. 1446

OBERDORFER, G.: Das Rechnen mit symmetrischen Komponenten. Leipzig: B. G. Teubner 1929

NÜTZELBERGER, H.: Drei neue Verfahren der Zerlegung eines unsymmetrischen Mehrphasensystems in zwei symmetrische. Arch. Elektrotechn. Bd. 23 (1929) S. 119–123

WILD, W.: Der Doppelerdschlußstrom in Drehstromkabeln und seine Einwirkung auf benachbarte Fernmeldekabel. Wiss. Veröfftl. Siemens Konz. Bd. 10 (1931) Teil I S. 51–77

HESSENBERG, K.: Die Berechnung von Symmetriestörungen in Drehstromnetzen mit Hilfe von symmetrischen Komponenten und Ersatzschaltungen. E & M. Bd. 49 (1931) S. 273–276, S. 299–304

STOCKVIS, L. G.: Über das Rechnen mit symmetrischen Komponenten. Ingenieur Haag Nr. 36 (1931) S. E. 87

HAUFFE, G.: Die Symmetrierung des Drehstromsystems. Elektrotechn. u. Masch.-Bau Bd. 50 (1932) S. 85–87

HAGUE, B.: Méthode des coordonnées symétriques. CIGRE Bericht Nr. 4 1932

WAGNER, C. F., u. R. D. EVANS: Symmetrical components. Mc Graw Hill Book Company 1933

RASCH, G.: Unsymmetrie von Vielphasennetzen. Arch. Elektrotechn. Bd. 28 (1934) S. 810 Ref. Elektrotechn. u. Masch.-Bau (1934) S. 517

WILLHEIM, R.: Das Erdschlußproblem in Hochspannungsnetzen. Berlin: Springer 1936

HARDER, E. L.: Sequence network connections. Electric Journal (1937) S. 481–488

WALTER, N.: Kurzschlußströme in Drehstromnetzen. München/Berlin: R. Oldenbourg 1949

HUETER, E.: Die symmetrischen Komponenten unsymmetrischer Drehstromsysteme. Berlin: Walter de Gruyter & Co. 1949

CLARK, E.: Circuit analysis of A–C-power systems. New York: John Wiley & Sons, London: Chapman & Hall 1950

REEVES, E. A.: Symmetrische Komponenten. Ihre Theorie und Anwendungen. Electrician 147 (1951) S. 1445

SKALICKY, M.: Das unsymmetrische Dreiphasensystem. Z. Siemens Austria, Wien: (1951) H. 1 S. 16–17

STIER, F.: Das unsymmetrische Mehrphasensystem. ETZ–A (1953) H. 12 S. 361 bis 365

SCHULZE, H.: Die Behandlung der unsymmetrischen Belastung von Dreiphasensystemen nach der Methode der symmetrischen Komponenten. Energietechnik 4. Jg. (1954) H. 3 S. 114–118

zu Kap. 10–13

HOMMEL, G.: Über das Verhalten des asynchronen Drehstrommotors bei unsymmetrischen Klemmspannungen. Diss. TH München 1910

DOHERTY, R. E., u. C. A. NICKLE: Synchronous machines, I und II. Trans. A.I.E.E. Bd. 45 (1926) S. 912–942

PARK, R. H., u. B. L. ROBERTSON: Reactances of synchronous machines. Trans. A. I. E. E. Bd. 47 (1928) Teil 2 S. 514–536

PARK, R. H.: Definition of an ideal synchronous machine and formula for the armature flux linkages. Gen. Elec. Rev. Bd. 31 (1928) S. 332–334

TOLWINSKI, W.: Das Problem der unsymmetrischen Belastung des Synchrondrehstromgenerators und des Drehstromtransformators. Arch. f. Elektr. Bd. 23 (1930) S. 497–521

HAUFFE, G.: Über Drehfelder bei unsymmetrischen Drehstromsystemen. Elektrotechn. u. Masch.-Bau Bd. 49 (1931) S. 223–224

KILGORE, L. A.: Calculations of synchronous machine constants, reactances and time constants affecting transient characteristics. Trans. A. I. E. E. Bd. 50 (1931) S. 1201–1214

TITTEL, J.: Rechnen mit symmetrischen Komponenten. Die Synchronmaschine. Arch. Elektrotechn. Nr. 9 (1934) S. 535

PRENTICE, B. R.: Fundamental concepts of synchronous machine reactances. Trans. A. I. E. E. Bd. 56 (1937) S. 1–21

GARIN, A. N.: Zero-phase-sequence characteristics of transformers. Gen. Elect. Rev. Bd. 43 (1940) S. 131–136, S. 174–179

SCHULZ, M. W.: A simplified method for determining instantaneous fault currents and recovery voltages in synchronous machines. The University of Texas, May 1948

KRON, G.: Steady-state equivalent circuits of synchronous and induction machines. Trans. A. I. E. E. Bd. 67 (1948) S. 175–181

BÖDEFELD-SEQUENZ: Elektrische Maschinen. Berlin/Göttingen/Heidelberg: Springer 1949

RICHTER, R.: Elektrische Maschinen. Berlin/Göttingen/Heidelberg: Springer 1950

CONCORDIA, CH.: Synchronous machines. New York: John Wiley & Sons, London: Chapman & Hall 1951

LÖBL, O.: Zur Definition der Schieflast von Drehstromgeneratoren. ETZ Bd. 72 (1951) S. 229

LAIBLE, TH.: Die Theorie der Synchronmaschine im nichtstationären Betrieb. Berlin/Göttingen/Heidelberg: Springer 1952

STIER, F.: Die elektrische Maschine am unsymmetrischen Mehrphasensystem. ETZ–A (1953) H. 19 S. 564–568

HESSENBERG, K.: Die Beanspruchung von Niederspannungs-Drehstrom-Transformatoren im Parallelbetrieb bei einpoliger Sternpunktbelastung. ETZ–A Bd. 75 (1954) H. 22 S. 745–752

LAX, F., u. H. JORDAN: Unsymmetrische Schaltungen von Drehstrom-Asynchronmotoren. Elektro-Anzeiger (1954) H. 4/5 S. 21–24

LAX, F., u. H. JORDAN: Zur Berechnung von Drehstrommotoren mit unsymmetrischer Ständerwicklung. Elektro-Anzeiger (1954) H. 37/38 S. 359–361

zu Kap. 14–18

CARSON, J. R.: Wave propagation in overhead wires with ground-return. Bell System Techn. Jour. Bd. 5 (1926) S. 539–555

RÜDENBERG, R.: Die Ausbreitung der Erdströme in der Umgebung von Wechselstromleitungen. Z. f. angewandt. Math. u. Mech. Bd. 5 (1926) S. 361

AEG: Rechnungsgrößen für Hochspannungsanlagen. 3. Aufl. Berlin 1938

BIERMANNS, J.: Energieübertragung auf große Entfernungen. Karlsruhe: G. Braun 1949

BEHRENS, P., H. MEYER, u. J. NEFZGER: Aluminium-Freileitungen. Düsseldorf: Al.-Verlags-G.m.b.H. 1954

BRÜDERLINK, R.: Induktivität und Kapazität der Starkstromfreileitungen. Karlsruhe: G. Braun 1954

zu Kap. 19–23

OBERDORFER, G.: Der Doppelerdschluß in einer zweifach gespeisten Einfachleitung im Lichte der Rechnung mit symmetrischen Komponenten. Wiss. Veröfftl. Siemens Konz. Bd. 9 (1930) Teil II S. 77–87

QUADE, W.: Matrizenrechnung und elektrische Netze. Arch. Elektrotechn. Bd. 34 (1940) S. 545

STRECKER, F.: Die Anwendung der Matrizenrechnung in der Elektrotechnik. Arch. Elektrotechn. Bd. 34 (1940) S. 167

ZIMMERMANN, F.: Drehstromunsymmetrieproblem in Matrizendarstellung. Arch. Elektrotechn. Bd. 38 (1944) H. 3/4 S. 131–140

DUSCHEK, A., u. A. HOCHRAINER: Grundzüge der Tensorrechnung in analytischer Darstellung. Teil I Tensoralgebra. Wien: Springer 1948

FELDTKELLER, R.: Einführung in die Vierpoltheorie der elektrischen Nachrichtentechnik. Stuttgart: S. Hirzel 1948
ZIMMERMANN, F.: Die Auflösung elektrischer Netze mittels Matrizen. Österr. Ingenieur-Archiv Bd. III (1949) H. 2 S. 140–180
DUSCHEK, A., u. A. HOCHRAINER: Grundzüge der Tensorrechnung in analytischer Darstellung. Teil II Tensoranalysis. Wien: Springer 1950
ZIMMERMANN, F.: Berechnung zweifach gespeister Drehstrom-Unsymmetriefehler mit Matrizen. Elektrotechn. u. Masch.-Bau Bd. 71 (1954) S. 433–438
DUSCHEK, A., u. A. HOCHRAINER: Grundzüge der Tensorrechnung in analytischer Darstellung. Teil III Anwendungen in Physik und Technik. Wien: Springer 1955
EDELMANN, H.: Normierte Komponentensysteme zur Behandlung von Unsymmetrieaufgaben in Drehstrom- und Zweiphasennetzen (mit besonderer Berücksichtigung der Erfordernisse des Netzmodells). Arch. Elektrotechn. Bd. 42 (1956) S. 317–331
EDELMANN, H.: Über die Anwendung von Übertragermatrizen in Untersuchungen auf dem Netzmodell. Arch. f. elektr. Übertragg. Bd. 11 (1957) H. 4 S. 149–158.

zu Kap. 24–26

CARSON, J. R.: Elektrische Ausgleichvorgänge und Operatorenrechnung. (Erweiterte deutsche Bearbeitung von F. Ollendorf u. K. Pohlhausen.) Berlin: Springer 1929
DOETSCH, G.: Theorie und Anwendungen der Laplace-Transformation. Berlin: Springer 1937
EVANS, R. D., u. A. C. MONTEITH: System recovery voltage determination by analytical and A–C calculating board methods. Electr. Engg. Bd. 56 (1937) S. 695–705
GOSLAND, L.: Restriking-voltage characteristics under various fault conditions at typical points on the network of a large city supply authority. J. I. E. E. Bd. 86 (1940: I) S. 248–274
GOSLAND, L., u. W. F. M. DUNNE: Calculations and experiments on transformer reactance in relation to transients of restriking voltage. J. I. E. E. Bd. 87 (1940: 2) S. 163–177
HAMMARLUND, P.: Transient recovery voltage. Ingeniörsvetenskapsakademiens, Handlingar Nr. 189 Stockholm: 1946
WAGNER, K. W.: Operatorenrechnung. Leipzig: J. A. Barth 1950
TAYLOR, O. E.: Power systems transients. London: George Newnes 1954
LYON, W. V.: Transient analysis of alternating-current machinery. New York: John Wiley & Sons, London: Chapman & Hall 1954

zu Kap. 27

PELISSIER, R.: La propagation des ondes transitoires et périodiques le long des lignes électriques. I. Rév. Gén. Elect. Bd. 59 (1950) S. 379, II. Rév. Gén. Elect. Bd. 59 (1950) S. 437, III. Rév. Gén. Elect. Bd. 59 (1950) S. 502
WAGNER, K. W.: Einführung in die Lehre von den Schwingungen und Wellen. Wiesbaden: Dieterich'sche Verlagsbuchhandlg. 1947
CHEVALIER, A.: Prédétermination des conditions de propagation d'une onde à haute fréquence se propageant le long d'une ligne triphasée symétrique à haute tension lorsque le générateur de cette onde attaque la ligne entre un conducteur de phase et la terre. Rév. Gén. Elect. Bd. 60 (1951) S. 164
BEWLEY, L. V.: Travelling waves on transmission systems. New York: John Wiley & Sons, London: Chapman & Hall 1951
WAGNER, K. W.: Elektromagnetische Wellen. Basel/Stuttgart: Birkhäuser 1953
BAATZ, H.: Überspannungen in Energieversorgungsnetzen. Berlin/Göttingen/Heidelberg: Springer 1956

zu Kap. 28

Zorn, M.: Bestimmung der Unsymmetrie von Drehstromnetzen. ETZ Bd. 51 (1930) S. 1233–1238

Friedländer-Schmutz: Über Drehfeldscheider zur Aufspaltung unsymmetrischer Drehstromsysteme in die symmetrischen Komponenten. Wiss. Veröfftl. Siemens Konz. Bd. 10 (1931) Teil I S. 24–41

Glebow, P.: Umwandlung von Einphasenstrom in Drehstrom und umgekehrt. ETZ Bd. 55 (1934) S. 513

Kimbark, E. W.: Experimental analysis of double unbalances. Electr. Engg. Nr. 2 (1935) S. 159

Grocholski, A.: Berechnung der Ströme im unsymmetrisch belasteten Drehstromnetz. Arch. Elektrotechn. (1935) S. 496

Aigner, V.: Die Symmetrierung unsymmetrisch belasteter Drehstromnetze durch ruhende Ausgleichkreise. ETZ Bd. 57 (1936) S. 29, 971–974, 997–1002

Pfeiffer: Ermittlung der symmetrischen Komponenten eines unsymmetrischen Systems. Elektrotechn. u. Masch.-Bau (1936) S. 555

Feinberg, R.: Eine neue graphische Ermittlung symmetrischer Komponenten. Elektrotechn. u. Masch.-Bau (1936) S. 412

Ernstein: Experimentelle Bestimmung der Grundkonstanten eines unsymmetrischen Drehstromsystems. RGE/Paris (1937) S. 651

Shih Chen: Anwendungsmöglichkeiten der symmetrischen Komponenten auf dem Gebiet der Selektivschutztechnik elektrischer Kraftübertragungsleitungen. Diss. TH. Berlin: 1940

Werners, P.: Über Ermittlung und Bedeutung der Unsymmetrie in Drehstromnetzen. ETZ Bd. 61 (1940) S. 353–358

Lutz, K.: Bestimmung der symmetrischen Komponenten und der Unsymmetrie von Dreiphasengrößen. ETZ-A (1953) H. 15 S. 455–457

Erb, O.: Die meßtechnische Erfassung der Unsymmetrie in Drehstromanlagen. Siemens Austria Z. (1953) H. 2 S. 20–24

Sachverzeichnis

Ableitungsverlust 172
Abschluß, unsymmetrischer 317
Abstand, äquivalenter 197
—, mittlerer 179
—, mittlerer geometrischer 178
Achtpol 242, 244
—, aktiver 249
—-gleichungen 242
—-konstanten 245
Aluminium 173
Anfangsreaktanz 167, 169
Amperewindungen, resultierende 128
Asynchronmaschine 141
Augenblickswert 1
Ausgleichsspannung 284
Ausgleichsvorgänge 279
Ausschalten 282
Außenleiter 29

Beeinflussung zwischen Drehstromleitungen 188
Belastung, relative 44
Belastungsstrom 27
Beträge der Ströme und Spannungen 104
Betrieb, nicht stationärer 167
Betriebskapazität 38, 214
Bildfunktion 280
Bleimantel 226, 335
Blindleistung 11
—, induktive 18
—, kapazitive 18
Blindwiderstand 19
Brechung von Wanderwellen 316
Bündelleiter 182
Bündelleitung, 380 kV, 217

Dämpferwicklung 166
Dauerkurzschluß 167
—-strom 163, 167
Diagonalkomponenten 257
—, normierte 277

Dielektrizitätskonstante 205, 231
—, relative 205
Differentationssatz 280
Doppelerdschluß 249, 250
Doppelfehler 249, 267
Doppelleitung 188, 200
Drehfeld 141, 143, 145
—, mitlaufendes 146
—, gegenlaufendes 146
—, elliptisches 146
—-scheider 325
Drehmoment 159, 162
Drehstrom-leistung 276
—-system 28
—-transformator 39, 131
—-wicklung, symmetrische 141
—Dreieck-schaltung 29, 42
—-spannung 29
—-wicklung 132
Dreiecksimpedanz 36
Dreileiterkabel 225
Dreiphasensystem 28
Dreischenkelkern 132
Dreiwicklungstransformator 135, 136, [139
Drosselwandler 329
Druckkabel 339
Durchflutung 129

Einfachleitung, homogene 306
Eingangsspannung 242
Eingangsstrom 242
Einheitskreis 31
Einheitsmatrix 236
Einleiterkabel 225
Einphasen-netz 27
—-netz, mehrfach gespeistes 28
—-system 21
EINSTEINsche Summationskonvention 234
Eisenkörper 141
Elektromotorische Kraft 14
Energie 174
—, magnetische 174

Sachverzeichnis

Entkopplung 168
Entsymmetrierungsmatrix 236
Erde, Leitfähigkeit der 192
Erdkapazität 38, 214
Erdkurzschluß, dreipoliger 81
—, zweipoliger 88
Erdrückleitung 191
Erdschluß, einpoliger 84
—-strom 119
Erdseil 191, 198, 216
Erregerwicklung 164
Ersatzstromquelle 26, 282
Ersatzstromquellen, symmetrische 76
Ersatzvierpol 224
Erzeuger 16
EULERscher Satz 3
Effektivwert 1

Fehler 267
—, widerstandsbehaftete 92
—-arten 80
—-impedanz 91, 95, 238
—-impedanz, symmetrische 239
—-ort 81
—-verbindung 81
—-widerstand 81, 92, 104
Feld, magnetisches 22, 141
—, elektrostatisches 205
—, rotationssymmetrisches ebenes 175
—, zylindrisches 174
—-stärke 13
—-stärke, magnetische 174
Flächendifferential 175
Fluß 130
—-vektor 141, 146
Faktor a, Formeln des 31
Formelsammlung 341
Formfaktor 144
FORTESCUE 53
Freileitungsseile 340
Frequenz 1
Fundamentalsatz 71
Fünfschenkelkern 132
Funktionen, hyperbolische 224

Gegen-induktivität 22, 37, 174
—-komponente 54
—-reaktanz des Hauptfeldes 154
—-reaktanzverhältnis 108
—-system 32, 52
Gleichfeld 167
Gleichstromwicklungen, gekoppelte 168
Gradient 13

Größensymmetrie 61
Gürtelkabel 225, 335

Harmonische des Flusses 153
Häufung der Kabel 338
Hauptfluß 144
Hauptreaktanz 157
H-Kabel 225, 334
Hohlzylinder 179

Identitätsmatrix 236
Impedanz 19
—, reduzierte 128
—, resultierende 20, 38
—, symmetrische 73
—, symmetrische innere 77
—-dreieck 35
—-operator 280, 281
—-stern 35
Index, allgemeiner 234
—, oberer 235
—, freier 234
—, gebundener 234
Induktion 174
Induktionslinien 141
Induktionsmaschine 141, 155
Induktivität 174
Innenimpedanz 21

JOULEsche Wärme 16

Kapazität 16, 18, 206, 231
— von Freileitungen 205
— von Kabeln 231
—, gegenseitige 38
Kapazitätsbelag 221
Kapazitätskoeffizient 209
Kennzeichnung, vereinfachte der symmetrischen Zweipole 75
Kettenmatrix 243
Kernwiderstand 244
KIRCHHOFFsche Gesetze 25
— — für symmetrische Komponenten 75
Knoten 25
Komponenten, modifizierte 267
—, normierte 275
—, symmetrische 53
Korona 172
Korrektur-funktion für Erdrückleitung 194
—-faktoren für Leitungsvierpole 223
Kreisfrequenz 1

Kreisdiagramm 50
KRONECKERsches Delta 236
Kurzschluß, ferner 299
—, dreipoliger 84
— mit Erdberührung 81
—, zweipoliger 87
—-leistung 45
—-strom 45, 80
—-versuch 167
Kupfer 173
Kusaschaltung 162

Ladung, elektrische 205, 209
Längs-achse 151
—-fluß 151
—-komponente 152, 164
—-leitfähigkeit 152
—-reaktanz 153
LAPLACE-Transformation 280
Lauf, synchroner 151
Läufer 49, 141
—-achse 150, 155
—-hauptreaktanz 157
—-spule 155
—-streuung 157
—-strom 49, 155
—-strom, reduzierter 158
—-widerstand 157
Leerlaufspannung 21, 163
—, symmetrische Komponenten der 77
Leerlaufwiderstand 243, 244
Leistung, mechanisch abgegebene 159
Leitfähigkeit, magnetische 143
— der Erde 192
Leiterwerkstoffe 173
Leitwert 19
—, komplexer 19
—, magnetischer 130
Leitung, homogene, verlustlose 306
—, kurze 171
—, lange 171
Luftspalt 141

Magnetisierungsstrom 129
Magnetisierungswicklung 129
Masche 25
Matrix 233
—, konjugierte 276
Messung der symmetrischen Komponenten 319
Mitkapazität 217
Mitkomponente 54

Mitreaktanz, resultierende 153
Mitsystem 32, 52
Mittelpunkt 29
Momentanwert 1, 279
Momentanwerte, symmetrische 290
Mehrmantelkabel 334
Mehrphasennetz 28
Mehrphasensystem 21
Mehrschenkelkern 132

Nennreaktanz 167
Netz, einfach gespeistes 27
—, gelöschtes 118
—, nichtreziprokes 261
—, ringartiges 27
—, strahlenförmiges 27
—, zweiseitig gespeistes 82
—-modell 83
—-werk, elektrisches 21
Niveaulinien 205
Nullimpedanz, Bestimmung der 74
— der Drehstromleitung 197
— kurzer Leitungen 191
Null-kapazität 213
—-komponente 53
—-—, modifizierte 266
—-Leiter 29
—-reaktanzverhältnis 104
—-system 52

OHMscher Widerstand 14
— — der Kabel 225
— — der Freileitungsseile 340
Ölkabel 339
Originalfunktion 280

Parallelschaltung 20
Periode 1
Permeabilität, absolute 179
— des leeren Raumes 180
—, relative 179
PETERSENspule 118
Phasen 29
—-spannung 30
—-winkel 1
Π-Glied 223
Pole, ausgeprägte 141, 150
Polpaarzahl 142
Potential 13
—-koeffizient 208
Primär-leistung 23
—-wicklung 22

Sachverzeichnis

Quer-achse 151
—-fluß 151
—-komponente 152, 164
—-reaktanz 153

Radius, mittlerer 179
—, mittlerer geometrischer 178
Reaktanz 20
—, resultierende 180
—, subtransiente 169
—, synchrone 169
—, transiente 169
Rechnerische Gewinnung der Komponenten 56
Reflexion von Wanderwellen 316
Reihenschaltung 20
Resonanz 119
Richtung, geometrische 12
—, physikalische 12
Rotor 49, 141
Rückschluß, magnetischer 132

Schaltbilder der Komponenten 83
Schaltgruppen 39
Schaltvorgänge bei Drehstrom 284
Scheinleistung 11
Scheitelwert 1
Schlupf 49
Sehnungsfaktor 144
Selbstinduktivität 16, 174
— der Kabel 226
Sekundär-leistung 23
—-wicklung 22
Sperrkreis 21
Spiegelung 207
Spulenachse 141
Spannung, aufgedrückte 15
—, erzeugte 14
—, induzierte 24, 129
—, magnetische 129
—, verkettete 29, 32
Spannungs-erhöhung 44
—-messung 320
—-quelle 21
—-verlust 44
Stahlaluminiumseil 179
Ständer 49, 141
—-streuung 157
—-widerstand 157
Starkstrompapierbleikabel 334
Stator 141
Stern-Dreieckumwandlung 35

Stern-impedanz 35
—-punkt 29
—-punktsleitwert 35
—-schaltung 29, 39
—-spannung 30
Stoßkurzschlußstrom 170
Stoßkurzschluß-Wechselstrom 170
Strang 29
Streufluß 129, 144
Streuspannung per unit 22
—, primäre 129
—, prozentuale 22
—, reduzierte 47
—, relative 44
—, sekundäre 129
Streuung 22, 127
Strom-belastbarkeit 336
—-dichte 174
—-messung 320
—-quelle 21
—-richtung 12
—-verdrängung 172, 225
Summenleistung 275
Symmetrie, zyklische 38
Symmetrierungsmatrix 235
Synchronmaschine 141, 163
Synchronreaktanz, bezogene 167
System, unsymmetrisches 53

Teilkapazität 208, 210
Teilkapazitäten der Drehstromleitung 212
T-Glied 223
Temperaturerhöhung 173
Tensor 235
—-rechnung 235
—-schreibweise 235
Tertiärwicklung 135
Transformation 233
—, lineare 233
Transformations-gleichungen 235
—-tensor 235
Transformator 22, 127
—, idealer 23
Trennung zweier Netze 298

Übergangsreaktanz 167, 169
Übersetzungsverhältnis 41
Übertrager 23
Umfangsimpedanz 36
Umkehrsatz 242
Umlauf 25
Universalschaltbild 305

Unsymmetrie 319
—-faktor 319, 325

Vektor 235
— des Drehfeldes 145
—-potential 174
Verbraucher 16
Verdrillung 186
Verfahren zur Messung der symmetrischen Komponenten, indirekte 319
— —, graphische 320
— —, rechnerische 323
—, direkte 319, 325
Verschiebungskonstante 205
Verschiebungssatz 283
Verteilung, sinusförmige 142
Vierpol 172, 242
—, passiver 223
—-gleichungen 220
—-kette 172, 243
Vierschenkelkern 132
Volltrommelmaschinen 141
Vorzeichen 12
—-umkehr 14

Wanderwellen 306
—, komplexe 312
Wechselstromquelle 21
Welle, gebrochene 317
—, reflektierte 317

Wellengleichung 307
Wicklungen, unsymmetrische 148
Wicklungsfaktor 144
Widerstand 16
— in der Erdverbindung 93
—, innerer 21
—, komplexer 19
—, magnetischer 132
Widerstandsform der Vierpolgleichung 243
Widerstandsoperator 20
Windungsspannung 128
Wirkleitwert 11, 220

Zahlenebene, GAUSSsche 4
Zählpfeile 12
Zeichnerische Gewinnung der Komponenten 56, 320
Zeiger 3, 5
Zeitachse, feststehende 4
—, umlaufende 4
Zickzackschaltung 39, 42
Zweiphasennetz 28
Zweipol 12, 279
—, aktiver 26
—, allgemeiner linearer 19
—, linearer 19
—, passiver 26
—, passiver, linearer 279
Zweiwicklungstransformator 127, 139

MIX
Papier aus verantwortungsvollen Quellen
Paper from responsible sources
FSC® C105338

If you have any concerns about our products,
you can contact us on
ProductSafety@springernature.com

In case Publisher is established outside the EU,
the EU authorized representative is:
**Springer Nature Customer Service Center GmbH
Europaplatz 3, 69115 Heidelberg, Germany**

Printed by Libri Plureos GmbH
in Hamburg, Germany